中国石油大学(北京)学术专著系列

压缩机故障现代诊断理论、方法及应用

段礼祥　张来斌　梁　伟　著

科学出版社

北　京

内 容 简 介

本书基于作者团队在压缩机故障诊断方面积累的近 20 余年研究成果与最新研究进展编写而成。内容包括离心压缩机叶片的叶尖定时监测诊断、往复压缩机早期故障的提升小波诊断、压缩机耦合故障的信息熵融合诊断、数据集不均衡下的压缩机故障诊断、变工况下压缩机故障的迁移诊断、压缩机故障的振动与红外融合诊断、压缩机诊断标准的自适应建立、压缩机状态退化预测和故障预后、压缩机关键部件故障的仿真诊断、压缩机智能诊断，以及监测诊断技术在压缩机上的典型应用。

本书可供从事压缩机或其他高端装备状态监测、故障诊断和健康管理等方向的科学研究与工程技术人员参考，也可作为高等学校安全科学与工程、机械工程及其他相关专业教师和研究生的参考书。

图书在版编目(CIP)数据

压缩机故障现代诊断理论、方法及应用 / 段礼祥，张来斌，梁伟著. —北京：科学出版社，2019.9

(中国石油大学(北京)学术专著系列)

ISBN 978-7-03-062331-7

Ⅰ. ①压… Ⅱ. ①段… ②张… ③梁… Ⅲ. ①压缩机–故障诊断 Ⅳ. ①TH450.7

中国版本图书馆CIP数据核字(2019)第198711号

责任编辑：万群霞 冯晓利 / 责任校对：彭珍珍
责任印制：吴兆东 / 封面设计：耕者设计工作室

科学出版社 出版
北京东黄城根北街 16 号
邮政编码：100717
http://www.sciencep.com
北京建宏印刷有限公司 印刷
科学出版社发行 各地新华书店经销
*
2019 年 9 月第 一 版 开本：720 × 1000 1/16
2022 年 6 月第二次印刷 印张：29 插页：4
字数：585 000

定价：228.00 元

(如有印装质量问题，我社负责调换)

丛 书 序

大学是以追求和传播真理为目的，并为社会文明进步和人类素质提高产生重要影响力和推动力的教育机构和学术组织。1953 年，为适应国民经济和石油工业发展需求，北京石油学院在清华大学石油系并吸收北京大学、天津大学等院校力量的基础上创立，成为新中国第一所石油高等院校。1960 年成为全国重点大学。历经 1969 年迁校山东改称华东石油学院，1981 年又在北京办学，数次搬迁，几易其名。在半个多世纪的历史征程中，几代石大人秉承追求真理、实事求是的科学精神，在曲折中奋进，在奋进中实现了一次次跨越。目前，学校已成为石油特色鲜明，以工为主，多学科协调发展的“211 工程”建设的全国重点大学。2006 年 12 月，学校进入“国家优势学科创新平台”高校行列。

学校在发展历程中，有着深厚的学术记忆。学术记忆是一种历史的责任，也是人类科学技术发展的坐标。许多专家学者把智慧的涓涓细流，汇聚到人类学术发展的历史长河之中。据学校的史料记载：1953 年建校之初，在专业课中有 90% 的课程采用苏联等国的教材和学术研究成果。广大教师不断消化吸收国外先进技术，并深入石油厂矿进行学术探索。到 1956 年，编辑整理出学术研究成果和教学用书 65 种。1956 年 4 月，北京石油学院第一次科学报告会成功召开，活跃了全院的学术气氛。1957～1966 年，由于受到全国形势的影响，学校的学术研究在曲折中前进。然而许多教师继续深入石油生产第一线，进行技术革新和科学研究。到 1964 年，学院的科研物质条件逐渐改善，学术研究成果以及译著得到出版。党的十一届三中全会之后，科学研究被提到应有的中心位置，学术交流活动也日趋活跃，同时社会科学研究成果也在逐年增多。1986 年起，学校设立科研基金，学术探索的氛围更加浓厚。学校始终以国家战略需求为使命，进入“十一五”之后，学校科学研究继续走“产学研相结合”的道路，尤其重视基础和应用基础研究。“十五”以来学校的科研实力和学术水平明显提高，成为石油与石化工业的应用基础理论研究和超前储备技术研究，以及科技信息和学术交流的主要基地。

在追溯学校学术记忆的过程中，我们感受到了石大学者的学术风采。石大学者不但传道授业解惑，而且以人类进步和民族复兴为己任，做经世济时、关乎国家发展的大学问，写心存天下、裨益民生的大文章。在半个多世纪的发展历程中，石大学者历经磨难、不言放弃，发扬了石油人“实事求是、艰苦奋斗”的优良作风，创造了不凡的学术成就。

学术事业的发展犹如长江大河，前浪后浪，滔滔不绝，又如薪火传承，代代相继，火焰愈盛。后人做学问，总要了解前人已经做过的工作，继承前人的成就和经验，在此基础上继续前进。为了更好地反映学校科研与学术水平，凸显石油科技特色，弘扬科学精神，积淀学术财富，学校从 2007 年开始，建立“中国石油大学(北京)学术专著出版基金”，专款资助教师以科学研究成果为基础的优秀学术专著的出版，形成“中国石油大学(北京)学术专著系列”。受学校资助出版的每一部专著，均经过初审评议、校外同行评议、校学术委员会评审等程序，确保所出版专著的学术水平和学术价值。学术专著的出版覆盖学校所有的研究领域。可以说，学术专著的出版为科学研究的先行者提供了积淀、总结科学发现的平台，也为科学研究的后来者提供了传承科学成果和学术思想的重要文字载体。

石大一代代优秀的专家学者，在人类学术事业发展尤其是石油石化科学技术的发展中确立了一个个坐标，并且在不断产生着引领学术前沿的新军，他们形成了一道道亮丽的风景线。“莫道桑榆晚，为霞尚满天”。我们期待着更多优秀的学术著作，在园丁灯下伏案或电脑键盘的敲击声中诞生，展现在我们眼前的一定是石大寥廓邃远、星光灿烂的学术天地。

祝愿这套专著系列伴随新世纪的脚步，不断迈向新的高度！

中国石油大学(北京)校长

張來斌

2008 年 3 月 31 日

前　言

压缩机是石油化工行业必不可少的高端装备，广泛应用于油气开发、储运和炼化的各个环节，如天然气注气开采、集气处理、管道输送、地下储气库和炼油化工，是一种将低压气体提升为高压气体、以输送气体或为化学反应创造必要条件的流体机械。常见的压缩机类型有往复压缩机、离心压缩机和螺杆压缩机等。随着油气行业的快速发展，压缩机的数量不断增加，使用范围不断扩大，在促进油气产量、降低成本、增加效益的同时，也带来了不安全因素。由于压缩机结构复杂、工况多变、环境恶劣，压缩气体通常为高温、高压或易燃易爆、危险系数极高的介质，一旦因为故障导致停机或发生事故，会造成整个生产线的运转停止，泄漏的气体污染空气和水，甚至发生火灾爆炸，带来严重的经济损失、人员伤亡及恶劣的社会影响。因此，对压缩机进行状态监测和故障诊断，对保障压缩机安全、可靠、长周期运行具有重要的意义。

状态监测和故障诊断技术是监测、诊断和预示机械设备的运行状态和故障，保障其安全运行的一门科学技术。近年来，随着信息技术、计算机技术和人工智能的发展，新的方法和技术不断地被移植到机械状态监测和故障诊断之中，极大地丰富了机械状态监测和故障诊断理论和技术，推动了监测和诊断向更高层次的方向发展。压缩机故障诊断是针对压缩机系统的特点，通过分析压缩机系统特有的失效形式和故障机理，利用现代信息处理技术，对提取的状态监测信号进行模式识别或分类，对系统故障进行诊断，对故障原因进行分析，并进行故障定位和故障预测。本书面向高端装备压缩机安全运行的工程需求，结合笔者团队在压缩机故障诊断方面积累的10余年研究成果与最新研究进展，深入浅出地讲解了压缩机故障的现代诊断理论、方法和技术。在编写上兼顾了原理、方法的介绍和实际应用举例，目的在于使读者在学习压缩机现代诊断理论、方法的基础上，理解如何在实践中应用，从而达到举一反三、触类旁通的目的。

全书共12章，其中，第1～4、7、9章由段礼祥教授撰写；第5、6、8、11、12章由张来斌教授撰写；第10章由梁伟教授撰写。本校博士研究生赵赏鑫、崔厚玺、陈敬龙、白堂博、张继旺、袁壮和硕士研究生胡智、郭晗、王洋绅、谢骏遥、赵飞、谢梦云、王旭铎、王凯、刘子旺等整理了在校期间的研究资料和成果，为本书的顺利完成奠定了基础。博士研究生张利军和硕士研究生刘香玉、刘文彪、张鑫赟、洪晓翠等参与了资料收集整理等工作，在此一并表示衷心感谢。在本书出版之际，感谢国家自然科学基金项目“基于迁移学习的往复压缩机故障诊断机制及预测预警模型研究(编号：51674277)”和中国石油大学(北京)学术专著出版基金的资助，感谢科学出版社为本书出版所付出的辛勤劳动。

由于笔者水平有限，书中难免会存在不妥之处，衷心期望各位读者提出宝贵的意见和建议。

作　者

2019年1月

目　录

丛书序
前言
第 1 章　绪论……1
1.1　压缩机在工业中的地位和作用……1
1.2　压缩机故障诊断的目标和特点……4
1.3　压缩机监测诊断研究及应用现状……6
1.3.1　监测信号与传感技术……6
1.3.2　故障机理与征兆联系……7
1.3.3　信号处理与特征提取……8
1.3.4　智能诊断与决策方法……9
1.3.5　商业化的监测诊断系统……10
参考文献……10
第 2 章　离心压缩机叶片的叶尖定时监测诊断……13
2.1　高速旋转叶片监测技术概述……13
2.1.1　旋转叶片监测技术研究现状……13
2.1.2　叶尖定时监测技术研究现状……13
2.1.3　叶尖定时监测技术存在的问题……14
2.2　叶尖定时监测技术的原理……15
2.2.1　叶尖定时监测技术基本原理……15
2.2.2　叶尖定时传感器……16
2.2.3　叶片振动参数辨识方法……18
2.3　欠采样叶尖定时信号的稀疏度自适应重构方法……20
2.3.1　叶尖定时监测系统采样模型……20
2.3.2　欠采样叶尖定时信号的稀疏度自适应重构方法……21
2.3.3　数值建模及实验验证……23
2.4　噪声干扰下叶尖定时信号降噪及方波整形算法……25
2.4.1　叶尖定时监测系统误差分析……25
2.4.2　噪声干扰条件下叶尖定时信号准确提取方法……30
2.4.3　方波整形算法……33
2.4.4　实验验证……39
2.5　变转速叶片的多键相振动监测方法……41

2.5.1 变转速下叶片振动监测存在的挑战 …… 41
2.5.2 变转速下多键相振动监测原理 …… 42
2.5.3 基于多键相的叶片振动位移测量方程 …… 44
2.5.4 基于数值建模及动力学仿真的方法验证 …… 45
参考文献 …… 51
第 3 章 往复压缩机早期故障的提升小波诊断 …… 53
3.1 往复压缩机早期故障诊断的难点 …… 53
3.2 提升小波的原理 …… 54
3.3 非抽样提升小波包的构造 …… 59
3.4 基于非抽样提升小波包的频率混叠消除原理 …… 63
3.5 基于 Volterra 级数的边界振荡抑制 …… 66
3.6 非抽样提升小波包与奇异值分解相结合的信号降噪 …… 72
3.7 非抽样提升多小波包变换 …… 75
3.7.1 提升多小波理论 …… 75
3.7.2 冗余提升多小波包变换 …… 76
3.8 基于提升小波与混沌理论的往复压缩机状态评级 …… 79
3.8.1 往复压缩机缸套振动信号的混沌特性 …… 79
3.8.2 往复压缩机状态评级 …… 91
参考文献 …… 95
第 4 章 压缩机耦合故障的信息熵融合诊断 …… 97
4.1 压缩机常见耦合故障及其特点 …… 97
4.1.1 压缩机常见耦合故障 …… 97
4.1.2 压缩机耦合故障振动信号特征 …… 98
4.2 压缩机耦合故障诊断的难点与思路 …… 98
4.2.1 压缩机耦合故障诊断难点 …… 98
4.2.2 压缩机耦合故障诊断的思路 …… 99
4.3 信息熵融合诊断理论 …… 101
4.3.1 信息熵基本理论 …… 101
4.3.2 信息熵故障分析方法 …… 101
4.4 压缩机振动信号的信息熵特征 …… 103
4.4.1 时域奇异谱熵 …… 103
4.4.2 自相关特征熵 …… 104
4.4.3 频域功率谱熵 …… 104
4.4.4 小波空间状态特征谱熵和小波能谱熵 …… 105
4.4.5 小波包特征熵 …… 106

4.5 压缩机故障信息的盲源分离增强方法……106
4.5.1 盲源分离的基本数学模型……107
4.5.2 稳健独立分量分析方法……108
4.5.3 基于稳健独立分量分析的转子仿真信号与实验信号分析……112
4.5.4 工程应用-基于稳健独立分量分析的离心压缩机叶轮故障诊断……119
4.6 压缩机耦合故障的波动熵诊断模型……124
4.6.1 波动熵特征敏感变换域的确定……125
4.6.2 波动度及波动熵特征的计算……125
4.6.3 基于波动熵的耦合故障诊断方法……126
参考文献……127
第5章 数据集不均衡下的压缩机故障诊断……129
5.1 不均衡数据集的概念……129
5.2 不均衡数据分类常用方法……129
5.3 基于互信息的非监督式特征选择……132
5.3.1 基于互信息的特征选择……132
5.3.2 基于互信息的非监督式特征选择方法原理……133
5.3.3 工程应用……135
5.4 不均衡数据的 SMOTE 上采样算法……142
5.4.1 SMOTE 算法……142
5.4.2 SMOTE 算法中采样率的实验分析……144
5.4.3 压缩机气阀少数类样本的采样率分析……148
5.5 基于样本不均衡度的加权 C-SVM 分类算法……156
5.5.1 加权 C-SVM 分类算法简介……156
5.5.2 加权 C-SVM 算法性能分析……157
5.6 基于 PSO 和 GA 算法的加权 C-SVM 分类模型……159
5.6.1 粒子群优化算法……160
5.6.2 基于 PSOA 的加权 C-SVM 分类器……162
5.6.3 遗传算法……166
5.6.4 基于 PSOA 和 GA 的加权 C-SVM 分类模型应用……168
参考文献……171
第6章 变工况下压缩机故障的迁移诊断……173
6.1 变工况下压缩机诊断的难题……173
6.2 迁移学习与领域自适应学习……174
6.3 符号近似聚合和关联规则相结合的变工况下故障特征挖掘方法……177
6.3.1 关联规则及其在信号特征挖掘中的应用……177
6.3.2 适用于信号特征挖掘的 Apriori 算法……178

6.3.3 基于等概率关联规则挖掘方法 ······ 179
6.3.4 特征挖掘案例分析 ······ 183
6.4 基于领域自适应的变工况齿轮箱迁移诊断 ······ 188
6.4.1 边缘降噪编码器 ······ 189
6.4.2 卷积神经网络 ······ 190
6.4.3 AMDA 特征学习模型 ······ 191
6.4.4 实验分析 ······ 193
6.5 迁移诊断模型稳定性和适应性定量分析 ······ 199
6.5.1 目标工况正常样本不同比例辅助数据性能分析 ······ 200
6.5.2 目标工况三类状态数据样本辅助数据性能分析 ······ 204
6.5.3 迁移率定义和计算 ······ 208
参考文献 ······ 210
第 7 章 压缩机故障的振动与红外融合诊断 ······ 212
7.1 振动与红外融合的目的与意义 ······ 212
7.2 红外图像用于故障诊断的机理 ······ 212
7.2.1 红外成像原理 ······ 212
7.2.2 红外图像特点 ······ 213
7.2.3 红外图像特征提取 ······ 214
7.2.4 实例分析 ······ 217
7.3 红外图像故障信息的非下采样轮廓变换增强方法 ······ 223
7.3.1 非下采样轮廓变换方法 ······ 223
7.3.2 基于 NSCT 的红外图像增强方法 ······ 228
7.3.3 基于粒子群优化的增强参数确定方法 ······ 230
7.3.4 实例分析 ······ 232
7.4 图像分割与故障敏感区域选择 ······ 235
7.4.1 基于网格划分的图像分割方法 ······ 235
7.4.2 基于离散度分析的敏感区域选取 ······ 238
7.4.3 实例分析 ······ 239
7.5 基于卷积神经网络的压缩机振动与红外融合诊断方法 ······ 243
7.5.1 基于相关分析的异类信息融合 ······ 244
7.5.2 卷积神经网络 ······ 247
7.5.3 基于相关分析与卷积神经网络结合的故障诊断 ······ 251
7.5.4 基于红外图像与振动信号融合的故障诊断实例分析 ······ 252
参考文献 ······ 256
第 8 章 压缩机诊断标准的自适应建立方法 ······ 258
8.1 压缩机诊断标准的适应性问题 ······ 258

8.2 压缩机组故障模式库的建立……259
8.2.1 压缩机组故障模式库的内容……259
8.2.2 故障模式库制定依据……259
8.2.3 压缩机组故障模式库的建立……261
8.3 压缩机个性化标准库的建立方法……261
8.3.1 个性化标准库的建立步骤……261
8.3.2 离心压缩机个性化标准库的建立……262
8.4 压缩机诊断标准库的动态更新方法……266
8.5 变速压缩机振动阈值报警模型……267
8.5.1 RVM 基本理论……267
8.5.2 基于 RVM 的阈值模型构建……268
8.6 变工况压缩机诊断标准建立与验证……269
8.6.1 丙烷压缩机工作原理和现状统计……269
8.6.2 变工况丙烷压缩机组振动标准建立……272
8.6.3 实例分析与验证……275
8.7 压缩机状态的区间特征根-模糊评估方法……278
8.7.1 往复压缩机状态评估指标体系的建立……279
8.7.2 区间数模糊分析评估模型……279
8.7.3 往复压缩机状态评估实例分析……283
参考文献……287
第 9 章　压缩机状态退化预测和故障预后方法……289
9.1 压缩机状态预测的现状与不足……289
9.1.1 压缩机状态预测技术研究现状……289
9.1.2 压缩机状态预测技术的不足……290
9.2 压缩机轴承性能退化的累积变换预测方法……291
9.2.1 累积损伤理论与累积变换算法……291
9.2.2 轴承性能退化的累积变换预测方法……294
9.2.3 轴承性能退化预测实例……296
9.3 大数据环境下压缩机故障的高斯-深度玻尔兹曼机预测模型……306
9.3.1 高斯-深度玻尔兹曼机模型的预测原理……306
9.3.2 大数据环境下的数据清洗规则……307
9.3.3 高斯-深度玻尔兹曼机的预测模型构建……307
9.3.4 高斯-深度玻尔兹曼机预测模型应用……312
9.4 融合特征趋势进化的压缩机故障预后方法……323
9.4.1 故障预后融合特征指标的提取……324
9.4.2 压缩机渐变性故障的预后方法……324

参考文献……329
第 10 章　压缩机关键部件故障的仿真诊断技术……331
10.1　压缩机仿真诊断的目的与意义……331
10.2　关键部件载荷-强度干涉模型定量可靠性分析与优化……331
10.2.1　载荷-强度干涉模型定量可靠性理论……331
10.2.2　可靠性定量分析与优化理论研究……334
10.2.3　基于有限元-蒙特卡洛模拟法的可靠性分析与优化理论……336
10.3　压缩机关键部件的潜在失效模式及后果分析评价方法……337
10.3.1　压缩机的可靠性、平均无故障时间、失效率指标分析方法……337
10.3.2　压缩机潜在失效模式及后果分析可靠性评价模型的建立……339
10.3.3　压缩机关键部件的潜在失效模式及后果分析可靠性分析方法研究……340
10.4　压缩机关键部件故障的仿真诊断实例分析……343
10.4.1　固有特性分析在压缩机关键部件故障诊断中的应用……343
10.4.2　静力强度分析在压缩机关键部件故障诊断中的应用……348
10.4.3　基于固有特性分析的压缩机机组振动异常诊断……354
10.4.4　基于瞬态动力学分析的压缩机机组振动异常诊断……361
参考文献……367
第 11 章　压缩机智能诊断……369
11.1　智能诊断概述……369
11.2　压缩机故障的深度学习智能诊断方法……369
11.2.1　深度学习思想……369
11.2.2　深度学习基本模型……370
11.2.3　基于深度学习的故障诊断案例……372
11.3　旋转叶片故障的卷积神经网络诊断方法……378
11.3.1　卷积神经网络……379
11.3.2　基于卷积神经网络的高速旋转叶片诊断方法……381
11.3.3　实验验证……385
11.4　变工况压缩机的迁移学习诊断方法……388
11.4.1　迁移学习……388
11.4.2　压缩机故障的迁移诊断模型……389
11.4.3　实例分析……391
11.5　不均衡数据集下故障的 BT-SVDD 分类方法……393
11.5.1　BT-SVDD 的提出……393
11.5.2　SVDD 概述……393
11.5.3　基于类间分离性测度的 BT-SVDD 多故障识别模型构建……397
11.5.4　工程应用……401

11.6　压缩机故障诊断专家系统……404
11.6.1　专家系统的基本组成……404
11.6.2　故障诊断专家系统的特点……404
11.6.3　压缩机故障诊断专家系统……405
11.7　智能诊断方法展望……409
11.7.1　智能诊断研究现状……409
11.7.2　智能诊断研究不足……409
11.7.3　智能诊断发展方向……410
11.7.4　压缩机智能诊断方法展望……413
参考文献……414
第12章　压缩机故障诊断典型案例……417
12.1　往复压缩机气阀故障诊断案例……417
12.1.1　气阀弹簧故障诊断……417
12.1.2　气阀阀片磨损故障诊断……420
12.2　往复压缩机活塞-缸套磨损诊断案例……422
12.3　往复压缩机十字头故障诊断案例……426
12.4　往复压缩机曲轴故障诊断案例……429
12.5　往复压缩机-管线耦合故障诊断……431
12.5.1　波动熵熵带标准建立……431
12.5.2　基于波动熵模型的耦合故障诊断案例……434
12.6　振动-红外融合诊断案例……436
12.6.1　多模态CNN振动-红外信息融合模型……436
12.6.2　多模态CNN的网络结构设计……436
12.6.3　基于多模态CNN的转子平台信息融合故障诊断……439
12.7　振动-热力参数融合诊断案例……441
12.7.1　振动-热力参数融合诊断的原理……441
12.7.2　应用实例……441
12.8　振动-油液融合诊断案例……445
12.8.1　振动与油液融合的层次……445
12.8.2　振动与油液信息融合的原理……446
12.8.3　振动与油液信息融合的公式……446
12.8.4　应用实例……447
参考文献……450
彩图

第1章 绪　　论

1.1　压缩机在工业中的地位和作用

压缩机作为提供气源动力的工业现代化基础机械与通用机械[1]，主要应用于提供空气动力、气体合成及聚合、气体输送、制冷和气体分离等领域，其中，提供空气动力是其最广泛的应用领域，涉及机械制造、石油化工、矿山冶金、服装纺织、电子电力、医药食品等国民经济各个重要行业，是仅次于电力的第二大动力能源。

压缩机是气源装置中的主体，属于通用机械，是将驱动机的机械能转换成压力或者动能的一种设备，多用于提高被压缩介质的压力，是压缩空气的发生装置。根据中华人民共和国国家标准《压缩机分类》（GB/T 4976—2017）[2]，压缩机的分类情况如图 1.1 所示。

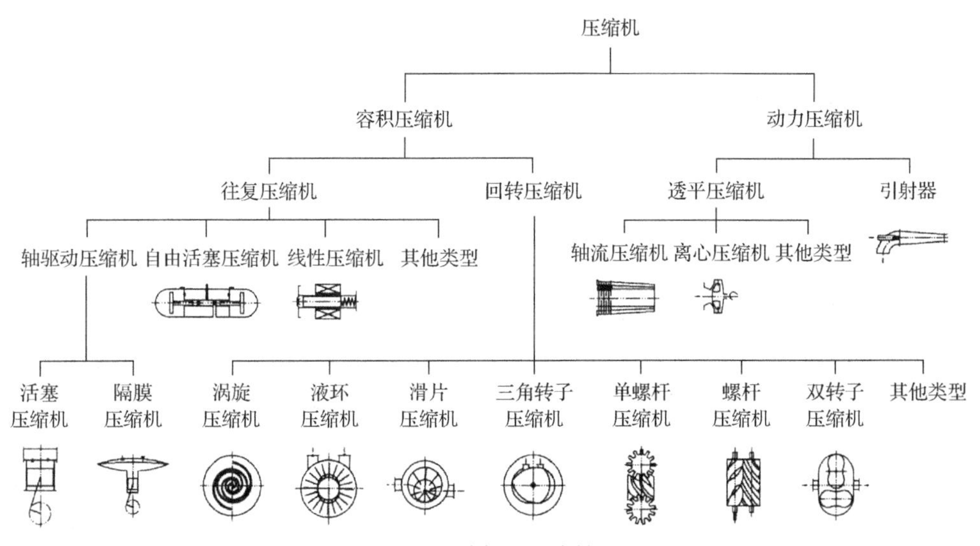

图 1.1　压缩机的分类情况

压缩机种类繁多，按照工作气体介质不同可分为空气动力用、工艺流程用及冷媒用。空气动力用压缩机主要用于压缩空气，作为各种机械及自动化装置的动力驱动设备；工艺流程用压缩机主要用于石油、化工、冶金等行业生产工艺流程上压缩各种单一或混合介质气体；冷媒用压缩机的工作对象是冷媒介质，用于空调和制冷系统。压缩机按照工作原理、运动部件结构、排气压力范围及工作气体介质等分类如表 1.1 所示。

表 1.1　压缩机的分类情况

<table>
<tr><td>分类依据</td><td colspan="6">类型</td></tr>
<tr><td>按工作原理</td><td colspan="3">容积式</td><td colspan="3">动力式</td></tr>
<tr><td rowspan="2">按运动部件结构</td><td>往复</td><td colspan="2">回转(旋转)</td><td colspan="3">透平(叶式)压缩机</td></tr>
<tr><td>一般活塞式、隔膜式</td><td colspan="2">双螺杆式、单螺杆式、罗茨、滑片、液环(液体活塞式)</td><td>离心式</td><td>轴流式</td><td>混流式</td></tr>
<tr><td rowspan="2">按排气压力</td><td colspan="3">低压压缩机：P_D=0.2～1.0MPa</td><td colspan="3">中压压缩机：P_D=1.0～10MPa</td></tr>
<tr><td colspan="3">高压压缩机：P_D=10～100MPa</td><td colspan="3">超高压压缩机：P_D＞100MPa</td></tr>
<tr><td>按压缩级数</td><td colspan="2">单级压缩机(气体通过一次工作腔或叶轮压缩)</td><td colspan="2">两级压缩机(气体前后通过两次工作腔或叶轮压缩)</td><td colspan="2">多级压缩机(气体顺次通过三次及以上的工作腔或叶轮压缩)</td></tr>
<tr><td>按工作气体介质</td><td colspan="2">空气动力用压缩机</td><td colspan="2">工艺流程用压缩机</td><td colspan="2">冷媒用压缩机</td></tr>
</table>

注：P_D为排气压力。

作为工业上应用最广泛的系统设备，压缩机是许多生产系统中的关键设备。

在石油化工领域，压缩机用来对气体进行压缩，产生气体压缩能，以输送气体或者为化学反应创造必要的条件。作为石化装置的关键设备，大部分石化装置都有压缩机，因此，气体压缩机被称为石化技术装备的“心脏”，在石油化工工业中起着十分重要的作用。目前，在石油化工领域常用的压缩机种类包括往复压缩机、离心压缩机和螺杆压缩机。

1. 往复压缩机

往复压缩机在石化工业的应用很广，在国际上，随着炼油、乙烯、化肥等产业的高速发展，极大地拉动了往复压缩机设计和制造水平的提高，大型往复压缩机的最大活塞载荷已经高达 1250kN 以上，轴功率突破了 10000kW。目前往复压缩机发展方向是：①产品具有大容量、高压力、结构紧凑、能耗少、噪声低、效率高、可靠性高、排气净化能力强特点；②在产品设计上，应用压缩机热力学、动力学计算软件和压缩机工作过程模拟软件等，提高计算准确度，通过综合模拟模型预测压缩机在实际工况下的性能参数，以提高新产品开发的成功率；③不断开发变工况条件下运行的新型气阀，气阀寿命大大提高；④压缩机产品机电一体化得到强化，采用计算机自动控制，自动显示各项运行参数，实现优化节能运行状态，优化联机运行、运行参数异常显示、报警与保护；⑤产品设计重视工业设计和环境保护，压缩机外形美观，更加符合环保要求。

2. 离心压缩机

离心压缩机在石化工业的应用也很广，尤其是在乙烯工业。目前，离心压缩机的国际发展方向是大型化、节能，技术开发的重点转向了提高产品的可靠性和运行效率，降低能源消耗，改进生产工艺方法等。随着石化生产规模不断扩大，压缩机容量不断增大，新技术的研究热点是开发新型气体密封、磁力轴承和无润滑联轴器。高压产品也随着需求增多，小流量产品不断涌现，三元流动理论研究也进一步深入，不仅应用到叶轮设计，还发展到叶片扩压器静止元件设计中，机组效率得到提高，采用噪音防护技术，改善操作环境等。

此外，近年来，由于我国能源结构的改善、低碳经济发展的需要和西气东输等国家级战略工程的实施，天然气在工业生产、日常生活能源消耗中所占的比例逐渐增大，需求量也日益增加。为保证天然气的远距离高效传输，大量大功率往复压缩机、离心压缩机开始相继在西气东输沿线投入使用，为落实我国能源战略发挥了巨大作用。

3. 螺杆压缩机

由于螺杆压缩机具有尺寸小、重量轻、易维护等特点而备受石化企业青睐。在石油和化工装置中，均有螺杆压缩机。如石油用塔顶气(常减压)压缩机、化工用丁二烯螺杆压缩机及火炬气回收系统压缩机等。但由于石油和化工用螺杆压缩机对流量、排出压力、轴功率等要求较高，目前基本上还依赖进口。例如，乙烯成套装置中的丁二烯螺杆压缩机，流量为5777m^3/h，排出压力达到0.7MPa，轴功率590kW，介质中带有固体粉末；聚乙烯装置中的再生气体螺杆压缩机，流量达到1678m^3/h，轴功率为400kW。由于这些螺杆压缩机国内压缩机厂设计制造程度低，依赖进口设备的现象十分突出。

随着科学技术的不断发展，压缩机的压力范围不断扩大，工作环境越来越恶劣，产出的效率不断被突破，应用领域更是不断在拓宽。但工业压缩机大多系统结构复杂、运行工况多变、工作环境恶劣，压缩的气体通常都是高温、高压或易燃易爆的危险系数极高的介质。一旦停机或发生事故，会造成整个生产线不能正常的运转，危险气体引起空气、水能资源的污染，甚至会发生爆炸，带来严重的经济损失、人员伤亡及恶劣的社会影响[3]，对个人甚至国家都是巨大的灾难。据2001～2009 年全国石油化工行业不完全统计[4]，往复压缩机共发生爆炸事故 18起，导致 17 人死亡，80 人受伤，在国际社会造成严重的负面影响。

由此可见，压缩机故障频繁、非计划停机次数较多、设备可靠性或可用性不高，对工业安全、环境保护及经济效益等造成较大影响。究其原因，主要是目前缺乏有效的设备故障诊断机制和早期预警技术，限制了设备维修维护水平。因此研究复杂环境下设备的故障诊断机制和早期预测预警技术，尽早发现各种安全隐患，避免恶性停机事故，确保系统安全、稳定、长周期运行，具有重要意义。

1.2 压缩机故障诊断的目标和特点

机械故障诊断技术是监测、诊断和预示连续运行机械设备的状态和故障，保障机械设备安全运行的一门科学技术[5]，也是 20 世纪 60 年代以来借助多种学科的现代化技术成果迅速发展形成的一门新兴学科，其突出特点是理论研究与工程实际应用紧密结合[6]。机械故障诊断对保障设备安全运行意义重大，不仅能够有效避免机械设备事故所将带来的巨大的经济损失、人员伤亡和社会负面效应，还能够带来可观的经济效益。根据英国对 2000 个大型工厂的调查表明，应用监测技术每年可节省维护费用约 3 亿英镑，而在状态监测方面的投入仅 0.5 亿英镑，收益为投入的 6 倍[7]。此外，应用状态监测与故障诊断技术不仅能减少 75%的事故，节约 30%的维修工时，节约 25%～50%的维修成本，还能降低生产成本、节约能源和物料消耗，极大地提高产品质量和生产效率。《国家中长期科学和技术发展规划纲要(2006～2020)》和《机械工程学科发展战略报告(2011～2020)》，均将重大产品和重大设施运行可靠性、安全性、可维护性关键技术列为重要的研究方向[8-10]；《中国制造 2025》重点领域技术路线图也特别指出，对航空发电机、先进轨道交通装备、发电装备及农业装备等要实现具有状态监视、故障诊断与处理、故障预测和寿命管理功能的先进智能健康管理系统[11]。

机械故障诊断是识别机器运行状态的科学，它研究的是机器运行状态的变化在诊断信息熵的反映。机械故障诊断的内容包括运行状态的监测、识别和预测三方面的内容，其任务和目的就是获得机器运行状态的信息，通过分析和比较及早发现机械状态的异常或故障，从而指导维修、保证机器的正常运行、减少或消除机械故障或事故的发生、提高设备的利用率，以及为机器机构的改进设计服务。因此，机器故障诊断的目标可概括为以下四个方面。

1) 揭示运行机械的潜在故障

预防机械设备运行事故，保证参与者的生命安全及设备的安全运行，延长机械设备使用寿命。防患于未然是安全生产的根本保证，尤其是压缩机作为生产系统的核心设备，一旦发生故障不仅会造成巨大的经济损失，而且会带来严重的社会公害和人员伤亡。为了避免这些恶性事故的发生，仅靠提高其设计可靠性是远远不够的，必须辅以有效的故障诊断。

2) 改进机械设计和提高制造质量

在机械的设计、制造、装配、安装直至投入生产的全过程中，都难免存在各种不足与问题，并直接影响到设备运行的状态。通过对机械设备开展故障诊断与分析统计，可以有效发现常见的故障类型，并推断其背后隐藏的深层原因，进而持续提高机械设计和制造的水平。

3)提高机械的运行效益

提高经济效益和社会效益，是市场经济环境下的根本目标。故障诊断与预知维修技术研究的目的就是更准确、更及时地发现故障，使零部件的寿命得到充分的延长，并延长检测周期，提高维修的精度和速度，降低维修费用，获得最佳的经济效益。

4)推动维修制度变革

预知维修方式是一种动态维修制度，也称为视情维修，是一种理想的维修模式，是维修制度变革的目标。真正意义上的预知维修应该建立在设备故障诊断技术成熟和比较完备的基础上，即在不拆卸、破坏设备的条件下，能对设备的工作性能、状态变化及故障趋势进行定量的描述与掌握，并能正确预测机械设备的寿命和可靠性，同时能够制订出对其修复的方法和计划。因此，设备故障诊断技术的发展状况决定预知维修的实现程度，改变了机械设备原有的维修制度，也是生产者提高设备综合管理水平的标志之一。

压缩机故障诊断是针对压缩机系统的特点，通过分析压缩机系统特有的失效形式和故障机理，利用现代信息处理技术，对提取的状态监测信号进行模式识别或分类，对系统故障进行诊断，对故障原因进行分析，并进行故障定位和故障预测等。其诊断过程一般包括机械状态信号的测量、机器状态或失效信息的提取、状态识别、诊断结论几个步骤。其中，机器状态信息提取的结果往往表现为提取得到的状态特征参数；状态识别过程实质上是一个比较、分类过程。通过对当前状态特征与标准状态或故障特征的比较，得出当前机械状态或故障类别。

压缩机故障诊断具有如下特点。

1)压缩机故障诊断过程是典型的逆命题

它遵循了运行信息—机器行为—机器性能—动态模型的求解方向，从整体的状态信号逐步分析、确定零部件的故障或失效。

2)压缩机故障诊断是多学科融合的技术

机械故障诊断设计到机器学、力学、材料科学、信息学、测试及信号处理、仪器科学、计算机技术等，其涉及的应用领域也非常广泛，如电力、石化、冶金、航空、航天等。以上学科领域的研究进展或技术进步，会促进机器诊断技术的发展和进步。

3)压缩机故障诊断具有复杂性

工业用压缩机多为复杂的非线性系统，激励和响应都具有非平稳性，其故障的产生是由多方面因素造成的[12, 13]。从系统论的观点看，压缩机包含多个子系统，各系统间相互影响，关系复杂。压缩机在工作过程中，其零部件由于磨损、疲劳、老化等因素都会引起系统结构上的劣化与失效，以及各子系统因果关系的变化，使系统故障特征在传播过程中受到一定的扭曲，再加上传播路径也不只一条，从而造成一个原始故障源可能表现为多个子系统故障。因此故障源与故障的表现形式并不是一对一的简单映射关系，它不仅存在一个故障源多个故障表现形式(一因多果)现象，也存在多个故障源一个故障表现形式(多因一果)现象，还存在多个故障源多个故障表现形式相互交叉耦合的现象(多因多果)。总而言之，压缩机的故障诊断呈现出复杂性，并进一步表现在如下几个方面[14, 15]。

(1) 故障的层次性。压缩机结构具有层次性，这种层次性决定了故障的产生会对应系统的不同层次而表现层次性，这要求人们在故障分析时应从多方面入手，深入每个层次分析。

(2) 故障的模糊性。压缩机作为一种复杂机械和动设备，系统运行状态本身就存在模糊性，加之人们在状态监测中也包含一些模糊概念，从而造成故障分析的困难。

(3) 故障的未确知性。在压缩机故障诊断技术不完善条件下，人为主观上的认识受到限制。当系统故障产生后，不能准确说明故障发生的部位与原因，只能靠一种经验或思维定式来判断和分析。

(4) 故障的相对性和相关性。压缩机故障与一定的条件和环境相关，不同条件和环境下的故障表现形式存在不一致性，如不同的故障诊断方法对相同故障的程度描述会有一定的差别。另外，由于组成压缩机的各子系统相互关联成一体，因此某一子系统的故障有可能影响其他相关子系统的工作状态。

(5) 多故障并发性。由于结构零部件繁多，压缩机工作过程中不可避免地存在多个故障同时存在的可能。通过有效的方法把各个故障的特征准确地表达出来，是目前大机组故障诊断技术的瓶颈。在多故障模式的故障诊断中，由于故障模型的多样性，故障特征向量的复杂性，应建立多种故障模式下的判断原则和判断标准，掌握多个故障模式之间的相互关系，然后综合分析多故障模式下的征兆和状态，弄清设备故障性质、程度、类别、部位及产生的原因。

1.3 压缩机监测诊断研究及应用现状

自 20 世纪 60 年代美国故障诊断预防小组和英国机器保健中心成立以来，故障诊断技术逐步在世界范围内推广普及。针对压缩机的监测诊断研究，全球科研和工程领域工作者在监测信号与传感技术、故障机理与征兆特征、信号处理与诊断方法、智能诊断与决策等方面开展了积极的探索，并取得了丰硕的成果。此外，除学术研究外，大量的商业化状态监测与故障诊断系统也不断涌现。

1.3.1 监测信号与传感技术

可靠的信号获取与先进的传感技术是机械故障诊断的前提。1968 年，美国的

Sohre[16]根据600余次事故分析经验，归纳总结了振动特征分析表。在此基础上，Jackson[17]编写了旋转机械振动分析征兆一般变化规律表，得到了国内外旋转机械状态监测和故障诊断分析和研究人员的广泛引用。2009年，Achenbach[18]对结构健康监控研究范畴做了重要论述，将传感技术等列为重要研究内容。

目前，机械设备状态监测多以振动信号为主，位移、速度和加速度等信号都被广泛地应用于设备离线或在线监测[19]。此外，一些新的监测技术或传感器分布研究也在进行之中。

1. 叶尖定时监测技术

叶尖定时监测技术由法国Holz提出，其原理是运用传感器对叶片到达特定点的时间进行监测，当叶片状态完好时，该时间是一个恒定值[20]；而当叶片出现裂纹时，会发生不同程度的颤振，导致到达时间发生改变。采集叶片到达的时间序列，并运用特定算法对其进行分析，便能间接得到叶片裂纹的信息。目前，该技术已用于叶片颤振、叶片应力、叶片疲劳及叶片振动异常等的监测，并且已经逐渐趋于产品化[21]。例如，美国空军阿诺德工程发展中心的非介入式应力测量系统、德国MIU公司的非接触叶片振动测量系统等。

2. 多传感器监测技术

全息谱技术多传感器监测的典型应用，通过融合多传感器采集的监测信息，开展故障监测和诊断。通过对转子截面水平和垂直方向振动信号的幅值、频率、相位信息进行集成，用以合成一系列椭圆来刻画不同频率分量下转子的振动行为。该方法可用于分类谐波类故障、倍频类故障、低频有色噪声类故障的诊断[22]。

3. 虚拟传感技术

在实际生产中，一些重要的过程参量可能会难以直接测量或直接测量成本很高，而且硬件传感器不可避免地会因为故障或定时检测维修而停止工作，此时，便可以通过虚拟传感器技术进行参量监测[23]。虚拟传感器是指通过监测与目标量相关且易于测量的变量，并对监测的信号进行相应处理，进而间接获取目标量信息的一种方法。在某种意义上，虚拟传感器是一种数学模型，该模型反映了相关量与目标量间的映射关系，因而可以通过相关量监测数据的输入，实现目标量的输出[21]。相对于硬件传感器，虚拟传感器更加廉价[24]，虽然监测精度还有待提升，但基于数据驱动的虚拟感器已经受到广泛关注[25]。

1.3.2 故障机理与征兆联系

弄清故障的产生机理和表征形式是机械故障诊断的基础。2008年，Bachschmid和Pennacchi[26]为纪念裂纹研究50周年，在国际期刊*Mechanical Systems and Signal*

Processing(*MSSP*)上客籍主编了一期裂纹研究综述文章，从裂纹转子模型、裂纹机理等多方面做了相关的论述。美国 Los Alamos 国家实验室的工程研究所 Farrar 等在结构健康监测、预测方面做了连续卓有成效的理论与试验研究[5]。闻邦椿[27]和陈予恕[28]基于混沌和分岔理论对轴系非线性动力学行为进行了深入研究。钟掘和唐华平[29]研究了现代大型复杂机电系统耦合机理问题。

1.3.3 信号处理与特征提取

监测信号中包含反映设备状态变化或故障程度的信息，但由于设备自身的信号源众多，加之环境噪声和传输通道特性的干扰，往往使监测信号呈现出混乱无规则的形态，故障信息隐含，难以直接利用。信号处理与特征提取就是通过各种谱分析方法、时间序列特征提取方法、自适应信号处理等方法，去除监测信号中的干扰信息，保留表征故障的敏感特征，进而判断设备或系统是否存在故障[30]。以下介绍几种常见的信号处理方法。

1. 小波变换

小波变换(wavelet transform，WT)是时间(空间)频率的局部化分析，它通过伸缩、平移运算进而对信号逐步进行多尺度细化[31]，最终达到高频处时间细分、低频处频率细分，能自动适应时频信号分析的要求，从而可聚焦到信号的任意细节，解决了傅里叶变换困难的问题，成为信号处理、图像处理等领域有效的时频分析方法，特别是在机械设备故障诊断中小波分析已经逐渐成为一种强有力的分析手段[32]。

2. 经验模态分解

经验模态分解(empirical mode decomposition，EMD)是一种新的自适应非线性平稳信号的处理方法，它能够将信号分解为一系列不同的固有模态函数(intrinsic mode function，IMF)，而前几个 IMF 往往集中了原信号最显著、最重要的信息，因此 EMD 可以有效地提取出原始信号的特征信息[33]。随着研究的深入，单纯的 EMD 特征提取方法已经无法满足人们的需求，各种基于 EMD 的优化方法层出不穷。

3. 变分模态分解

变分模态分解(variational mode decomposition，VMD)是 Dragomiretskiy 和 Zosso[34]于 2014 年提出的一种自适应信号分解新方法。该方法在分解过程中通过循环迭代求取约束变分问题的最优解，确定分解得到的固有模态分量的频率中心及带宽，实现信号各频率成分的有效分离，但由于该方法仅对信号进行完备地分解，当信号信噪比较低时无法突出微弱故障信号。当前利用 VMD 方法进行故障诊断的研究较少，尚无解决这一问题的案例。但该方法与 EMD 和局部均值分解(local mean decom position，LMD)相比具有收敛快、鲁棒性高的特点，也越来越受到人们的关注。

1.3.4 智能诊断与决策方法

目前，基于机器学习的故障智能诊断与识别是目前机械故障诊断的研究热点，也是未来故障诊断技术的发展方向。常用于故障诊断的人工智能方法包括人工神经网络、支持向量机、极限学习机和深度学习等[35]。

1. 人工神经网络

人工神经网络(artificial neural network，ANN)具有分布并行信息处理、联想记忆、自学习、自适应、容错性、处理复杂多模式的优良性能，适用于复杂系统的故障诊断。其典型的诊断步骤为：①挑选关键参数作为输入层，故障参数作为输出层，利用典型样本学习的权值进行模式识别；②选择适当类型的神经网络；③从故障档案中选取样本；④利用学习算法对网络进行训练；⑤应用训练好的网络诊断新的故障。

2. 支持向量机

支持向量机(support vector machine，SVM)是针对线性可分情况进行分析，对于线性不可分的情况，通过使用非线性映射算法将低维输入空间线性不可分的样本转化为高维特征空间使其线性可分，从而使高维特征空间采用线性算法对样本的非线性特征进行线性分析成为可能。它不仅基于结构风险最小化理论，在特征空间中建构最优分割超平面，使学习器得到全局最优化，而且在整个样本空间的期望风险以某个概率满足一定上界。SVM是建立在统计学习理论基础上的一种数据挖掘方法，能非常成功地处理回归问题和模式识别等问题。

3. 极限学习机

极限学习机(extreme learning machine，ELM)是用来求解单层神经网络的算法，其最大的特点是对于传统的神经网络，尤其是单隐层前馈神经网络(SLFNs)，在保证学习精度的前提下比传统的学习算法速度更快。

4. 深度学习

近年来，设备向着大型化、复杂化的方向发展，深度学习在特征提取与模式识别方面显示出了独特的优势，作为强大的数据特征表达技术之一，深度学习(deep learning)能够有效解决深层结构相关的优化难题[36]，将深度学习应用于石化设备的故障诊断方面的研究已初现端倪[37]。近年来，深度置信网络、卷积神经网络、堆叠自动编码机、递归神经网络等深度学习的基本模型框架得到了人们的普遍认可。

1) 深度置信网络(deep belief nets，DBN)

DBN 是一种典型的深度学习方法，其通过底层特征的组合形成更加抽象的高层表示，从而发现数据的分布特征，实现在样本数量有限的情况下对数据本质特征的学习，从而实现数据的提取。

2) 卷积神经网络(convolutional neural networks，CNN)

CNN 的实质是构建多个能够提取输入数据特征的滤波器，对输入的数据进行逐层卷积及池化，逐级提取拓扑结构特征，最终获得输入数据的平移、旋转及缩放不变的特征表示，非常适合海量数据的处理与学习。

3) 堆叠自动编码机(stacking automatic encoded，SAE)

SAE 能够有效地提取数据的低维特征，该方法目前的主要作用是降噪滤波和特征提取量大。另外，该方法训练需要少量样本，加上适当的分类识别技术即可实现高性能的故障诊断结果。

4) 递归神经网络(recurrent neural network，RNN)

RNN 根据反馈途径不同可构成 Jordan 和 Elman 型两种不同的递归神经网络，该方法提高了故障诊断效率，适用于复杂设备或系统的实时故障诊断。

1.3.5 商业化的监测诊断系统

国外的设备运行维护和安全保障工作开展较早，大型石油石化企业普遍应用了状态监测与故障诊断系统。国际上比较知名的有：美国 Bently 公司开发的包括振动、轴位移、键相信号在内的 Bently 7200、Bently 3300、Bently 3500 及 System one 监测系统；美国 BEI 公司研发的基于振动信号的旋转机械状态监测与智能诊断专家系统；丹麦 B&K 公司开发的 2520 型振动监测系统。

我国在状态监测与故障诊断方面起步较晚，但随着不断努力，现已形成了一些具有一定规模的故障诊断研究中心，并取得了一定的研究成果，商业化的监测系统主要有创为实 S8000 和博华信智 BH5000 等。中国石油大学(北京)开发了 MDES 型机械数据采集硬件系统、故障诊断及状态评价软件系统，可检测压缩机振动、温度、压力、转速等信号，并实现特征自动提取、故障诊断和超限报警等功能。

参 考 文 献

[1] 王崇明. 压缩机. 北京: 中国石化出版社, 2012.
[2] 中国国家标准化管理委员会. 压缩机分类: GB/T 4976—2017. 北京: 中国标准出版社, 2017.
[3] 金涛, 童水光, 汪希萱. 往复式活塞压缩机故障检测与诊断技术. 流体机械, 1999, 27(11): 28-31.
[4] 阳小平, 王凤田, 邵颖丽, 等. 大张坨地下储气库地面工程配套技术. 油气储运, 2008, 27(9): 15-19.

[5] 王国彪, 何正嘉, 陈雪峰, 等. 机械故障诊断基础研究"何去何从". 机械工程学报, 2013, 49(1): 63-72.
[6] 屈梁生, 何正嘉. 机械故障诊断学. 上海: 上海科学技术出版社, 1986.
[7] 褚福磊. 防微杜渐"设备医生"大显身手——浅谈设备状态监测与故障诊断技术的应用和发展. 中国设备工程, 2015, (3): 28-31.
[8] 涂善东, 葛世荣, 孟光, 等. 机械与制造科学学科发展战略研究报告(2006—2010年). 北京: 科学出版社, 2006.
[9] 国家自然科学基金委员会工程与材料科学部. 机械工程学科发展战略报告(2011—2020 年). 北京: 科学出版社, 2010.
[10] 中华人民共和国科学技术部. 国家"十一五"科学技术发展规划. (2006-5-14)[2018-12-15]. http://www.most.gov.cn/mostinfo/xinxifenlei/gjkjgh/200811/t20081129_65773.htm.
[11] 中华人民共和国国务院. 中国制造 2025. (2015-5-19)[2018-12-20]. http://www.miit.gov.cn/n973401/n1234620/n1234622/c4409653/content.html.
[12] 刘卫华, 郁永章. 往复压缩机故障诊断技术研究现状与展望. 压缩机技术, 1999, 155(3): 49-52.
[13] 何平, 张卫民, 程红亮. 压缩机故障信号机理分析. 机械研究与应用, 2002, 15(2): 5-7.
[14] 刘卫华, 郁永章. 往复压缩机故障诊断方法的研究. 压缩机技术, 2001, 165(1): 3-5.
[15] 刘卫华, 昂海松. 往复压缩机故障诊断技术中若干问题研究. 流体机械, 2003, 31(2): 27-30.
[16] Sohre J S. Trouble-shooting to stop vibration of centrifugal. Petrp Chem. Engineers, 1968, (11): 22-23.
[17] Jackson C. The Practical Vibration Primer. Houston: Gulf Publishing Company, 1979.
[18] Achenbach J D. Structural health monitoring-What is the prescription. Mechanics Research Communications, 2009, 36(2): 137-142.
[19] 刘振华. 机械诊断中的几个基本问题. 现代制造技术与装备, 2017, (1): 98-99.
[20] 欧阳涛. 基于叶尖定时的旋转叶片振动检测及参数辨识技术. 天津: 天津大学博士学位论文, 2011.
[21] 陈庆光, 王超. 基于叶尖定时法的旋转叶片振动监测技术研究与应用进展. 噪声与振动控制, 2016, 36(1): 1-4, 37.
[22] 屈梁生, 史东锋. 全息谱十年: 回顾与展望. 振动测试与诊断, 1998, 18(4): 3-10, 71.
[23] Sliskovic D, Grbic R, Hocenski Z. Methods for plant data-based process modeling in soft-sensor development. Automatika, 2011, 52(4): 306-318.
[24] 刘彦强. 虚拟传感器的应用. 齐齐哈尔大学学报(自然科学版), 2016, 32(5): 26.
[25] Kadlec P, Gabrys B, Strandt S. Data-driven Soft Sensors in the process industry. Computers & Chemical Engineering, 2009, 33(4): 795-814.
[26] Bachschmid N, Pennachhi P. Crack effects in rotor dynamics. Mechanical Systems and Signal Processing, 2008, 22(4): 761-762.
[27] 闻邦椿. "振动利用工程"学科近期的发展. 振动工程学报, 2007, 20(5): 427-434.
[28] 陈予恕. 机械故障诊断的非线性动力学原理. 机械工程学报, 2007, 43(1): 25-34.
[29] 钟掘, 唐华平. 高速轧机若干振动问题——复杂机电系统耦合动力学研究. 振动、测试与诊断, 2002, 22(1): 1-8.
[30] 薛光辉, 吴淼. 机电设备故障诊断方法研究现状与发展趋势. 煤炭工程, 2010, (5): 103-105.
[31] 吴秀星, 苏志宵, 高立新. 小波的发展及其在机械设备故障诊断中的应用. 设备管理与维修, 2016, (9): 94-97.
[32] Badou A F, Sunar M, Cheded L. Vibration analysis of rotating machinery using time-frequency analysis and wavelet techniques. Mechanical Systems and Signal Processing, 2011, 25(6): 2083-2101.
[33] 杨宇, 于德介, 程军圣. 基于 EMD 与神经网络的滚动轴承故障诊断方法. 振动与冲击, 2005, 24(1): 85-88.

[34] Dragomiretskiy K, Zosso D. Variational mode decomposition. IEEE Transactions on Signal Processing, 2014, 62(3): 531-544.

[35] 吴国文, 肖翱. 基于深度学习神经网络的齿轮箱故障识别研究. 网络安全技术与应用, 2016, (12): 162-164.

[36] 陈星沅, 姜文博, 张培楠. 深度学习和机器学习及模式识别的研究. 科技资讯, 2015, 13(31): 12-13.

[37] 任浩，屈剑锋，柴毅，等. 深度学习在故障诊断领域中的研究现状与挑战. 控制与决策，2017, 32(8): 1345-1358.

第 2 章　离心压缩机叶片的叶尖定时监测诊断

2.1　高速旋转叶片监测技术概述

2.1.1　旋转叶片监测技术研究现状

大型旋转机械是国民经济和国防事业发展的基础动力设备，具有不可替代的作用，广泛应用于航空、舰船、电力、石化、冶金等工业系统，典型的设备有航空发动机、压缩机、燃气轮机、汽轮机、烟气轮机、鼓风机等。旋转叶片作为关键部件，具有高转速、易损伤的特点，且一旦发生失效断裂事故将会造成灾难性的后果。因此，其运行状态直接决定着整个透平设备乃至相关系统的安全性与稳定性。其次，叶片作为能量转换的关键环节，长期受高温高压、强离心力、气动力、热应力及振动载荷的作用使其产生交变应变并承受高循环应力，进而在缺陷处萌生裂纹，最终导致疲劳断裂等失效，造成严重安全事故。因此，高速旋转叶片运行状态的在线监测对保障旋转机械的安全平稳运行具有重大意义。

旋转叶片在运行中具有高转速、高动平衡要求的特点，透平类设备的叶片数量一般达到数百乃至上千。因此，叶片在线监测一直是该领域的一个挑战。近几年，随着检测传感技术的进步，旋转叶片监测技术也得到了快速发展，从最早美国西屋(Westhouse)公司利用反光镜进行叶片振动的测量到目前为止，已经相继提出了近十种测量方法，这些方法按照测量方式分为接触式测量和非接触式测量两类。接触式测量的典型方法有反光镜法、应变片法；非接触式的测量方法有频率调制法、间断相位法、激光全息法、微波测量法、声响应法及叶尖定时法等。其中，叶尖定时法结构简单、操作方便、实用性强，而且具有可以同时监测所有叶片的优势，已成为当前领域的热点，被认为是最具发展前景的叶片监测手段。

2.1.2　叶尖定时监测技术研究现状

叶尖定时监测技术最早在 20 世纪 60 年代由法国 Holz 提出，并于 20 世纪 70 年代由 Zablotsky-Korostelev 发展为速矢端迹法[1]。因其突出的优点快速得到研究机构及大型航空公司的重视并投入了大量研究，并逐渐产品化。

目前，国外比较成熟的产品有美国空军阿诺德工程发展中心(AEDC)研发的非介入式应力测量系统(non-intrusive stress measurement system，NSMS)、德国 MIU 公司开发的非接触叶片振动测量系统等。此外，美国 Hood 公司自 20 世纪末期开始研究叶尖定时监测技术，目前已开发出包括电涡流传感器及光纤传感器在内的叶片振动监测系统。Agilis 公司研制的光纤式叶尖定时传感器也得到了广泛应用。法国的 FOGALE 公司和 THERMOCOAX 公司研制出了耐高温电容式传感器，英国的 ROTADATA、Qineti Q 和 MONITRAN 公司对电涡流传感器做了大量研究。克兰菲尔德大学(University of Canfield)、牛津大学(Oxford University)、美国阿诺德工程研发中心(AEDC)及德国的 MTU 公司都对叶尖定时监测技术进行了深入研究并研发了相应的检测设备。此外世界三大航空发动机制造公司：美国通用电气公司(GE)、加拿大普惠公司(Pratt & Whitney Canada)及英国的罗尔斯·罗伊斯(Rolls Royce)更是早已将叶尖定时监测技术应用到发动机的生产测试中。

国内方面，2002 年天津大学精密测试技术及仪器国家重点实验室开始对该技术进行研究，完成了基于叶尖定时的叶片振动在线监测软硬件系统的研制开发[2]，并与中国燃气涡轮研究院合作进行现场试验。2005 年该实验室设计了一种 Y 型光纤传感器，极大地提高了叶尖定时监测系统的测量精度。2004 年又开发了基于电容传感器的叶尖定时监测系统[3]，并进行了烟气轮机的叶片振动测试实验。当前该实验室在叶尖定时监测系统、传感器及振动参数辨识等方面都有较深入的研究，其中典型的成果有“耐高温的光纤式叶尖定时传感器”“基于任意角分布的多传感器同步振动参数辨识方法”“5+2 的传感器布局法”及一套较成熟的“叶尖定时监测系统”等，目前已有部分研究成果应用于工程实际当中。

近年来，中国石油大学(北京)、国防科技大学、南京航空航天大学、北京化工大学、山东科技大学，中国特种设备检测研究院、中国燃气涡轮研究院等高校及研究机构也加入了叶尖定时监测技术的研究，并取得了一些成果。

2.1.3　叶尖定时监测技术存在的问题

目前，对叶尖定时监测技术的研究主要集中在叶尖定时传感器的设计、布局优化、高速采集系统的研发、叶片振动参数辨识方法等几个方面，已取得一些有益成果，但当前叶尖定时监测系统依然处于实验室研发阶段，距离工程实际应用还有很大距离，总结起来目前该技术的研究主要存在以下不足。

1. 变转速状态下利用叶尖定时监测系统进行叶片振动测量方法研究不足

叶尖定时监测系统是利用叶片扫过传感器时的时间差来获得叶片的振动位移，但转速一旦发生波动将直接导致该系统所记录定时时刻数据失去原有的物理意义。在实际工况中，受外界干扰、驱动力波动及起停机等影响，叶片转速很难保持恒定运行，因此如何在变转速状态下利用叶尖定时监测系统准确获得叶片振动信号成为该技术能否成功应用的关键，而目前关于变转速下利用该系统进行叶片振动测量的研究基本处于空白。

2. 对噪声干扰条件下准确获取叶尖定时信号的方法研究不足

由叶尖定时监测系统原理可知，该测试系统灵敏度极高，任何外界干扰均会引入极大的测量误差从而导致测量结果不准确，而在实际测量中，有来自关联部件所传递的叶片振动、安装传感器的壳体振动、气体中杂质的随机干扰、测试系统的周期性杂波影响等，这些噪声均会给测量结果引入不可忽略的误差。目前，如何在这些噪声干扰条件下准确获取叶尖定时信号依然是一个难点，需要进一步的分析研究。

3. 对欠采样的叶尖定时信号重构方法研究不足

受限于高速旋转叶片设备结构特点，基于叶尖定时监测系统获得的信号均属于严重的欠采样信号。当前关于欠采样叶尖定时信号的分析方法已经有了一些研究，但多是依赖于先验知识的频域分析手段，适用范围有限。如果能够利用少量的欠采样信号在时域上进行信号重构得到叶片振动的原始波形，就能很好地利用成熟的信号处理算法进行分析从而获得叶片振动参数。而目前关于欠采样叶尖定时信号的时域重构方法研究较少，针对该问题需要进一步的探究。

4. 对基于叶尖定时信息的叶片故障智能诊断算法研究不足

目前，对基于叶尖定时的叶片运行状态辨识研究更多的是分析叶尖定时信号获得叶片振动参数，通过振动参数的变化进行叶片状态的判断。但这一过程中涉及欠采样信号处理，叶片固有频率测量，叶片振动频率计算等一系列复杂工作，且诊断结果仅能显示叶片是否处于正常状态而无法判断缺陷位置。而近年来以机器学习为核心的智能诊断算法已经成功应用于传统的机械设备故障诊断中，能否引入或改进这些智能诊断算法用于欠采样叶尖定时信号的分析中，从而提高叶片故障智能诊断水平，目前对于这一部分内容的研究比较欠缺，需要进一步的研究。

2.2　叶尖定时监测技术的原理

2.2.1　叶尖定时监测技术基本原理

叶尖定时监测技术是一种非接触式的叶片振动测量技术，其本质是通过记录旋转叶每一圈扫过定时传感器的时间差值来实现叶片振动信息的测量[4]。测量原理如图 2.1 所示，在相对静止的机壳上，安装一个或多个定时传感器 S，来记录旋转叶片经过时所产生的脉冲信号，当叶片发生振动时，则叶片端部会偏离平衡位置，从而使叶片每次到达传感器的实际时间与理论值不相等产生一个时间差 Δt，通过不同的分析算法对该时间差序列 $\{\Delta t\}$ 进行处理，即可得到叶片的振动信息。

图中 S 为叶尖定时传感器，SZ 为转速同步传感器，SA 为叶根同步传感器，每个脉冲信号的上升沿代表一个叶片的到来时刻，其中 Δt 等于叶尖实际到达传感器与理论到达传感器的时间差值。

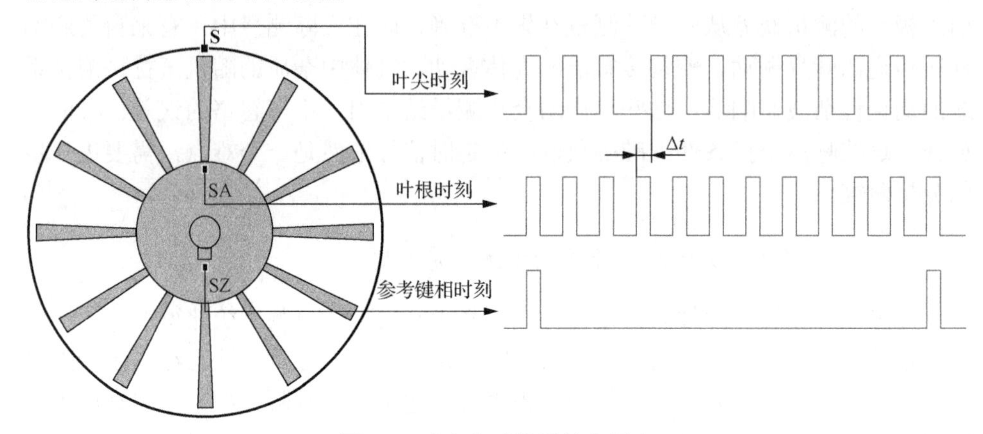

图 2.1　叶尖定时监测技术原理

2.2.2　叶尖定时传感器

当前关于叶尖定时传感器的研究主要有基于光纤式、电容式、电涡流式等几种，下面分别对这几种叶尖定时传感器进行简单介绍。

1. 光纤式叶尖定时传感器

光纤式叶尖定时传感器[5]原理是将激光投射到叶片端面，通过感受叶尖反射回来的光强信号变化来获取叶片的到来时刻，主要包括电路模块和光纤传感模块，其中光纤传感模块主要采用 Y 型光纤结构，如图 2.2 所示。

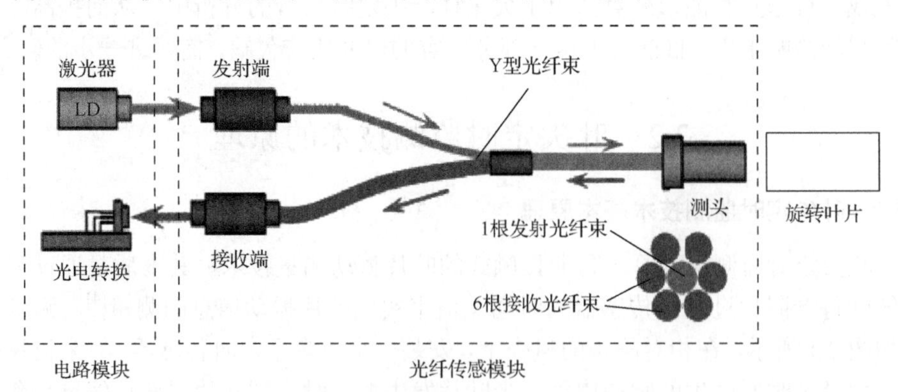

图 2.2　光纤式叶尖定时传感器

光纤式叶尖定时传感器主要由发射端、接收端、光纤束和测头组成。其中，光纤束一般由一个发射光纤和排布其周围的多根接收光纤组成。为了满足更高精度要求，可在测头端面封装准直透镜。

光纤式叶尖定时传感器要求传感器与叶尖之间无障碍，传感器与叶尖之间的间隙必须是透明的。该传感器具有结构小巧、信噪比高、响应快、精度高等特点。采用不同材质光纤，可以适应不同温度环境，例如，采用普通石英光纤耐 200～300℃，采用镀金光纤(gold fiber)可耐 650℃，若外加制冷系统或采用蓝宝石光纤，可在 1000℃以上使用。该传感器不能在有污染的条件下使用，需保持传感器测头端面清洁。美国 Hood 公司和 Agilis 公司[6]研制的光纤叶尖定时传感器产品已经在国外得到推广应用。

2. 电容式叶尖定时传感器

电容式叶尖定时传感器①原理是根据传感器芯极与叶片端面间形成的电容变化获取叶片的到来时刻。为了满足耐高温、抗干扰等要求，测头主要由芯极、内外屏蔽、绝缘层组成，电涡流式叶尖定时传感器如图 2.3 所示。芯极、内外屏蔽采用金属材料，一般选择镍镉合金；绝缘层材料采用氧化镁或二氧化硅，与金属层烧结成一体。同轴电缆采用高温三同轴电缆和常温电缆级联而成。

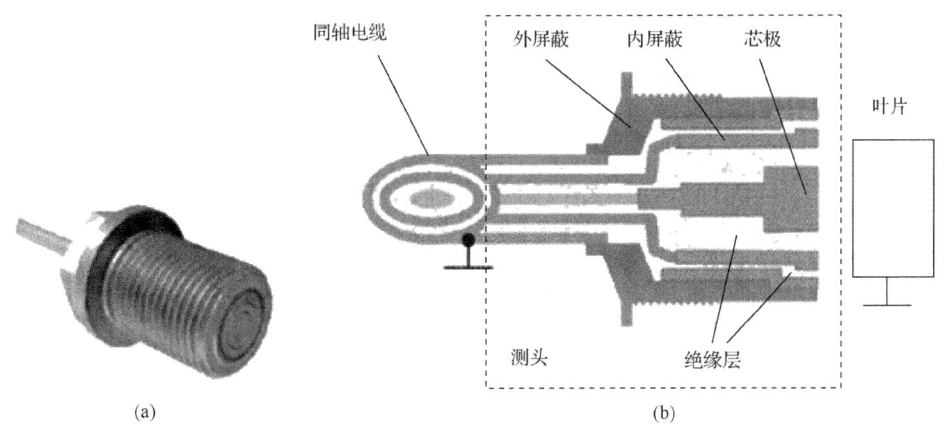

(a)　(b)

图 2.3　电容式叶尖定时传感器

(a) 实物图；(b) 剖面图

3. 电涡流式叶尖定时传感器

电涡流式叶尖定时传感器[7]是利用电磁感应现象，当导磁性金属处于变化着的磁场中或者在磁场中运动时，导磁性金属体内都会产生感应电动势，形成电涡流。它分为被动式和主动式两种传感器。被动式电涡流传感器由一个永磁体和一

① 产品介绍来自于网址：http://www.fogale.fr/brochures/capacitive.pdf。

个线圈组成，如图 2.4 所示。叶片经过传感器端头时，导致通过线圈的磁通量变化，产生电信号，从而反映叶片的到来时刻。国内又将被动式电涡流传感器称为磁电式传感器。主动式电涡流传感器是由一个或多个线圈组成，通过外界激励对线圈产生一个磁场，并通过线圈感受叶片到来时电涡流引起的电动势变化。

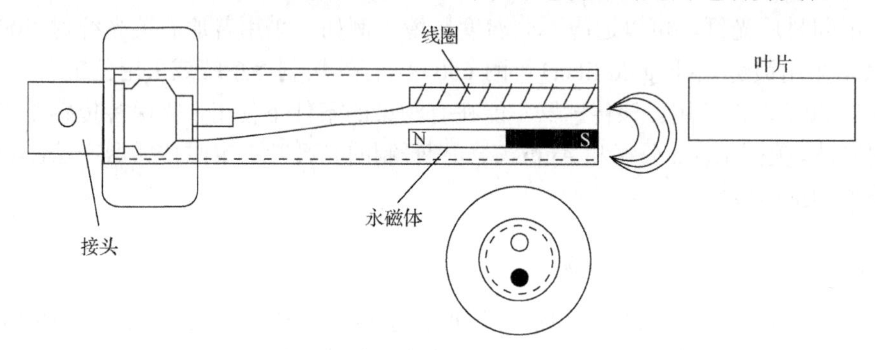

图 2.4　电涡流式叶尖定时传感器

相比以上两种传感器，电涡流式叶尖定时传感器的最大优点是可以透过机匣获取叶片到来信号(机匣必须为非导磁材料且不能太厚，否则信号衰减过大)，并且可以在较污染的环境下对叶片振动进行测量。该传感器的信号大且信噪比高，结构简单，可以不用外界电源，但要求被测叶片必须是导磁材料。英国的 Qineti Q、Monitran 公司及美国的 Hood 公司都对电涡流式叶尖定时传感器做了大量研究，并研制出产品。其中 Hood 公司生产的普通电涡流传感器耐温 260℃，带空冷装置的电涡流传感器能耐温可到 1000℃以上。

4. 其他类型叶尖定时传感器

除上述常见的三种叶尖定时传感器外，还有利用电磁波反射原理的微波式叶尖定时传感器。该传感器是利用电磁波遇到金属材质的叶片尖端会发生发射的原理制作。此外武汉理工大学贾浪还提出了一种基于光纤光栅磁耦合式的叶尖定时传感器，并通过仿真和实验对其进行了验证，但该类型传感器尚未应用于工程实践[8]。

2.2.3　叶片振动参数辨识方法

叶尖定时监测技术研究的另一个主要方向是叶片振动参数辨识，由于叶尖定时信号属于欠采样信号，融合从这些欠采样信号中提取叶片的振动信息成为叶尖定时监测系统能否成功应用于叶片状态监测的关键。目前主要的参数辨识方法如下。

1. 差频法

该方法最早提出时是针对叶片发生非同步振动状态下非均匀采样的这一过

程[9]，认为在足够长的测试时间内可以采集到叶片的振动的最大值作为叶片的振幅然后进行分析。天津大学张玉贵[10]对其进行了改进试图从频域成分中提取叶片的振动幅值信息。由于该方法获得的叶片振动信号只能得到叶片实际振动频率的差频部分，再利用先验知识计算可得叶片的实际振动频率，但由于转子转速和传感器个数的有限性，因此该方法无法克服欠采样所带来的模糊频率测量。

2. 多速率采样频率辨识法

多速率采样频率辨识法[11]是对三均布、五均布和“5+2”分布法的统称，在旋转机械的壳体上等间隔地安装三支或五支传感器形成三均布法或五均布法，在五均布的基础上再安装两支传感器，并使这两支传感器与五均布中的任一传感器形成三均布则形成“5+2”法。在异步振动时，这三种方法均是对差频法的改进和延伸，采用增加传感器均布个数的方法增大对叶片振动的采样频率，从而大大降低被测频率的模糊程度。在同步振动时，该方法是利用同步振动不是很稳定但同步共振占优的较短时间内进行测量的。此时，若叶片振动的阶次不是传感器个数的整数倍，虽然每支叶片的振动位移是相同的，但不同传感器测得的振动位移是不同的，依然可以通过快速傅里叶变换(fast Fourier transform，FFT)的方法求得差频部分，从而求得叶片的振幅和频率。

3. 任意角分布法

任意角分布法[12]是利用遍历算法对叶片振动倍频进行辨识的，在旋转叶片异步振动时，其通过遍历选取不同的倍频数，将计算得到的相位差与实测相位差进行对比，找出偏离实测相位差最小的倍频数，从而求得叶片动频。将叶片动频与通过全相位傅里叶变换求得的叶片差频求和，即为叶片的实际频率。目前该方法只是在叶片异步和同步等少数几种振动状态时是有效的，能够在喘振、失速等更多振动状态依然有效的辨识算法有待于进一步的探索与完善。以上仅为最近几年新提出的几种叶片振动参数辨识方法，除此之外，还有一些较经典的方法，例如，变速下可采用的速矢端迹法，为克服欠采样带来的模糊问题而采用的延时采样频率测量法，以及为克服测量盲点而采用的二等夹角法等。但这些方法也大都是只针对某一方面的问题而提出的解决方案，仍无法全面而准确地识别出测量所需要的振动参数。

4. 其他分析方法[13]

除上述所列的常见的叶尖定时算法外，还有自回归法、双参数法及正弦拟合法等分析一系列分析方法，这些方法一般适用于某种特定情况下的分析，适用性有待深入研究。

叶尖定时解析方法是目前叶尖定时领域的研究热点，并且随着研究的不断深入，各算法也得到了不断的改进和完善。但目前的研究主要还是停留在理想状态下，但实际数据采集中，由于安装及噪声影响，很难采集到理想的信号，如何在这些误差干扰下依然能够使用这些分析方法进行参数辨识需要更进一步的研究。

2.3　欠采样叶尖定时信号的稀疏度自适应重构方法

基于叶尖定时的旋转叶片测振方法存在的一个难题是该系统所测的叶片振动信号是严重的欠采样信号，如何利用这些少量的欠采样信号恢复完整的叶片振动信号或得到叶片振动参数是叶尖定时监测技术能否成功应用的关键。2.2.3 节对当前存在的各种叶尖定时信号的处理方法进行了阐述，有速矢端迹法、多传感器均布法、差频法、“5+2”分布法等。这些方法目前主要是基于先验经验进行频域参数的辨识，而时域信号恢复算法研究较少，相关文章提出了利用插值法重建相关欠采样信号时域波形，但并未介绍具体步骤也未验证其可行性。近年来，天津大学提出了采用 B 样条插值法的叶片振动信号恢复算法，但由于核函数的选取及相关系数如何准确确定依然是一个难题，同时该方法恢复结果有较大的误差，难以满足叶片振动状态参数准确辨识的需求。

针对传统叶尖定时信号处理方法中存在的不足，近年来压缩感知思想[14]为其提供了新思路。同时针对实际测量中稀疏度不确定性问题提出了稀疏度自适应匹配追踪(sparsity adaptive matching pursuit，SAMP)算法对叶尖定时信号进行重构[15]。

2.3.1　叶尖定时监测系统采样模型

由旋转叶片振动特性可知，叶片振动主要包括弯曲振动和扭摆振动。这里主要讨论弯曲振动的测量，基于叶尖定时监测系统的扭振测量需要增加传感器。对于旋转叶片弯曲振动来讲，其低阶振动可以视为单自由度简谐振动[16]，用余弦函数表示为

$$s(t) = A\cos(2\pi ft + \varphi) \tag{2.1}$$

式中，A 为振幅；f 为频率；φ 为初始相位。

叶尖定时监测系统的采样过程可以认为是对余弦曲线进行等周期的采集，结合工程实际可以假定旋转叶片的旋转速度为 6000r/min，振动频率为 800Hz，振幅为 1mm，初始相位为 0，则叶片端部的振动信号如图 2.5 中正弦曲线 1 所示。当安装在机壳上的叶尖定时传感器数量为 1 时，每秒可采集 100 个叶片振动位移点，如图 2.5 中曲线 2 折点所示；当安装在机壳上的叶尖定时传感器数量为 2 且均匀分布时，则每秒可以采集到 200 个叶片振动位移点，如图 2.5 中曲线 3 所在的折点所示。

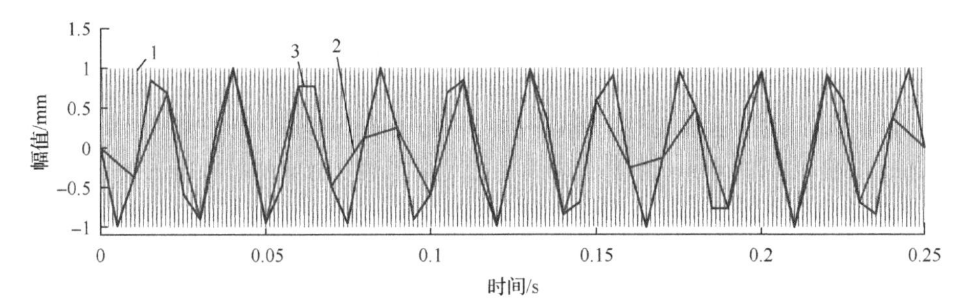

图 2.5　基于叶尖定时法的叶片振动信号采样示意图

1. 叶片振动信号；2. 单传感器采样信号；3. 二均布采样信号

一般情况下，叶片振动频率会远远大于叶片旋转频率，同时机壳上可安装的传感器数量因受结构的约束而受限，因此叶尖定时信号属于严重的欠采样性。由图 2.5 同样可以看出，当叶片完成若干振动周期时叶尖定时传感器才能采集到一个叶片振动值(采样频率随传感器数量增加而成倍增加)，属于严重的欠采样性信号。基于叶尖定时监测系统的采样频率是由叶片的旋转速度和传感器数量共同决定，难以满足采样定理规定的 2 倍于叶片振动频率的要求，因此如何对这些欠采样信号进行分析成为叶尖定时监测系统的关键。

2.3.2　欠采样叶尖定时信号的稀疏度自适应重构方法

1. 稀疏度自适应重构基本理论

稀疏重构是近年来快速发展的一种信号处理方法，与传统的 Nyquist 采样定理要求不同，稀疏重构的核心思想是直接采集信号的有效信息 y(长度为 M)，而不是必须满足采样定理得到的信号 s(长度为 N)，即 $M \ll N$，当需要对其进行分析时再进行重构即可得到原始的信号，其示意图如图 2.6 所示，图中 $\boldsymbol{\Phi}$ 称为测量矩阵，大小为 $M \times N$，$\boldsymbol{\Psi}$ 为稀疏基矩阵，如果信号本身是稀疏的，则不需要进行稀疏变换，这时 $\boldsymbol{\Psi}=1$，即 $\boldsymbol{\Theta}=\boldsymbol{\Phi}$。

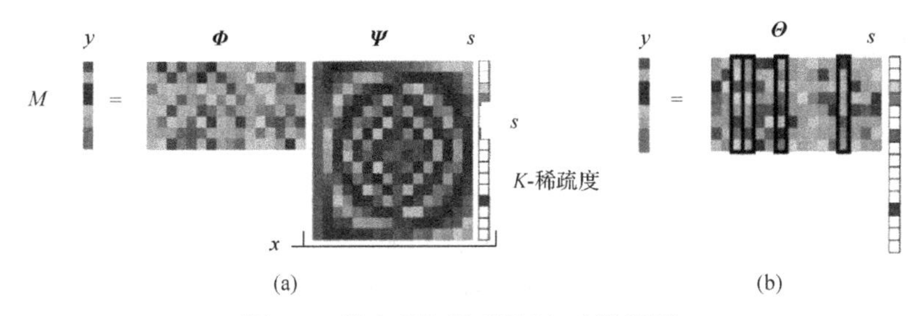

图 2.6　稀疏重构原理图(文后附彩图)

上述过程数学表达为

$$y = \boldsymbol{\Phi}\boldsymbol{\Psi}s = \boldsymbol{\Theta}s \tag{2.2}$$

稀疏重构的核心就是在已知测量值y和测量矩阵$\boldsymbol{\Theta}$的基础上，求解欠定方程$y=\boldsymbol{\Theta}s$得到原信号s的过程，由于$\boldsymbol{\Theta}$不是一个方阵($M<N$)，这就涉及解一个欠定方程的问题，而这样求解出的s可以有多组解。而稀疏重构理论的提出者Candès，Romberg、Tao和Donoho证明了在满足特定的条件下，s是存在唯一解的，该过程即求解以下最优化问题：

$$\min_{s}\|s\|l_0 \quad \text{s.t.}\ y=\boldsymbol{\Phi}s \tag{2.3}$$

式中，y为有效信息。

由于式(2.3)的求解是个NP问题(non-deterministic polynomial problems)，即存在多项式算法能够验证的非决定性问题。由于l_1最小范数在一定条件下和l_0最小范数具有等价性，可得到相同的解。那么式(2.3)转化为l_1最小范数下的最优化问题：

$$\min_{s}\|s\|l_1 \quad \text{s.t.}\ y=\boldsymbol{\Phi}s \tag{2.4}$$

当前对于该问题的求解有贪婪迭代算法、凸优化算法等，在此不再赘述。

2. 稀疏度自适应匹配追踪算法

传统的稀疏重构算法需要已知原始信号的稀疏度K，实际中稀疏度很难预先确定[18]，而对于叶尖定时这种严重欠采样信号，稀疏度的确定更加困难。针对这一问题，提出了采用稀疏度自适应匹配追踪(SAMP)算法进行叶尖定时信号的重构，该算法可以在未知稀疏度条件下实现对所有满足RIP(有限等距性质)条件的稀疏信号进行快速重构，SAMP算法的核心是利用分步长(step)逐步实现对稀疏度K的逼近，从而实现稀疏度未知条件下的信号重构。

SAMP算法的主要过程如下。

输入：M维测量向量$\boldsymbol{y}$，$M\times N$测量矩阵$\boldsymbol{\Phi}$，阶段步长step $\neq 0$。

输出：信号x的K稀疏近似。

(1)信号稀疏表示系数估计$\hat{\theta}$。

(2)$N\times 1$维残差$r_M=\boldsymbol{y}-A_M\hat{\theta}_M$。

具体流程如下。

(1)初始化$r_0=\boldsymbol{y}$，$\wedge_0\neq\varnothing$，$L=S$，$t=1$。

(2)计算$\boldsymbol{u}=\text{abs}[\boldsymbol{A}^{\text{T}}\boldsymbol{r}_{t-1}]$(即计算$\langle \boldsymbol{r}_{t-1}, \boldsymbol{a}_j\rangle$, $1\leqslant j\leqslant N$)，选择$\boldsymbol{u}$中L个最大值，将这些值对应$\boldsymbol{A}$的序列号j构成集合S_k(列序号集合)。

(3)令$C_k=\wedge_{t-1}\cup S_k$，$\boldsymbol{A}_y=\{a_j\}$ (for all $j\in C_k$)。

(4)求$\boldsymbol{y}=\boldsymbol{A}_t\theta_t$的最小二乘解：$\hat{\boldsymbol{\theta}}_t=\arg\min_{\theta_i}\|\boldsymbol{y}-\boldsymbol{A}_t\boldsymbol{\theta}_t\|=(\boldsymbol{A}^{\text{T}}\boldsymbol{t}\boldsymbol{A}_t)^{-1}\boldsymbol{A}^{\text{T}}\boldsymbol{ty}$。

(5)从$\hat{\boldsymbol{\theta}}_t$中选出绝对值最大的$L$项记为$\hat{\boldsymbol{\theta}}_t L$，对应的$\boldsymbol{A}_t$中的$L$列记为$\boldsymbol{A}_{tL}$，对应的$\boldsymbol{A}$的列序号记为$\wedge tL$，记集合$F=\wedge tL$。

(6) 更新残差 $\boldsymbol{r}_{t\text{new}}=\boldsymbol{y}-\boldsymbol{A}_{tL}(\boldsymbol{A}^{\mathrm{T}}{}_{tL}\boldsymbol{A}_{tL})^{-1}\boldsymbol{A}^{\mathrm{T}}{}_{tL}\boldsymbol{y}$。

(7) 如果残差 $\boldsymbol{r}_{t\text{new}}=0$，则停止迭代进入第(8)步；如果$\|\boldsymbol{r}_{t\text{new}}\|2\geqslant\|\boldsymbol{r}_{t-1}\|2$，更新步长 $L=L+S$，返回第(2)步继续迭代；前面两个条件一次都不满足，则$\wedge t=F$，$\boldsymbol{r}_t=\boldsymbol{r}_{t\text{new}}$，$t=t+1$，如果 $t\leqslant M$ 停止迭代进入第(8)步，否则返回第(2)步继续迭代。

(8) 重构所得的 $\hat{\boldsymbol{\theta}}$ 在 $\wedge_{tM}$ 处有非零项，其值分别为最后一次迭代所得 $\hat{\boldsymbol{\theta}}_{tM}$。

符号说明：r_t 表示残差；t 表示迭代次数；Ø 表示空集；$\wedge_t$ 表示 t 次迭代的索引集合；a_j 为矩阵 $\boldsymbol{A}$ 的第 j 列；$\boldsymbol{A}_y=\{a_j\}$ (for all $j\in C_k$) 表示按索引集合 C_k 选出的矩阵 $\boldsymbol{A}$ 的列集合，为 $L_t\times1$ 的列向量，符号∪表示集合并运算，〈•, •〉表示求向量内积，abs[•]表示求模值。

算法的核心是利用构建的测量矩阵(傅里叶基函数正交化)，对所测得的欠采样的叶片振动信号进行恢复，通过多次迭代逐个逼近采样点数据值，直到误差小于设定阈值时认为恢复效果达到了理想结果。

2.3.3　数值建模及实验验证

1. 数值建模分析

假设叶片按照式(2.1)做周期振动，同时叶片转速为 6000r/min，对其进行单传感器的非同步振动采样，共采集离散振动位移值 800 个，利用提出的 SAMP 算法对其进行重构，重构效果与误差如图 2.7 所示，左侧为时域信号对比，右侧为频域信号对比。

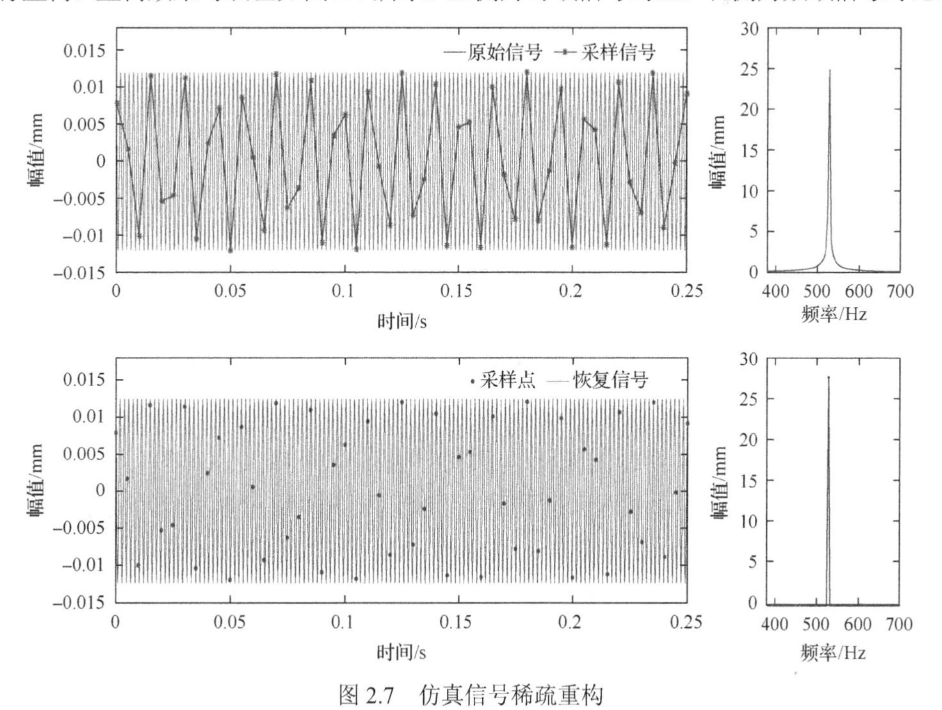

图 2.7　仿真信号稀疏重构

由图 2.7 可以看出，基于所提稀疏度自适应稀疏重构算法进行的叶尖定时信号重构效果与原始信号在幅值、周期及相位上基本保持一致，其中频率成分相同，准确实现了严重欠采样条件下的信号重构与参数辨识。

2. 实验验证

利用高速风机旋转实验台对上述所提方法进行实验验证，测量得到叶尖定时脉冲信号如图 2.8 所示。基于叶尖定时监测技术共采集叶片振动位移值 3000 个，应用提出的方法进行了重构分析，重构结果及其频率成分如图 2.9 所示。同时为了验证重构结果的准确性，采用有限元模拟了该叶片振动频率为 142.8Hz。

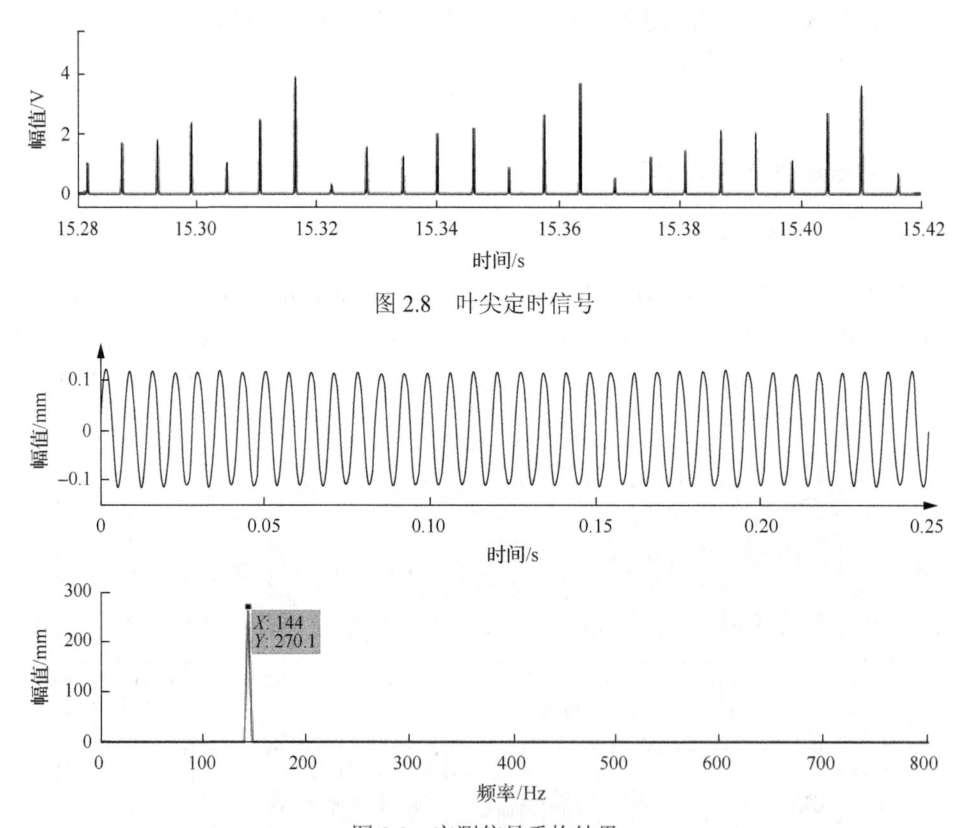

图 2.8　叶尖定时信号

图 2.9　实测信号重构结果

由图 2.9 可以看出，通过实验测试可以实现欠采样叶片振动信号的重构，采用实验台测试数据重构信号的频率为 144Hz，与有限元模拟结果基本一致，相对误差仅为 0.83%，说明基于所提算法对欠采样信号的重构具有良好的效果。

2.4　噪声干扰下叶尖定时信号降噪及方波整形算法

叶尖定时监测系统是利用高速旋转叶片周向扫过传感器时的时间差值来测量叶片的振动位移，而这个时间差值相对于叶片转动所需的时间而言非常短暂，因此这种基于时间差值测量叶片振动的方法对外界干扰极其敏感。利用该系统进行高速旋转叶片振动监测的首要条件是能够获取高精度的监测数据，但在实际测试中背景噪声干扰是无法避免的。那么如何在噪声干扰背景条件下准确获取叶片振动信息成了叶尖定时监测系统能否成功应用于实际工况的关键。本节将围绕这一问题分别从叶尖定时监测系统测量误差影响、来源及误差消除方法等几个方面展开叙述。

2.4.1　叶尖定时监测系统误差分析

对叶尖定时监测系统，我们期望叶尖通过传感器时所测得的脉冲信号为标准的矩形信号，但在实际测量中，叶片经过传感器时产生的脉冲信号不是标准的矩形脉冲信号，而是一个渐变上升和渐变下降的脉冲信号。对这一过程进行静态标定，标定过程如图 2.10 所示，脉冲上升沿是一个光滑渐变的上升过程，上升沿斜率与叶片经过速度相关。为了使响应曲线具有良好的光滑性，采用傅里叶级数进行拟合，拟合效果如图 2.11 所示。

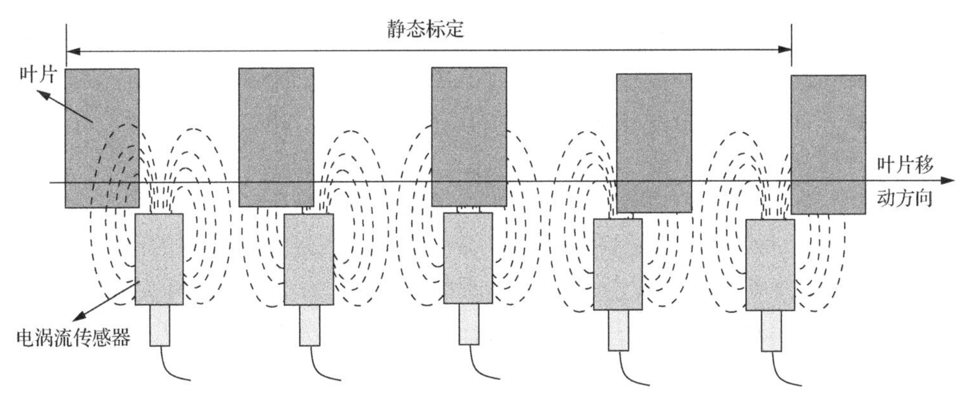

图 2.10　叶片通过传感器时静态标定示意图

由图 2.11 可以看出，叶尖定时时刻鉴别的准确性将直接决定着叶尖定时监测系统的测量精度，对于这个脉冲信号，传统的处理方法是通过与某一预设阈值的切割电平进行比较，取脉冲信号的上升沿大于该时刻的第一个测点作为叶片到达传感器的时刻，再与无振动时的叶片到达时刻进行对比，即可求得叶片振动幅值。

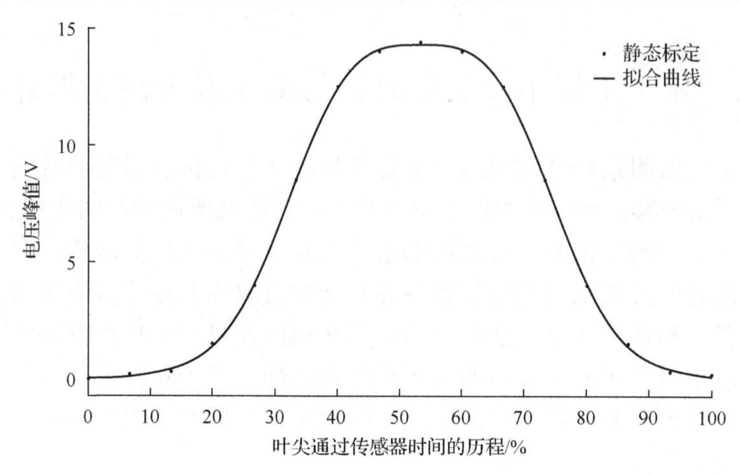

图 2.11　静态标定傅里叶拟合曲线

为分析不同阈值及相邻采样点间产生的测量误差对最终叶片振动测量的影响，笔者基于叶尖定时监测原理对相邻数据点间的误差进行了推导，得到上升沿上相邻采样点间的测量误差为

$$\Delta s=\frac{\pi dn}{60F_s} \tag{2.5}$$

式中，Δs 为测量误差；d 为叶片旋转直径；F_s 为采样频率；n 为叶片旋转速度。

以旋转风机实验台为例，假设叶片以 6000r/min 转速在进行恒速旋转，叶片直径为 488mm，采样频率为 10MHz，那么相邻两个采样点间的测量误差将达到 0.0153mm。而由叶片振动模态和振动响应分析可知，叶尖最大振动位移仅为 0.04mm，这就意味着如果叶尖脉冲信号上升沿定位不准，将给测量结果引入极大的测量误差。因此，在测量过程中需要消除各类干扰因素，从而保证测量结果的准确性。对叶尖定时监测系统存在哪些干扰因素呢？从系统的测量原理出发进行分析，将导致系统产生测量误差的因素分为三大类，包括叶尖间隙变化、叶片的非对称结构及背景噪声，针对这三类因素将分别展开讨论并提出相应的解决方案。

1. 叶尖间隙变化引起测量误差分析

传统的将传感器输出的原始信号与切割电平比较获得脉冲上升沿的方法，但该方法的精度极易受叶尖间隙的影响，给后期处理结果带来很大误差。由图 2.12 可知，叶片经过电涡流传感器时产生的脉冲信号不是规则的矩形脉冲，需要经过方波整形处理来确定脉冲的上升沿时刻。

在叶尖间隙发生变化时，电涡流传感器接收到叶片切割磁感线反馈信号强度随之发生变化，脉冲响应的上升沿和下降沿相应地发生向前或向后的偏移，导致在叶片振动幅值测量结果中引入的测量误差。如图 2.12 所示，叶片 1 距离传感器距离为 d_2，叶片 2 距离传感器距离为 d_1，其中曲线 1 代表叶片 2 经过传感器时的响应，曲线 2 代表叶片 1 经过传感器时的响应。由图可见，传统的叶尖定时法选用某一固定的阈值作为脉冲上升沿进行定时，随叶尖间隙的变化会在定时时刻中引入 Δt_1 的测量误差。近年来，国内也有文献提出使用脉冲中间时刻定时方法[19]，以达到减少叶尖间隙对叶尖定时信号的影响，但该方法未考虑叶片振动相位对测量结果的影响，同时，实际生产中叶片前后边缘往往不平行，导致引入新的测量误差。

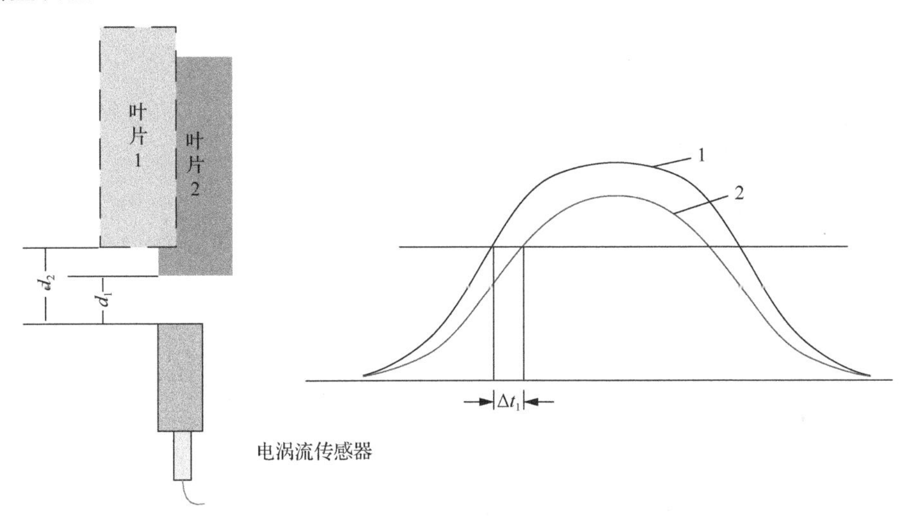

图 2.12　叶尖间隙引起的振动位移测量误差

由叶尖间隙变化引入的振动位移误差为

$$d = \Omega \Delta t_1 \tag{2.6}$$

式中，Ω 为叶尖的线速度；Δt_1 为叶尖间隙变化时上升沿定时方法的定时误差。

2. 叶片端面非对称结构引起的测量误差分析

叶尖定时监测系统中另一项会引入较大测量误差的因素是由叶片端面的非对称结构。由于电涡流传感器对进入探头范围内导体的形状也同样敏感，则不同形状的叶片端面通过传感器时将引起不同的响应信号，脉冲信号的峰值会随叶片端面形状不同发生偏移，对称形端面与月牙形端面所测得的脉冲信号形式如图 2.13 所示。当叶片端面为对称形状时，叶尖响应脉冲信号上升沿及下降沿也将按照最大值所在的位置左右对称，但当叶片端面为非对称形状时，所测得的脉冲响应信号将产生较大变形，这种变形将会给定时时刻上引入 Δt 的测量误差，从而影响最终的测量精度，因叶片端面非对称结构引入的测量误差大小为

$$d_s = \Omega \Delta t \tag{2.7}$$

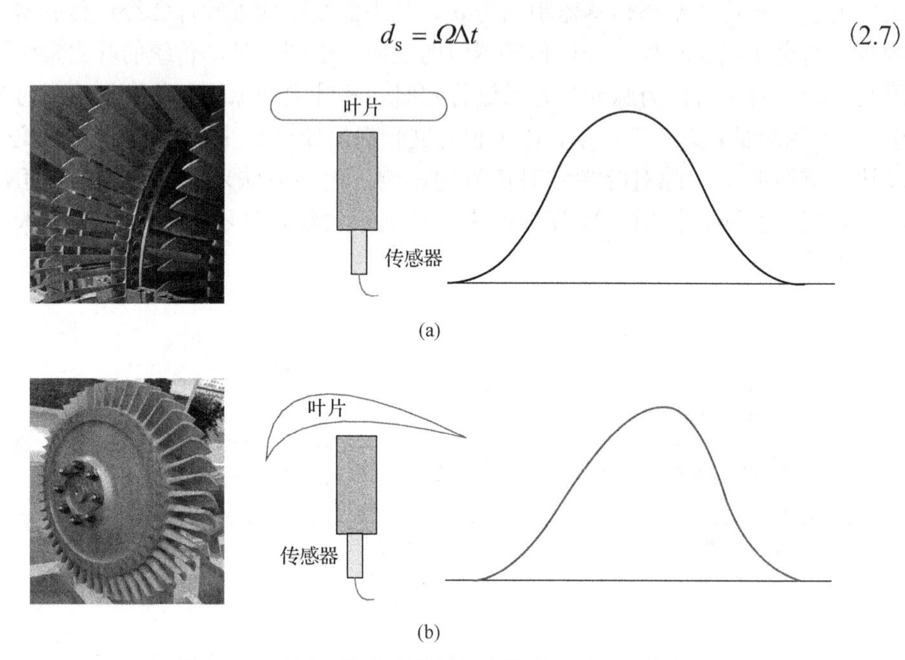

图 2.13　不同形状叶片端面扫过传感器时响应曲线

(a) 对称形端面测得的脉冲信号；(b) 月牙形端面测得的脉冲信号

3. 背景噪声干扰造成测量误差分析

在这些影响叶尖定时监测系统测量精度的因素中，背景噪声的随机性和不确定性导致其对系统的测量精度影响程度最严重。首先对测量系统可能存在的背景噪声因素进行分析，分别从监测对象、运行环境及采集系统三个方面进行总结，可以将背景噪声影响分为以下几个方面。

(1) 由安装传感器的机壳、基座等部件引起的周期性、非周期性及二者混叠的杂波信号。

(2) 由气体中杂质产生的随机干扰信号。

(3) 采集系统产生的周期性杂波信号。

在此基础上利用风机实验台进行叶尖定时信号的测试，实验台结构如图 2.14 所示，实验台各项参数[20]如表 2.1 所示。

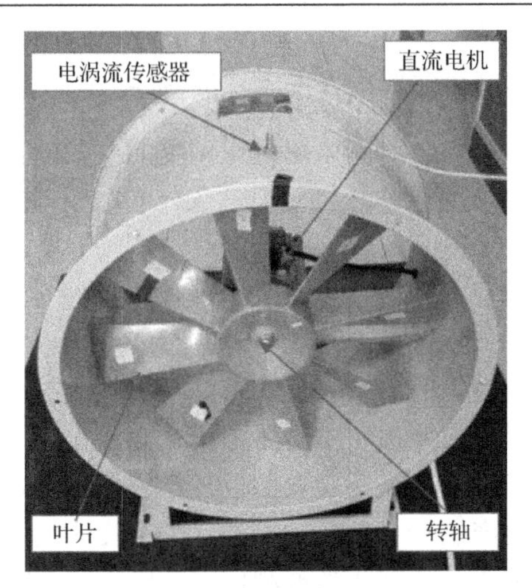

图 2.14　风机实验台

表 2.1　实验台参数

叶片材料	叶片数量	叶片长度/mm	叶片半径/mm	叶尖/叶根宽度/mm	叶片厚度/mm	转速/(r/min)
铝合金 7075	8	175	244	84/58	2.5	1450

实测原始叶尖定时信号(归一化后)如图 2.15 所示，可以看出每一个叶片通过传感器是所记录的脉冲幅值、上升及下降趋势均不同，意味着叶片通过传感器时与传感器间的间距是动态波动的。从图 2.15 可以看出，叶尖定时信号并不是一个光滑连续信号，它包含着若干干扰信号。因此如何从原始信号中准确提取叶片振动信号是叶尖定时监测系统能否应用于工程的关键。

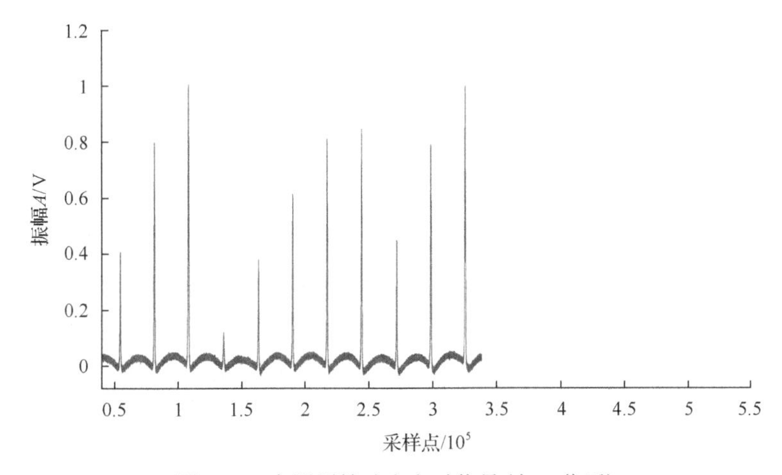

图 2.15　实测原始叶尖定时信号(归一化后)

2.4.2 噪声干扰条件下叶尖定时信号准确提取方法

通过上节对影响叶尖定时监测系统测量精度的主要因素进行分析，总结了三类影响较大的因素。本小节将针对如何消除或降低这些因素影响展开研究，分别提出解决方法与措施来保证系统的测量精度。

1. 叶尖间隙波动引起测量误差改进

针对叶尖间隙波动引起的测量误差，首先对传感器的测试原理进行分析。电涡流传感器是利用电磁感应原理，由前置器输送高频振荡电流进入电涡流探头线圈，在传感器线圈中产生一个高频交变磁场，当被测导体进入交变磁场，在磁场作用范围的导体表层会产生一个与原磁场相反的交变磁场，使传感器中高频振荡电流的幅值、相位发生改变。因此当被测体与传感器间的距离 d 发生改变时，传感器的线圈 Q 值和等效阻抗 Z、电感 L 均发生变化，于是把位移量转换成电压幅值 U 的变化。由于电涡流传感器在有效测试范围内一般保持有良好的线性特性，那么在传感器线性测量范围内叶尖间隙的变化也将与脉冲响应高度间呈线性关系，只需在叶尖定时测量过程中耦合叶尖间隙信息，对因叶尖间隙变化引起的测量误差进行补偿[21]，即可得到准确的叶片振动信息。

利用高速旋转风机实验台对该方法进行实验验证。电涡流传感器安装在机壳上，叶尖距传感器距离可通过螺纹调节，所使用电涡流传感器探头为本特利高性能位移传感器，探头直径为 5mm，线性测试范围为 0.2～2.3mm，输出分辨率 –7.87V/mm，频率响应 10kHz。采用螺旋测微仪进行间隙值调节，设定叶尖间隙值(传感器到齿的距离)范围为 0.5～2.5mm，同时为确保叶尖间隙测量系统免受损伤，安装的传感器须与机匣衬套平行，要求测量精度达微米级。实验采用 1.5mm 叶尖间隙为基准进行对比，共进行了九组实验，为了保证实验准确性，每组实验重复十次，取十次实验均值作为某一间隙下的振动幅值。为了增加叶片振动幅值，采用固定的吹风机以恒定的角度和风速对旋转叶片进行扰动，使其发生强迫振动，实验结果如图 2.16 所示。

由图 2.16 可以看出，以 1.5mm 叶尖间隙为基准，在传感器线性测量范围内，随叶尖间隙的增加，利用电涡流传感器所测得的叶片振动幅值基本呈线性减少，也就说明只要提前对所测叶片进行标定，求得叶尖间隙与测量误差间的关系，即可对测量误差进行补偿，从而消除测量误差，得到准确的叶片振动幅值。以实验台风机叶片为例，对不同叶尖间隙情况下的叶片振动进行了测量，并以 1.5mm 叶尖间隙为基准进行了测试，共进行了 11 组实验，每次测试三次，取分机转速稳定后的叶片振动值进行对比，对比结果如图 2.17 所示。

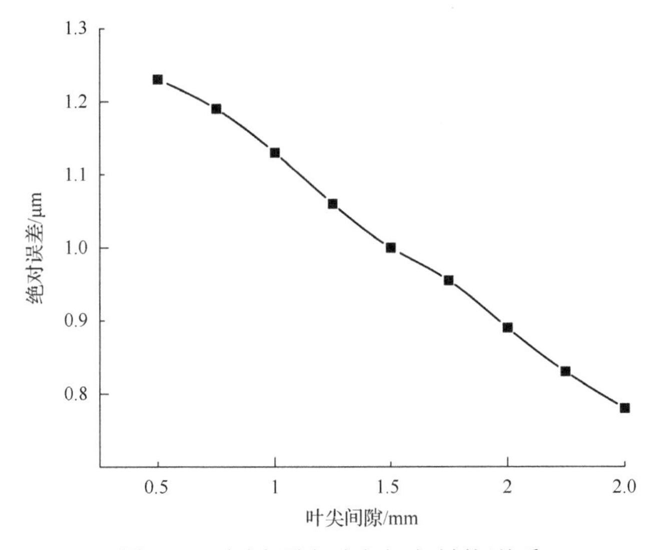

图 2.16　叶尖间隙与叶尖定时时刻间关系

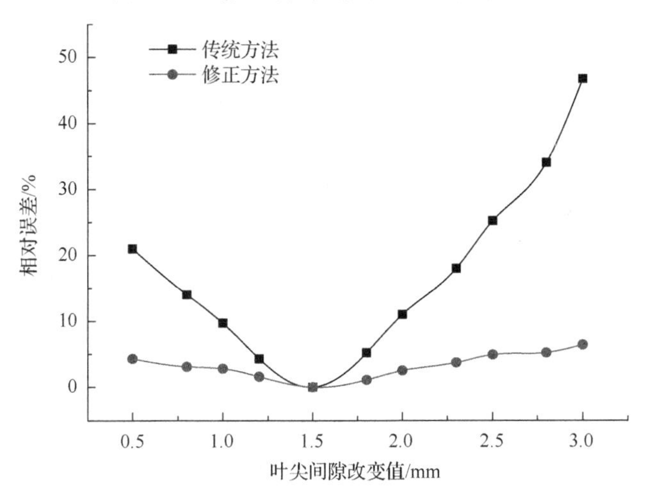

图 2.17　传统方法与改进后误差对比

由图 2.17 可以看出，在利用改进后的方法对叶尖定时时刻进行补偿后，与传统方法相比，相对误差明显减小，并且对叶尖间隙变化不再敏感，由此可以看出，本节所提出方法能有效地减少叶尖间隙对叶片振动位移误差的影响，提高了叶尖定时监测系统的精度。

2. 叶片端面非对称结构测量误差改进

由于涡流传感器测试原理是利用导体接近或远离涡流电磁场形成的反馈电流进行测量的，对于因叶片端面非对称结构引入的测量误差，主要从涡流传感器测试原理上进行分析进而提出改进方法。在叶尖定时监测系统中，若叶片接近和远离传感器时截面不同就会引起脉冲信号的变形，与对称结构相比在同一切割电平下所获得的定位时刻就会发生变化。如果要消除这一因素的影响，可以选择叶片端面边缘切线相平行位置处安装传感器，如图 2.18 所示。这样就可以尽可能地降低因叶片端面两侧非对称性而引入的测量误差，使因叶片端面非对称结构带来的影响最小。

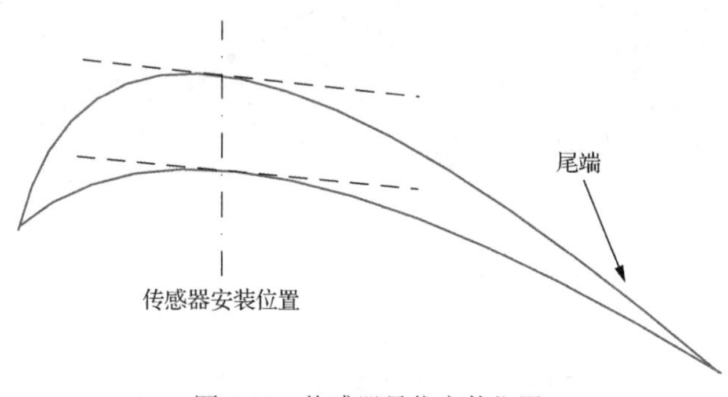

图 2.18　传感器最优安装位置

3. 基于 EEMD 的背景噪声干扰下叶尖定时信号提取方法

集合经验模态分解(ensemble empirical mode decomposition，EEMD)是一种广泛应用于旋转设备信号分析方法，与傅里叶变换及小波变换不同，基于 EEMD 可以将含有复杂成分的原始信号按照各成分信号特点进行自动分解，且在分解过程中不需要先验知识[22]。这一特性使 EEMD 非常适用于非平稳和非线性信号的处理。在基于 EEMD 分解中，含噪信号 $x(t)$ 可以被分解为 m 个本征模态 IMF 和一个余量 r_m：

$$x(t) = \sum_{k=1}^{m} \mathrm{IMF}(t) + r_m(t) \tag{2.8}$$

式中，$x(t)$ 为含噪的非线性和非平稳的原始测量信号；$\mathrm{IMF}(t)$ 为原始信号的某一个本征模态方程；$r_m(t)$ 为最后分解的余量，它一般是一个常量或者是信号的平均趋势。

那么基于式(2.8)的分解，可以构造基于 EEMD 的多尺寸滤波器，包括高通、带通及低通滤波器[23]。

高通滤波器可以表示为

$$\mathrm{HP}_p = \sum_{k=1}^{p} \mathrm{IMF}_k(t) \tag{2.9}$$

带通滤波器可以表示为

$$\mathrm{BP}_b^q = \sum_{k=b}^{p} \mathrm{IMF}_k(t) \tag{2.10}$$

低通滤波器可以表示为

$$\mathrm{LP}_l = \sum_{k=l}^{m} \mathrm{IMF}_k(t) + r_m(t) \tag{2.11}$$

式(2.9)～式(2.11)中，p、q、b、l 均为滤波器的截断参数，这些值一般由信号的特点及降噪的需求来决定。通常情况下，有用的信息主要集中在低频 IMF 中，噪声信号在高频 IMF 部分。因此，降噪处理是将高频的 IMF 移除，然后将剩余部分进行重构即可。

2.4.3　方波整形算法

1. 方波整形算法步骤

经过降噪处理后的脉冲信号依然不是标准的矩形脉冲信号，需要进一步的处理，因此提出了方波整形方法[21]，该方法的目的是将不规则的脉冲信号转换为标准的矩形脉冲信号，从而实现旋转叶片叶尖到达传感器时刻的准确提取，算法主要包括以下三个步骤。

(1) 信号的标准化：含噪信号首先需要进行标准化和归一化处理。

(2) 方波整形：含噪的脉冲信号将按照幅值被分为三部分，根据多次重复实验测试，幅值大于 0.60 的设为 1，幅值小于 0.30 的设为 0；对于 0.30 到 0.6 之间的则按照三点滑动平均法进行处理，当三点均值大于 4.5 则中间值设为 1，否则设为 0。

(3) 杂波信号的移除：经过方波处理后，会产生少量的杂波信号，这些信号会影响测试结果，因此需要将信号宽度小于静态测试信号宽度的 30%的脉冲信号移除。

2. 降噪整形效果评判准则

为了验证降噪及整形效果，引入了相似度(均方差)和相关度(相关系数)指标进行判断，均方差定义如公式(2.12)所示：

$$\mathrm{MSE_f} = \sqrt{\frac{\sum_{j=1}^{m} (\hat{x}_j - x_j)^2}{m}} \tag{2.12}$$

式中，m 为信号的长度；x_j 为原始信号；$\hat{x}_j$ 为降噪整形后信号。

考虑均方根值可能为 0，将$(\mathrm{MSE_f}+1)$的倒数定义为一个新的判断指标，表示为 $\mathrm{MSE_f}^{-1}$，很显然，$\mathrm{MSE_f}^{-1}$ 为 0～1，由定义可知，$\mathrm{MSE_f}$越小，$\mathrm{MSE_f}^{-1}$ 越接近 1，意味着降噪整形效果越好。

相关系数是表示信号间相似程度的一个指标，计算方程如公式(2.13)所示，在这里当降噪整形后的信号越接近原始信号则降噪效果越好，数值上也越接近于 1。

$$\rho_{\mathrm{f}}=\frac{\mathrm{Cov}(\tilde{y},y)}{\sqrt{D(\tilde{y})}\sqrt{D(y)}} \tag{2.13}$$

式中，ρ_{f} 为相关系数；$\tilde{y}$ 为降噪整形后的数据；y 为原始数据；$\mathrm{Cov}(\tilde{y},y)$ 为 $\tilde{y}$ 与 y 的协方差；$D(\tilde{y})$ 为信号 $\tilde{y}$ 的标准差；$D(y)$ 为原始信号 y 的标准差。

降噪整形结果需要同时满足相似性和相关性，意味着 $\mathrm{MSE_f}^{-1}$ 和 ρ_{f} 越大，降噪整形效果越好，因此，可以得到一个最优降噪整形判定方程为

$$\max\{f\}=\max\left\{\alpha\mathrm{MSE}_{\mathrm{f}}^{-1}+(1-\alpha)|\rho_{\mathrm{f}}|\right\} \tag{2.14}$$

式中，α 为相似性指标的重要程度；$1-\alpha$ 为相关性指标的重要程度。这两个指标权重的占比需要根据具体信号的形式及特点来确定。

3. 降噪整形算法验证

1) 含噪叶尖定时信号数值建模

强噪声条件下可以认为含噪信号成分遍布整个频带，因此不能用单一的信号模型进行描述。结合前面对叶尖定时信号噪声的分析，可以将实测叶尖定时信号来源分为三大类：单位脉冲信号、周期性杂波信号及高斯白噪声信号。基于以上分析，可以将叶尖定时信号可以用方程式(2.15)来进行描述，考虑系统可能存在多个杂波信号干扰，因此在模型中引入了频率、幅值、相位均不同的两个周期性杂波信号：

$$x(t)=s(t)+c_1(t)+c_2(t)+n(t) \tag{2.15}$$

式中，$s(t)$ 为单位脉冲信号；$c_1(t)$ 和 $c_2(t)$ 分别为表示周期、幅值等参数不相同的周期性杂波信号；$n(t)$ 为高斯白噪声信号。

为了验证降噪整形算法的可行性和通用性，周期性杂波 $c_1(t)$ 和 $c_2(t)$ 设为相位不同、幅值分别为 0.15 和 0.05 倍的正弦波形，高斯白噪声 $n(t)$ 能量设为 0.5，这样就能使所建立的模型中原始的矩形脉冲信号完全被噪声淹没，从而保证基于所建立模型进行降噪整形算法验证的可靠性。然后将这些独立的信号合成为含噪的脉冲信号，合成后的信号如图 2.19 所示，从图中可以看出，原始的单位脉冲信号已经完全被噪声信号淹没，不再具有矩形脉冲信号的特征。本节采用所提算法对合成的含噪信号进行处理，从降噪效果上来验证方法的可行性。

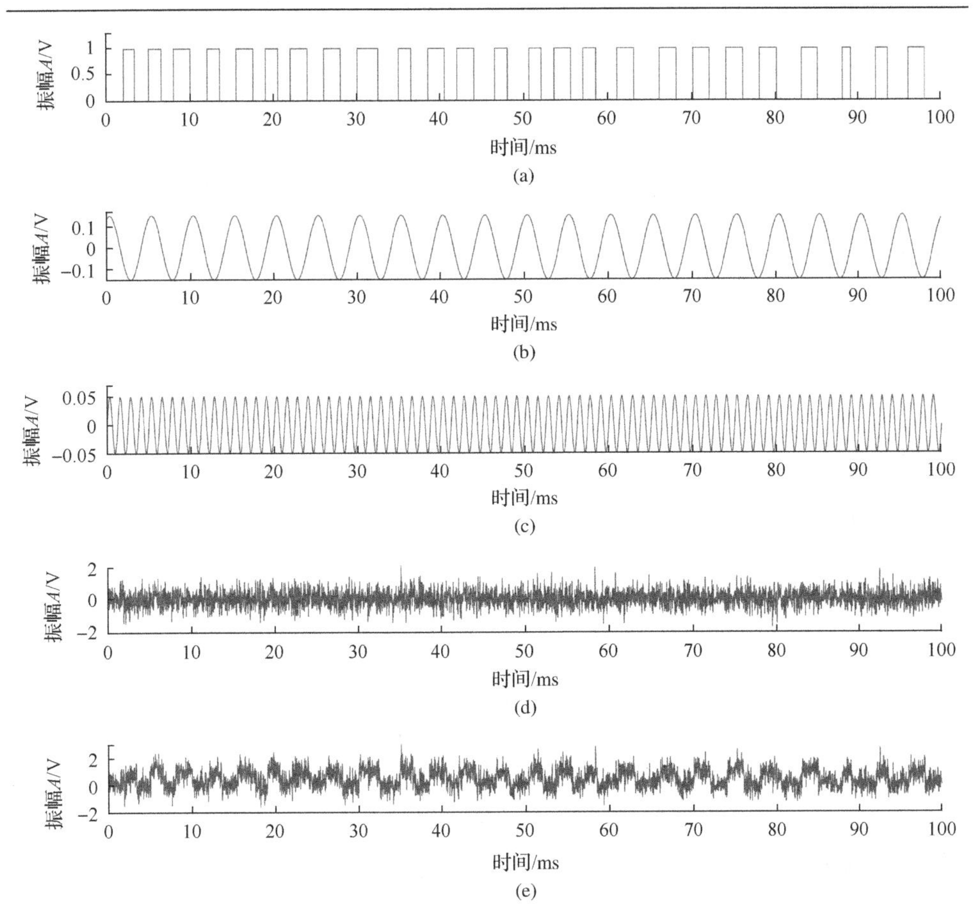

图 2.19　强噪声背景下叶尖定时脉冲信号数值建模

(a)单位脉冲信号 $x(t)$；(b)周期性杂波信号 $c_1(t)$；(c)周期性杂波信号 $c_2(t)$；(d)高斯白噪音 $n(t)$；(e)噪音信号

2)最优降噪整形效果分析

首先对图 2.19 中合成的含噪脉冲信号采用 EEMD 进行自适应分解，得到 10 个本征模态 IMF1～IMF10 及余项 r_{11}，分解结果按照从高频到低频的顺序排列如图 2.20 所示。采用式(2.11)可以构造多个低通滤波器，再利用这些低通滤波器对含噪信号进行降噪处理即可得到不同降噪效果的信号如图 2.21 所示，为了定量描述低通滤波器降噪效果，采用信噪比对不同滤波效果后的数据进行了信噪比计算，结果如表 2.2 所示。

通过对比降噪后信号与原始标准矩形脉冲信号形式及对应的信噪比可以看出，在所有的低通滤波器中，LP_4 的降噪效果最优，LP_5 和 LP_3 滤波器降噪效果次之，而 LP_6～LP_{11} 则属于过降噪，LP_2～LP_3 属于降噪不足。

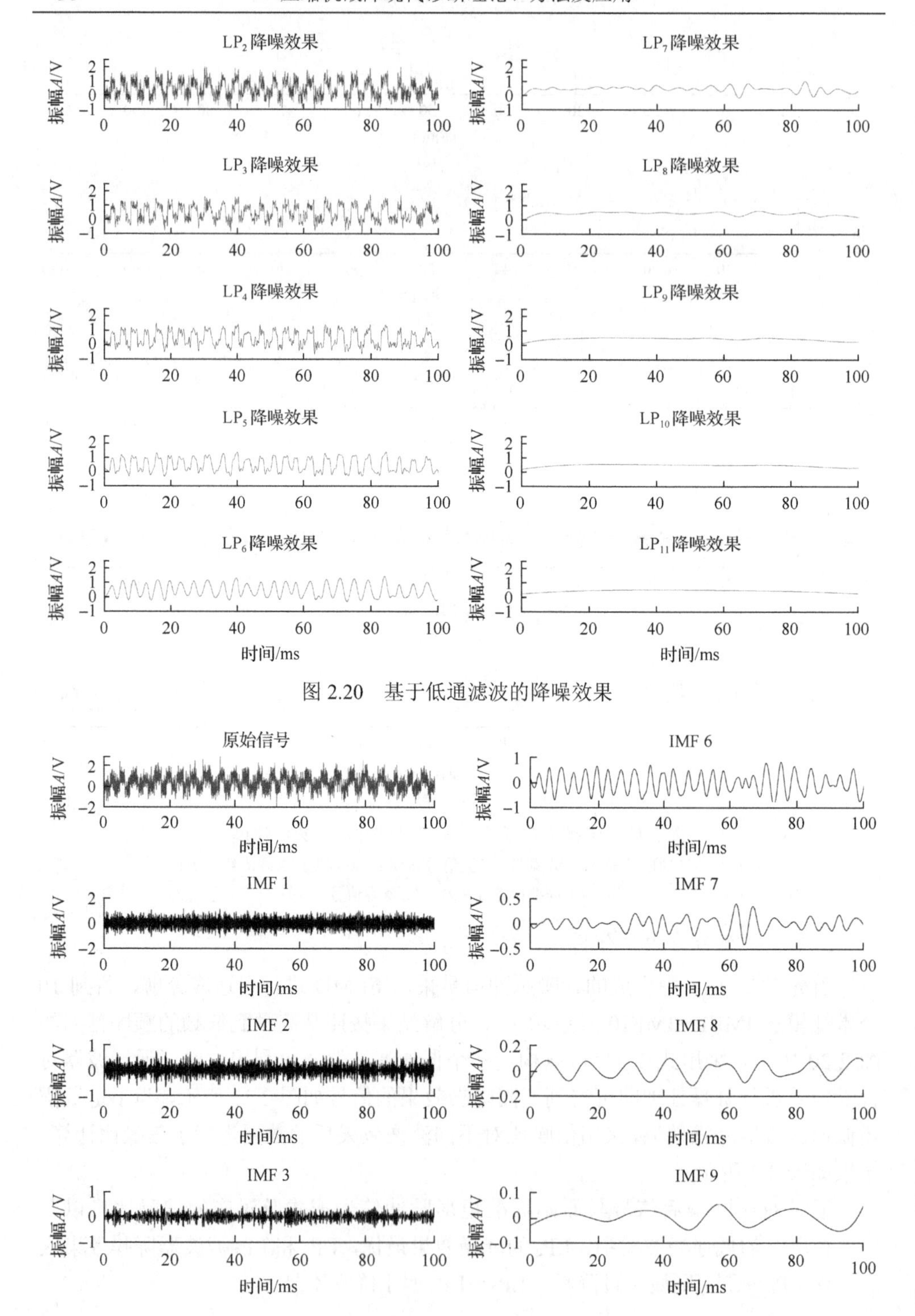

图 2.20　基于低通滤波的降噪效果

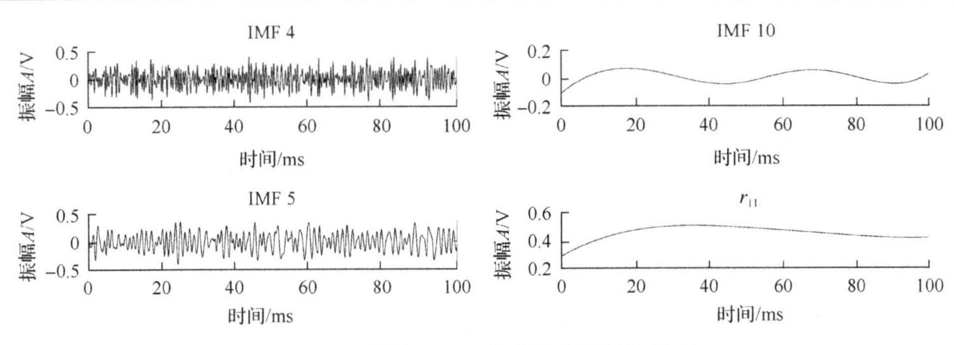

图 2.21　基于 EEMD 的含噪脉冲信号分解

表 2.2　基于降噪整形算法的信噪比

		低通滤波器									
		LP_2	LP_3	LP_4	LP_5	LP_6	LP_7	LP_8	LP_9	LP_{10}	LP_{11}
SNR/dB	降噪	5.586	6.882	9.985	8.551	7.720	3.475	2.976	2.728	2.646	2.602
	整形	9.435	13.455	16.766	12.051	8.315	1.828	0.1362	0	0	0

注：SNR 表示信噪比。

对降噪后信号采用方波整形算法进行处理，结果如图 2.22 所示，图中实线表示原始矩形脉冲信号，虚线表示对合成的含噪信号降噪整形后的脉冲信号。

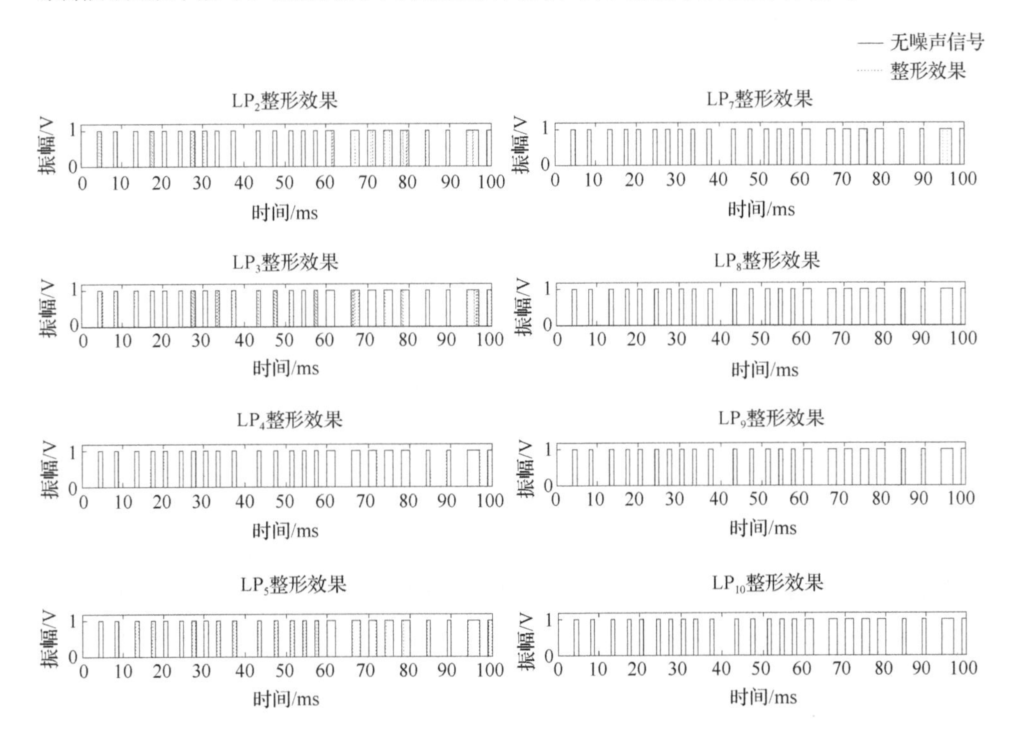

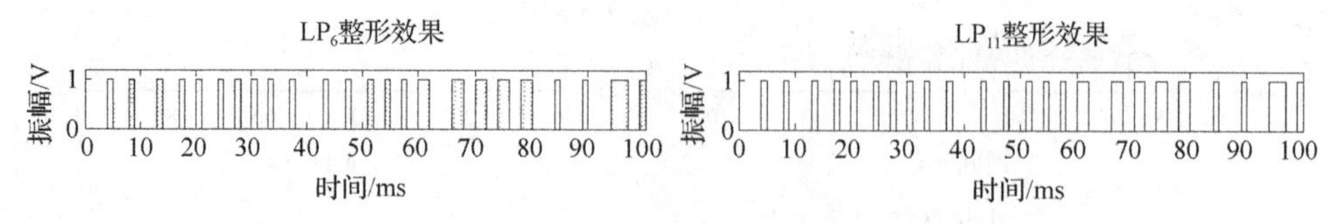

图 2.22 不同滤波状态下整形效果

根据所提出的最优降噪整形评判准则对降噪整形效果进行判断，可以得到采用不同滤波器最终的降噪整形结果评价指标，如图 2.23 所示。在这里考虑相关性指标和相似性指标均是描述降噪整形的重要指标，因此它们的权重均设为 0.5。由图中可以看出，无论是相似性指标(MSE_f^{-1})、相关性指标(ρ_f)或者是综合指标 $\max(f)$ 均有一致的变化趋势，且均在 LP_4 处于最大值，经过多次重复试验这一规律未发生改变，表明 LP_4 是含噪脉冲信号的最优降噪整形的滤波器，且对含噪信号降噪整形后的效果与原始标准矩形脉冲信号基本保持一致，具有良好的降噪效果，意味着基于该方法可以准确提取强噪声干扰条件下的叶尖定时脉冲信号，从而提高系统的测量精度。

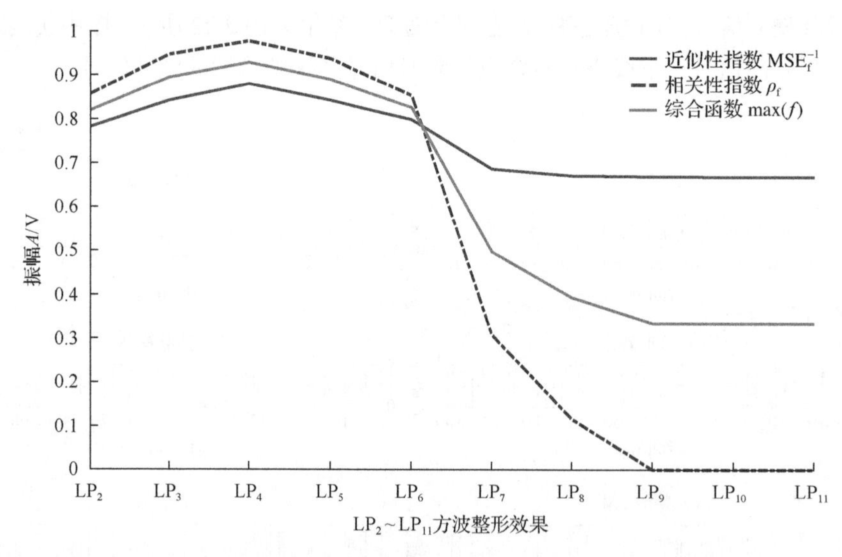

图 2.23 相似指标、相关指标及最优降噪整形指标结果

基于上述处理方法又进行了实测叶尖定时脉冲信号的提取，在测试过程中通过敲击机壳的方式增加背景噪声的影响[20]，提取结果如图 2.24 所示。可以看出，通过提取后可以有效消除系统的背景噪声，仅保留叶片扫过传感器时的脉冲信号，从而保证了后期叶片振动信号的准确提取。

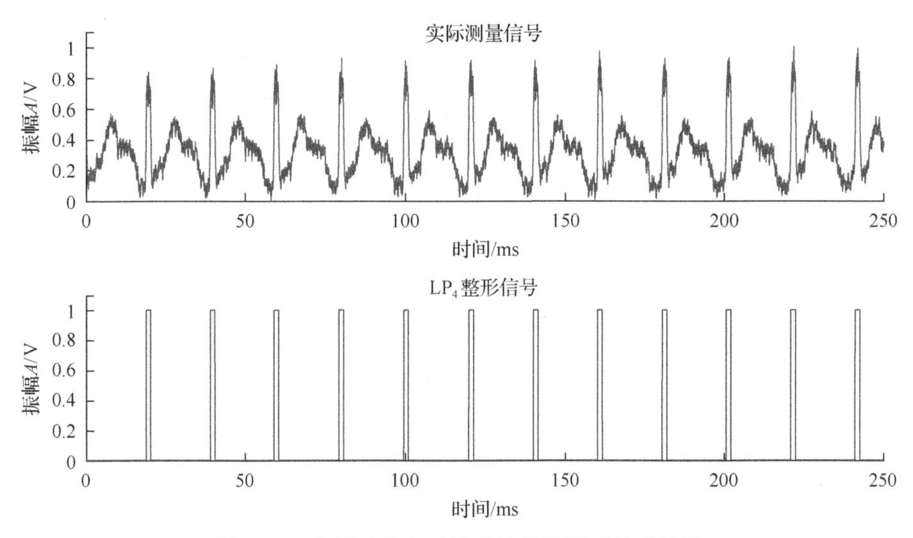

图 2.24 实测叶尖定时脉冲信号的降噪整形效果

2.4.4 实验验证

为了验证 2.4.3 节中针对当前叶尖定时监测系统中存在的主要测量误差因素所提改进方法的实用性和可靠性，又进行了实验验证。实验所采用的风机实验台的结构如图 2.14 所示。主要进行了不同叶片缺陷状态下叶片振动特性的测量与比对分析，包括不同的裂纹位置和不同的裂纹尺寸参数的实验，其中叶片缺陷如图 2.25 所示，包括叶中裂纹和叶根裂纹，其他具体的实验设置和实验测试结果如表 2.1 和表 2.3 所示[15]。同时为了验证测量结果的准确性，对这些缺陷状态下的叶片均进行了有限元模拟仿真模拟，仿真结果如图 2.26 所示。

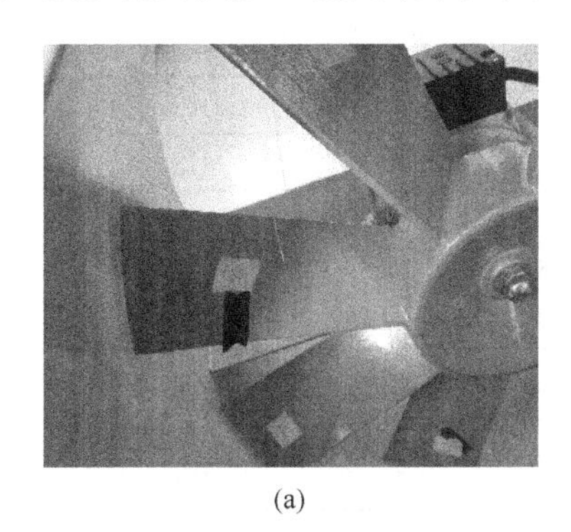

(a)

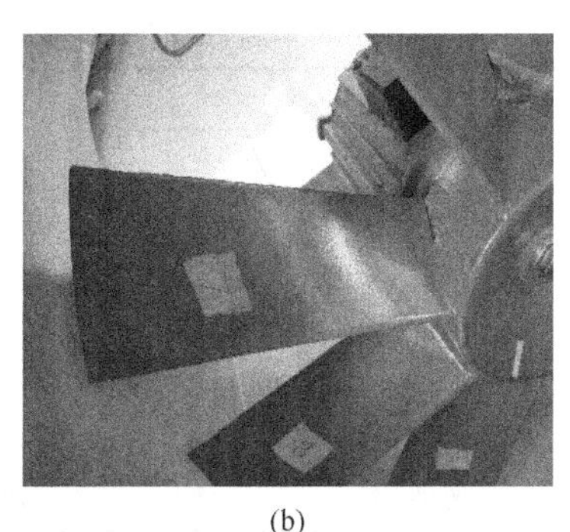

(b)

图 2.25 不同叶片裂纹实验

(a)叶中裂纹；(b)叶根裂纹

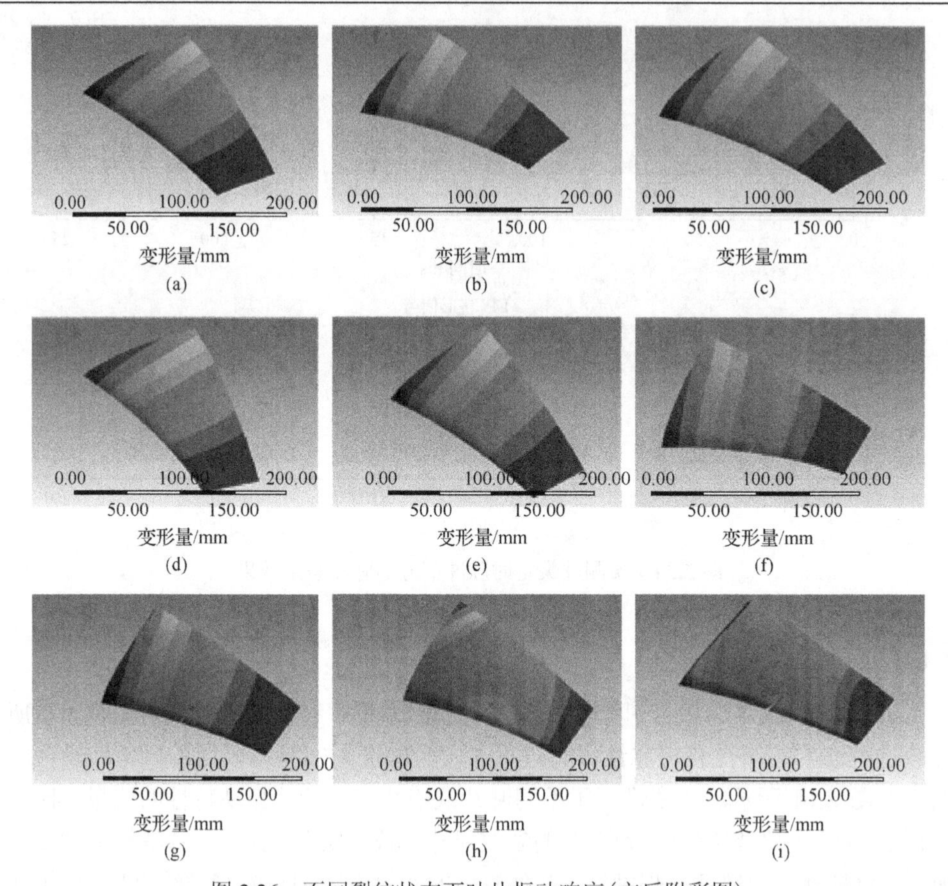

图 2.26　不同裂纹状态下叶片振动响应(文后附彩图)

(a)无裂缝；(b)(0.5, 5)；(c)(0.5, 10)；(d)(1, 5)；(e)(1, 10)；(f)(0.5, 5)；(g)(0.5, 10)；(h)(1, 5)；(i)(1, 10)；(0.5, 5)表示裂纹宽度为 0.5mm，长度为 5mm，其他图示含义类似

表 2.3　传统方法与改进方法的测量结果对比

裂纹位置	方法	不同裂纹尺寸下的振动频率/Hz				
		无裂纹	(0.5,5)	(0.5,10)	(1,5)	(1,10)
叶根	FEM	134.25	130	127.84	131.63	127.77
	传统方法	133.9	126.8	124.9	128.2	124.5
	改进方法	134.1	128.7	126.3	130.1	126.3
叶中	FEM	134.25	132.7	129.16	132.34	131.95
	传统方法	133.9	128.7	126.8	129.8	128.7
	改进方法	134.1	131.5	128.3	131.7	130.3

由图 2.27 可以看出，改进方法测量结果的相对误差远小于传统方法的测量误差，传统方法的测量结果相对误差达到 4.1%，但是改进后的测量误差仅为 0.4%，这就意味着对叶片状态监测来讲，传统方法仅测量误差就会引起对叶片状态的误

判断与误报警，而改进方法能够较好地降低这种误报警发生的可能性。

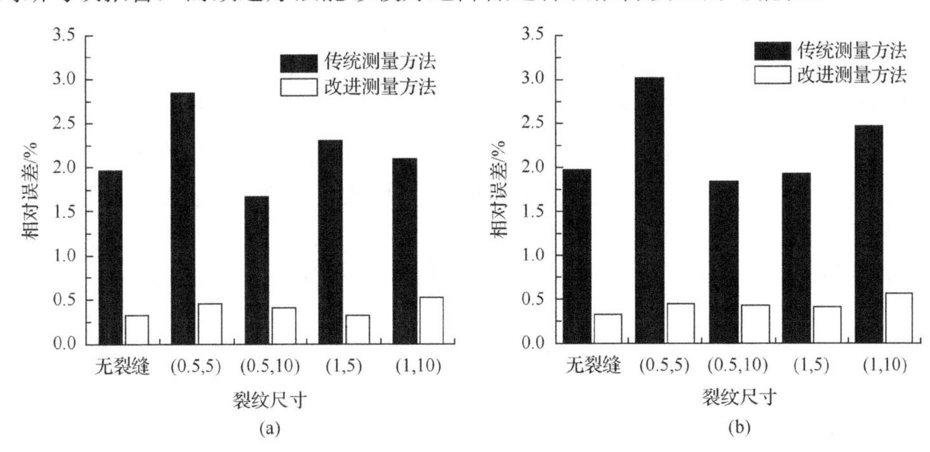

图2.27　传统方法与改进方法的测量误差对比

(a)叶中裂纹；(b)叶根裂纹

2.5　变转速叶片的多键相振动监测方法

由叶尖定时监测系统原理可知，传统的测试方法是假设高速旋转叶片转速始终保持恒定，然后通过记录叶片达到传感器时的时间变化来进行叶片振动的测量。但在实际运行工况中，受外界干扰或驱动力波动等因素的影响，旋转叶片的转速会发生波动。此外，在设备启停机过程中转速总是快速增加或降低，这就导致传统的基于叶尖定时的监测方法难以有效拾取叶片的振动信息。那么如何在这种变转速状态下利用叶尖定时监测系统进行叶片振动的监测成为一个难点，本节主要针对该问题进行研究。

2.5.1　变转速下叶片振动监测存在的挑战

对于旋转设备来讲，无论是简单机械还是复杂装备，在实际生产中，很难保持转速恒定，更多的是一种变转速工作状态，对高速旋转叶片系统来讲更是如此。目前的采样方式主要以等时间间隔采样为主，基于这种方法所获得的监测信号已经不再保持原有的周期特性，而对叶尖定时监测系统来讲，它的测量原理决定了变转速下等时间间隔采样所获的叶尖定时信号中包含转速变化引起的时间差值、叶片振动产生的时间差值，由叶尖定时监测系统误差分析可知，由叶片振动产生的时间差值远小于转速变化引入的时间差值，这就使所监测的叶尖定时信号已经失去了叶片振动测量的意义。因此，如何在变转速情况下利用叶尖定时监测系统测得叶片振动信号已经成为该系统能否进行工程应用的关键与挑战。

近几年来，变转速下设备监测与诊断得到国内外研究人员的重视，已成为机械故障诊断领域关注的焦点之一。自 2011 年起，每年都会召开以变工况状态监控为主题的国际会议(condition monitoring of machinery in non-stationary operations，CMMNO)。关于变转速监控的研究也取得一定的进展[24]，相关的分析方法主要包括基于阶次跟踪的分析方法、基于阶次循环平稳分析的分析方法和基于时频分析的方法。这些分析方法主要是针对传统的非欠采样系统，对于欠采样系统的变转速下振动监测研究基本上处于空白。但基于阶次跟踪的分析方法为叶尖定时监测系统在变转速下叶片振动监测提供了一条可行的思路，因此本节基于该方法对等时间时域采样转为等角度采样的思想进行了探究，并提出了基于多键相的变转速下叶片振动测量方法。

2.5.2 变转速下多键相振动监测原理

通过对叶尖定时监测系统分析发现，转速波动是叶片及轴系相对于定参考系的描述，但无论转速如何波动及变化，叶片根部与转轴的相对位置永远是固定不变的，因此如果能够利用叶尖相对于转轴上某一位置的相对变化来描述叶片的振动即能解决传统测量中变转速下叶片振动难以测量的问题。基于这一前提，笔者提出了采用多键相的变转速下叶片振动测量方法[25]，基本原理如图 2.28 所示，在转轴上均匀或近似均匀地布置多个键相，受限于旋转叶片类设备结构特点，在转轴上可布置的键相数目会远小于叶片的数量，这样就无法保证每个叶片均对应一个键相参考点。虽然旋转叶片转速会发生波动，但其转速波动或及变化总是一个连续渐变的过程(非突变)，这样可以采用微分思想，利用多个键相将每一转中转速变化过程分为若干个小的时间间隔，并认为相邻两键相间的转速为一个匀速过程，那么就可以在相邻键相间按照叶片数量插入相应的虚拟键相，使每一个叶片在叶根处对应一个键相参考点，通过该方法可极大地提高叶尖定时监测技术(BTT)系统的测量精度。

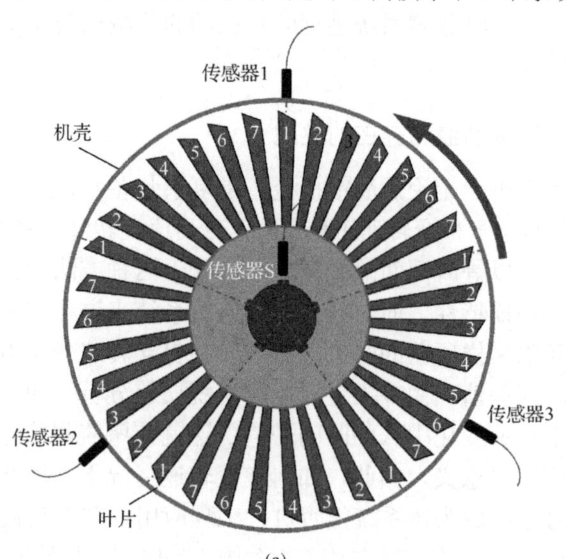

(a)

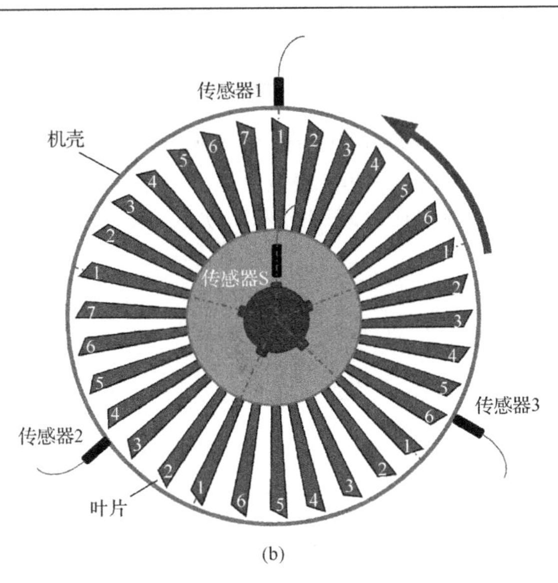

(b)

图 2.28　基于多键相法的变转速下叶尖定时测量示意图

(a) 均匀分布；(b) 非均匀分布

为了方便表述，这里先以键相均匀分布为例对多键相法测振过程进行详细分析，该推导过程及结果同样适用于非均匀分布情况。假设旋转叶片系统同一级叶轮上均匀安装有 N 个叶片，并均匀布置了 n 个键相，相邻键相间就会有 m 个叶片，则对应的叶片测量原理及过程如图 2.29 所示。首先通过相位传感器记录每一个键相到来的时刻，然后在相邻键相间均匀地插入 m–1 个虚拟键相从而保证每一个叶片在叶根处有一个参考点。那么将实测的叶尖定时信号与这些虚拟键相信号进行对比就能得到每个叶片因振动产生的时间差值，进而得到叶片在该时刻下对应的振动位移，以及对应的振动方程。

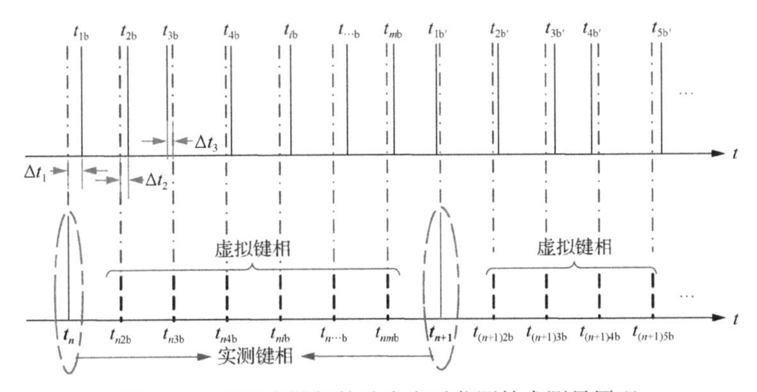

图 2.29　基于多键相的叶尖定时监测技术测量原理

t_n 与 t_{n+1} 为键相传感器实际所测得的相邻键相的定时时刻；t_{nib} 为按照相邻键相间叶片数量插入的虚拟键相时刻；b 表示叶片；t_{ib} 为叶尖定时探头监测到的第 i 个叶片通过探头时的时刻；$t_{1b'}$为 t_2 键相内第 1 个叶片通过探头的时刻；Δt_1 为第 1 个叶片实际到达传感器的时刻与理论值的时间差，余同

2.5.3 基于多键相的叶片振动位移测量方程

在 2.5.2 小节中对基于多键相法的叶片振动测量过程及原理进行了描述，由图 2.28 和图 2.29 可以看出，叶片的振动位移可由式(2.16)来表示，因考虑系统可能存在制造、安装等误差，因此在公式中引入系统固有误差值 y_{d}，该值可通过静态标定获得

$$y_{in} = \Delta t_i V_t - y_{\mathrm{d}} \tag{2.16}$$

式(2.16)中每个叶片因振动产生的时间差值可由式(2.17)表示，而对应的该时刻的叶尖速度可由式(2.18)表述：

$$\Delta t_i = t_{i\mathrm{b}} - t_{ni\mathrm{b}} \tag{2.17}$$

$$V_t = \frac{2\pi R}{T} = \frac{1}{n}\frac{2\pi R}{t_{n+1} - t_n} \tag{2.18}$$

将式(2.17)与式(2.18)代入式(2.16)中，则叶片的振动表达方程为

$$y_{in} = (t_{i\mathrm{b}} - t_{ni\mathrm{b}})\frac{1}{n}\frac{2\pi R}{t_{n+1} - t_n} - y_{\mathrm{d}} \tag{2.19}$$

式(2.16)～式(2.19)中，y_{in} 为第 i 个叶片叶尖对应的振动幅值；Δt_i 为第 i 个叶片通过传感器的时间与理论时间的差值；$t_{i\mathrm{b}}$ 为叶尖到达时刻；V_t 为叶尖通过传感器时的线速度；y_{d} 为系统固有误差；t_n 为两键相信号时间差；n 为键相的数量；R 为叶尖的旋转半径；i 为距离键相的第 i 个叶片；$t_{ni\mathrm{b}}$ 为叶片 i 对应的虚拟键相时间插值点；T 为叶片旋转周期。

则由图 2.29 及上述描述可知，每个虚拟键相的时刻可以表示为

$$t_{ni\mathrm{b}} = t_n + \frac{i-1}{m}(t_{n+1} - t_n), \quad i \leqslant m \tag{2.20}$$

将式(2.20)代入式(2.19)可得

$$y_{in} = \left\{ t_{i\mathrm{b}} - \left[t_n + \frac{i-1}{m}(t_{n+1} - t_n) \right] \right\} \frac{1}{n}\frac{2\pi R}{t_{n+1} - t_n} - y_{\mathrm{d}} \tag{2.21}$$

化简得

$$y_{in} = (t_{i\mathrm{b}} - t_n)\frac{1}{n}\frac{2\pi R}{t_{n+1} - t_n} - \frac{i-1}{m}\frac{1}{n}2\pi R - y_{\mathrm{d}} \tag{2.22}$$

其中，$\frac{i-1}{m}\frac{1}{n}2\pi R-y_{\mathrm{d}}$是一个定值，记为$y_{\mathrm{d}}'$，则式(2.22)可记为

$$y_{in}=\frac{2\pi R(t_{i\mathrm{b}}-t_n)}{n(t_{n+1}-t_n)}-y_{\mathrm{d}}' \tag{2.23}$$

2.5.4　基于数值建模及动力学仿真的方法验证

1. 数值建模验证

根据对叶片振动模态分析可知，高速旋转叶片的低阶振动(限切向弯曲振动)主要以周期性振动为主，则这一过程可以用方程式(2.1)进行描述。

由于旋转叶片在运行过程中既包括随轴系的转动，也包括自身的振动，而这一过程在时域描述较为困难。因此将其转换到角域进行表述，则叶尖运行中累计的弧度可分解为叶片旋转累计弧度和叶片振动产生的弧度两部分，可以用公式(2.24)进行描述：

$$\theta=\theta_{\mathrm{r}}+\theta_{\mathrm{v}} \tag{2.24}$$

式中，θ_{r}为累计转度弧度；θ_{v}为振动产生弧度。

由于旋转设备的变转速过程是一个连续过程，按照上述中假设，可以对这一过程微分处理，则能得到轴系转动产生的累计弧度如式(2.25)所示：

$$\theta_{\mathrm{r}}=\omega t=\sum_{i=0}^{i=t}\omega_i \tag{2.25}$$

再将叶片振动位移的时域表达方程转化到角域则能够得到θ_{v}，其表达方程如式(2.26)所示：

$$\theta_{\mathrm{v}}=\frac{A\cos(\omega t+\varphi)}{R}=\frac{A\cos(2\pi f_{\mathrm{v}}t+\varphi)}{R} \tag{2.26}$$

式中，f_{v}为振频率。则式(2.24)可写为

$$\theta=\theta_{\mathrm{r}}+\theta_{\mathrm{v}}=\sum_{i=0}^{i=t}\left[\omega_i+\frac{A\cos(2\pi f_{\mathrm{v}}t+\varphi)}{R}\right] \tag{2.27}$$

考虑系统最小分辨率的要求，在采样过程中对 t 进行离散化处理，且需满足式(2.28)的要求：

$$t = \frac{n}{10^9} \tag{2.28}$$

式中，n 为第 n 个采样点。

将式(2.27)与式(2.28)合并可得

$$\theta = \sum_{i=0}^{i=t} \omega_i + \sum_{n=0}^{n=N} \frac{A\cos\left(2\pi f_{\mathrm{v}} \frac{n}{10^9} + \varphi\right)}{R} \tag{2.29}$$

通过分析旋转设备的转速波动特点，可以将其转速波动过程总结为三种形式，分别为匀变速波动、周期性变速波动和随机变速波动，则每一种变速过程特点及数学描述如下所示。

2. 匀变速波动

匀变速波动描述的是转速是均匀加速或者均匀减速的变化波动形式，其过程可以用式(2.30)表示：

$$\omega_i = \omega_0 + at \tag{2.30}$$

式中，a 为角加速度。

对其进行积分可得

$$\sum_{i=0}^{i=t} \omega_i = \sum_{n=0}^{n=N} \left(\omega_0 + a\frac{n}{10^9}\right) \tag{2.31}$$

将式(2.31)代入式(2.29)中可得匀变速过程中叶尖的累计弧度表达方程如式(2.32)所示：

$$\theta = \sum_{n=0}^{n=N} \left[\omega_0 + a\frac{n}{10^9} + \frac{A\cos\left(2\pi f_{\mathrm{v}} \frac{n}{10^9} + \varphi\right)}{R}\right] \tag{2.32}$$

3. 周期性变速波动

周期性变速过程描述的是转速以某一转频为基准周期性的波动过程，其表达方程如式(2.33)所示：

$$\omega_i = \omega \sin(\omega_1 t + \varphi_1) \tag{2.33}$$

对其积分则可得

$$\sum_{i=0}^{i=t}\omega_i=\sum_{n=0}^{n=N}\omega\sin\left(\omega_1\frac{n}{10^9}+\varphi_1\right)=\sum_{n=0}^{n=N}\omega\sin\left(2\pi f_1\frac{n}{10^9}+\varphi_1\right) \tag{2.34}$$

将式(2.34)代入式(2.29)中可得周期性变转速中累计弧度表达方程如式(2.35)所示：

$$\theta=\sum_{n=0}^{n=N}\left[\omega\sin\left(2\pi f_1\frac{n}{10^9}+\varphi\right)+\frac{A\cos\left(2\pi f_{\rm v}\frac{n}{10^9}+\varphi\right)}{R}\right] \tag{2.35}$$

4. 随机变速波动

随机变速波动描述的是转速在外界不稳定激振力作用下转速波动的一种形式，具有波动范围小、波动过程随机的特点，因此该过程可表示为

$$\omega_i=\omega\text{uifrnd}(n_1,n_2) \tag{2.36}$$

将式(2.36)代入式(2.29)中可得随机变速中累计弧度表达方程如式(2.37)所示：

$$\theta=\omega\text{unifrnd}(n_1,n_2)+\sum_{n=0}^{n=N}\left[\frac{A\cos\left(2\pi f_{\rm v}\frac{n}{10^9}+\varphi\right)}{R}\right] \tag{2.37}$$

假设转轴上均匀布置 z 个键相，则键相的采样时刻节点如式(2.38)所示：

$$\theta_r\geqslant k\left(\frac{2\pi}{z}\right),\qquad k=1,2,3,\cdots \tag{2.38}$$

假定叶片振动频率 134Hz，振动幅值为 0.01mm，为便于描述，所有初相位均设为 0，转轴上均匀分布五个键相，对以下三种变转速状态进行分析。

(1) 旋转叶片为匀加速过程，速度由 0 到 6000r/min 耗时 1s，则角加速度 a 为 $100\times2\pi/\text{s}^2$。

(2) 旋转叶片转速为周期性变速波动，波动频率为 f_1 为 10Hz。

(3) 旋转叶片转速为随机变速波动，波动范围为转频的 0.95～1.05。

则可以得到不同的转速波动状态下多种测试方法所测结果的叶片振动位移相对误差分别如图 2.30(a)～(c)所示。

由图 2.30 中不同波动状态下叶片振动测量误差可以看出，无论是匀变速波动、周期性变速波动或者随机变速波动，基于多键相测量方法的测量误差远低于传统的单键相法和非键相法，非键相法在所设置的实验中相对测量误差超过 200%，表明该方法已不具备变转速下叶片测量的能力。对于单键相法来讲，相对测量误差随着叶片距离键相位置的增加而快速增加并超过 50%；而所提出的多键相法无论在哪一种波动状态下最大相对测量误差不超过 1.8%，同时该方法同样适用于恒转速下叶片振动的测量，因此基于多键相的叶片振动测量方法极大地提高了叶尖定时监测系统的测量精度和应用范围。

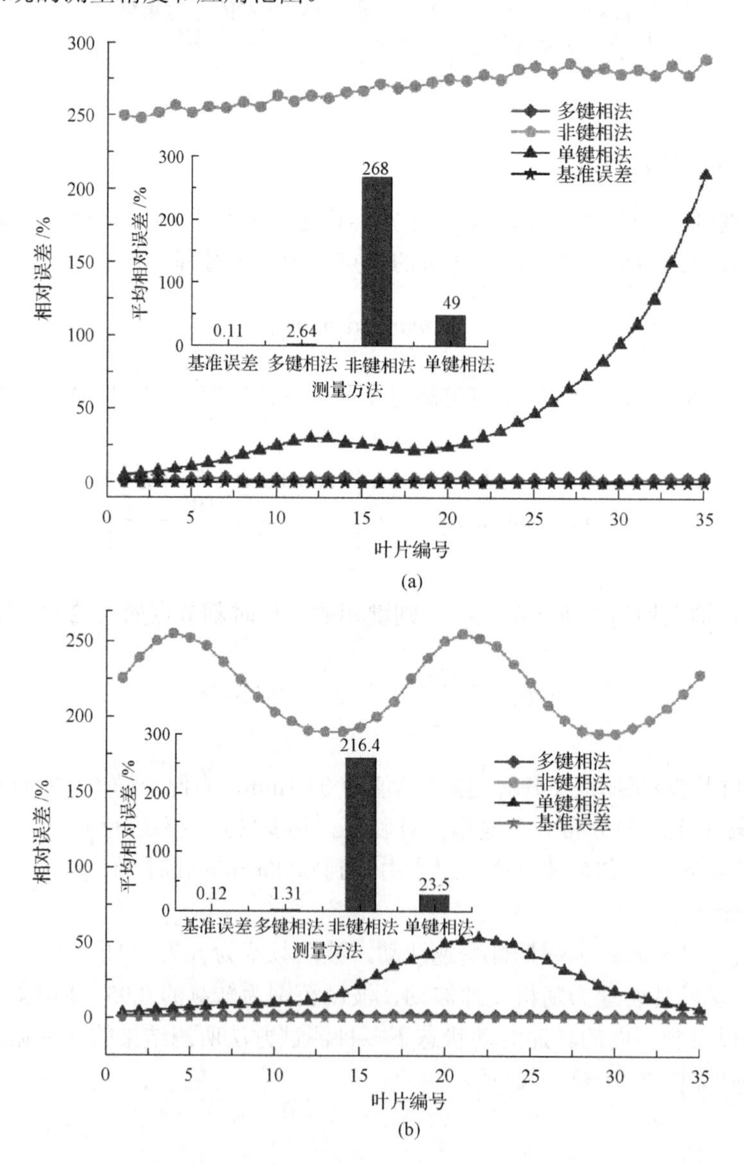

(a)

(b)

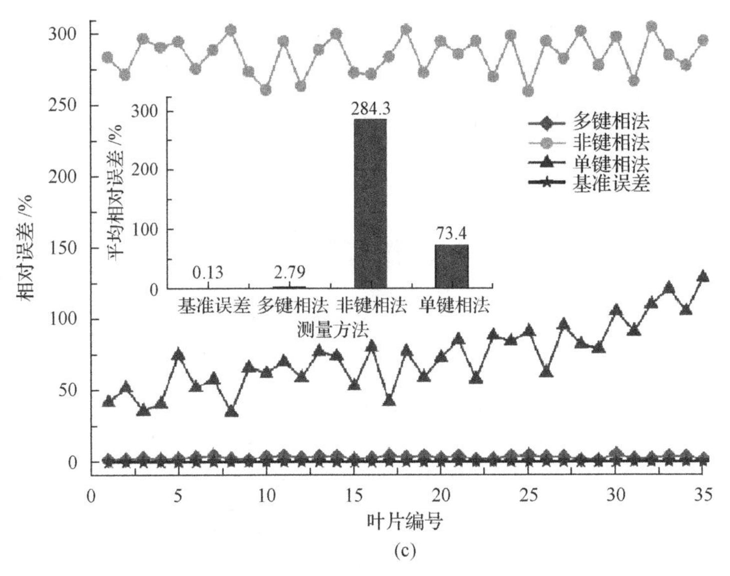

(c)

图 2.30　不同转速波动下测量误差对比

(a)匀变速过程；(b)周期性变速波动；(c)随机变速波动

5. 动力学仿真验证

为了验证方法的可靠性，又利用 ADAMS 软件进行了旋转叶片动力学仿真建模实验，通过仿真建模获取叶片在启动过程中的振动响应数据来验证所提出方法的可行性。仿真模型如图 2.31 所示，共设置有 35 个叶片、5 个键相，叶尖定时

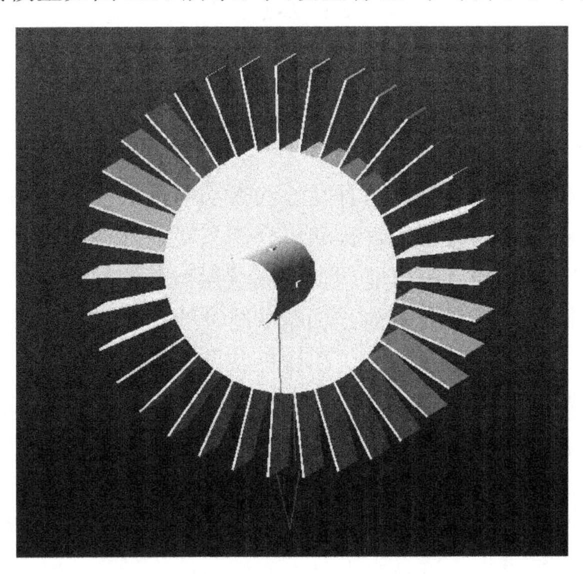

图 2.31　ADAMS 软件仿真模型

传感器采用 3 均布的采样方法，另外在转轴处安装一个相位传感器用于转速估计。实际模拟中只需对叶片及叶轮如图 2.32 所示的部分进行模拟即可，假设整个启动过程持续了 5s，转速从 0 上升到 6000r/min，其他实验参数如表 2.4[27]所示。

图 2.32　测试模型

表 2.4　实验参数

材料	叶片数量/片	键相数量/个	叶片长度/mm	旋转半径/mm	叶片宽度/mm	叶片厚度/mm	转速范围/(r/min)
45 号钢	35	5	110	230	60	2.5	0～6000

通过仿真实验可以同时获得所有叶片的振动响应数据，然后分别采用非键相法、单键相法及多键相法进行叶片振动位移的采集。然后以叶片实际振动的理论值为基准，不考虑实际测试中可能产生的测量误差，假设以每种方法所能获取的最佳的测量结果来讨论，那么三种方法测量结果的相对误差如图 2.33 所示。

如图 2.33 所示，利用非键相法、单键相法及多键相法对叶片启动过程中的振动数据进行测量发现，这三种测量方法对应的平均相对测量误差分别为 18%、7.8%和 1.1%。可以看出多键相法测量误差明显小于传统的测量方法，进一步分析可以发现，非键相法测量误差呈随机波动分布，单键相法测量误差随着叶片与键相位置的增加而快速增加，而多键相法测量误差则表现出一定的周期性。可以由图 2.29 所示的测量原理分析可知，这是由于对于连续的加速过程，时间差值Δt 随叶片编

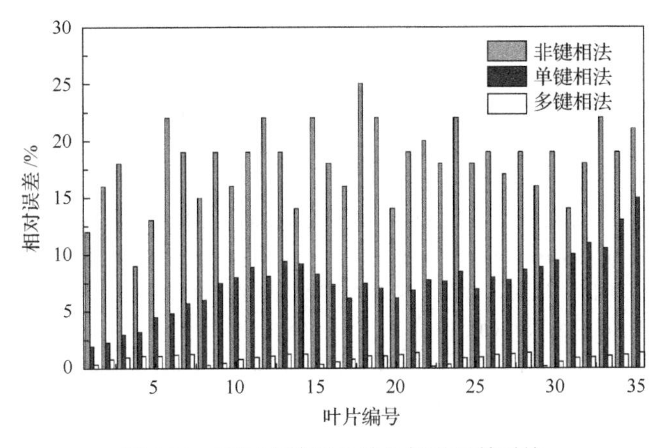

图 2.33　不同方法测量结果相对误差对比

号的增加而增加，这将使测量也随之增加，但是由于将转轴均匀的分为 N 等份后，所测得的Δt 和转速 V 的误差将被降低 N 倍，基于多参考相位法与传统测量法相比可以极大地提升系统的测量精度。

参 考 文 献

[1] 汢猛. 叶尖定时信号调理及获取方法技术研究. 天津: 天津大学硕士学位论文, 2016.

[2] 王宇华, 叶声华, 段发阶, 等. 基于光纤技术的叶尖定时传感器. 天津大学学报, 2002, 35(5): 605-610.

[3] Duan F J, Fang Z Q, Ye S H. Real-time vibration measurement for high-speed rotating blades. International Symposium on Instrumentation Science and Technology, 2004, 1: 100-104.

[4] 孙宇扬. 叶尖定时旋转叶片测振信号获取及处理技术研究. 天津: 天津大学硕士学位论文, 2004.

[5] McCarty P E, Thompson J W, Ballard R S J. Noninterference technique for measurement of turbine engine compressor blade stress. Aircraft AIAA, 1982, 19(1): 65-70.

[6] Kyu K J, Suk C K, Andy V F. Analysis of vibration of the turbine blades using non-intrusive stress measurement system. Proceedings of the ASME Power, 2016: 391-397.

[7] Cardwell D N, Chana K S, Russhard P. The use of eddy current sensors for the measurement of rotor blade tip timing-sensor development and engine testing. Proceeding of ASME Turbo Expo 2008: Power for Land, Sea, and Air, Berlin, 2008.

[8] 贾浪. 基于光纤光栅磁耦合传感器的叶尖定时法振动监测的研究. 武汉: 武汉理工大学硕士学位论文, 2012.

[9] 滕丽娜. 汽轮机叶片动频的转子调频非接触测量法. 振动与冲击, 2001, 20(1): 52-54.

[10] 张玉贵. 烟气轮机叶片振动的非接触式在线监测关键技术研究. 天津: 天津大学博士学位论文, 2008.

[11] 王宇华. 高速旋转叶片振动叶端定时测量方法和系统研究. 天津: 天津大学博士学位论文, 2003.

[12] 李孟麟. 融合叶尖定时信号的旋转机械转子故障诊断技术研究. 天津: 天津大学博士学位论文, 2011.

[13] 欧阳涛. 基于叶尖定时的旋转叶片振动检测及参数辨识技术. 天津: 天津大学博士学位论文, 2011.

[14] Anurag S, Samarendra D. Exploiting multi-scale signal information in joint compressed sensing recovery of multi-channel ECG signals. Biomedical Signal Processing and Control, 2016, 29: 53-66.

[15] 张继旺. 基于叶尖定时的旋转叶片安全监测及智能诊断方法研究. 北京: 中国石油大学(北京)博士学位论文, 2018.

[16] Donoho D. Compressed sensing. Stanford: Stanford University, 2004.

[17] 王福驰, 赵志刚, 刘馨月, 等. 一种改进的稀疏度自适应匹配追踪算法. 计算机科学, 2018, 45(S1): 234-238.

[18] Amirat Y, Choqueuse V, Benhamed M, et al. Bearing fault detection in DFIG-based wind turbines using the first intrinsic mode function, Proceedings of the 2010 ICEM, Rome, 2010.

[19] 欧阳涛, 段发阶, 李孟麟, 等. 恒速下旋转叶片同步振动辨识方法. 天津大学学报, 2011, 44(8): 742-746.

[20] Zhang J W, Zhang L B, Duan L X, et al. A blade defect diagnosis method by fusing blade tip timing and blade tip clearance information. Sensors, 2018, 18(7): 2166.

[21] 张继旺, 张来斌, 段礼祥, 等. 基于 EEMD 的含噪叶尖定时脉冲信号提取方法. 2018. http://kns.cnki.net/kcms/detail/13.1093.TE.20180720.1047.002.html.

[22] Rosero J A, Romeral L, Ortega J A, et al. Short-circuit detection by means of empirical mode decomposition and wigner-ville distribution for PMSM running under dynamic condition. IEEE Transactions on Industrial Electronics, 2009, 56(11): 4534-4547.

[23] Zheng Y, Sun X F, Chen J, Yue J. Extracting pulse signals in measurement while drilling using optimum denoising methods based on the ensemble empirical mode decomposition. Petroleum Exploration and Development, 2012, 39(6): 798-801.

[24] Feng Z P, Chen X W, Wang T Y. Time-varying demodulation analysis for rolling bearing fault diagnosis under variable speed conditions. Journal of Sound and Vibration, 2017, 400: 71-85.

[25] 张继旺, 张来斌, 段礼祥, 等. 基于多键相的变转速下旋转叶片振动监测方法. 油气储运, 2019, 38(2): 185-190, 213.

第3章　往复压缩机早期故障的提升小波诊断

3.1　往复压缩机早期故障诊断的难点

小波变换是一种常用的机械振动信号分析方法，通过对机械振动信号进行分解、降噪、重构等处理，可提取出机械故障特征，其故障诊断效果取决于小波特性。提升小波也称为第二代小波，是一种新型小波，与第一代小波变换相比具有构造简单、运算速度快、存储空间少、容易实现自适应变换等优点。提升小波的小波形状与冲击信号类似，适合于冲击信号的提取，而往复压缩机的振动信号中包含大量的冲击成分，提升小波适合于往复压缩机的振动信号分析，在机械故障特征提取方面具有较好的性能。

通过振动信号的频谱分析，难以提取往复压缩机故障特征。因为往复压缩机结构复杂，包括气缸、活塞杆、活塞体、十字头、曲轴连杆机构和气阀等，其振动不是旋转运动，不存在基频，且包含有大量的冲击成分、具有强非线性，在频谱图中往往只能看到连续的曲线，难以得到有用的机械故障信息。傅里叶变换的基函数是正弦函数，只能检测出信号中的正弦成分。往复机械故障，如活塞体-缸套碰磨、气阀弹簧老化、阀片破损、十字头松动等故障，会产生频率很高的弱冲击信号，傅里叶变换无法提取出这些故障信息，难以对往复机械故障做出准确的诊断。从频谱图中只能看到低频带、中频带及高频带信号能量的变化，只能对往复机械故障做定性判断，诊断依据不是很充足。

短时傅里叶变换具有很多的局限性，当确定好窗函数后，只能改变窗口在相平面的位置，而不能改变窗口的形状，只能进行单一分辨率的分析。Wigner-Ville分布存在频率交叉项，还有可能出现负值，给信号分析带来困难。传统方法难以提取出往复机械故障产生的弱冲击信号及摩擦信号。

应用经典小波进行往复机械故障特征提取时存在以下不足。

(1) 难以合理选取小波基[1]。目前还无完善的理论指导小波基的选取，具有一定的盲目性。小波分解只能将信号中与该小波波形相似的成分检测出来，而机械振动信号成分复杂，波形多种多样。用经典小波进行机械故障特征提取，往往难以达到理想的效果。

(2) 传统小波变换是以傅里叶变换为基础，而且小波的构造方法复杂，存在大量的卷积运算，计算量大、运算时间长，这对在线故障诊断十分不利[2]。

(3) 传统 Mallat 分解算法采用下采样和补零运算，存在频率混叠现象[3]。分解得到的信号会出现虚拟的频率成分，信号严重失真。下采样运算会导致信息漏失，难以提取出隐含在原始信号中的弱周期性冲击成分，这对机械故障诊断十分不利。

(4) 传统的小波边界处理方法并不完善，分解得到的信号在两端会出现振荡现象，严重影响弱冲击信号及调制信号的提取。

(5) 目前小波降噪采用的是软、硬阈值处理，会滤除大量的有用信息。软、硬阈值处理的前提是幅值较低的高频信号是噪声，将其滤除[4]。但是很多幅值较低的高频信号包含着丰富的故障信息，在降噪过程中必须予以保留，而软、硬阈值处理方式达不到这个要求。

为克服以上弊端，采用提升小波变换进行往复压缩机故障特征提取，并对提升小波变换算法进行改进。目前，提升小波主要用于旋转机械的隐含故障诊断，提取出了轴承磨损、齿轮损伤及转子碰磨产生的弱周期性冲击信号，对其故障特征有了较清楚地认识。提升小波在往复机械故障诊断中的应用很少，而且对往复机械故障的冲击特征并没有很清楚的认识。活塞体-缸壁碰磨、活塞杆-密封碰磨、气阀弹簧软化及阀片磨损、曲轴-轴瓦碰磨及十字头松动故障会产生什么样的信号，很少有学者对其进行深入的研究。传统的提升算法在边界处理、阈值处理、自适应算法及后期处理上还存在很多缺陷，有待改进。

3.2　提升小波的原理

Sweldens 和 Daubechies 于 20 世纪 90 年代中期提出了以提升方案(lifting scheme)构造小波的算法[5-7]。在这之前以傅里叶变换为基础构造的小波为第一代小波，也叫经典小波。以提升方案构造的小波为第二代小波，也叫提升小波。凡是可以用有限长单位冲激响应(finite impulse response，FIR)滤波器组表示的小波，都可以通过 Euclidean 算法将其构造过程分解到一系列的预测及更新步骤[8]，在时域完成小波的分解步骤。

提升小波用多项式插值求取小波系数，然后构造尺度函数并求取信号中的低频系数。如果使用的函数比较平滑且正确处理边界条件，则用插值细分法求取小波系数能取得很好的结果，在时域即可完成提升小波的分解及重构过程。通过提升方案，可较容易地实现自适应非线性小波变换，在数字信号处理中具有很好的效果。在信号较光滑的部分，可选用长度较长的预测器；在信号发生突变的地方，可选用长度较短的预测器，达到对信号进行自适应非线性分析的目的[9]。

提升小波变换包括三个步骤：剖分、预测及更新[10]。

(1) 剖分。对信号进行剖分的方法有很多种，例如，将信号分成左半部分和右半部分，但是这两部分信号的相关性很差，计算结果不理想。剖分得到的两部分信号必须有较强的相关性。常用的方式是将数据 $x[n]$ 划分为偶样本 $x_{\mathrm{e}}[n]=x[2n]$ 和奇样本 $x_{\mathrm{o}}[n]=x[2n+1]$，其中 n 为数据点数，剖分运算也叫懒小波变换(lazy wavelet transform)。

(2) 预测。用偶样本 $x_{\mathrm{e}}[n]$ 和预测器 $P=[p_1,p_2,\cdots,p_N]$ 预测奇样本 $x_{\mathrm{o}}[n]$，预测值为 $P(x_{\mathrm{e}}[n])$，实际值与预测值之差定义为细节信号 $d[n]$，它反映了信号中的高频成分。预测的作用是消除信号中的低频成分，保留高频成分。假设预测器 P 的长度为 N (N 也称对偶消失矩，决定插值函数的光滑度)，预测运算会消除信号中的 $N-1$ 阶多项式，剩下的信息保留在高频信号中：

$$d[n]=x_{\mathrm{o}}[n]-P(x_{\mathrm{e}}[n]) \tag{3.1}$$

(3) 更新。为减小频率混叠效应，用细节信号 $d[n]$ 和更新器 $U=[u_1,u_2,\cdots,u_{\widetilde{N}}]$ ($\widetilde{N}$ 为更新器长度，也称消失矩) 对偶样本 $x_{\mathrm{e}}[n]$ 进行更新，所得结果为逼近信号 $c[n]$，反映了信号中的低频成分，其表达式为[11]

$$c[n]=x_{\mathrm{e}}[n]+U(d[n]) \tag{3.2}$$

更新函数决定了主小波及对偶尺度函数的性质。$\widetilde{N}$ 越大，则频率混叠效应越小。用上述算法对逼近信号 $c[n]$ 进行迭代运算，可实现提升小波分解。提升变换是可逆的，不会漏失信息，其逆变换过程如下。

恢复更新：

$$x_{\mathrm{e}}[n]=c[n]-U(d[n]) \tag{3.3}$$

恢复预测：

$$x_{\mathrm{o}}[n]=d[n]+P(x_{\mathrm{e}}[n]) \tag{3.4}$$

合并：

$$x[n]=\mathrm{merge}(x_{\mathrm{e}}[n],x_{\mathrm{o}}[n]) \tag{3.5}$$

合并运算也叫逆懒小波变换(inverse lazy wavelet transform)。

提升方案及其逆过程可用图 3.1 表示。左半部分为提升方案正过程，通过预测器 P 和更新器 U，将信号 x 分解为细节信号 d 和逼近信号 c。右半部分为提升方案逆过程，通过预测器 P 和更新器 U，用细节信号 d 和逼近信号 c 恢复原始信号 x。

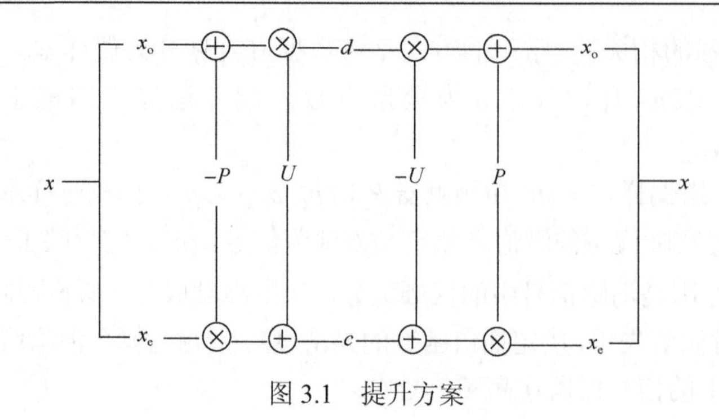

图 3.1　提升方案

假设预测器 P=[p_1, p_2, p_3, p_4]，更新器 U=[u_1, u_2, u_3, u_4]，原始时间序列 x= [$x_0, x_1, x_2, x_3, x_4, x_5, x_6, x_7, x_8, x_9, x_{10}, x_{11}$]。在不受边界影响的情况下，对信号 x 进行提升变换的步骤如图 3.2 所示。

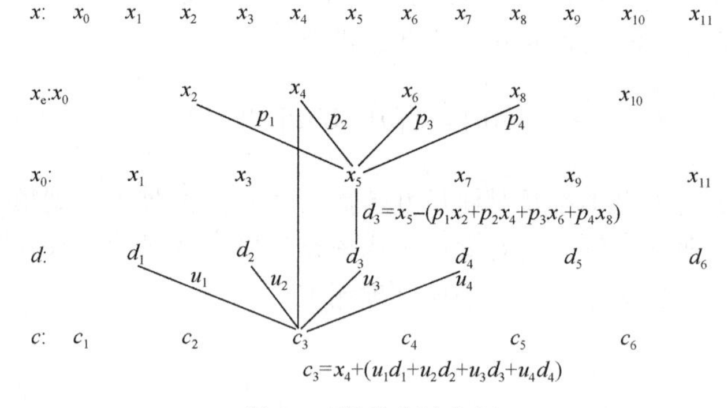

图 3.2　提升小波分解

可用预测系数组成高通滤波器，用更新器组成低通滤波器。假设 $P=[p_1,p_2,p_3,p_4]$，$U=[u_1,u_2,u_3,u_4]$。则高通滤波器为 $g=[-p_1,0,-p_2,1,-p_3,0,-p_4]$，低通滤波器为 $h=[-p_1u_1,u_1,-p_1u_2-p_2u_1,u_2,1-p_2u_2-p_1u_3,u_3,-p_2u_3-p_1u_4,u_4,-p_2u_4]$。利用高通滤波器和低通滤波器对原始信号进行相应的卷积运算，可获得高频信号 $d[n]$ 和低频信号 $c[n]$。

第二代小波算法中最关键的步骤是设计预测器及更新器。Sweldens[5]提出用插值细分原理设计预测器及更新器，普遍采用的是拉格朗日插值公式，计算预测系数的公式为

$$p_k=\prod_{\substack{i=1\\i\neq k}}^{N}\frac{(N+1)/2-i}{k-i},\qquad k=1,2,\cdots,N \tag{3.6}$$

式中，p_k 为第 k 个预测系数；N 为预测器长度。

若更新器长度等于预测器长度，则更新系数是对应预测系数的一半。更新器和预测器合称为提升算子，提升算子的长度一般取为偶数。$N=\widetilde{N}=2,4,6$ 时的预测器和更新器分别如下。

当 $N=\widetilde{N}=2$ 时，

$$P=[0.5000,0.5000]$$
$$U=[0.2500,0.2500]$$

当 $N=\widetilde{N}=4$ 时，

$$P=[-0.0625,0.5625,0.5625,-0.0625]$$
$$U=[-0.0313,0.2813,0.2813,-0.0313]$$

当 $N=\widetilde{N}=6$ 时，

$$P=[0.0117,-0.0977,0.5859,0.5859,-0.0977,0.0117]$$
$$U=[0.0059,-0.0488,0.2930,0.2930,-0.0488,0.0059]$$

第二代小波的小波函数和尺度函数没有解析表达式，可以通过迭代求出，运算过程分别如图 3.3 和图 3.4 所示[12]。

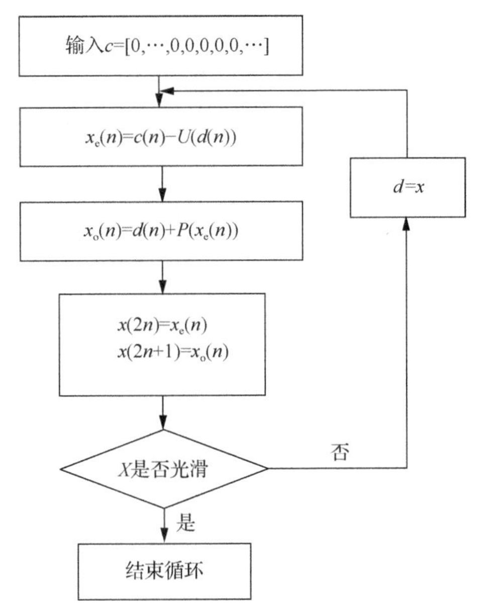

图 3.3　提升小波的小波函数求解算法

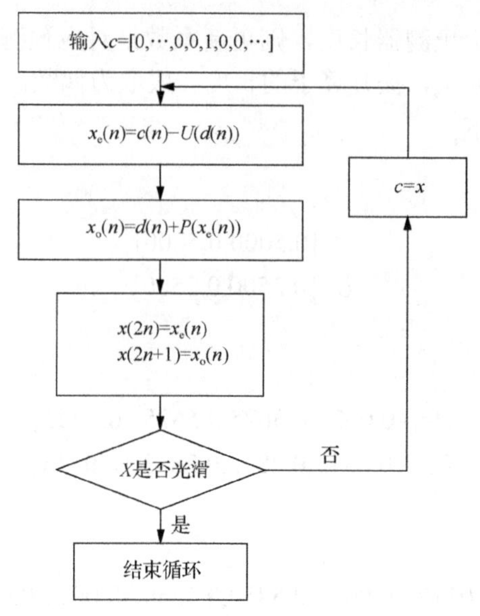

图 3.4　提升小波的尺度函数求解算法

当 P=[−0.0625,0.5625,0.5625,−0.0625]，U=[− 0.0313,0.2813,0.2813,− 0.0313]时，小波函数如图 3.5 所示，尺度函数如图 3.6 所示。第二代小波是对称的，具有紧支撑性，小波形状与冲击信号相似。

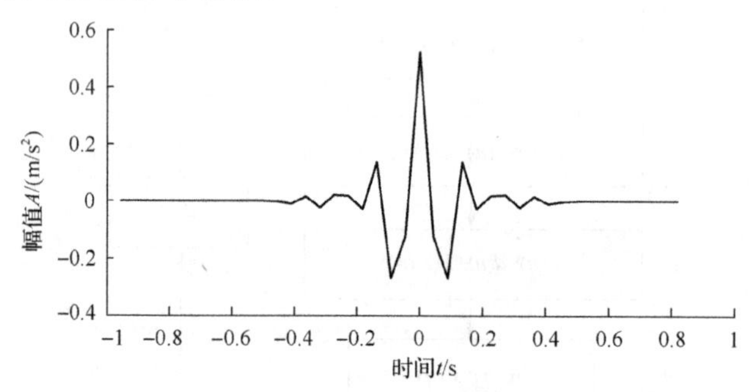

图 3.5　提升小波的小波函数

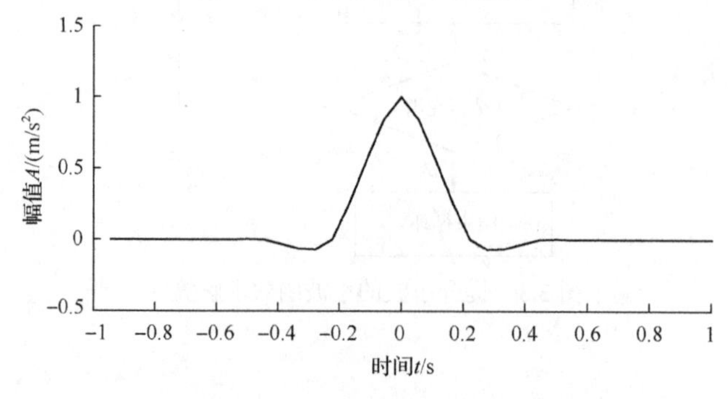

图 3.6　提升小波的尺度函数

3.3　非抽样提升小波包的构造

传统的提升方案在进行信号分解时采用下采样运算，每分解一次，信号长度减半，会漏失有用信息。完成分解后，为使各层细节信号及逼近信号的长度与原始信号长度相同，采用补零算法对信号进行单支重构。补零运算和下采样运算会引起严重的频率混叠效应，分解得到的信号含有虚拟频率成分、严重失真，这对机械故障特征提取十分不利。非抽样算法抛弃了下采样及补零运算，分解得到的信号与原始信号具有相同的长度。原始信号中的信息能全部得到保留，而且不会出现虚拟的频率成分。非抽样算法也叫冗余算法。Jiang 等[13]于 2006 年提出了构造冗余预测器及冗余更新器的算法，用冗余算子实现非抽样运算。高立新等[14]于 2008 年给出了非抽样提升小波的时域计算公式。非抽样提升小波降噪能保留信号中应有的冲击成分，这是传统小波降噪难以达到的效果。

设初始预测器 $P=(p_m)$，$m=1, 2, \cdots, N$，第 l 层非抽样预测器 $p^{[l]}$ 的表达式为

$$P_j^{[l]}=\begin{cases}p_m, & j=2^l m\\ 0, & j\neq 2^l m\end{cases},\qquad j=1,2,\cdots,2^l N \tag{3.7}$$

设初始更新器 $U=(u_n)$，$n=1, 2, \cdots, \widetilde{N}$。第 l 层非抽样更新器 $U^{[l]}$ 的表达式为

$$U_j^{[l]}=\begin{cases}u_m, & j=2^l n\\ 0, & j\neq 2^l n\end{cases},\qquad j=1,2,\cdots,2^l \widetilde{N} \tag{3.8}$$

用非抽样预测器和非抽样更新器对原始信号及各层逼近信号进行相应的卷积运算，便可实现非抽样提升小波分解。

小波包变换是在小波变换的基础上,对未分解的细节信号进行进一步分解[15]。小波包最大的优点是能提高信号的分辨率。往复机械振动信号中含有大量的高频成分，机械故障信息也隐含在这些高频成分里，非抽样提升小波包(undecimated lifting scheme packet，ULSP)在提取弱周期性冲击信号方面具有很好的效果。

设 $s_{l,k}$ 为原始信号 s 在第 l 层分解的第 k 个频带信号，$s_{l,k-1}$ 和 $s_{l,k}$ 由 $s_{l-1,k/2}$ 分解得到

$$\begin{aligned}s_{l,k-1}(n)=s_{l-1,k/2}(n)-[&p_1^{[l]}s_{l-1,k/2}(n-2^{l-1}(N+1)+1)\\&+p_2^{[l]}s_{l-1,k/2}(n-2^{l-1}(N+1)+2)+\cdots\\&+p_{2^l N}^{[l]}s_{l-1,k/2}(n+2^{l-1}(N-1))]\end{aligned} \tag{3.9}$$

式中，$k=2,4,6,\cdots,2^l$；$p^{[l]}$为$s_{l,k-1}$的非抽样预测器。

$$\begin{aligned}s_{l,k}(n)=s_{l-1,k/2}(n)+[u_1^{[l]}s_{l,k-1}(n-2^{l-1}(\widetilde{N}+1)+1)\\+u_2^{[l]}s_{l,k-1}(n-2^{l-1}(\widetilde{N}+1)+2)+\cdots\\+u_{2^l\widetilde{N}}^{[l]}s_{l,k-1}(n+2^{l-1}(\widetilde{N}-1))]\end{aligned}\tag{3.10}$$

式中，$k=2,4,6,\cdots,2^l$；$U^{[l]}$为$s_{l,k}$的非抽样更新器。

重构包括恢复更新、恢复预测和合并。

(1) 恢复更新。由$s_{l,k}$和$s_{l,k-1}$恢复样本序列$s_{l-1,k/2}^u(n)$：

$$\begin{aligned}s_{l-1,k/2}^u(n)=s_{l,k}(n)-[u_1^{[l]}s_{l,k-1}(n-2^{l-1}(\widetilde{N}+1)+1)\\+u_2^{[l]}s_{l,k-1}(n-2^{l-1}(\widetilde{N}+1)+2)+\cdots\\+u_{2^l\widetilde{N}}^{[l]}s_{l,k-1}(n+2^{l-1}(\widetilde{N}-1))]\end{aligned}\tag{3.11}$$

式中，$u_i^{[l]}$为$s_{l,k}$的非抽样更新器。

(2) 恢复预测。由$s_{l,k-1}$和$s_{l-1,k/2}^u$恢复样本序列$s_{l-1,k/2}^p(n)$：

$$\begin{aligned}s_{l-1,k/2}^p(n)=s_{l,k-1}(n)+[p_1^{[l]}s_{l-1,k/2}^u(n-2^{l-1}(N+1)+1)\\+p_2^{[l]}s_{l-1,k/2}^u(n-2^{l-1}(N+1)+2)+\cdots\\+p_{2^lN}^{[l]}s_{l-1,k/2}^u(n+2^{l-1}(N-1))]\end{aligned}\tag{3.12}$$

式中，$p_i^{[l]}$为$s_{l,k-1}$的非抽样预测器。

(3) 合并。将$s_{l-1,k/2}^u(n)$和$s_{l-1,k/2}^p(n)$相加再取平均值，作为重构信号$s_{l-1,k/2}$：

$$s_{l-1,k/2}(n)=\frac{1}{2}\left[s_{l-1,k/2}^u(n)+s_{l-1,k/2}^p(n)\right]\tag{3.13}$$

设初始预测器为$P=[p_1,p_2,p_3,p_4]$，初始更新器为$U=[u_1,u_2,u_3,u_4]$。X_0表示原始时间序列，X_{kj}表示第k层第j频带信号，$x_{kj}(i)$表示第k层第j频带信号的第i个值。对时间序列X_0进行四层非抽样提升小波包分解的示意图如图 3.7 所示。

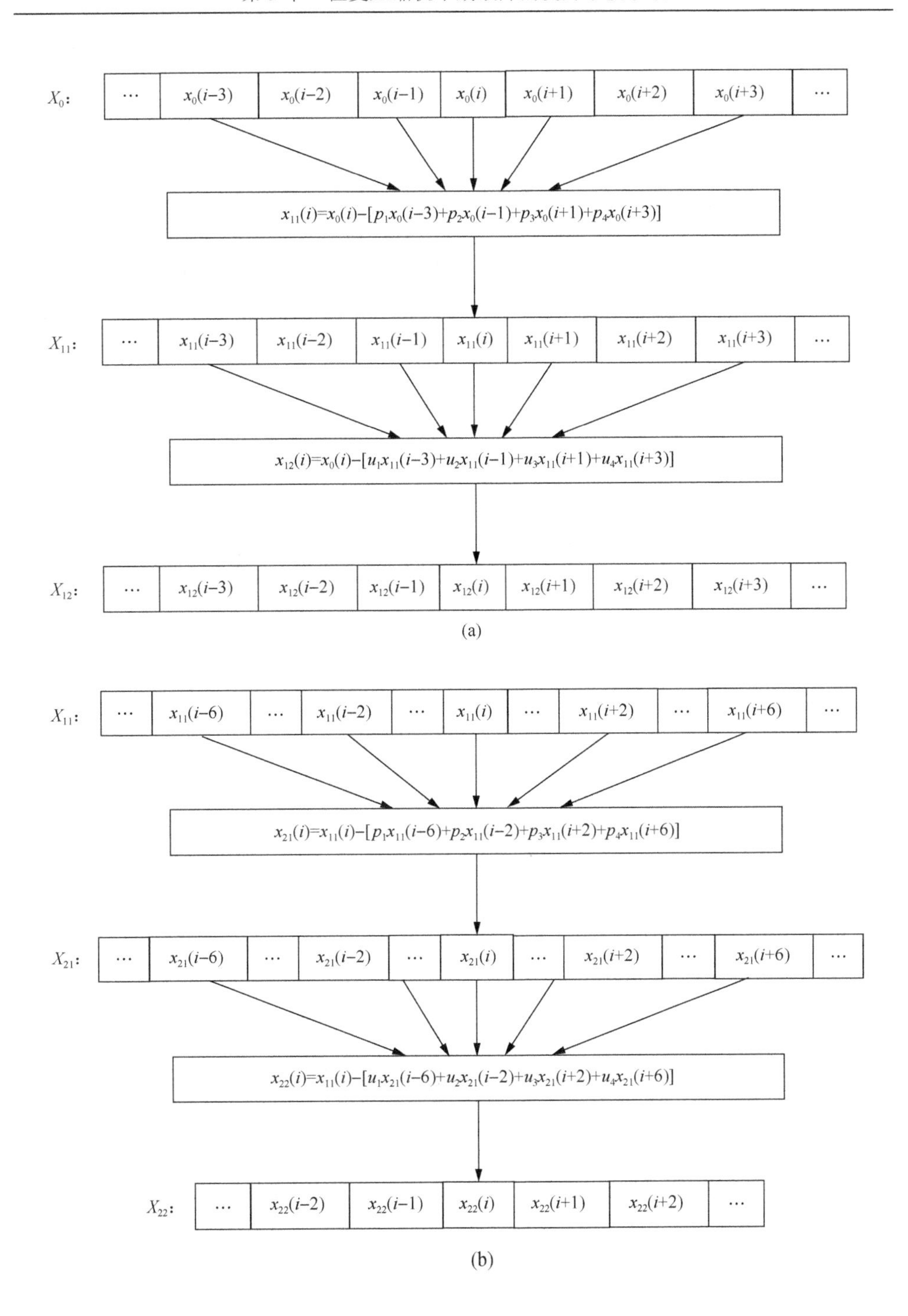

X_0:
$\cdots$ | $x_0(i-3)$ | $x_0(i-2)$ | $x_0(i-1)$ | $x_0(i)$ | $x_0(i+1)$ | $x_0(i+2)$ | $x_0(i+3)$ | $\cdots$
$x_{11}(i)=x_0(i)-[p_1x_0(i-3)+p_2x_0(i-1)+p_3x_0(i+1)+p_4x_0(i+3)]$
X_{11}:
$\cdots$ | $x_{11}(i-3)$ | $x_{11}(i-2)$ | $x_{11}(i-1)$ | $x_{11}(i)$ | $x_{11}(i+1)$ | $x_{11}(i+2)$ | $x_{11}(i+3)$ | $\cdots$
$x_{12}(i)=x_0(i)-[u_1x_{11}(i-3)+u_2x_{11}(i-1)+u_3x_{11}(i+1)+u_4x_{11}(i+3)]$
X_{12}:
$\cdots$ | $x_{12}(i-3)$ | $x_{12}(i-2)$ | $x_{12}(i-1)$ | $x_{12}(i)$ | $x_{12}(i+1)$ | $x_{12}(i+2)$ | $x_{12}(i+3)$ | $\cdots$
(a)
X_{11}:
$\cdots$ | $x_{11}(i-6)$ | $\cdots$ | $x_{11}(i-2)$ | $\cdots$ | $x_{11}(i)$ | $\cdots$ | $x_{11}(i+2)$ | $\cdots$ | $x_{11}(i+6)$ | $\cdots$
$x_{21}(i)=x_{11}(i)-[p_1x_{11}(i-6)+p_2x_{11}(i-2)+p_3x_{11}(i+2)+p_4x_{11}(i+6)]$
X_{21}:
$\cdots$ | $x_{21}(i-6)$ | $\cdots$ | $x_{21}(i-2)$ | $\cdots$ | $x_{21}(i)$ | $\cdots$ | $x_{21}(i+2)$ | $\cdots$ | $x_{21}(i+6)$ | $\cdots$
$x_{22}(i)=x_{11}(i)-[u_1x_{21}(i-6)+u_2x_{21}(i-2)+u_3x_{21}(i+2)+u_4x_{21}(i+6)]$
X_{22}:
$\cdots$ | $x_{22}(i-2)$ | $x_{22}(i-1)$ | $x_{22}(i)$ | $x_{22}(i+1)$ | $x_{22}(i+2)$ | $\cdots$
(b)

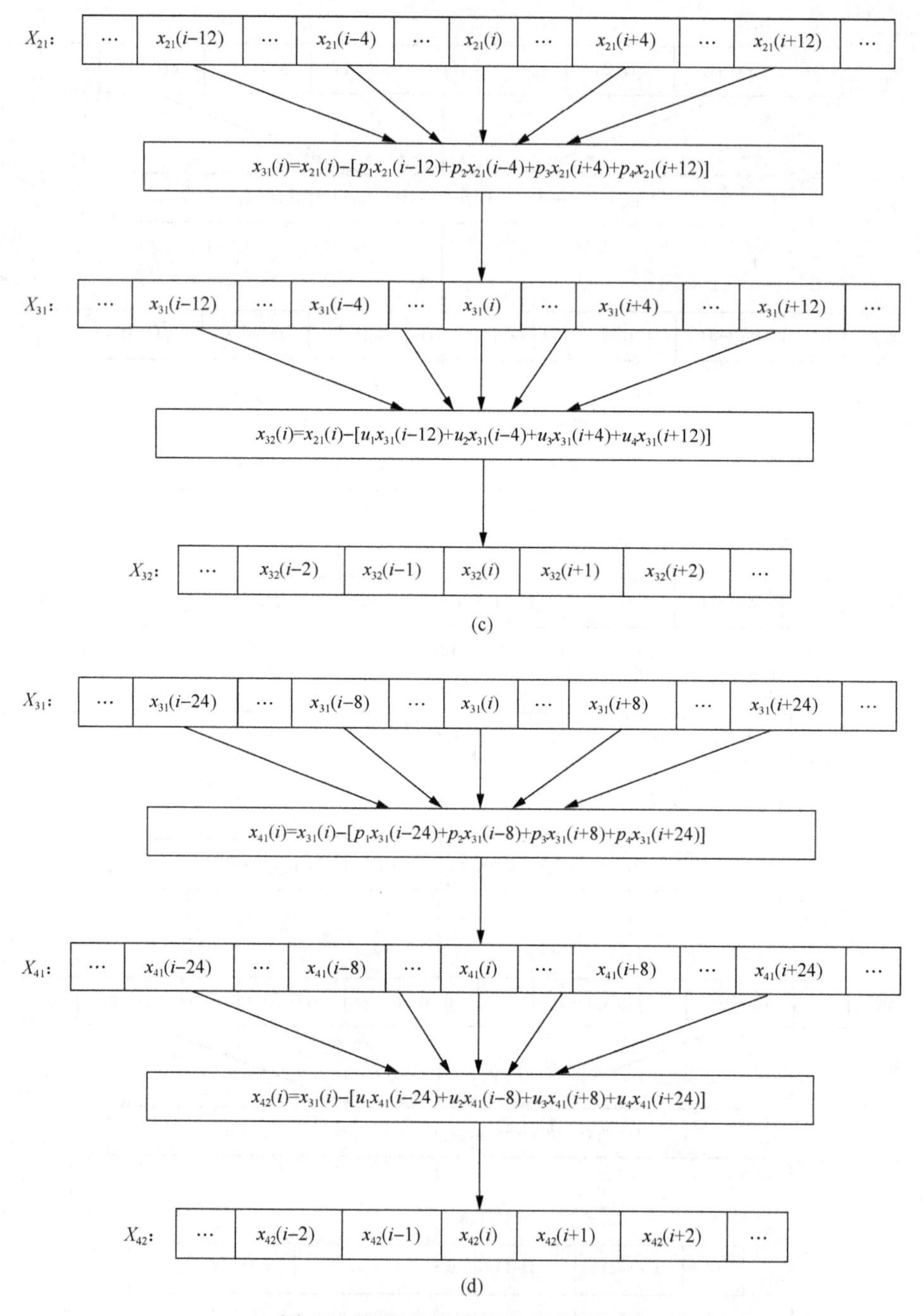

图 3.7　四层非抽样提升小波包分解

(a)第一层非抽样提升小波包分解示意图；(b)第二层非抽样提升小波包分解示意图；(c)第三层非抽样提升小波包分解示意图；(d)第四层非抽样提升小波包分解示意图

3.4　基于非抽样提升小波包的频率混叠消除原理

为验证非抽样提升小波包的抗频率混叠性能，将其用于仿真信号分解，并与传统的下采样及补零运算作对比。取一包含三个频率成分(100Hz、300Hz 和 600Hz)的仿真信号，其表达式为 $2\sin(2\pi\times100t)+\sin(2\pi\times300t+\pi/2)+3\sin(2\pi\times600t+\pi/3)$，采样频率为 2000Hz，采样长度为 2048 个点。

用经典小波中的 db4 小波通过 Mallat 算法对该信号进行两层小波包分解，将第二层各频带信号进行单支重构，使其长度等于原始信号的长度，然后画出这四个频带信号的频谱图，如图 3.8～图 3.11 所示。可看出，这四个频带信号除了含有 100Hz、300Hz 和 600Hz 这三个频率成分外，还含有 200Hz、400Hz、700Hz、800Hz 和 900Hz 频率成分，如图中箭头所示，这五个频率成分是原始信号中没有的。下采样运算和补零运算导致信号严重失真，产生了虚拟的频率成分，频率混叠程度十分严重，这对机械故障特征提取来说十分不利。

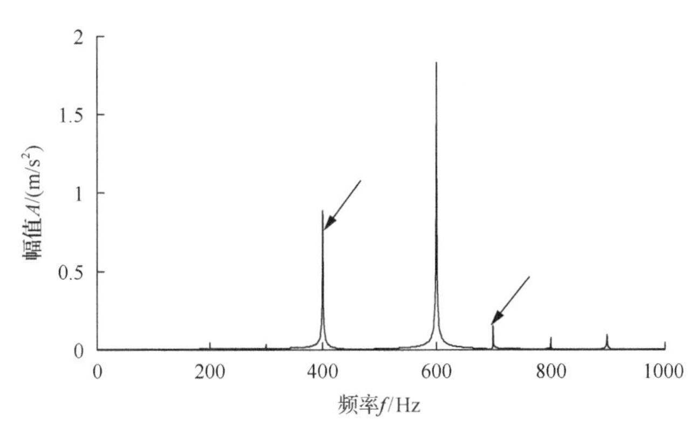

图 3.8　基于经典小波分解的第二层第一频带信号频谱图

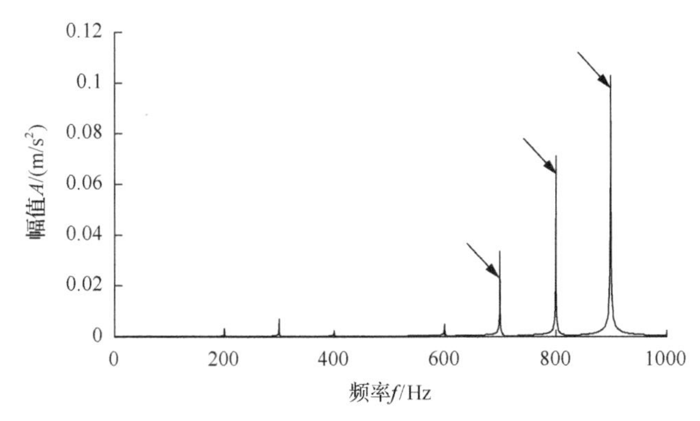

图 3.9　基于经典小波分解的第二层第二频带信号频谱图

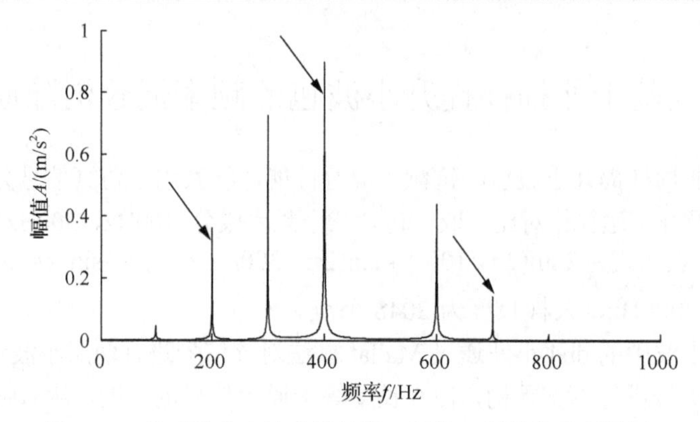

图 3.10　基于经典小波分解的第二层第三频带信号频谱图

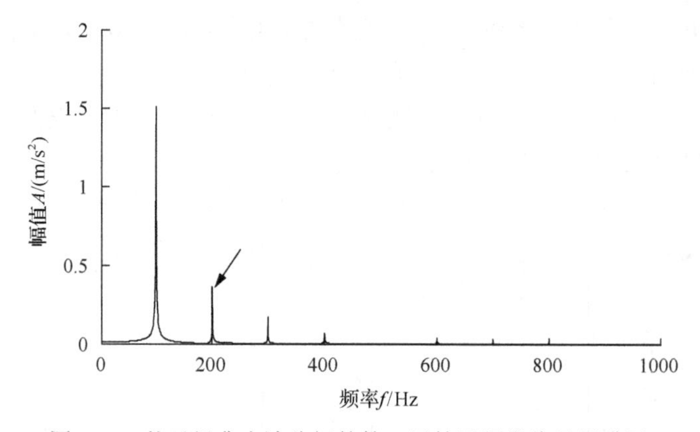

图 3.11　基于经典小波分解的第二层第四频带信号频谱图

对信号进行两层非抽样提升小波包分解，得到第二层的四个频带信号，画出其频谱图，如图 3.12～图 3.15 所示。可看出这四个频带信号只包含三个频率成分，分别是 100Hz、300Hz 和 600Hz，与原始信号中的频率成分相同，没有出现虚拟

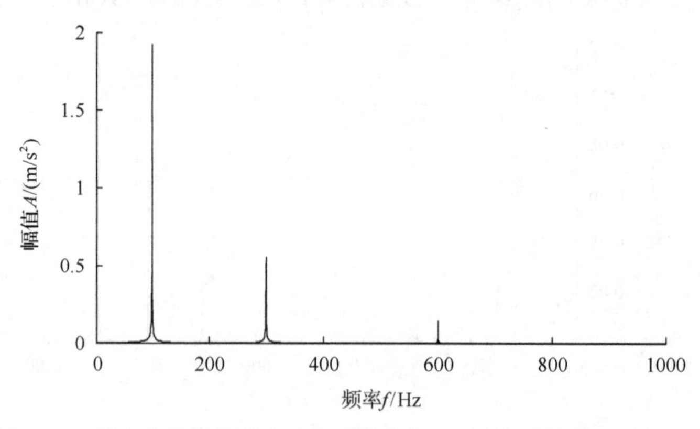

图 3.12　基于非抽样提升小波包分解的第二层第一频带信号频谱图

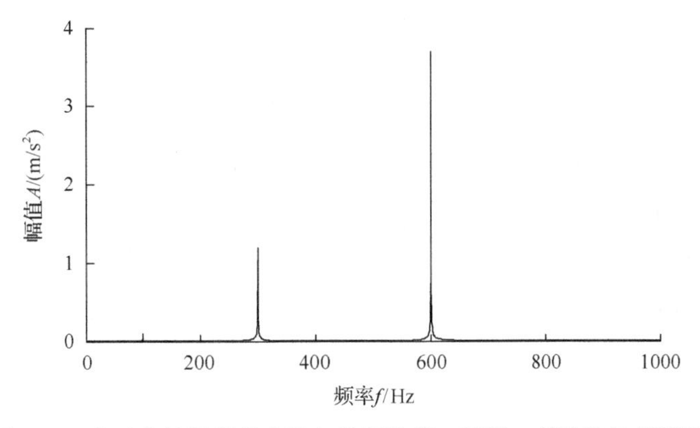

图 3.13　基于非抽样提升小波包分解的第二层第二频带信号频谱图

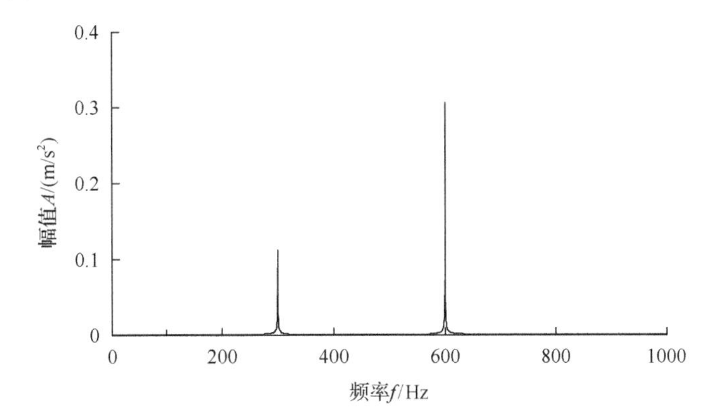

图 3.14　基于非抽样提升小波包分解的第二层第三频带信号频谱图

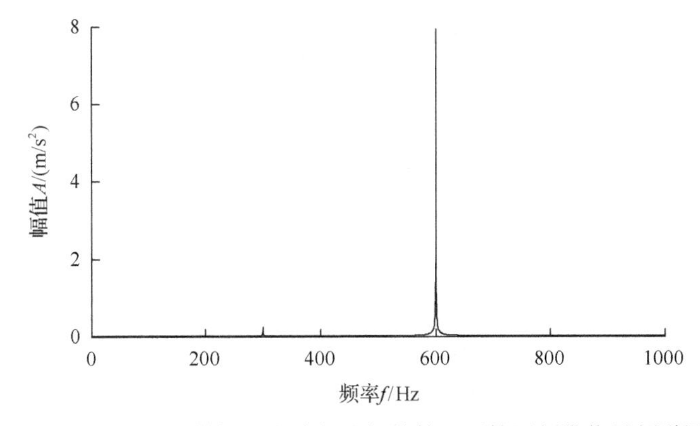

图 3.15　基于非抽样提升小波包分解的第二层第四频带信号频谱图

的频率成分。可见非抽样提升算法具有优良的抗频率混叠性能，分解得到的信号不失真，为机械故障特征提取奠定了基础。

3.5　基于 Volterra 级数的边界振荡抑制

实际处理的信号都是有限长，必须进行合适的边界处理，否则分解得到的信号在两端会出现振荡现象，给机械故障特征提取带来不利。目前，提升变换的边界处理方式有：Sweldens 提出的用边界数据预测及更新法[6]、Claypoole 等提出的自适应减小预测及更新阶次法[17]、补零延拓、对称延拓、点对称延拓、周期延拓、恒值延拓和一阶延拓等[18-22]。

设原始信号 X 的长度为 N_x，信号 X 两端各需延拓的长度为 N_1，组成新的信号 $\tilde{x}$。补零延拓的表达式为

$$\tilde{x}(i+N_1)=\begin{cases}0\ , & -N_1+1\leqslant i\leqslant 0\\ x(i)\ , & 1\leqslant i\leqslant N_x\\ 0\ , & N_x+1\leqslant i\leqslant N_x+N_1\end{cases} \tag{3.14}$$

对称延拓的表达式为

$$\tilde{x}(i+N_1)=\begin{cases}x(1-i)\ , & -N_1+1\leqslant i\leqslant 0\\ x(i)\ , & 1\leqslant i\leqslant N_x\\ x(2N_x+1-i)\ , & N_x+1\leqslant i\leqslant N_x+N_1\end{cases} \tag{3.15}$$

点对称延拓的表达式为

$$\tilde{x}(i+N_1)=\begin{cases}-x(1-i)\ , & -N_1+1\leqslant i\leqslant 0\\ x(i)\ , & 1\leqslant i\leqslant N_x\\ -x(2N_x+1-i)\ , & N_x+1\leqslant i\leqslant N_x+N_1\end{cases} \tag{3.16}$$

周期延拓的表达式为

$$\tilde{x}(i+N_1)=\begin{cases}x(i+N_x)\ , & -N_1+1\leqslant i\leqslant 0\\ x(i)\ , & 1\leqslant i\leqslant N_x\\ x(i-N_x)\ , & N_x+1\leqslant i\leqslant N_x+N_1\end{cases} \tag{3.17}$$

恒值延拓的表达式为

$$\tilde{x}(i+N_1)=\begin{cases}x(1)\ , & -N_1+1\leqslant i\leqslant 0\\ x(i)\ , & 1\leqslant i\leqslant N_x\\ x(N_x)\ , & N_x+1\leqslant i\leqslant N_x+N_1\end{cases} \tag{3.18}$$

一阶延拓法对信号两端的延拓数据采用递推法求出，延拓值在相邻两点所确定的直线上，左端延拓值按式(3.19)进行计算：

$$x(i)=2x(i+1)-x(i+2) \tag{3.19}$$

右端延拓值按式(3.20)进行计算：

$$x(i)=2x(i-1)-x(i-2) \tag{3.20}$$

根据非抽样提升小波包的分解公式，设 N_{f} 为冗余提升小波包的分解层次，为使各层各频带信号的分解不受边界影响，原始信号两端各需延拓的长度分别为 $\sum_{l=1}^{N_{\mathrm{f}}}\left[2^{l-1}(N+1)-1\right]$(前部分延拓的长度)和 $\sum_{l=1}^{N_{\mathrm{f}}}\left[2^{l-1}(\widetilde{N}+1)-1\right]$(后部分延拓的长度)。前部分是因预测所要延拓的长度，后部分是因更新所要延拓的长度。

提出采用二阶 Volterra 级数预测延拓法进行提升变换边界处理。先对信号两端进行延拓，延拓数据初始值设为 0。从原始数据两端各取出一定长度的信号作为训练样本，用递推最小二乘法训练预测系数，然后对延拓数据进行预测。对信号进行分解后，将各频带信号两端长度为延拓长度的数据丢弃不要。

Volterra 级数最初是由一位名为 Vito Volterra 的意大利数学家于 19 世纪 80 年代提出。由于其强大的非线性系统行为建模能力而引起了广泛关注，并很快在许多领域得到应用。如果非线性离散动力系统的输入是 $X(n)=[x(n),\ x(n-1),\cdots,x(n-N'+1)]$，输出是 $y(n)=\bar{\tilde{x}}'(n+1)$，则该非线性系统函数可以用 Volterra 级数展开式构造非线性预测模型：

$$\begin{aligned}\bar{\tilde{x}}'(n+1)&=h_0+\sum_{i=0}^{+\infty}h_i(i)x(n-i)+\sum_{i=0}^{+\infty}\sum_{j=0}^{+\infty}h_2(i,j)x(n-i)x(n-j)+\cdots\\&+\sum_{i=0}^{+\infty}\sum_{j=0}^{+\infty}\cdots\sum_{k=0}^{+\infty}h_p(i,j,\cdots,k)x(n-i)x(n-j)\cdots x(n-k)\end{aligned} \tag{3.21}$$

式中，$h_p(i,j,\cdots,k)$ 为 p 阶 Volterra 核。

这种无穷级数展开式在实际应用中难以实现，一般采用下面的二阶截断求和的形式：

$$\bar{\tilde{x}}'(n+1)=h_0+\sum_{i=0}^{N_1-1}h_1(i)x(n-i)+\sum_{i=0}^{N_2-1}\sum_{j=0}^{N_2-1}h_2(i,j)x(n-i)x(n-j) \tag{3.22}$$

式中，N_1 和 N_2 均为滤波器的长度。通过假近邻域法求取信号的最小嵌入维数 m。因此，N_1 和 N_2 可取为 m 维。

输入向量$\boldsymbol{X}(n)=[1,x(n),x(n-1),\cdots,x(n-m-1),x^2(n),x(n)x(n-1),\cdots,x^2(n-m+1)]^{\mathrm{T}}$。预测系数向量 $\boldsymbol{W}(n)=[h_0,\ h_1(0),\ h_1(1),\ \cdots,\ h_1(m-1),\ h_2(0,0),\ h_2(0,1),\ \cdots,\ h_2(m-1,m-1)]^{\mathrm{T}}$。

$$\vec{\tilde{x}}'(n+1)=\boldsymbol{X}^{\mathrm{T}}(n)\boldsymbol{W}(n) \tag{3.23}$$

使用递归最小二乘法(RLS)计算预测系数向量 $\boldsymbol{W}(n)$。令

$$\boldsymbol{Q}(0)=\delta^{-1}\boldsymbol{I} \tag{3.24}$$

式中，δ 为一个很小的正常数；$\boldsymbol{I}$ 为单位矩阵。因此，$\boldsymbol{W}(0)$ 设为 0。

通过进行以下迭代计算可求出 $\boldsymbol{W}(n)$。

令

$$\boldsymbol{G}(n)=\frac{\mu^{-1}\boldsymbol{Q}(n-1)\boldsymbol{X}(n)}{1+\mu^{-1}\boldsymbol{X}^{T}(n)\boldsymbol{Q}(n-1)\boldsymbol{X}(n)} \tag{3.25}$$

式中，μ 为遗忘因子。

令

$$\alpha(n)=\boldsymbol{D}(n)-\boldsymbol{W}^{\mathrm{T}}(n-1)\boldsymbol{X}(n) \tag{3.26}$$

式中，$\boldsymbol{D}(n)$ 为理想输出信号。因此，

$$\boldsymbol{W}(n)=\boldsymbol{W}(n-1)+\boldsymbol{G}(n)\alpha(n) \tag{3.27}$$

$$\boldsymbol{Q}(n)=\mu^{-1}\boldsymbol{Q}(n-1)-\mu^{-1}G(n)\boldsymbol{X}^{\mathrm{T}}(n)\boldsymbol{Q}(n-1) \tag{3.28}$$

式中，$\alpha(n)$ 和 $\boldsymbol{G}(n)$ 均为中间变量。

为说明此边界处理方法的优越性，将其用于仿真信号的分解，并与传统边界处理方法进行对比。在信号 $\sin(2\pi\times 50t+\pi/2)+2\sin(2\pi\times 300t+\pi/4)$ 上叠加一周期冲击信号 $0.5\mathrm{e}^{-2\pi\times 100t}\sin(2\pi\times 400t)$，冲击信号的周期为 0.04s，从第 0.03s 开始叠加。采样频率为 16kHz，采样长度为 4096 个点，仿真信号如图 3.16 所示。

对信号进行四层非抽样提升小波包分解，初始预测器和更新器分别为 $P=[-0.0625,0.5625,0.5625,-0.0625]$，$U=[-0.0313,0.2813,0.2813,-0.0313]$，提取第四层第一频带信号。图 3.17～图 3.24 为采用传统边界处理方式分解的结果，可看出信号在两端都出现了程度不同的振荡现象。采用二阶 Volterra 级数预测延拓法进行边界处理，分解结果如图 3.25 所示，可看出信号两端没有出现振荡现象。同时可看出，ULSP 能将原始信号中的弱周期性冲击信号完整地提取出来，这对往复机械故障诊断来说具有重要的意义。

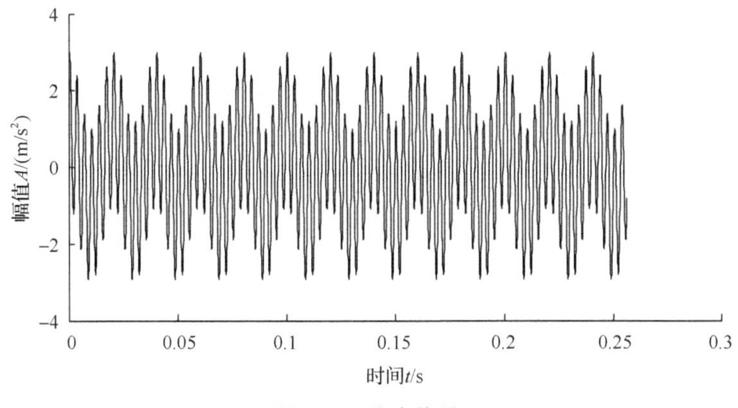

图 3.16　仿真信号

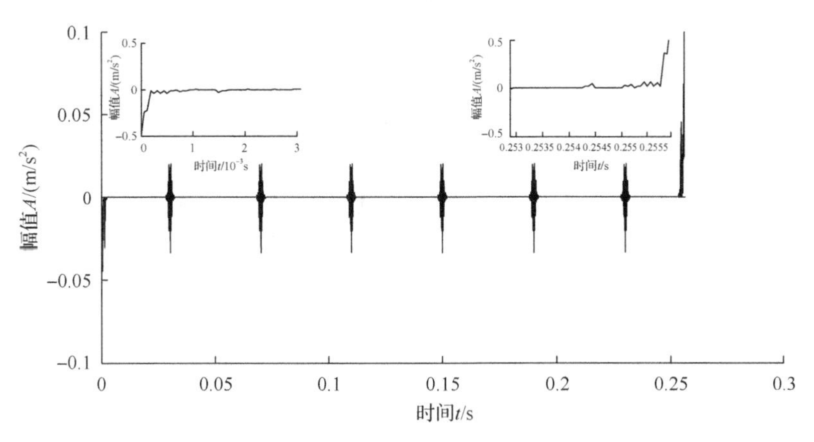

图 3.17　边界数据预测

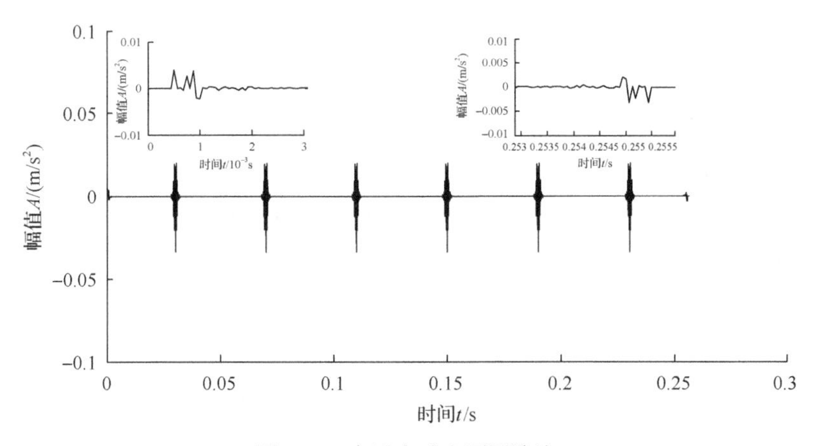

图 3.18　自适应减小预测阶次

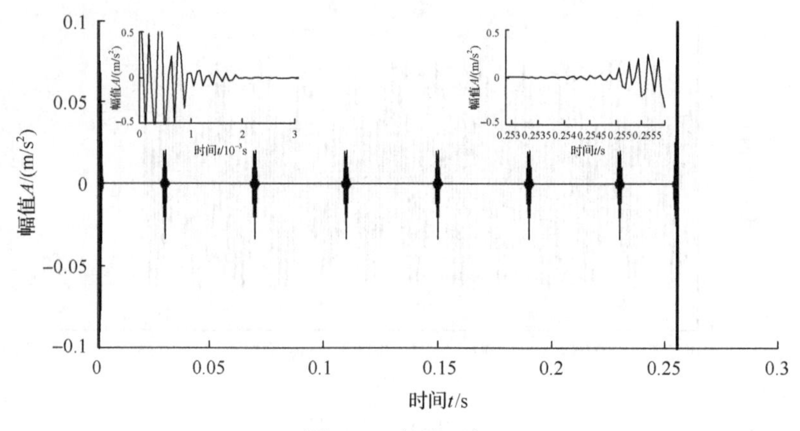

图 3.19　补零延拓

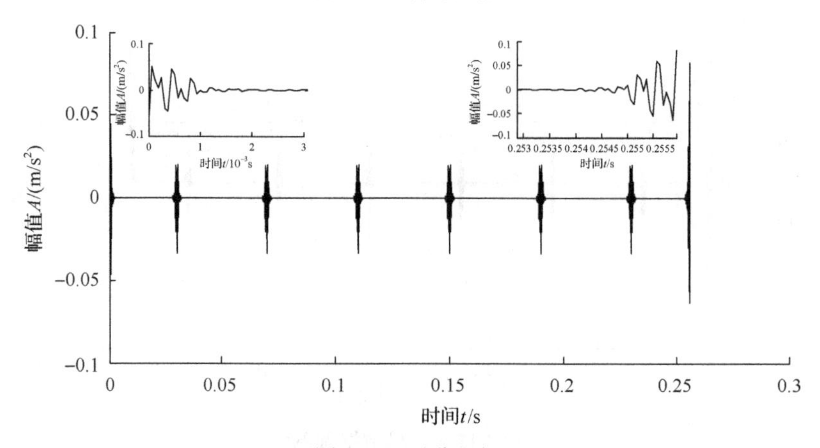

图 3.20　对称延拓

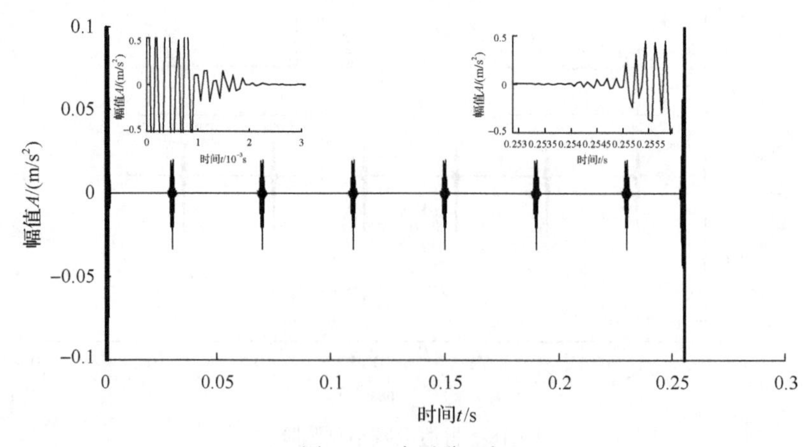

图 3.21　点对称延拓

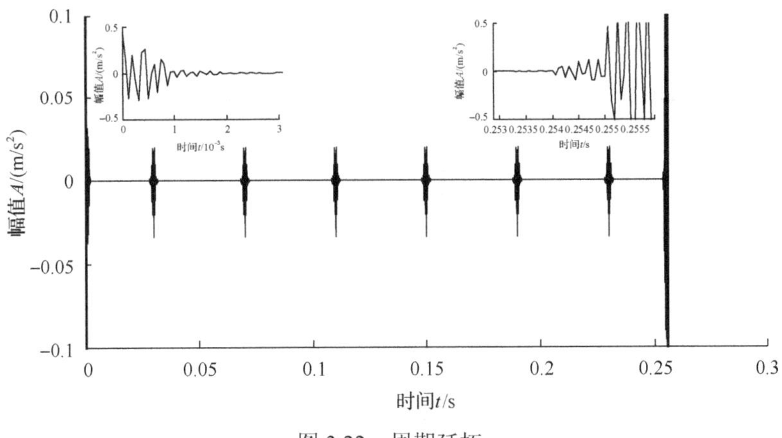

图 3.22　周期延拓

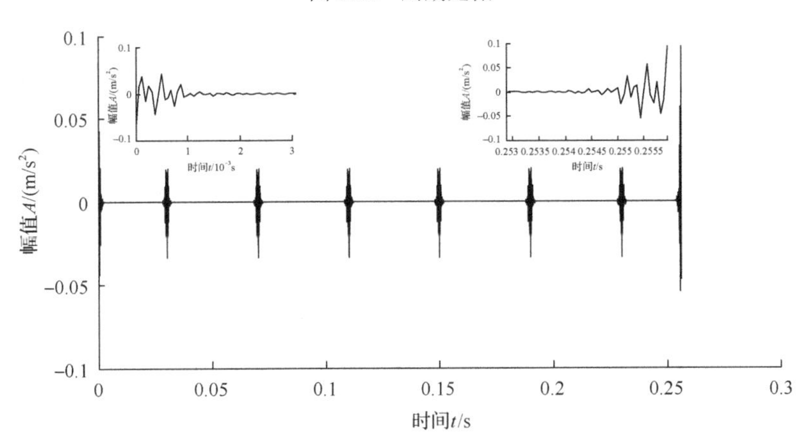

图 3.23　恒值延拓

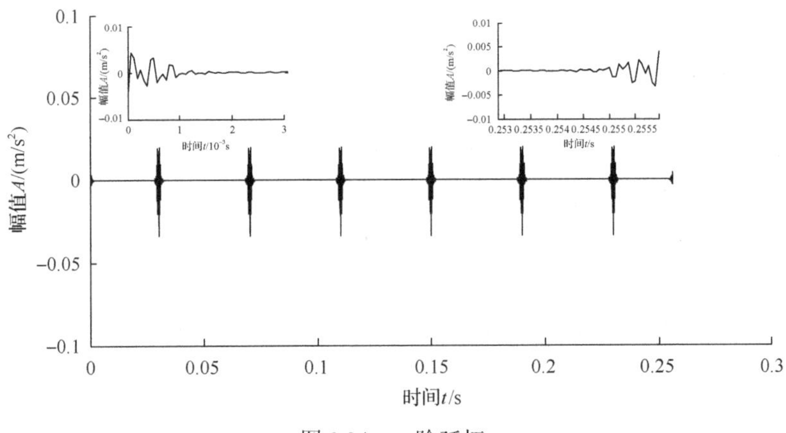

图 3.24　一阶延拓

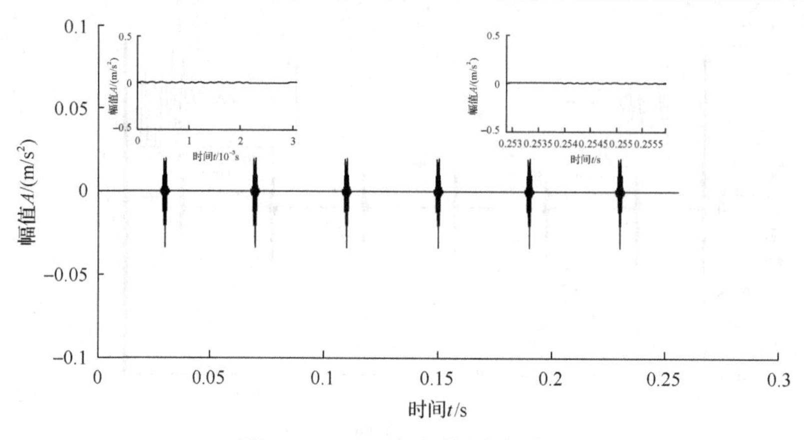

图 3.25　Volterra 级数预测延拓

3.6　非抽样提升小波包与奇异值分解相结合的信号降噪

实际测取的机械振动信号都含有噪声，机械故障产生的弱冲击信号及调制信号往往会被噪声所淹没。噪声会使得频谱图中的谱线变宽，不利于特征频率的提取，严重影响机械故障的正确诊断，因此必须先对振动信号做降噪处理。目前常用的降噪方法包括低通滤波、局部投影降噪、小波降噪、小波包降噪、奇异值分解降噪、基于模型逼近技术降噪及各种平滑降噪等，其中小波包降噪在机械振动信号处理中获得了广泛应用[23]。

小波包降噪原理是对信号进行分解，对各频带信号进行阈值处理，然后用重构算法恢复信号，便得到了降噪后的信号。目前广泛采用的阈值处理方式是软、硬阈值处理。其前提假设是幅值较低的高频信号是噪声，在降噪过程中将其滤除。但是，对于机械振动信号来说，很多频率较高、幅值较小的信号成分不是噪声，包含丰富的故障信息，如排气阶段气流冲击阀片产生的颤振信号，在降噪过程中必须将其保留。显然，软、硬阈值处理达不到这个要求。

奇异值分解降噪在机械振动信号处理中获得了广泛的应用。奇异值分解降噪的机理与传统的软、硬阈值处理不同，将信号分解到一个奇异值矩阵及其对应的特征向量矩阵，前面较大的奇异值表征有用信号，后面较小的奇异值表征噪声，将较小的奇异值置为 0，通过奇异值分解的逆过程，可得到降噪后的信号，既能较理想地滤除噪声，又能最大限度地保留信号中应有的信息[24-26]。鉴于此，本节提出了结合奇异值分解降噪和非抽样提升小波包的降噪方法，用奇异值阈值处理代替软、硬阈值处理。

设振动信号的时域序列为 $X=\left\{x_1,x_2,\cdots,x_{N_x}\right\}$，将其用 Takens 嵌入定理进行时延重构，得到一组空间向量

$$A_{m\times n}=\left[x(t),x(t+\tau),\cdots,x(t+(n-1)\tau)\right] \tag{3.29}$$

式中，$t=1,2,\cdots,m$；$m=N_x-(n-1)\tau$；n 为嵌入维数；τ 为时间延迟。

根据奇异值分解理论，$A_{m\times n}$ 满足以下关系式：

$$A_{m\times n}=U_{m\times l}S_{l\times l}V_{n\times l}^{\mathrm{T}} \tag{3.30}$$

矩阵 S 的非对角元素全为 0，其对角元素 $\lambda_i(i=1,2,\cdots,l)$ 都是非负值，且按从大到小的次序排列，即 $\lambda_1\geqslant\lambda_2\geqslant\cdots\geqslant\lambda_l\geqslant 0$，$\lambda_i(i=1,2,\cdots,l)$ 是矩阵 A 的奇异值。信号的信噪比(SNR)越高，则 S 中对角元素为 0 的个数越多；信号的信噪比较低时，S 中的对角元素很可能都大于 0，这是由噪声引起的。将 S 中数值较小的对角元素置为 0，构成一个新的对角矩阵 $\tilde{S}$，用 $\tilde{S}$ 代替 S，代入式(3.30)中算出一个新的矩阵 $\tilde{A}$，通过构造相空间的逆过程，从 $\tilde{A}$ 中可获取降噪后的信号。

本算法最关键的步骤是如何确定降噪阶次，目前的方法有基于信噪比经验值的奇异值分解滤波器消噪算法(SNR-SVDF)、拐点法、奇异熵法及 Minka Bayesian 法[27]，本节选用奇异熵法确定降噪阶次。奇异熵的计算公式如下[28]：

$$E_k=\sum_{i=1}^{k}\Delta E_i,\qquad k\leqslant l \tag{3.31}$$

式中，E_k 为阶次为 k 时的奇异熵；ΔE_i 为奇异熵在阶次为 i 时的增量，其表达式如下：

$$\Delta E_i=-\left(\frac{\lambda_i}{\sum_{j=1}^{l}\lambda_j}\right)\log\left(\frac{\lambda_i}{\sum_{j=1}^{l}\lambda_j}\right) \tag{3.32}$$

当 ΔE_i 曲线开始下降并趋向于一个较小的稳定值时，选择此时的 i 作为降噪阶次。

非抽样提升小波包-奇异值分解(ULSP-SVD)降噪步骤如下。

步骤 1：确定信号的分解层次及初始算子的长度，算出初始预测系数和初始更新系数，用非抽样提升小波包分解算法对信号进行分解。

步骤 2：对最后一层各频带信号进行奇异值降噪，通过 ΔE_i 曲线确定降噪阶次，通过奇异值分解及相空间重构的逆过程，算出降噪后的各频带信号。

步骤 3：用非抽样提升小波包重构算法对信号进行重构，重构出的信号即为降噪后的信号。

对一个实矩阵进行奇异值分解的步骤比较复杂，计算量大，而且需要大量的内存。徐士良[29]已详细论述过奇异值分解算法，并给出了用 C 语言实现奇异值分解的程序。

为验证非抽样提升小波包-奇异值分解降噪的降噪效果，将其用于仿真信号降噪，并与非抽样提升小波包-软阈值处理做比较。取一包含两个频率成分（50Hz 和 500Hz）的正弦信号和白噪声信号叠加的仿真信号，噪声服从均值为 0、方差为 0.25 的正态分布，其表达式为

$$x(t)=\sin(2\pi\times 50t)+0.4\sin(2\pi\times 500t)+0.5\eta$$

式中，η 为白噪声信号。

原始信号的频谱图如图 3.26 所示。

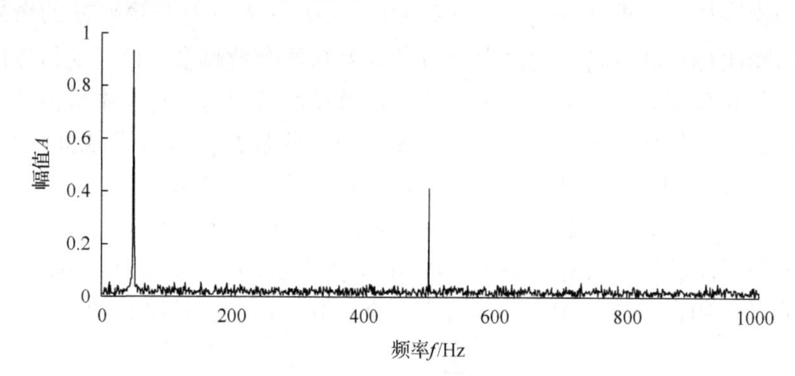

图 3.26　含噪信号的频谱图

用非抽样提升小波包对信号进行四层分解后，初始算子长度取为 4，分别用软阈值和奇异值降噪对第四层各频带信号进行处理，通过非抽样提升小波包的重构算法获得降噪后的信号，频谱图如图 3.27 和图 3.28 所示。奇异值降噪的延迟取为 1，嵌入维数取为 20。在图 3.27 中能看到 500Hz 的频率成分，而在图 3.28 中看不到 500Hz 的频率成分。软阈值处理将频率为 500Hz 的信号当作噪声滤除了，而奇异值阈值处理可保留这个高频成分。原始信号、非抽样提升小波包-奇异值阈值处理信号及非抽样提升小波包-软阈值（ULSP-soft thresholding）处理信号的信噪比及均方差（MSE）如表 3.1 所示。非抽样提升小波包-奇异值分解降噪获得了较高的信噪比和较小的均方差，具有很好的降噪性能。

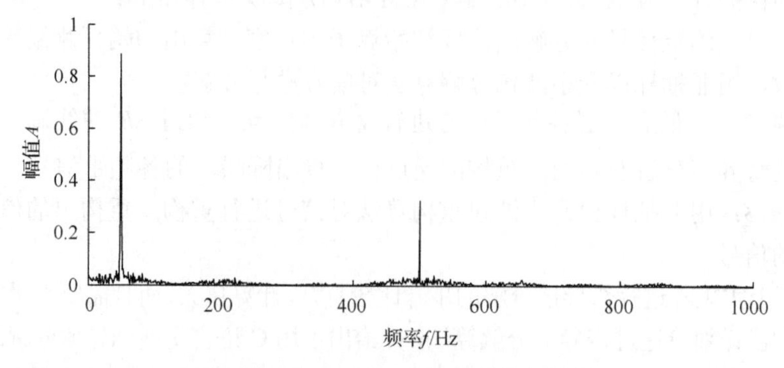

图 3.27　ULSP-SVD 降噪信号的频谱图

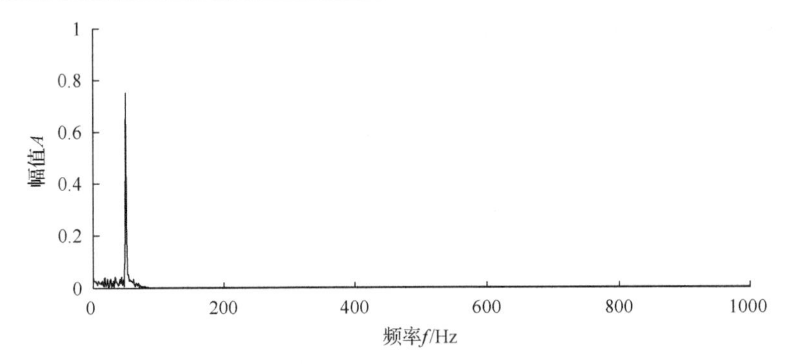

图 3.28　ULSP-软阈值降噪信号的频谱图

表 3.1　两种阈值处理的降噪效果比较

信号种类	SNR/dB	MSE
原始信号	3.71	0.50
ULSP-SVD 降噪信号	9.06	0.27
ULSP-软阈值降噪信号	6.92	0.34

3.7　非抽样提升多小波包变换

小波的性能决定着信号分解效果，单小波无法同时满足正交性、短支撑、对称性、高消失矩及高逼近阶，多小波可同时拥有上述性质，具有更好的信号分解效果。目前常用的多小波包括 GHM 多小波、CL 多小波和 CARDBAL 平衡多小波等，传统多小波利用分形理论及傅里叶变换等方法构造，计算量大、十分复杂，限制了多小波的应用。

Sweldens[6]于 20 世纪 90 年代给出了用提升方案构造单小波的方法，随后众多学者研究如何用提升方案构造多小波。已有的提升多小波采用下采样运算，每分解一次，信号长度减半，不能完整保留信号中的弱周期性冲击成分，而且传统的软、硬阈值处理会滤除大量的有用信息，不利于机械故障特征提取。在前人工作的基础上，利用冗余提升方案实现了多小波变换，并给出了时域计算公式。对多小波分解得到的细节信号进行进一步分解，实现多小波包变换。

3.7.1　提升多小波理论

$\boldsymbol{\Phi}(t)=[\phi_1(t),\phi_2(t),\cdots,\phi_r(t)]^{\mathrm{T}}$ 为 r 重尺度函数，且满足以下两尺度方程：

$$\begin{cases}\boldsymbol{\Phi}(t)=\sqrt{2}\sum\limits_k \boldsymbol{H}[k]\phi(2t-k)\\ \boldsymbol{\psi}(t)=\sqrt{2}\sum\limits_k \boldsymbol{G}[k]\phi(2t-k)\end{cases}\tag{3.33}$$

式中，$\boldsymbol{H}[k]$ 和 $\boldsymbol{G}[k]$ 均为 $r \times r$ 的矩阵，分别为低通滤波器和高通滤波器。

多小波分解公式如下：

$$\begin{cases} \boldsymbol{T}_{j-1,n} = \sum_{k} \boldsymbol{H}_{k-2n} \boldsymbol{T}_{j,k} \\ \boldsymbol{W}_{j-1,n} = \sum_{k} \boldsymbol{G}_{k-2n} \boldsymbol{T}_{j,k} \end{cases} \tag{3.34}$$

多小波重构公式如下：

$$\boldsymbol{T}_{j,k} = \sum_{n} \boldsymbol{H}_{k-2n}^{\mathrm{T}} \boldsymbol{T}_{j-1,n} + \sum_{n} \boldsymbol{G}_{k-2n}^{\mathrm{T}} \boldsymbol{W}_{j-1,n} \tag{3.35}$$

式中，$\boldsymbol{T}$ 为 r 维矢量逼近信号；$\boldsymbol{W}$ 为 r 维矢量细节信号。

3.7.2　冗余提升多小波包变换

冗余提升多小波包分解步骤包括预处理、预测、更新和尺度调整，重构步骤是分解的逆过程。以二重多小波（$r=2$）为研究对象[30]。

1. 冗余提升 Haar 预滤波

设原始信号 $X=(x(1), x(2), \cdots, x(N))$，将其分解为矢量信号 $\boldsymbol{F}=(F_1, F_2)^{\mathrm{T}}$，计算公式为

$$dd(k) = x(k+1) - x(k) \tag{3.36}$$

$$ss(k) = x(k) + \frac{1}{2} dd(k) \tag{3.37}$$

$$s(k) = ss(k) \tag{3.38}$$

$$d(k) = 2dd(k) \tag{3.39}$$

式中，$dd(k)$ 为增量；$ss(k)$ 为半增量。

按式(3.36)～式(3.39)实现的 Haar 滤波器具有三阶逼近阶，为保留冗余提升多小波的四阶逼近阶，需增加 Haar 滤波器的逼近阶，对 $s(k)$ 进行进一步处理

$$su(k) = s(k) - \frac{1}{48}\left[d(k+3) - d(k-1)\right] \tag{3.40}$$

式中，$su(k)$ 为 Haar 滤波器的逼近阶。

可得输入矢量信号，如式(3.41)所示：

$$\begin{cases} f_1(k) = \dfrac{1}{2} su(k) \\ f_2(k) = d(k) \end{cases} \tag{3.41}$$

将冗余提升 Haar 预滤波看成第 0 层分解，设第 i 层分解得到的第 j 输出通道信号用 $\boldsymbol{X}_{i,j}$ 表示，则 $X_{0,1}=F_1$，$X_{0,2}=F_2$。

2. 冗余提升多小波包分解

本节以三次 Hermite 样条作为预测器，预测系数为

$$\boldsymbol{P}_1=\begin{bmatrix}\frac{1}{2} & -\frac{1}{4}\\ \frac{3}{4} & -\frac{1}{4}\end{bmatrix},\quad \boldsymbol{P}_2=\begin{bmatrix}\frac{1}{2} & \frac{1}{4}\\ -\frac{3}{4} & -\frac{1}{4}\end{bmatrix} \tag{3.42}$$

更新系数为对应预测系数的一半，即

$$\boldsymbol{U}_1=\frac{1}{2}\boldsymbol{P}_1=\begin{bmatrix}\frac{1}{4} & -\frac{1}{8}\\ \frac{3}{8} & -\frac{1}{8}\end{bmatrix},\quad \boldsymbol{U}_2=\frac{1}{2}\boldsymbol{P}_2=\begin{bmatrix}\frac{1}{4} & \frac{1}{8}\\ -\frac{3}{8} & -\frac{1}{8}\end{bmatrix} \tag{3.43}$$

去掉剖分运算，第一层冗余提升多小波包分解的预测公式为

$$\begin{bmatrix}x_{1,3}(k)\\ x_{1,4}(k)\end{bmatrix}=\begin{bmatrix}f_1(k)\\ f_2(k)\end{bmatrix}-\left\{\boldsymbol{P}_1\begin{bmatrix}f_1(k+1)\\ f_2(k+1)\end{bmatrix}+\boldsymbol{P}_2\begin{bmatrix}f_1(k-1)\\ f_2(k-1)\end{bmatrix}\right\} \tag{3.44}$$

式中，$x_{1,3}$ 和 $x_{1,4}$ 均为细节信号，表征原始信号中的高频信息。

第一层冗余提升多小波包分解的更新公式为

$$\begin{bmatrix}x_{1,1}(k)\\ x_{1,2}(k)\end{bmatrix}=\begin{bmatrix}f_1(k)\\ f_2(k)\end{bmatrix}+\left\{\boldsymbol{U}_1\begin{bmatrix}x_{1,3}(k+1)\\ x_{1,4}(k+1)\end{bmatrix}+\boldsymbol{U}_2\begin{bmatrix}x_{1,3}(k-1)\\ x_{1,4}(k-1)\end{bmatrix}\right\} \tag{3.45}$$

式中，$x_{1,1}$ 和 $x_{1,2}$ 均为逼近信号，表征原始信号中的低频信息。

对更新后得到的矢量逼近信号进行尺度调整，将 $x_{1,2}$ 乘以 2，即

$$x_{1,2}(k)=2x_{1,2}(k) \tag{3.46}$$

推广到一般情形，笔者给出第 m 层冗余提升多小波包分解的时域计算公式。假设已知输入矢量信号 $(x_{m-1,1},x_{m-1,2},\cdots,x_{m-1,2^m})^{\mathrm{T}}$，预测公式如下：

$$\begin{bmatrix}x_{m,2l+1}(k)\\ x_{m,2l+2}(k)\end{bmatrix}=\begin{bmatrix}x_{m-1,l}(k)\\ x_{m-1,l+1}(k)\end{bmatrix}-\left\{\boldsymbol{P}_1\begin{bmatrix}x_{m-1,l}(k+2^{m-1})\\ x_{m-1,l+1}(k+2^{m-1})\end{bmatrix}+\boldsymbol{P}_2\begin{bmatrix}x_{m-1,l}(k-2^{m-1})\\ x_{m-1,l+1}(k-2^{m-1})\end{bmatrix}\right\} \tag{3.47}$$

式中，$l=1,3,5,\cdots,2^m-1$；$X_{m,2l+1}$和$X_{m,2l+2}$均为细节信号。

更新公式如下：

$$\begin{bmatrix} x_{m,2l-1}(k) \\ x_{m,2l}(k) \end{bmatrix} = \begin{bmatrix} x_{m-1,l}(k) \\ x_{m-1,l+1}(k) \end{bmatrix} + \left\{ \boldsymbol{U}_1 \begin{bmatrix} x_{m,2l+1}(k+2^{m-1}) \\ x_{m,2l+2}(k+2^{m-1}) \end{bmatrix} + \boldsymbol{U}_2 \begin{bmatrix} x_{m,2l+1}(k-2^{m-1}) \\ x_{m,2l+2}(k-2^{m-1}) \end{bmatrix} \right\} \tag{3.48}$$

式中，$l=1,3,5,\cdots,2^m-1$；$x_{m,2l-1}$和$x_{m,2l}$均为逼近信号。

对更新后得到的信号$x_{m,2l}$进行尺度调整，即

$$x_{m,2l} = 2x_{m,2l} \tag{3.49}$$

式中，$l=1,3,5,\cdots,2^m-1$。

3. 冗余提升多小波包重构

由式(3.44)～式(3.49)可得到冗余提升多小波包变换的重构算法，算法如下。

恢复尺度调整：

$$x_{m,2l} = \frac{1}{2}x_{m,2l} \tag{3.50}$$

式中，$l=1,3,5,\cdots,2^m-1$。

恢复更新：

$$\begin{bmatrix} c_{m,2l-1}(k) \\ c_{m,2l}(k) \end{bmatrix} = \begin{bmatrix} x_{m,2l-1}(k) \\ x_{m,2l}(k) \end{bmatrix} - \left\{ \boldsymbol{U}_1 \begin{bmatrix} x_{m,2l+1}(k+2^{m-1}) \\ x_{m,2l+2}(k+2^{m-1}) \end{bmatrix} + \boldsymbol{U}_2 \begin{bmatrix} x_{m,2l+1}(k-2^{m-1}) \\ x_{m,2l+2}(k-2^{m-1}) \end{bmatrix} \right\} \tag{3.51}$$

式中，$l=1,3,5,\cdots,2^m-1$。

恢复预测：

$$\begin{bmatrix} c_{m,2l+1}(k) \\ c_{m,2l+2}(k) \end{bmatrix} = \begin{bmatrix} x_{m,2l+1}(k) \\ x_{m,2l+2}(k) \end{bmatrix} + \left\{ \boldsymbol{P}_1 \begin{bmatrix} c_{m,2l-1}(k+2^{m-1}) \\ c_{m,2l}(k+2^{m-1}) \end{bmatrix} + \boldsymbol{P}_2 \begin{bmatrix} c_{m,2l-1}(k-2^{m-1}) \\ c_{m,2l}(k-2^{m-1}) \end{bmatrix} \right\} \tag{3.52}$$

式中，$l=1,3,5,\cdots,2^m-1$。

合并：

$$x_{m-1,n}(k) = \frac{1}{2}\left\{c_{m,2n-1}(k) + c_{m,2n+1}(k)\right\}, \quad n=1,3,5,\cdots,2^{m-1}-1 \tag{3.53}$$

$$x_{m-1,n}(k) = \frac{1}{2}\left\{c_{m,2n}(k) + c_{m,2n-2}(k)\right\}, \quad n=2,4,6,\cdots,2^{m-1} \tag{3.54}$$

4. 后处理

后处理是预处理的逆过程。

$$su(k) = 2f_1(k) \tag{3.55}$$

$$d(k) = f_2(k) \tag{3.56}$$

$$s(k) = su(k) + \frac{1}{48}\left[d(k+3) - d(k-1)\right] \tag{3.57}$$

$$dd(k) = \frac{1}{2}d(k) \tag{3.58}$$

$$ss(k) = s(k) \tag{3.59}$$

$$c_1(k) = ss(k) - \frac{1}{2}dd(k) \tag{3.60}$$

$$c_2(k) = dd(k-1) + c_1(k-1) \tag{3.61}$$

通过合并运算，最终得到标量信号：

$$x(k) = \frac{1}{2}\left[c_1(k) + c_2(k)\right] \tag{3.62}$$

3.8　基于提升小波与混沌理论的往复压缩机状态评级

对机械的当前状态进行评级，可为视情维修提供依据。利用大量的历史检测数据，通过模糊 C-均值聚类算法(fuzzy C-means algorithm，FCM)可对机械状态进行评级。往复机械的振动信号具有强非线性，常规的时域指标及频域指标难以表征其状态。混沌理论属于非线性科学，适合处理非线性信号。非抽样提升小波包具有很好的抗频率混叠性能，在多分辨率分析中有很好的效果。本节结合非抽样提升小波包、混沌理论及模糊 C-均值聚类，对往复机械状态进行评级。利用非抽样提升小波包的多分辨率分析和混沌指标在表征非线性故障方面的性能，提高模糊 C-均值聚类结果的正确性。

3.8.1　往复压缩机缸套振动信号的混沌特性

混沌理论中最常用的指标有关联维数、Kolmogorov 熵、最大 Lyapunov 指数、伪相图和奇异谱等。关联维数能表征动力系统的维数和复杂性，关联维数越大，说明振源越多，机械振动成分越复杂[31]。Kolmogorov 熵和最大 Lyapunov 指数能表征动力系统的混沌水平，伪相图能展示信号混沌吸引子的形状[32]。本节主要对往复机械振动信号的伪相图、关联维数、Kolmogorov 熵和最大 Lyapunov 指数进行分析，研究这些混沌指标对往复机械的工况是否敏感，以达到对往复机械故障进行定性及定量诊断。

1. 混沌信号的降噪

混沌指标的计算对噪声非常敏感，强噪声将导致无法计算混沌指标。实际测取的机械振动信号都含有噪声，必须对原始振动信号进行降噪处理，本节结合非抽样提升小波及奇异值分解对信号进行降噪。为说明该降噪方法在混沌信号降噪中的效果，将其用于 Lorenz 信号的降噪处理，并与经典小波降噪进行对比。

图 3.29 为 Lorenz 信号的伪相图。在 Lorenz 信号上叠加白噪声信号，含噪信号的伪相图如图 3.30 所示，由于噪声的影响，看不出混沌吸引子的形状。用改进的非抽样提升方案对含噪信号进行四层小波分解，初始预测器和初始更新器分别为 $P=[-0.0625,0.5625,0.5625,-0.0625]$，$U=[-0.0313,0.2813,0.2813,-0.0313]$。用奇异值分解降噪算法对各层细节信号和最后一层逼近信号进行降噪处理，然后用提升逆变换对信号进行重构，获得降噪后的信号，其伪相图如图 3.31 所示，清晰地展示了混沌吸引子的形状。用经典小波对 Lorenz 信号进行四层分解，基小波用 db4 小波。对各层细节信号进行硬阈值处理，重构后获得降噪信号，其伪相图如图 3.32 所示。与图 3.32 相比，图 3.31 的伪相图更光滑且更能清晰地展示混沌吸引子的形状。可见，本节改进的非抽样提升小波降噪方法不仅能很好地滤除噪声，还能较完整地保留信号的混沌特性，适合于混沌信号的降噪。

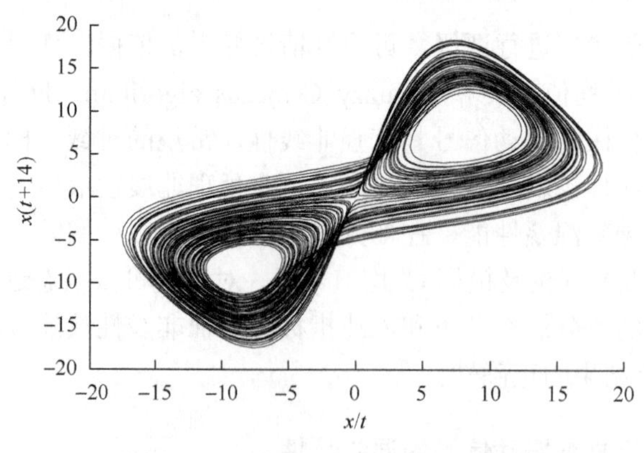

图 3.29 原始 Lorenz 信号的伪相图

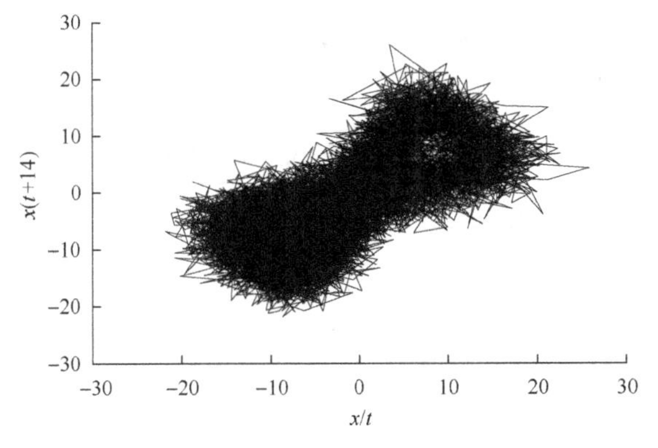

图3.30　含噪信号的伪相图

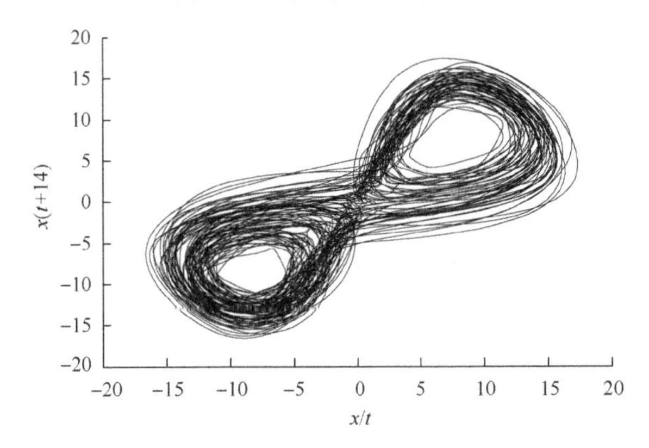

图3.31　非抽样提升小波降噪信号的伪相图

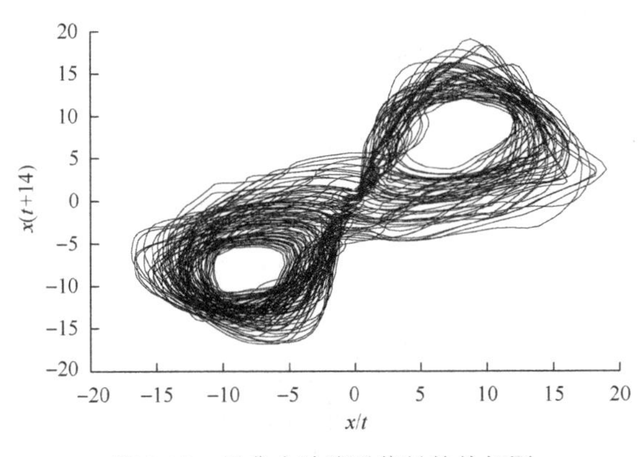

图3.32　经典小波降噪信号的伪相图

2. 缸套振动信号的非线性证明

本节分析缸套振动信号的方法都是非线性方法，如果是线性问题，就无需用复杂的非线性方法，用常规的线性方法即可。为说明使用非线性方法的必要性，本节用替代数据法对缸套振动信号的非线性进行证明。3 种工况下的气缸振动信号都生成 10 组替代数据，并计算其关联维数，结果如表 3.2 所示。

表 3.2　三种工况下替代数据的关联维数

工况	替代 1	替代 2	替代 3	替代 4	替代 5	替代 6	替代 7	替代 8	替代 9	替代 10
工况 1	3.41	3.41	3.66	3.40	3.4	3.58	3.66	3.58	3.61	3.68
工况 2	3.33	3.43	3.21	3.34	3.27	3.32	3.29	3.32	3.31	3.36
工况 3	3.47	3.33	3.57	3.37	3.31	3.20	3.60	3.43	3.33	3.43

算得 3 种工况下替代数据的关联维数的平均值分别为 3.54、3.32 和 3.40，标准差分别为 0.11、0.05 和 0.12。对非线性进行检验，工况 1～3 的判据(S_1～S_3)计算过程分别如下：

工况 1：$S_1 = |1.19 - 3.54| / 0.11 = 21.36 > 1.96$

工况 2：$S_2 = |1.20 - 3.32| / 0.05 = 42.40 > 1.96$

工况 3：$S_3 = |1.30 - 3.40| / 0.12 = 17.50 > 1.96$

3 种工况下的判据 S 都大于 1.96，可见往复压缩机缸套的振动信号是非线性混沌信号，说明有必要使用非线性方法。

3. 相空间重构参数的计算

本节对某往复活塞压缩机气缸的状态评级技术展开研究，对于往复机械其他部件，可用气缸状态评级的方法进行状态评级。相空间重构是计算混沌指标的第一步，涉及嵌入维数和延时的选取。

某往复压缩机型号为 DTY220MH-4.25×4，电动机通过联轴器带动曲轴运转，机组安装在刚性基础上。实测该机组 2 号缸套在 3 种工况下的振动信号：工况 1 为正常，工况 2 为活塞体松动，工况 3 为活塞体-缸壁碰磨。工况 1、工况 2 和工况 3 的原始振动信号时域波形分别如图 3.33～图 3.35 所示。采样频率为 16kHz，采样长度为 10240 个点。

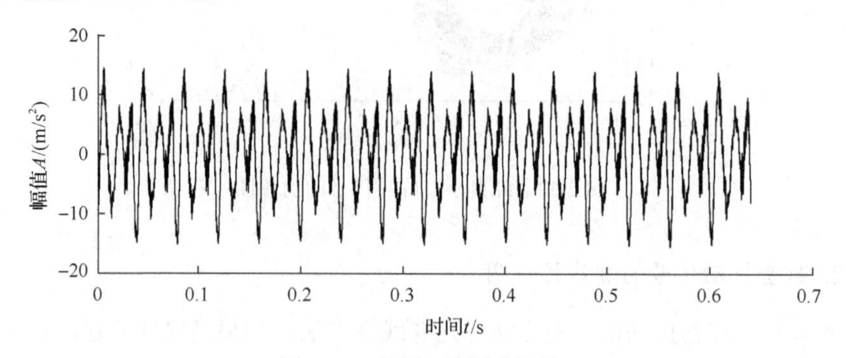

图 3.33　工况 1 的振动信号

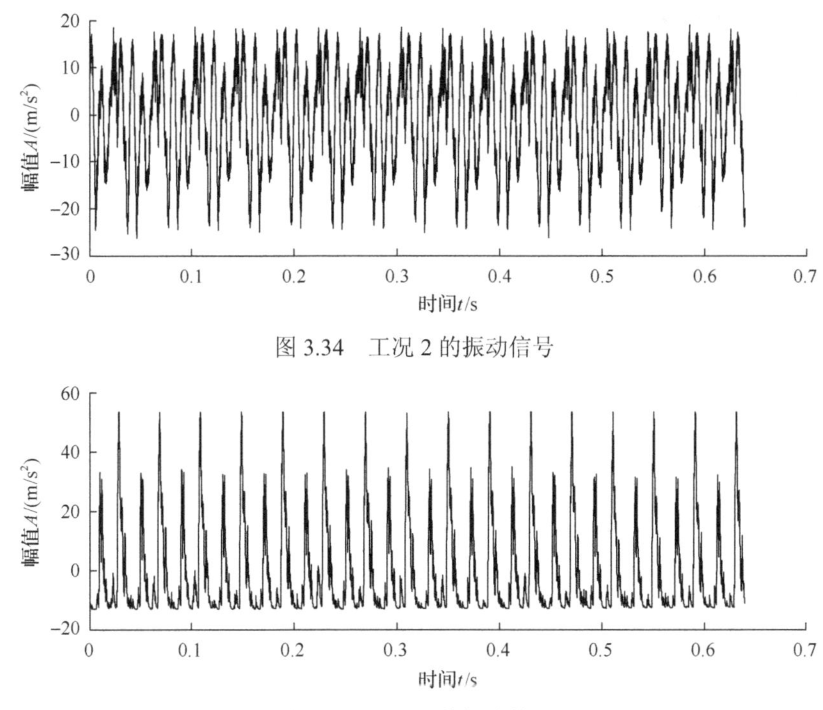

图 3.34　工况 2 的振动信号

图 3.35　工况 3 的振动信号

用非抽样提升小波对原始振动信号进行 4 层分解，用奇异值分解降噪对各层细节信号及最后一层逼近信号进行降噪处理，然后用非抽样提升逆变换对信号进行重构，最终获得降噪后的信号。

用延时法(MOD)对降噪后的信号进行相空间重构，恢复系统的动力学特性。设时间序列为 $x_i(i=1,2,\cdots,N_x)$，相空间重构的表达式为

$$X_{N_m\times m}=\begin{bmatrix} x_1 & x_{1+\tau} & x_{1+2\tau} & \cdots & x_{1+(m-1)\tau} \\ x_2 & x_{2+\tau} & x_{2+2\tau} & \cdots & x_{2+(m-1)\tau} \\ \vdots & \vdots & \vdots & & \vdots \\ x_{N_m} & x_{N_m+\tau} & x_{N_m+2\tau} & \cdots & x_{N_x} \end{bmatrix} \tag{3.63}$$

式中，$N_m=N_x-(m-1)\tau$；τ 为延时；m 为嵌入维数。

一般通过自相关法或互信息法求取最佳延时。自相关法计算简单、运算速度快，但只能表征信号中的线性信息。互信息法能表征信号中的非线性成分，本节用互信息法计算最佳延时。确定最佳嵌入维数的方法有饱和关联维数法、假近邻

域法、真实矢量场法和 CAO 法等。假近邻域法计算简单、可靠，本节用假近邻域法计算最佳嵌入维数。

3 种工况下的互信息曲线如图 3.36～图 3.38 所示，延时最大值取为 200 个点。可得 3 种工况下的最佳延时分别是 50s、40s 和 32s。

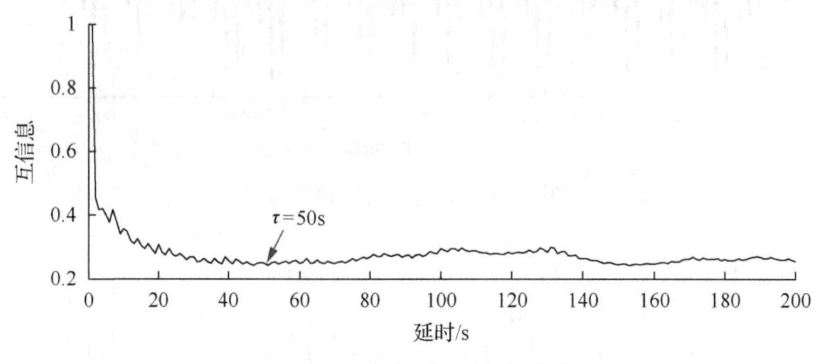

图 3.36 工况 1 的互信息曲线

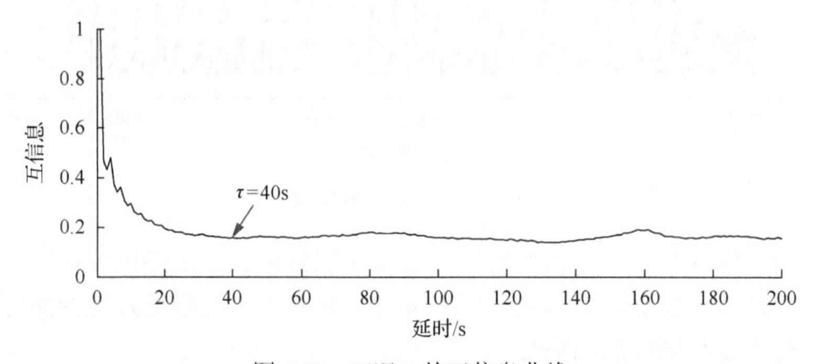

图 3.37 工况 2 的互信息曲线

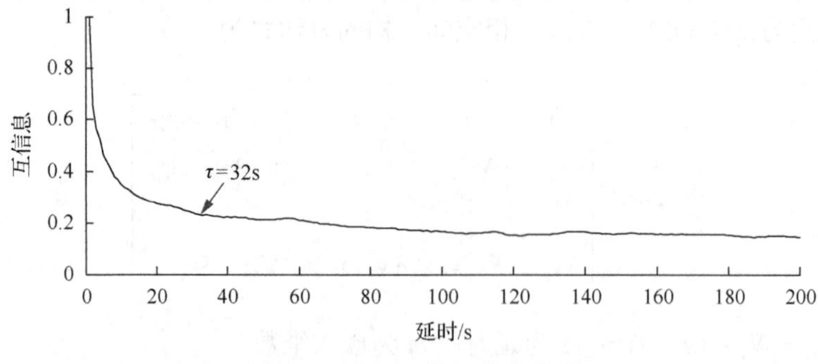

图 3.38 工况 3 的互信息曲线

通过假近邻域法计算最小嵌入维数，计算得出的曲线如图 3.39～图 3.41 所示。可得出 3 种工况下的最佳嵌入维数分别是 13、16 和 20。

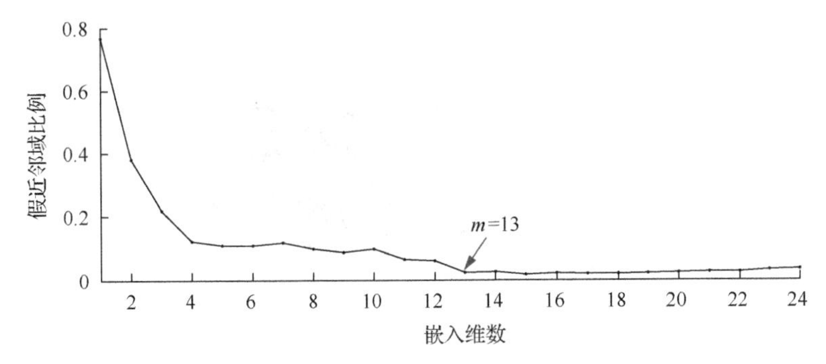

图 3.39　工况 1 的假近邻域比例曲线

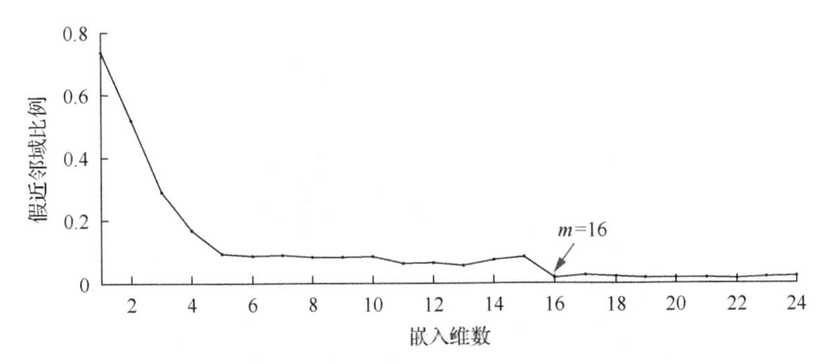

图 3.40　工况 2 的假近邻域比例曲线

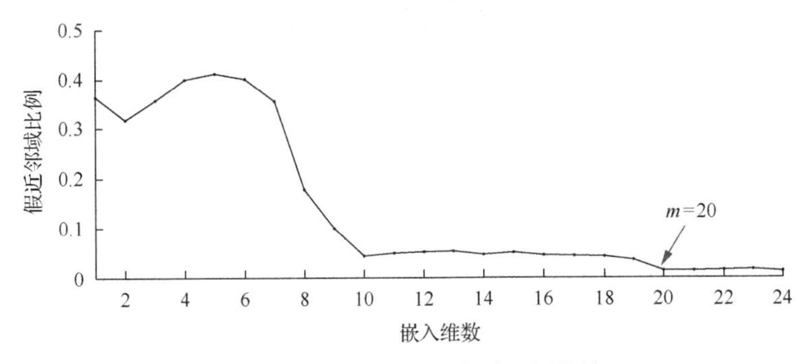

图 3.41　工况 3 的假近邻域比例曲线

对相空间重构所得到的矩阵进行奇异值分解，选择最大的两个奇异值所对应的特征向量($\boldsymbol{C}_1$、$\boldsymbol{C}_2$)，将其作为横坐标和纵坐标并画出伪相图，能展示信号的内在规律。3 种工况下的伪相图如图 3.42～图 3.44 所示。机械的工况不同，所对应的伪相图也不同。虽然不能用伪相图对气缸故障作定量诊断，但可以作定性分析，为气缸状态监测提供了一种手段。

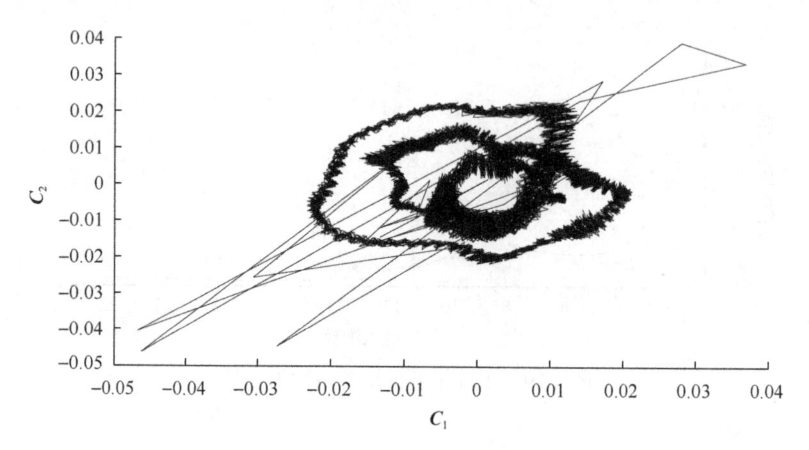

图 3.42　工况 1 的伪相图

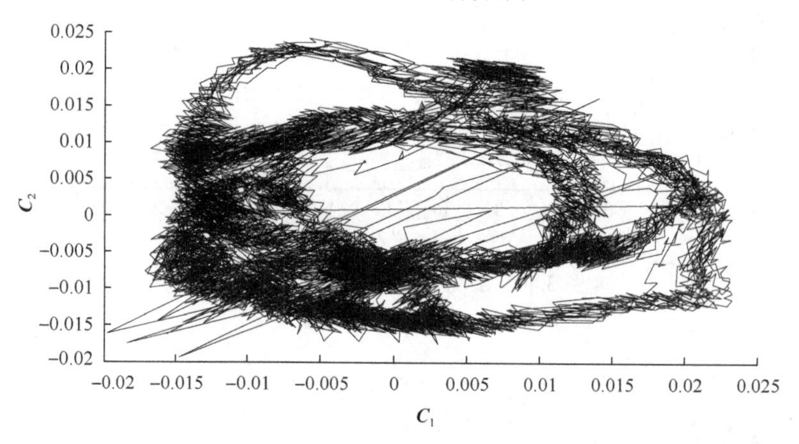

图 3.43　工况 2 的伪相图

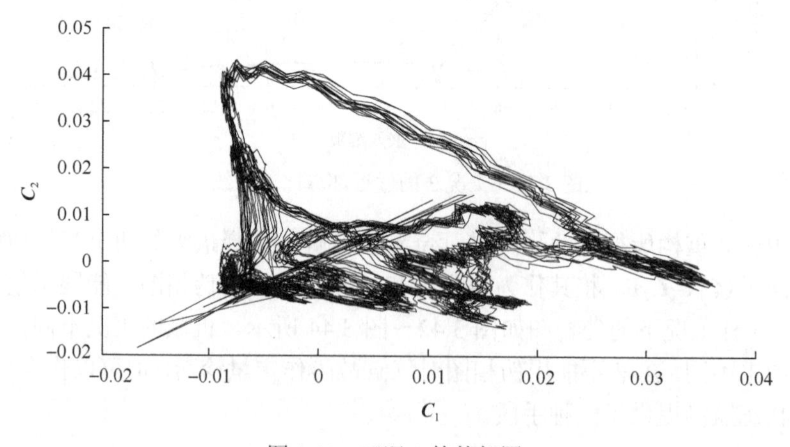

图 3.44　工况 3 的伪相图

4. 混沌指标的计算

获得最佳嵌入维数和延时后，可进一步算出关联维数、Kolmogorov 熵和最大 Lyapunov 指数。本节用从时间序列直接计算关联维数的算法(G-P)同时求出信号的关联维数和 Kolmogorov 熵，用小数据量法求出信号的最大 Lyapunov 指数。已有文献详细论述过 G-P 算法和小数据量法，并给出了改进算法[23]，本节不再重复介绍，具体算法可参考相应文献。

图 3.45～图 3.47 为 3 种工况下缸套振动信号的关联积分曲线(图中 r、C 为算法中的两个参数，其中 r 为所有的点间距，C 为关联积分)，图 3.48～图 3.50 为相应的

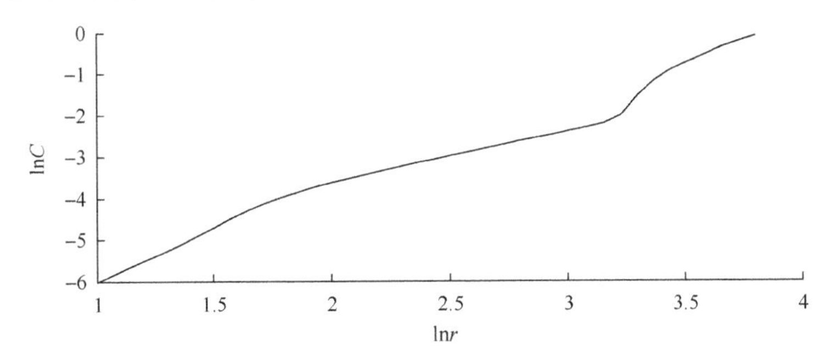

图 3.45　工况 1 的关联积分曲线

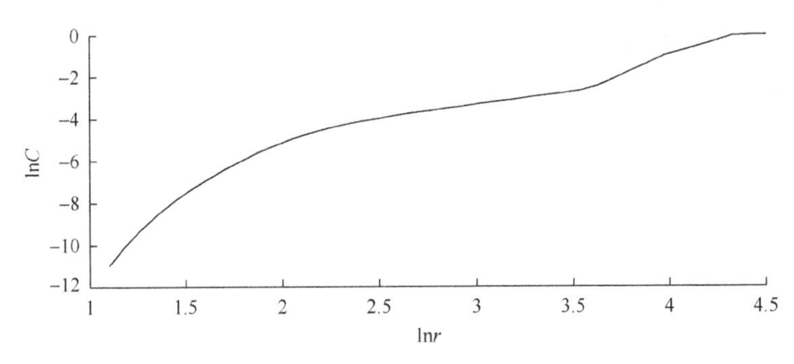

图 3.46　工况 2 的关联积分曲线

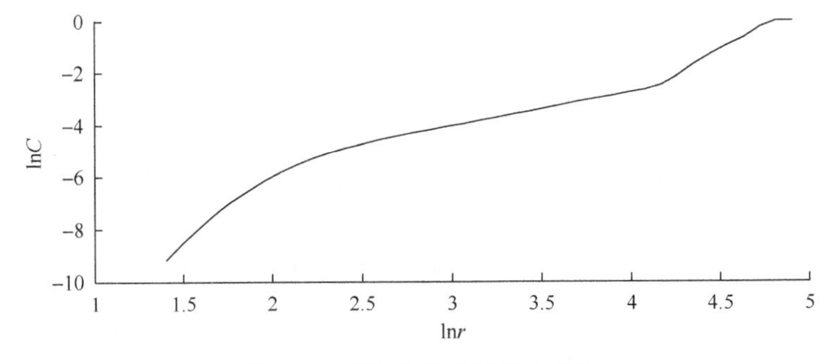

图 3.47　工况 3 的关联积分曲线

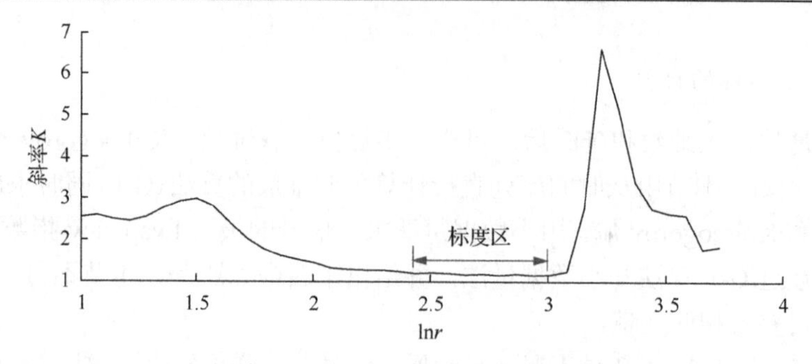

图 3.48　工况 1 的局部斜率曲线

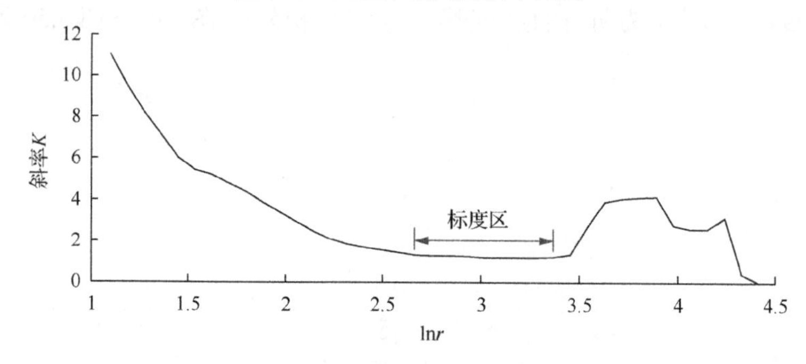

图 3.49　工况 2 的局部斜率曲线

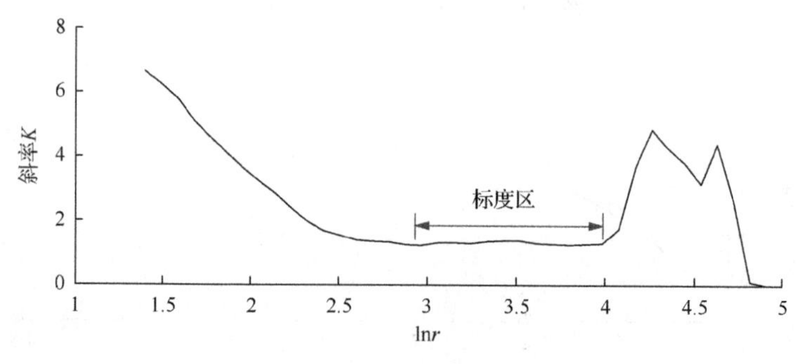

图 3.50　工况 3 的局部斜率曲线

局部斜率。用最小二乘法对标度区(scale area)内的点进行线性拟合，求出的斜率即为关联维数。用最小二乘法对图 3.48～图 3.50 中的标度区内的点进行线性拟合，得到的斜率即为关联维数，3 种工况下的关联维数分别为 1.19、1.20 和 1.30。随着故障程度的加剧，关联维数增大，这是因为故障越严重，系统的振源越多，耗散能越大。根据 G-P 算法对 3 种工况的 Kolmogorov 熵进行计算，其值分别为 7.68×10^{-4}、8.32×10^{-4} 和 8.53×10^{-4}。

3 种工况下求取最大 Lyapunov 指数曲线如图 3.51～图 3.53 所示。图中直线是用最小二乘法拟合获得的，直线斜率即为 Lyapunov 指数。工况 1～工况 3 的最大 Lyapunov 指数分别为 4.32，4.44 和 4.61，都大于零，说明往复压缩机缸套振动信号具有混沌特性。随着故障程度的加剧，系统的混沌特性越明显。

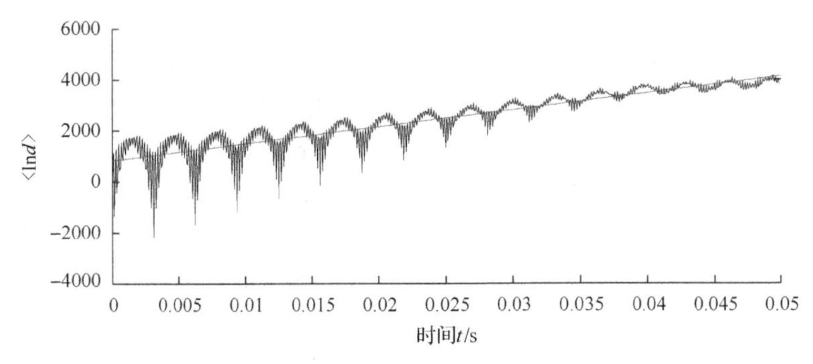

图 3.51　工况 1 的最大 Lyapunov 指数曲线

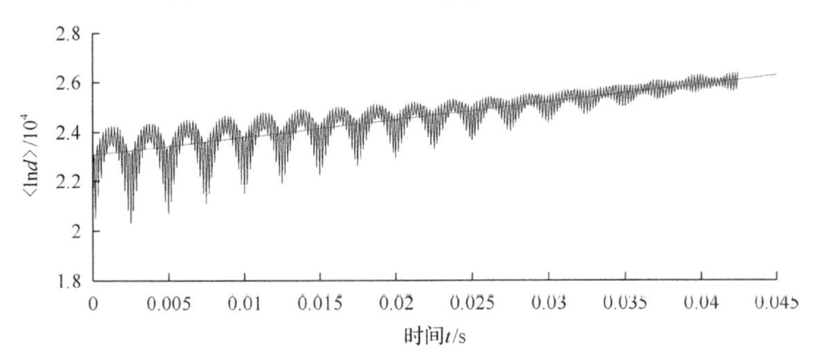

图 3.52　工况 2 的最大 Lyapunov 指数曲线

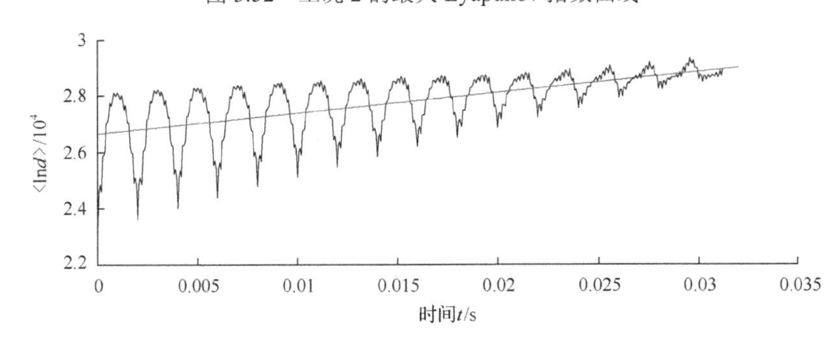

图 3.53　工况 3 的最大 Lyapunov 指数曲线

表 3.3 为混沌指标计算结果的汇总，不同工况下的关联维数、Kolmogorov 熵和最大 Lyapunov 指数明显不同，可用来表征气缸状态。

表 3.3　3 种工况下缸套振动信号的混沌指标

工况	关联维数	Kolmogorov 熵	最大 Lyapunov 指数
正常	1.19	7.68×10^{-4}	4.32
活塞体松动	1.20	8.32×10^{-4}	4.44
活塞体-缸套碰磨	1.30	8.53×10^{-4}	4.61

5. 缸套振动信号的多分辨率分析

为进一步对气缸故障进行分析，用非抽样提升小波包的多分辨率分析对气缸振动信号进行研究。对正常及活塞松动工况下的信号进行 3 层非抽样提升小波包层分解，在第三层获得了 8 个频带的信号。从第 1 频带到第 8 频带，信号的频率成分依次减小，第 1 频带信号的频率成分最高，第 8 频带信号的频率成分最低。因高频带信号的噪声成分较多，用迭代奇异值降噪方法对各频带信号进行降噪处理，迭代次数取为 3。计算正常及活塞松动工况下第 3 层 8 个频带信号的有效值，结果如图 3.54 所示。除第 8 频带信号外，其他 7 个频带信号的有效值很接近。可见，时域指标对活塞松动故障并不敏感，难以通过时域指标的变化对活塞松动情况进行监测。

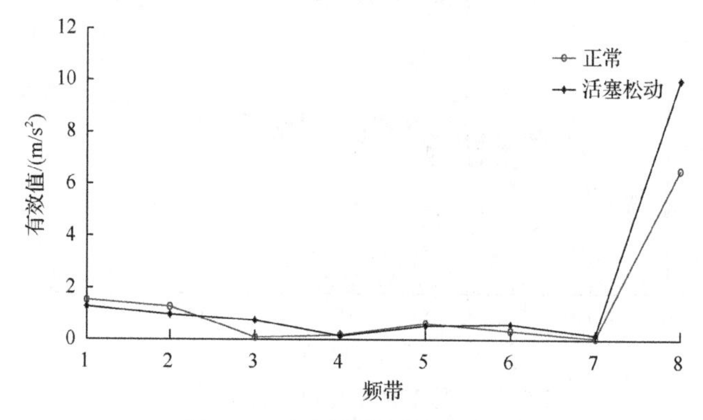

图 3.54　各频带信号的有效值

计算正常及活塞松动工况下第 3 层 8 个频带信号的关联维数，结果如图 3.55 所示。两种工况下 8 个频带信号的关联维数相差很大，尤其是高频带信号。与正常工况相比，故障工况下各频带信号的关联维数要大很多。可见，关联维数对活塞松动故障十分敏感，可用关联维数对活塞松动情况进行监测，这也为机组状态评级奠定了基础。

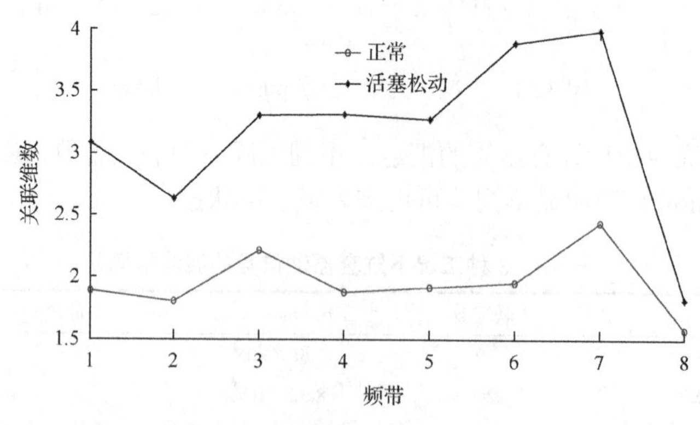

图 3.55　各频带信号的关联维数

3.8.2　往复压缩机状态评级

本节先介绍模糊 C-均值聚类算法，然后结合非抽样提升小波包及关联维数，对实际工程信号进行处理。

1. 模糊 C-均值聚类算法

设样本集合为 $X=\{x_1,x_2,\cdots,x_{N_x}\}$。欲将 X 分为 c 类，x_j 对第 i 类的隶属度为 u_{ij}，分类结果表示为 $U=\{u_{ij}\}$，$i=1,2,\cdots,c; j=1,2,\cdots,N_x$，$u_{ij}$ 满足以下 3 个条件[33]：

$$\sum_{i=1}^{c}u_{ij}=1$$

$$u_{ij}\in[0,1]$$

$$0<\sum_{j=1}^{N_x}u_{ij}<N_x$$

$V-\{V_1,V_2,\cdots,V_c\}$ 为聚类中心，求解 $\boldsymbol{U}$ 和 $\boldsymbol{V}$，使得下面的函数取最小值：

$$J_m(\boldsymbol{U},\boldsymbol{V})=\sum_{j=1}^{N_x}\sum_{i=1}^{c}(u_{ij})^m\left\|x_j-V_i\right\|^2,\qquad 1\leqslant m\leqslant\infty \tag{3.64}$$

式中，$\|\cdot\|$ 为 R^p 空间的任意向量范数。当 $m=1$，$u_{ij}\in[0,1]$ 时，式(3.64)成为一般的模糊 C-均值聚类算法。当 $m>1$，$u_{ij}\in[0,1]$ 时，可用加权最小二乘法求出 $\boldsymbol{U}$ 和 $\boldsymbol{V}$，使得 $J_m(\boldsymbol{U},\boldsymbol{V})$ 达到最小值。用拉格朗日乘子法，若 $m>1$，$x_j\neq V_j$，可以证明[33]：

$$u_{ij}=\frac{1}{\sum_{k=1}^{c}\left(\frac{\left\|x_j-V_i\right\|}{\left\|x_j-V_k\right\|}\right)^{\frac{2}{m-1}}} \tag{3.65}$$

$$V_i=\frac{\sum_{j=1}^{N_x}(u_{ij})^m x_j}{\sum_{j=1}^{N_x}(u_{ij})^m} \tag{3.66}$$

实际运算时，先对 $\boldsymbol{U}$ 和 $\boldsymbol{V}$ 进行随机化，并给定精度 ε。对式(3.65)和式(3.66)

进行迭代运算，直到$\left\| U^{l+1} - U^{l} \right\| < \varepsilon$，此时得到的$(\boldsymbol{U}^*, \boldsymbol{V}^*)$为最优解。根据最大隶属度原则，从矩阵$\boldsymbol{U}^*$中可对样本进行分类，一般令$m = 2$[33]。

2. 工程应用

某往复压缩机型号为4D3+R，功率为2065kW，曲轴额定转速为333r/min，曲轴旋转一周的时间约为0.18s，压缩介质为氢气。从数据库中随机取出20组第二缸缸套的振动信号。采样频率为16kHz，采样长度为10240个点。用非抽样提升小波包对信号进行两层分解，在第二层获得了四个频带的信号。因高频带信号的噪声成分较多，用迭代奇异值降噪方法对各频带信号进行降噪处理，计算降噪后各频带信号的关联维数，结果如表3.4所示。

表3.4　用于模糊C-均值聚类的样本及其特征参数

样本	第二层各频带信号的关联维数				样本	第二层各频带信号的关联维数			
	1频带	2频带	3频带	4频带		1频带	2频带	3频带	4频带
x_1	4.23	5.23	4.69	2.23	x_{11}	3.10	4.23	4.99	2.24
x_2	4.86	4.41	4.82	2.19	x_{12}	5.58	4.64	4.62	2.51
x_3	5.42	4.13	5.57	2.68	x_{13}	5.06	5.11	5.86	2.19
x_4	5.08	4.73	5.34	2.76	x_{14}	4.20	5.46	6.15	2.80
x_5	4.49	4.95	4.21	2.70	x_{15}	4.30	5.01	4.59	2.09
x_6	5.28	5.03	5.23	2.85	x_{16}	4.72	4.36	5.20	2.05
x_7	4.64	5.15	4.58	2.45	x_{17}	5.15	4.94	4.90	2.55
x_8	5.03	4.56	4.66	2.66	x_{18}	4.49	4.27	5.13	2.80
x_9	5.62	4.36	4.25	1.82	x_{19}	4.97	3.94	5.11	1.81
x_{10}	5.16	4.99	5.03	2.56	x_{20}	6.08	5.75	6.26	3.12

由于各特征参数的物理意义及量纲不同，需要进行归一化处理：

$$x_{ik} = \frac{x_{ik} - \overline{x}_k}{s_k} \tag{3.67}$$

式中，$\overline{x}_k = \dfrac{1}{N_x}\sum_{i=1}^{N_x} x_{ik}$；$s_k = \sqrt{\dfrac{1}{N_x}\sum_{i=1}^{N_x}(x_{ik} - \overline{x}_k)^2}$；$i = 1,2,\cdots,N_x; k = 1,2,\cdots,p$，其中$p$为特征参数的个数。

按照隶属度原理，将x_{ik}转化到$(0,1)$区间：

$$x_{ij} = \frac{x_{ij} - \bigwedge_{i=1}^{N_x} x_{ij}}{\bigvee_{i=1}^{N_x} x_{ij} - \bigwedge_{i=1}^{N_x} x_{ij}} \tag{3.68}$$

式中，$j=1,2,\cdots,p$。

用模糊 C-均值聚类算法对归一化后的样本进行分类，得到分类矩阵和聚类中心，分别如表 3.5 和表 3.6 所示。机械故障越严重，则振源越多，系统耗散能越大，导致振动信号的关联维数增大。计算聚类中心四个指标的平均值，按其从小到大的顺序将机械状态划分为 A、B、C、D 类，分别对应优、良、中、差四个状态。根据最大隶属度原则，将样本划分到以下四类中。

A(优)：$\{x_2,x_9,x_{11},x_{16},x_{19}\}$。

B(良)：$\{x_1,x_5,x_7,x_{15}\}$。

C(中)：$\{x_3,x_4,x_6,x_8,x_{10},x_{12},x_{13},x_{17},x_{18}\}$。

D(差)：$\{x_{14},x_{20}\}$。

如果样本被划分到了 D 类中，则应对样本进行精确的离线分析，判断该样本对应什么故障。

表 3.5　分类矩阵

类别	x_1	x_2	x_3	x_4	x_5	x_6	x_7	x_8	x_9	x_{10}
第 1 类	0.06	0.83	0.27	0.06	0.14	0.07	0.05	0.14	0.5	0.05
第 2 类	0.84	0.09	0.15	0.07	0.51	0.13	0.82	0.2	0.26	0.13
第 3 类	0.02	0.01	0.11	0.05	0.05	0.12	0.02	0.03	0.05	0.03
第 4 类	0.08	0.07	0.47	0.82	0.3	0.68	0.11	0.63	0.19	0.79
类别	x_{11}	x_{12}	x_{13}	x_{14}	x_{15}	x_{16}	x_{17}	x_{18}	x_{19}	x_{20}
第 1 类	0.39	0.2	0.25	0.12	0.13	0.91	0.06	0.21	0.74	0.02
第 2 类	0.32	0.23	0.24	0.17	0.76	0.04	0.17	0.19	0.12	0.03
第 3 类	0.07	0.05	0.19	0.48	0.02	0.01	0.02	0.07	0.03	0.91
第 4 类	0.22	0.52	0.32	0.23	0.09	0.04	0.74	0.53	0.11	0.04

表 3.6　聚类中心

类别	状态	x_1	x_2	x_3	x_4
第 1 类	A	0.5803	0.2066	0.3839	0.2035
第 2 类	B	0.4555	0.5952	0.2202	0.3904
第 3 类	D	0.8432	0.9271	0.9583	0.9100
第 4 类	C	0.6655	0.4523	0.4201	0.6317

3. 聚类结果验证

为说明本节分类方法的正确性，选出两个典型样本 x_{16} 和 x_{20} 对分类结果进行验证，原始振动信号分别如图 3.56 和图 3.57 所示。对信号进行 4 层非抽样提升小波包分解，对第 4 层的 16 个频带信号分别进行迭代奇异值降噪。样本 x_{16} 和 x_{20} 的第 4 层第 15 频带信号如图 3.58 和图 3.59 所示。

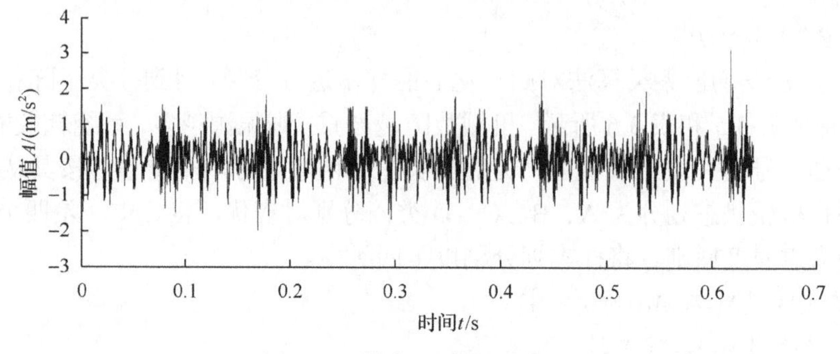

图 3.56　样本 x_{16} 的振动信号

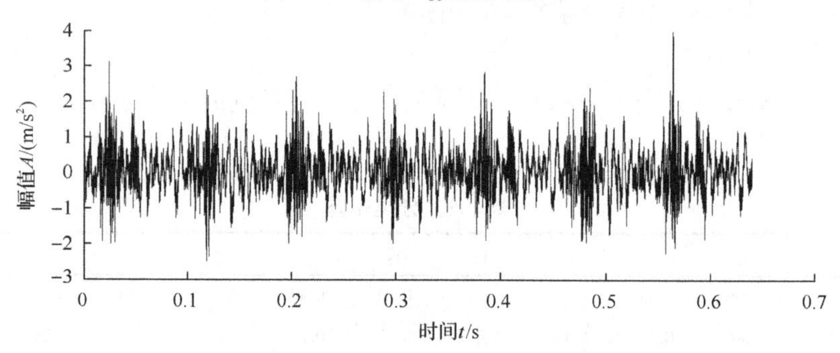

图 3.57　样本 x_{20} 的振动信号

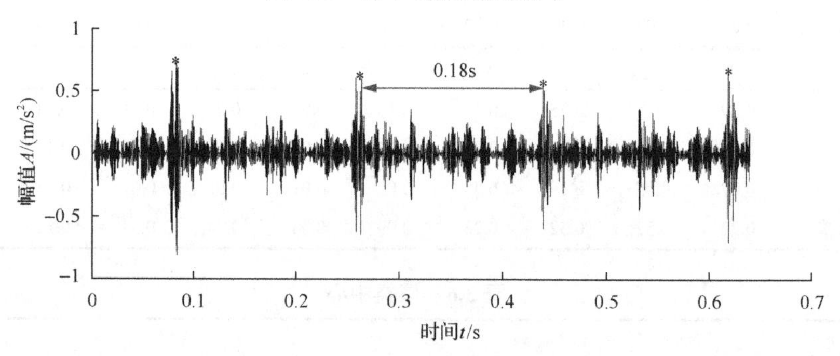

图 3.58　样本 x_{16} 的第 4 层第 15 频带信号

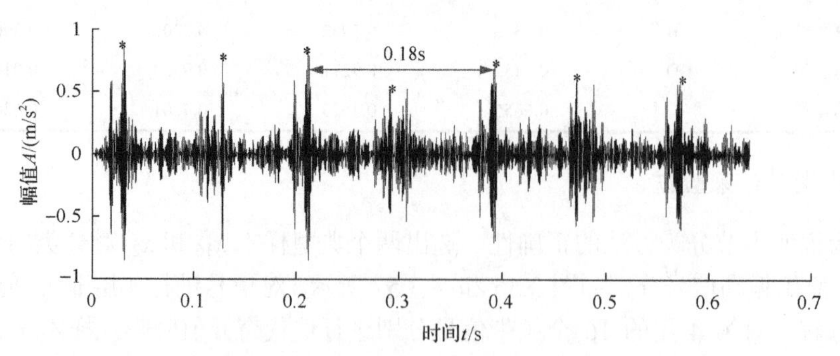

图 3.59　样本 x_{20} 的第 4 层第 15 频带信号

正常冲击信号的时间间隔为 0.18s，一个周期仅出现一次冲击，这是由活塞的运动特性决定的，属于正常冲击。故障冲击信号的时间间隔为 0.09s，一个周期出现两次冲击，出现了不正常的冲击成分。据此判断样本 x_{20} 对应于故障工况，异常冲击信号可能是由活塞体和缸壁碰磨或活塞杆和密封件碰磨引起的。查看该机组的维修记录，该机组在 2008 年 12 月 18 日发生了轻微的拉缸故障，活塞环断裂且活塞体和缸壁有轻微划痕。样本 x_{20} 是在拉缸工况下测取的，验证了本节分类方法的正确性。

参 考 文 献

[1] 孔国杰, 张培林, 徐龙堂, 等. 信号奇异性检测中的小波基选择及其工程应用. 机械科学与技术, 2009, 28(4): 542-545.

[2] Sweldens W, Schroder P. Building your own wavelets at home. Wavelets in the Geosciences, 2005, 90: 72-107.

[3] Yang J G. An anti-alising algorithm for discrete wavelet transform. Mechanical Systems and Signal Processing, 2003, 17(5): 945-954.

[4] Donoho D L. De-noising by soft-thresholding. IEEE Transactions on Information Theory, 1995, 41(3): 613-627.

[5] Sweldens W. The lifting scheme: A construction of second generation wavelets. SIAM Journal on Mathematical Analysis, 1998, 29(2): 511-546.

[6] Sweldens W. The lifting scheme: A custom-design construction of biorthogonal wavelets. Applied and Computational Harmonic Analysis, 1996, 3(2): 186-200.

[7] Daubechies I, Sweldens W. Factoring wavelet transforms into lifting steps. Journal of Fourier Analysis and Application, 1998, 4(3): 247-269.

[8] Ercelebi E. Second generation wavelet transform-based pitch period estimation and voiced/unvoiced decision for speech signals. Applied Acoustics, 2003, 64(1): 25-41.

[9] Staszewski W J. Wavelet based compression and feature selection for vibration analysis. Journal of Sound and Vibration, 1998, 211(5): 735-760.

[10] 段晨东, 何正嘉. 第 2 代小波变换及其在机电设备状态监测中的应用. 西安交通大学学报, 2003, 37(7): 695-698.

[11] 段晨东. 基于第二代小波变换的混合小波降噪方法. 中国机械工程, 2007, 18(14): 1699-1702.

[12] 何正嘉, 訾艳阳, 张西宁. 现代信号处理及工程应用. 西安: 西安交通大学出版社, 2007.

[13] Jiang H K, He Z J, Duan C D. Gearbox fault diagnosis using adaptive redundant lifting scheme. Mechanical Systems and Signal Processing, 2006, 20(1): 1992-2006.

[14] 高立新, 汤文亮, 胥永刚, 等. 基于冗余第二代小波的降噪技术. 北京工业大学学报, 2008, 34(12): 1233-1237.

[15] 姜洪开, 王仲生, 何正嘉. 基于自适应提升小波包的故障微弱信号特征早期识别. 西北工业大学学报, 2008, 26(1): 99-103.

[16] Claypoole R L J. Adaptive wavelet transform via lifting. Houston: Rice University, 1999.

[17] Claypoole R L, Davis G M, Sweldens W, et al. Nonlinear wavelet transforms for image coding via lifting. IEEE Transactions on Image Processing, 2003, 12(12): 1449-1459.

[18] 袁礼海, 宋建社. 小波变换中的信号边界延拓方法研究. 计算机应用研究, 2006, 23(3): 25-27.

[19] 孙蕾, 罗建书. 小波变换点对称边界延拓问题研究. 计算机应用, 2008, 28(2): 443-445.

[20] 孔超, 方勇华, 兰天鸽, 等. 小波变换中基于正交多项式拟合的边界延拓. 量子电子学报, 2008, 25(1): 25-28.

[21] 郑丽英, 熊金涛, 李良超, 等. 小波边界处理及及时降噪. 雷达科学与技术, 2007, 5(4): 300-303.

[22] 吕新华, 武斌, 攸阳等. 小波变换 Mallat 算法实现中的边界延拓研究. 天津理工大学学报, 2006, 22(2): 14-17.

[23] 韩敏. 混沌时间序列预测理论与方法. 北京: 中国水利水电出版社, 2007.

[24] 申永军, 杨绍普, 孔德顺. 基于奇异值分解的欠定盲信号分离新方法及应用. 机械工程学报, 2009, 48(5): 64-70.

[25] 赵学智, 叶邦彦, 陈统坚. 多分辨奇异值分解理论及其在信号处理和故障诊断中的应用. 机械工程学报, 2010, 46(20): 65-75.

[26] 汤宝平, 蒋永华, 张详春. 基于形态奇异值分解和经验模态分解的滚动轴承故障特征提取方法. 机械工程学报, 2010, 46(5): 37-42.

[27] 吕永乐, 郎荣玲, 梁家诚. 基于信噪比经验值的奇异值分解滤波门限确定. 计算机应用研究, 2009, 26(9): 3253-3255.

[28] 陈敬龙. 基于提升小波变换的往复机械故障诊断. 北京: 中国石油大学(北京)学位论文, 2011.

[29] 徐士良. C 常用算法程序集. 北京: 清华大学出版社, 1996.

[30] 陈敬龙, 张来斌, 杨霖. 冗余提升多小波包的构造及其应用. 中国石油大学学报(自然科学版), 2013, 37(1): 139-143.

[31] 段礼祥, 张来斌, 李峰. 局部投影降噪在往复式压缩机故障诊断中的应用. 中国石油大学学报(自然科学版), 2010, 34(6): 104-108.

[32] 王浩, 张来斌, 王朝晖, 等. 迭代奇异值分解降噪与关联维数在烟气轮机故障诊断中的应用. 中国石油大学学报(自然科学版), 2009, 33(1): 93-98.

[33] 王朝晖, 姚德群, 段礼祥. 基于模糊聚类的油田往复式压缩机气阀故障诊断研究. 机械强度, 2007, 29(3): 521-524.

第4章　压缩机耦合故障的信息熵融合诊断

4.1　压缩机常见耦合故障及其特点

压缩机耦合故障不易被察觉，也不易被监控系统识别，但危害性是潜在的、缓慢的。例如，若天然气的压力脉动与压缩机组管线固有频率重合，将引起很强的管线共振，并会使压缩机组的振动增加。同时天然气压力脉动会沿管线随天然气向下游传递，若与设备链中的压缩机不良转速及进气温度相互作用，可能会引起压缩机喘振等。

4.1.1　压缩机常见耦合故障

压缩机常见耦合故障主要有气流脉动、管线及气柱共振、旋转失速及机组喘振几种，故障形成机理、症状及危害见表4.1。

表4.1　压缩机常见耦合故障类型、形成机理、故障症状及危害

耦合故障类型	形成机理	故障症状	危害
气流脉动	气缸间歇吸气或排气，管内气体参数，如压力、速度、密度等不仅随位置变化，还随时间作间歇性变化，这种现象称为气流脉动	管道内压力不均匀，激发管道做机械振动	气流脉动会引起管道及其附属设备产生振动
管线及气柱共振	压缩机间歇吸排气产生激发频率与管道固有频率及气流脉动频率相近，引起管道或气柱共振	管线强烈振动	强烈的管道振动使管道或附件松动、疲劳、破裂，造成流体泄漏或引起燃烧和爆炸等事故
旋转失速	机组某级实际流量小于设计流量，叶轮或扩压器流道的气流方向发生变化并冲击叶片工作面，并在叶片的非工作面附近形成气体脱离团，气体脱离团在各流道内依次循环发生，即在叶轮内形成了旋转失速	振动不稳定并有大幅波动；振动随机组转速、负荷及流量变化明显	长时间旋转失速使机组内部件因交变载荷产生疲劳断裂或因振动大发生磨损，降低了叶轮的机械效率，影响运行的可靠性，且容易发展为机组严重的喘振
机组喘振	流量减少到警界限时，流道出现严重的气体介质涡动，出口压力大幅下降，管网气流倒流向机组，直到管压降至机组出口压力时停止，机组恢复向管网供气，流量增大，恢复正常工作，但当管压恢复至初始压力时，机组流量又减小，产生倒流，如此周而复始产生周期气体振荡现象称喘振	机组进口流量、出口压力周期性、大幅波动；机组出现异常噪声、吼叫；机身强烈振动	容易损坏零部件，破坏机组的安装质量，降低相关仪表的准确性，甚至造成失灵

4.1.2 压缩机耦合故障振动信号特征

目前，针对气流脉动的研究主要是对气流压力信号分析，通过检测压力不均匀度，判断气流脉动[1]。气流脉动是造成压缩机管道振动的根源，因此控制压力脉动处于容许范围之内，被认为是解决管道振动的根本办法。所以，相关研究主要是根据气流脉动的产生机理，建立合理的气流脉动分析模型，以合理设计管道结构参数，将气流脉动及其影响控制在最低限度，而振动信号很难体现气流脉动故障特征。

压缩机组管线共振是由机组激发频率与某阶的气柱固有频率重合，或者当激发频率与某阶的管系固有频率重合或接近时，引起最大的振动响应。因此，其信号特征主要是几个共振特征频率组成。

在对压缩机旋转失速研究中，国内外科研机构除了进行大量理论研究外，还在试验室进行了大量的实际测试。Cossar 等在轴流压缩机上做了测试[2]，结果表明，失速频率与叶片进口气流是否存在畸变、入口气流方向角与叶片入口安装角之间的差值大小及压缩机的级数等因素有密切关系。笔者还利用在压缩机进口处安装低孔率金属丝网的方法，测得失速频率为转速频率的 1/2，与理论研究计算的失速频率为转速频率的 1/3 有一定差异。Cumpsty 的试验模型指出，旋转失速频率为转速频率的 1/5～1/2[2]。流体机械的旋转失速故障一般来说总是存在的，但它并不一定能激励转子使机组发生强烈振动，只有当旋转失速的频率与机组的某一固有频率耦合时，机器才有可能发生共振，出现危险振动。

当压缩机接近或进入喘振工况时，缸体和轴承都会发生强烈的振动，其振幅要比正常运行时大大增加。朱智富等[3]研究了压气机喘振的发生机理，并对无叶扩压器离心压气机进行了喘振试验。试验结果表明，喘振的频率不仅与排气管路容积有关，还与转速有关，且喘振频率随转速的升高而降低。管网容积愈大，喘振频率愈低，振幅愈大；管网容量愈小，喘振频率愈高，而振幅愈小。

另外，由于压缩机存在多种振动激励源，既有旋转运动的振源，又有往复运动的振源，而且部件内部还存在冲击作用(如阀体对阀座的冲击)，同时流体物理特征(如阻尼等)常有变化，信号的瞬变特性较强，尤其是在某些部件出现故障时，信号的瞬变特性会更加明显。因此，在测量故障信号中常常遇到非平稳的瞬变信号和随时间变化明显的调制信号，而提取和分析这些时变信息对故障诊断意义重大。

4.2 压缩机耦合故障诊断的难点与思路

4.2.1 压缩机耦合故障诊断难点

目前，机械故障诊断方法的本质是分类，即首先选择识别参数并提取故障定性及定量特征建立起故障标准类别，再根据已建故障标准类别识别待诊故障，这些故障标准类别多采用固定的时-频域特征作为识别参数[4]。这种采用时-频域特征诊断故障的优点是针对强、识别正确率高，适用于诊断相同类型设备；缺点是普适性差，必须针对不同类型的设备分别提取故障定性及定量特征。而压缩机自身结构性故障及耦合故障形式众多，因此若考虑所有可能形式建立自身结构性故障标准类别及耦合故障标准类别，在故障定性及定量特征的提取方面将具有极大的复杂性及工作量大而难以实现。

压缩机耦合故障诊断面临的第二个困难是：目前，业界对压缩机耦合故障的研究较少，对于耦合故障的特征频率及时-频域特征参数的研究还不成熟。正如前述所言，即使是某些特征频率可以确定，也仅是特征范围区间，并不像旋转设备诊断中特征频率是一个确定值，可参考有关理论公式确定。对耦合故障的研究还远没有形成完善的诊断模式库及相应的诊断参数特征。因此，通过提取一些故障时频特征诊断耦合故障并不可行。

4.2.2　压缩机耦合故障诊断的思路

压缩机组通过管线相连，天然气作为信号载体在机组及管线中流动，能够起到信号传递作用，由于天然气在流动时具有较强的压缩性，会产生高频振动。高频气体振动能够通过管线及压缩机工作腔传递到机组的各个部件，从而使各部件信号存在相同的高频成分。

压缩机耦合故障和结构性故障在故障机理上大不相同，因此，耦合故障具有一些有别于结构性故障的特点，即多参数作用性、传递性、多发性特点。因此，当机组发生结构性故障时，只有故障部件信号出现异常；而耦合故障发生时，机组多个部件信号均会出现异常。

图 4.1～图 4.5 是一台气举机出现气流压力脉动故障时，几个位置处振动信号频谱图。从以下振动信号频谱图中可以看出，机组 5 个位置信号高频成分均出现异常，且故障成分较为明显。

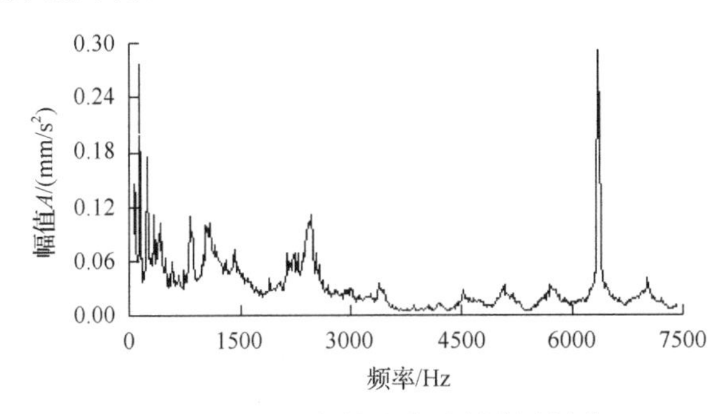

图 4.1　一级进气管线信号频谱图频谱

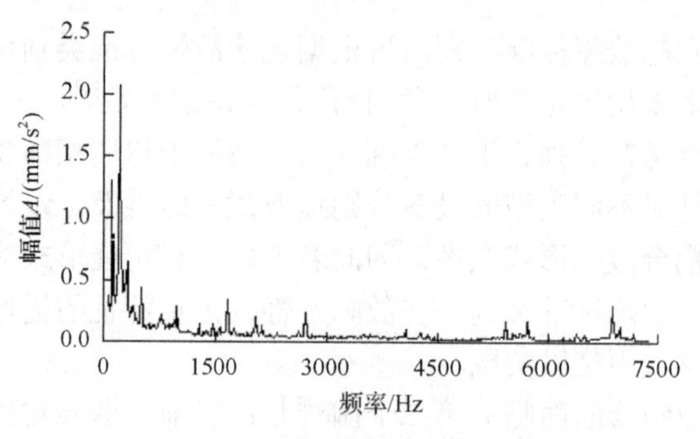

图 4.2　一级 1 号进气阀信号频谱图

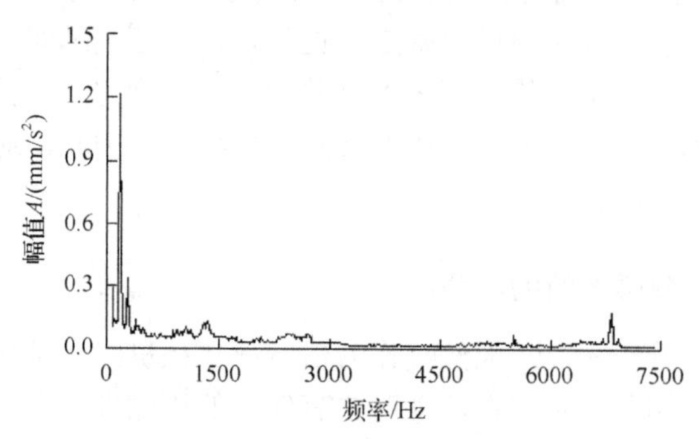

图 4.3　一级 1 号排气阀信号频谱

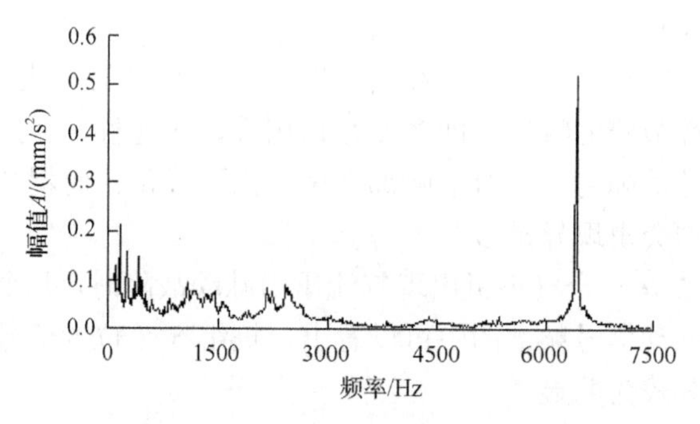

图 4.4　二级进气管线信号频谱图

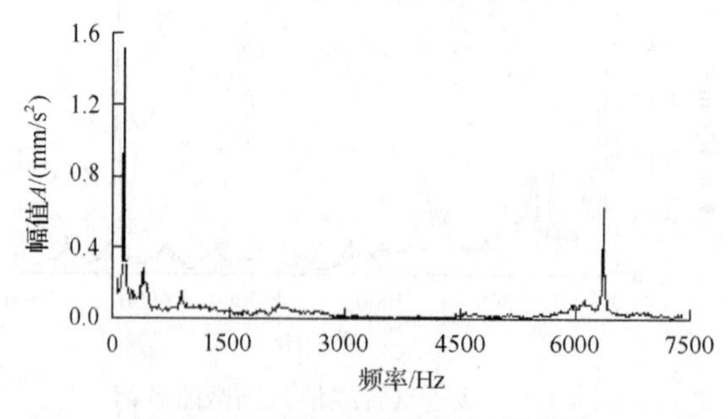

图 4.5　二级排气管线信号频谱图

因此，诊断耦合故障的关键在于同时考查机组多个部件信号特征，根据耦合故障传递性特点，判断是个别信号出现异常还是多个信号出现异常，以此作为区分耦合故障与结构性故障的依据，然后再利用信号高频特征对耦合故障进行定量诊断。

4.3　信息熵融合诊断理论

4.3.1　信息熵基本理论

20 世纪 40 年代，Shannon[5]运用概率论和数理统计学方法，首次从定量分析的角度给出了信息的量化描述、转换模型等理论框架，提出了用信息熵来度量事物所包含的信息量及事物状态演化过程的信息传输量，实现对参量特征的定量描述、对比和估计等分析过程。对于任意一个随机变量，变量的不确定性越大，熵也就越大，把它搞清楚所需要的信息量也就越大。一个系统越是有序，信息熵就越低；反之，一个系统越是混乱，信息熵就越高。所以，信息熵也可以说是系统有序化程度的一个度量指标。

4.3.2　信息熵故障分析方法

自 20 世纪 80 年代以来，研究者将信息论思想和不同信号分析方法相结合，建立了多种信息熵特征指标用于工程信号分析和系统状态监测。90 年代以小波变换、分形检测、人工神经网络为等代表的现代信号处理方法得到了广泛关注和快速发展[6-8]，使基于多种信号分析手段的信息熵理论得以深入研究，具有代表性的工作如下。

1. 基于不同信号处理手段的信息熵分析方法

基本信息测度指标的实用性研究。杨福生和廖旺才[9]认为近似熵适合于短数据非线性系统的复杂性度量。胥永刚等采用近似熵描述机械振动信号的不规则性和复杂性[10,11]，并将近似熵的概念从一维扩展到二维，用于度量轴心轨迹二维信号的复杂性，从而定量评价回转机械的运行状况。2000 年，杨世锡和汪慰军[12]详细分析了 Kolmogrov(以下简称 K 熵)的物理含义及其 K 熵数值的计算算法，利用 K 熵作为故障特征值识别机械的故障类型及严重程度的指标。然而上述信息熵主要适用于时序信号序列的复杂性分析，难以定量刻化频域、时-频域的信号特征。

基于时频分析的信息熵测度指标及应用研究。林京等以信息熵和时频分析为基础，提出一种用于大型回转机组运行瞬时稳定性定量监测的平稳熵[13, 14]。何正友和钱清泉[15]定义了多分辨信息熵作为信号小波分析的一种后处理方法，对系统参数微小的变化具有独特敏感性，应用于输电线路动态系统的暂态故障信号分析中。桂中华等[16]提出小波包特征熵指标用于水轮机尾水管动态特征提取和压力脉动信号故障检测。

基于奇异谱分解的信息熵测度为信号分析与故障诊断技术提供了新方法。杨文献和姜节胜[17]提出了基于信号奇异值分解原理的奇异谱熵的概念。谢平等[18]在信息熵模型的基础上，将多分辨率分析和奇异谱分析有效结合，提出基于高阶累积量的高阶多分辨率奇异谱熵，提高了信号形式变化的适应性和对嵌入维数变化的稳定性。

基于动力系统时间序列分析方法的信息熵测度模型研究。王晓萍等[19]研究了基于信号混沌特性的信息熵分析方法，针对压力脉动时间序列进行了混沌特性与信息熵研究。赵红和夏勇[20,21]在研究相空间重构理论的基础上，首次提出了关联距离熵的概念。张雨[22]在信号的相空间重构分析基础上，建立了符号树信息熵实现振动信号瞬态特征的有效提取。Haddad 等[23]分别研究了基于系统能量和动力模型的离散时间动力系统的信息熵分析方法。

基于相关分析和信息融合思想的关联信息熵测度研究。申弢等[24]在采用信息熵理论的基础上，从信息融合的角度出发，研究了提取振动信号信息熵特征的方法，提出了奇异谱熵、功率谱熵、小波空间熵等信息熵指标，为信号多层次特征的综合评价提供了新方法。

2. 从信息传递的角度进行系统综合分析和诊断研究

信息传递分析是将信息论思想和信号分析理论有机结合，把测试分析系统看作是一个广义通信系统，从信息的表述、转换和传递角度对信号和系统的状态变化规律进行分析。具有代表性的研究成果有：马笑潇等[25]将信息熵用于故障诊断过程，把诊断过程视为一个从认知主体借助多种认知工具进行状态辨识的过程，进而从信息传递过程加以解释，阐明诊断过程的认知信息流的流动过程，提出了多征兆域综合特征知识体的思路；王晓萍[26]对压力脉动时间序列的信息熵特征及信息传递特性进行了研究，并用于气固流化床的流形状态识别；张继国和刘仁新[27]提出了空间信息场的概念，并用于研究水文测站集合的信息传递规律。关于信息传递分析方法及其在工程测试领域的应用研究还在探索阶段，需要研究并建立实现多变量信息关联及传递特性分析的有效模型。

3. 基于最大熵谱分析的故障诊断

最大熵谱分析方法是一种对自相关函数外推的方法[28-30]，分析过程中没有固定的窗函数，对采样数据序列进行建模时，在每一步外推自相关函数的过程中，采用最大熵原理，使估计的相关函数包含过程的信息最多，以建立最大熵谱估计模型。即要求在过程熵值达到最大的条件下，确定未知的自相关函数值，以达到谱估计的逼真和稳定程度最好的目的。也就是采用谱熵为最大的规则来估计功率谱，以消除传统熵谱分析中的能量泄漏、窗函数和栅栏效应等对诊断结果带来的影响。

上述研究内容为机械信号分析和状态监测问题开辟了新途径，提出了不同变换空间内信号特征和复杂程度的定量描述方法，为机械状态监测和设备诊断技术奠定了理论基础。

4.4　压缩机振动信号的信息熵特征

在对信号信息熵特征提取时，寻找合适的划分体系是信息熵特征提取的关键。本节拟在时域、频域及时-频域内研究提取振动信号信息熵特征的方法。

4.4.1　时域奇异谱熵

目前，在故障诊断领域，主要采用奇异谱熵对振动信号进行时域内的信息熵特征描述，其基本原理及计算过程大致如下[31]。

在对振动信号进行奇异谱熵计算时，设采集得到的信号为 $\boldsymbol{X}=[x_1,x_2,\cdots,x_n]$（其中 n 为采样点数），利用延时嵌入方法，将其映射到嵌入空间中，采用时延常数为 1，长度为 m 的分析窗口将信号序列分成 $n-m+1$ 段数据，得到一个轨迹矩阵 $\boldsymbol{W}$（$n-m+1$ 行、m 列），表示为

$$\boldsymbol{W}=\begin{bmatrix} x_1 & x_2 & \cdots & x_m \\ x_2 & x_3 & \cdots & x_{m+1} \\ \vdots & \vdots & & \vdots \\ x_{n-m+1} & x_{n-m+2} & \cdots & x_n \end{bmatrix} \tag{4.1}$$

对 $\boldsymbol{W}$ 矩阵奇异值分解，得到奇异值 $\delta_1 \geqslant \delta_2 \geqslant \cdots \geqslant \delta_k$（其中 k 为非零奇异值的个数），这些奇异值 δ_i 就构成了振动信号的奇异值谱，可以认为奇异值谱 δ_i 是在时域中对振动信号的划分。定义振动信号的时域奇异谱熵为

$$H_{\mathrm{T}}=-\sum_{i=1}^{k} p_i \log p_i \tag{4.2}$$

式中，p_i 为第 i 个奇异值在整个奇异谱中所占的比例，$p_i=\delta_i \Big/ \sum_{i=1}^{k}\delta_i$。

时域奇异谱熵反映了振动信号能量在奇异谱划分下的复杂性，体现了信号在时域中能量分布的不确定性。当信号为故障信号时，则信号中的绝大部分能量会集中在极少数的故障特征频率处，信号能量分布较简单，奇异谱熵值很小；相反，若信号为正常信号时，其能量分布会很分散，即信号越复杂，熵值就越大。因此，时域奇异谱熵反映了振动信号序列中奇异成分能量分布的复杂性。

4.4.2 自相关特征熵

对时域信号 x_i 进行自相关函数 $R(k)$ 求解，那么可把 $R=\{R_1,R_2,\cdots,R_n\}$ 看作对原始信号在时延域上的一种划分，由此定义时延域中信号的自相关特征熵 H_{R} 为

$$H_{\mathrm{R}}=-\sum_{i=1}^{n}\psi_i\log\psi_i \tag{4.3}$$

式中，ψ_i 为第 i 个自相关值在整个自相关函数中所占的比例，$\psi_i=R_i\Big/\sum_{i=1}^{n}R_i$ 。

时域中的自相关特征熵描述信号在时延域的不确定性，当机组状态异常时，振动信号中常含有周期性冲击成分，即故障特征，信号的自相关函数衰减较慢，能量会很分散，自相关特征熵值也就较大；若信号为正常信号时，信号的自相关函数衰减较快，能量较集中，自相关特征熵值也就较小。因此，在时域内，还可以采用自相关特征熵通过考查自相关函数的衰减程度，描绘信号时域内的复杂程度，进而判断机组故障。

4.4.3 频域功率谱熵

对振动信号傅里叶变换后得到信号功率谱，众所周知，功率谱中的故障特征常表现信号的频率组成结构和特征幅值的变化上，因此对振动信号进行频谱结构分析，可以很好地了解其动态特性和变化规律。常见的频谱分析主要包括幅值谱、功率谱、倒谱等，功率谱分析对于故障诊断中的随机信号处理非常有效，因此，以下主要基于功率谱分析信号在频域中的信息熵特征和计算方法。

设信号由时域变换到频域得到的功率谱为 S_i ，那么可以把 $S=\{S_1,S_2,\cdots,S_N\}$ 看作是对原始振动信号的划分。因此，信号的频域功率谱熵为

$$H_{\mathrm{F}}=-\sum_{i=1}^{N}p_i\log p_i \tag{4.4}$$

式中，p_i 为第 i 个功率谱值在整个功率谱中所占的比例，$p_i=S_i\Big/\sum_{i=1}^{N}S_i$ 。

频域功率谱熵反映了振动信号能量在频域内分布状况，描绘了信号谱形结构。当存在故障时，振动信号能量会集中于某些特征频率处，即信号频率组成变得非常简单，而且故障程度越重，信号频率组成越简单，信号的复杂性和不确定性越小，信号功率谱熵值就越小；反之，若信号为正常信号，信号能量在整个谱形上分布就会非常均匀，即信号的复杂性和不确定性就越大，因此，信号功率谱熵值就越大。

4.4.4　小波空间状态特征谱熵和小波能谱熵

时域奇异谱熵、自相关特征熵和频域功率谱熵分别研究了信号在时域和频域中的信息熵特征，然而，在故障进行诊断时，有时需要对信号进行时频分析，进而提取特征。因此，本节在时-频域内构造小波空间状态特征谱熵和小波能谱熵两个故障定量特征指标，以定量评价时-频域中信号的复杂程度及不确定性，其计算方法如下所述。

采用有限能量函数 $f(t)$ 对信号进行小波变换，在变换前后信号能量是守恒的，也就是

$$\int_{-\infty}^{+\infty}\left|f(t)\right|^2\mathrm{d}t=\frac{1}{C_\phi}\int_0^{\infty}a^{-2}E(a)\,\mathrm{d}a \tag{4.5}$$

式中，C_ϕ 为小波函数容许条件，$C_\phi=\int_{-\infty}^{+\infty}\frac{\left|\phi^\wedge(\omega)\right|^2}{\omega}\mathrm{d}\omega$；$E(a)$ 为函数 $f(t)$ 在 a 尺度时的能量值，也称为小波能谱，$E(a)=\int_{-\infty}^{+\infty}\left|W_f(a,b)\right|^2\mathrm{d}b$，其中 $W_f(a,b)$ 为信号小波变换后的幅值。

根据式(2.4)可知，小波变换的实质即是将一维信号等距地映射到二维的小波空间中，$\boldsymbol{W}=\left[\frac{\left|W_f(a,b)\right|^2}{C_\phi a^2}\right]$ 是二维小波空间的能量分布矩阵。对其进行奇异值分解，可以得到时-频域的小波空间状态特征谱熵为[32]

$$H_{\mathrm{WS}}=-\sum_{i=1}^{n}q_i\log q_i \tag{4.6}$$

式中，n 为特征谱中特征维度；q_i 为第 i 个特征值在整个特征谱中所占的比例，$q_i=\delta_i\Big/\sum_{i=1}^{n}\delta_i$。

$E=\{E_1,E_2,\cdots,E_n\}$ 为信号 $f(t)$ 在尺度 n 上的小波能谱。因此，E 可以可作是对信号能量的划分，类似于 4.4.3 小节中对频域功率谱熵的定义，时-频域小波能谱熵为

$$H_{\mathrm{W}}=-\sum_{i=1}^{n}\gamma_i\log\gamma_i \tag{4.7}$$

式中，γ_i 为第 i 个谱值在整个小波能谱中所占的比例，$\gamma_i=E_i\Big/\sum_{i=1}^{n}E_i$。

4.4.5 小波包特征熵

在故障诊断应用中，采集到的振动信号一般都是非平稳信号，时常需要采用小波包分解分析信号的非平稳性特征，以识别故障特征。设采集得到的振动信号为 $f(t)$，按照式(4.8)对其进行小波包分解[32]：

$$\begin{cases} f_{2n}(t)=\sqrt{2}\sum_k h(k)f_n(2t-k) \\ f_{2n-1}(t)=\sqrt{2}\sum_k g(k)f_n(2t-k) \end{cases} \tag{4.8}$$

式中，$h(k)$ 为高通滤波器；$g(k)$ 为低通滤波器。

因此，从某种角度上说，小波包分解的实质是让信号 $f(t)$ 通过高、低通组合滤波器组，将其分解为低频和高频部分，对高频部分不做分解，只对低频部分做二次分解，直到满足需要为止。

对故障信号 j 层小波包分解，设得到的小波包分解序列为 $S_{j,k}(k=0\sim 2^j-1)$，因此，可把小波包分解看成对信号在时-频域内的一种划分，定义这种划分体系为

$$\varepsilon_{j,k}(i)=\frac{S_{F(j,k)}(i)}{\sum_{i=1}^{N}S_{F(j,k)}(i)} \tag{4.9}$$

式中，$S_{F(j,k)}(i)$ 为 $S_{j,k}(k=0\sim 2^j-1)$ 的傅里叶变换序列的第 i 个值；N 为原始信号的长度。

因此，小波包特征熵可由式(4.10)计算得到

$$H_{j,k}=-\sum_{i=1}^{N}\varepsilon_{j,k}(i)\log\varepsilon_{j,k}(i),\qquad k=0\sim 2^j-1 \tag{4.10}$$

式中，$H_{j,k}$ 为信号的第 j 层第 k 个小波包特征熵值。

4.5 压缩机故障信息的盲源分离增强方法

压缩机的振源众多，且振动相互交叠在一起。利用单传感器采集压缩机信号时，会由于故障振动实际方向未知或传感器无法在已知振动位置进行安装等因素影响，使测量信号受到干扰，结果往往是不同振源在传感器方向产生的投影分量的合成。因此，现场一般在转子易损部位同时布控了多个传感器，同时采集多路数据。采用一种稳健的盲源分离(blind source separation，BSS)模型来提取各自独

立的振动信号，将微弱故障信号从原信号中分离出来，增强压缩机关键部件的故障信息，实现故障诊断，从而更好地监测转子工作状态[33,34]。

4.5.1 盲源分离的基本数学模型

盲源分离是指在源信号和混合方式均未知的情况下，仅由若干观测的混合信号恢复出原始信号。按照源信号混合方式的不同，盲源分离问题大致分为三种类型：线性瞬时混合、线性卷积混合和非线性混合[35]，不同的混合方式对应不同的数学模型。实际应用时，大多数理论方法都以线性瞬时混合模型为基础来求解未知混合矩阵 $\boldsymbol{A}$ 的逆矩阵，以此为出发点展开进一步研究。

1. 线性瞬时混合模型

线性瞬时混合的盲源分离问题是指仅仅根据观测信号与源信号的相互独立性质对分离矩阵与源信号进行辨识。其模型可用如下矩阵形式表示：

$$\boldsymbol{x}(t)=\boldsymbol{A}s(t)+\boldsymbol{n}(t) \tag{4.11}$$

式中，$\boldsymbol{x}(t)$ 为通过 N 传感器获得的 N 维观测向量，$\boldsymbol{x}(t)=[x_1(t),x_2(t),x_3(t),\cdots,x_N(t)]^{\mathrm{T}}$；$\boldsymbol{s}(t)$ 为 M 个独立源信号，$\boldsymbol{s}(t)=[s_1(t),s_2(t),s_3(t),\cdots,s_M(t)]^{\mathrm{T}}$；$\boldsymbol{n}(t)$ 为 N 个噪声信号，$\boldsymbol{n}(t)=[n_1(t),n_2(t),n_3(t),\cdots,n_N(t)]^{\mathrm{T}}$。

从式(4.11)可以看出，任意一维观测向量 $\boldsymbol{x}(t)$ 都是 $\boldsymbol{s}(t)$ 的线性组合；$\boldsymbol{A}$ 为未知的混合矩阵。盲源分离的目的即通过找到分离矩阵(解混矩阵) $\boldsymbol{W}$ 从观测向量中恢复出源信号向量：

$$\boldsymbol{y}=\boldsymbol{W}\boldsymbol{x} \tag{4.12}$$

式中，$\boldsymbol{y}$ 为源信号的最佳估计。

线性瞬时混合模型盲源分离过程框图如图 4.6 所示。

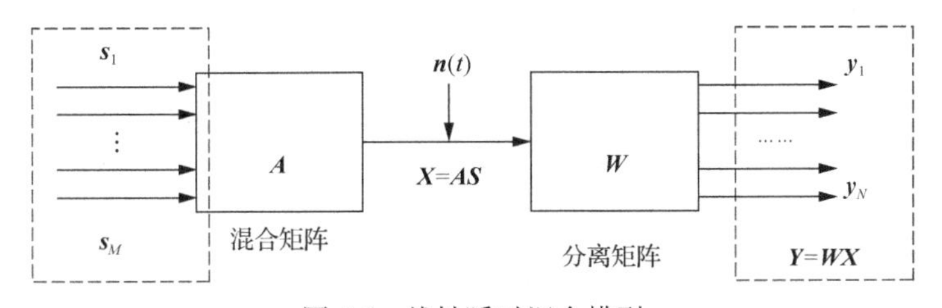

图 4.6 线性瞬时混合模型

由于线性瞬时混合模型是线性卷积混合模型的基础，并且盲反卷积算法计算量巨大，且算法本身存在病态性，实际分析中常把卷积模型拆成为若干个线性瞬时混合模型进行分析，限于篇幅，此处不再详细介绍线性卷积混合模型。

2. 非线性混合模型

实际环境中测取的观测信号也可能是经过非线性混合的，这时线性混合的盲源分离算法就不再适用了。非线性混合的盲源分离模型表示如下：

$$\boldsymbol{x}(t)=\boldsymbol{F}(\boldsymbol{s}(t))+\boldsymbol{n}(t) \tag{4.13}$$

式中，$\boldsymbol{x}(t)$ 和 $\boldsymbol{s}(t)$ 的含义与前面一致；$\boldsymbol{F}(\cdot)$ 为非线性混合函数矩阵。

非线性混合模型盲源分离过程的实质是求取一逆变换函数，并将其作用于观测信号，从而得到源信号的可靠估计，具体流程如图 4.7 所示。

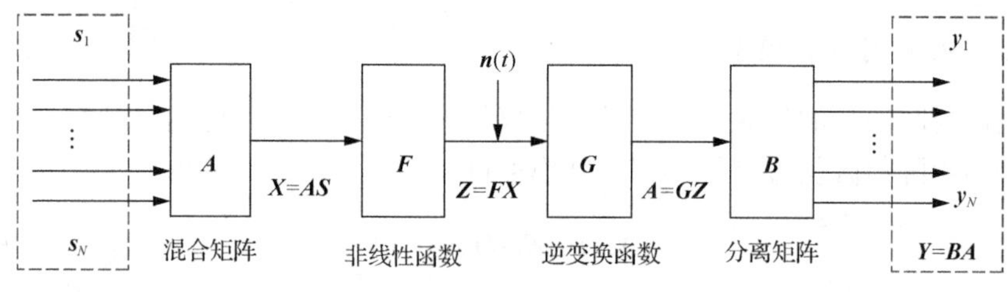

图 4.7　非线性混合模型

非线性盲源分离问题的复杂程度远高于线性问题，至今尚未有较好的方法来解决非线性混合模型。目前，不局限于盲源分离问题，非线性问题还是众多学科发展的前沿与热点。

4.5.2　稳健独立分量分析方法

1. 传统独立分量分析模型

盲源分离以统计独立为基本原则，分别从互信息、非高斯性度量及参数估计出发构造出不同的目标函数，再进行相应的优化过程选择，最终实现信号分离[36]。将盲源分离的独立性准则及对应算法总结如表 4.2 所示。

表 4.2　盲源分离独立性准则与对应算法

独立性准则	对应算法
互信息极小化	极小互信息算法(MMI)、特征矩阵联合相似对角化算法(JADE)
极大似然	极大似然估计算法(MLE)
高阶统计量	四阶盲辨识别法(FOBI)
非高斯线性极大化	自然梯度法、ICA 法、快速独立分量分析(FastICA)法

独立分量分析(independent component analysis，ICA)作为盲源分离的一类重要方法，是借助独立性条件将不可直接观测到的各分量从混合信号中抽取。1994

年，Comon[37]首先提出来独立分量分析的概念。1997 年，Hyvarinen 和 Oja[38]又提出了基于四阶累积量的固定点算法，获取了更快的收敛速度。

独立分量分析是盲源分离中的一个极其重要的分支，其基本模型如下：设 $\boldsymbol{X}=[x_1(t),x_1(t),\cdots,x_P(t)]^{\mathrm{T}}$ 为 P 维零均值的随机观测信号，它是由 M 个未知的独立信号源信号 $\boldsymbol{S}=[s_1(t),s_2(t),\cdots,s_M(t)]^{\mathrm{T}}$ 线性混合而成的，这种线性混合模型可表示如下：

$$\begin{bmatrix} x_1(t) \\ x_2(t) \\ \vdots \\ x_N(t) \end{bmatrix} = \boldsymbol{A}_{N\times M}\boldsymbol{S}_{M\times P} = \begin{bmatrix} a_{11} & a_{12} & a_{13} & \cdots & a_{1M} \\ a_{21} & a_{22} & a_{23} & \cdots & a_{2M} \\ \vdots & \vdots & \vdots & & \vdots \\ a_{N1} & a_{N2} & a_{N3} & \cdots & a_{NM} \end{bmatrix} \begin{bmatrix} s_1(t) \\ s_2(t) \\ \vdots \\ s_M(t) \end{bmatrix} \tag{4.14}$$

式中，$\boldsymbol{A}_{N\times M}$ 为 $N\times M$ 阶的未知混合矩阵，每个混合信号 $x_i(t)(i=1,\cdots,N)$ 都是一个随机信号，亦可理解为在 t 时刻对随机信号 $\boldsymbol{X}$ 的一次抽样。

在源信号 $\boldsymbol{S}$ 和混合矩阵 $\boldsymbol{A}$ 均未知的情况下，希望找到一个分离矩阵 $\boldsymbol{W}=[w_{ij}]_{M\times N}$ 尽可能真实地分离出信号 $\boldsymbol{Y}=[y_1(t),y_2(t),\cdots,y_M(t)]^{\mathrm{T}}$，使 $\boldsymbol{Y}$ 能真实地逼近源信号 $\boldsymbol{S}$：

$$\boldsymbol{Y}=\boldsymbol{WX}=\boldsymbol{WAS}=\boldsymbol{GS} \tag{4.15}$$

式中，$\boldsymbol{G}$ 为全局传输矩阵。

独立分量分析采用逐层分离方法，提取一个信号后需添加正交化步骤，把已提取过的分量滤掉。已有文献证明针对式(4.15)的模型存在四阶累积量最大化准则，即峭度最大化准则[39]：$\left|\psi_{KM}(y)\right|=\dfrac{k_4(y)}{\sigma^4}$，其中 $k_4(y)$ 表示提取分量 y 的峭度，σ^4 表示提取分量 y 的方差。归一化峭度可表示如下：

$$k_4(y)=\mathrm{cum}(\boldsymbol{y},\boldsymbol{y}^*,\boldsymbol{y},\boldsymbol{y}^*)/E(y^2)=\left[E(y^4)-3E^2(y^2)\right]\Big/\|\boldsymbol{w}\|_2^2 \tag{4.16}$$

式中，cum 表示累积求和；$\boldsymbol{y}^*$ 为矢量 $\boldsymbol{y}$ 的负共轭；$E(y^2)$ 为 y^2 的期望；$\boldsymbol{w}$ 为分离矩阵 $\boldsymbol{W}$ 的列矢量。

应用梯度法，对 $\boldsymbol{w}$ 求导可得

$$\nabla k_4(y)=\nabla k_4(\boldsymbol{w}^{\mathrm{T}}z)\propto(\partial k_4(\boldsymbol{w}^{\mathrm{T}}z)/\partial\boldsymbol{w})=4\left[E(z(\boldsymbol{w}^{\mathrm{T}}z)^3)-3\boldsymbol{w}E((\boldsymbol{w}^{\mathrm{T}}z)^2)\right] \tag{4.17}$$

式中，z 为白化信号。

峭度在 $E((\boldsymbol{w}^{\mathrm{T}}z)^2)=\|\boldsymbol{w}\|_2^2=1$ 约束下的条件极值即为式(4.18)的解：

$$w = \frac{2}{\beta}[E(z(w^{\mathrm{T}}z)^3) - 3w] \tag{4.18}$$

式中，β 为拉格朗日系数。

由于分离矩阵各分量满足 $\|w\| = 1$，由式(4.18)求得 w 后作归一化，即可得基于峭度的定点算法：

$$\begin{cases} w^+(k+1) = E(z(w^{\mathrm{T}}(k)z)^3) - 3w \\ w(k+1) = w^+(k+1) \big/ \|w^+(k+1)\|^2 \end{cases} \tag{4.19}$$

传统独立分量分析算法采用时间平均对期望进行代替，所以它对野值(离散点)的鲁棒性较差，必须进行数据预白化处理。更主要的缺陷表现在该定点算法没有对步长参数进行优化考虑，只是将它设为定值或是基于迭代求解的时间变量用来平衡收敛速度与精度，将导致分离效果不理想。

2. 稳健独立分量分析方法

稳健独立分量分析(robust independent component analysis，RICA)[39,40]即直接通过代数求解最优步长参数 μ_{opt} 的峭度固定点盲源分离算法，使算法在每次搜索过程中都能使归一化峭度值达到最大。假设分离变量仍为 w，则有

$$\begin{cases} w' = w + \mu g \\ \mu_{\mathrm{opt}} = \arg\max\limits_{\mu} |k_4(y + \mu g)| \end{cases} \tag{4.20}$$

式中，μ 为步长参数；$g = \nabla_w k_4(y)$。

下面将峭度函数转变为对变量 μ 的函数：

$$k_4(y + \mu g) = k_4(\mu) = \frac{E(|y^+|^4) - |E((y^+)^2)|^2}{E^2(|y^+|^2)} - 2 = P(\mu) / Q^2(\mu) - 2 \tag{4.21}$$

式中，$y^+ = y + \mu g$；$y = w^{\mathrm{T}}x$；$P(\mu) = P_1(\mu) - P_2^2(\mu)$，其中 $P_1(\mu) = E((y^+)^4)$，$P_2(\mu) = E((y^+)^2)$；$Q(\mu) = E(|y^+|^2)$。

下面用 a、b、c、d 对含有 y 的表达式进行简化：

$$a = y^2,\quad b = g^2,\quad c = yg,\quad d = \mathrm{Re}(yg^*) \tag{4.22}$$

则 $P(\mu)$ 和 $Q(\mu)$ 可以采用如下多项式表达：

$$P(\mu)=\sum_{i=0}^{4}h_i\mu^i,\quad Q(\mu)=\sum_{i=0}^{2}j_i\mu^i \tag{4.23}$$

式中，μ 为步长；$h_0=E\left\{|a|^2\right\}-\left|E\{a\}\right|^2$；$h_1=4E\{|a|d\}-4\mathrm{Re}\left(E\{a\}E^*\{c\}\right)$；

$h_2=4E\left\{d^2\right\}+2E\{|a||b|\}-4E\left|\{c\}\right|^2-2\mathrm{Re}\left(E\{a\}E^*\{b\}\right)$；

$h_3=4E\{|b|d\}-4\mathrm{Re}\left(E\{b\}E^*\{c\}\right)$；$h_4=E\left\{|b|^2\right\}-\left|E\{b\}\right|^2$；

$j_0=E\{|a|\}$；$j_1=2E\{d\}$；$j_2=E\{|b|\}$。

因此，$k_4(\mu)$ 对 μ 求导可表示为

$$\dot{k}_4(\mu)=\left[\dot{P}(\mu)Q(\mu)-2P(\mu)\dot{Q}(\mu)\right]\Big/Q^3(\mu)=p(\mu)/Q^3(\mu) \tag{4.24}$$

基于峭度准则，令优化步长多项式 $p(\mu)=\sum_{i=0}^{4}b_i\mu^i$，结合式(4.21)～式(4.24)，即可计算 $p(\mu)$ 中的各系数 $b_0=-2h_0j_1+h_1j_0$，$b_1=-4h_0j_2-h_1j_1+2h_2j_0$，$b_2=-3h_1j_2+3h_3j_0$，$b_3=-2h_2j_2+h_3j_1+4h_4j_0$，$b_4=-h_3j_2+2h_4j_1$。

当 μ 取最优值时，即满足四次方程 $p(\mu_{\mathrm{opt}})=0$，求取方程的四个候选根，最后代入到式(4.21)中确认一个最优根使 $|K(y+\mu g)|$ 最大。

该步长参数更新规则使独立分量分析不需要进行预白化处理，消除了信源相关性的干扰，因此提高了抗噪能力。代数计算避免了代价函数产生虚假局部极值点，增强了算法对野值的鲁棒性。下面给出稳健独立分量分析算法的完整实现步骤如下。

第一步：初始化分离矢量 $\boldsymbol{w}$，由 $p(\mu)$ 各系数表达式计算出各阶系数。

第二步：根据代数求根法得到方程 $p(\mu)=0$ 所有四个解 μ_i。

第三步：将所有解代入式(4.21)中计算归一化峭度值，最大的归一化峭度值对应着最优步长参数 μ_{opt}。

第四步：利用最优步长参数更新分离矢量：$\boldsymbol{w}'=\boldsymbol{w}+\mu_{\mathrm{opt}}g$，并对分离矢量作归一化 $\boldsymbol{w}'=\boldsymbol{w}'\big/\|\boldsymbol{w}'\|^2$。

第五步：提取信号 $y=\boldsymbol{w}'^{\mathrm{T}}x$。重复上述步骤，直到完整地提取出 $\boldsymbol{X}$ 中所有分量信号。

图 4.8 即为稳健独立分量分析算法流程图。

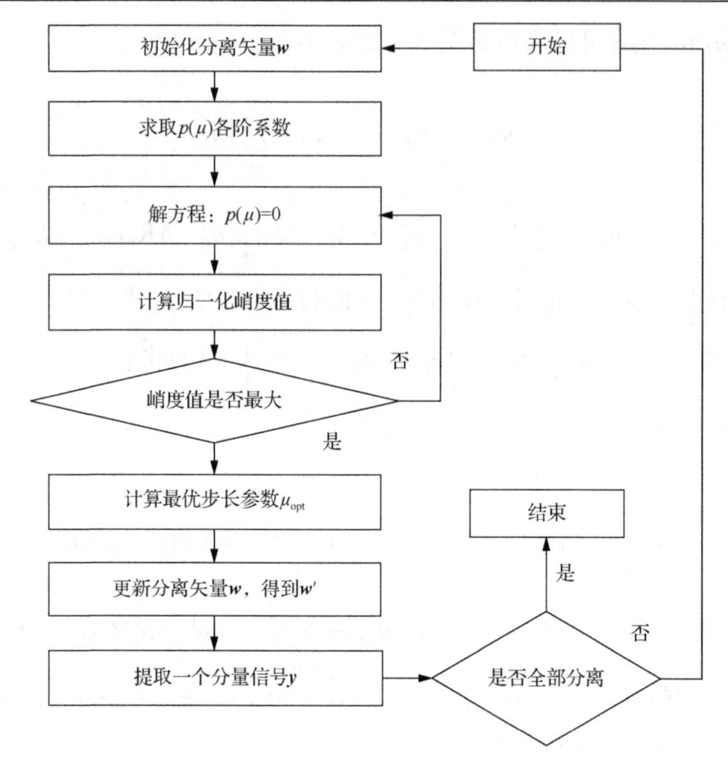

图 4.8　稳健独立分量分析算法流程图

4.5.3　基于稳健独立分量分析的转子仿真信号与实验信号分析

1. 仿真信号分析

转子振动是离心压缩机故障诊断领域中最常见的机械振动形式，一般表现为以旋转频率为基频的正弦(或余弦)及其各次谐波的线性叠加，表达式表示如下：

$$x(t)=\sum_{k=1}^{p}A_k\sin(2\pi kf_{\mathrm{r}}t+\varphi_k) \tag{4.25}$$

式中，$A_k\,(k=1,2,\cdots,p)$对应各正弦信号幅值；$\varphi_k\,(k=1,2,\cdots,p)$为对应相位；$f_{\mathrm{r}}$为转频。

现取三个独立的仿真振源信号，其中信号 S_1 和 S_2 均为仿真转子信号。信号 S_1 转频为 10Hz，同时包含 50Hz 的谐波分量；信号 S_2 转频为 90Hz；信号 S_3 为模拟的轴承滚动体剥落信号，剥落频率为 21.7Hz。源信号波形如图 4.9 所示。

假设混合矩阵 $\boldsymbol{A}=[1.0,\ 0.6,\ 0.5;\ 0.7,\ 1.0,\ 0.8;\ 0.1,\ 0.2,\ 0.6]$。混合后，添加信噪比为 5.37 的白噪声得到观测信号，如图 4.10 所示。可以看到经过混合矩阵及白噪声作用后，源信号已经无法从图 4.10 中辨识出来。

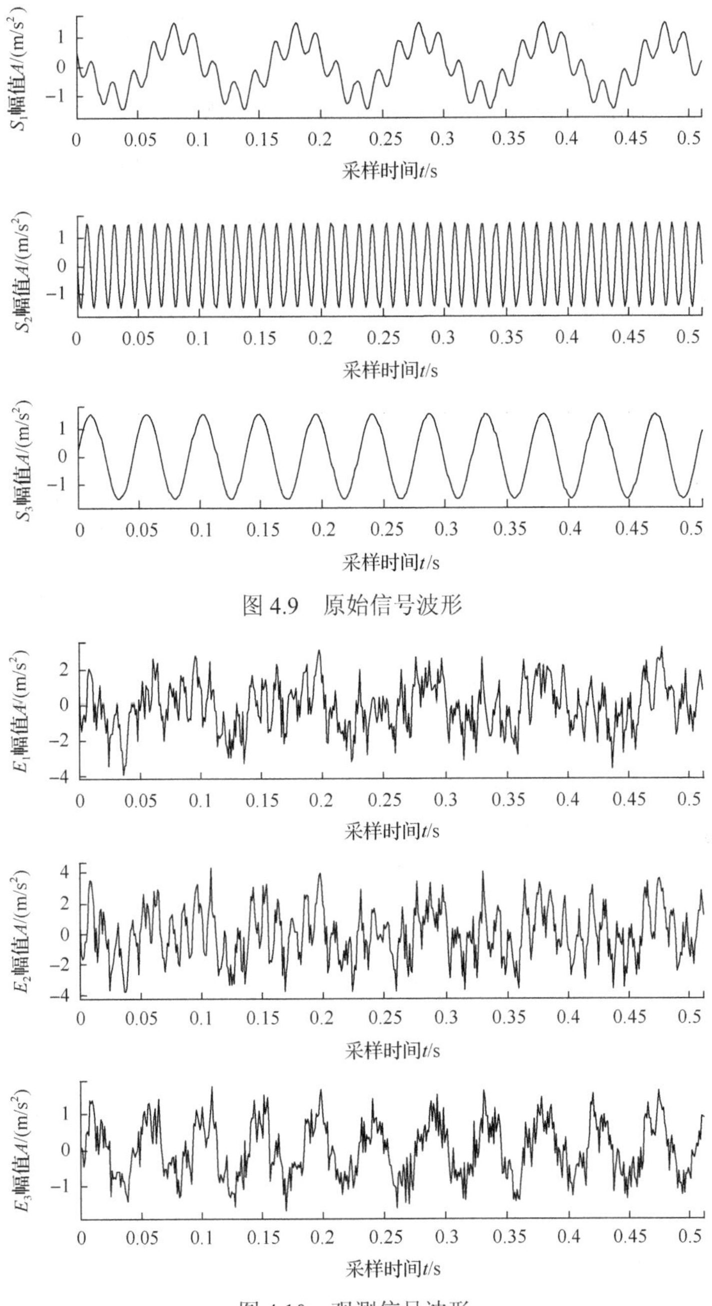

图 4.9　原始信号波形

图 4.10　观测信号波形

E_1 为观测信号 1；E_2 为观测信号 2；E_3 为观测信号 3

首先利用双树复小波变换与奇异值分解相结合的方法(DTCWT-SVD)对观测信号降噪，然后分别使用稳健独立分量分析，基于最大信噪比的盲源分离和 FastICA

算法对降噪后的混叠信号进行分离。其中，基于稳健独立分量分析的分离结果如图 4.11 所示，对比图 4.9 可以看到各个信号原本的独立特征在时域图上能清晰地分辨出来。证明稳健独立分量分析能明显增强转子微弱故障信息，经稳健独立分量分析对源信号分离后可识别出滚动体剥落信号 Y_1，从而判断轴承故障状态。

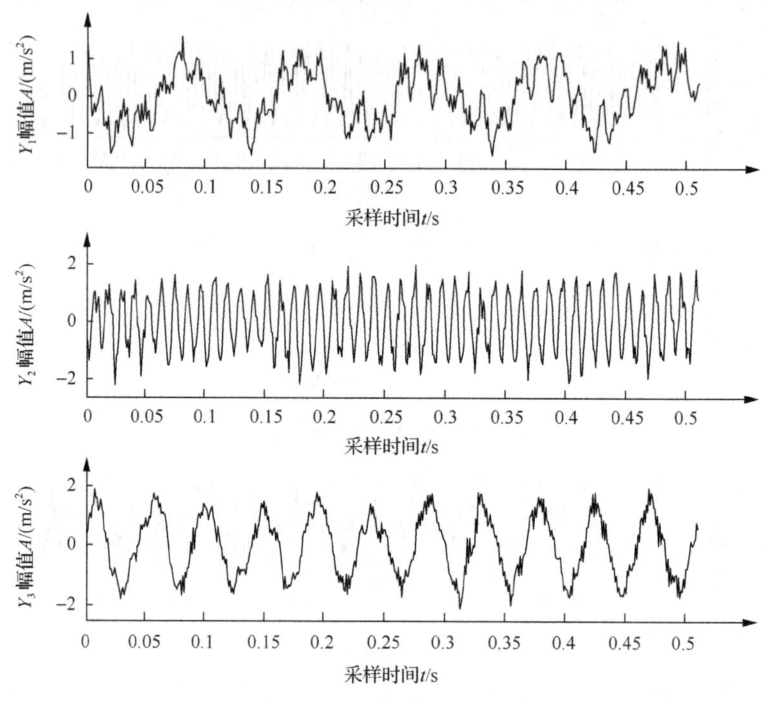

图 4.11　分离信号波形

Y_1 为分离信号 1；Y_2 为分离信号 2；Y_3 为分离信号 3

为定量评价分离效果，引入性能指数和相似系数矩阵作为盲分离质量评价指标[41]：

$$\mathrm{PI}=\frac{1}{N(N-1)}\sum_{i=1}^{N}\left[\left(\sum_{k=1}^{N}\frac{|g_{ik}|}{\max_j |g_{ij}|}-1\right)+\left(\sum_{k=1}^{N}\frac{|g_{ki}|}{\max_j |g_{ji}|}-1\right)\right] \tag{4.26}$$

式中，PI 为性能指数，PI 值越小表明分离效果越好；g_{ij} 为全局矩阵 $\boldsymbol{G}$ 的第 (i,j) 个元素。

相似系数矩阵（$\boldsymbol{M}$）：

$$m_{ij}=\frac{\mathrm{Cov}(s_i,y_j)}{\sqrt{\mathrm{Cov}(s_i,s_i)\mathrm{Cov}(y_j,y_j)}}=\frac{\left|\sum\limits_{i=1,j=1}^{n}s_i y_j\right|}{\sqrt{\sum\limits_{i=1}^{n}s_i^{\,2}\sum\limits_{j=1}^{n}y_j^{\,2}}} \tag{4.27}$$

式中，Cov(·)表示协方差运算；s_i表示第 i 个原始信号；y_j表示第 j 个分离信号。相似系数矩阵 $\boldsymbol{M}$ 由相似系数 m_{ij} 组成。若 $m_{ij}=1$，表示分离前后信号完全一致；$m_{ij}=0$，则说明分离前后信号独立。

以上三种算法的运算时间、性能指数及相似系数矩阵如表 4.3 所示。可以看出，本书算法运算时间较短；获得了最小的性能指数 0.5165，且相似系数矩阵显示分离后的每个信号与对应的原始信号的相似程度很高，对角线上数字比其他两个矩阵的对角线数字更加接近于 1，矩阵三维图如图 4.12 所示。证明了本书方法对带有较强噪声的转子振动信号盲分离效果良好，优于其他两种算法。

表 4.3　运算时间及分离指标比较

仿真信号	本书算法	基于最大信噪比的盲分离算法	FastICA 算法
运算时间/s	0.3809	0.3101	0.8522
性能指数	0.5165	0.6306	0.7747
相似系数矩阵($\boldsymbol{M}$)	$\begin{bmatrix}0.8788 & 0.1003 & 0.0252\\0.0801 & 0.9215 & 0.0144\\0.0095 & 0.0089 & 0.9293\end{bmatrix}$	$\begin{bmatrix}0.8716 & 0.0264 & 0.0361\\0.0237 & 0.8907 & 0.0220\\0.0111 & 0.0452 & 0.9348\end{bmatrix}$	$\begin{bmatrix}0.8673 & 0.0823 & 0.0162\\0.0277 & 0.9073 & 0.0369\\0.0266 & 0.0119 & 0.9145\end{bmatrix}$

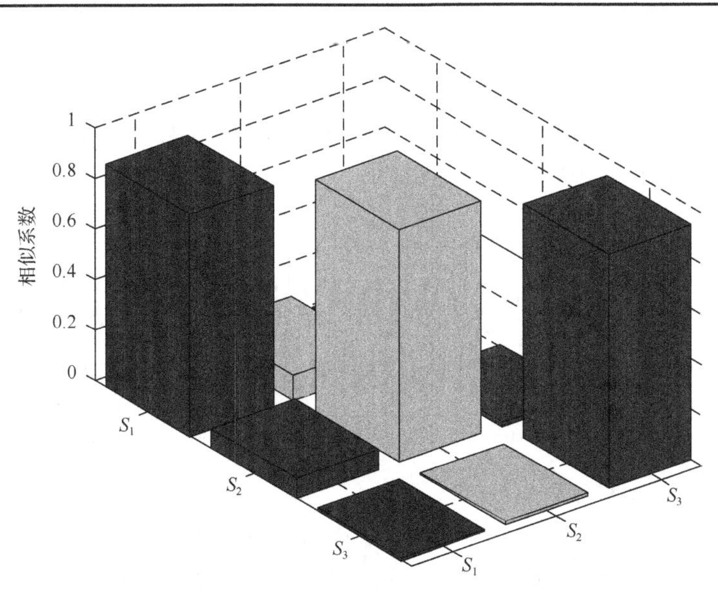

图 4.12　本书方法获得的相似系数矩阵三维图

2. 基于 DTCWT 和稳健独立分量分析(RICA)的转子微弱故障诊断

利用 Bently RK4 转子故障模拟实验系统进行实验，制造了轻微不平衡及轻微碰摩两种故障状态。不平衡是通过在靠近联轴器端圆盘侧面螺孔中加装 0.4g 的配重螺钉来模拟，碰摩则是通过在固定支架上拧入碰摩螺栓来实现，具体如图 4.13 所示。

图 4.13　双通道振动数据采集实物图

基本信息：加速度传感器分别布置在靠近联轴器端转子支撑座的 X 方向（A 通道）和 Y 方向（B 通道），并同时测量 A 和 B 两通道振动数据。转子转速约 4200r/min（即基频 70Hz），采样频率 16000Hz，采样点数 4096。

图 4.14(a) 为原始测量信号的 X 方向与 Y 方向上的振动波形，图 4.14(b) 为对应原始信号的频谱。由于实验室测试条件较好，从频谱图已可以看出转子基频及其 2、3 倍频幅值在两个方向的谱图上均表现得比较明显，初步判断可能存在转子碰摩现象。但谱图频率信息全部相互混叠在一起，比较杂乱，反映出的故障特征与转子碰摩还不是十分吻合。因此，很难真正确定究竟有没有此类故障信息，以及是否还有其他微弱故障信息被掩盖掉。

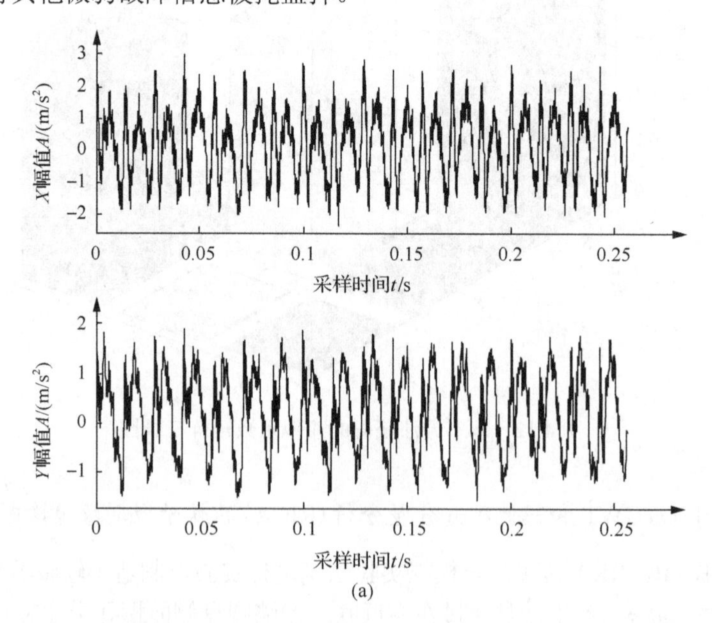

(a)

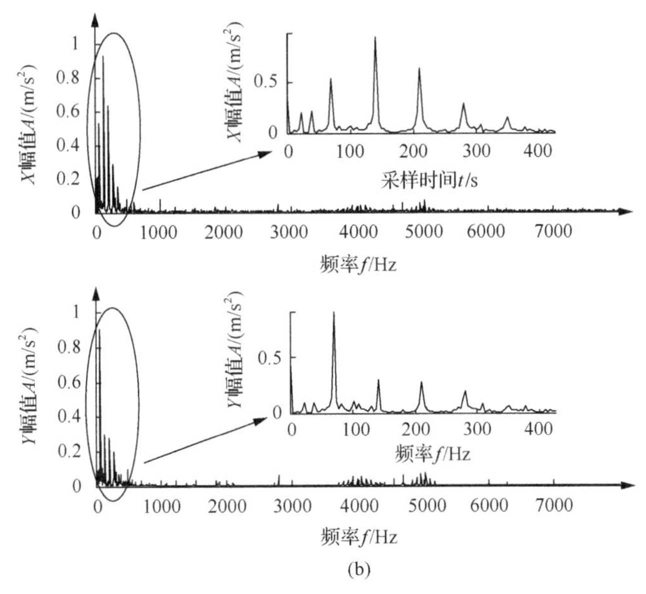

(b)

图 4.14　转子系统原始振动信号波形及频谱

(a) X 方向及 Y 方向原始信号波形；(b) X 方向及 Y 方向原始信号频谱

对上面信号使用二层双树复小波变换及奇异值分解降噪，得到的波形及频谱如图 4.15 所示。从中可以看到信号波形轮廓清晰很多，对应频谱的高频噪声得到了很好的滤除，同时低频有用信息也得到完整地保留。

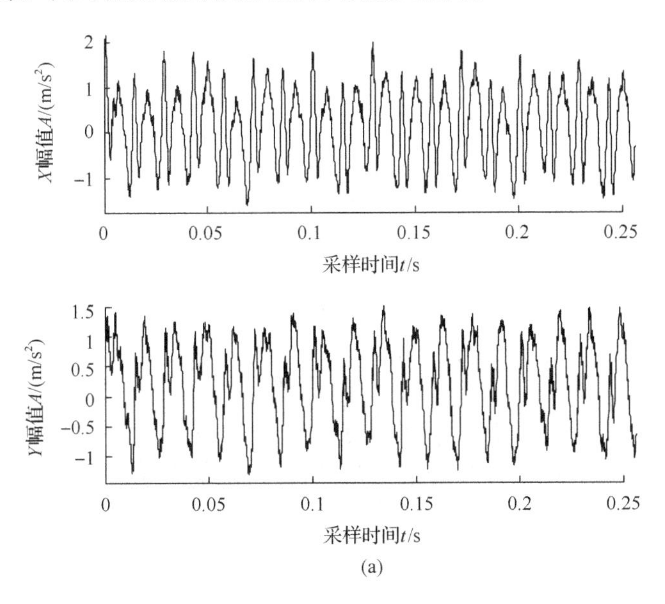

(a)

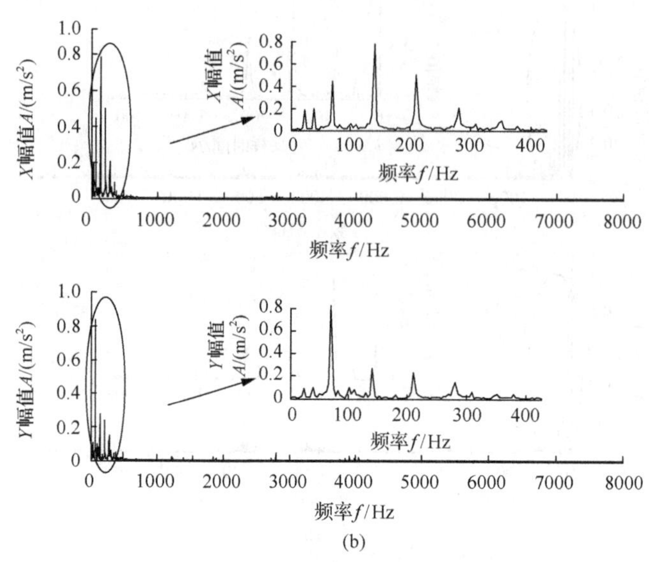

图 4.15　降噪后信号振动波形及频谱

(a) 降噪信号 X 方向及 Y 方向波形；(b) 降噪信号 X 方向及 Y 方向波形对应频谱

最后，针对降噪后的两路信号进行稳健独立分量分析，得到分离矩阵 $\boldsymbol{W}_{2\times2}=[0.6289, 0.7775; -0.7775, 0.6289]$ 后，即进行 $\boldsymbol{W}_{2\times2}\times[\boldsymbol{X};\boldsymbol{Y}]$ 运算。分离出的两路信号 F_X 和 F_Y 波形如图 4.16 所示。

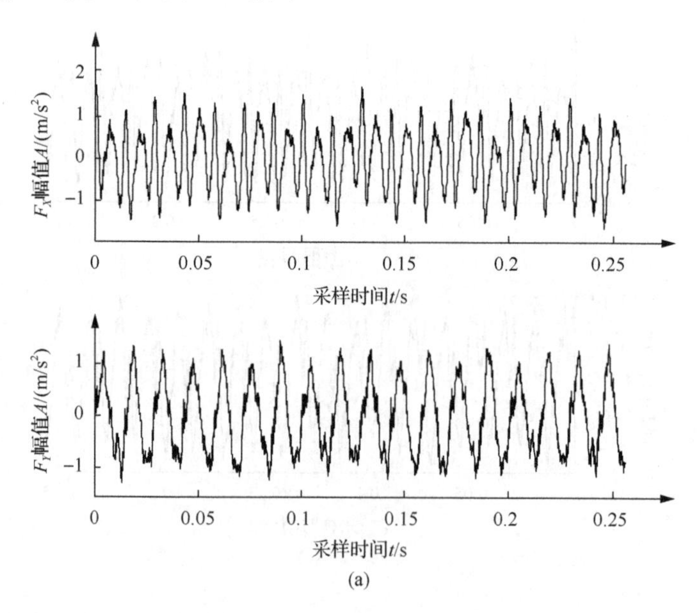

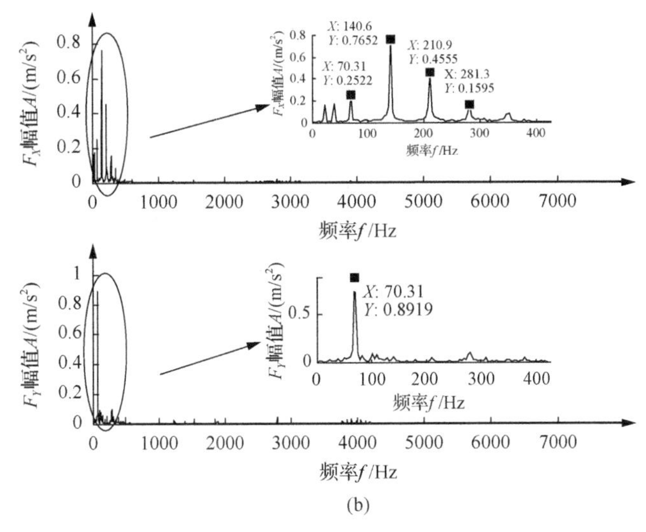

(b)

图 4.16　分离信号波形及频谱

(a) 分离信号 F_X 及 F_Y 波形；(b) 分离信号 F_X 及 F_Y 频谱

从图 4.16 中可以观察到，与测量的两路原始信号波形相比，分离后的信号的波形中已经有了明显变化，在分离信号 F_X 中，出现了类似“削波”现象；F_Y 中可清晰观测到“准正弦”信号，与不平衡故障十分吻合。在频谱图中，故障信息增强效果表现更好。分离信号 F_X 的频谱图中，出现了明显的基频及 2、3、4 倍频幅值，并且 2 倍频幅值比基频的幅值高出很多，这与碰摩故障的频谱特征极为相似。F_Y 中只有基频的幅值最明显，其他倍频分量幅值基本上为 0，这也说明此分离信号以转子不平衡成分为主。

分析结果表明，本书方法有效地增强了转子微弱故障信息，从而提取出转子故障特征。同时证明了利用稳健独立分量分析方法实现旋转机械耦合故障诊断的可行性。

4.5.4　工程应用-基于稳健独立分量分析的离心压缩机叶轮故障诊断

陕京输气管道某压气站 DY403 离心压缩机组基本结构如图 4.17 所示，其动力端为功率 15MW 的变频电机，中间通过变速比为 4.774 的增速齿轮箱实现对压缩机转速提升，压缩机正常工作转速约为 7640r/min。振动监测点均位于滑动轴承附近位置，充分保障了与振源的测试距离。离心压缩机的测点位置为 7 和 8，四个非接触式位移传感器分别布控在离心压缩机前端轴承径向垂直(Y)和径向水平(X)方向，后端轴承径向垂直(Y)和径向水平(X)方向。

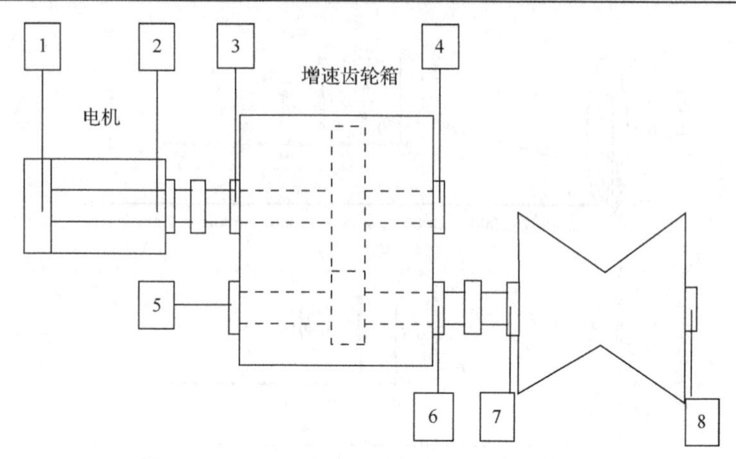

图 4.17　DY403 离心压缩机组基本结构示意图

1.电机自由端轴承；2.电机输出端轴承；3.齿轮箱主动齿轮前端轴承；4.齿轮箱主动齿轮后端轴承；5.齿轮箱从动轮前轴轴承；6.齿轮箱从动轮后端轴承；7.压缩机前端轴承；8.压缩机后端轴承

该机组在某年 1 月 1 日启机过程中，压缩机两侧轴承径向振动突然增大且不下降，峰峰值(有时又称为通频值)达到机组的危险值 50μm，导致机组联锁停机，其峰峰值振动趋势如图 4.18 所示。同时，连接压缩机的高速齿轮前端、后端轴承 X 和 Y 方向振动也增大，但幅度较小，故应属于由压缩机故障引起的伴随突增(图 4.19)。同年 1 月 9 日，由于同站场另一运行机组喘振停机，于是再次启动 DY403 机组，其前端、后端轴承振动值还是发生突变，达到停车值，导致机组再次停机。

通过图 4.18 可以看出，离心压缩机前端、后端轴承各测点振动值迅速增长后不下降，且开机过程中的出现类似“驼峰型”的振动趋势，因此怀疑静子上的污垢、静叶或其他部件掉落打击叶片，或者转子本身发生质量脱落现象，从而瞬时影响了转子的平衡状态。下面提取 1 月 1 日的压缩机振动波形数据，使用 DTCWT 和稳健独立分量分析方法进一步分析诊断。

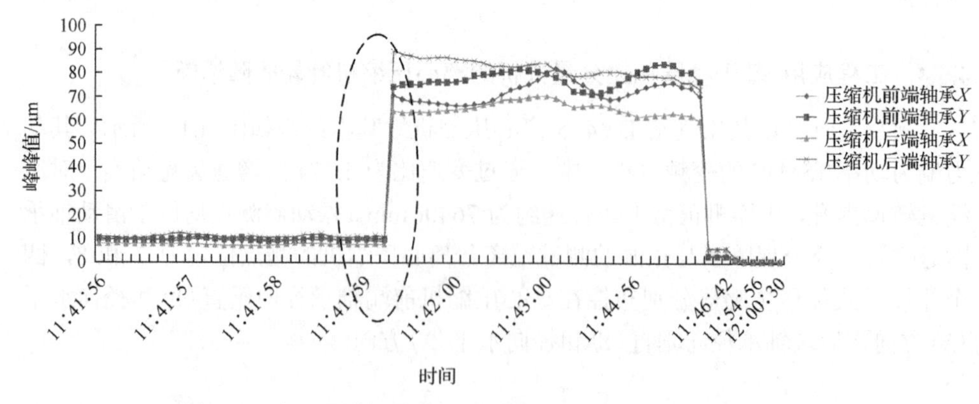

图 4.18　离心压缩机前端、后端轴承四个测点的峰峰值趋势图

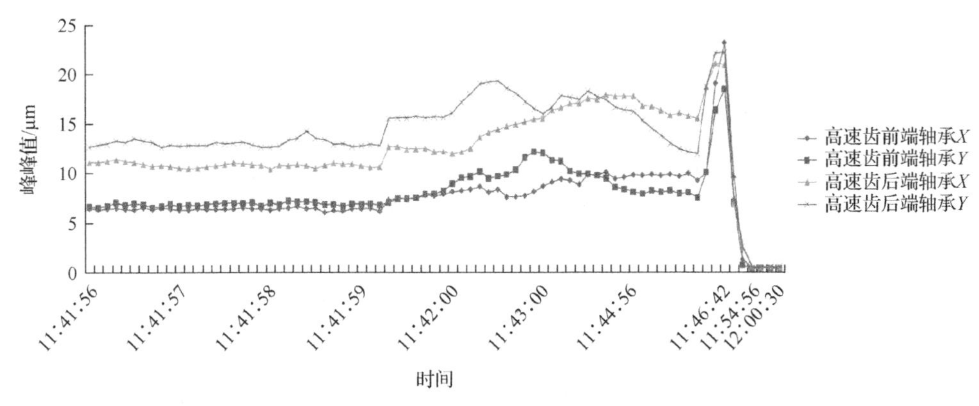

图 4.19　高速齿轮前后端轴承四个测点的峰峰值趋势图

站场在线监测系统提供以二进制方式存储的测点振动数据，每隔 5min 自动存储一次振动数据。现提取 1 月 1 日振动突变发生前压缩机前端轴承 X 和 Y 方向的波形数据，如图 4.20 所示。测量记录显示，机组实时转速为 7532r/min，相应一倍频为 125.3Hz。根据监测系统数据采样规则：每周期采集 32 个点，采 32 周期刚好 1024 个点，可计算其采样频率 $f_s = 32/(60/7532) \approx 4017.1\text{Hz}$ 。

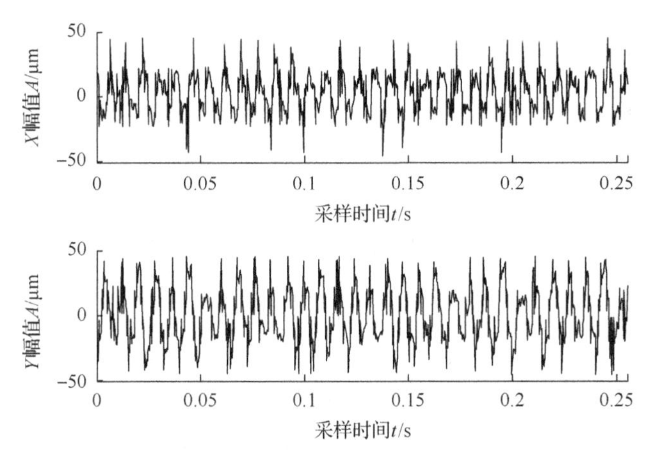

图 4.20　幅值突变时压缩机振动信号波形图

由图 4.20 可以看出，压缩机 X、Y 方向振动幅值较正常工况时均偏大，最大峰值逼近 45μm。为了便于对比，先利用传统快速傅里叶变换(FFT)分析得到信号的频谱图形(图 4.21)，可看出振动信号的能量集中在低频区域，其中 1 倍频幅值最高，还夹杂着其他一些具有较高能量的低次谐波分量与高次谐波分量。因此，可以判断转子可能已发生了故障，但是特征频率的分布不太明显，噪声亦存在一定干扰，不能准确判断其相应的故障类型。

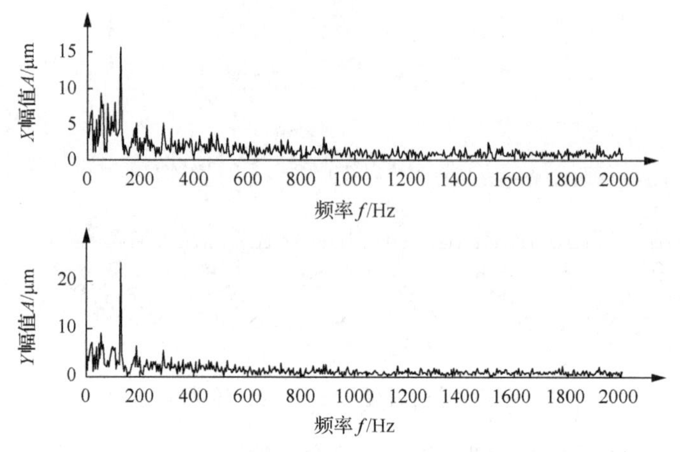

图 4.21　幅值突变时压缩机振动信号频谱图

现用双树复小波变换及奇异值分解对图 4.20 中两振动信号进行三层分解与降噪，接着根据稳健独立分量分析对降噪后的信号进行分离提纯，得到压缩机前端轴承 X 和 Y 两个方向上的分离信号，如图 4.22 所示。

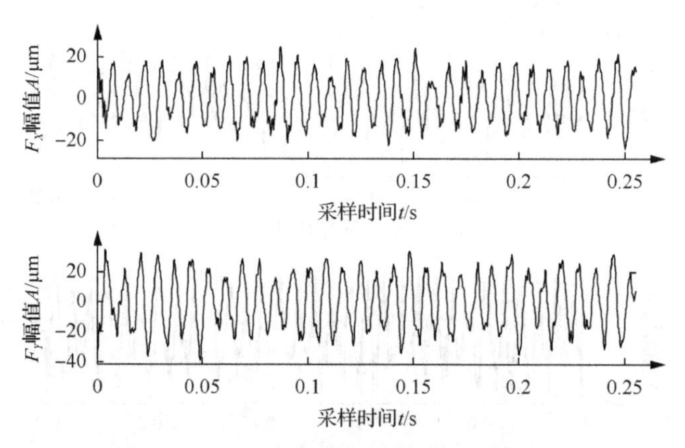

图 4.22　降噪分离后压缩机振动信号波形图

由图 4.22 可以看到，两分离信号的波形都非常接近正弦波，且 Y 方向的幅值比 X 方向要大。在相应频谱图中(图 4.23)，X、Y 方向的主振频率均为压缩机 1 倍频 f_1=125.3Hz，对应幅值分别为 A_1=14.73μm、A_2=22.98μm，振幅较正常工况时 1 倍频幅值 A_1'=5.19μm、A_2'=10.16μm 明显变大。并且这两个分离信号的 1 倍频能量百分比分别约占到总能量的 87%和 85%，充分证明了转子已经发生严重的不平衡，且平衡状态很难得到恢复。

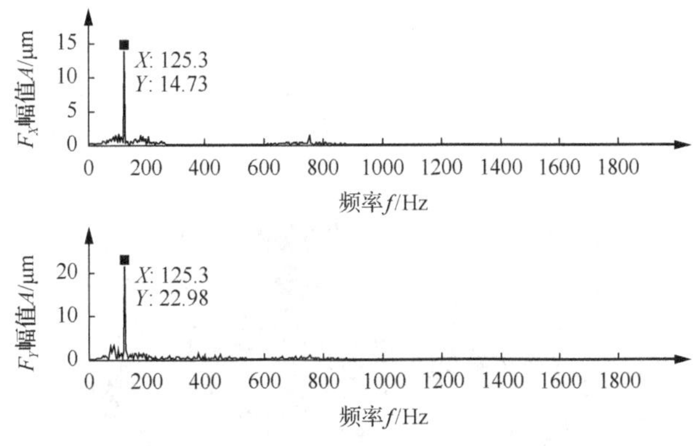

图 4.23　降噪分离后压缩机振动信号频谱图

为了细致地分析分离信号 F_X 和 F_Y 的局部变化特征，绘制其时频图如图 4.24 所示。主频 125.3Hz 处的谱线清晰明显，且 Y 方向比 X 方向更加明亮，其余区域则被表征低能量的深色填充，信号主能量集中且随着时间一直不变，且没有出现中断，证明主振频率无变化。这些都与典型的不平衡故障特征一致，由此判断该离心压缩机可能存在叶轮断叶片、叶片结垢和零部件脱落等严重故障。

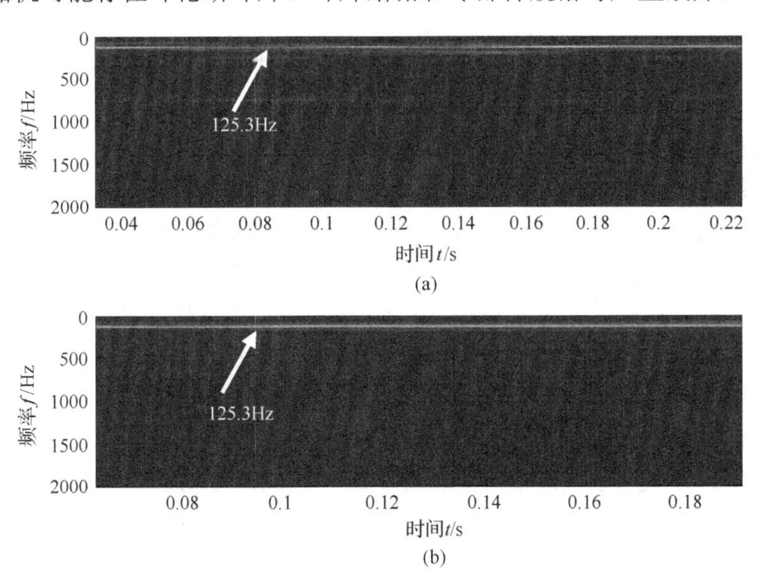

图 4.24　降噪分离后压缩机振动信号时频图

(a) F_X 时频图；(b) F_Y 时频图

后来，压缩机厂家到该站对机组进行大修，将机芯抽出检查发现：机壳驱动端的检修螺栓孔一号位置的封堵螺杆断裂；第三级叶轮严重损坏，叶轮盖外缘多处缺损，且叶轮盖开裂，如图 4.25 所示。具体原因则怀疑是静叶或其他部件掉落打击叶片，或是叶片受到大应力作用导致叶片断裂脱落，从而瞬时影响了转子平衡状态。脱落的叶片和断裂的螺杆在机芯内部进行无规则的运动，极有可能撞击高速旋转的叶轮，造成更加严重的故障，甚至导致整台机组报废。这充分表明了该方法可以完整地提取到叶轮缺损时的故障信息，及时看到一些故障的苗头，从而能够对机组做到有效维修与保养。

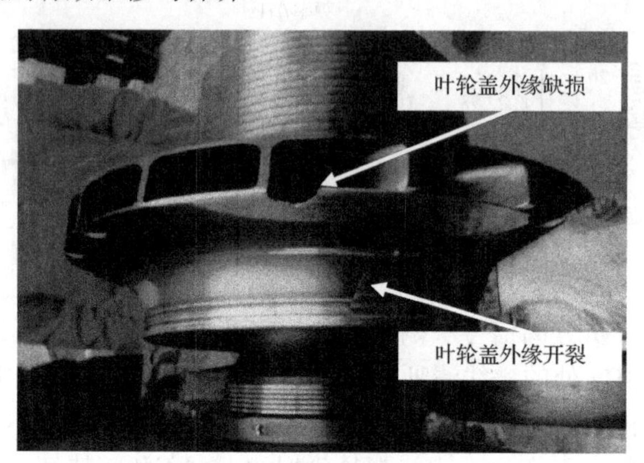

图 4.25　故障叶轮实物图

4.6　压缩机耦合故障的波动熵诊断模型

定义信号能量波动谱，即将故障信号能量与正常信号能量的差值作为波动度，由波动度向量组成了信号能量波动谱。当存在结构性故障时，波动谱向量中只有个别成分波动值较大，波动谱离散程度大；当存在耦合故障时，多个部件信号能量值增大，大部分波动谱值增大，波动谱离散程度较小；若机组无故障即正常运转时，各部件信号能量波动普遍较小，波动谱离散程度较耦合故障时更小。因此，根据波动谱向量的波动形状即可识别耦合故障。波动谱向量的波动形状特性可用平均波动度与离散度来描述，波动谱向量的平均波动度即为耦合故障的定性特征，定量特征则是波动谱的离散程度。

熵在信息领域用于描述信息的不确定度，因此，波动谱的离散程度可通过计算其信息熵来表征[4]。定义波动熵考查信号能量波动谱离散度，根据波动熵值诊断耦合故障，建立耦合故障的波动熵诊断模型[42]。

众所周知，信息熵特征的准确性取决于信号源的完整性与其所涵盖的信息量。然而压缩机信号传递路径复杂，常出现各类调制使故障特征不明显，因此在计算信息熵时，必须选择合适的共同变换域，使各变换结果都对故障信号有较好的解析度，这正是耦合故障特征提取的关键。振动信号具有实时性好、灵敏性高、稳定性强的特点，是计算信息熵时普遍采用的参数，因此选择振动信号作为信息熵的计算参数。

4.6.1　波动熵特征敏感变换域的确定

1. 变换域范围的确定

研究表明，振动信号最易出现线性叠加、调频调幅和卷积调制现象[43]，目前，对振动信号的研究也集中于解决这几个问题，因此，将频域、解调域、倒频域作为确定敏感变换域的选择范围。拟对高频信号数据聚类分析，根据聚类效果确定计算波动熵的敏感变换域。

2. 敏感变换域的确定方法

敏感变换域的确定建立在对信号高频成分的分析上，拟采用相同频率解析度对比法选择变换域。

采集机组多个位置处振动信号作为信号源，由于每组振动信号均包含有相同的高频振动成分，选择经同一变换域变换后的信号高频成分组成向量，对其聚类分析，对比三种变换域内向量的聚类效果。聚类效果好，表明信号源在该变换域中的相同高频成分最多，对同频成分的共同解析度最好；反之，解析度差。选定聚类效果最好的变换域作为信号源的共同敏感变换域。具体步骤如下。

(1) 确定变换域集 $T_j=\{\text{频域,解调域,倒频域}\}$，$j\leqslant P$，$P$ 为变换域个数，此处 $P=3$。采集机组信号 $\{x\}_i$，$i\leqslant N$，N 为采集的信号个数。

(2) 分别在三种域中对信号处理、变换，变换后信号高频成分(大于 1/2 最大分析频率)组成三组 N 个 $n/2$ 维向量 $\boldsymbol{T}(x_i)$，n 为变换点数。对各向量分别进行聚类分析。

(3) 将聚类效果最好的变换域 T_j ($j\leqslant 3$) 作为各信号的共同敏感变换域 T。

4.6.2　波动度及波动熵特征的计算

(1) 设信号 $\{x\}_i$ 在变换域 T 中的变换结果为 X_i，测点 j 处振动信号的高频能量 S_j 为

$$S_j=\frac{1}{N}\sum_{i=n/2}^{n-1}\left|X_i\right|^2 \tag{4.28}$$

(2) 信号能量 S_j 构成了该机组的信号能量谱向量，设 $\boldsymbol{S}=\{S_1,S_2,\cdots,S_N\}$ 为该机组正常状态下能量谱向量，$\boldsymbol{S}'=\{S_1',S_2',\cdots,S_N'\}$ 为待诊状态能量谱向量，定义信号能量波动谱向量 $\nabla\boldsymbol{S}$ 为

$$\nabla\boldsymbol{S}=\{\nabla S_1,\nabla S_2,\cdots,\nabla S_N\} \tag{4.29}$$

式中，∇S_j为测点j处信号的能量波动度，$j=1,2,\cdots,N$。

$$\nabla S_j=\begin{cases}\dfrac{S'_j-S_j}{S_j}, & S'_j-S_j>0\\ 0, & S'_j-S_j\leqslant 0\end{cases} \tag{4.30}$$

(3)计算机组信号能量总体波动度S_∇：

$$S_\nabla=\sum_{j=1}^{N}\nabla S_j/N,\quad j=1,2,\cdots,N \tag{4.31}$$

(4)将波动谱向量归一化得$q_k=\nabla S_j\Big/\sum\limits_{j=1}^{N}\nabla S_j$，因$\sum\limits_{k=1}^{N}q_k=1$，符合熵的初始化条件，则波动熵计算式为

$$H=-\sum_{k=1}^{N}q_k\ln q_k \tag{4.32}$$

波动熵模型无需提取信号的细节特征，不仅解决了故障定性特征提取的难题，而且具有较强的信息涵盖和容错能力[44]。波动熵的特征界限值较易确定，又解决了故障定量特征提取的难题。

4.6.3　基于波动熵的耦合故障诊断方法

1. 总体波动度及波动熵定量特征界限值研究

1)波动度特征界限值的确定

在广泛调查压缩机组结构性故障和耦合故障的种类、程度及数量分布基础上，深入研究两类故障信号间的差异性，收集发生结构性故障及耦合故障时机组信号能量波动度，确定结构性故障和耦合故障的能量波动度界限值，以此区分两类故障。

研究结果表明，信号能量总体波动度界线值为 0.2 时可有效识别结构性故障和耦合故障。

2)波动熵定量特征界限值的确定

分别求解发生耦合故障时的多组波动熵特征值，波动熵特征值的最大值和最小值即确定了该种故障的熵值范围，以此建立耦合故障波动熵的熵带定量标准区间。

机组信号能量总体波动度是用于区别结构性故障及耦合故障的定量特征，而波动熵带区间则是耦合故障的定量诊断特征。

2. 耦合故障的波动熵诊断模型的建立

综合信号能量总体波动度和波动熵熵带特征对耦合故障进行诊断，即首先利用信号能量总体波动度识别故障属于结构性故障还是耦合故障，再通过波动熵熵带区间定量诊断耦合故障的类型。诊断步骤如下。

(1) 求出机组信号总体波动度 S_{∇}，若 $S_{\nabla} \leqslant 0.2$，表明机组处于正常状态或仅存在结构性故障；若 $S_{\nabla} > 0.2$，则表明机组可能发生了耦合故障，继续步骤(2)进行定量特征诊断。

(2) 求解出波动熵值 H，对比 H 值与熵带区间，落入哪种故障的熵带之内，就判断属于哪种耦合故障类型。

参 考 文 献

[1] 李新, 肖启强. 往复压缩机脉动理论研究. 压缩机技术, 2008, (4): 7-10, 13.

[2] 佚名. 旋转失速与喘振故障的机理与诊断. (2018-01-17) [2019-5-20]. http://www.sohu.com/a/217354272_816331.

[3] 朱智富, 马朝臣, 张志强. 小尺寸高转速离心压气机喘振试验研究. 车用发动机, 2008, (6): 77-79, 84.

[4] 崔厚玺. 基于信息熵融合的压缩机故障诊断与自愈调控方法研究. 北京: 中国石油大学(北京)博士学位论文, 2009.

[5] Shannon C E. A mathematical theory of communication. Bell System Technical Journal, 1948, 27(3): 379-423.

[6] 马拉特(法). 信号处理的小波导引. 杨力华译. 北京: 机械工业出版社, 2002.

[7] Wei G D, Nan C W. Self-organized formation of chainlike silver nanostructure with fractal geometry. Chemical Physics Letters, 2003, 367(2-3): 512-515.

[8] Hung C C, Kim Y, Coleman T L. A comparative study of radial basis function neural networks and wavelet neural networks in classification of remotely sensed data//Proceedings of the 5th Biannual World Automation Congress, Orlando, 2002.

[9] 杨福生, 廖旺才. 近似熵: 一种适用于短数据的复杂性度量. 中国医疗器械杂志, 1997, 21(5): 283-286.

[10] 胥永刚, 李凌均. 近似熵及其在机械设备故障诊断中的应用. 信息与控制, 2002, 31(6): 547-551.

[11] 胥永刚, 何正嘉. 基于二维近似熵度量轴心轨迹复杂性的研究. 西安交通大学学报, 2003, 37(11): 1171-1174.

[12] 杨世锡, 汪慰军. 柯尔莫哥洛夫熵及其在故障诊断中的应用. 机械科学与技术, 2000, 19(1): 6-8.

[13] 林京, 屈梁生. 信号时频熵及其在齿轮裂纹识别中的应用. 机械传动, 1998, 22(2): 37-39.

[14] 张西宁, 屈梁生. 平稳熵: 一种新的机组运行时瞬时稳定性定量化监测指标. 机械科学与技术, 1998, 17(3): 464-465.

[15] 何正友, 钱清泉. 多分辨信息熵的计算及在故障检测中的应用. 电力自动化设备, 2001, 21(5): 9-11.

[16] 桂中华, 韩凤琴, 张浩. 小波包特征熵提取水轮机尾水管动态特性信息. 电力系统自动化, 2004, 28(13): 77-79.

[17] 杨文献, 姜节胜. 机械信号奇异熵研究. 机械工程学报, 2000, 36(12): 122-126.

[18] 谢平, 刘彬, 林洪彬. 多分辨率奇异谱熵及其在振动信号监测中的应用研究. 传感技术学报, 2004, 17(4): 547-550.

[19] 王晓萍, 龚玲, 黄海, 等. 压力脉动时间序列的混沌特性与信息熵研究. 仪器仪表学报, 2002, 23(6): 596-599.

[20] 夏勇. 基于坐标分布熵的柴油机气阀故障诊断方法研究. 内燃机学报, 2003, 21(5): 379-383.

[21] 夏勇, 赵红. 基于关联距离熵的诊断方法研究. 振动与冲击, 2003, 22(2): 76-78.
[22] 张雨. 基于符号树信息熵的机械振动信号瞬态特征提取. 国防科技大学学报, 2003, 25(4): 79-81.
[23] Wassim M H, Hui Q Sergey G N. Thermodynamic modelling, energy equipartition, and nonconservation of entropy for discrete-time dynamical systems. Advances in Difference Equations, 2005, 3: 248040.
[24] 申弢, 黄树红, 杨叔子. 旋转机械振动信号的信息熵特征. 机械工程学报, 2001, 37(6): 94-98.
[25] 马笑潇, 黄席樾, 黄敏, 等. 基于信息熵的诊断过程认知信息流分析. 重庆大学学报, 2002, 25(5): 25-28.
[26] 王晓萍. 基于现代非线性信息处理技术的气固流化床流形识别方法与实验研究. 杭州: 浙江大学博士学位论文, 2004.
[27] 张继国, 刘仁新. 降水时空分布的信息熵研究. 南京: 河海大学博士学位论文, 2004.
[28] Mul O, Segin A I. Signal processing and modeling of dynamical objects on the basis of their description as discrete information sources. International Workshop on Internment Data Acquisition and Advanced Computing System: Technology and Applications, IEEE, Ukraine, 2001.
[29] 刘群生. 相关熵. 工程数学学报, 1995, 12(4): 103-107.
[30] 陈业华, 邱苑华. 二维相关信息熵的研究与应用. 系统工程理论与实践, 1997, 17(12): 53-57.
[31] Bienvenu F M, Choquel J B. A new probabilistic and entropy fusion approach for management of information sources. Information Fusion, 2004, 5(1): 35-47.
[32] 孙来军, 胡晓光, 纪延超, 等. 小波包特征熵在高压断路器故障诊断中的应用. 电力系统自动化, 2006, 30(14): 62-65.
[33] 李舜酩. 振动信号的盲源分离技术及应用. 北京: 航空工业出版社, 2011.
[34] 段礼祥, 胡智, 张来斌. 基于稳健独立分量分析的转子故障信息增强方法. 中国石油大学学报(自然科学版), 2013, 37(2): 95-101.
[35] 杨福生, 洪波. 独立分量分析的原理和应用. 北京: 清华大学出版社, 2006.
[36] 胡智. 基于 DTCWT 和 BSS 的离心压缩机关键部件故障诊断方法研究. 北京: 中国石油大学(北京)硕士学位论文, 2013.
[37] Comon P. Independent component analysis-a new concept. Signal Processing, 1994, 36(3): 287-314.
[38] Hyvarinen A, Oja E. A fast fixed-point algorithm for independent component analysis. Neural Computation, 1997, 9(7): 1483-1492.
[39] Zarzoso V, Comon P. Robust independent component analysis by iterative maximization of the kurtosis contrast with algebraic optimal step size. IEEE Transactions Neural Networks, 2010, 21(2): 248-261.
[40] Zarzoso V, Comon P. Robust independent component analysis for blind source separation and extraction with application in electrocardiography. International Conference of the IEEE Engineering in Medicine & Biology Society, Vancouver, 2008.
[41] Mansour A, Kawamoto M, Ohnishi N. A survey of the performance indexes of ICA algorithms. Modeling, Identification and Control, Innsbruck, 2002: 660-666.
[42] 张来斌, 王朝晖, 樊建春, 等. 机械设备故障诊断技术及方法. 北京: 石油工业出版社, 2000.
[43] 崔厚玺, 张来斌, 段礼祥, 等. 天然气压缩机耦合故障的波动熵诊断模型. 中南大学学报(自然科学版), 2010, 41(1): 190-193.
[44] Cui H X, Zhang L B, Kang R Y, et al. Research on fault diagnosis for reciprocating compressor valve using information entropy and SVM method. Journal of Loss Prevention in the Process Industries, 2009, 22(6): 864-867.

第5章　数据集不均衡下的压缩机故障诊断

5.1　不均衡数据集的概念

不均衡数据集是指在进行分类时训练数据集中，不同类别的样本数量相差很大，造成样本间的不均衡。如果采用分类算法进行分类，很容易将少数类样本错分成多数类样本，即不均衡数据集分类问题。

不均衡数据问题可分为：①类间不均衡，即不同类别样本之间数量相差甚大。由于传统分类器把多数类样本和少数类样本的总体分类准确率作为学习目标，因而在类间不均衡的情况下，为了得到更高的总体分类准确率，分类器会更加关心大类样本的训练和分类，而忽视小类样本，导致小类样本的分类性能下降；②类内不均衡，例如在故障诊断领域中，不同的故障形式下造成的数据不均衡为类间不均衡，而在同一故障形式下由于故障程度不同等因素造成的不均衡现象为类内不均衡。研究表明，分类器在对数据集进行训练时会试图通过学习占主要地位的多数类样本来建立规则，对于类内不均衡数据集，分类器既需要描述多数类样本又要描述少数类样本，少数类样本次子集的存在会导致分类器在对样本进行训练的时候产生分离项，而分离项的存在会使分类器缺乏对类内次子集的描述，增加学习难度，使分类性能严重下降。此外，分类器难以对少数类样本与噪声进行识别。大量研究表明，导致分类器性能恶化的原因除了类内不均衡外，样本重叠也会导致分类器性能下降[1]。上述问题是导致传统分类器在对不均衡数据进行学习时分类效果不佳的主要因素。

在故障诊断领域的实际应用中，不均衡分类问题十分普遍。对设备进行故障诊断时，由于难以收集故障样本，故障样本数量与正常样本数量相差极大，导致数据不均衡。传统分类器易出现故障样本识别率低的现象，造成故障难以排查。因此，如何提高少数类样本的辨识率是不均衡分类问题的研究内容。

5.2　不均衡数据分类常用方法

针对不均衡数据集分类问题，学者们主要从数据层面和算法层面这两个方面进行了探讨。

1. 数据层面

1）上采样方法

上采样方法就是增加少数类样本。最简单的上采样方法即复制少数类的样本，但是这种方法会引入额外的、不必要的数据，造成样本数据冗余，增加训练时间，而且十分容易导致过拟合，不能很好地提高少数类样本的分类准确率。人工合成少数类过抽样技术（synthetic minority over-sampling technique，SMOTE）算法利用线性插值进行上采样，可以很好地避免过拟合现象。目前，SMOTE 算法仍是最常用的上采样算法。但是该算法有一些局限性，例如，新生成的样本与原样本重叠。为了解决以上问题，许多学者针对 SMOTE 算法进行了优化与改进：如 Garia 等[2]提出 D-SMOTE 算法，该算法通过求最近邻样本均值点以生成人工样本；曾志强等[3]提出基于交叉转子的上采样算法；李鹏等[4]提出了基于核 SMOTE 的上采样算法；除此之外，还有 Borderline-SMOTE 算法[5]及自适应合成抽样算法（adaptive synthetic sampling，ADASYN）[6]。

2）下采样方法

下采样方法通过减少多数类样本以达到类间平衡。随机下采样可以随机删除一部分多数类样本从而减少多数类样本的数量，但是下采样方法易删除关键信息。针对上述问题，有学者提出单边选择处理法，减少多数类样本数量的同时保留有效信息。还有学者将上采样方法与下采样方法相结合，例如，Cateni 等[7]提出了一种新的重采样方法来提高不均衡数据二分类问题，该重采样方法结合了上采样方法和下采样方法，合成新的训练样本，从而使多数类样本与少数类样本数量达到平衡，该方法既避免了有用信息的丢失又增加了样本的合成特征。

2. 算法层面

1）改变概率密度

在已知正常样本的情况下，采用适当的统计方法能够计算正常样本的概率密度，设置阈值，计算其他类样本的概率密度值，如果该值小于某个预先设定的阈值，那么就认定该样本为异类样本[8]。有学者针对不均衡数据分类问题提出一种基于核空间密度估计的方法，相比在传统数据空间进行密度估计的方法，该方法将密度估计转换为在高维核空间中进行，但是有可能会造成维度灾难。因此，改变概率密度的方法在实际应用中会受到很大的限制。

2）单类学习

相比传统的基于区别的算法，单类学习算法利用基于识别的方法实现对不均衡数据集的学习。该算法只对目标样本进行学习与训练，在测试的过程中只需将多数类样本区分出来，并不用对少数类样本进行识别，因此在该算法中，样本集只分为两类，即目标样本和非目标样本。通过对比测试样本与训练样本的相似度判断测试样本的属性。最经典的单类学习方法就是支持向量数据描述(support vector data description，SVDD)，如采用支持向量机(SVM)数据描述方法来实现对目标函数的非线性边界的描述。

3) 集成学习

AdaBoost 算法是一种典型的集成学习算法，该算法的核心思想是针对同一训练集训练不同的分类器，对出错的样本设置更大的权重使下一个分类器集中关注上一次错分的样本，之后把这些分类器集合起来，最后采用加权投票集成的方法对样本进行识别。在不均衡数据集分类问题中集成算法可以更加关注少数类样本，提高分类器对少数类样本的分类准确率。有学者将集成算法和抽样方法结合。合成抽样方法在一定程度上可以有效地解决不均衡数据分类问题，但是数据生成方法相对复杂，且存在计算量大的问题。

4) 样本加权

加权算法为不同的样本设置不同的权重。当数据集为不均衡数据时，对少数类样本设置更大的权重，增加分类器在学习过程中的针对性，从而使分类器更加关注少数类样本的训练，改善少数类样本分类效果。

5) 代价敏感学习

代价敏感学习通过引入错分样本相关代价来处理不均衡数据的分类问题。代价敏感矩阵能够用一类样本被错误分类为其他类样本后的惩罚项数字表示。然而在实际应用中，代价敏感矩阵的确定依靠专家经验。所以，代价敏感矩阵的设置成为限制该方法广泛应用的重要因素。

除了上述两大类方法之外，还有一些学者结合数据层面与算法层面方法、利用参数寻优、神经网络等方法来处理不均衡数据。Farquad 和 Bose[9]使用了不同的数据重构方法对不均衡数据进行数据重构以降低不均衡数据的失衡度，利用 SVM 作为预处理器处理目标训练数据，将 SVM 处理后的预测值替代目标训练数据，合成新的训练数据，并利用不同的分类算法，如多层感知机、随机森林、逻辑回归对新的合成数据进行分类，该方法通过增加少数类样本数量有效地减少了样本之间的不均衡度，并提高了不均衡数据下分类器的分类性能。有的学者利用多层感知机处理不均衡数据，通常采用的做法是建立一个分类器，其原始的网络中神经元数目比所需神经元数目要多，利用 pruning 的方法，移除多余神经元。Silvestre 和 Ling[10]提出了三种用于神经元移除的新 pruning 方法，分别为平方分布(Chi-squared，CHI)，APERTP(apparent training proportional error rate)和 KAPPA[11]，其中 APERTP 和 KAPPA 参数用于估计每个神经元在分类任务中的重要性，利用多层感知机作为分类器对不均衡数据进行分类，并提出了一种新的分类器评价准则，该准则为每一类样本错分率的平均值，考虑了每一类样本的错分率，适用于不均衡数据下的多分类问题。Chung 等[12]结合了贝叶斯方法和 SVM，提出了一种新的算法用于不均衡数据的分类。

5.3 基于互信息的非监督式特征选择

特征选择对提高算法效率和分类识别质量起到了十分关键的作用。在对不均衡数据进行学习时，选择表达效果好的特征可以提高少数类样本的分类准确率。互信息方法是一种常用的度量特征间相关程度的方法。传统的基于互信息的特征选择方法多计算标签与特征之间的互信息值，而实际工程中，难以获取标签数据，且标签噪声会严重影响特征的选择[13]。针对上述问题，本节提出一种基于互信息的非监督式特征选择方法，该方法旨在寻找具有最大类间差异度的特征作为目标特征以代替标签数据；计算非目标特征与目标特征之间的互信息值，选择与目标样本相关性高的特征，并与目标样本组成新特征子集，最终提高样本分类准确率[14]。

5.3.1 基于互信息的特征选择

1. 特征选择

特征选择即特征子集选择，也称为属性选择，是指从已有的 N 个特征中选择 n 个表达效果最好的、最具代表性的特征使系统的指定指标最优化。特征选择可以降低原始数据集的维度，是重要的数据预处理步骤，也是提高算法性能的重要手段。而对一个学习算法来说，好的学习样本是模型训练的关键。

2. 互信息

互信息是信息论中的重要概念，它可以用来度量两个信号之间的相似程度，基于互信息的特征选择是一种经典的特征选择方法。

$P(x_i)$ 为特征 x 取第 i 个值时的概率，$P(x_i \mid y_i)$ 为特征 y 取值为 y_i 时特征 x 为 x_i 的概率。x 的互信息熵 $H(x)$ 和在变量 y 已知的条件下 x 的条件信息熵 $H(x \mid y)$ 的计算为

$$H(x) = -\sum_{i} P(x_i) \log P(y_j) \tag{5.1}$$

$$H(x \mid y) = -\sum_{j} P(y_j) \sum_{i} P(x_i \mid y_j) \log P(y_j) \tag{5.2}$$

变量 x 与 y 之间的互信息 $\mathrm{MI}(x,y)$ 为

$$\begin{aligned}\mathrm{MI}(x,y) &= H(x)-H(x\mid y)=H(y)-H(y\mid x)\\ &=\sum_{x,y}P(xy)\log\frac{P(xy)}{P(x)P(y)}\end{aligned}\tag{5.3}$$

由此得到 x 与 y 之间的相关性，相关性越大，表明二者越相似；反之，表明二者差异越大。图 5.1 为互信息与熵的关系示意图。

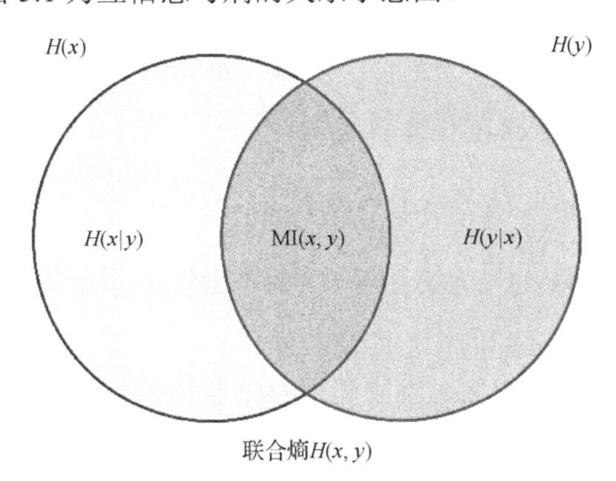

图 5.1　互信息与熵的关系示意图

3. 基于互信息的特征选择方法概述

特征选择可以筛选出表达效果好的特征，同时去除无关或冗余的特征，以达到系统优化的效果。一个理想的特征集中，每一个表达效果好的特征与目标特征相关程度高，而非目标特征之间为不相关或弱相关[15]。所以，特征选择主要分为两步：①去除无关或弱相关特征；②删除冗余特征。依据非目标特征与目标特征之间相关性强弱对非目标特征进行选择，并与目标特征组成特征子集。

5.3.2　基于互信息的非监督式特征选择方法原理

上述基于互信息的特征选择方法存在一个问题，就是如何选择目标特征。目标特征的选择对特征之间的互信息计算及最终的特征选择至关重要，一个好的目标特征可以指导我们筛选出其他的子特征，从而更好地表达目标数据；而一个差的目标特征，可能导致组合的特征子集对目标数据表达效果不佳，造成最终学习算法难以通过组合的特征子集对目标数据进行良好地学习和训练。不少学者将标签数据作为目标特征，通过计算标签数据与特征之间的互信息值对特征进行选取。但在实际工程中难以获取标签数据，且标签噪声严重影响特征的选取。

基于互信息的非监督式特征选择方法，首先计算各类的每一维特征之间的类间距离，综合考虑该距离及该类样本的不均衡度从而选择类间差异度最大的特征，即目标特征；选定目标特征后，计算各个非目标特征与目标特征之间的互信息值，根据各特征互信息值的大小及阈值对非目标特征进行选择，组成特征子集。

设数据集 **D** 为 T 维数据，即该数据集有 T 维特征向量，记为 $x_1, x_2, \cdots, x_T$，数据集 **D** 含有 J 个类别，D_{ij}^t 表示 i 类的 t 维特征到第 j 类的第 t 维特征的距离。计算第 i 类样本的第 t 维特征的平均类间距离

$$\bar{D}_i^t = \frac{1}{J}\sum_{j=1}^{J, j\neq i} D_{ij}^t \tag{5.4}$$

式中，D_{ij}^t 为第 i 类样本的 t 维特征到 j 类样本 t 维特征的距离：

$${D_{ij}}^2 = (X_i - \overline{X_j})'\Sigma^{-1}(X_i - \overline{X_j}) \tag{5.5}$$

其中，X_i 为第 i 类样本；$\overline{X_j}$ 为第 j 类样本的平均值。

为了综合考虑各类之间的平均距离与样本不均衡度，从而得到差异度指标，在此引入不均衡度，不均衡度与不同类别的样本大小相关，计算式如下：

$$u_i = \frac{1}{r_i} \tag{5.6}$$

$$\mathrm{DIF}^t = \sum_{i=1}^{J} \bar{D}_i u_i \tag{5.7}$$

式中，r_i 为第 i 类样本的样本率；u_i 为不均衡度；DIF^t 为第 t 维特征的类间差异度。

基于类间距离的特征选择旨在找到类间差异度最大的一维特征，类间差异度越大证明不同类别之间的可分性越强。基于类间距离的特征选择算法训练步骤如下。

步骤 1：输入训练数据 **D**。数据集 **D** 为 T 维数据，含有 J 个类别。

步骤 2：选择第 t 维特征 $(t=1, 2, \cdots, T)$ 根据式(5.5)计算第 i 类样本到其他类样本 j 的距离 $(i\neq j)$；根据式(5.4)计算第 i 类样本的 t 维特征到其他类样本的平均距离。

步骤 3：根据式(5.6)和式(5.7)计算 DIF。

步骤 4：找到 DIF 最大的一维特征 x_{target}。x_{target} 为目标特征，其余特征 $x_1, x_2, \cdots, x_m$ 为非目标特征。

步骤 5：根据式(5.1)～式(5.3)计算 $x_i (i=1, 2, \cdots, m)$ 与 x_{target} 的互信息值，计算 $\mathrm{MI}(x_{\text{target}}, x_m)$。

步骤 6：将非目标特征按照互信息值大小从高到低排列，并根据阈值 δ，去除不相关或者弱相关的特征。

图 5.2 为基于互信息的非监督式特征选择方法流程图，详细说明了目标特征的选择及非目标特征的筛选过程。

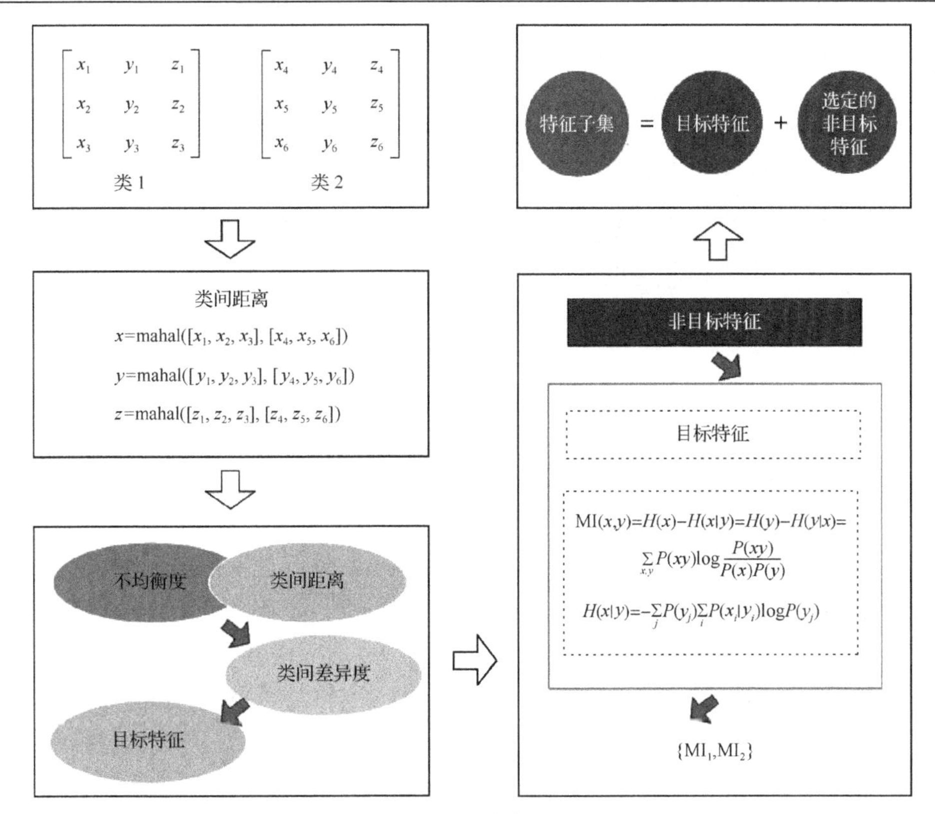

图 5.2　方法流程图

5.3.3　工程应用

1. 往复压缩机信号特征提取

塔里木油田部分往复压缩机投入使用早、运行时间长，存在机组老化现象，机械故障频发，以某作业区的一台高压气原料压缩机为例进行气阀故障特征提取。这台设备为美国 Cooper 公司生产的 WH64 型对称平衡式往复压缩机，1998 年投产，有四个压缩缸，设计进气压力 0.8MPa，排气压力 27MPa，由美国 ABB 公司生产的电机驱动，电机额定电压 10000V，功率 1305kW，转速为 993r/min。采集气阀阀盖处的振动信号，整个采集系统由故障诊断仪、加速度传感器、笔记本电脑、信号线等组成，如图 5.3 所示。采样频率为 16000Hz，每个状态下采样长度 60000 个点。采用的数据分析工具是 Matlab2012b。

气阀是往复压缩机最为关键的组件之一，其功能为控制气体进出气缸，对往复压缩机运行的可靠性起决定性作用。

弹簧在气阀启闭时起到缓冲撞击和辅助阀片回到阀座的作用。对理想的弹簧来说，在气阀全闭时，弹簧力较小，便于阀片在小压差下开启；在气阀全开时的

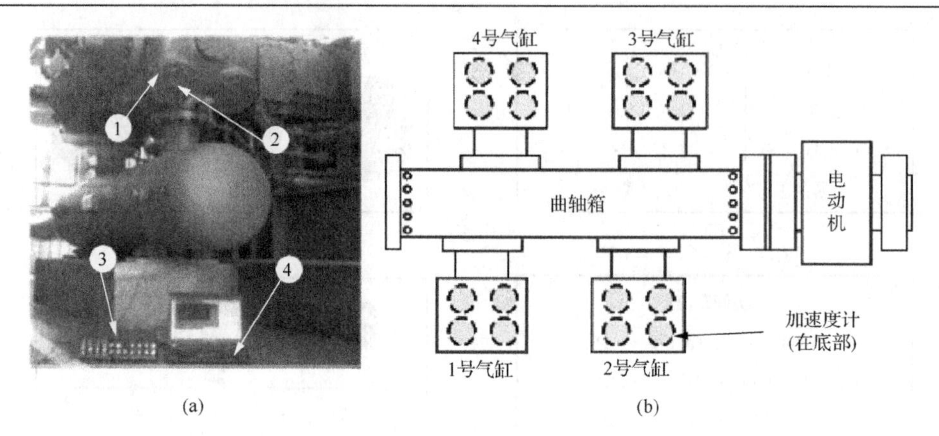

图 5.3　往复压缩机信号采集

(a)气阀振动信号采集场景；(b)往复压缩机示意图；1.排气阀；2.传感器；3.诊断仪；4.笔记本计算机

弹簧力较大，保证及时关闭。但是弹簧失效后，弹力会产生变化，气阀的及时启闭、阀片撞击与落回阀座的位置准确性将受到影响，另外还会引起阀片开启、关闭时的振动特性发生变化。

阀片工况的变化基本都和弹簧不同形式的失效相关。弹簧的失效引起阀片工况变化，阀片受力不均，在气阀启闭时冲击变大，易导致阀片断裂和变形。故障阀片无法保证气体通道正常开启和闭合，造成气体泄漏与回流。除此之外，如果断裂的阀片进入气缸，将会对气缸-活塞系统造成严重破坏，产生异常振动。

依据现场数据的统计，选取气阀四种常见运行状态的数据进行分析，包括气阀正常(NL)及三种常见故障：弹簧失效(SF)、阀片断裂(VF)、阀片磨损(VW)。提取往复压缩机 6 个常见指标：标准差、均方根值、方根幅值、峰值、偏度值、峭度值。各个指标分别如图 5.4～图 5.9 所示，横坐标为样本序号，纵坐标为归一化后的特征值。

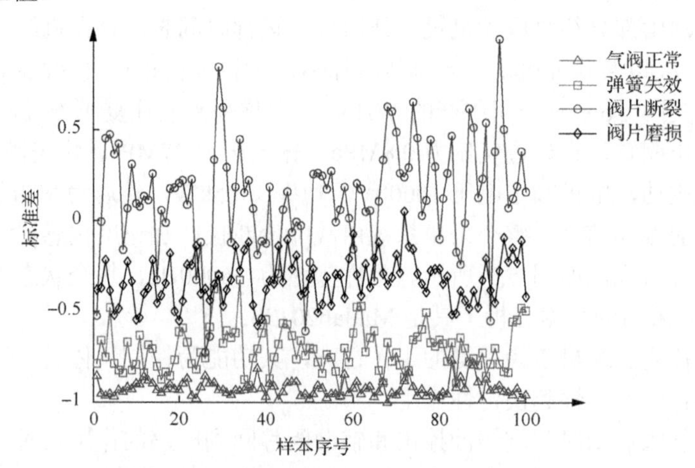

图 5.4　四种常见运行状态下的样本数据标准差

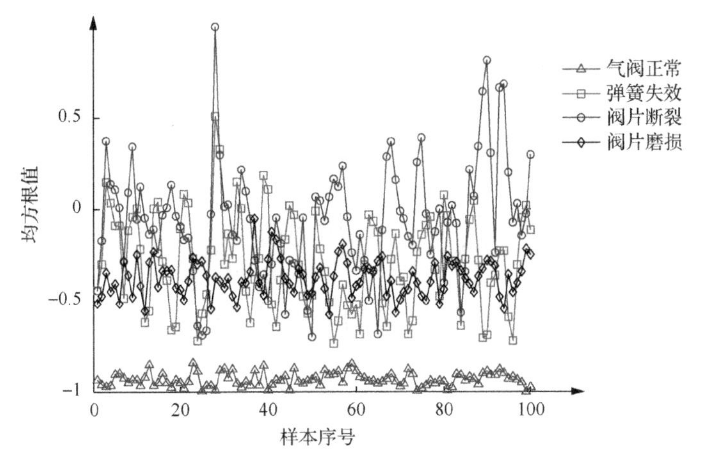

图 5.5　四种常见运行状态下的样本数据均方根值

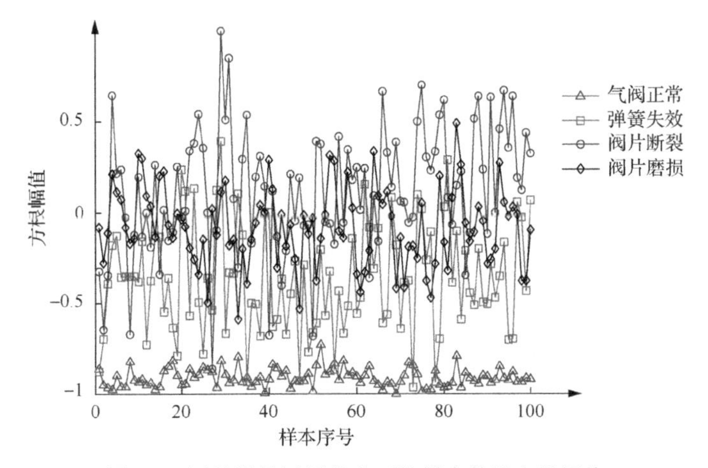

图 5.6　四种常见运行状态下的样本数据方根幅值

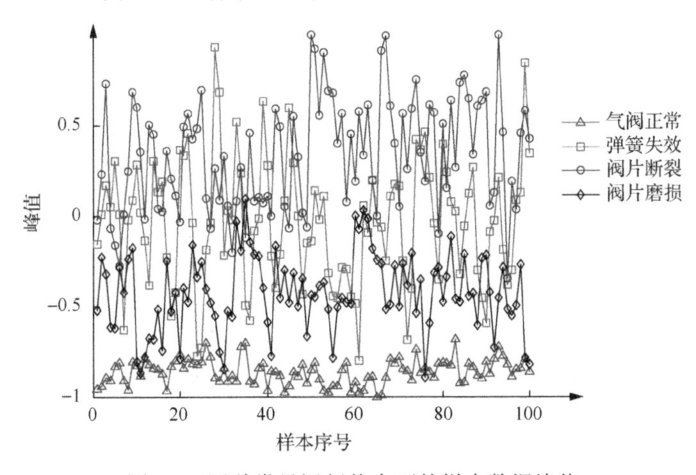

图 5.7　四种常见运行状态下的样本数据峰值

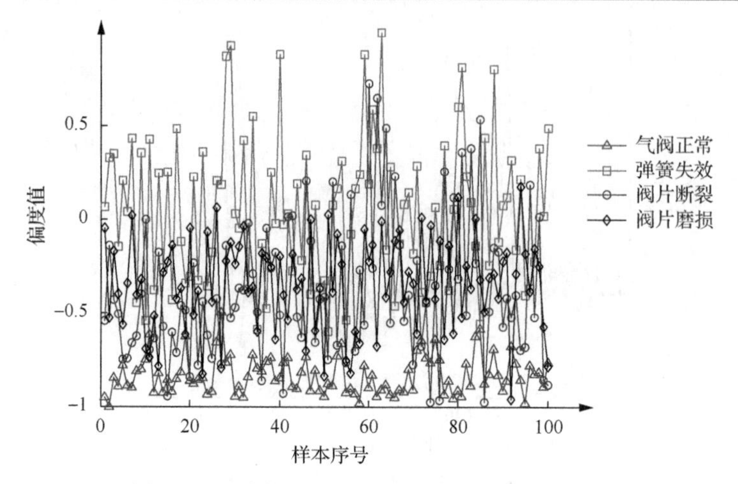

图 5.8　四种常见运行状态下的样本数据偏度值

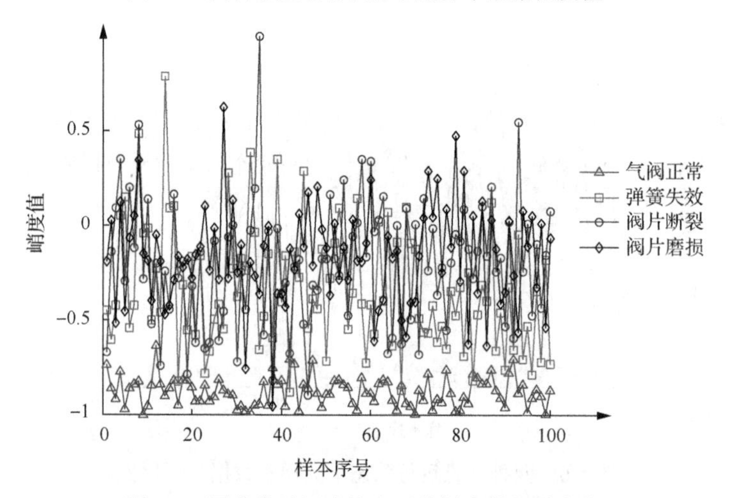

图 5.9　四种常见运动状态下的样本数据峭度值

由图 5.4 可知这四类样本较易区分，只存在个别样本点重叠现象。

由图 5.5 可知，气阀正常样本较其他三类样本易区分，且没有混叠现象，阀片磨损和阀片断裂样本整体也较易区分，而弹簧失效和阀片断裂、弹簧失效和阀片磨损都存在不同程度的混叠现象。

由图 5.6 可知，气阀正常样本较其他三类样本易区分，弹簧失效、阀片断裂及阀片磨损存在部分混叠现象。

由图 5.7 可知，气阀正常样本较其他三类样本易区分，阀片断裂和阀片磨损两类样本较易区分，弹簧失效分别和阀片断裂和阀片磨损存在部分混叠现象。

由图 5.8 可知，气阀正常样本较其他三类样本易区分，但也存在着部分混叠现象；弹簧失效、阀片断裂及阀片磨损这三类样本间混叠现象严重。

由图 5.9 可知，气阀正常样本较其他三类样本易区分，弹簧失效、阀片断裂及阀片磨损这三类样本间混叠现象严重。

2. 基于互信息的非监督式往复压缩机特征选择

气阀正常、弹簧失效、阀片断裂及阀片磨损四种状态下的训练和测试样本信息分别如表 5.1 及表 5.2 所示。表 5.3 为各状态下样本的不均衡度及样本率。

表 5.1　四种状态下的训练集数据信息

数据集	特征维度	目标样本数量
气阀正常	6	60
弹簧失效	6	30
阀片断裂	6	20
阀片磨损	6	10

表 5.2　四种状态下的测试集数据信息

数据集	特征维度	目标样本数量
气阀正常	6	40
弹簧失效	6	40
阀片断裂	6	40
阀片磨损	6	40

表 5.3　四种状态下的样本率及不均衡度

参数	气阀正常	弹簧失效	阀片断裂	阀片磨损
第 i 类样本的样本率 (r_i)	6	3	2	1
不均衡度 (u_i)	1/6	1/3	1/2	1

分别计算气阀正常、弹簧失效、阀片断裂及阀片磨损四种状态下每一类特征到其他状态下样本的平均类间距离，表 5.4 为计算结果。综合考虑平均类间距离和样本不均衡度得到类间差异度，计算结果如表 5.5 所示。

表 5.4　四种状态下的一维特征类间距离

参数	气阀正常	弹簧失效	阀片断裂	阀片磨损
标准差	1.2694	0.2617	0.6062	0.8650
均方根值	1.2907	0.3187	0.6444	0.9206
方根幅值	0.0975	0.0965	0.0848	0.2167
峰值	1.0297	0.3346	0.4574	0.7224
偏度值	0.1879	0.1054	0.1154	0.1895
峭度值	0.1077	0.0685	0.0858	0.1359

表 5.5　四种状态下的类间差异度

参数	标准差	均方根值	方根幅值	峰值	偏度值	峭度值
DIF	1.4668	1.5642	0.3075	1.2342	0.3137	0.2196

从表 5.5 中可以看出，由均方根值计算所得的类间差异度最大，均方根值较其他特征可以更好地体现各类之间的差异，因此选定均方根值为目标特征。计算目标特征与非目标特征的互信息值，计算结果如表 5.6 所示。

表 5.6　四种状态下的目标特征与非目标特征互信息值

参数	标准差	方根幅值	峰值	偏度值	峭度值
互信息值	1.1451	0.6385	1.2095	0.5971	0.5964

阈值 δ 为互信息值的平均值 EX 和标准差 DX 的线性组合，如下所示：

$$\delta = EX + CDX \tag{5.8}$$

式中，C 为经验参数，在实验中 C 取 0.8，得到 δ=1.086，因此选定标准差、均方根值及峰值组成新的数据集。表 5.7 为样本数据集，训练数据共有 120 个，气阀正常、弹簧失效、阀片断裂及阀片磨损分别有 60 个、30 个、20 个、10 个，数据集信息如下所示。

表 5.7　四种状态下样本特征子集

状态	特征向量	特征值				
		1	2	3	4	5
气阀正常	标准差	−0.9584	−0.9655	−0.9721	−0.9775	−0.9798
	均方根值	−0.9546	−0.9609	−0.9631	−0.9756	−0.9786
	峰值	−0.9571	−0.9642	−0.9724	−0.9771	−0.9798
弹簧失效	标准差	−0.5359	−0.4061	−0.4143	−0.5138	−0.3722
	均方根值	−0.5100	−0.3712	−0.3417	−0.4856	−0.3295
	峰值	0.4537	0.7359	0.6638	0.6558	0.4083
阀片断裂	标准差	0.5490	0.7427	0.6587	0.6715	0.4811
	均方根值	0.5376	0.7372	0.7472	0.6647	0.4741
	峰值	0.0821	−0.0896	0.1285	0.1102	−0.0144
阀片磨损	标准差	0.0769	−0.0804	0.1303	0.1009	−0.0018
	均方根值	0.0753	−0.0730	0.1243	0.1050	−0.0059
	峰值	0.0821	−0.0896	0.1285	0.1102	−0.0144

根据互信息值大小对非目标特征由大到小进行排序，逐步减少特征维数，特征维数由原始的六维特征逐渐减少至三维，观察样本的聚合程度。图 5.10 与图 5.11 分别为特征的二维图和特征的三维图。

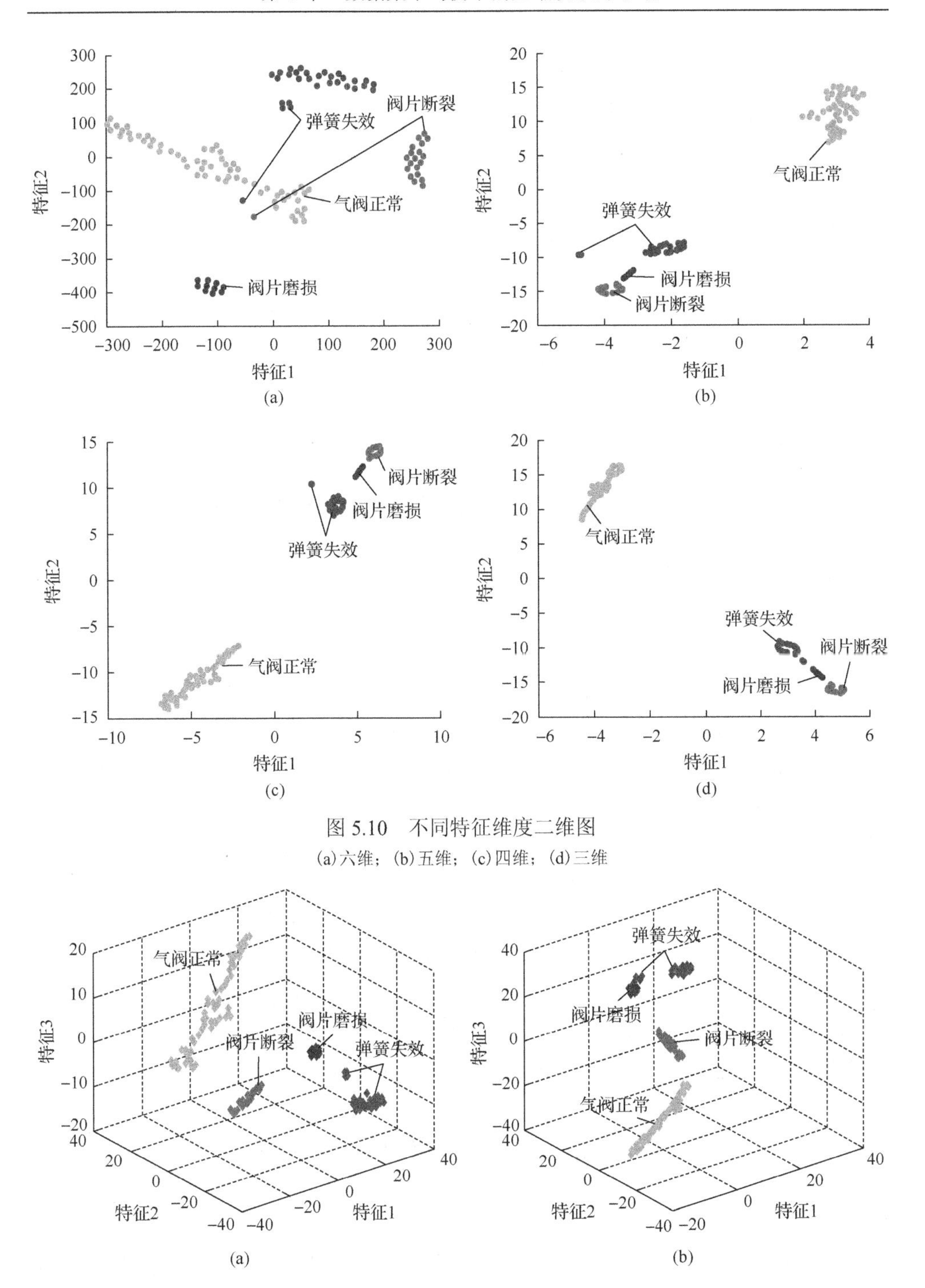

图 5.10　不同特征维度二维图

(a) 六维；(b) 五维；(c) 四维；(d) 三维

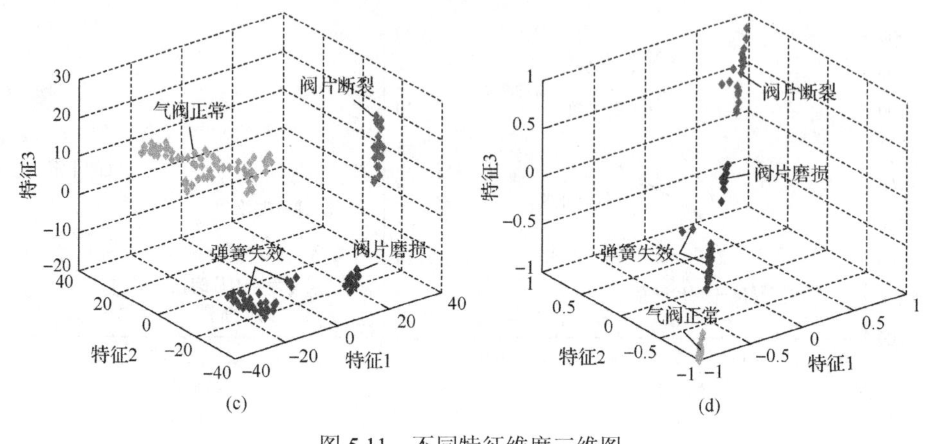

图 5.11　不同特征维度三维图

(a)六维；(b)五维；(c)四维；(d)三维

图 5.10(a)为六维原始特征示意图，四类样本总体可以区分开来，但各类样本分布较为分散，聚合效果较差。针对弹簧失效样本，有少量的样本与其总样本分离，其中部分分离样本接近气阀正常样本。阀片断裂样本也同样出现了少量样本分离的现象，且距离气阀正常样本较近。在分类时，分离的样本点不易被识别，易被错分为气阀正常样本。由此可见，六维特征的样本聚类效果并不理想。图 5.10(b)为五维特征示意图，气阀正常、阀片磨损及阀片断裂样本聚类效果相比六维特征的聚类效果有所提高，未出现样本分离的现象；而弹簧失效样本仍存在少量样本分离现象。图 5.10(c)为四维特征示意图，该情况下各样本的聚类效果与五维特征聚类效果相似，少量弹簧失效样本存在分离现象。图 5.10(d)为三维特征示意图，每类样本的聚类效果较好，且对于弹簧失效存在的少量样本分离的现象有了很大的改善。

图 5.11(a)为六维原始特征示意图，四类样本较易区分，弹簧失效样本出现少量样本与总体样本分离的现象。图 5.11(b)为五维特征示意图，仍有少量弹簧失效样本与整体样本分离，且分离样本相距阀片磨损样本距离较近。图 5.11(c)为四维特征示意图，四类样本可以被清晰地分辨出来，但是仍存在少量弹簧失效样本与总体样本分离的现象。图 5.11(d)为三维特征示意图，可以看到，分离的弹簧失效样本数量减少，此外，这四类样本的聚类效果有所提高。

5.4　不均衡数据的 SMOTE 上采样算法

5.4.1　SMOTE 算法

采用传统方法对不均衡数据集进行分类时，常常导致分类判决偏向多数类样本，其根本原因是由于不均衡数据中少数类样本数量稀缺，导致少数类样本内部规律不易被发现，分类器难以得到有效的训练。因此，在对不均衡数据进行分类时，利用 SMOTE 增加少数类样本数量，减少类别间不均衡度，使分类器能够对少数类样本进行充分的学习，对最终提高分类准确率至关重要。但是，目前针对利用 SMOTE 生成多少少数类样本数据仍没有统一标准。针对以上问题，本节对 SMOTE 算法进行分析，研究采样率与分类准确率之间的关系，并通过实验确定不均衡数据样本采样率，以有效地改善分类效果。

1. SMOTE 算法原理

在过抽样算法中最值得研究的问题是采用何种方式增加样本数量，既能避免原始样本分布规律被破坏，又可以改善样本间的不均衡状况[16]。最简单的过采样方法就是复制少数类样本，然而这种方法很容易造成过拟合现象，此外，该方法对少数类样本分类准确率的提高效果并不明显。为了防止在随机过采样的过程中产生过拟合现象，Chawla 等[17]于 2002 年提出了 SMOTE，该算法利用线性插值对少数类样本进行过采样，插值空间位于原始数据空间。该算法通过人工生成新的少数类样本以实现少数类样本识别率的提高，至今仍是最经典的过采样算法。

根据 SMOTE 算法原理，以已有的少数类样本为基础生成新的少数类样本，要先找到 x 的 K 个最近邻居，其中 x 为已存在的少数类样本点；假设样本向上采样倍率是 n，那么从 K 个近邻样本中随机抽取 n 个样本，记为 y_1，y_2，…，y_n；新生成的样本点是通过在原始样本点与其随机选取的近邻样本点的连线上插值得到的。具体插值方法如下：

$$x_{\text{new}} = X + \text{rand}(0,1)(y_i - X) \tag{5.9}$$

式中，X 为样本数据点。

相比通过简单复制得到的少数类样本，SMOTE 通过智能产生少数类样本，增加了少数类样本的数量，扩大了其分类决策的区域，减少了样本间的不均衡度，提高了少数类样本分类准确率。

2. SMOTE 算法分析

对于 SMOTE 算法，采样率 n 与数据的不均衡度(imbalanced level，IL)相关，n 的计算公式为

$$n = \text{round}(\text{IL}) \tag{5.10}$$

式中，round(·)为四舍五入计算；n 为不均衡度 IL 进行四舍五入后得到的数值，通过上述的插值操作可以有效地减少样本间的不均衡度，从而提高不均衡数据集的分类效果。

下面将利用一个例子简单地解读式(5.9)，假设有一个二维数据集，取其中一个样本数据点 X，其坐标点为(10,5)，rand(0,1)的随机值为 0.5，K 取 5，y_2(4,7)是 X 的一个最近邻样本点的坐标，则样本 X 与其五个近邻的示意图如图 5.12 所示。

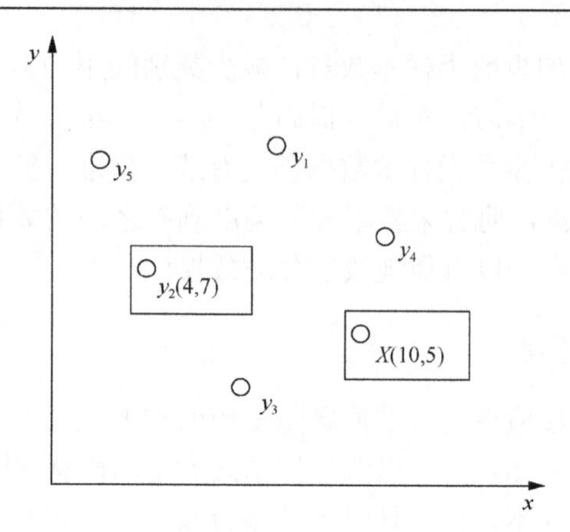

图 5.12　数据样本 X 与其五个近邻示意图

从图 5.12 中数据 $X(10,5)$ 求取了它的五个最近邻样本点 $(y_1, y_2, y_3, y_4, y_5)$，现在针对样本 X 与 y_2 进行采样操作，可以得到

$$\begin{aligned} x_{\text{new}} &= X + \text{rand}(0,1) \times (y_2 - X) \\ &= (10,5) + 0.5 \times [(4,7) - (10,5)] \\ &= (7,6) \end{aligned} \tag{5.11}$$

即构造的差值为 $x_{\text{new}}(7,6)$，整个插值过程在二维坐标图上如图 5.13 所示。

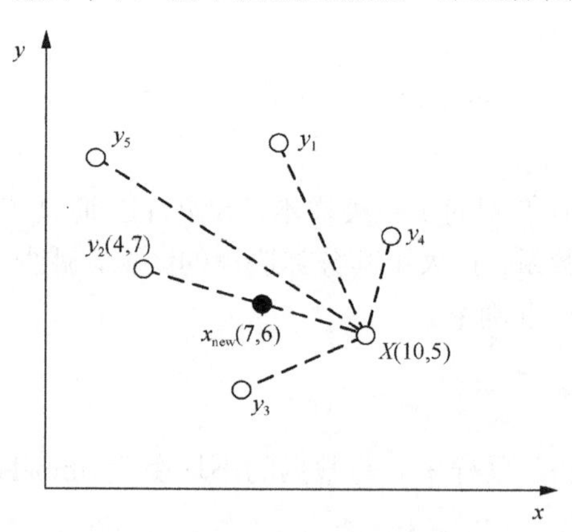

图 5.13　SMOTE 算法的插值原理

从图 5.13 可以看出，SMOTE 算法在数据 X 和其最近邻样本数据之间进行的插值操作可以看作是线性插值，与单纯地复制原始数据样本点相比有了很大的改善。

5.4.2　SMOTE 算法中采样率的实验分析

不均衡数据下分类器分类效果不理想的根本原因之一是少数类样本所占的比例小。在这种情况下，分类训练时少数类样本可能无法给分类器提供足够的信息来寻找少数类样本的规律。分类算法会倾向于忽视少数类样本数据，将其判别为多数类样本或者将少数类样本误判为噪声[18]，从而造成分类器在少数类样本上的分类效果不理想。

图 5.14 为一个不均衡数据集，这个数据集的多数类样本用圆点表示，共有 42 个样本，少数类样本用三角形表示，共有 14 个，多数类与少数类样本数量比值为 3∶1，可以看出该数据集存在着数据不均衡现象，两类样本数量相差较大。如果在数据不均衡的情况下对样本进行训练和分类，会严重地影响样本识别率。因此需要对少数类样本进行 SMOTE 上采样，增加少数类样本数量。根据 SMOTE 算法公式及原理，当采样率为 2 时可以使两类样本的数量相等，从而使两类数据达到均衡。经过 SMOTE 上采样后的数据集如图 5.15 所示，其中圆点表示多数类样本，多数类样本数量为 42 个；三角形表示少数类样本，数量 14 个；方框表示经过 SMOTE 上采样后生成的少数类样本，生成样本数量为 28 个。

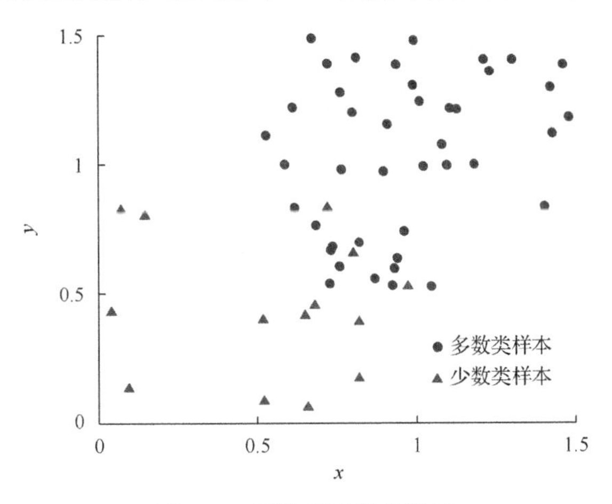

图 5.14　不均衡数据集样例

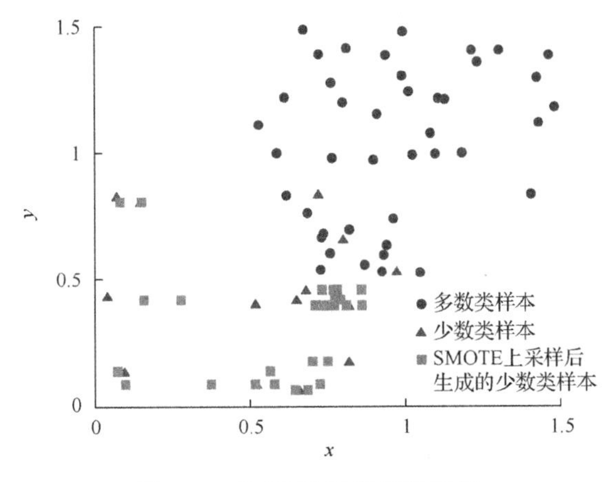

图 5.15　SMOTE 过采样数据集

为了说明不均衡数据集对分类器分类性能的影响，下面将采用 heart_scale 数据进行实验。实验数据分为健康和非健康两类样本。训练数据中，多数类与少数类样本数量之比为 100∶20。对少数类样本进行 SMOTE 上采样，采样率分别为 1、2、3、4，对 20 个少数类样本分别进行 1～4 倍上采样。分类器性能评价指标采用常规精度(Acc)、灵敏度(sensitivity)、多数类正确率(specificity)、几何平均正确率(G)、少数类的精确度与召回率的调和平均值(F)，计算结果如表 5.8 所示，图 5.16～图 5.19 为不同采样率下分类结果折线图。

由图 5.16 可以看出，原始数据的分类精度最低；当增加一倍样本数量时，分类精度最高；当采样率为 2 和 3 的时候，分类精度下降；采样率为 4 时分类精度与采样率为 2 时相等。

图 5.17 为少数类样本分类准确率，原始数据的灵敏度最低，为 65%，当少数类样本增加，少数类分类准确率比原始数据有所提高，当采样率为 1 和 3 时分类准确率最高。

表 5.8　不同采样率下分类结果

采样率	常规精度	灵敏度	多数类正确率	G	F
0	0.7750	0.6500	0.9000	0.7649	0.7429
1	0.9000	0.9000	0.9000	0.9000	0.9000
2	0.8750	0.8500	0.9000	0.8746	0.8718
3	0.8500	0.9000	0.8000	0.8485	0.8571
4	0.8750	0.8500	0.9000	0.8746	0.8718

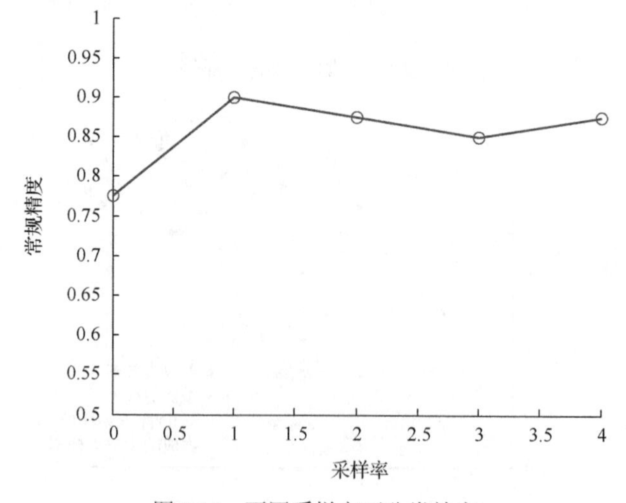

图 5.16　不同采样率下分类精度

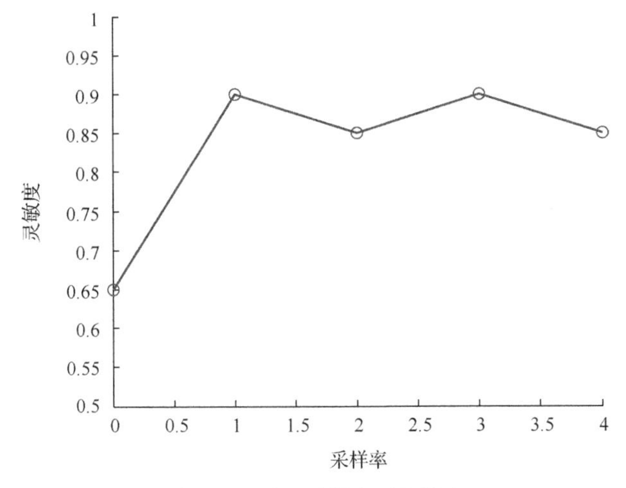

图 5.17　不同采样率下灵敏度

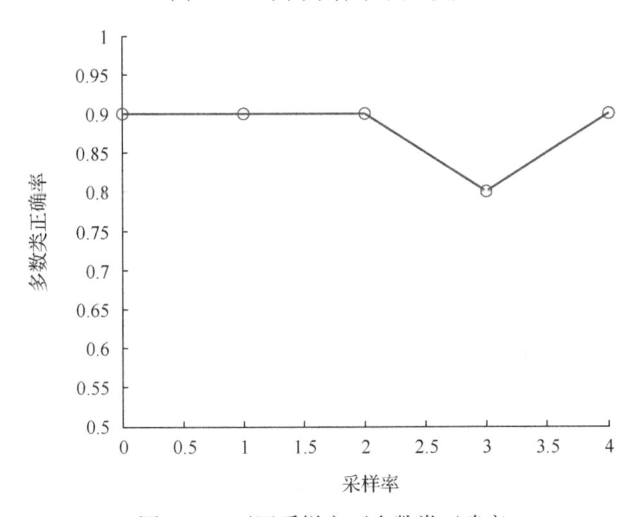

图 5.18　不同采样率下多数类正确率

图 5.18 为多数类样本的分类准确率，可以看到增加多数类样本数量并不能使多数类样本的分类准确率提高，相反，当分类采样率为 3 时，多数类样本的分类准确率下降。

图 5.19 和图 5.20 分别表示不同采样率下的 G 与 F。G 和 F 与多数类样本和少数类样本的分类准确率相关，可以看到 G 和 F 变化趋势基本相同。

由以上实验结果可以看出，绝对均衡并不能保证样本的分类准确率。采样率的选择不仅与样本之间的不均衡度相关，在进行上采样时也要避免出现生成无用信息、过拟合现象。采样率的选取并没有统一定论，因此本节采用实验对比的方法，以确定少数类样本采样率。

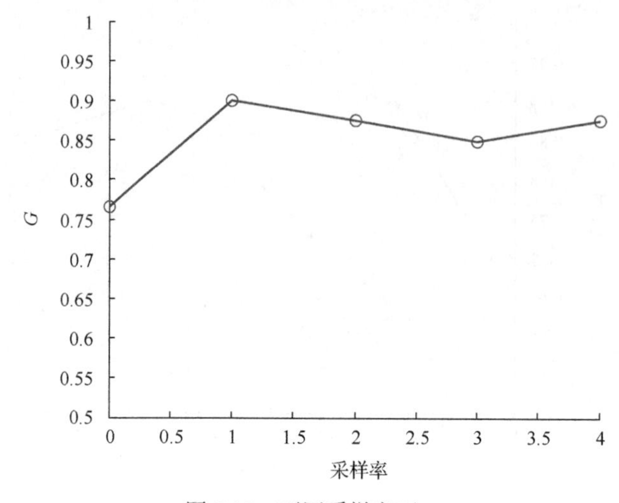

图 5.19　不同采样率下 G

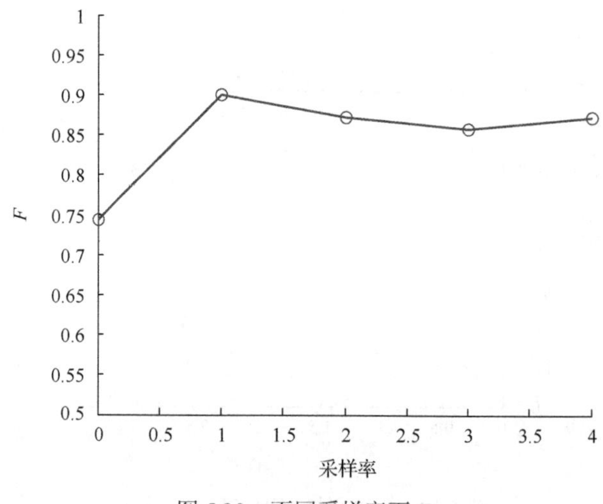

图 5.20　不同采样率下 F

5.4.3　压缩机气阀少数类样本的采样率分析

SMOTE 是一种经典的过采样方法，该方法通过在样本点间进行线性插值，生成少数类样本，从而减少少数类样本与多数类样本之间的不均衡度[13]。但是该算法在少数类样本生成上仍存在一些局限性。例如，生成无用信息，引入噪声点等问题，目前已有不少学者针对 SMOTE 方法进行了改进，优化了 SMOTE 在选取少数类样本点 x 的 n 个最近邻居的方法，但是对于 n 的选择，尚未有统一标准，这成为阻碍 SMOTE 算法发展的主要原因。

基于以上这些问题，本节针对压缩机气阀的数据采用实验验证与实验结果比较的方法，分析采样率 n 的大小及不同样本之间的均衡度对分类准确率的影响，研究 SMOTE 参数选取的规律，从而得到较好的分类准确率。

分别以气阀正常、弹簧失效、阀片断裂和阀片磨损四种状态中的某一状态下的数据为目标样本，其余三种状态下的数据为非目标样本(例如，以气阀正常为目标样本，则弹簧失效、阀片断裂和阀片磨损共同构成非目标样本)，即设计四组分类问题分别以气阀正常、弹簧失效、阀片断裂及阀片磨损为目标数据进行训练，以剩余样本作为非目标样本进行训练。

在四组二分类问题中，分别对目标数据进行 SMOTE 上采样，采样率为 0 表示对目标数据不进行 SMOTE 采样，利用原始目标数据进行训练。当气阀正常为目标样本时，因为目标样本与非目标样本数量相等，因此，不对气阀正常样本进行 SMOTE 采样。当弹簧失效样本为目标样本时，目标样本与非目标样本数量比值为 1∶3，因此对弹簧失效样本进行 1 倍和 2 倍 SMOTE 采样。当阀片断裂为目标样本时，目标样本与非目标样本比值为 1∶5，因此对阀片断裂进行一倍至四倍 SMOTE 采样。当阀片磨损为目标样本时，目标样本与非目标样本数量比值为 1∶11，因此对阀片磨损进行 1 倍至 10 倍采样，使目标数据与非目标数据的不均衡度逐渐达到 1∶1。因 SMOTE 生成的样本为随机样本，为保证实验的可靠性，每次训练循环 50 次。不均衡数据的评价指标采用常规精度、灵敏度、多数类正确率、少数类查准率(precision)、F、G 进行评估，以确定在 SMOTE 上采样过程中采样率 n 的大小，在保证数据均衡的前提下，同时防止过拟合现象及过度采样造成的计算难度增大等问题。图 5.21～图 5.30 为阀片磨损样本在采样率分别为 1～10 时循环 50 次的分类效果。

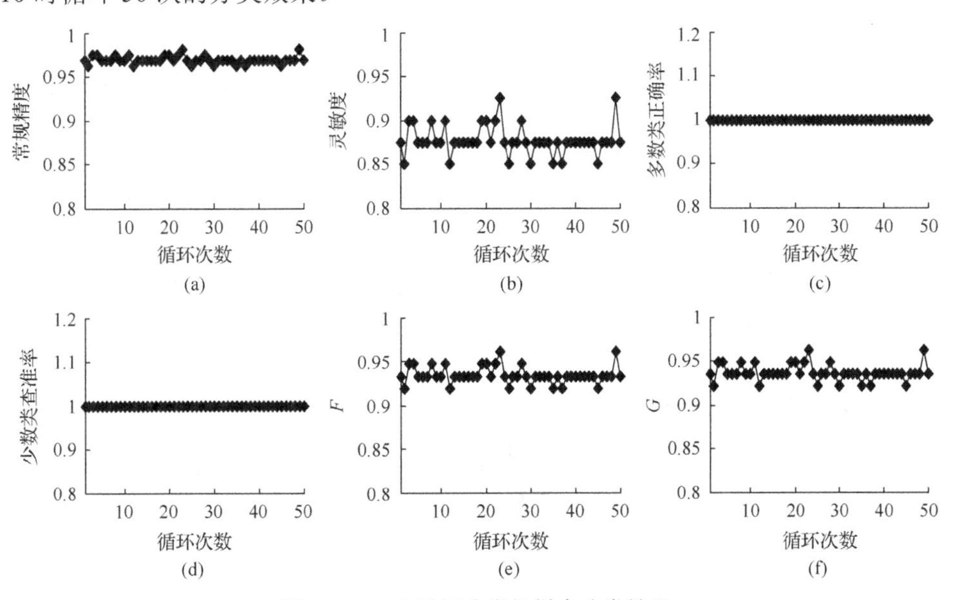

图 5.21　n=1 时阀片磨损样本分类效果

(a)常规精度；(b)灵敏度；(c)多数类正确率；(d)少数类查准率；(e)F；(f)G

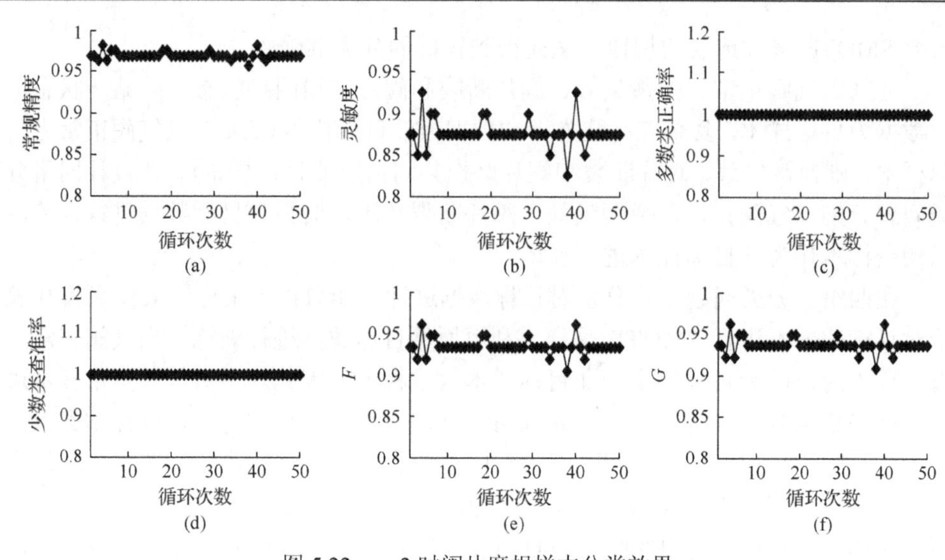

图 5.22　n=2 时阀片磨损样本分类效果

(a)常规精度；(b)灵敏度；(c)多数类正确率；(d)少数类查准率；(e)F；(f)G

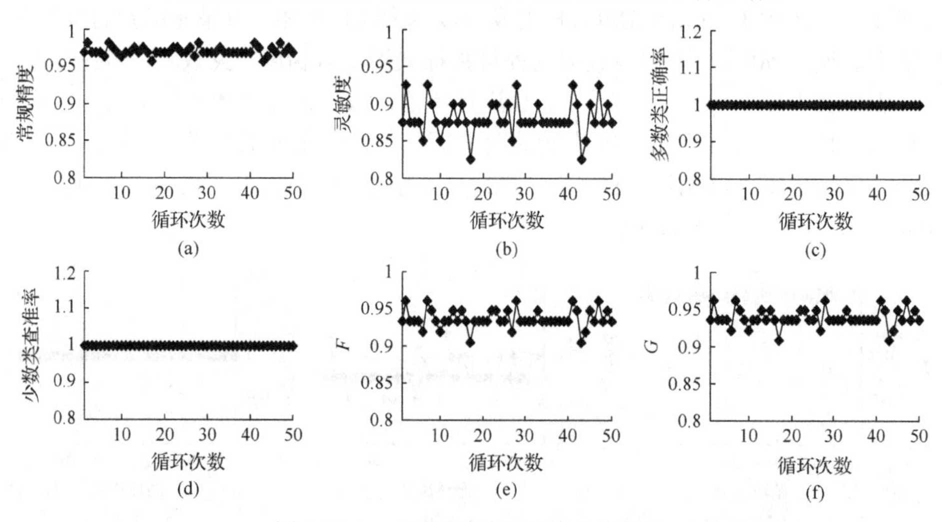

图 5.23　n=3 时阀片磨损样本分类效果

(a)常规精度；(b)灵敏度；(c)多数类正确率；(d)少数类查准率；(e)F；(f)G

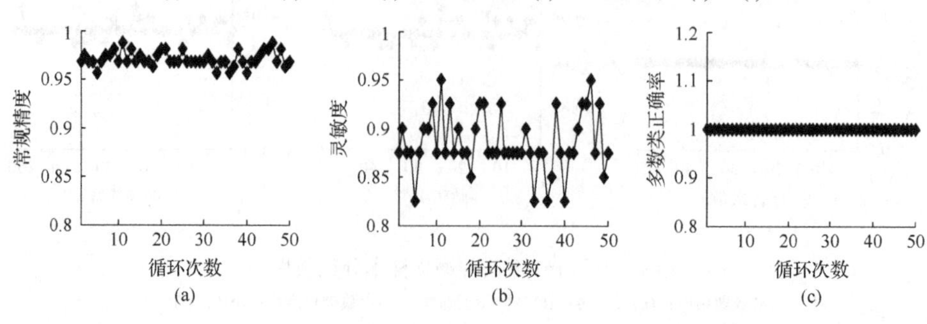

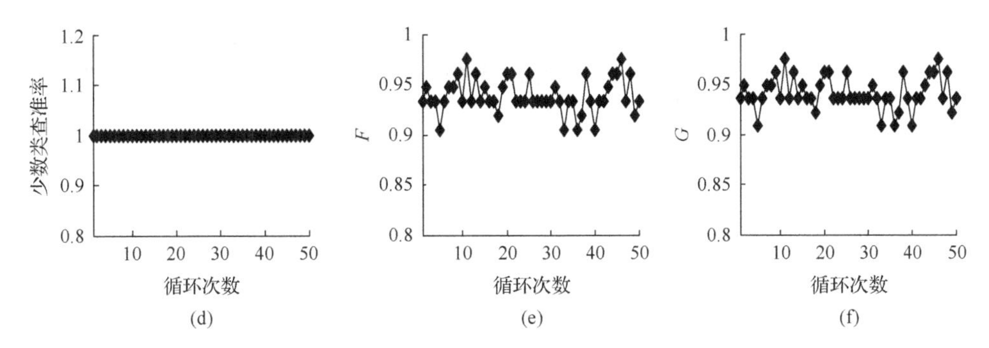

图 5.24　n=4 时阀片磨损样本分类效果

(a)常规精度；(b)灵敏度；(c)多数类正确率；(d)少数类查准率；(e)F；(f)G

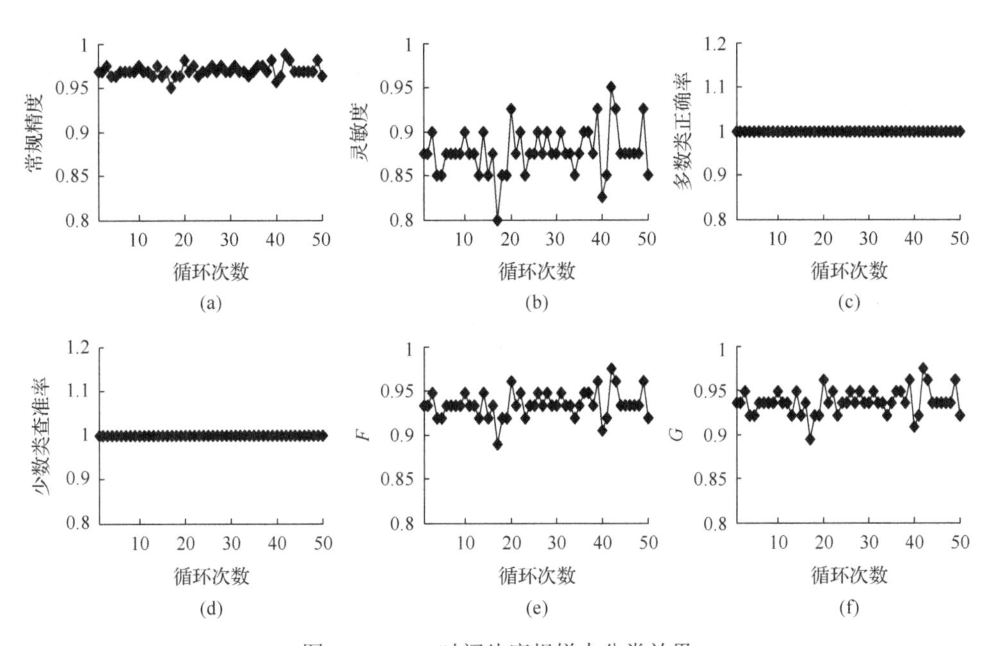

图 5.25　n=5 时阀片磨损样本分类效果

(a)常规精度；(b)灵敏度；(c)多数类正确率；(d)少数类查准率；(e)F；(f)G

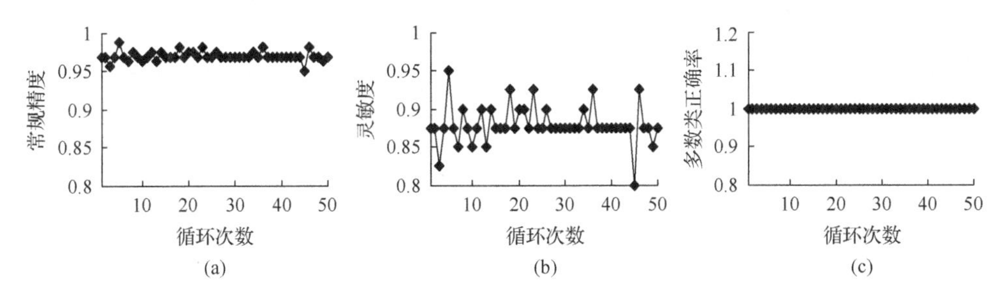

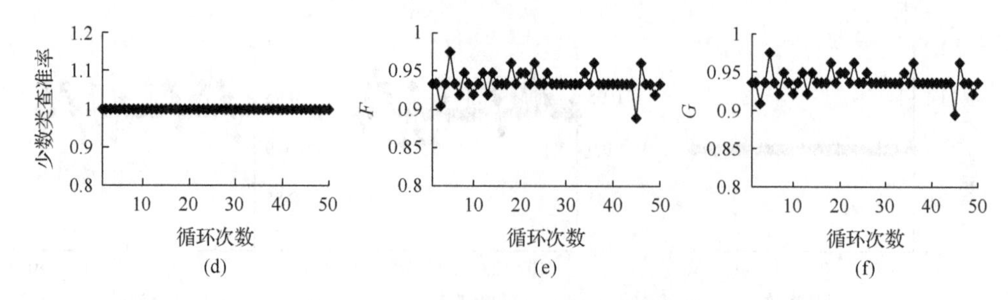

图 5.26　n=6 时阀片磨损样本分类效果

(a)常规精度；(b)灵敏度；(c)多数类正确率；(d)少数类查准率；(e)F；(f)G

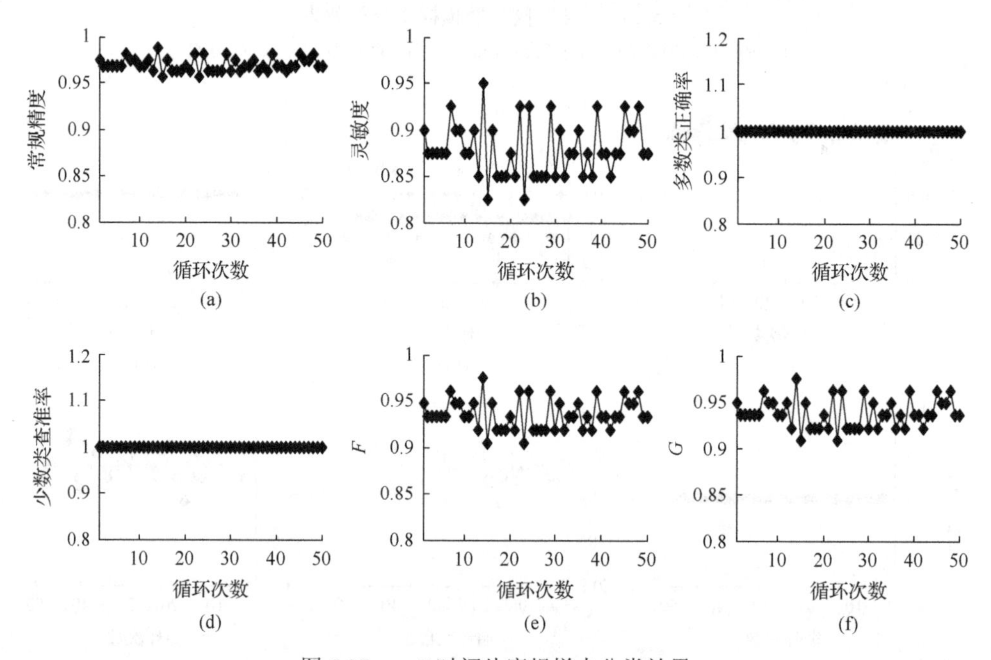

图 5.27　n=7 时阀片磨损样本分类效果

(a)常规精度；(b)灵敏度；(c)多数类正确率；(d)少数类查准率；(e)F；(f)G

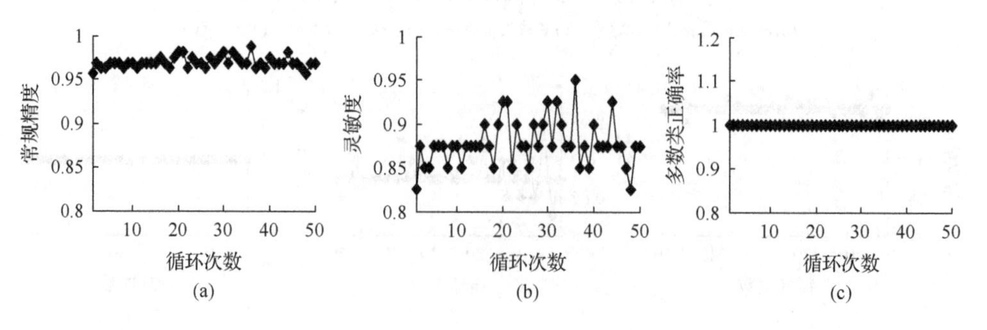

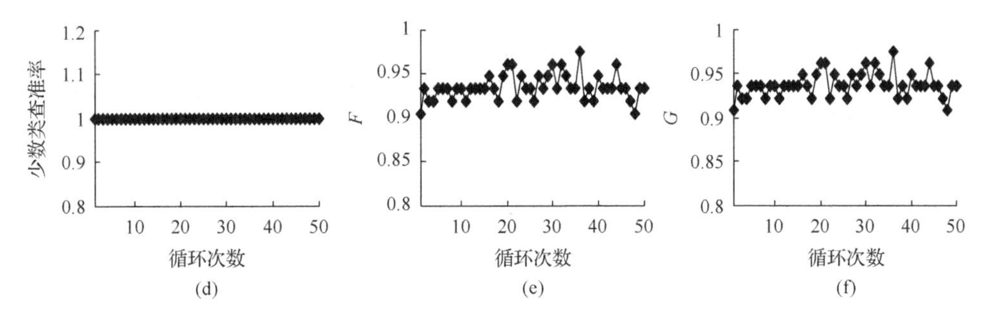

图 5.28　n=8 时阀片磨损样本分类效果

(a)常规精度；(b)灵敏度；(c)多数类正确率；(d)少数类查准率；(e)F；(f)G

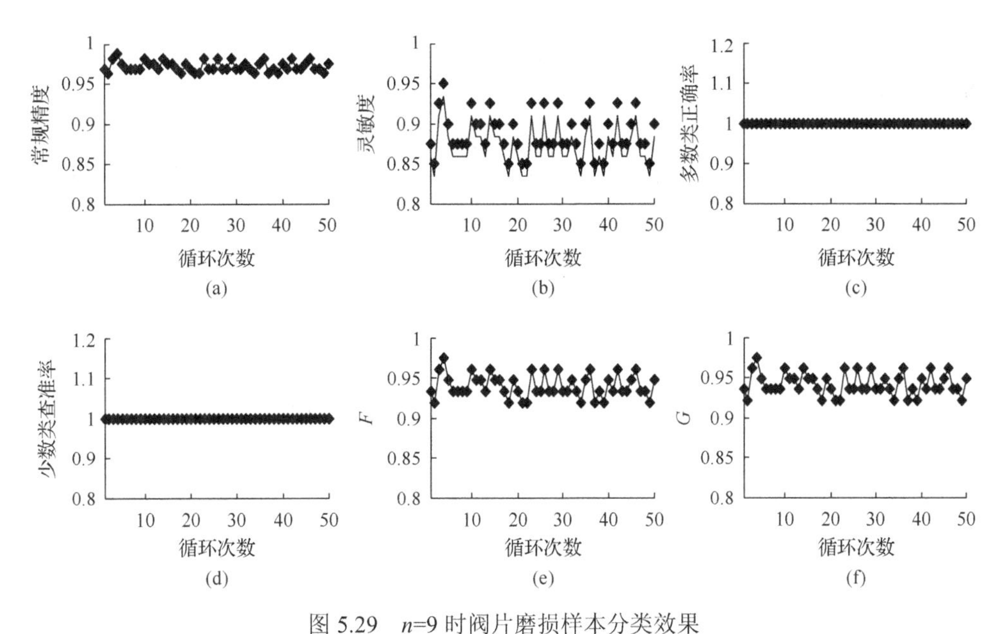

图 5.29　n=9 时阀片磨损样本分类效果

(a)常规精度；(b)灵敏度；(c)多数类正确率；(d)少数类查准率；(e)F；(f)G

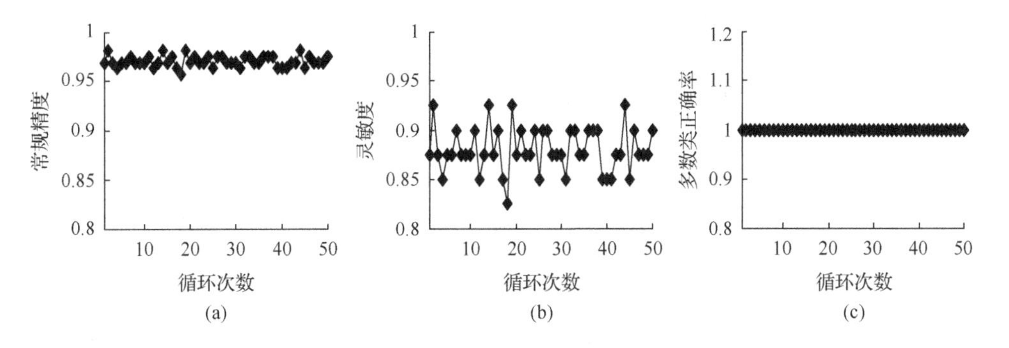

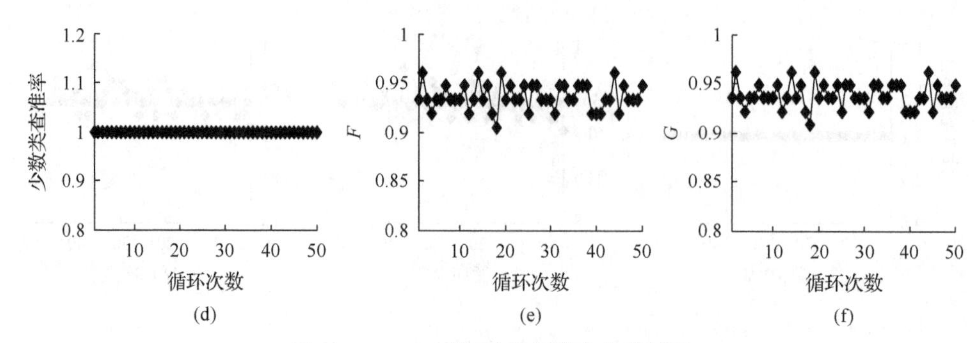

图 5.30 n=10 时阀片磨损样本分类效果

(a)常规精度；(b)灵敏度；(c)多数类正确率；(d)少数类查准率；(e)F；(f)G

对气阀数据的四类样本进行不同程度的上采样，表 5.9 和图 5.31 为不同采样率下 SVDD 分类。

表 5.9 不同采样率下分类结果

状态	n	常规精度	灵敏度	多数类正确率	少数类查准率	G	F
气阀正常	0	0.9938	0.9750	1.0000	1.0000	0.9874	0.9873
弹簧失效	0	0.9812	0.9250	1.0000	1.0000	0.9618	0.9610
	1	0.9812	0.9250	1.0000	1.0000	0.9618	0.9610
	2	0.9812	0.9250	1.0000	1.0000	0.9618	0.9610
阀片断裂	0	0.9500	0.8000	1.0000	1.0000	0.8944	0.8889
	1	0.9688	0.8750	1.0000	1.0000	0.9354	0.9333
	2	0.9500	0.8000	1.0000	1.0000	0.8944	0.8889
	3	0.9500	0.8000	1.0000	1.0000	0.8944	0.8889
	4	0.9500	0.8000	1.0000	1.0000	0.8944	0.8889
阀片磨损	0	0.9500	0.8000	1.0000	1.0000	0.8944	0.8889
	1	0.9694	0.8775	1.0000	1.0000	0.9367	0.9346
	2	0.9691	0.8765	1.0000	1.0000	0.9362	0.9341
	3	0.9683	0.8730	1.0000	1.0000	0.9343	0.9320
	4	0.9690	0.8760	1.0000	1.0000	0.9358	0.9337
	5	0.9721	0.8885	1.0000	1.0000	0.9425	0.9408
	6	0.9692	0.8770	1.0000	1.0000	0.9364	0.9343
	7	0.9695	0.8780	1.0000	1.0000	0.9369	0.9349
	8	0.9701	0.8805	1.0000	1.0000	0.9383	0.9363
	9	0.9713	0.8850	1.0000	1.0000	0.9407	0.9388
	10	0.9708	0.8830	1.0000	1.0000	0.9396	0.9377

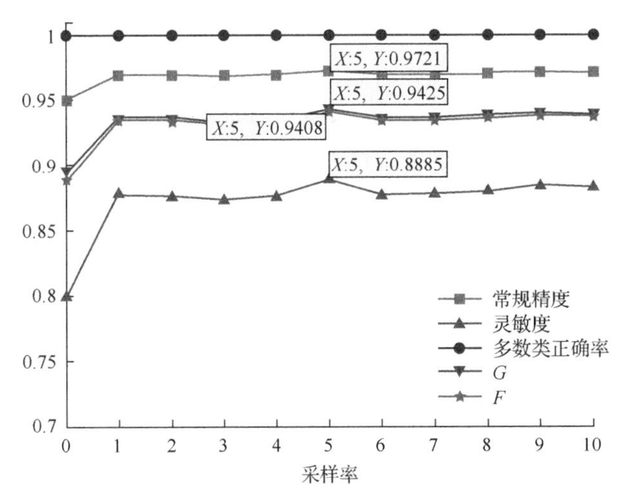

图 5.31　不同采样率下阀片磨损分类效果

表 5.9 为四组分类问题在不同采样率下进行 SMOTE 上采样后得到的分类结果。从表 5.9 中可以看出，在弹簧失效的分类结果中，当采样率为 0 时的各指标值与采样率为 1 和 2 时的指标结果相同，说明对弹簧失效这种情况，当训练数据为 30 时，对分类器已经可以进行充分训练，增加训练数据的数量并没能使分类效果变好。考虑增加样本可能会增加分类器的计算难度，因此弹簧失效训练数据为 30 时，采样率为 0 分类效果最好，不再对目标样本进行 SMOTE 采样。

在阀片断裂的分类结果中，原始目标数据为 20 时，常规精度为 95%，多数类正确率为 100%，但是少数类样本的分类准确率(灵敏度)较低为 80%。在工程实际中，难以对阀片断裂这类故障进行准确的判断和分类。对阀片断裂样本数据进行 SMOTE 采样，当采样率为 1 时，除了多数类正确率保持为 100%，各个指标相比原始数据有所提高，总体准确率(常规精度)提高了 1.88%，灵敏度提高了 7.5%，G 和 F 分别提高了 4.1%和 4.44%。当采样率为 2、3、4 的时候，分类效果与原始样本的分类效果相同。综合考虑分类器分类性能与计算复杂度，当阀片断裂的训练数据为 20 时，采样率为 1，分类效果最佳。

在阀片磨损的分类结果中，原始目标样本数量为 10，常规精度为 95%，多数类正确率为 100%，但是灵敏度较低，为 80%。对目标样本进行 SMOTE 上采样，采样率分别为 1～10，分类效果相比原始数据的分类效果均有所提升。当采样率为 5 时，分类效果最好，相比原始样本常规精度提升了 2.21%，灵敏度提高了 8.85%，G 提高了 4.81%，F 提高了 5.19%。

由图 5.31 可以直观地看出各个指标的变化趋势：当采样率为 5 时效果最佳，随着采样率不断增加，类间不均衡度逐渐减少，但是分类效果却有所下降。因此综合考虑各个分类指标以及计算复杂度，针对阀片磨损训练数据为 10 的情况，采样率选择 5。

从上面的结果中可以看出，当原始目标训练数据逐渐增加时，类间不均衡度减少，虽然存在少量个别指标性能下降，但是相比原始数据，经过 SMOTE 上采样的样本普遍呈现分类效果改善的现象，主要是由于：①训练数据增加使得分类器可以进行充分学习；②类间不均衡度减小。随着对原始数据进行 SMOTE 处理生成新的少数类样本，可以看到，分类效果经历了一个逐步上升的过程，可见类间不均衡度是影响分类效果的重要因素之一。尽管经过 SMOTE 上采样后样本的分类准确率在一定程度上有所提升，但是不同样本分类效果的提升程度不同。在一些情况下，当达到一定的采样率后，分类效果开始下降，这主要是因为在利用 SMOTE 生成新的数据时，不仅与数据的数量有关，而且还和数据的空间分布紧密相关；其次，过多的新的样本生成可能会带来数据重叠或引入噪声，反而使分类效果变差；此外，过多的样本会导致分类器产生过拟合现象。绝对均衡的样本分类准确率不一定最高。因此，在要利用 SMOTE 对样本进行上采样时要考虑以下三个方面：①类间不平衡度；②避免冗余信息生成；③防止过拟合。

5.5 基于样本不均衡度的加权 C-SVM 分类算法

5.5.1 加权 C-SVM 分类算法简介

标准的 C-SVM 算法就是应用在非线性情况下的 SVM 算法。其中 C 为惩罚因子，C 越大表示当样本分类不正确时后果越严重，即该类样本越重要。加权 C-SVM 算法的含义是在 SVM 算法的基础上，针对样本的大小、重要度等特点引入不同的权重 s_i，其优化问题可表示成如下形式[19]：

$$\min \frac{1}{2}\boldsymbol{\omega}^{\mathrm{T}}\boldsymbol{\omega}+C\sum_{i=1}^{m}s_i\xi_i \tag{5.12}$$

式中，$\boldsymbol{\omega}$ 为权重向量；ξ_i 为松弛变量；C 为惩罚因子；s_i 为不同样本的权重；$\sum_{i=1}^{m}s_i$ 为分类错误的几何损失，体现了结构风险最小化思想；$\sum_{i=1}^{m}s_i\xi_i$ 为分类错误的实际损失，体现了结构风险最小化思想。式(5.13)的含义是通过给不同种类样本赋予不同的权重，改变样本的惩罚因子，进而补偿类别不均衡所带来的影响。

在进行故障程度识别时，故障程度越大的样本识别的错误率越低，因此，要给其赋予较大的惩罚因子。加权 C-SVM 算法中法分类函数为

$$f(x)=\operatorname{sgn}\left(\sum_{i=1}^{n} y_i\alpha_i K(x_i,x_j)+b\right) \tag{5.13}$$

式中，n 为样本数；y_i 为位置坐标；$K(x_i,x_j)$ 为核函数；b 为偏置；α_i 表示拉格朗日算子。在求 α_i 最优解时，若 $\alpha_i=0$，则对应的训练样本称作支持向量；若 $\alpha_i=C$，则对应的样本称作边界支持向量；若 $0<\alpha_i<C$，则对应的样本称作非边界支持向量。边界支持向量便是分类错误的数据[20]。在多分类问题中，不同类别的重要性并不相同，所以应该按照数据的特性赋予不同的惩罚因子 C_i，则优化问题可以描述为

$$\begin{aligned}&\min \frac{1}{2}\|\boldsymbol{\omega}\|^2+\sum_{y_i} C_i\xi_i\\ &\text{s. t. } y_i(\boldsymbol{\omega}^{\mathrm{T}}x_i+b)\geqslant 1-\xi_i,\quad i=1,2,\cdots,n,\ \xi_i\geqslant 0\end{aligned} \tag{5.14}$$

计算惩罚因子 C_i 的一种最基本方法是计算每种样本与占样本总数的比例，取倒数作为该类样本的惩罚因子，即

$$C_i=\frac{\sum_{j=1}^{m} n_j}{n_i} \tag{5.15}$$

式中，n_i 为第 i 类样本数；m 为样本种类。

5.5.2　加权 C-SVM 算法性能分析

在分析加权 C-SVM 算法性能之前，先定义以下变量。

(1) N_{SV}^{+} 表示正类样本中支持向量的个数。

(2) N_{SV}^{-} 表示负类样本中支持向量的个数。

(3) N_{BSV}^{+} 表示正类样本中边界支持向量的个数。

(4) N_{BSV}^{-} 表示负类样本中边界支持向量的个数。

(5) n_+ 和 n_- 分别代表正负类样本的样本数量。

根据式(5.13)可以得知，当拉格朗日算子 $\alpha_i=0$ 时，样本 x_i 在分类面外所属类别一侧，即分类超平面 $\boldsymbol{\omega}^{\mathrm{T}}\varphi(x)+b\geqslant 1$，$x_i$ 被正确分类；当 $0<\alpha_i<C$ 时，样本 x_i 在所属类别一侧的分类间隔面上，则将 x_i 叫作非边界支持向量；当 $\alpha_i=C$ 时，x_i 称为边界支持向量，也是样本中被误分的点。

图 5.32 为 C-SVM 算法中的拉格朗日算子 α 分布区域图。

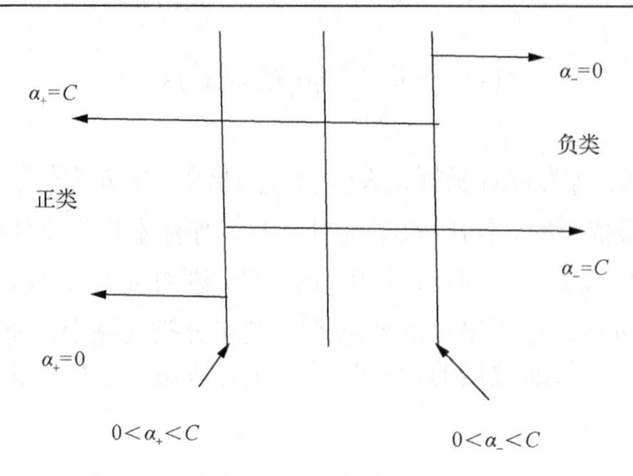

图 5.32　加权 C-SVM 算法 α 分布区域图

由支持向量、边界支持向量及样本个数之间的关系，可得

$$\frac{N_{\mathrm{BSV}}^{+}}{n_{+}} \leqslant \frac{A}{C \cdot n_{+}} \leqslant \frac{N_{\mathrm{SV}}^{+}}{n_{+}} \tag{5.16}$$

$$\frac{N_{\mathrm{BSV}}^{-}}{n_{-}} \leqslant \frac{A}{C \cdot n_{-}} \leqslant \frac{N_{\mathrm{SV}}^{-}}{n_{-}} \tag{5.17}$$

式中，A 为正类(负类)样本拉格朗日乘子之和。

分析式(5.16)和式(5.17)，可以发现当样本集不均衡时，即负类样本大于正类样本，则负类样本的分类结果要明显好于正类样本的分类结果。因此，如果正负类样本采用的惩罚因子 C 大小相等，分类面就会向少数类样本倾斜，级分类器更加倾向于多数类样本，这与我们的需求正好相反，因此需要引入不同的加权因子，改变正负类样本的惩罚因子大小。假设 C_{+}、C_{-}分别代表正、负类样本的惩罚因子，则有

$$C_{+} = \frac{n_{-}}{n_{+} + n_{-}} C \tag{5.18}$$

$$C_{-} = \frac{n_{+}}{n_{+} + n_{-}} C \tag{5.19}$$

根据正负类样本的不平衡来定义正负类样本的惩罚因子后，式(5.13)所表示的问题则转换为

$$\min \ \frac{1}{2}\boldsymbol{\omega}^{\mathrm{T}}\boldsymbol{\omega} + \sum C_{+}\xi_{i} + \sum C_{-}\xi_{i} \tag{5.20}$$

将 C_{+}、C_{-}分别代入式(5.16)和式(5.17)中，可以得到

$$\frac{N_{\mathrm{BSV}}^{+}}{n_{+}} \leqslant \frac{A}{C_{+} \cdot n_{+}} \leqslant \frac{N_{\mathrm{SV}}^{+}}{n_{+}} \tag{5.21}$$

$$\frac{N_{\mathrm{BSV}}^{-}}{n_{-}} \leqslant \frac{A}{C_{-} \cdot n_{-}} \leqslant \frac{N_{\mathrm{SV}}^{-}}{n_{-}} \tag{5.22}$$

将式(5.18)和式(5.19)代入上述公式，可得

$$\frac{N_{\mathrm{BSV}}^{+}}{n_{+}} \leqslant \frac{A}{C \cdot \dfrac{n_{-}}{n_{+}+n_{-}} \cdot n_{+}} \leqslant \frac{N_{\mathrm{SV}}^{+}}{n_{+}} \tag{5.23}$$

$$\frac{N_{\mathrm{BSV}}^{-}}{n_{-}} \leqslant \frac{A}{C \cdot \dfrac{n_{+}}{n_{+}+n_{-}} \cdot n_{-}} \leqslant \frac{N_{\mathrm{SV}}^{-}}{n_{-}} \tag{5.24}$$

在式(5.23)和式(5.24)中有如下关系：

$$\frac{A}{C \cdot \dfrac{n_{+}}{n_{+}+n_{-}} \cdot n_{-}} = \frac{A}{C \cdot \dfrac{n_{-}}{n_{+}+n_{-}} \cdot n_{+}} \tag{5.25}$$

通过以上分析，可以得知将正负类样本赋予不同的权重后，两类错误分类率的上界相等，即正负类样本的错分情况得到了平衡。不过，由于惩罚因子的改变会导致分类面的移动，所以实际上是以多数类样本的分类准确率下降为代价来提高少数类样本的识别率。在故障诊断领域，我们更加关注的是故障样本的检测情况，因此这种加权 C-SVM 算法更加关注故障样本是否能够被正确识别，因此该算法在识别故障样本时具有一定的实际应用价值。

5.6　基于 PSO 和 GA 算法的加权 C-SVM 分类模型

加权 C-SVM 算法中的惩罚因子 C 和核函数参数 γ 会直接影响分类器的性能。传统的十字交叉法容易产生局部极值问题导致参数不够优化，并且适应度函数没有考虑样本不均衡情况。在本节中采用粒子群优化算法(particle swarm optimization algorithm，PSOA)和遗传算法(genetic algorithm，GA)进行参数寻优，针对数据集不均衡的情况，引入代价矩阵概念，并将误分代价转换为样本权重。改进 PSOA 和 GA 的适应度函数，以平均误分代价最低为目标，避免在参数优化的过程中忽略少数类样本而造成的分类准确率过低问题。最后将两种方法优化后的参数分别代入加权 C-SVM 分类模型中，对比分析分类结果。

5.6.1　粒子群优化算法

1995 年，Eberhart 和 Kennedy[21]提出了一种全局优化算法，即 PSOA，与蚁群算法、鱼群算法一样，PSOA 也是一种群体智能优化算法。该算法的原理是模拟鸟类的捕食行为，鸟类在捕食时，会搜索当前最近的食物区域。通过鸟类捕食行为的启发，PSOA 中将问题的潜在解用不同的粒子来表示，通过合适的适应度函数确定各个粒子的适应度值。PSOA 是一种并行的随机搜索算法，可以实现对整个解空间的搜索，并且该算法具有控制参数少、算法简单等优点，因而一经提出便获得了广泛的关注。下面对 PSOA 进行详细说明。

1. PSOA 原理

PSOA 的基本思想是将不同粒子的运动用几条规则来描述，将每一个粒子看作是搜索空间中独立的点。各个粒子在搜索空间飞行，且各自有不同的速度，每一个粒子不仅有自己本身的飞行经验，而且知道其他粒子的飞行经验。粒子会记录自己目前所在的位置和飞行中发现的最好的位置(P_{best})，这便是粒子本身的飞行经验，也称为个体极值。除此之外，每个粒子还会记录群体中其他粒子在飞行中所记录的最好位置(G_{best})，这便是粒子的同伴经验，也称为群体极值。粒子根据当前的位置、速度、当前位置与个体极值的距离、群体极值之间的距离四个参数进行移动，即形成了所谓的优化搜索[22]。粒子每进行一次位置变换，都需要重新计算适应度值，并对比新的适应度值与 P_{best} 和 G_{best} 的适应度值，以此为依据更新 P_{best} 和 G_{best} 的位置。

2. PSOA 数学表达

假设在 d 维搜索空间中，种群中包含 n 个粒子，则可以将其表示为 $P=\{P_1, P_2,\cdots P_n\}$，用向量 $\boldsymbol{P}_i=[p_{i1},p_{i2},\cdots,p_{id}]^{\mathrm{T}}$ 代表第 i 个粒子在搜索空间中的位置，其中 $i=1,2,\cdots,n$，同时 $\boldsymbol{P}_i$ 也代表一个问题的潜在解。根据特定的目标函数计算出每个 $\boldsymbol{P}_i$ 对应的适应度值，用向量 $\boldsymbol{V}_i=[v_{i1},v_{i2},\cdots,v_{id}]^{\mathrm{T}}$ 表示第 i 个粒子的速度，用向量 $\overline{\boldsymbol{P}}_i=[\overline{p}_{i1},\overline{p}_{i2},\cdots,\overline{p}_{id}]^{\mathrm{T}}$ 来表示个体极值，用向量 $\overline{\boldsymbol{P}}_g=[\overline{p}_{g1},\overline{p}_{g2},\cdots,\overline{p}_{gd}]^{\mathrm{T}}$ 来表示种群的全局极值。

在 PSOA 中，粒子根据 P_{best} 和 G_{best}，通过迭代算法，不断更新自身的位置和速度，其操作方式可以用下面的公式进行描述：

$$V_i^{k+1}=\omega V_i^k+c_1r_1(\overline{P}_i^k-P_i^k)+c_2r_2(\overline{P}_{gi}^k-P_i^k) \tag{5.26}$$

$$P_i^{k+1}=P_i^k+V_i^{k+1} \tag{5.27}$$

式(5.26)和式(5.27)中，P_i为种群中第 i 个粒子的位置；V_i为第 i 个粒子的速度；$\overline{P}_i$为个体极值；ω为惯性权重；k为当前的迭代次数；c_1、c_2均为加速度因子，是两个非负的常数，通常情况下取值为 2；r_1、r_2分别表示两个分布在[0,1]之间的随机数。在迭代计算时，为了确保粒子的速度和位置在合理的区域，避免盲目搜索，通常做如下限制：

$$\begin{aligned} P_i^k &\in [-P_{\max}, P_{\max}] \\ V_i^k &\in [-V_{\max}, V_{\max}] \end{aligned} \tag{5.28}$$

3. PSOA 步骤

假设 PSOA 种群大小为 n，用 P_i表示种群中第 i 个粒子的位置，V_i表示速度，fitness_i表示适应度值。则基于 PSOA 的寻优算法步骤可以描述如下。

(1) 初始化种群中的粒子位置和速度，粒子位置 P_i，速度 V_i随机初始化。

(2) 根据目标函数计算粒子适应度值 fitness_i，目标函数如下式所示：

$$\text{fitness}_i = -c_1 \exp\left(-0.2\sqrt{\frac{\sum_{j=1}^{n} p_{ij}^2}{n}}\right) - \exp\left(\frac{\sum_{j=1}^{n} \cos(2\pi p_{ij})}{n}\right) + c_1 + \mathrm{e} \tag{5.29}$$

(3) 循环迭代，寻找个体极值 P_{best} 和群体极值 G_{best}。

(4) 满足条件，终止循环，算法结束。

上述寻优过程如图 5.33 所示。

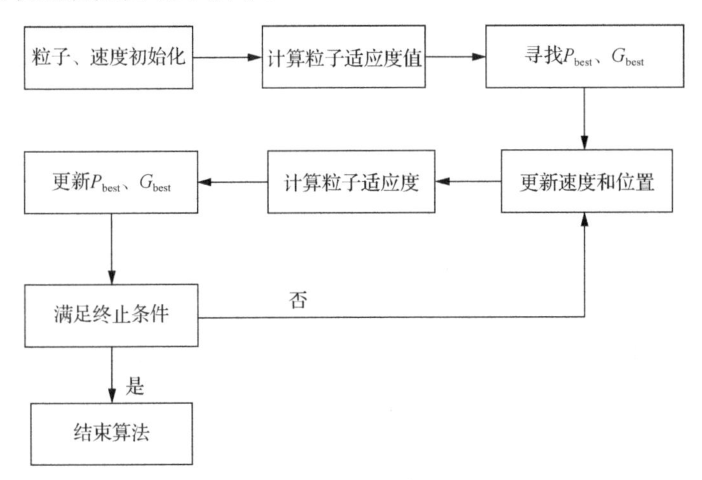

图 5.33　PSOA 流程图

5.6.2　基于 PSOA 的加权 C-SVM 分类器

1. 代价矩阵

在实际应用中，将不同错误分类导致的代价是不同的。假设有若干样本，正常样本用 N 表示，故障样本用 F 表示，其中 $F_i(i=1,2,\cdots,n)$ 表示不同类型的故障样本。将故障诊断中的误分类情况分为以下三种。

(1) 错误接受：将故障样本误分成正常样本。

(2) 错误拒绝：将正常样本误分成故障样本。

(3) 错误识别：将不同类型的两种故障样本进行了错误分类。

为了便于表示，本节中将三种误分代价分别表示成错误接受代价 $\operatorname{cost}(F,N)$、错误拒绝代价 $\operatorname{cost}(N,F)$、错误识别代价 $\operatorname{cost}(F,F)$。一般情况下，为了计算方便默认错误识别代价是相等的，均为 1，则正确分类的代价是 0，错误拒绝代价是 $\operatorname{cost}(N,F)/\operatorname{cost}(F,F)$，错误接受代价是 $\operatorname{cost}(F,N)/\operatorname{cost}(F,F)$，可以构建代价矩阵 $\boldsymbol{C}$ 如表 5.10 所示。通常认为将故障样本误分为正常样本的代价是最大的，故障样本间的误分代价最小，即误分代价之间关系如下：

$$\operatorname{cost}(F,N)>\operatorname{cost}(N,F)>\operatorname{cost}(F,F) \tag{5.30}$$

表 5.10　误分代价矩阵

实际类	分类结果			
	F_1	…	F_i	N
F_1	0	…	$\operatorname{cost}(F_i,F_1)$	$\operatorname{cost}(N,F_1)$
⋮	⋮	⋮	⋮	⋮
F_i	$\operatorname{cost}(F_1,F_i)$	…	0	$\operatorname{cost}(N,F_i)$
N	$\operatorname{cost}(F_1,N)$	…	$\operatorname{cost}(F_i,N)$	0

本节识别的是转子不同程度的故障，因此，不同的故障程度之间的误分类产生的代价是不相等的，将轻微故障误分为严重故障的代价要小于将严重故障分为轻微故障的代价，即 $\operatorname{cost}(F_i,F_j)\neq\operatorname{cost}(F_j,F_i)$。

由于在 LIBSVM 中可以通过对每类样本进行概率加权调节不同样本输出，因此可以将代价矩阵转换成加权量。假设 n_i 表示第 i 类样本的数量，且 i=1, 2, …, m，样本总数 $N=\sum_{j=1}^{m}\operatorname{cost}(i,j)$，$\boldsymbol{W}[i]$ 表示第 i 类样本的加权向量。则加权向量与误分代价之间有如下关系：

$$\boldsymbol{W}[i] = \frac{N\mathrm{cost}_i}{n_j \sum_{i=j}^{m} \mathrm{cost}_j} \tag{5.31}$$

式中，cost_i、cost_j 分别表示第 i、j 类样本的期望代价：

$$\mathrm{cost}_j = \sum_{i=1}^{m} \mathrm{cost}(i, j) \tag{5.32}$$

其中，cost[i,j]表示将第 j 类样本误分为第 i 类样本的代价。

给出一种利用 LIBSVM 计算代价矩阵的方法，即假设 p_i 表示样本中第 i 类样本的频度，对于每个系数 k，取 10 个随机数，算出平均值就是对应的 $\mathrm{cost}(i, j)(i \neq j)$。$k$ 值越大，少数类与多数类样本误分代价相差越多，因此可以减少少数类样本的误分数量，这种方法在故障诊断领域可以有效地减少故障样本的误分率，提高识别效率。

2. 基于 PSOA 的加权 C-SVM 二元分类器

前面给出了将代价矩阵转换为输出加权参数的方法，因此可以将不同的误分代价转换为对应的加权参数，进而改变不同类别的惩罚因子。在二分类问题中，加权 C-SVM 算法中采用的加权参数如表 5.11 所示，即分类算法中仅包含 s_1、s_2 两个加权参数，根据式(5.30)确定参数 s_1、s_2 的比例关系，在利用优化算法寻找出最优的惩罚因子 C，便可以确定正负类样本所对应的惩罚因子 C_+、C_-的大小。因此，PSOA 仍旧只需要优化两个参数，即惩罚因子 C 和 RBF 核函数参数 。

表 5.11　二分类问题加权参数

实际类	预测类	
	正类	负类
正类	0	s_1
负类	s_2	0

在进行不均衡数据集分类时，往往希望提高少数类样本的识别率，同时将平均误分代价降到最低，为了达到这一目的，适应度函数应该同时考虑正类样本和负类样本的误分代价，因此可以采用式(5.33)作为适应度函数：

$$\mathrm{fitness}_i = \frac{\mathrm{FPcost}[F, N] + \mathrm{FNcost}[N, F]}{n} \tag{5.33}$$

式中，FP、FN 分别表示正负类样本中的误分样本数目；$\mathrm{cost}[F, N]$、$\mathrm{cost}[N, F]$ 分别为与之对应的误分代价；n 表示样本数。则 $\mathrm{fitness}_i$ 值越小，表示样本的平均误分代价越小，粒子的适应能力就越强[23]。

基于 PSO 算法的 CS-SVM 二分类算法可以描述如下。

1) 输入：样本原始特征集，包括训练集 X_train，测试集 X_test

2) 输出：优化参数 C、γ

3) 过程

(1) 参数初始化：包括粒子数目 N，维数 d，粒子位置 P，粒子速度 V，加速度因子 a_1 和 a_2，最大和最小权重 $w_{\max}$、$w_{\min}$，最大迭代次数 $t_{\max}$ 及 CS-SVM 算法中的核参数 γ，误分类代价 cost(2,1)、cost(1,2)。

(2) 假设迭代次数为 0，开始循环迭代。

(3) 训练加权 C-SVM 模型。

训练加权 C-SVM 分类模型可以分为如下四个步骤：①数据预处理，将测试样本集进行归一化处理；②输入 X_train 样本集，训练加权 C-SVM 模型；③测试数据集 X_test，计算出每种样本的误分个数 n_i；④将误分代价转换为对应的加权参数。

(4) 根据式(5.29)计算出适应度值 fitness_i，并寻找出适应度值的个体极值 P_{best} 作为群体极值 G_{best}。

(5) 更新粒子速度和位置。

(6) 比较所有粒子的自身极值 P_{best}，更新群体极值 G_{best}。

(7) 判断结果是否满足终止条件，若不满足则继续步骤(2)，若满足终止条件或已经超过最大迭代次数 $t_{\max}$，则结束优化过程，进入下一步。

(8) 根据 γ 和 C 的最优值，进行加权 C-SVM 分类预测。

(9) 结束算法，输出结果。

3. 基于 PSO 算法的 C-SVM 多分类问题

本节选用 RBF 核函数，因此需要优化的核参数是 γ，由于加权 C-SVM 算法中有六类样本，即有 6 个加权参数 s_1、s_2、s_3、s_4、s_5、s_6，具体优化参数如表 5.12 所示。根据公式(5.30)可以转换成不同的加权参数。

表 5.12　多分类问题加权参数

参数	误分代价					
	cost_1	cost_2	cost_3	cost_4	cost_5	cost_6
加权参数	s_2	s_3	s_4	s_5	s_6	s_7

对 CS-SVM 算法进行粒子群优化的根本目的是提高少数类样本的识别率，即降低平均误分代价。因此，在定义适应度函数的时候，根据二分类问题的适应度函数进行改进，定义适应度函数如下：

$$\text{fitness}=\frac{n_1\,\text{cost}_1+n_2\,\text{cost}_2+\cdots+n_6\,\text{cost}_6}{N} \tag{5.34}$$

式中，$n_i(i=1,\cdots,6)$为测试样本中每一类中被误分的样本数；N 为测试样本的总数 $\text{cost}_1\sim\text{cost}_6$指 1～6 类样本被误分为其他 5 类代价，如$\text{cost}_1$表示$\text{cost}[1,(2\sim6)]$。适应度函数值越小，表明平均误分代价越小。

本节的加权 C-SVM 分类器采用一对一方法将二分类问题拓展到多分类问题，因此，仍然采用一对一方法讨论 PSOA 的优化过程。首先，根据一对一方法的原理，结合 PSOA，可以将优化过程归纳如下。

1) 输入：数据集 X，包括训练集 X_train、测试集 X_test

2) 输出：样本类别 Y，每种样本的正确识别率 accuracy_i

3) 过程

(1) 参数初始化：包括粒子数目 N，维数 d，粒子位置 P，粒子速度 V，加速度因子 c_1、c_2，最大、最小权重 $w_{\max}$、$w_{\min}$，最大迭代次数 $t_{\max}$ 及 C-SVM 算法中的核参数 γ，加权参数 $s_1\sim s_6$。

(2) 假设迭代次数为 0，开始循环迭代，训练 C-SVM 模型：①数据预处理，将测试样本集进行归一化处理；②输入 X_train 样本集，训练 C-SVM 模型。

第一，构造子分类器：本节原始数据集中包含五类数据，因此需要构造十个二元 SVM 分类器。

第二，开始循环：

(for i=1, $i\leqslant$15，i++)

{

第 i 类标记为正类样本;

选择第 j ($j\neq i$) 类样本作为负类，构造二元分类器 SVM_{ij};

寻找最优超平面，确定核函数;

}

第三，构建 15 个子分类器，结束循环。

(3) 测试步骤：①测试数据集 X_test，计算出每种样本的误分个数 n_i；②根据式(5.30)计算出适应度值 fitness，根据 fitness_i 的大小寻找出个体极值 P_{best} 作为群体极值 G_{best}。

(4) PSOA 优化步骤：①更新粒子速度和位置；②比较所有粒子的自身极值 P_{best}，更新群体极值 G_{best}；③判断结果是否满足终止条件，若不满足则继续步骤(2)，若满足终止条件或已经超过最大迭代次数 $t_{\max}$，则结束优化过程，进入下一步；④根据 γ 和 C 的最优值，结合加权参数 $s_1\sim s_6$，计算出六类样本对应的惩罚因子 $C_1\sim C_6$，进行加权 C-SVM 分类预测；⑤结束算法，输出结果。

5.6.3 遗传算法

1. 遗传算法优化计算基本流程

遗传算法(GA)是一种模拟自然界生物进化机制的随机搜索算法，由于其具有使用简单、稳定性强、鲁棒性强等优点，GA 已经广泛应用于特征选择、参数寻优等方面。GA 的主要步骤包括[24]：编码、产生初始群体、个体评价、选择、交叉和变异。

1) 产生初始群体 B(染色体编码)

在应用 GA 时，首先要解决的就是编码问题，即将问题表示为字符串的形式，现有的编码方法有三类：二进制编码、法符号编码法和浮点数编码法。其中，二进制编码方法最常用，即染色体是由 0 和 1 组成的二进制字符串。采用二进制编码进行交叉、变异等运算简单易行。因此，二进制编码在特征选择过程中广泛使用[25]。进行特征选择时，染色体的长度与初始特征个数相等，每一个二进制字符对应一个特征，特征被选中则用 1 表示，未选中的用 0 表示[26]。在初代染色体中，随机产生长度相同的 N 个种群作为原始种群。

对于机械振动信号的特征选择问题，假设特征集 $U=(u_1,u_2,\cdots,u_n)$ 中包含 n 种特征参数，则初始染色体采用 n 位二进制编码 $B_k=b_1b_2\cdots b_n(k=1,2,\cdots,N)$ 表示，若其中第 i 个编码 b_i 为 1，表示特征参数 u_i 被选中，若 b_i 为 0，表示没有被选中。B_k 表示一个染色体，$B=(B_1,B_2,\cdots,B_N)$ 表示初始种群，N 表示染色体的个数，且 $N \leqslant 2^n$。

2) 确定适应度函数

GA 在进化的过程中使用适应度来评价群体中各个染色体在优化设计计算中的优良程度，并以此作为选择、变异等步骤的依据。适应度函数反映了特征的不同组合方式对分类结果的贡献程度。适应度值越大，表示该染色体的适应能力越优良，遗传到下一代的概率也越大。

3) 选择

选择也称复制，即根据计算出的个体适应度值大小确定是否遗传到下一代，以保证个体的适应度值不断优化，提高收敛性能和计算效率。选择策略是个体的适应度值越大越容易被选中，适应度值越小越可能被删除。

4) 交叉

交叉交换两个染色的一部分基因，产生两个新的染色体，进行交叉操作的目的是使染色体信息进行充分组合，扩大搜索范围。交叉算子的设计主要包括交叉点数目和位置以及交换的方式两个内容。

5) 变异

变异是模拟基因突变现象，按照一定的变异概率，对父代染色体中的基因进行改变。对二进制编码来说，变异是指随机地将染色体中的某一位基因由“0”变为“1”，或由“1”变为“0”。

变异的实际含义是将染色体中本来存在的属性去掉，或添加另外的属性到染色体中。变异的条件可以根据属性的重要程度来决定，常用的度量属性重要性的方法有相关性、互信息、熵等。

6) 选择参数

GA 的参数包括初始种群大小 N、二进制编码长度、交叉概率 P_c、变异概率 P_m 等。其中，交叉概率 P_c 的大小决定了遗传算法搜索能力的强弱。P_c 较大，则每代个体可以交叉得更加充分，但是可能会破坏种群中原有的优良模式；若 P_c 较小，能够使解空间保持连续，但是会减慢进化速度，P_c 过低时甚至会导致遗传搜索停滞。因此，通常情况下 P_c 的取值范围是 0.4～0.99。变异的作用是修复补充交叉过程中可能丢失基因，防止算法陷入局部最优解而提前收敛。若 P_m 过大，则可能破坏优良模式；若 P_m 过小，产生新的个体的能力变差，种群过于稳定。通常 P_m 的取值范围是 0.0001～0.1。

GA 的流程图如图 5.34 所示。

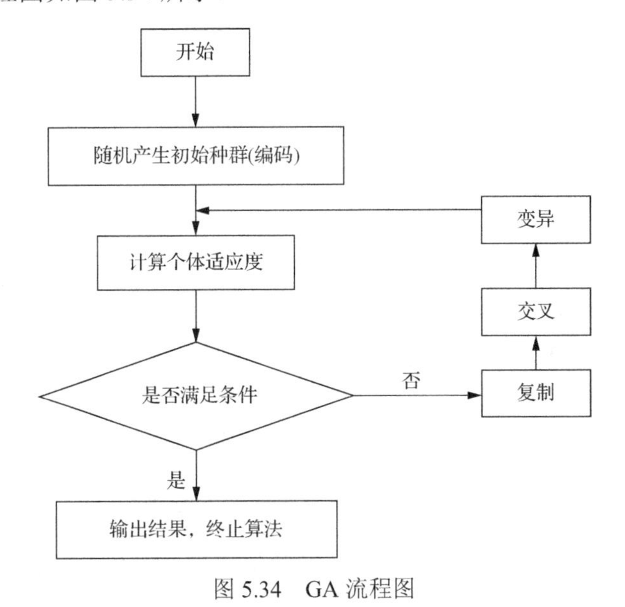

图 5.34　GA 流程图

2. 基于不均衡数据集的遗传优化算法

在 5.6.3 节已经对不均衡分类问题的适应度函数进行了讨论，GA 优化算法因此仍然采用 PSOA 中的适应度函数 fitness。采用 GA 优化加权 C-SVM 的惩罚因子 C 和 RBF 核参数 γ 具体步骤如下。

1) 输入：数据集，包括训练集 X_train，测试集 X_test，样本标签 Y_labels

2) 输出：参数寻优结果，样本分类结果图

3) 过程

(1) 产生初始种群，确定算法初始参数。

随机产生含规模大小为 m 的初始种群，即群体中染色体的数量为 m，通常取[20,100]，本节中取 m=50。交叉概率 P_c、变异概率 P_m、种群的最大进化代数 gen_{max} 通常在区间[100,500]内，本节中取 gen_{max}=100，给出 c 和 γ 的范围。

(2) 编码：采用二进制编码方式。

在对加权 C-SVM 两个参数进行优化时，采用二进制编码方式分别对惩罚因子 c 和 RBF 核函数参数 γ 进行优化，且 c 对应 m_1 位的二进制串，γ 对应 m_2 位的二进制串，则可得到染色体编码为 m_1+m_2 位的二进制编码串。

(3) 对种群中的每一个假设，都会产生一个对应的多类分类器，将每个多分类器中的数据转换为两类数据，并应用代价敏感 SVM 构造子分类器。

(4) 计算个体适应度 fitness：为了使测试样本的平均误分代价达到最小，适应度函数采用与 PSOA 优化算法中相同的准则，见式(5.29)。

(5) 选择：根据个体的适应度值，计算种群中个体的选择概率 P_i:

$$P_i = \frac{\text{fitness}(x_i)}{\sum_{j=1}^{m} \text{fitness}(x_j)} \tag{5.35}$$

(6) 交叉：选择交叉算子，对个体按概率进行杂交，得到杂交种群。

(7) 变异：在杂交种群中，按概率 P_m 选择染色体进行变异。

(8) 终止条件判断：如果满足终止条件或繁殖超过 200 代，则输出适应度值最大的个体，否则继续第三步。

(9) 根据得到的最优参数 C，构造加权 C-SVM 分类器，进行分类。

5.6.4 基于 PSOA 和 GA 的加权 C-SVM 分类模型应用

为了验证结合 PSOA 和 GA 优化算法的加权 C-SVM 分类器的性能，评价其在不均衡数据集多分类问题中的适用性，仍然采用训练和分类数据集 X_train 和 X_test，分别 PSOA 和 GA 两种算法进行参数寻优，并对比分类结果，得到最适合本节数据集的优化算法。

首先采用 PSOA，设最大迭代次数 t_{max}=200，加速度因子 a_1=1.5，a_2=1.7，种

群数量为 20，进行优化后的适应度曲线如图 5.35 所示，利用 PSOA 优化后得到的参数进行加权 C-SVM 分类，可以得到预测结果如图 5.36 所示。由图 5.35 可知，经过 PSOA 优化过后，各类样本的分类准确率均有所提高，整体分类准确率可以达到比没有优化的加权 C-SVM 算法提高 4%，但是第四类样本中有 15%被误分为第三类样本，分类准确率只有 85%。

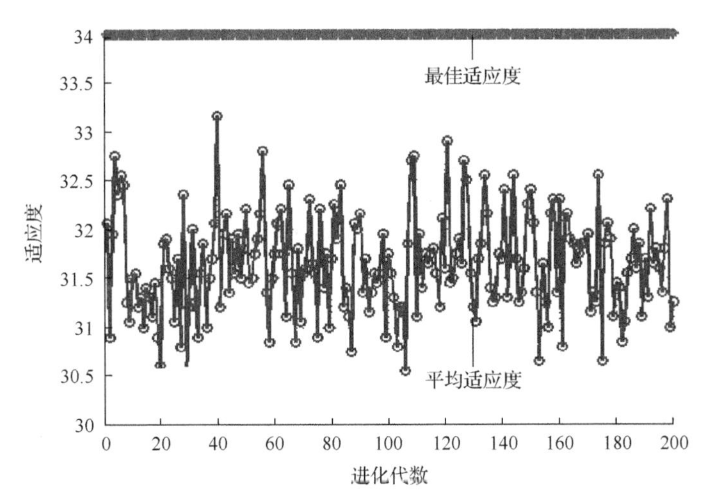

图 5.35　PSOA 适应度曲线图

加速度因子 a_1=1.5，a_2=1.7，终止迭代次数为 200，种群数量为 20，最优参数 C=45.9477，γ=51.2582，其中 C 为惩罚因子；γ为核函数参数，下同

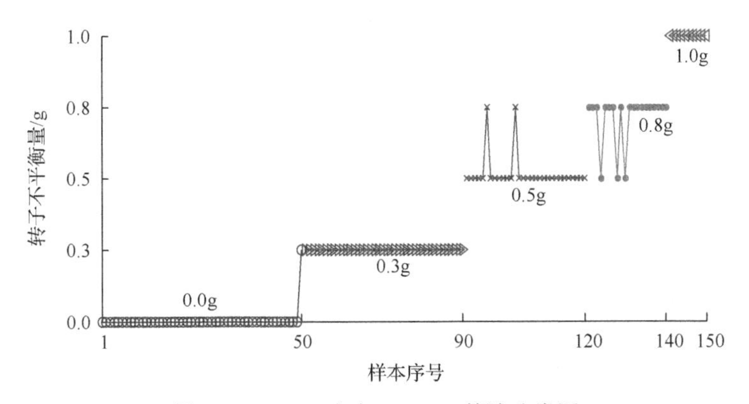

图 5.36　PSOA 加权 C-SVM 算法分类图

采用 GA 进行参数寻优，设最大进化代数为 200，种群最大数量为 20，惩罚因子 C 的变化范围是[0,100]，核函数参数 γ 的变化范围是[0,1000]。下面利用 GA 优化算法进行参数寻优，进行优化后的适应度曲线如图 5.37 所示，采用优化后的参数带入加权 C-SVM 分类器进行分类，结果如图 5.38 所示。

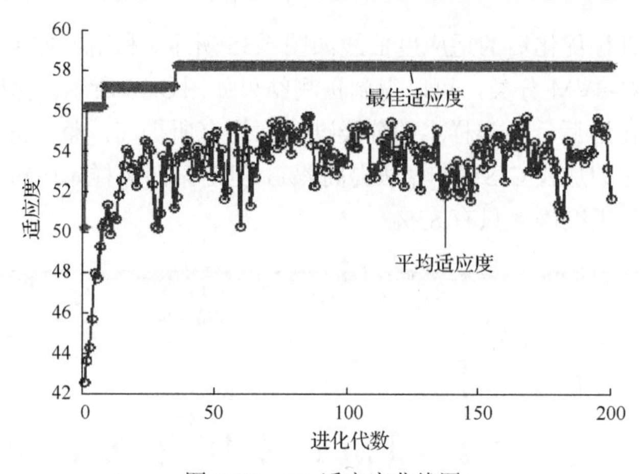

图 5.37　GA 适应度曲线图

终止迭代次数为 200，种群数量为 20，最优参数 C=0.95921，γ=1.6729

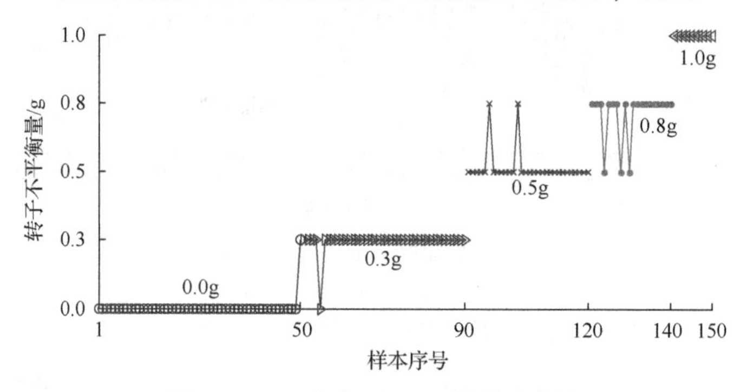

图 5.38　GA 加权 C-SVM 算法分类图

由图 5.38 可知，GA 与 PSOA 分类结果相似，只有第二类样本分类准确率不如粒子群优化算法。为了更好地对比两种算法，将每种样本的分类准确率与总体分类准确率结果整理为图 5.39，并与传统 SVM 算法和加权 C-SVM 算法分类结果进行对比。图 5.39 的含义是将纵坐标表示的样本分为横坐标表示的样本类别的样本数量占该类样本总数的百分比，该数值显示在不同色块上，图中未标注区域表示没有样本被分为该类。

由图 5.39 可知，对角线上的矩形代表该类样本的分类准确率，而其他位置的矩形代表该类样本(纵坐标)被误分为其他类的样本(横坐标)所占的百分比。采用 PSOA 和 GA 优化算法进行参数寻优后可以提高各类样本的分类准确率，但是第四类样本中仍然有 15%的样本点被误分成第三类样本，分析原因可能是第三类、第四类样本间的距离较近或边界出现了重叠，导致在分类器无法正确区分两类样本。

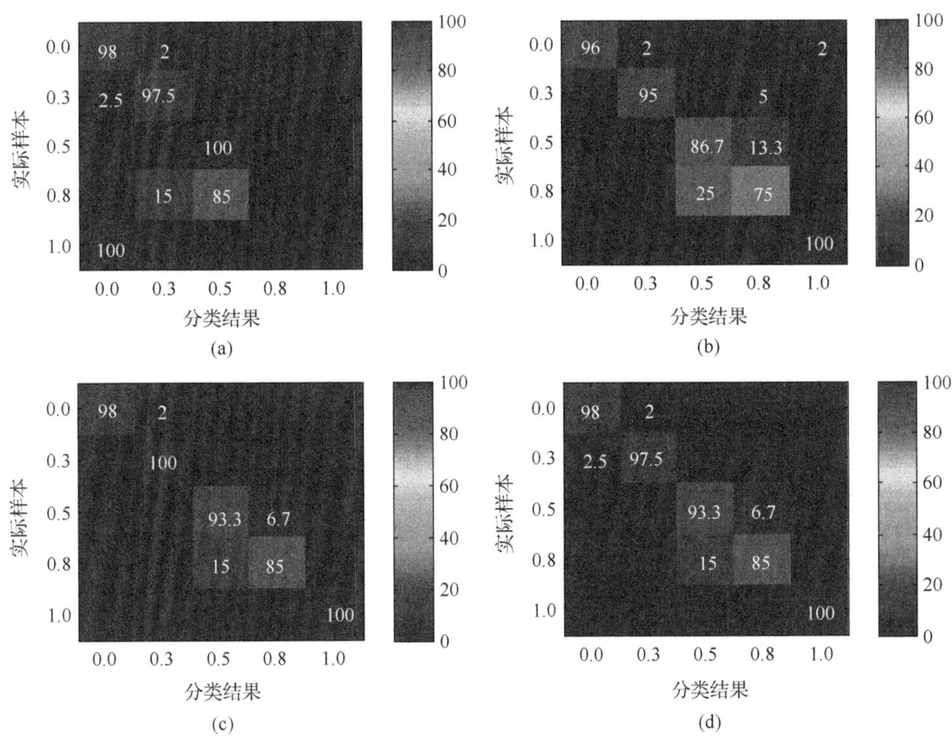

图 5.39　PSOA-C-SVM、GA-C-SVM、C-SVM、SVM 分类结果对比

(a) SVM；(b) C-SVM；(c) PSOA-C-SVM；(d) GA-C-SVM

参 考 文 献

[1] Duan L X, Xie M Y, Bai T B, et al. A new support vector data description method for machinery fault diagnosis with unbalanced datasets. Expert Systems with Applications, 2016, 64: 239-246.

[2] Garia V, Sanchfz J S, Mollineda R A. On the use of surrounding neighbors for synthetic over-sampling of the minority class//8th WSEAS International Conference on Simulation Modeling and Optimization, Santander, 2008.

[3] 曾志强, 吴群, 廖备水. 一种基于核 SMOTE 的非均衡数据集分类方法. 电子学报, 2009, 37(11): 2489-2495.

[4] 李鹏, 王晓龙, 刘远超. 一种基于混合策略的失平衡数据集分类方法. 电子学报, 2007, 35(11): 2161-2165.

[5] Han H, Wang W Y, Mao B H. A new over-sampling method in imbalanced data sets learning//International Conference on Intelligent Compution, Berlin: Springer, 2005.

[6] He H, Bai Y, Garcia E A. Adaptive synthetic sampling approach for imbalanced learning//2008 IEEE International Joint Conference on Neural Networks, New York, 2008.

[7] Catni S, Colla V, Vannucci M. A method for resampling imbalanced datasets in binary classification tasks for real-world problems. Neurocomputing, 2014, 135(5): 32-41.

[8] 陶新民, 郝思媛, 张冬雪, 等. 不均衡数据分类算法的综述. 重庆邮电大学学报(自然科学版), 2013, 25(1): 101-110, 121.

[9] Farqued M A H, Bose I. Preprocessing unbalanced data using support vector machine. Decision Support Systems, 2012, 53(1): 226-233.

[10] Silvestre M R, Ling L L. Pruning methods to MLP neural networks considering proportional apparent error rate for classification problems with unbalanced data. Measurement, 2014, 56: 88-94.

[11] Conen J A. A coefficient of agreement for nominal scales. Journal of Educational and Measurement, 1960, 20(1): 37-46.

[12] Chung H Y, Ho C H, Hsu C C. Support vector machines using Bayesian-based approach in the issue of unbalanced classifications. Expert Systems with Applications, 2011, 38(9): 11447-11452.

[13] 段礼祥, 郭晗. 数据集不均衡下的设备故障程度识别方法研究. 振动与冲击, 2016, 35(20): 178-182.

[14] 谢梦云, 不均衡数据集下往复压缩机多故障识别方法研究, 北京: 中国石油大学(北京)硕士学位论文, 2018.

[15] 蒋盛益, 王连喜. 基于特征相关性的特征选择. 计算机工程与应用, 2010, 46(20): 153-156.

[16] Drummond C, Holte R C. Proceedings of the ICML workshop on learning from imbalanced datasets Ⅱ. Washington: ICML, 2003.

[17] Chawl A N, Bowyer K, Hall L, et al. SMOTE: Synthetic minority over-sampling technique. Journal of Artificial Intelligence Research, 2002, 16(1): 321-357.

[18] 郭晗, 数据集不均衡下的设备故障程度识别方法研究, 北京: 中国石油大学(北京)硕士学位论文, 2015.

[19] 刘海涛. 支持向量机分类算法的研究. 无锡: 江南大学硕士学位论文, 2009.

[20] 范昕炜. 支持向量机算法的研究及其应用. 杭州: 浙江大学博士学位论文, 2003.

[21] Eberhart R, Kennedy J. A new optimizer using particle swarm theory//6th International Symposium on Micro Machine and Human Science, Nagoya, 1995.

[22] 林蔚天. 改进的粒子群优化算法研究及其若干应用. 上海: 华东理工大学博士学位论文, 2014.

[23] 唐明珠. 类别不平衡和误分类代价不等的数据集分类方法及应用. 长沙: 中南大学博士学位论文, 2012.

[24] 郭慧, 王晓菊, 刘明艳, 等. 基于遗传算法的入侵检测系统特征选择方法研究. 华北科技学院学报, 2014, 11(9): 68-72.

[25] 周璇. 基于遗传算法的无线电异常信号特征选择. 成都: 西华大学硕士学位论文, 2013.

[26] Cheong S, Oh S H, Lee S Y. Support vector machines with binary tree architecture for multi-class classification. Neural Information Processing-Letters and Reviews, 2004, 2(3): 47-51.

第 6 章　变工况下压缩机故障的迁移诊断

6.1　变工况下压缩机诊断的难题

压缩机是现代装备制造业中重要的动力设备，同时也是故障多发部件。传统的基于振动测试的压缩机诊断技术设定工况常常是定转速、定载荷，并假设异常响应只来源于设备劣化或失效。然后通过对平稳工况下的压缩机振动信号进行处理、特征提取及模式识别，实现压缩机状态监测与故障诊断。然而，实际上压缩机运行工况并非通常设定的定转速、定载荷，而是变转速、变载荷的变工况运行。对其状态监测和故障诊断时，常常会因为其运行工况的不稳定而造成故障特征的动态变化。有时运行工况的变化在特征层的反映与故障引起的变化非常相似，增加了故障特征提取的难度，从而增加了故障诊断及预测的难度。由于运行工况造成的信号不平稳与压缩机传动振动信号处理方法的平稳假设相违背，甚至会使一些在定转速、定载荷下强有力的处理工具变得无能为力[1]。总结目前变工况下的故障诊断的研究，主要包括三类方法。

(1) 前置过滤技术。包括离散小波变换、弗德卡曼滤波、独立分量分析(ICA)、经验模态分解(EMD)、自适应内核优化的方法等，该类方法的优点是能够消除在非稳态工况条件下信号混叠和干扰现象，提取出不受转速等工况影响的信号，实现变工况下的故障诊断；缺点是难以提取出信号有效成分，且在模型训练过程中寻优测试难度大，难以训练出效果较好的模型。

(2) 重采样技术。包括阶比分析、角域重采样、时域和频域重采样等方法，该类方法的优点是通过将时域非稳定信号转变成角度域(等特殊域)稳定信号，以便观察与转速有关的振动成分；缺点是难以获知未知故障下的轴转频率，进而无法进行准确的重采样，另外对非转速情况的其他工况影响很难通过该方法去除掉。

(3) 数据规范化技术。包括回归差值分析、子空间识别等方法，这类方法的优点是可消除环境变化成分与工况变化成分；缺点是时间成本高、效率低、参数确定困难。

此外，对变工况的研究主要建立在诊断模型和信号处理方法上，对不同工况下的信号特征研究较少。如何系统全面分析信号特征，找出特征随工况和故障状态改变的分布规律，是变工况下压缩机诊断的一大挑战。

6.2　迁移学习与领域自适应学习

迁移学习是一通用术语，用于表示涉及不同任务或领域的机器学习问题。在一些文献中，迁移学习与领域自适应学习意义相同。领域自适应学习能充分利用其他相关领域的知识数据性质规律进行迁移。如同驾驶技术一样，学会骑自行车后可以更容易的学会骑摩托车和三轮车。领域自适应学习的方法打破了传统机器学习中训练数据与测试数据服从同一分布的假设，已广泛应用于图像识别、语音识别及文本处理中。领域自适应学习关注于利用源领域(source domain，SD)中的训练数据来帮助目标领域(target domain，TD)构造学习模型，源领域和目标领域的数据分布不同但具有相关性[2]。领域自适应的目的是用源领域数据建立适用于目标领域的鲁棒性更强的分类器，解决不同领域间数据分布不同造成的分类性能差的问题。如图 6.1(a)所示，由于领域间数据分布不同，对于源领域分类任务难以有效地将目标数据分开。领域自适应学习则是通过图 6.1(b)的方式，建立适用于领域间不同分布的分类器。

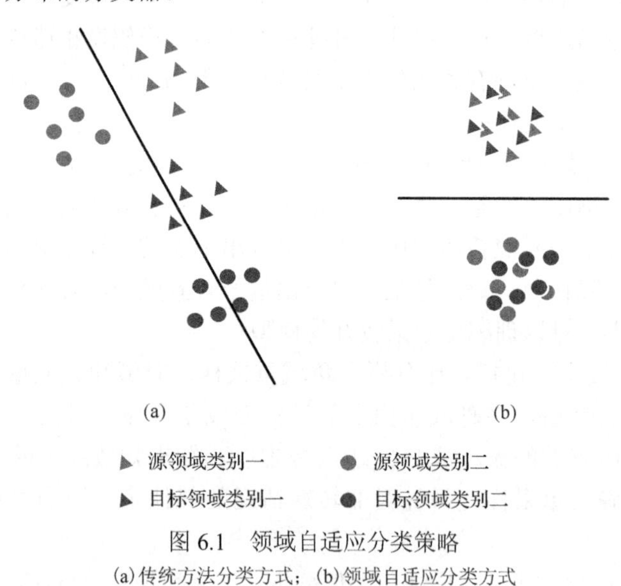

图 6.1　领域自适应分类策略

(a)传统方法分类方式；(b)领域自适应分类方式

领域自适应学习主要解决以下三个问题。

(1)如何确定领域间的共性和各自领域内的知识，只有领域间存在共性，才能通过学习其他领域的知识帮助目标领域完成学习任务。

(2)如何通过源领域知识帮助目标领域解决问题，这是实现领域自适应最重要的部分，通过一定的技术手段实现领域间的关联学习。

(3)如何确定领域间的关联情况，如果目标领域与源领域关联性不强或不相关，则难以保证目标学习任务的准确性和稳定性。

按学习内容划分，领域自适应学习可分为以下几类。

第一类，基于实例权重的领域自适应学习。该类方法通过分布相似性、空间距离等评判方式对源领域的样本赋予权重，权重高的样本参与模型的训练，提高了源领域与目标领域相似样本对模型训练的贡献，进而提高模型对目标领域的适应能力。如 Jiang 和 Zhai[3]从分布视图的角度对域自适应问题进行了形式化分析和刻画，并指出在源域和目标域适应性问题中按照实例分布和分类功能存在着两种不同的适应需求。然后提出了一种通用实例权重框架，通过实例加权来合并和利用目标域中的更多有效信息，能有效地处理任务领域自适应问题。Huang[4]和 Sugiyama 等[5]分别提出核平均匹配（kernelmean matching，KMM）算法和 Kullback-Leibler（KL）重要性估计（Kullback-Leibler importance estimation procedure，KLIEP）算法，对源领域分布和目标领域分布进行概率密度估计，通过 KMM 算法和 KL 距离为评判准则使领域间分布尽可能相似，为实例样本添加权重。Cortes 等[6]讨论了基于聚类的权重估计和基于 KMM 权重估计出现错误后对准确性的影响。有学者以交叉熵为选择依据，从一个大的普通平行语料库中提取与目标领域相关的语句组成伪域，这些伪域内的数据是不同且可以用来训练出小的机器翻译系统，有效地提高了机器翻译系统领域自适应性能[7]。Cortes 和 Mohri[8]提出一系列新的理论、算法用于领域自适应和回归样本偏差校正，证明当数据集是类似高斯核产生的再生希尔伯特空间时，分布差异为平方损失距离，并给出了基于差异和加权特征差异参数更精细的边界。欧倩倩等[9]在多领域集成框架下提出 MAIR（the multi-domain adaption based on instance reconfiguration）算法，从原始数据中选取部分实例对目标领域实例进行重构和预标记，并将标记实例加入到源领域进行迭代训练，提高了分类性能和时间性能。

第二类，基于特征的领域自适应学习。基于实例的领域自适应学习方法具有较强的自适应能力，一般适用于源数据与目标数据分布差异不是很大的情况。而当领域间数据分布差异较大时，基于实例的领域自适应学习很难在实例层面找到领域间的联系，但是基于特征领域自适应学习则很好地适用于领域间数据分布较大的情况，因为该类方法通过投影映射、空间转换和构造共享特征空间等方法利用特征层的联系解决领域自适应问题。尽管领域间数据分布存在较大差异，但它们会共享部分的特征集合或在其他特征空间存在隐含的联系。基于特征的领域自适应学习主要分为两类。一类是通过移除或惩罚不相关特征，使两领域特征尽可能相似，或是对特征进行投影、空间转换等操作，消除领域间分布差异。如 Satpal 和 Sarawagi[10]利用目标域的未标记数据来训练一个模型，最大化训练样本的可能性，同时最小化训练数据和目标数据之间的分布距离，通过惩罚分歧较大特征，同时提高相关特征的作用，利用条件概率模型预测输入的特征标签。陶剑文和王士同[11]基于结构风险最小化模型，提出一种领域适应核支持向量学习机（domain adaptation kernel support vector machine for domain adaptation，DAKSVM）及其最小平方范式。在某个再生核希尔伯特空间，充分考虑了领域间分布的均值差和散度差最小化。另一类是建立新的特征空间，该空间包含了源域和目标域的特征属性，从而建立源域与目标域间的特征联系。如 Blitzer 等[12]对结构对应学习（structural correspondence learning，SCL）算法在处理跨领域语言识别中的研究。自动地产生不同领域间的特征关系，实现从具有丰富标签数据源领域提取有用特征，帮助标签数据稀少或无标签数据的新领域构建学习模型。Huang 和 Yates[13]尝试寻找源域与目标域共享特征空间，发现领域间潜在特征，帮助建立跨领域模型。

第三类，基于参数的领域自适应学习。该类方法通过学习领域间共享模型参数和先验分布实现跨领域的学习。如 Bonilla 等[14]研究了高斯过程（Gaussian processes，GP）中的多任务学习问题。提出了一个模型，学习输入的相关特征和任务间自由协方差矩阵的共享协方差函数。这使在相关性任务间建模时具有良好的灵活性，同时避免了需要大量数据进行训练。Finkel 和 Manning[15]提出基于分层贝叶斯先验知识的领域自适应学习算法。每个域对每个特征都有自己的特定于域的参数，模型不是通过一个常数，而是通过一个分层的贝叶斯全局先验来连接这些参数。Gao 等[16]提出了一个局部加权集成框架，将多个模型用于迁移学习，其中权重根据模型在每一个测试实例上的预测能力进行动态分配。它可以将多种学习算法的优点和来自多个训练域的标记信息集成到一个统一的分类模型中，然后将其应用于不同的领域。将局部加权总体框架的最优性作为组合多个域迁移模型的一般方法。通过将模型的结构映射到测试域的结构，然后根据测试实例的邻域结构的一致性，对局部模型进行加权，从而实现局部权重分配。

第四类，基于相关知识的领域自适应学习。领域间除了上述实例、特征及参数具有相关性外，利用知识之间的对应关系同样可以实现领域自适应学习。如网络关联知识或社会网络数据等。如 Mihalkova 等[17]将源域的马尔可夫逻辑网络知识映射到目标域，通过修改映射关系提高模型精度，实现跨领域学习。Davis 和 Domingos[18]提出一种基于二阶马尔可夫逻辑形式的方法，成功地在分子生物学、社会网络和 Web 领域间进行知识迁移。

上述方法多致力于图像识别、文本分类、自然语言处理和语音识别等领域自适应问题，对变工况下的机械故障诊断研究还很少。如何运用领域自适应方法应用到故障诊断中，同样要解决领域自适应学习的三个问题：①如何确定领域间的共性和各自领域内的知识；②如何通过源领域知识帮助目标领域解决问题；③如何确定领域间的关联情况。利用振动检测方法对不同工况压缩机进行故障诊断时，由于振动信号具有多噪声、非平稳性特点，很难直接发现不同工况间数据关系。这些关系往往表现在特征层面存在的某种特征属性上。另外，工况和故障对于振动信号的影响，可能在某些特征上表现相同，只是程度不同或是在其他特征空间存在潜在的联系，直接利用上述非监督式特征学习过程，在受不同工况的影响下难以发现故障特征。

6.3　符号近似聚合和关联规则相结合的变工况下故障特征挖掘方法

6.3.1　关联规则及其在信号特征挖掘中的应用

符号近似聚合(symbolic aggregate approximation，SAX)中的区间划分和符号化思想，根据数据分布特点，将振动信号的特征值等概率划分成若干区间；然后将不同的区间用不同的符号表示，实现连续量化属性值向离散布尔值的转变。

关联规则挖掘是在 1993 年由 Agrawal 等[19]首先提出的，是知识发现(knowledge discovery in database，KDD)研究的重要内容，在商品销售、疾病研究、生产过程质量改进和告警关联等众多领域具有广泛的应用。进行关联分析的过程就是用关联规则对数据进行挖掘，挖掘数据间隐藏的关联关系，发现同一事件中不同项目之间存在的相关性，以便识别出数据间隐藏的规律和以前未发现的模式。将其引入到故障诊断中，可以发现不同工况和不同故障状态下的相关特征及其特征变化规律，为跨工况故障诊断和特征分析研究提供理论指导。

关联规则是形如$X\Rightarrow Y$的逻辑蕴含式，其中$X\subset I$，$Y\subset I$，且$X\cap Y=\varnothing$。设$\boldsymbol{I}=\{i_1,\cdots,i_m\}$为所有项目的集合，$D$ 为事务数据库，事务 T 是一个项目子集($T\subseteq I$)。每一个事务具有唯一的事务标识 TID。

规则受支持度(support)和置信度(confidence)两个参数制约，设 A 是一个由项目构成的集合，称为项集。事务 T 包含项集 A，且 $A\subseteq T$。如果项集 A 中包含 k 个项目，则称其为 k 项集。项集 A 在事务数据库 D 中出现的次数占 D 中总事务的百分比叫作项集的支持度。如果项集的支持度超过用户给定的最小支持度阈值，就称该项集是频繁项集。如果事务数据库 D 中有 $s\%$的事务包含 $X\cup Y$，则称关联规则 $X\Rightarrow Y$ 的支持度为 $s\%$。将项集 X 的支持度记为 support(X)，规则的信任度则为 support($X\cup Y$)/support(X)。支持度反映了规则的频度，置信度反映了规则的强度。用于故障诊断中的规则 $X\Rightarrow Y$，X 作为特征及特征属性的集合，Y 为工况条件和故障类型的集合，最终挖掘的规则可以反映出不同特征与工况和故障间的关联关系。

关联规则挖掘目的是在事务数据库中找出满足用户给定的最小支持度(minsupp)和最小置信度(minconf)要求的关联规则。数据集的支持度大于最小支持度时，称此项集为频繁项集。当规则的支持度和置信度分别大于最小支持度和最小置信度时，则认为产生的规则是有效的，称其为强关联规则。整个挖掘过程可分解为以下两步：①发现所有的事务支持度大于最小支持度的项集；②在找出频繁项集的基础上产生强关联规则。在信号特征挖掘中，将不同特征及所处的大小级别和对应的状态(工况和故障)组成项集，通过设置支持度和置信度，找出在整个数据库中每种状态下每个特征级别的强关联规则，发现对应状态的特征规律。

6.3.2　适用于信号特征挖掘的 Apriori 算法

Apriori 算法在 1994 年提出[20]，是关联规则中最经典的方法。本节通过改变产生规则的限制条件，可以很好地挖掘出有关工况和故障状态的特征，简化了算法过程，提高了该算法对于故障特征挖掘的效率。

该算法核心理论是：频繁项集的所有非空子集一定是频繁项集，非频繁项集的超集一定是非频繁的。因此，Apriori 发现关联规则主要有两个步骤：通过多次扫描，找出数据库中所有频繁项集，即满足最小支持度的所有项集；然后由频繁项集生成满足最小置信度的规则，具体过程如图 6.2 所示。

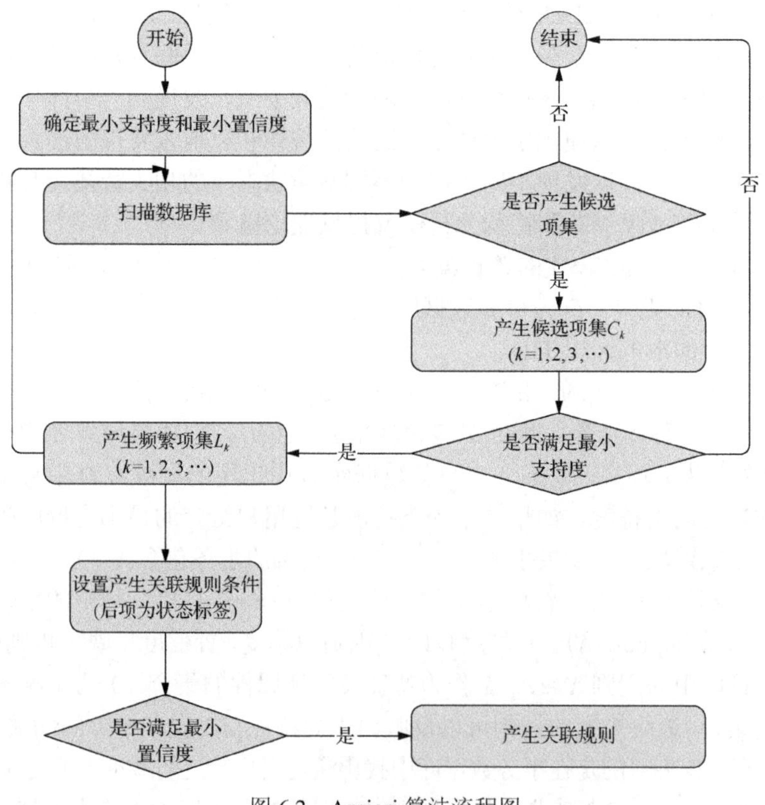

图 6.2　Apriori 算法流程图

首先，用户给定最小支持度和最小置信度。然后扫描数据库，找到满足最小支持度的所有频繁 1 项集 L_1；再扫描数据库判断是否能产生候选项集 C_1，如果产生了候选项集，则判断候选项集是否满足用户设置的最小支持度，若是满足最小支持度，则将产生频繁 2 项集 L_2，然后重新按照之前的步骤寻找频繁 3 项集 L_3，直到找到最大的频繁 k 项集 L_k。对每个频繁项集产生的非空子集计算置信度，如果满足给定的最小置信度则产生规则。为了挖掘不同特征与状态之间的对应关系，在计算置信度之前，添加了限制条件：规则后项为工况或故障状态标签，只生成出后项为状态标签的规则。一方面可以减少扫描数据库次数，避免了不必要的计算，减少挖掘时间和内存，提高了效率；另一方面直接找到与状态相关的特征规则，方便以后的分析。

```
L1={large 1–itemsets};
  for(k=2; Lk-1 ∅; k++)
    Ck=apriori–gen(Lk-1);//generate new candidates Ck
    for transactions t∈D;
          Ct=subset(Ck,t);//candidates contained in t
          for candidates c∈Ct
              c.count++;
          end
      end
      Lk={c∈Ck|c.count≥minsup}
  end
  answer=UkLk;
  产生关联规则 X⇒Y 的伪代码如下所示：
  forall Xk∈Lk， k≥2
     Hk={Xk generate itemsets with one item in the right};
     AP_GenRule(Xk， Hk);
  end
function AP_GenRule(Xk: k–large itemsets， Hm:right-rule sets)
  if(k>m+1)
     forall hm+1∈Hm+1
        conf=S(Xk)/S(Xk–hm+1);
        if(conf≥min_conf)
          output rules: Xk–hm+1⇒hm+1， support=S(Xk)， confidence=conf;
        else
          deletehm+1fromHm+1;
        end;
      end;
  end;
```

6.3.3　基于等概率关联规则挖掘方法

传统关联规则挖掘是基于 Apriori 算法的布尔型关联规则挖掘，数据集中属性非“0”既“1”，但是用于故障诊断的振动数据特征值大多是量化属性值[21]，难以直接进行关联规则挖掘。为了适应关联规则挖掘中的数据集特点，需要对特征值进行处理。一般方法是将连续数据离散化，划分成若干独立区间。将数据值映射到区间，实现由量化值到布尔型的转变[22]。最简单常用的区间划分方法为均匀划分，包括等宽度和等密度均匀划分，但该类方法会出现边界过硬的问题[23]。基于模糊概念的挖掘方法可以解决边界过硬的问题，但是会出现隶属度和隶属函数确定的问题[24]。使用基于距离的聚类方法解决了最小支持度和最小置信度问题[25]，但忽略了数据之间的关系和数据整体分布规律。

因此，本节提出一种基于等概率划分的关联规则挖掘方法，用于挖掘振动信号特征与工况状态和故障状态之间的关联关系。借鉴符号聚合近似(symbolic aggregate approximation，SAX)[26]中的区间划分和符号化思想，将振动信号的特征值按照数据分布特点，等概率构建区间映射；然后将每个区间用一个符号表示，将连续的量化属性值转换成离散布尔值[27]。

首先，将数据标准化处理，标准化后的数据将服从高斯分布 $X \sim N(0, 1)$，标准化方程如下：

$$B = \frac{A - \mu}{\sigma} \tag{6.1}$$

式中，B 为序列 A 标准化后的数据；μ 和 σ 分别为序列 A 的均值和标准差。

标准化后的数据将服从高斯分布，此时，数据点落在$[a,b]$范围内的概率为标准高斯分布曲线所包围的区域，如图 6.3 所示。概率公式如下:

$$P(x) = \phi(x) = \int_a^b \frac{1}{\sqrt{2\pi}} \mathrm{e}^{-\frac{x^2}{2}} \mathrm{d}x, \mathrm{a} < x < \mathrm{b} \tag{6.2}$$

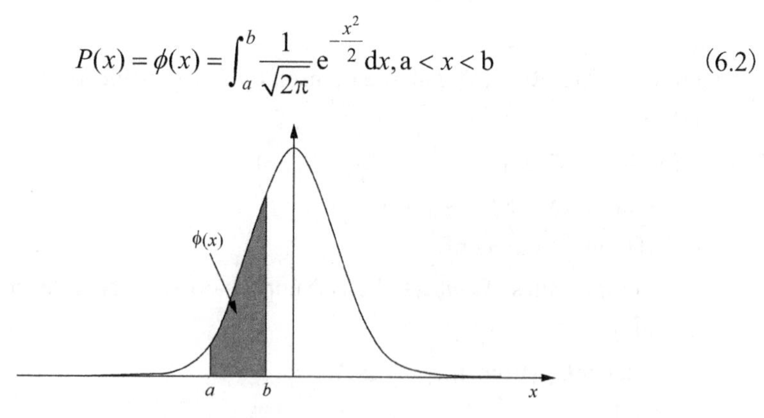

图 6.3　高斯分布概率图

根据高斯分布的特点，可以以等概率分布的形式构建区间映射。首先，按照高斯分布等面积的方式设置断点。例如，划分四个区间，则需要设置三个断点，这三个断点将高斯概率密度分布图分成了四个等面积部分。然后，将标准化后的数据与这三个断点比较，这些数据将会映射到四个不同的区间，实现了对数据的区间划分，每个区间用一个符号表示。最终，原始的序列就由一系列能表征数据大小的符号组成。用于特征分析时，每列特征将由不同类别的样本序列组成，通过上述方式处理后，原始的特征序列就由一系列代表不同大小的符号组成，实现了特征量化值到布尔型的转变。

当数据样本较多时，为了减少样本维度，可以通过分段聚合近似(piecewise aggregate approximation，PAA)的方法对数据进行压缩降维，该方法主要由压缩比控制。压缩比为 n 时，则将原来的序列每 n 个点作为一段，并用该段平均值代替。所以，原来维度为 m 的序列将被压缩到 m/n 维。用该方法为样本数降维，一方面可以通过大量样本，求出每类样本整体的特征值水平，消除极端个例的影响；另一方面在保留原有类别样本特征值整体水平的前提下，降低了样本数，方便后续的规则挖掘过程，提高挖掘效率。构建等概率区间符号映射和样本数据降维的过程如图 6.4 所示。

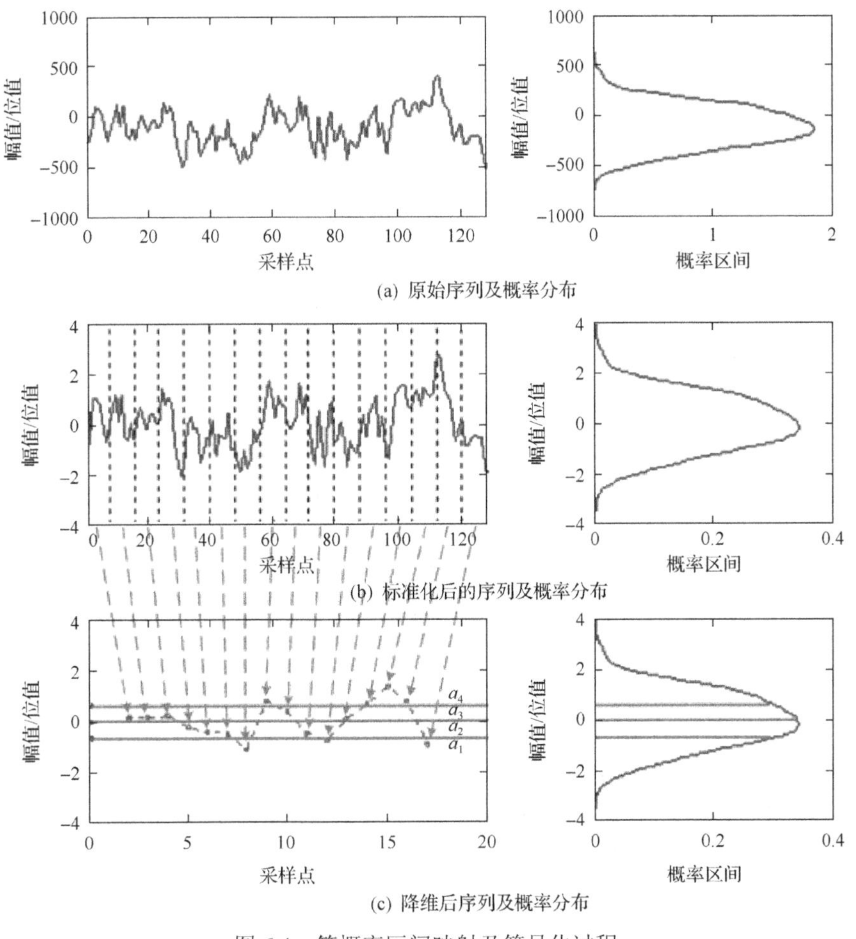

(a) 原始序列及概率分布

(b) 标准化后的序列及概率分布

(c) 降维后序列及概率分布

图 6.4　等概率区间映射及符号化过程

通过区间映射和符号化处理后，特征值由原来的数值型变量转化成了具有布尔型特点的变量。最后通过添加了限制条件的 Apriori 算法对符号化后的特征符号变量和状态标签组成的符号矩阵进行规则挖掘，从而发现不同工况状态和不同故障状态与特征之间的关系，如图 6.5 所示。

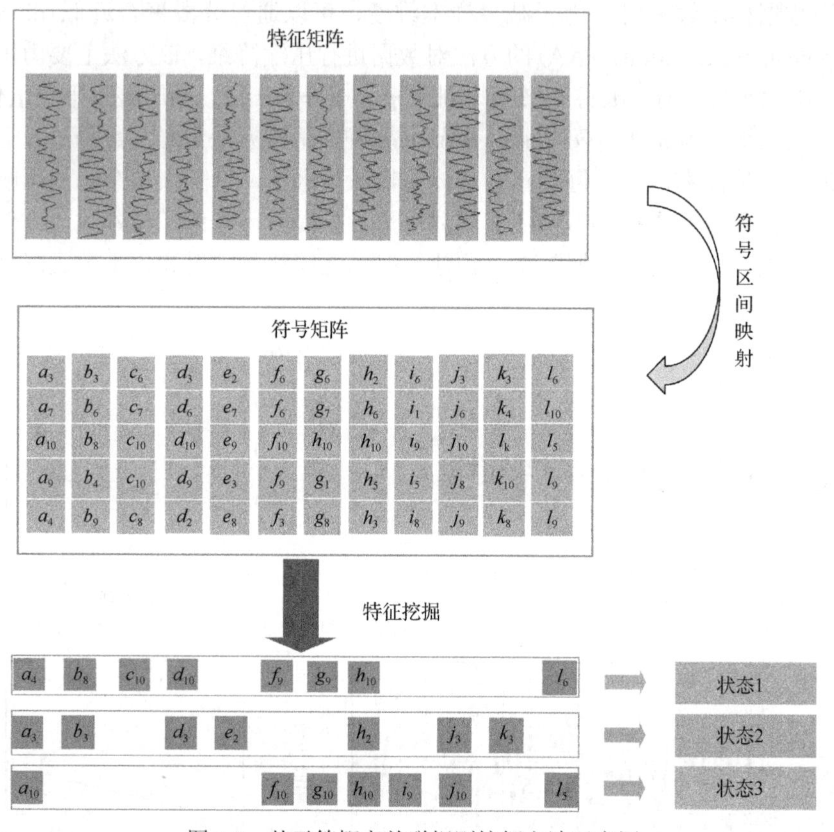

图 6.5　基于等概率关联规则挖掘方法示意图

图 6.5 中每个方格代表一个特征区间，字母“$a, b, c, \cdots$”代表不同的特征，“1, 2, 3, ⋯”表示区间值的大小，数字越大表示区间值越大。最终可以挖掘出有哪些特征，并且这些特征值的大小在什么范围内与对应的工况或者故障状态有关，因此可以分析出不同工况或者不同故障状态下的相关特征以及特征值随状态改变的变化情况。

整个挖掘过程总体可分为信号采集、特征提取、区间映射符号化和规则挖掘四个步骤，具体方法流程如图 6.6 所示。首先，采集齿轮箱不同工况及不同故障状态的振动数据；然后，对振动信号提取时域和频域特征，再通过基于等概率的离散化方法，按照特征数据分布特点，进行离散化和符号表示；最后，运用改进的 Apriori 算法对符号化的特征符号和状态标签进行规则挖掘，并画出状态特征图谱进行分析，确定齿轮箱不同工况和不同故障状态下与特征指标间的关联关系。

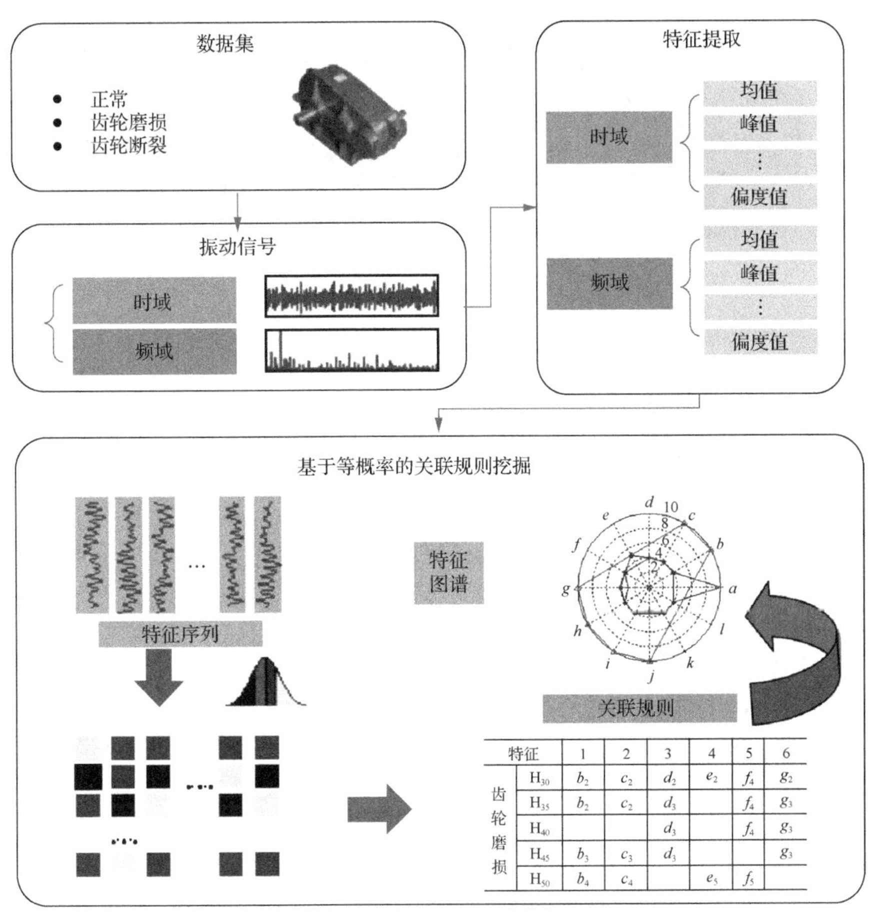

图 6.6　基于等概率关联规则挖掘方法特征分析流程图

6.3.4　特征挖掘案例分析

本节采用 2009 年 PHM Society Data Challenge[28]齿轮箱数据对介绍方法进行验证。齿轮箱故障模拟实验系统由电机、二级齿轮箱、传感器和数据采集系统组成。图 6.7 展示了实验台总图、齿轮箱内部结构及传感器布置情况。将加速计分别布置在齿轮箱输入端和输出端，采样频率均为 66666.67Hz。另外在输入端和输出端轴上安装转速计，监测转速情况。实验分别采集了高负载和低负载情况下的数据，每种负载情况下又包含了转频分别为 30Hz、35Hz、40Hz、45Hz、50Hz 的数据，一共是 10 种工况数据，每种工况数据分为正常、齿轮磨损和齿轮断裂三种状态，其实物图与振动波形图如图 6.8 所示。

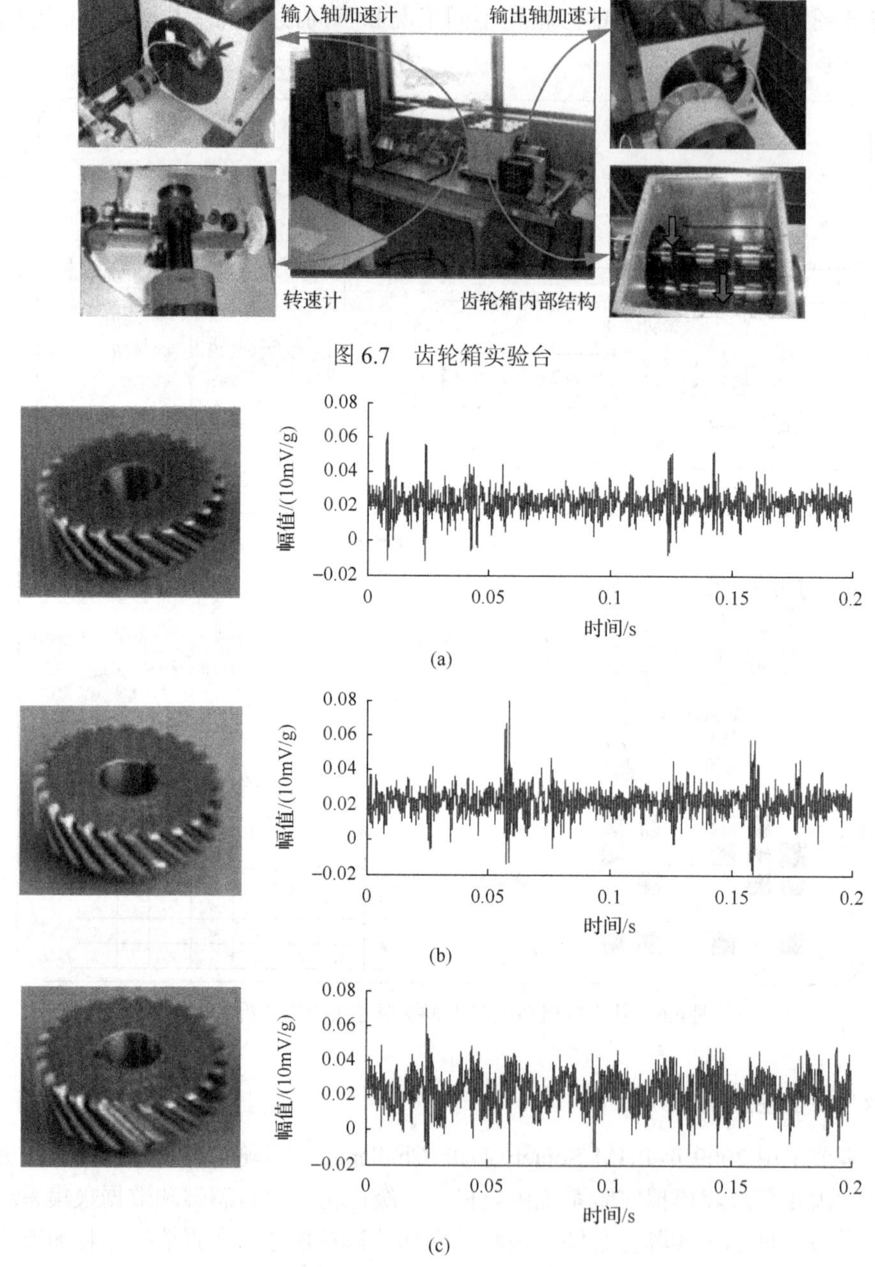

图 6.7　齿轮箱实验台

图 6.8　不同状态齿轮实物图及振动加速度波形图

(a)正常状态齿轮实物及振动波形图；(b)齿面磨损实物及振动波形图；(c)齿轮断裂实物及振动波形图

振动信号能够反映设备的运行状态，当工况发生变化时，振动情况也将发生变化。针对振动信号，时域和频域分析是研究信号特点最简单、最有效、最常用的方法，能够反映信号波形和周期特点。因此，根据齿轮箱的结构和运行特点，本章将对齿轮箱振动信号提取 6 个时域特征和 6 个频域特征。分别对原始时域信号和频域信号提取均值、标准差、有效值、方根幅值、峰值、偏度值，具体特征描述如表 6.1 所示。

表 6.1　提取的特征描述

参数	描述
均值	$x_{\mathrm{MV}}=\frac{1}{n}\sum_{i=1}^{n}x_i$
标准差	$x_{\mathrm{SD}}=\sqrt{\frac{\sum_{i=1}^{n}(x_i-x_{\mathrm{MV}})^2}{n-1}}$
有效值	$x_{\mathrm{RMS}}=\sqrt{\frac{\sum_{i=1}^{n}x_i^2}{n}}$
方根幅值	$x_{\mathrm{RA}}=\left(\frac{\sum_{i=1}^{n}\sqrt{x_i}}{n}\right)^2$
峰值	$x_{\mathrm{CF}}=\max_{1\leqslant i\leqslant n}x_i$
偏度值	$x_{\mathrm{S}}=\frac{\sum_{i=1}^{n}x_i^3}{n}$

注：x_i 为原始时域信号；n 为 x_i 的采样点数。

按照 10 种不同工况和 3 种不同故障区分，共有 30 类数据，每类数据采集 100 个样本，样本长度为 2500 个数据点。每个样本提取 2.2 节提到的 6 个时域特征和 6 个频域特征，最终每个样本从原始振动信号变为由 12 个特征组成特征向量，原始 3000 样本将变为 3000×12 的特征矩阵。然后利用等概率离散化方法建立区间映射，按照每列特征的数据分布特点构建 10 个符号区间映射，并采用分段聚合的方式进行数据压缩。设置分段聚合的压缩比为 5，这样每列包含 30 类的 3000 特征值将映射为 600 个符号，每类样本数压缩到 20 组。原始 3000×12 的特征矩阵将转化为 600×12 的符号矩阵。

本节利用等概率关联规则挖掘方法，对齿轮箱高负载条件下 5 种不同转速的三类状态振动数据进行特征提取和规则挖掘，挖掘结果如表 6.2 所示。

表 6.2　高负载下不同转速和不同故障下特征挖掘结果

特征		时域						频域					
		均值	标准差	有效值	方根幅值	峰值	偏度值	均值	标准差	有效值	方根幅值	峰值	偏度值
正常	H_{30}	a_6	b_2	c_2	d_2	e_2	f_4	g_2	h_2	i_2	j_3	k_2	l_3
	H_{35}		b_2	c_2	d_2	e_2	f_4	g_2	h_2	i_2	j_3		l_3
	H_{40}		b_3	c_3	d_3		f_4	g_3	h_3	i_3	j_3	k_6	l_3
	H_{45}	a_8	b_3	c_3	d_3			g_3		i_3	j_3		l_3
	H_{50}	a_{10}	b_4	c_4	d_4	e_3		g_3	h_4	i_4	j_3		l_4
齿轮磨损	H_{30}		b_2	c_2	d_2	e_2	f_4	g_2	h_2	i_2	j_3	k_2	l_3
	H_{35}		b_2	c_2	d_2		f_4	g_3	h_2	i_2	j_3	k_3	l_3
	H_{40}				d_3		f_4	g_3			j_3	k_2	l_3
	H_{45}		b_3	c_3	d_3			g_3	h_3	i_3	j_3	k_2	l_3
	H_{50}		b_4	c_4		e_4	f_5		h_4	i_4	j_3	k_3	l_4
齿轮断裂	H_{30}		b_4	c_4	d_4		f_4	g_5		i_4			
	H_{35}		b_6	c_6				g_7		i_6	j_7		
	H_{40}		b_8	c_8	d_8					i_8			
	H_{45}		b_{10}	c_{10}		e_{10}		g_{10}		i_{10}	j_{10}		l_9
	H_{50}		b_{10}	c_{10}		e_{10}		g_{10}	h_{10}	i_{10}	j_{10}		

为了能更好地表现特征变化规律，分别从不同状态和不同工况的角度画出了特征图谱，如图 6.9 和图 6.10 所示。

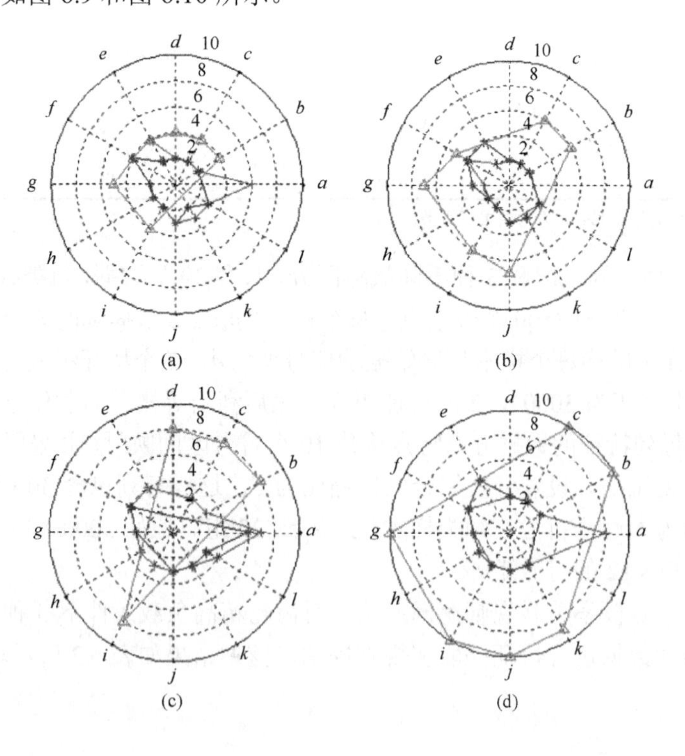

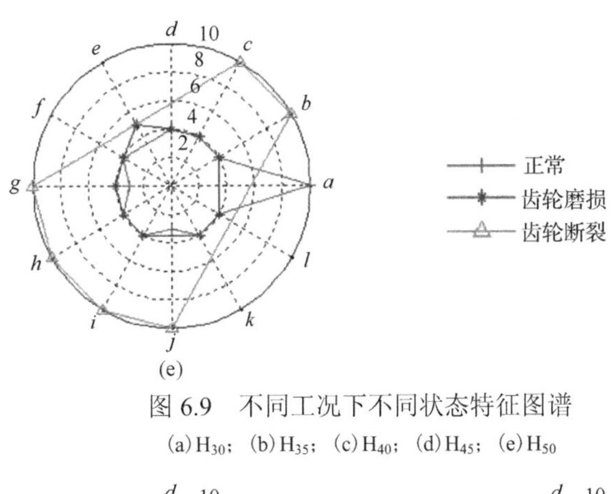

(e)

图 6.9　不同工况下不同状态特征图谱

(a) H_{30}；(b) H_{35}；(c) H_{40}；(d) H_{45}；(e) H_{50}

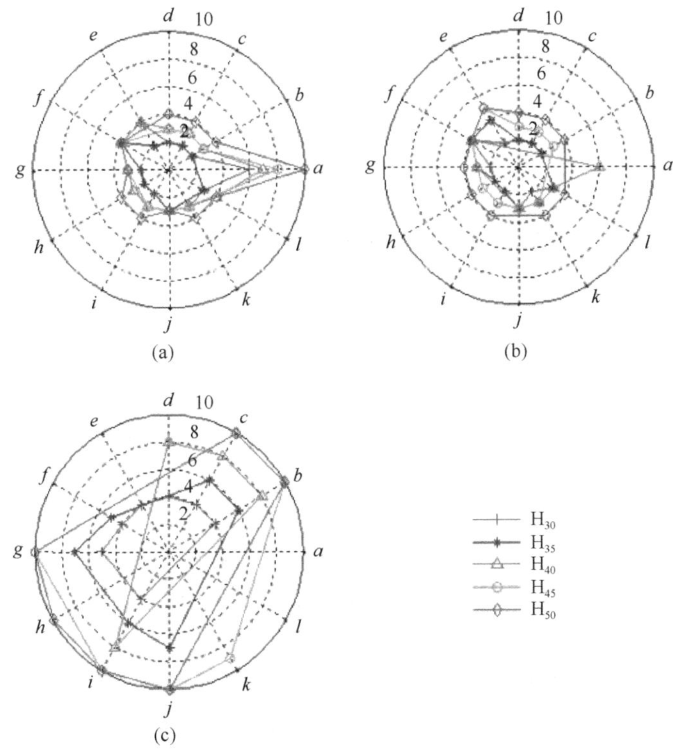

(a)　(b)　(c)

图 6.10　不同状态下不同工况特征图谱

(a) 正常状态；(b) 齿轮磨损；(c) 齿轮断裂

表 6.2、图 6.9 和图 6.10 中的“$a, b, c, \cdots, l$”分别表示时域的均值、标准差、有效值、方根幅值、峰值、偏度值，和频域的均值、标准差、有效值、方根幅值、峰值、偏度值；数字表示级别大小，数字越大表示级别越高，原始特征值越大。

通过表 6.2、图 6.9 及图 6.10 可以看出，正常状态和齿轮磨损的特征更稳定，挖掘的特征较多，包括时域的标准差、有效值、方根幅值和频域的均值、标准差、有效值、方根幅值、峰值、偏度值。齿轮断裂状态下，挖掘的特征数较少，只有时域标准差、有效值和频域的均值、有效值和方根幅值。说明齿轮断裂状态下特征不稳定，出现了较大波动。另外可以看出频域信号在特征层面表现得比较稳定，对于工况和故障变化，基本能够表现出相应的变化。

从故障对信号特征影响的角度分析，正常状态和齿轮磨损状态下，特征值基本处于相同水平；而齿轮断裂状态下，特征值明显处于较高水平，说明齿轮磨损对特征的影响较小，而齿轮断裂影响较大，这可能是因为齿轮断裂引发了更加剧烈的振动，与实际情况相符。

从工况变化的角度分析可得出，随着转速的变大，特征值一定程度的增大。其中，正常状态和齿轮磨损状态下挖掘出的特征随着转速变化，特征值变化程度较小；而齿轮断裂情况下，相关特征随着转速变化，特征值的变化程度较大。根据上述分析可得，齿轮磨损相较于工况变化对特征值的影响较小，在诊断时受工况影响较大。

6.4 基于领域自适应的变工况齿轮箱迁移诊断

为了保障机器设备的正常运转，故障诊断已经被深入研究并且得到了广泛的发展。通过引入机器学习方法建立的模型能够实现有监督和无监督的准确故障分类。这些模型大多建立在训练数据和测试数据服从相同分布的基础上，而实际生产中的设备运行状态是不稳定的，从而造成数据的分布差异。这些差异将会影响模型的诊断效果，导致模型失效，难以准确地诊断出设备的运行状态。工况变化会影响齿轮箱的振动情况，容易导致传统方法难以发现故障或者发生误诊情况。此外，齿轮箱的振动数据，在转速或者负载不同的情况下振动情况会发生变化，而对每种工况建立相应的诊断模型费时耗力，且由于缺乏标签数据，模型难以建立。领域自适应学习[29,30]旨在建立一种能够缩小不同但相关领域之间的数据分布差异的学习模型，实现从一个领域学习到的特征用于其他相关领域。它在语音、图像识别及文本分类中应用十分广泛[31,32]。因此，本节将不同工况的情况作为不同但相关的领域，通过领域自适应学习建立空间转换模型，减小数据分布差异，解决因工况变化造成的模型失效问题[33]。

作为领域自适应学习中较为出色的方法，边缘降噪编码器(marginalized stacked denoising autoencoder，mSDA)[34]在很多跨领域识别中都有出色的表现。该方法参数少，运算效率高，通过去噪来建立一个训练准则，避免了因简单复制输入最大化互信息得到无用信息。用一个简单的矩阵映射来代替编码和解码过程，通过将不同分布数据变换到相同分布空间，最终消除不同但相关领域之间的数据分布差异，在语音、图像和文本跨领域识别中得到广泛应用。由于 mSDA 的非监督式学习特点，难以直接从振动信号中学到故障敏感特征。因此，本节提出一种基于辅助模型的领域自适应模型(auxiliary-model based domain adaptation，AMDA)[35]，通过建立基于卷积神经网络(convolutional neural network，CNN)监督学习模型辅助 mSDA 进行特征学习，实现了监督式领域自适应特征学习。

6.4.1　边缘降噪编码器

mSDA 是降噪编码器(stacked denoising autoencoder，SDA)的改进版，由 Chen 等[34]提出。类似 SDA 的堆栈方式，mSDA 同样是由多个的单层边缘降噪编码器(mDA)堆叠而成。由源领域(D_S)和目标领域(D_T)的输入数据 $x_1,\cdots,x_n$ 以一定概率 $P\geqslant 0$ 随机置零，与 SDA 的两层编码和解码器不同的是 mSDA 将输入通过一个简单的映射矩阵 $\boldsymbol{W}$ 进行数据转换，最小重建损失函数如下：

$$\frac{1}{2n}\sum_{i=1}^{n}\left\|x_i-\boldsymbol{W}\tilde{x}_i\right\|^2 \tag{6.3}$$

式中，x_i 为原始输入数据；$\tilde{x}_i$ 为原始输入破坏后的数据。

式(6.3)需要根据每个输入被随机破坏的特征来进行，为了减少误差，每次执行多个传递训练集，每次都有一个随机的损坏。通过最小化整体的平方损失可以得到 $m\times n$ 维的映射 $\boldsymbol{W}$：

$$L_{\text{sq}}(\boldsymbol{W})=\frac{1}{2mn}\sum_{j=1}^{m}\sum_{i=1}^{n}\left\|x_i-\boldsymbol{W}\tilde{x}_{i,j}\right\|^2 \tag{6.4}$$

式中，$\tilde{x}_{i,j}$ 为输入 x_i 的第 j 个被破坏的版本。

因此，定义矩阵 $\boldsymbol{X}=[x_1,\cdots,x_n]\in\mathbf{R}^{d\times n}$ 及它的 m 次重复版本矩阵 $\bar{\boldsymbol{X}}=[X_1,\cdots,X_m]$。将 $\bar{\boldsymbol{X}}$ 的有损版本表示为 $\tilde{\boldsymbol{X}}$。通过上述的表示，式(6.4)中的损失函数可表示为

$$L_{\text{sq}}(\boldsymbol{W})=\frac{1}{2mn}\text{tr}\left[(\bar{\boldsymbol{X}}-\boldsymbol{W}\tilde{\boldsymbol{X}})^{\text{T}}(\bar{\boldsymbol{X}}-\boldsymbol{W}\tilde{\boldsymbol{X}})\right] \tag{6.5}$$

解决式(6.5)可以用最小二乘的闭式解：

$$\boldsymbol{W}=\boldsymbol{P}\boldsymbol{Q}^{-1},\quad \boldsymbol{Q}=\tilde{\boldsymbol{X}}\tilde{\boldsymbol{X}}^{\text{T}},\quad \boldsymbol{P}=\bar{\boldsymbol{X}}\tilde{\boldsymbol{X}}^{\text{T}} \tag{6.6}$$

由大数定律可知，当 m 非常大时，式(6.6)中的矩阵 $\boldsymbol{P}$ 和 $\boldsymbol{Q}$ 会收敛到它们的期望值。m 越大，平均能够用来的破坏就越多。理想情况是希望 $m\to\infty$，这样就等于用无穷多个带噪声数据计算降噪变换 $\boldsymbol{W}$。所以，如果关注限制条件 $m\to\infty$，

就能得到矩阵 $\boldsymbol{P}$ 和 $\boldsymbol{Q}$ 的期望，并且相应的映射矩阵 $\boldsymbol{W}$ 可表示为

$$\boldsymbol{W}=E[P]E[Q]^{-1} \tag{6.7}$$

接下来的任务就是计算矩阵 $\boldsymbol{P}$ 和 $\boldsymbol{Q}$ 的期望值，首先关注矩阵 $\boldsymbol{Q}$：

$$E[Q]=\sum_{i=1}^{n}E[\tilde{x}_i\tilde{x}_i^{\mathrm{T}}] \tag{6.8}$$

如果两个特征 α 和 β 在破坏过程中没有被置零，那么矩阵 $\tilde{\boldsymbol{x}}_i\tilde{\boldsymbol{x}}_i^{\mathrm{T}}$ 中的一个非对角元素不会受到破坏的概率为 $(1-P)^2$，对角元素被不会受到破坏的概率为 1–P。定义一个向量 $\boldsymbol{q}=[1-P,\cdots,1-P,1]^{\mathrm{T}}\in\mathbf{R}^{d+1}$，其中 q_α 表示特征 α 在破坏过程中未被破坏的概率。如果进一步将未被破坏的原始输入的散布矩阵定义为 $\boldsymbol{S}=\boldsymbol{X}\boldsymbol{X}^{\mathrm{T}}$，那么矩阵 $\boldsymbol{Q}$ 的期望就可以表示为

$$E[Q]_{\alpha,\beta}=\begin{cases}S_{\alpha\beta}q_\alpha q_\beta, & \alpha\neq\beta\\ S_{\alpha\beta}q_\alpha, & \alpha=\beta\end{cases} \tag{6.9}$$

根据式(6.8)和式(6.9)的计算方式，同样可以推导出矩阵 $\boldsymbol{Q}$ 的期望式为 $E[P]_{\alpha\beta}=S_{\alpha\beta}q_\beta$。

通过这些期望矩阵就可以直接由闭式公式计算重建映射 $\boldsymbol{W}$，而不用对每一个有损输入 $\tilde{x}_i$ 进行重建。这个算法就是 mSDA 的基础算法 mDA。像 SDA 一样，将 mDA 堆叠到一起，堆叠的方式是将第 t–1 个 mDA 的输出(经压缩函数后)作为第 t 个 mDA 的输入。训练是逐层贪婪地进行：将第 t 个 mDA 的输出记为 h^t，把原始输入记为 $h^0=x$，每个映射 $\boldsymbol{W}^t$ 从所有可能的破坏情况中被训练出来用于重建前一层 mDA 的输出 h^{t-1}，进而第 t 层的输出变为 $h^t=\tanh(\boldsymbol{W}^t h^{t-1})$，结构示意图如图 6.11 所示。

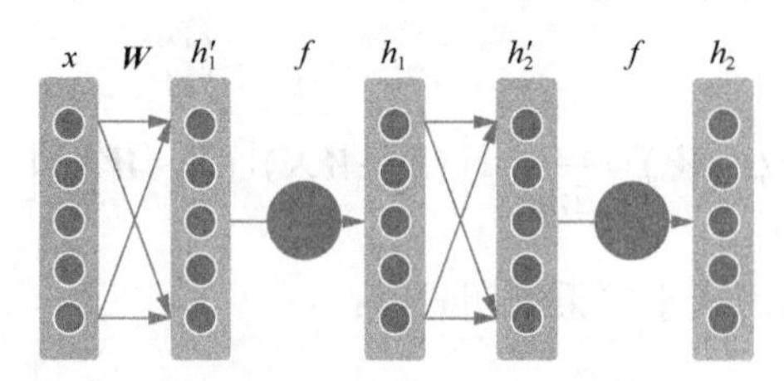

图 6.11　mSDA 结构示意图

6.4.2 卷积神经网络

典型的 CNN 是由卷积层和采样层两种隐含层组成。这些不同功能的层交替连

接实现了特征提取和数据降维，其中卷积层用于提取特征，而采样层降低了数据维度。

卷积层是由一系列卷积核构成，这些卷积核的功能类似于权重。卷积层的响应特征是通过卷积核在输入数据上滑动截取，计算出数据的加权和，并通过卷积核输出。这就是卷积过程，可用下面公式表示：

$$C = \mathrm{conv}(f,w) = f(x,y) * w(s,t) = \sum_{s=-a}^{a}\sum_{t=-b}^{b} w(s,t) * f(x-s,y-t) \tag{6.10}$$

式中，$f(x,y)$ 和 $w(s,t)$ 分别为输入和卷积核。

显然，每一种卷积核只能被用于提取特定的特征，如图像中的边缘、颜色和角[36]。为了提取不同的特征，卷积层中通常会同时存在多个卷积核。若假设第 k 层输出为 M，k+1 层有 N 个卷积核，那么 k+1 层卷积结果为

$$C_{ji}^{k+1} = \mathrm{conv}(f_i^k, \omega_j^{k+1}), \quad i = 1,2,\cdots,M, \ j = 1,2,\cdots,N \tag{6.11}$$

式中，f_i^k 为第 k 层输入；ω_j^{k+1} 为第 k+1 层卷积核。

k+1 层输出的特征值为

$$y_j^{k+1} = f\left(\sum_{i\in M_i} C_{ji}^{k+1} + b_j^{k+1}\right), \quad j = 1,2,\cdots,N \tag{6.12}$$

式中，f 为激活函数；b_j^{k+1} 为第 j 个卷积核的偏置；M_i 为局部连接输入的选择。

通常，在一个或几个卷积层后面插入采样层，以解决连续卷积产生的特征维度过高的问题。在一个具体的操作过程中，由卷积层输出的特征通常被划分为几个区域，区域之间没有重叠。对每个区域进行统计计算，相关的统计数据被用来替换原来的值。因此，假设采样层为 k+2 层，则详细的采样操作可定义为

$$S_j^{k+1} = \beta_j^{k+2}\mathrm{down}(y_j^{k+1}) + b_j^{k+2}, \ j = 1,2,\cdots,N \tag{6.13}$$

式中，down 为采样计算；β_j^{k+2} 和 b_j^{k+2} 分别为权重矩阵和偏置。

所以，采样层降维输出的特征可表示为

$$a_j^{m+2} = f(S_j^{m+2}), \quad j = 1,2,\cdots,N \tag{6.14}$$

式中，f 为激活函数。

6.4.3 AMDA 特征学习模型

对于用振动信号进行故障诊断，不同工况和故障都会引起数据的分布变化。

由于振动信号的特点和无监督学习方式的弊端，mSDA 虽然能够消除数据分布差异，但是却难以得到能区别故障的特征。因此本章提出一种基于 CNN 的 mSDA 特征学习模型，通过 CNN 监督式预训练过程帮助 mSDA 学习到故障敏感特征，同时消除工况造成的影响。首先用具有类别标签的故障数据通过 CNN 建立可以学习到故障类别敏感特征的模型，避免振动信号的高维度和大量无用信息的干扰。该模型通过卷积来学习特征，并且通过次采样降低了数据维度。此外，该模型可通过标签数据进行监督式学习，提取对故障类别更敏感的特征。这里只用已知工况的正常和故障数据进行监督式模型训练，目的是得到用于故障特征学习的模型。然后，将这个模型与 mSDA 连接，利用 mSDA 进一步对特征数据进行特征变换，通过破坏并恢复数据的过程消除数据分布差异，将最后一层的输出作为最终学习到的特征，模型示意图如图 6.12 所示。

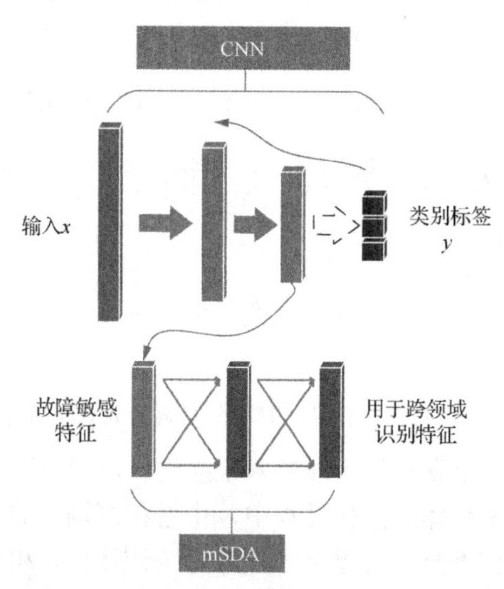

图 6.12　AMDA 特征学习模型结构示意图

最终，CNN 作为预训练模型，通过监督学习方式在卷积层学习到特征，帮助 mSDA 实现故障敏感特征提取，再通过采样层区域划分和统计计算降低特征维度。这些低维度的特征作为 mSDA 的原始输入 x 计算出映射矩阵 $\boldsymbol{W}$。计算过程由式(6.7)～式(6.9)完成。然后，每层的输出 h 就可以通过公式 $h=\tanh(\boldsymbol{W}x)$ 计算得到。该模型是多层网络结构，每层以堆叠的方式连接，前一层 t–1 层的输出 h^{t-1} 作为后一层 t 层的输入。因此，第 t 层的输出为 $h^t=\tanh(\boldsymbol{W}^t h^{t-1})$ 。利用 mSDA 的数据转换，将不同领域的数据转换到相同的分布空间，使不同领域的数据服从相同分布，从而消除领域间数据分布不同的影响，特征具体变化过程如图 6.13 所示。整个模型学到的特征将同时满足区别故障和消除工况影响的要求，因此可以训练出鲁棒性更强的分类器，实现齿轮箱不同工况下的精确诊断。

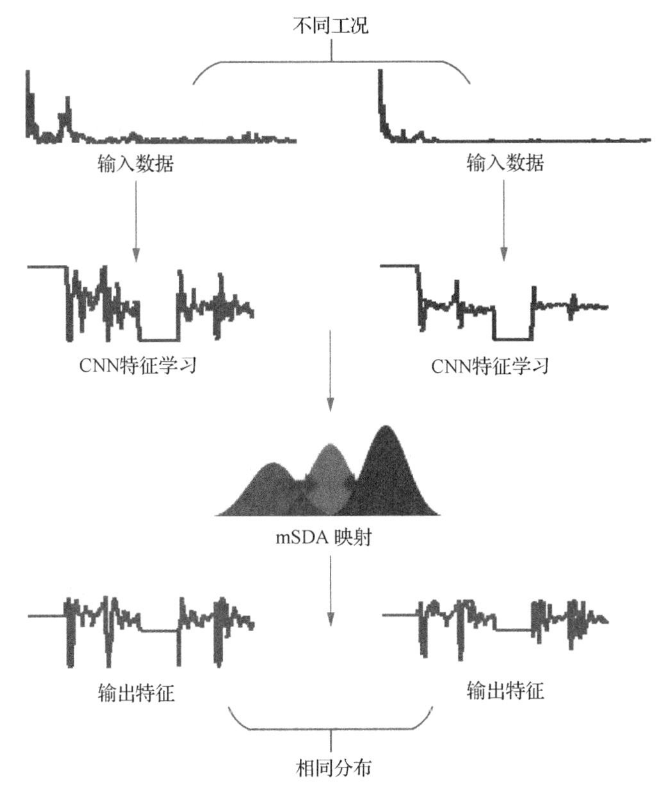

图 6.13　AMDA 模型特征变化过程展示

6.4.4　实验分析

本节用 6.3.4 节提到的齿轮箱数据检验提出的模型，方法具体过程如图 6.14 所示。首先，用快速傅里叶变换将时域信号处理为频域，并进行标准化处理。然后，用已知故障类别标签的工况数据通过 CNN 训练特征学习模型，该模型通过已知类别标签指导学习故障敏感特征。将该预训练模型连接到 mSDA 输入端，建立 AMDA 特征学习模型，学习得到最终的特征，最后用 SVM 训练分类器。

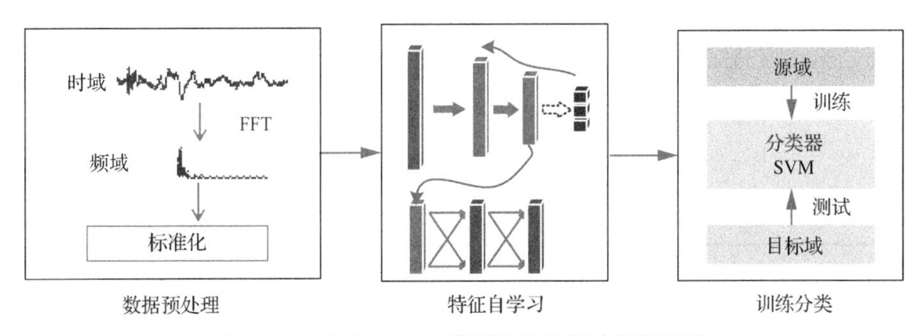

图 6.14　基于 AMDA 模型迁移诊断过程流程图

迁移学习的目的是用已知工况的数据来训练一个适应于另一种工况下缺乏故障标签数据的模型。因此，通过该模型学习特征后，用一种工况的特征数据作为训练数据，用另一种工况的特征数据进行测试[37]，观察模型效力。每种工况有正常、齿轮磨损、齿轮断裂三种状态，每种状态下的样本数为 100 组，样本长度为 2500 数据点。

同时将 AMDA 与阶比分析(OA)、SVM、CNN、mSDA 作对比分析，分类准确率如表 6.3 所示。其中训练集和测试集中的符号表示齿轮箱的工况状态，H 表示高负载，L 表示低负载，数字表示旋转频率。例如，L_{30} 表示齿轮箱在低负载、30Hz 转频的运行状态。

表 6.3　不同方法分类准确率

训练集	测试集	OA	SVM	CNN	mSDA	AMDA
L_{30}	H_{30}	52.7	69.3	71.7	86.3	87.3
	H_{35}	65.7	67.7	72	88	83.3
	H_{40}	68.7	63	66.7	84.7	86.7
	H_{45}	73	61	72.3	81.7	90.7
	H_{50}	72	69.3	65.3	70	93.7
L_{35}	H_{30}	41.7	74	76	81	87
	H_{35}	56.3	74.3	64	77.7	79.3
	H_{40}	69	46.3	41	66.3	86.7
	H_{45}	70.3	63	63	68	86.7
	H_{50}	72	61.7	52.3	66.7	89
L_{40}	H_{30}	34	68.3	69.3	88.3	95.3
	H_{35}	45.3	72.3	90.7	89	96.7
	H_{40}	62	53.7	67.7	90	90.7
	H_{45}	75.7	72	87	89.3	87
	H_{50}	72.7	65	63.3	92	91
L_{45}	H_{30}	36.3	62.7	81	81.7	89.7
	H_{35}	37.3	73.7	83.7	84	96.7
	H_{40}	52.7	78.7	78.3	88.3	91.7
	H_{45}	62.3	67.3	69.3	91	94.7
	H_{50}	75.3	69	72	93.7	93.7
L_{50}	H_{30}	35.3	67.7	80	83.3	91.7
	H_{35}	38.3	64	77.7	81.7	95.3
	H_{40}	62.3	62.7	71.3	76.7	94
	H_{45}	76	69	83	82.7	96.7
	H_{50}	67	66.7	81.7	93.3	97.7

根据诊断结果，可以看出本章提出方法在分类准确率上明显高于其他传统方法，具有最高的分类准确率，其次是 mSDA 和 CNN。后者对一些情况表现出了

较好的效果，例如，$L_{40}\rightarrow H_{35}$，准确率达到了90.7%，但也出现了$L_{35}\rightarrow H_{40}$和$L_{35}\rightarrow H_{50}$结果低于60%的情况，说明该方法对数据依赖较大，模型稳定性较差。为了能直观和全面地观察模型迁移诊断效果，本节采用对比分析的方式展现结果。选出基准方法(本节选用 SVM 为基准方法)为对照，然后其他方法的准确率与基准方法的准确率结果作差，得到的结果画出柱状图，如图6.15所示。其中$L_{30}\rightarrow H_{30}$表示用工况L_{30}的数据作为训练数据诊断工况H_{30}下的齿轮箱状态。从图中可以看出，AMDA 方法具有更好的迁移诊断效果。

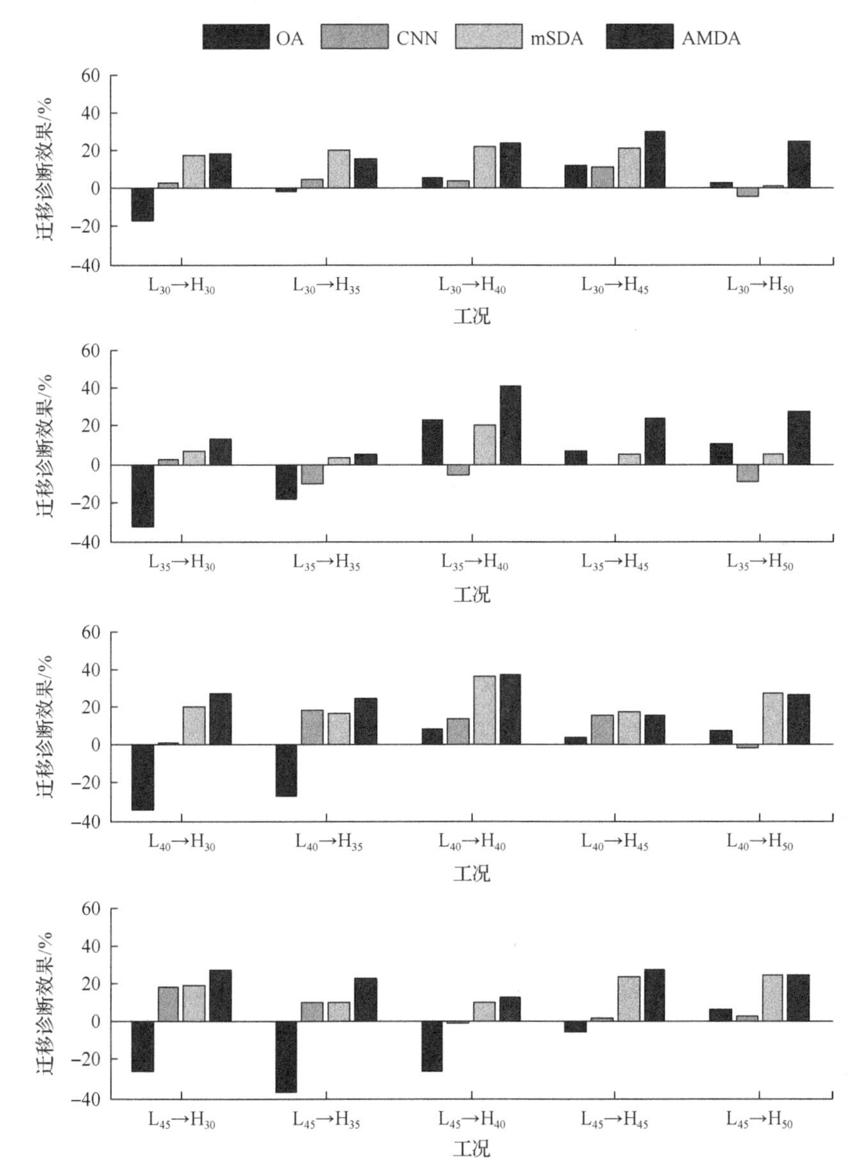

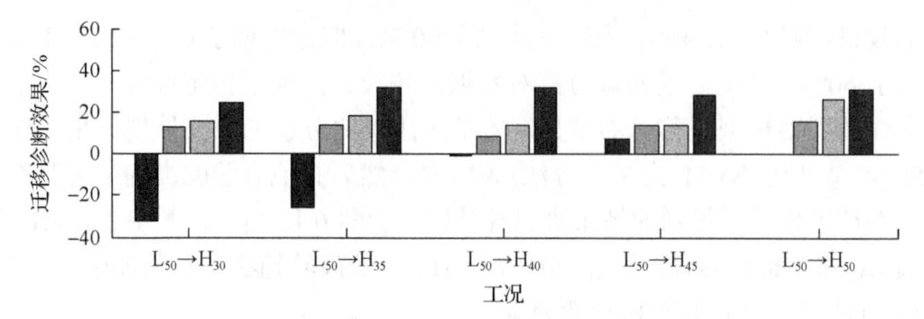

图 6.15　不同方法对不同工况数据迁移效果对比图

为了分析模型特征分布情况和迁移性，以 L_{30}→H_{30} 数据、L_{30}→H_{40} 和 L_{30}→H_{50} 数据为基础，利用 t-分布式随机邻域嵌入(t-distributed stochastic neighbor embedding，t-SNE)算法，分别对原始信号、CNN 特征、mSDA 特征和 AMDA 特征进行可视化处理，观察在正常、齿轮磨损和齿轮断裂状态下的特征分布情况，结果如图 6.16～图 6.18 所示。t-SNE 可视化技术在考虑全局结构的同时能够捕捉到高维数据中大部分局部结构，形成多尺度聚类，可以将高维数据在一个二维空间进行可视化显示。

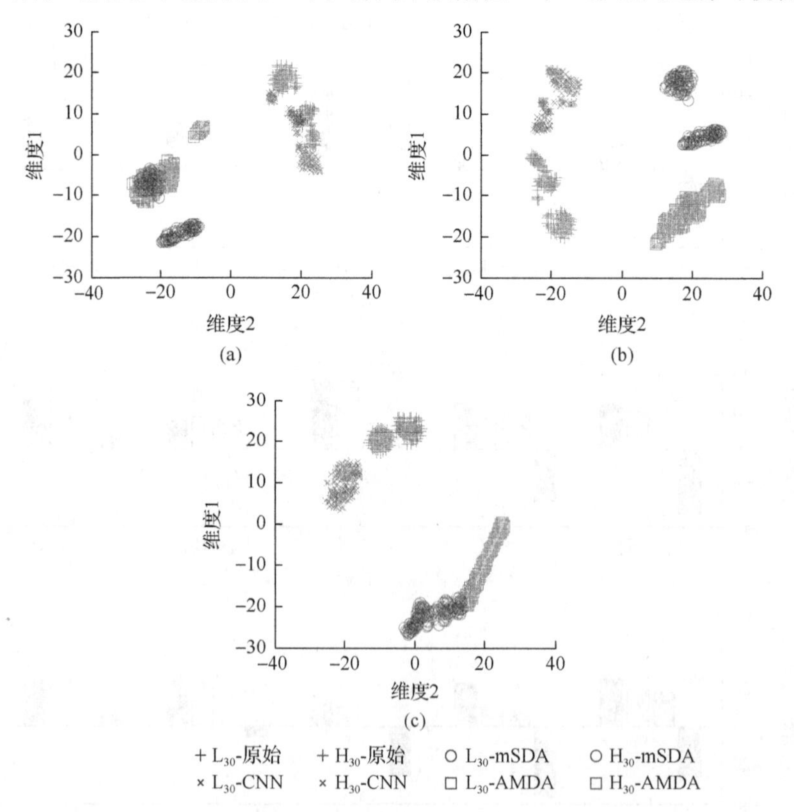

图 6.16　不同状态下 L_{30} 和 H_{30} 各模型特征数据 t-SNE 特征可视化结果对比图(文后附彩图)

(a)正常状态各模型特征可视化；(b)齿轮磨损状态各模型特征可视化；(c)齿轮断裂状态各模型特征可视化

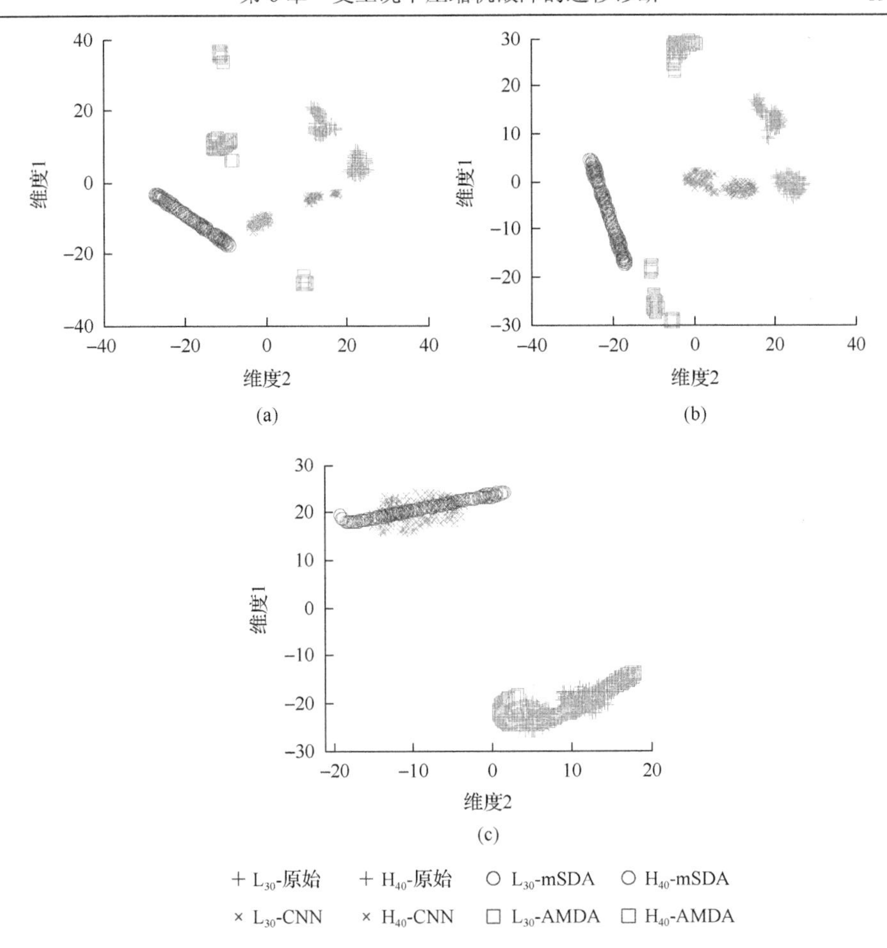

图 6.17　不同状态下 L_{30} 和 H_{40} 各模型特征数据 t-SNE 特征可视化结果对比图(文后附彩图)

(a)正常状态各模型特征可视化；(b)齿轮磨损状态各模型特征可视化；(c)齿轮断裂状态各模型特征可视化

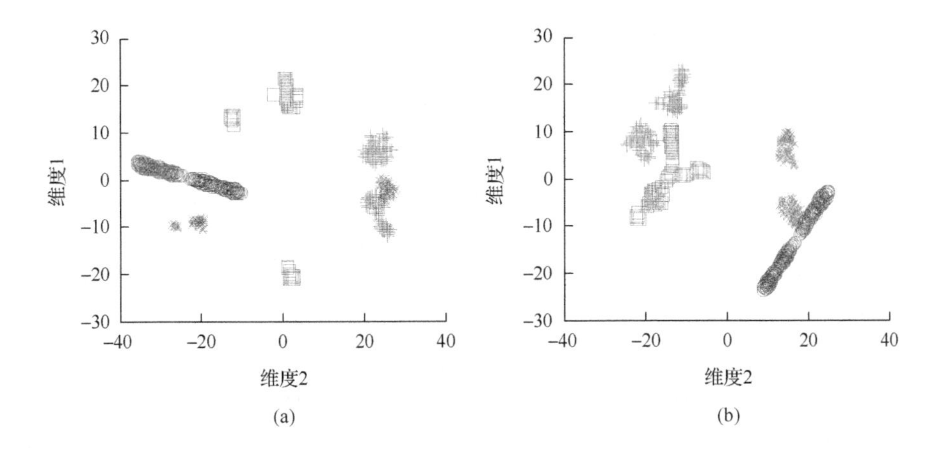

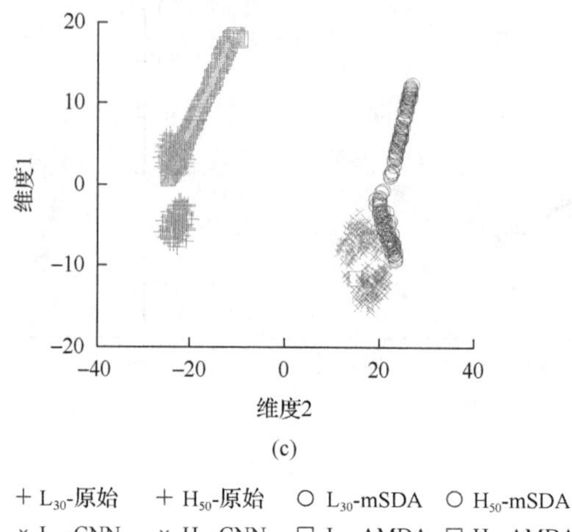

图 6.18　不同状态下 L_{30} 和 H_{50} 各模型特征数据 t-SNE 特征可视化结果对比图(文后附彩图)

(a)正常状态各模型特征可视化；(b)齿轮磨损状态各模型特征可视化；(c)齿轮断裂状态各模型特征可视化

从图 6.16～图 6.18 中可以看出，AMDA 模型学习到的特征，不同工况同种故障状态的数据分布更接近。以图 6.16(b)为例，由 AMDA 学习到的 L_{30} 和 H_{30} 两种工况下的齿轮磨损状态的特征分布差异性远小于原始数据、CNN 特征和 mSDA 特征分布，两种工况数据几乎重叠在一起。说明 AMDA 能将不同工况的数据转换到同一种特征空间。这种共享同一特征空间的特性可以使由 AMDA 学到的特征在一种工况下训练得到的分类器，能更好地应用于另一种工况数据的分类诊断。

共享特征空间虽然消除了不同工况造成的数据分布差异，但是要想训练出能够适用于不同工况下的适应性强和准确率高的分类器，还需特征能够保持类别差异。因此，为了观察不同方法特征的类别分布情况，以 L_{30} 和 H_{30} 数据为例，分别画出了原始数据、CNN 特征、mSDA 特征和本章提出 AMDA 特征，在正常、齿轮磨损和齿轮断裂状态下的特征分布情况，如图 6.19 所示。原始数据特征共聚成了 6 类，而这 6 类按照距离远近又可分成 3 大类，其中 L_{30} 正常和 H_{30} 正常的数据距离较近为一类，L_{30} 齿轮磨损和 L_{30} 齿轮断裂为一类，H_{30} 齿轮磨损和 H_{30} 齿轮断裂为一类。同样的，CNN 特征和 mSDA 特征也是这样的聚类情况。这种聚类情况能够很好地区别工况，却不能保持故障类别的差异，显然不能满足上面提到的不同工况迁移诊断要求。AMDA 特征则表现出了很好的效果，L_{30} 正常数据和 H_{30} 正常数据几乎完全重叠，聚成一类；其他状态数据距离较近但是能够区别出两类，代表 L_{30} 齿轮磨损的绿色圆圈和代表 H_{30} 的齿轮磨损的品红色圆圈重叠聚为一类，剩下的 L_{30} 齿轮断裂和 H_{30} 齿轮断裂虽然没有完全重叠，但是部分重叠且距离很近。这种聚类效果很好地满足了不同工况分布相同、不同故障分布不同的要求，为训

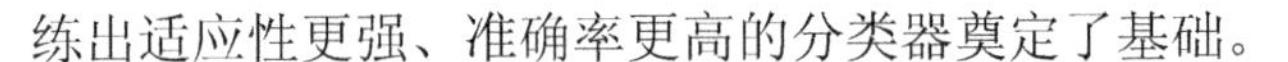

练出适应性更强、准确率更高的分类器奠定了基础。

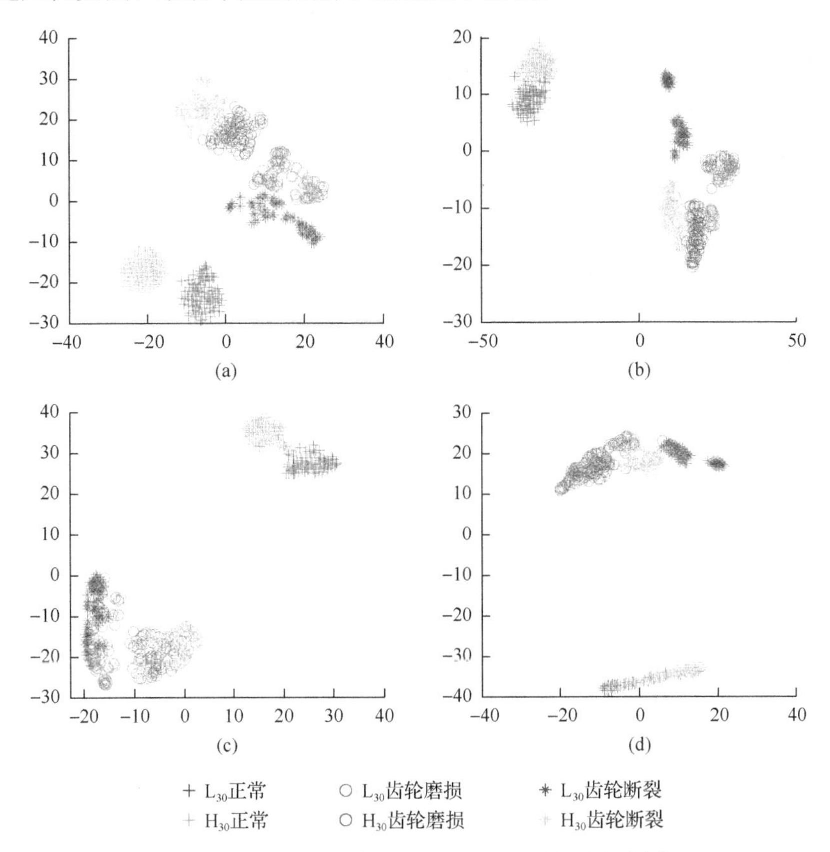

图 6.19　不同方法特征可视化对比图(文后附彩图)

(a)原始数据可视化；(b)CNN 特征可视化；(c)mSDA 特征可视化；(d)AMDA 特征可视化

6.5　迁移诊断模型稳定性和适应性定量分析

在实际生产中，如果工况改变，无法得到新工况下的故障类型数据，但是可以获得正常的数据样本，或者少量的故障标签数据样本。因此，为了提高历史数据重用率和进一步分析、衡量模型的稳定性和适应性，通过引入正常样本和少量标签样本历史数据，将其作为辅助数据帮助模型训练，观察模型效果。本节将分别对训练数据中加入不同比例的目标正常数据和目标多状态数据对诊断结果的影响进行讨论分析。另外，为了能够定量分析模型稳定性，本节提出了模型稳定性和适应性的衡量方法，定义了迁移率评判标准，并与 CNN 和 mSDA 方法进行比较。

6.5.1　目标工况正常样本不同比例辅助数据性能分析

同样采用 6.3.4 节提到的齿轮箱数据，将目标工况正常数据按照 0%～100%，跨度为 20%的比例加入到训练数据中。每种工况的正常数据有 100 组样本，因此将目标工况固定的 50 组用作测试，另外 50 组随机抽取一定数目样本与源工况数据组成 50 组训练样本。齿轮磨损和齿轮断裂的训练样本为源工况的 50 组，测试样本为目标工况的 50 组。训练数据样本组成如表 6.4 所示。不同比例目标工况正常训练数据分类结果对比如图 6.20～图 6.24 所示。

表 6.4　目标工况正常样本下不同比例训练样本组成

目标工况正常数据比例/%	源工况			目标工况		
	正常	齿轮磨损	齿轮断裂	正常	齿轮磨损	齿轮断裂
0	50	50	50	0	0	0
20	40	50	50	10	0	0
40	30	50	50	20	0	0
60	20	50	50	30	0	0
80	10	50	50	40	0	0
100	0	50	50	50	0	0

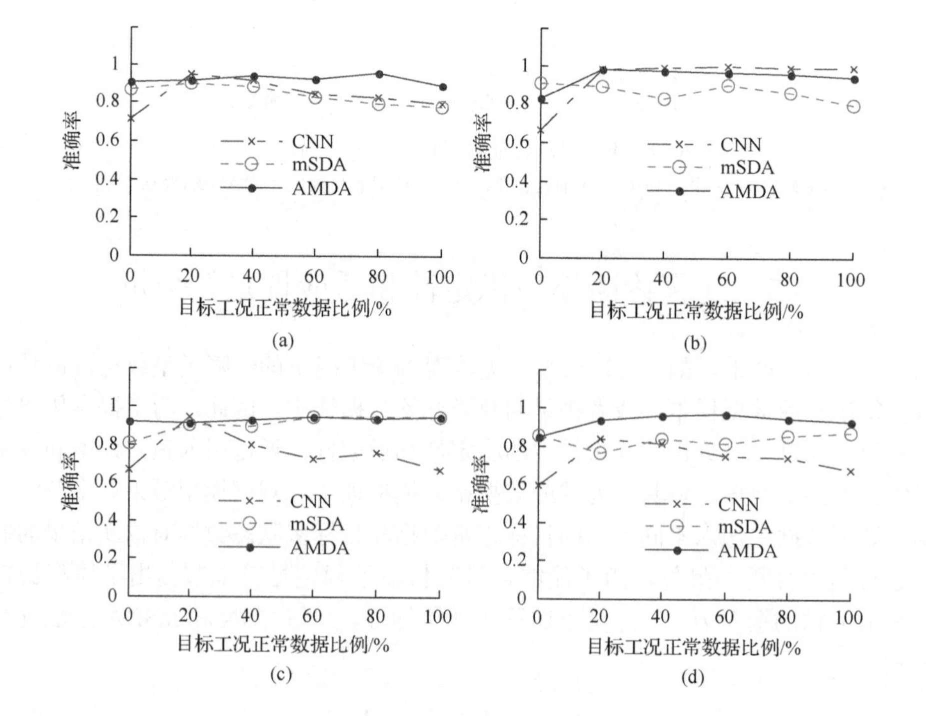

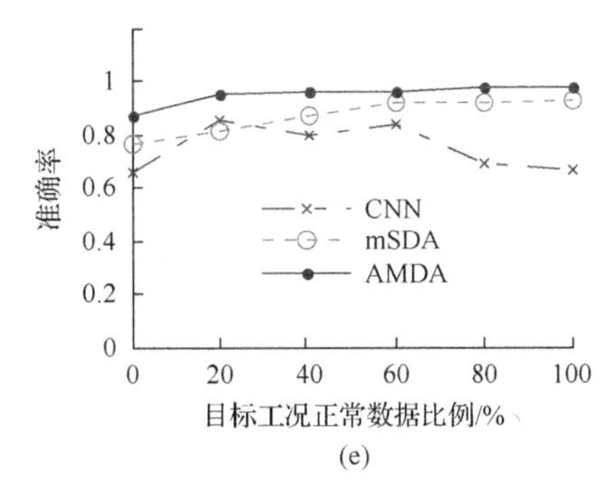

(e)

图 6.20　源工况为 L_{30} 不同目标工况正常数据不同比例分类准确率

(a) $L_{30}\to H_{30}$；(b) $L_{30}\to H_{35}$；(c) $L_{30}\to H_{40}$；(d) $L_{30}\to H_{45}$；(e) $L_{30}\to H_{50}$

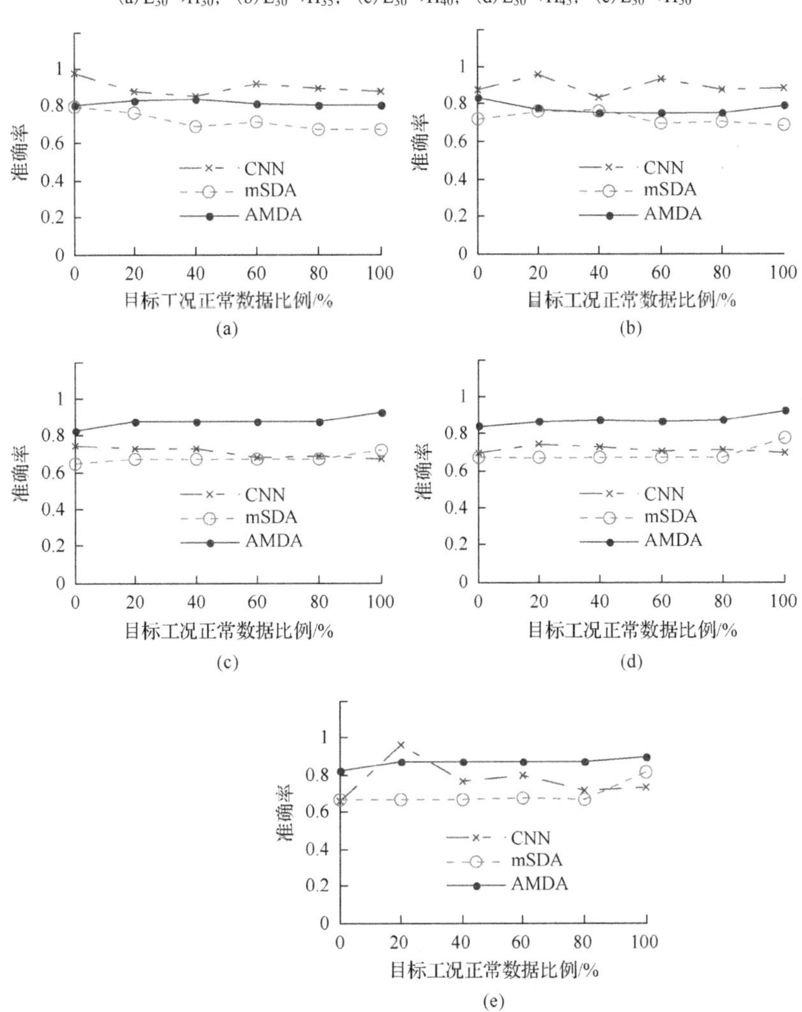

图 6.21　源工况为 L_{35} 不同目标工况正常数据不同比例分类准确率

(a) $L_{35}\to H_{30}$；(b) $L_{35}\to H_{35}$；(c) $L_{35}\to H_{40}$；(d) $L_{35}\to H_{45}$；(e) $L_{35}\to H_{50}$

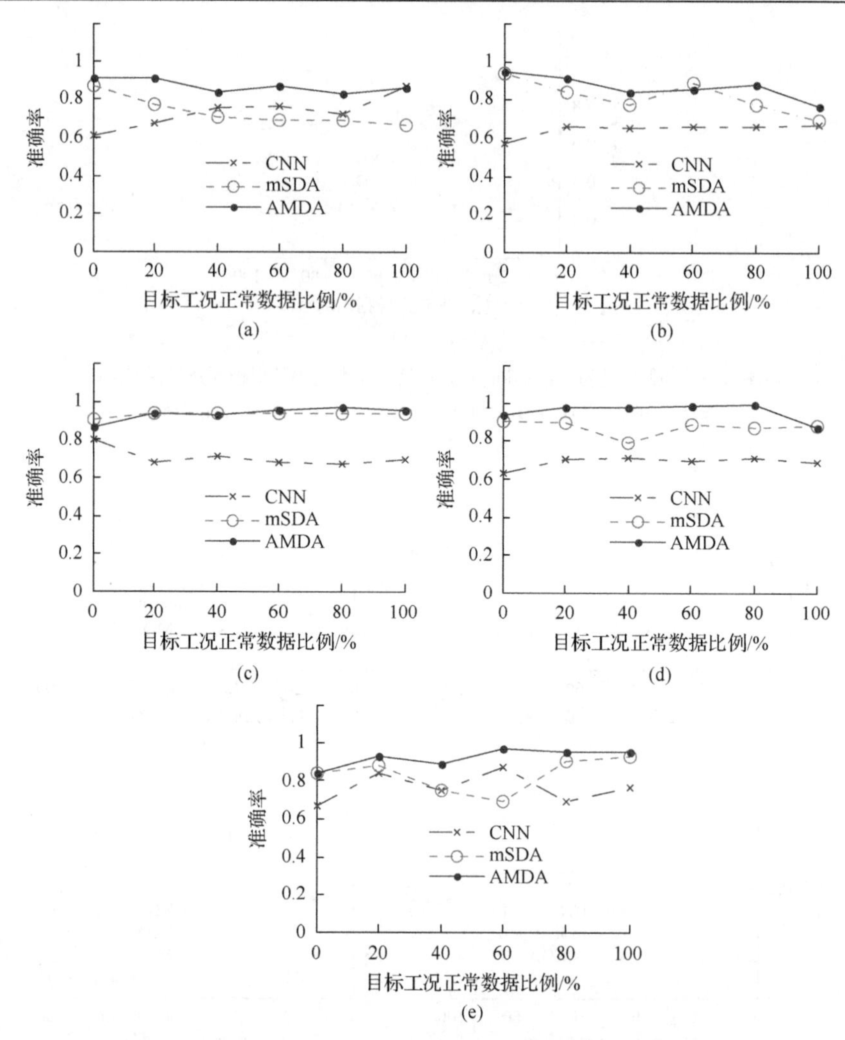

图 6.22　源工况为 L_{40} 不同目标工况正常数据不同比例分类准确率

(a) $L_{40}\rightarrow H_{30}$；(b) $L_{40}\rightarrow H_{35}$；(c) $L_{40}\rightarrow H_{40}$；(d) $L_{40}\rightarrow H_{45}$；(e) $L_{40}\rightarrow H_{50}$

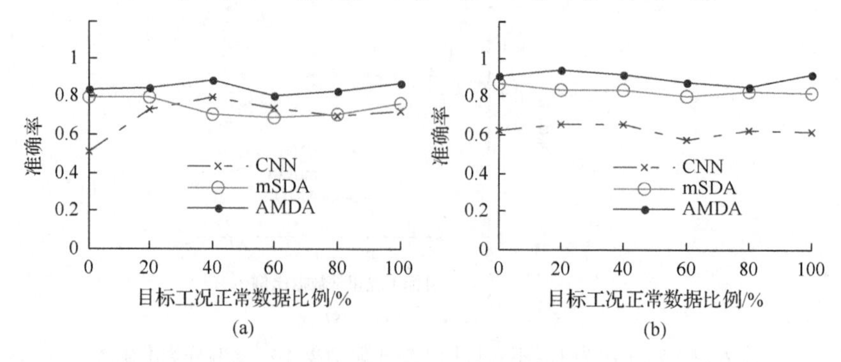

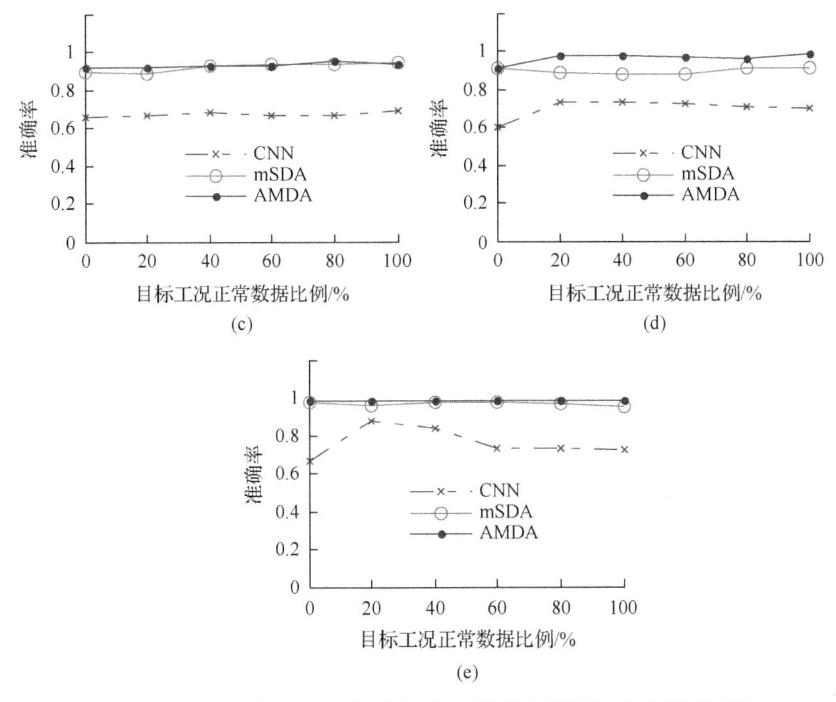

图 6.23　源工况为 L_{45} 不同目标工况正常数据不同比例分类准确率

(a) $L_{45}\rightarrow H_{30}$；(b) $L_{45}\rightarrow H_{35}$；(c) $L_{45}\rightarrow H_{40}$；(d) $L_{45}\rightarrow H_{45}$；(e) $L_{45}\rightarrow H_{50}$

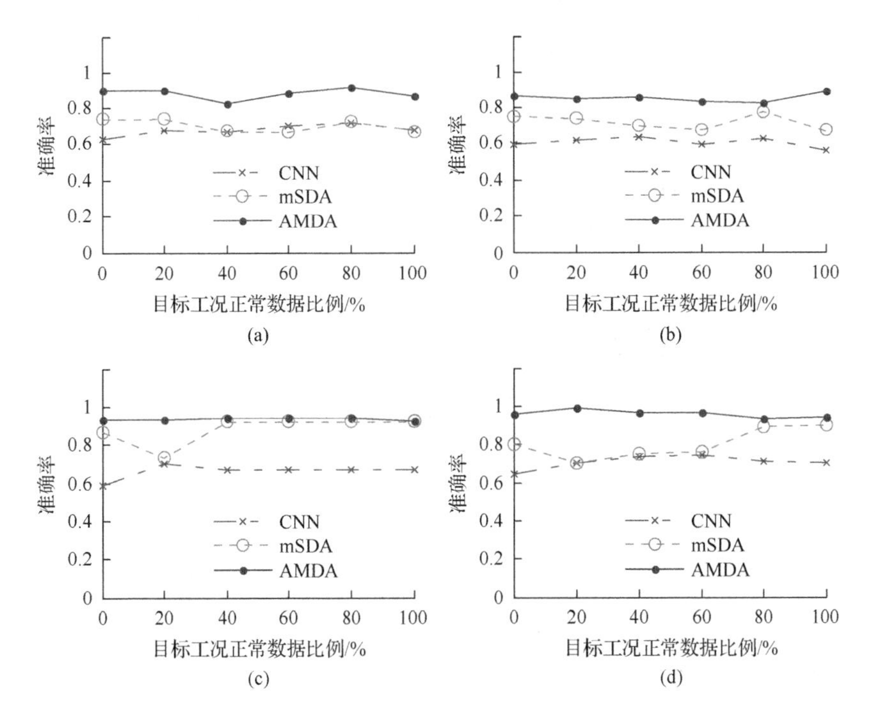

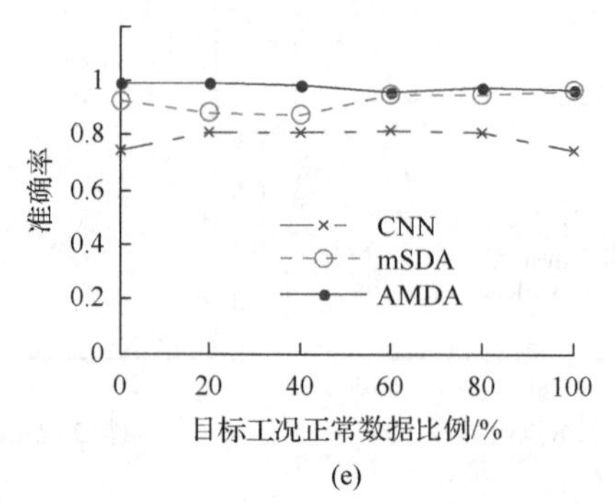

(e)

图 6.24　源工况为 L_{50} 不同目标工况正常数据不同比例分类准确率

(a) L_{50}→H_{30}；(b) L_{50}→H_{35}；(c) L_{50}→H_{40}；(d) L_{50}→H_{45}；(e) L_{50}→H_{50}

在训练集中加入了目标工况的正常数据后，AMDA 的分类准确率依然保持了较高的水平且不同比例下准确率结果稳定，而 CNN 和 mSDA 两种方法的分类结果则波动较大，且普遍低于 AMDA。说明本方法对不同工况下的诊断具有较强的稳定性和适应性，有效提高了历史数据重用率，更好地实现了不同工况下的迁移诊断。

6.5.2　目标工况三类状态数据样本辅助数据性能分析

将目标工况三类数据按照 0%～100%，跨度为 20%的比例加入到训练数据中。同样地，将目标工况三类数据固定的 50 组用作测试，另外 50 组随机抽取，按照表 6.5 所示的比例组成训练样本。各种工况条件下的分类结果如图 6.25～图 6.29 所示。

在训练集中按照一定比例加入了目标三种状态数据后，CNN 和 mSDA 两种方法的分类结果随着比例的增加而增大，最后趋于稳定；AMDA 的结果则较稳定，且处于较高的水平。同样说明该方法对数据依赖较小，具有一定的稳定性和普适性。

表 6.5　目标工况三类样本下不同比例训练样本组成

目标工况数据比例/%	源工况			目标工况		
	正常	齿轮磨损	齿轮断裂	正常	齿轮磨损	齿轮断裂
0	50	50	50	0	0	0
20	40	40	40	10	10	10
40	30	30	30	20	20	20
60	20	20	20	30	30	30
80	10	10	10	40	40	40
100	0	0	0	50	50	50

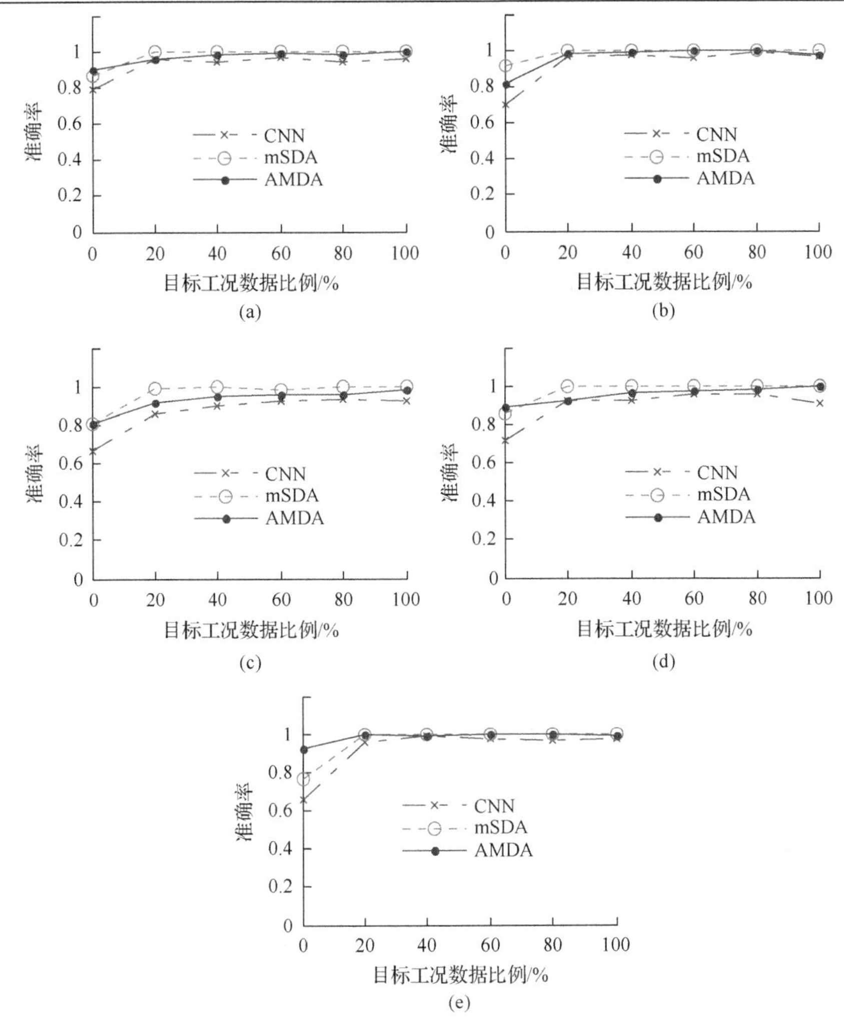

图 6.25　源工况为 L_{30} 不同目标工况三种状态数据不同比例分类准确率

(a) L_{30}→H_{30}；(b) L_{30}→H_{35}；(c) L_{30}→H_{40}；(d) L_{30}→H_{45}；(e) L_{30}→H_{50}

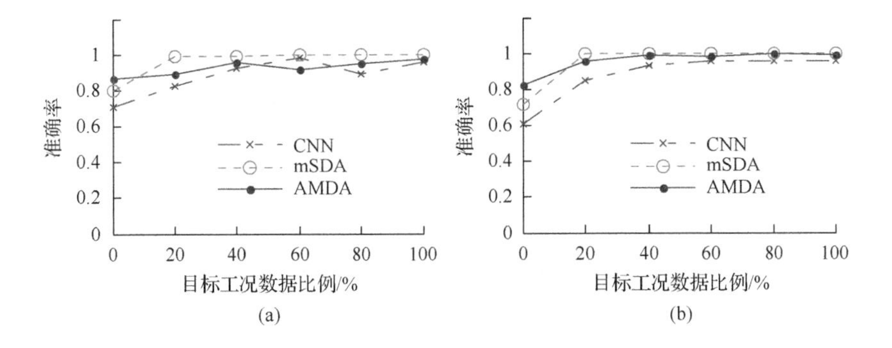

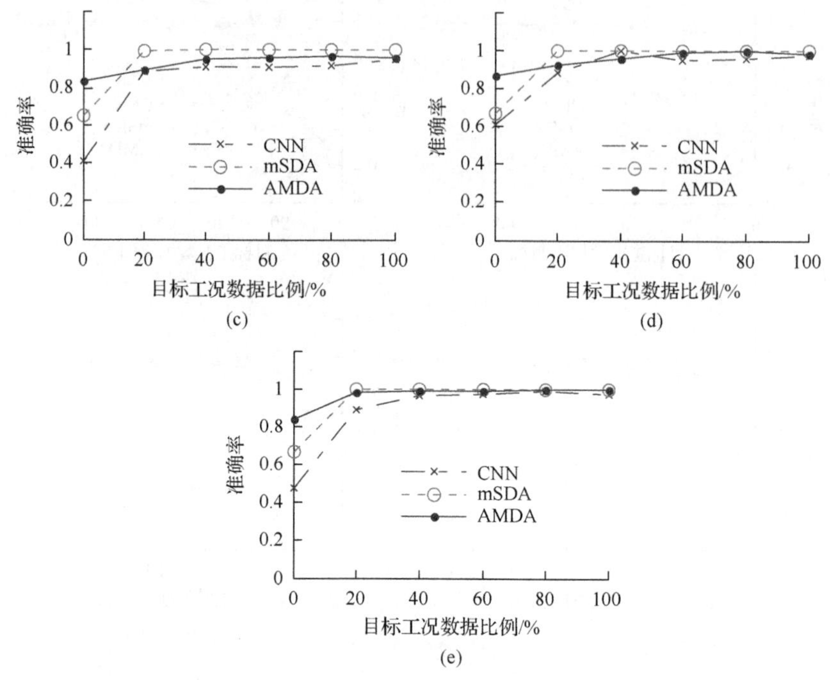

图 6.26　源工况为 L_{35} 不同目标工况三种状态数据不同比例分类准确率

(a) L_{35}→H_{30}；(b) L_{35}→H_{35}；(c) L_{35}→H_{40}；(d) L_{35}→H_{45}；(e) L_{35}→H_{50}

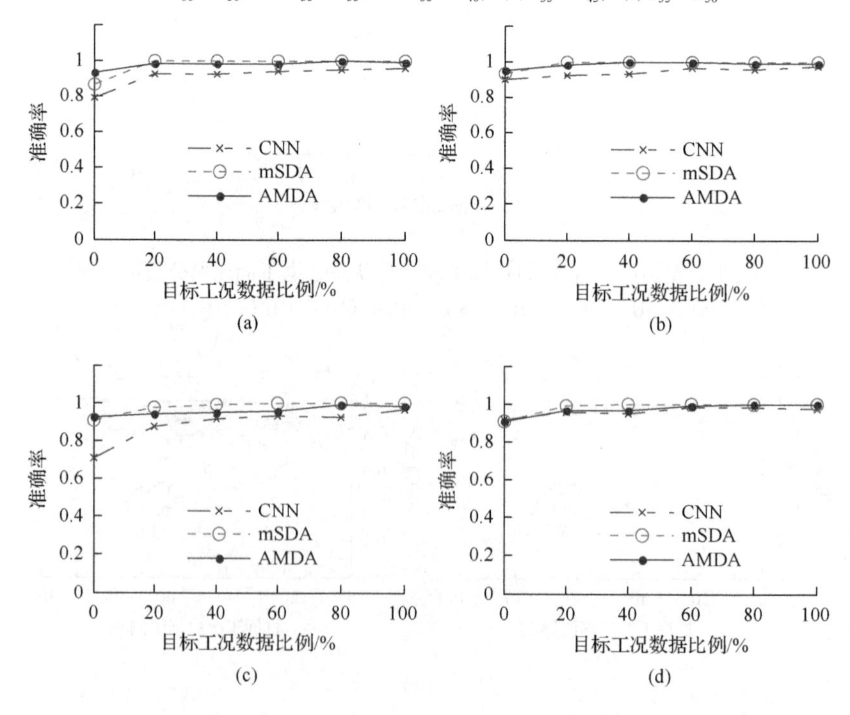

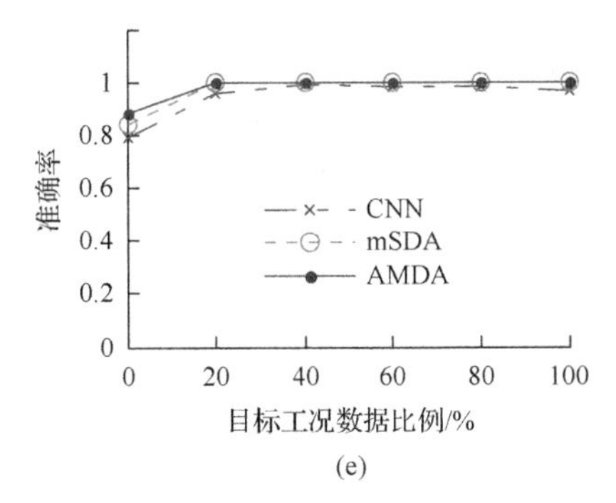

图 6.27　源工况为 L_{40} 不同目标工况三种状态数据不同比例分类准确率

(a) $L_{40}\to H_{30}$；(b) $L_{40}\to H_{35}$；(c) $L_{40}\to H_{40}$；(d) $L_{40}\to H_{45}$；(e) $L_{40}\to H_{50}$

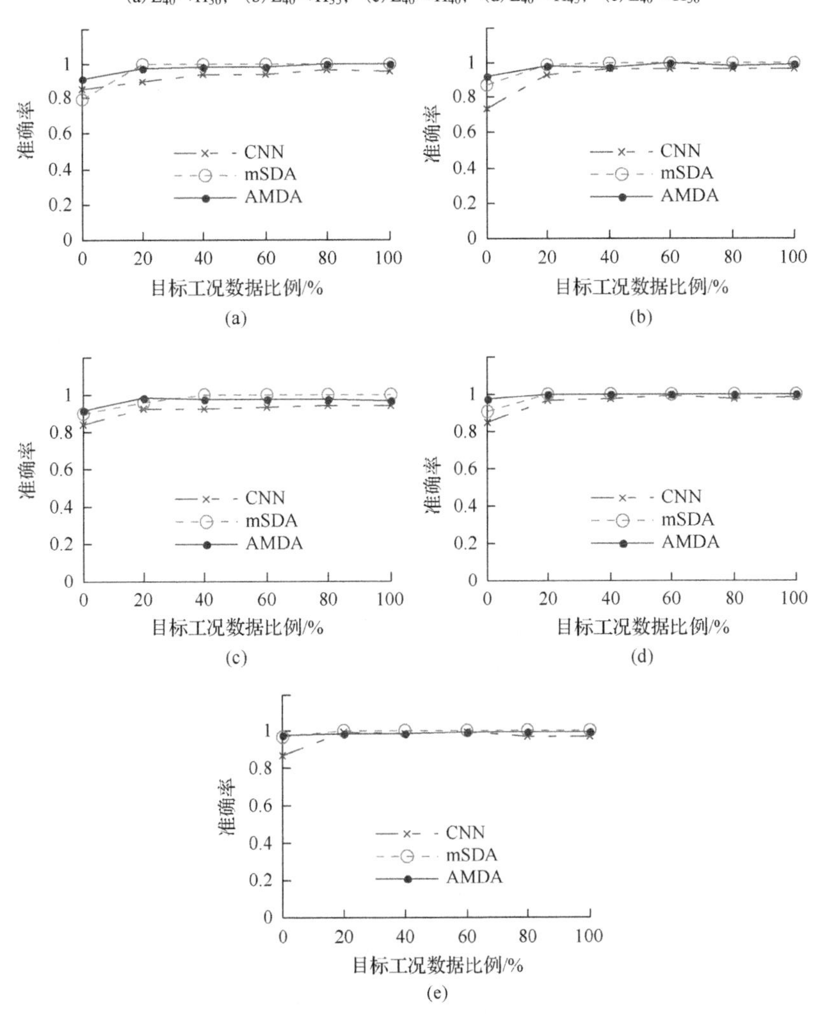

图 6.28　源工况为 L_{45} 不同目标工况三种状态数据不同比例分类准确率

(a) $L_{45}\to H_{30}$；(b) $L_{45}\to H_{35}$；(c) $L_{45}\to H_{40}$；(d) $L_{45}\to H_{45}$；(e) $L_{45}\to H_{50}$

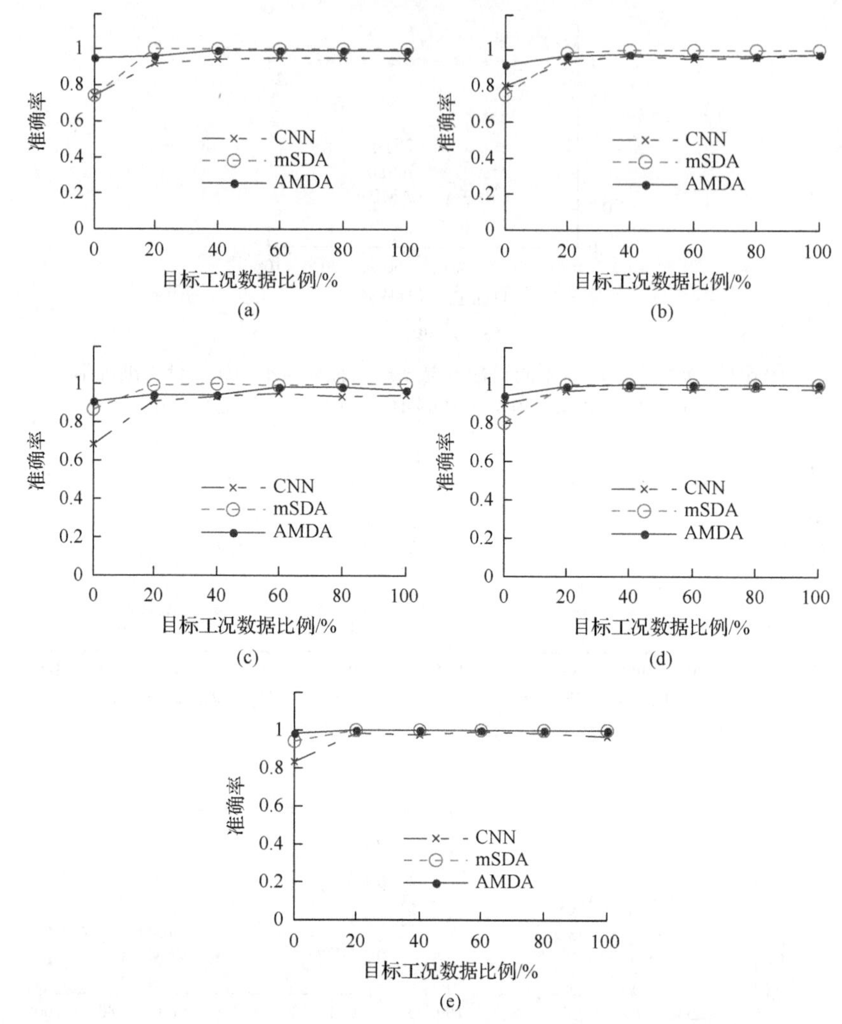

图 6.29　源工况为 L_{50} 不同目标工况三种状态数据不同比例分类准确率

(a) $L_{50}\rightarrow H_{30}$；(b) $L_{50}\rightarrow H_{35}$；(c) $L_{50}\rightarrow H_{40}$；(d) $L_{50}\rightarrow H_{45}$；(e) $L_{50}\rightarrow H_{50}$

6.5.3　迁移率定义和计算

本节提出一种迁移率的计算方法，评判模型对历史数据应用时的迁移效果。迁移率计算公式如下：

$$T=\frac{\sum[A_{P_i}(1-P_i)]}{\sum(A_{P_i}P_i)} \tag{6.15}$$

式中，P_i 为目标工况数据在训练数据中所占的比例；A_{P_i} 为对应比例下求得的准确率。

本书定义的迁移率可以整体反映不同比例历史数据应用下的迁移诊断效果及稳定性。得到的结果越接近 1，说明在加入目标工况历史数据进行训练的过程中，模型稳定性越强，工况迁移效果越好，所以变工况下的诊断适应性更强。对 6.5.2 节的结果应用迁移率进行计算，不同源工况下三种方法迁移率结果如表 6.6～表 6.10 所示。结果表明本节提出的模型具有更高的迁移率，对不同工况下都有较好的效果。

表 6.6　源工况为 L_{30} 三种方法迁移率计算结果

方法	目标工况				
	H_{30}	H_{35}	H_{40}	H_{45}	H_{50}
CNN	0.94	0.91	0.89	0.92	0.89
mSDA	0.96	0.97	0.93	0.95	0.92
AMDA	0.96	0.94	0.93	0.94	0.98

表 6.7　源工况为 L_{35} 三种方法迁移率计算结果

方法	目标工况				
	H_{30}	H_{35}	H_{40}	H_{45}	H_{50}
CNN	0.89	0.85	0.80	0.86	0.81
mSDA	0.93	0.90	0.88	0.89	0.89
AMDA	0.95	0.94	0.94	0.94	0.95

表 6.8　源工况为 L_{40} 三种方法迁移率计算结果

方法	目标工况				
	H_{30}	H_{35}	H_{40}	H_{45}	H_{50}
CNN	0.94	0.96	0.89	0.92	0.93
mSDA	0.95	0.97	0.96	0.95	0.94
AMDA	0.98	0.99	0.97	0.96	0.96

表 6.9　源工况为 L_{45} 三种方法迁移率计算结果

方法	目标工况				
	H_{30}	H_{35}	H_{40}	H_{45}	H_{50}
CNN	0.95	0.91	0.96	0.95	0.97
mSDA	0.93	0.96	0.96	0.97	0.97
AMDA	0.97	0.98	0.99	0.99	0.99

表 6.10　源工况为 L_{50} 三种方法迁移率计算结果

方法	目标工况				
	H_{30}	H_{35}	H_{40}	H_{45}	H_{50}
CNN	0.92	0.93	0.90	0.96	0.95
mSDA	0.92	0.92	0.95	0.93	0.97
AMDA	0.98	0.98	0.97	0.98	0.99

参 考 文 献

[1] Staeder C J, Heyns P S. Using vibration monitoring for local fault detection on gears operating under fluctuating load conditions. Mechanical Systems and Signal Processing, 2002, 16(6): 1005-1024.

[2] Bruzzone L, Marconcini M. Domain adaptation problems: A DASVM classification technique and a circular validation strategy. IEEE Transactions on Pattern Analysis and Machine Intelligence, 2010, 32(5): 770-787.

[3] Jiang J, Zhai C. A systematic exploration of the feature space for relation extraction.Meeting of the Associational of Computational Linguistics, Prague, 2007: 264-271.

[4] Huang J. Correcting sample selection bias by unlabeled data. Advances in Neural Information Processing Systems, 2006, 19: 601-608.

[5] Sugiyama M, Nakajima S, Kashima H, et al. Direct importance estimation with model selection and its application to covariate shift adaptation. Advances in Neural Information Processing Systems 20, Proceedings of the Twenty-First Conference on Neural Information Processing Systems, Vancouver, 2007.

[6] Cortes C, Mohri M, Riley M, et al. Sample selection bias correction theory. International Conference on Algorithmic Learning Theory Algorithmic Learning Theory, Budapest, 2008.

[7] Axelrod A, He X, Gao J. Domain adaptation via pseudo In-domain data selection. Proceedings of the 2011 Conference on Empirical Methods in Natural Language Processing, Edinburgh, 2011.

[8] Cortes C, Mohri M. Domain adaptation and sample bias correction theory and algorithm for regression. Theoretical Computer Science, 2014, 519: 103-126.

[9] 欧倩倩，张玉红，胡学钢. 基于实例重构的多领域快速适应方法. 合肥工业大学学报（自然科学版），2014, 37(7): 794-797.

[10] Satpal S, Sarawagi S. Domain adaptation of conditional probability models via feature subsetting. 11th European Conference on Principles and Practice of Knowledge Discovery in Databases, Warsaw, 2007.

[11] 陶剑文，王士同. 领域适应核支持向量机. 自动化学报, 2012, 38(5): 797-811.

[12] Blitzer J, Dredze M, Pereira F. Biographies, bollywood, boom-boxes and blenders: Domain adaptation for sentiment classification, 2007, 31(2): 187-205.

[13] Huang F, Yates A. Association for Computational Linguistics. Proceedings of the 2010 Workshop on Domain Adaptation for Natural Language Processing, Stroudsburg, 2010.

[14] Bonilla E, Chai K M, Williams C. Multi-task gaussian process prediction. 21th Annual Conference on Neural Information Processing Systems, Vancouver, DPLB, 2008, 20: 153-160.

[15] Finkel J R, Manning C D. Proceedings of human language technologies. The 2009 Annual Conference of the North American Chapter of the Association for Computational Linguistics. Association for Computational Linguistics, Stroudsburg, 2009: 602-610.

[16] Gao J, Fan W, Jiang J, et al. Knowledge transfer via multiple model local structure mapping. 14th ACM SIGKDD International Conference on Knowledge Discovery and Data Mining. New York, 2008: 283-291.

[17] Mihalkova L, Huynh T, Mooney R J. Mapping and revising markov logic networks for transfer learning. 22nd National Conference on Artificial Intelligence, Vancouver, 2007.

[18] Dav J, Domingos P. Mining time-changing data streams. 26th Annual International Conference on Machine Learning, New York, 2009.

[19] Agrawal R, Imielinski T, Swami A. Mining associations between sets of items in massive databases.Proceedings of the ACM SIGMOD Conference on Management of Data, New York, 1993.

[20] Agrawal R, Srikant R. Fast algorithms for mining- association rules. 20th International Conference on Very Large Data Bases, Morgan Kaufman: Publishers Inc, 1994.

[21] 崔妍, 包志强. 关联规则挖掘综述. 计算机应用研究, 2016, 33 (2): 330-334.

[22] Srikangt R, Agrawal R. Mining quantitative association rules in large relational tables. ACM SIGMOD Record, ACM, 1996, 25(2): 1-12.

[23] 李乃乾, 沈钧毅. 量化关联规则挖掘及算法. 小型微型计算机系统, 2003, 24(12): 2275-2277.

[24] 王素格, 郭晓敏, 张少霞. 基于模糊关联规则的汽车评价知识构建及应用. 山西大学学报（自然科学版）, 2016, 39(3): 423-428.

[25] 闫明月, 侯忠生, 高颖. 一种面向布尔时间序列的关联规则挖掘算法. 控制与决策, 2012, 27(10): 1447-1451.

[26] Zhang Y L, Duan L X, Duan M L. A new feature extraction approach using improved symbolic aggregate approximation for machinery intelligent diagnosis. Measurement, 2009, 133: 468-478.

[27] 白堂博. 基于红外图像与振动信号融合的旋转机械故障诊断方法研究. 北京: 中国石油大学(北京)博士学位论文, 2016.

[28] Goebel K. Gearbox fault detection dataset, PHM data challenge 2009. (2017-11-2)[2019-5-20]. https://c3.nasa.gov/dashlink/resources/997/.

[29] Daume H, Marcu D. Domain adaptation for statistical classifiers. Artificial Intelligence Research, 2006, 26(1): 101-126.

[30] Ben-David S, Blitzer J, Crammer K, et al. Analysis of representations for domain adaptation//19th International Conference on Neural Information Processing Systems, Cambridge: MIT Press, 2006.

[31] Pan S J, Tsang I W, Kwok J T, et al. Domain Adaptation via Transfer Component Analysis. IEEE Transactions on Neural Networks, 2011, 22(2): 199-210.

[32] Long M S, Wang J M, Ding G G, et al. Transfer joint matching for unsupervised domain adaptation. 2014 IEEE Conference on Computer Vision and Pattern Recognition, Washington, 2014.

[33] 王旭铎. 基于领域自适应的齿轮箱迁移诊断研究. 北京: 中国石油大学(北京)硕士学位论文, 2018.

[34] Chen M M, Xu Z H, Weinberger K Q, et al. Marginalized denoising autoencoders for domain adaptation. Proceedings of the 29th International Conference on Machine Learning, Edinburgh, 2012.

[35] Duan L X, Wang X D. Auxiliary-model-based domain adaptation for reciprocating compressor diagnosis under variable conditions. Journal of Intelligent and Fuzzy Systems, 2018, 34(6): 3595-3604.

[36] Barat C, Ducottet C. String representations and distances in deep Convolutional Neural Networks for image classification. Pattern Recognition, 2016, 54: 104-115.

[37] 段礼祥, 谢骏遥, 王凯, 等. 基于不同工况下辅助数据集的齿轮箱故障诊断. 振动与冲击, 2017, 36(10): 104-108.

第7章　压缩机故障的振动与红外融合诊断

7.1　振动与红外融合的目的与意义

当前，针对压缩机的故障诊断研究主要集中在基于振动信号的方法上[1,2]。振动信号具有响应快、灵敏度高、方法成熟、适用于微弱及早期故障的优点，但其存在复杂、耦合信号分析难、安装位置及安装数量受限等缺点[3]，而压缩机工作环境复杂，振动信号伴随着大量噪声污染，且常有复杂、耦合故障的发生，单一振动信号分析已经无法满足更高诊断准确性的要求。随着设备检测技术的发展，红外检测方法逐渐应用到设备监测中来[4]。红外监测具有安装方便、非接触分布式测量、监测范围大、信息丰富的优点[5]，已经在设备监测[6]、无损检测[7]、医学[8]等学科中有了广泛应用。压缩机运行时，在部件连接的轴承、支架、底座、联轴器等处会产生因振动、摩擦引起的温度变化，特别是产生故障时，振动或摩擦加剧，引起部件温度值升高，温度分布变化，因此，可以通过红外信息对压缩机运行状态进行监测。并且因其可以获取设备整体温度分布，适用于复杂及耦合故障分析。但红外图像在设备监测应用中普遍存在图像画质差、区域选取难、不适用于微弱、早期故障的问题，在针对温度不敏感故障时效果较差。因此，二者具有很好的互补性，将二者融合对提高故障诊断准确率具有重要意义。

在此背景下，对压缩机的主要故障，特别是振动特征复杂的耦合故障诊断方法进行研究，引入红外监测技术，研究红外图像的增强方法、分割方法，同时针对振动信号故障特征选择方法进行研究，分别获取红外图像及振动信号的故障特征向量，并通过对二者进行信息融合的故障诊断，以得到更准确、有效的压缩机故障诊断新方法，对确保设备的安全可靠运行具有重要的意义。

7.2　红外图像用于故障诊断的机理

7.2.1　红外成像原理

红外成像是基于红外辐射的，一切高于绝对零度的物体均会向外辐射一种电磁波，由于这种电磁波在可见光中红色频率以外，因此称为红外线，这种辐射也被称为红外辐射。由于红外辐射的复杂性，在理论研究中，以黑体作为研究对象

进行分析，根据斯蒂芬-玻尔兹曼定律，可以得出红外辐射能量与其温度的关系，其计算公式如下

$$W = \int_0^{\infty} \frac{2\pi hc^2}{\lambda^5} \frac{1}{e^{hc/\lambda kT} - 1} = \sigma T^4 \tag{7.1}$$

式中，k 为玻尔兹曼常数；h 为普朗克常数；W 为黑体辐射功率；c 为辐射常数；λ 为波长；T 为绝对温度；σ 为斯蒂芬-玻尔兹曼常数，其值为 $5.67\times10^{-8}\text{W}/(\text{m}^2\cdot\text{K}^4)$。

从式(7.1)可以看出，超过绝对零度的物体，均能辐射出能量，且辐射产生的能量随温度的升高而升高。在现实世界里，实际物体通常不符合黑体的定义，其辐射强度与其材料和性质相关，计算公式如下：

$$W(T) = \varepsilon\sigma T^4 \tag{7.2}$$

式中，ε 为物体的发射率，其定义为物体的辐射出射度与相同情况下的黑体辐射出射度的比值。

除此之外，红外辐射的强度还与辐射的角度相关，在辐射法线方向上辐射最强，垂直于法线方向辐射最弱。

根据上述理论，如果能测得物体的红外辐射能量，即可获取物体的温度信息。而红外热成像仪即是根据这一原理，通过获取物体的辐射能量场，计算得出物体的表面温度场。

7.2.2　红外图像特点

根据红外图像成像原理，其成像过程是根据物体各区域辐射能量的不同而计算出不同的温度值，与其他温度测量方法相比，红外成像具有以下优点[9]。

(1) 适用范围广：其测温原理决定了红外热像仪不需要与被测物体接触即可获取物体的温度，适用于复杂、高危环境下设备温度的测量；同时，相对于传统的测温方法，红外热像仪不会在高温、低温下条件下被损坏，相对于接触式测量，温度测量范围更广。

(2) 测温性能好：接触式测量由于热量传导的需要，其响应速度慢，而红外测量直接获取瞬时辐射能量变化，测量响应速度快；同时，根据辐射原理，理论上任何温度变化都会引起辐射能量变化，因此，温度测量分辨率高。

(3) 监测范围大：相较于接触式测量的点测量方式，红外成像方式可以直接获取物体表面的温度分布场，便于对设备进行全局监测。

(4) 适用于全天候在线监测：红外监测与可见光监测的不同之处在于红外监测不需要外界光线，当物体处于黑暗环境下也可以进行监测；且相对于接触式测量，其安装方便，易于实现在线监测。

红外图像的成像原理和非接触的测量方式给红外监测带来了许多优点，这些

优点使其适合应用于机械设备的状态监测中，但在实际应用时，受限于热成像仪的成本因素和客观条件限制，红外图像在监测中还存在以下问题[10]。

(1) 图像分辨率低。由于红外成像需要测量物体表面的辐射能量，其成像原理与可见光图像的成像原理不同，传感器制造更复杂，成本更高，因此，通常情况下红外成像仪分辨率远低于普通图像。

(2) 对比度较低。红外图像的对比度是由不同物体的温度差异决定的，现实中，一般被测物体温度差相对较小。特别是在设备监测中，故障初始阶段各部件之间温度变化并不是很明显，因此，普遍存在对比度不足的情况。

(3) 清晰度差。首先，除了传感器在获取辐射信息时由于自身工艺、随机因素造成的噪声之外，环境中存在各种不确定因素产生的热辐射也引发了噪声干扰，使红外图像比可见光图像具有更高的噪声；其次，由于物体温度分布具有一定的连续性，物体各部分之间的边缘信息较少，边界不明显；最后，由于红外图像的成像原理使物体的纹理信息难以在红外图像中得到很好地表达。这些问题均导致了红外图像比可见光图像清晰度差。

从上面对红外图像特点的总结可以看出，红外监测具有较好的适用性，适合将其应用到设备状态监测和故障诊断中来，但是红外成像的特点造成红外图像在分辨率、对比度和清晰度方面还有一定的问题，所以需要研究相应的图像处理方法，以便将其应用到设备故障智能诊断中来。

7.2.3　红外图像特征提取

由于红外图像信息量大且数据维度高，在应用其进行智能诊断时，如果直接对整个图像信息矩阵进行处理，会造成计算时间长、效率低下的问题。因此，需要对图像进行特征提取。由于红外图像属于灰度图像，而灰度直方图反映了整个图像的统计信息[11]，因此，本书选用灰度直方图对红外图像进行描述，并选择相应的特征指标进行灰度直方图特征提取。

1. 灰度直方图定义

与常见的电荷耦合器件图像传感器(charge coupled device，CCD)图像不同，灰度图像是一种单色图像，通常具有由黑到白 256 级色阶，该类型图像不包含颜色信息，只有代表不同色阶的灰度等级，简称灰度级。而红外图像也仅包含温度值的大小信息，与灰度图像一致，所以红外图像通常以灰度图的形式表示。

灰度直方图是灰度图像中每个像素点灰度级的统计信息，表征了图像中各个不同灰度级下像素点的个数，即不同灰度级下像素点出现的概率。以概率形式计算的公式如下：

$$P(g)=\frac{N(g)}{M},\quad g=0,1,\cdots,L \tag{7.3}$$

式中，g 为灰度级；$N(g)$ 为图像中灰度级为 g 的像素点的个数；M 为图像的总像素数；L 表示图像中灰度级的最大值。

在灰度图绘制中，普遍采用灰度级作为横坐标，不同灰度级下像素个数作为纵坐标进行绘图，便于直观的观察像素分布的统计数据。

以某灰度图像为例，统计其灰度直方图信息，如图 7.1 所示，图像中黑色部分代表灰度级较低的部分，当其为纯黑时灰度级为 0，图像中白色部分为灰度级较高的部分，当其为纯白时灰度级为 255。可以看出，相对于灰度图像，灰度直方图作为其统计信息，在保留图像中不同灰度级像素分布特点的基础上，实现了由二维信息向一维信息的转变，利用灰度直方图信息进行图像特征提取可以保留灰度图像主要内容，大大提高计算效率。

(a)

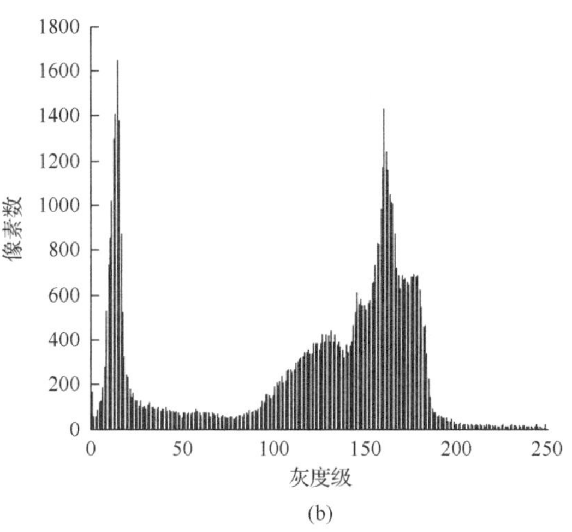

(b)

图 7.1　灰度图像与其对应的灰度直方图

(a) 灰度图像；(b) 图像的灰度直方图

2. 基于直方图的红外图像特征提取

图像处理中常用的特征有形状特征、纹理特征、直方图特征等。基于红外图像的故障诊断中，设备的形状及表面纹理信息对识别结果没有影响，温度值、分布范围变化造成的红外图像对比度大小、范围的变化决定了识别的结果，而直方图可以较好地统计这些信息[12]，因此利用直方图特征对红外图像进行特征提取，常用的直方图特征有以下六种。

(1) 均值。

均值即灰度图像的平均灰度值，是对图像的平均亮度特征的描述，其定义如下：

$$\bar{g}=\sum_{i=0}^{L-1} iP(i) \tag{7.4}$$

式中，$P(i)$ 表示第 i 灰度级出现的概率。

(2) 均方差值。

均方差值描述了图像的对比度与灰度的离散分布情况。当该值较大时，其对比度较好，反之则对比度较低，其定义如下：

$$\sigma=\sqrt{\sum_{i=0}^{L-1}(i-\bar{g})^2 P(i)} \tag{7.5}$$

(3) 偏斜度。

偏斜率描述了图像灰度级分布的不对称程度，偏斜度越大其直方图分布越不对称，反之越对称，其定义如下：

$$S=\frac{1}{\sigma^3}\sum_{i=0}^{L-1}(i-\bar{g})^3 P(i) \tag{7.6}$$

(4) 峰度系数。

峰度系数描述了图像灰度在接近均值处分布的集中特性，峰度系数越大，表示灰度分布越分散；反之，则灰度越集中，其定义如下：

$$K=\sum_{i=0}^{L-1}\frac{(i-\bar{g})^4}{\sigma^4} \tag{7.7}$$

(5) 能量。

能量描述了灰度级分布的均匀程度，分布越集中其能量越大，分布较分散时能量较低，其定义如下：

$$\text{ENERGY}=\sum_{i=0}^{L-1}\left[P(i)\right]^2 \tag{7.8}$$

(6) 熵值。

熵值描述了图像中所包含的信息量，熵值越大说明包含的信息量越多，熵值越小信息量越少，其定义如下：

$$\text{ENTROPY}=-\sum_{i=0}^{L-1}P(i)\log_2\left[P(i)\right] \tag{7.9}$$

7.2.4　实例分析

1. 实验方案设计及数据获取

为了验证基于红外图像的设备故障诊断的有效性，进行实验方案设计，获取不同设备状态下转子系统的红外图像及振动信号，以便于进行机理分析，图像处理及故障识别验证。

首先，进行了实验平台的搭建。本次实验的分析对象为 ZT-3 转子实验台，红外图像采集设备为 FLIR E50 红外热像仪，振动信号采集设备为 MDES 型故障诊断仪，除此之外，实验的硬件系统还包括计算机和信号线缆。实验台的整体效果如图 7.2 所示。

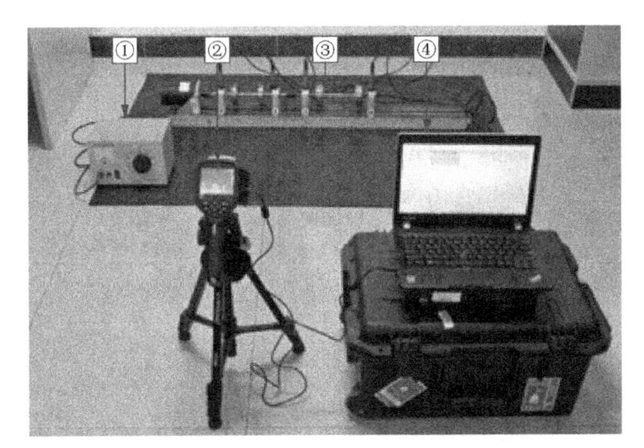

图 7.2　实验设置图

①速度控制器；②红外采热像仪；③转子实验台；④数据采集系统

ZT-3 转子实验台由调速器、底座、电机、联轴器、转子系统组成，其中转子系统包括转轴、转子、轴承、轴承支架组成。电机调速范围为 0～10000r/min，转速设置为 3000r/min。

振动信号通过中国石油大学(北京)故障诊断实验室研制的MDES型故障诊断系统采集，该系统包括计算机、加速度传感器、多通道振动信号采集仪等。将四个轴承支架作为测点，由电机端开始分别记为 V1、V2、V3、V4，每个测点处分别在垂直和水平两个方向进行信号采集。采集时每个振动信号的采样频率为 20kHz 红外图像通过 FLIR E50 红外热像仪进行采集。实验时将红外热像仪固定在三脚架上，以保证同一实验下所有的红外图像具有相同的采集条件。

为了验证不同情况下红外诊断的有效性，实验中针对红外热像仪和转子实验台位置两种不同的情况，如图 7.3 所示。其中，第一种情况红外热像仪垂直于转子实验台中部，第二种情况下红外热像仪与转子实验台约呈 45°夹角。同时，为验证环境温度的影响，通过空调控制两种情况下环境温度分别为 20℃和 10℃。

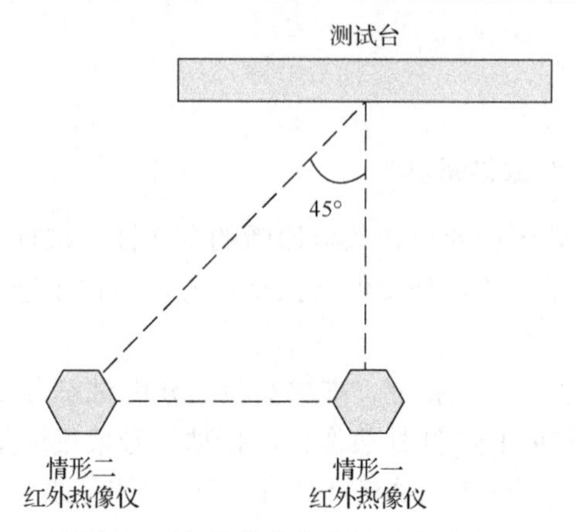

图 7.3　两种情况下红外热像仪和转子实验台位置示意图

实验中主要设置了正常(NS)、不平衡(IB)、不对中(MA)、碰摩(RI)、轴承座松动(BSL)、碰摩不对中耦合故障(CFRM)、碰摩松动耦合故障(CFBM)七种状态。模拟 IB 故障时所加配重为 1g，模拟 MA 故障时在轴承座与底座接触面放置厚度为 0.5mm 的塞尺，通过在底座卡槽中固定碰摩块来模拟与转轴的摩擦故障，将轴承座螺栓调松以模拟轴承座松动故障。每种状态下采集图像 40 幅，振动数据每通道 40 组，其中 20 幅(组)用来进行训练，剩余数据用来进行测试。

2. 温度统计

红外图像是对物体温度的表征，为研究设备不同状态下温度的变化，首先计算了实验中两种情况下每种运行状态所有图像的最高温度平均值(HT)及最低温度平均值(LT)，如表 7.1 所示。

表 7.1　两种情况下每种运行状态最高温度及最低温度平均值　　(单位：℃)

情况	温度类型	状态							平均值
		NS	IB	MA	RI	BSL	CFRM	CFBM	
一	HT	34.5703	37.4981	39.8177	46.9485	36.0548	47.8807	47.0058	41.3966
	LT	20.8684	20.3591	20.3128	20.2274	20.2684	20.2722	20.1270	20.3479
	温升范围	13.7019	17.1390	19.5049	26.7211	15.7864	27.6085	26.8788	20.0487
二	HT	29.9978	31.642	32.315	34.0766	30.3366	36.0067	34.9134	32.7554
	LT	10.023	10.0751	9.9679	10.0222	10.313	10.1584	10.0324	10.0846
	温升范围	19.9748	21.5669	22.3471	24.0544	20.0236	25.8483	24.8810	22.6709

注：温升范围=HT−LT。

从 7.1 表中可以看出，当环境温度较低时，每种运行状态下温升范围比环境温度高时温升范围较大。在同样的环境温度下，碰摩故障造成的温升范围最大，不对中故障造成的温升范围次之，不平衡及松动故障时设备最高温度与正常状态下最高温度相差较小。两种耦合故障情况下温度变化主要受碰摩故障影响，温度升高较多。从表中可以看出，除碰摩故障造成较大升温之外，其他几种情况温度变化范围较小，碰摩状态与碰摩耦合故障状态在最高温度方面也没有区分度，如果仅用常规的检测方法通过温度最大值来进行故障判断容易造成较大的误判。

3. 转子系统故障机理分析

当前，红外监测在设备故障诊断中的应用还较少，研究主要集中在对红外图像的增强及特征提取方面，缺乏对故障机理的研究和分析，因此，本小结对故障与温度变化的关系进行了讨论。

感兴趣区域(region of interest，ROI)选取是指图像处理中从被处理图像中以方框、圆等方式划分出感兴趣的目标区域，以缩小下一步处理中的计算量，提高处理精度[13]。为了便于对比分析，本节进行了 ROI 选取，如图 7.4 所示。

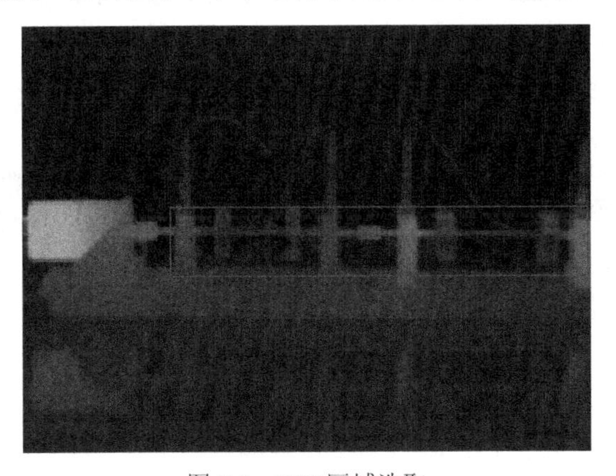

图 7.4　ROI 区域选取

图 7.4 中 ROI 包括所有轴承座、联轴器和转子，这些部件包含了故障会影响到的主要区域，将实验获得的七种状态下的 ROI 绘制在一起得到图 7.5。

图 7.5 展示了不同状态下故障发生的区域与故障敏感区域。可以看出，正常状态下温度分布均衡，各个部位温度均较低；不平衡故障时，左边第二个转子不平衡产生的振动造成了左边第二个轴承座温度升高，但由于不平衡造成的振动较小，因此温度变化较小；不对中故障时，联轴器部位内部两根转轴会与联轴器产生相对振动，造成联轴器部位有了较大的温度升高，同时振动传递到邻近两个轴承，也引起一定的温度提升；碰摩故障发生时，由于转子与碰摩棒产生了动静摩擦，造成了左边第二个转子的温度升高；松动故障时，左一轴承座与实验台底座发生相对振动，造成左一轴承座温度升高。碰摩不对中耦合故障时，故障现象是碰摩和不对中故障造成的故障现象的叠加，即左边第二个转子、联轴器、联轴器近端轴承温度升高；与之类似，碰摩松动耦合故障产生的现象也是碰摩和松动各自产生故障现象的叠加。

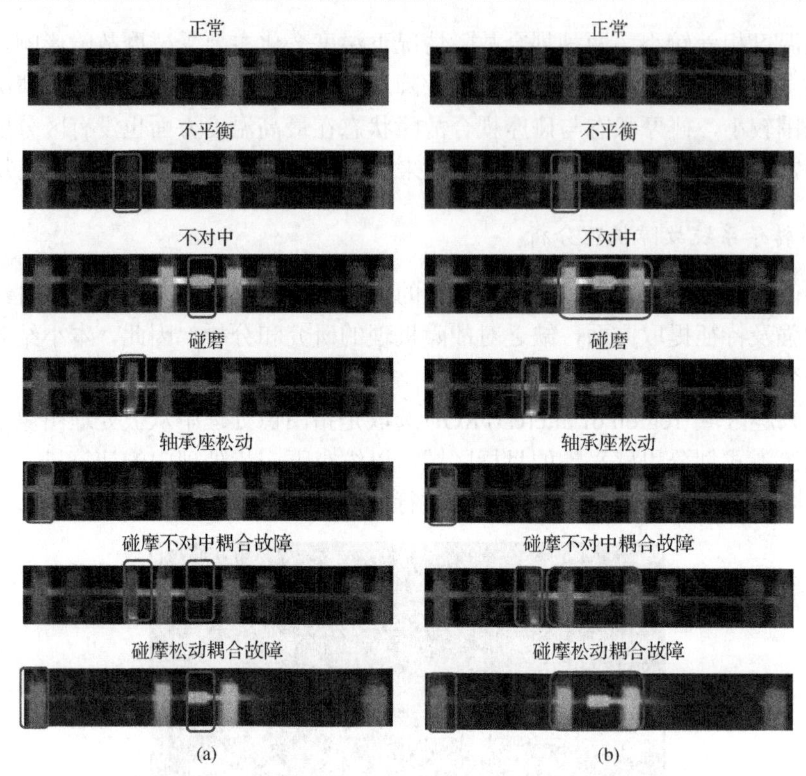

图 7.5　不同状态下故障发生的区域与故障敏感区域

(a) 故障敏感区域；(b) 示意图

从前面的物理意义分析可以看出，不同状态下红外图像的温度分布不同，通过红外图像分析的方法进行故障诊断是可行的。

4. 直方图特征分析

为了验证直方图特征提取的有效性，以实验中第一种情况为例，分别对七种状态下的红外图像进行了直方图计算，每种状态红外图像与相对应的红外灰度直方图如图 7.6 所示。

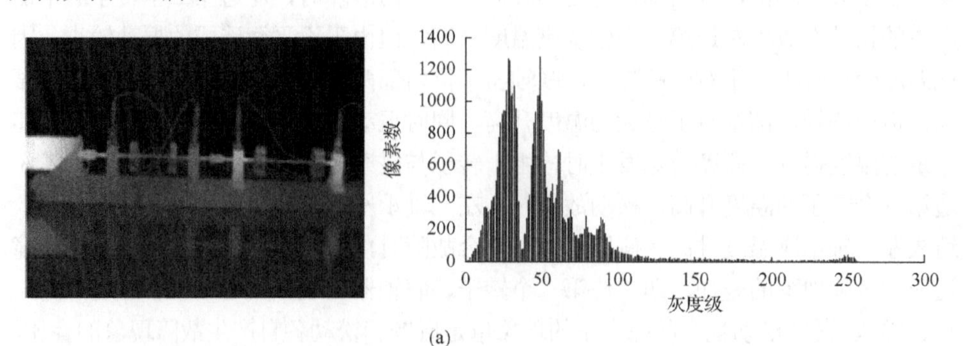

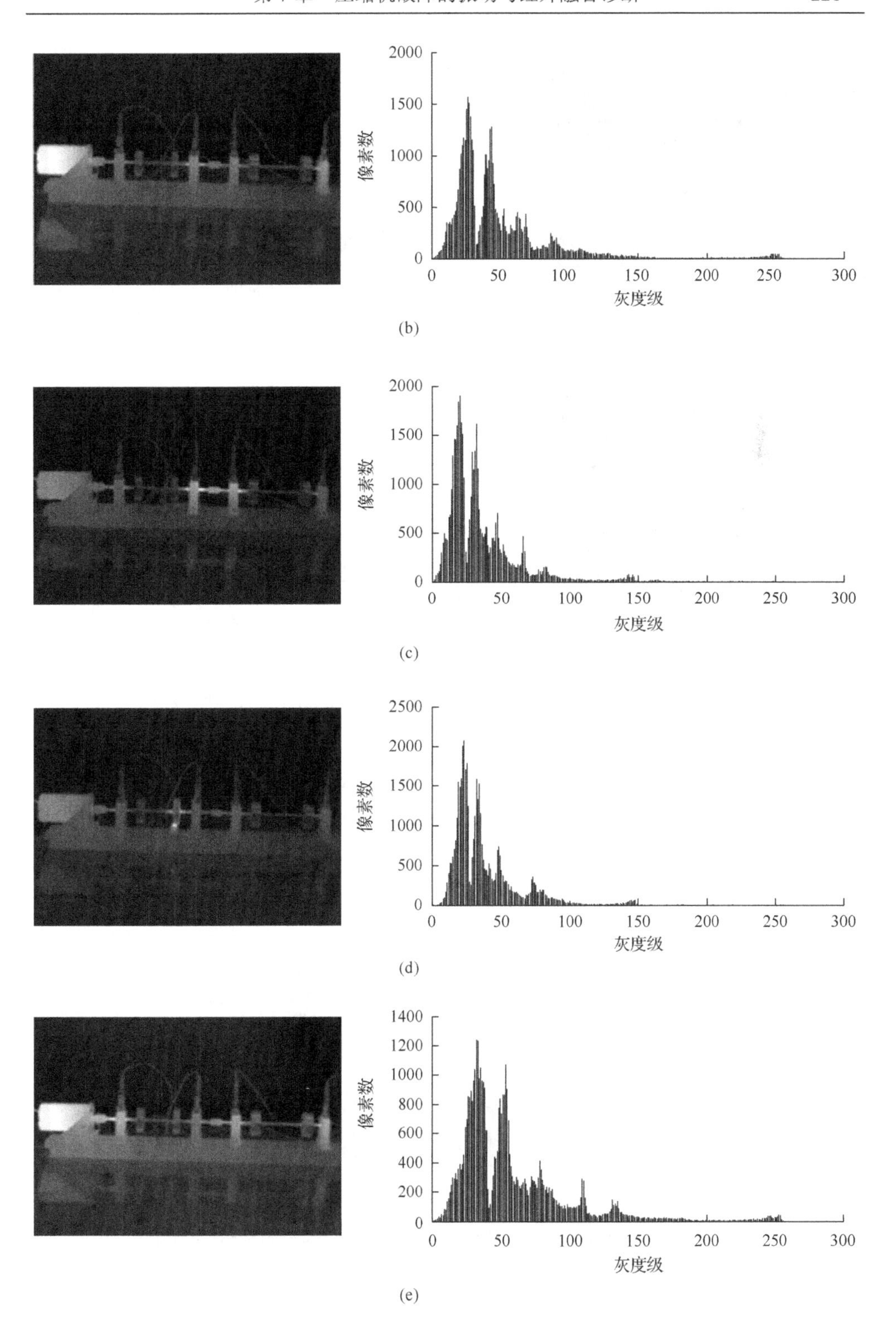
像素数
灰度级
2000
1500
1000
500
0
50
100
150
200
250
300
2500
1400
1200
1000
800
600
400
200

(b)

(c)

(d)

(e)

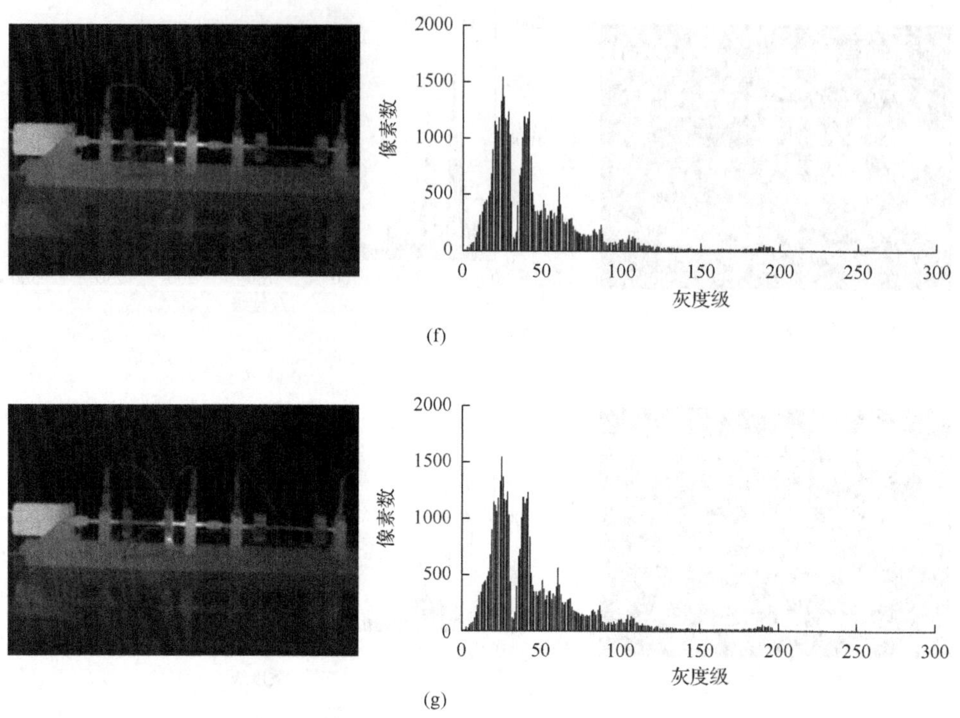

(f)

(g)

图 7.6　转子平台不同状态下的灰度图和直方图

(a)正常状态；(b)不平衡故障；(c)不对中故障；(d)碰摩故障；(e)松动故障；(f)碰摩不对中耦合故障；(g)碰摩松动耦合故障

从图 7.6 可以看出，虽然从视觉上看，各种状态下红外图像差距较小，但各种状态下直方图均有所不同，计算各种状态下所有图像的直方图特征值，归一化并计算其平均值后得到图 7.7。

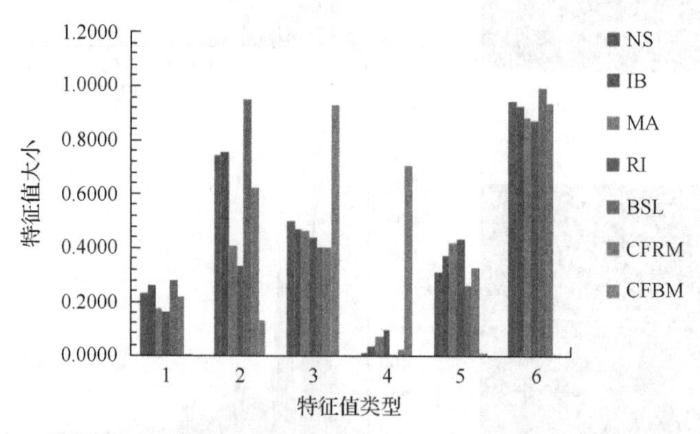

图 7.7　不同状态直方图特征值分布比较(文后附彩图)

从图 7.7 可以看出，对不同的特征参数值，各种状态下直方图特征值分布各异，从而说明通过直方图特征值进行智能故障诊断是可行的。

7.3 红外图像故障信息的非下采样轮廓变换增强方法

红外图像通常具有对比度低、细节不清晰和噪声高的特点，特别是在机械诊断中，由于温度变化的范围狭窄，造成图像对比度变化不明显，直接利用原始红外图像进行诊断准确率难以保障。常规的直方图增强、模糊增强等方法只针对图像的对比度进行增强，非线性增强等方法主要处理图像的细节信息，不适用于故障诊断。

鉴于此，本节采用了基于非下采样轮廓变换(non-subsampled contourlet transform，NSCT)的红外图像分析方法[14]，将 NSCT 方法和模糊增强及非线性增强方法相结合，利用模糊增强方法处理 NSCT 分解后得到的低频分量，利用非线性增强方法处理高频分量；同时，针对二者参数选取的问题，提出基于粒子群优化的参数选取方法，实现图像增强的最优选择，从而同时提高图像的对比度和细节信息，降低噪声影响，增强红外图像中与故障特征相关的信息，为进一步进行图像特征提取和模式识别打下基础。

7.3.1 非下采样轮廓变换方法

NSCT 是在 Contourlet 变换的基础之上由 Cunha 等于 2006 年提出的一种图像分解方法，主要由非下采样金字塔(non-subsampled Pyramid，NSP)与非下采样方向滤波器组(non-subsampled directional filter bank，NSDFB)共同构成[15]。该方法在保留 Contourlet 变换优点的情况下，并在图像降噪、轮廓识别、纹理提取等方面得到了广泛的应用。

1. NSCT 理论

Contourlet 变换是由 Minh 和 Martin[16]提出二维信号处理方法，该方法可以通过二维信号在多方向和多尺度上的变换实现信号的离散化表示，减少了计算的复杂度。相对传统的小波变换方法在分解时不能体现图像中方向等几何特征信息的缺点，该方法能够将图像分解到不同方向上，从而实现具有复杂结构图像的边缘特征及细节信息的提取，更好地实现图像处理。

在对图像进行分解时，Contourlet 变换方法首先采用了拉普拉斯金字塔滤波器(Laplacian pyramid，LP)对图像进行多分辨率分解，从而捕捉奇异点，然后通过二维方向滤波器组(directional filter bank，DFB)将奇异点连接为线性结构，获取图像轮廓。由于该方法滤波器存在下采样步骤，导致其不具有平移不变性，在进行图像处理时会产生伪吉布斯现象，降低了方法的适用性[17]。NSCT 即是在这种情况下提出的，为了获得平移不变性，NSCT 方法去除了下采样过程，减少了图像分解中的失真。NSCT 分解过程如图 7.8 所示。

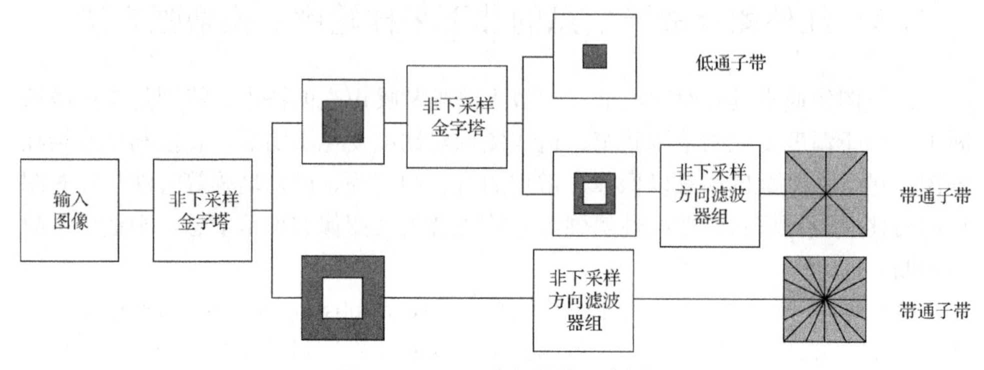

图 7.8 NSCT 分解结构示意图

在分解中，为了实现非下采样变换，需要将 Contourlet 变换中的滤波器 LP 和 DFB 转变为非下采的 NSP 和 NSDFB 滤波器。其中，NSP 相对于 LP 的改进在于其消除了 LP 滤波器中拉普拉斯变换的上下采样过程，从而减少了失真，获得了平移不变性，实现对图像多个尺度的分解；与 NSP 类似，NSDFB 是对 DFB 中每一个双通道滤波器进行改进，去掉其上下采样过程，以实现对图像多个方向的信息提取。NSCT 在分解过程中，NSP 和 NSDFB 相结合对图像进行处理，即可以实现图像在多方向、多尺度上的分解，其方向滤波器组频域分解示意图如图 7.9 所示。

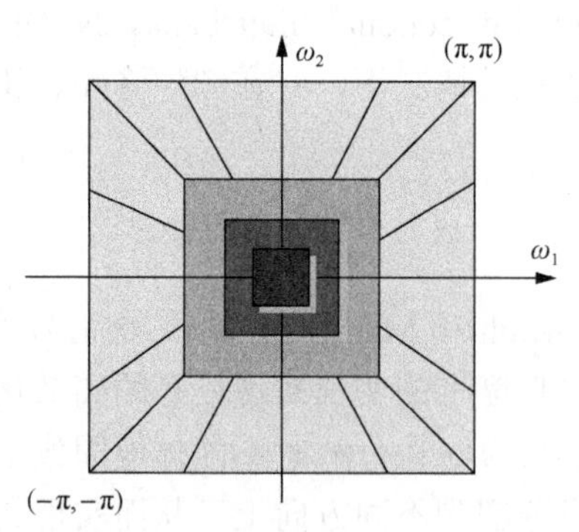

图 7.9 NSCT 频域分解示意图

ω_1、ω_2 均为分割方向

为了形象地说明 NSCT 分解的方式，以包含方向信息的经典 Zoneplate 灰度图像为例进行分解，设置分解尺度为 3，在三个尺度下方向子带的数量分别设为 2、4 和 8，其中图像分辨率为 256×256。首先，画出三个尺度的 NSCT 分解示意图如图 7.10 所示。

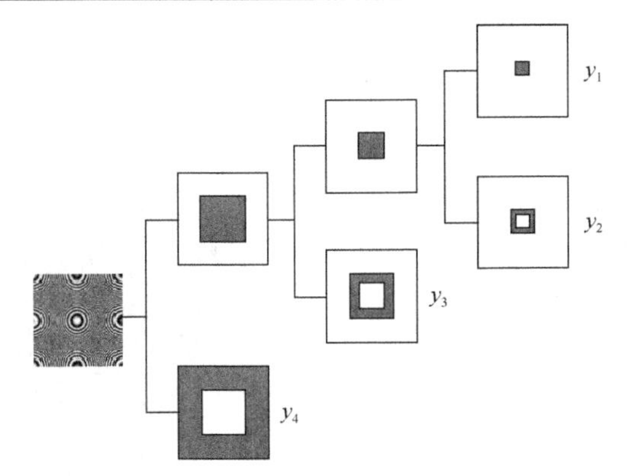

图 7.10　尺度 NSCT 分解示意图

y_1～y_4为各尺度图像频域分割图

从图 7.11 可以看出，经过三个尺度 NSCT 分解，一共可以获取四组图像，包括一个低频分量和三组高频方向分量，三组高频方向分量的解频域分割示意图如图 7.11 所示。

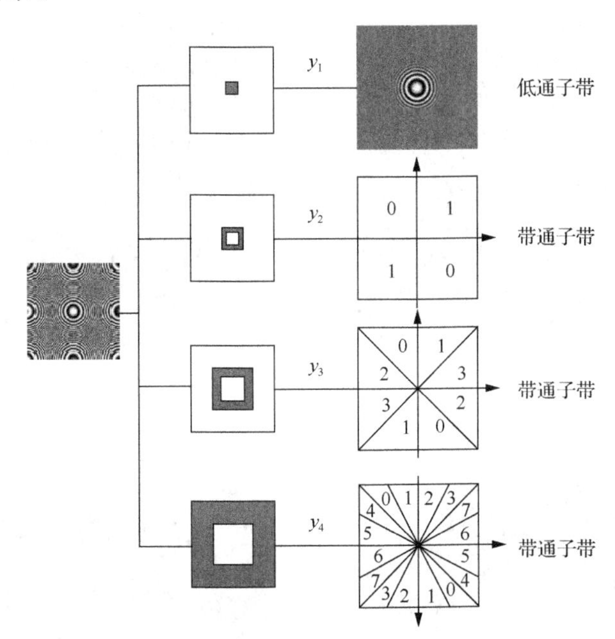

图 7.11　尺度 NSCT 分解频域分割示意图

按照上述参数对 Zoneplate 图像进行分解，得到各尺度下分解图像四组分量示意图如图 7.12～图 7.15 所示。

如图 7.12(a) 所示，Zoneplate 图像具有中心区域频率较低，边缘频率逐渐升高的特点，且其包含各个方向的细节信息，代表了复杂情况下的灰度图像。从

图 7.13～图 7.15 可以看出，NSCT 方法可以将图像按照不同的尺度提取图像中不同的频率成分，且在同一尺度下，可以按照分解需求将图像各个方向的轮廓、细节信息提取出来。

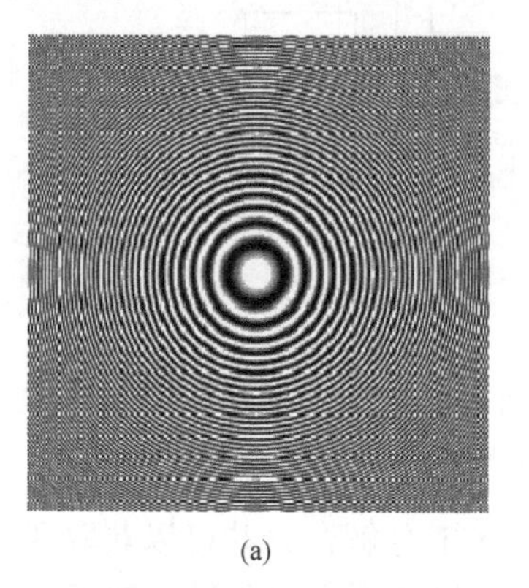
(a)

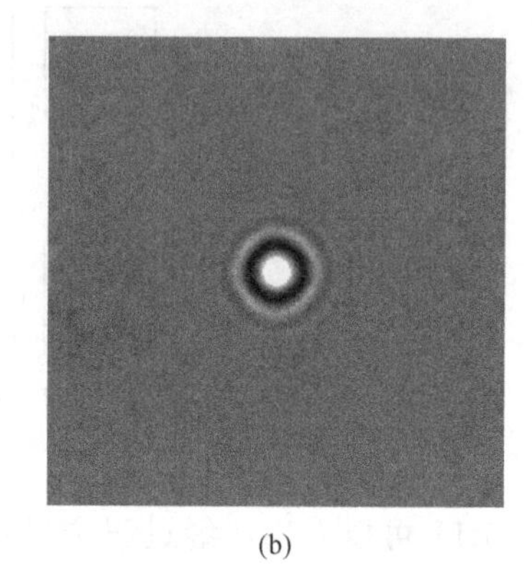
(b)

图 7.12　输入图像及低频分量

(a)输入图像；(b)低频分量

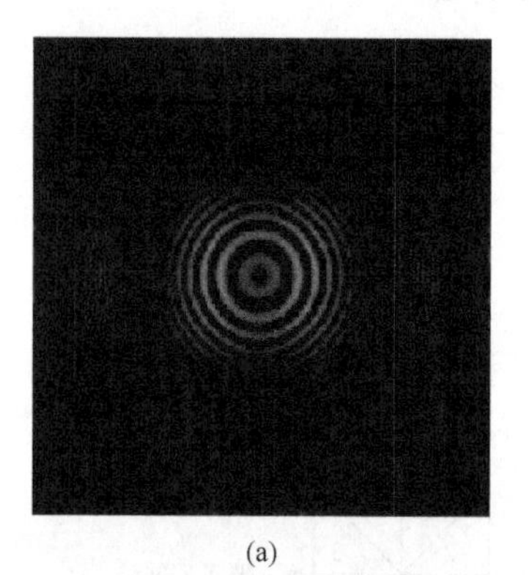
(a)

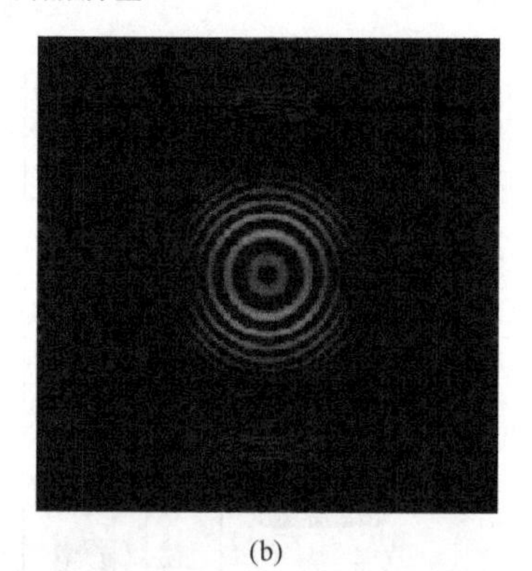
(b)

图 7.13　尺度 1 下方向分量

(a)分量 0；(b)分量 1

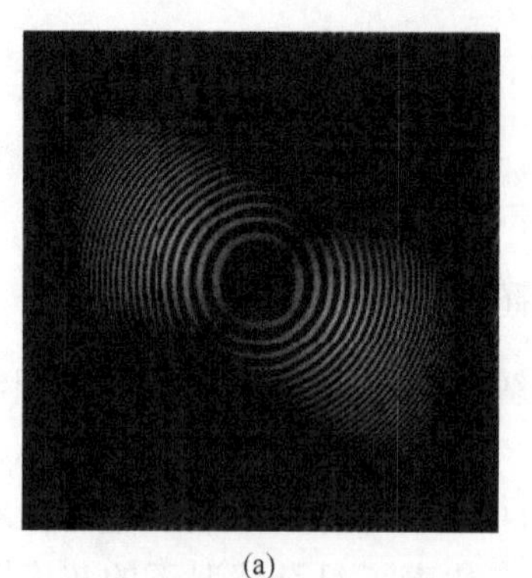
(a)

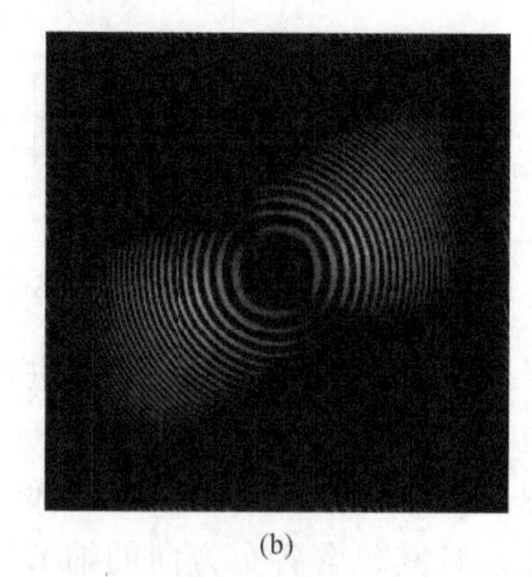
(b)

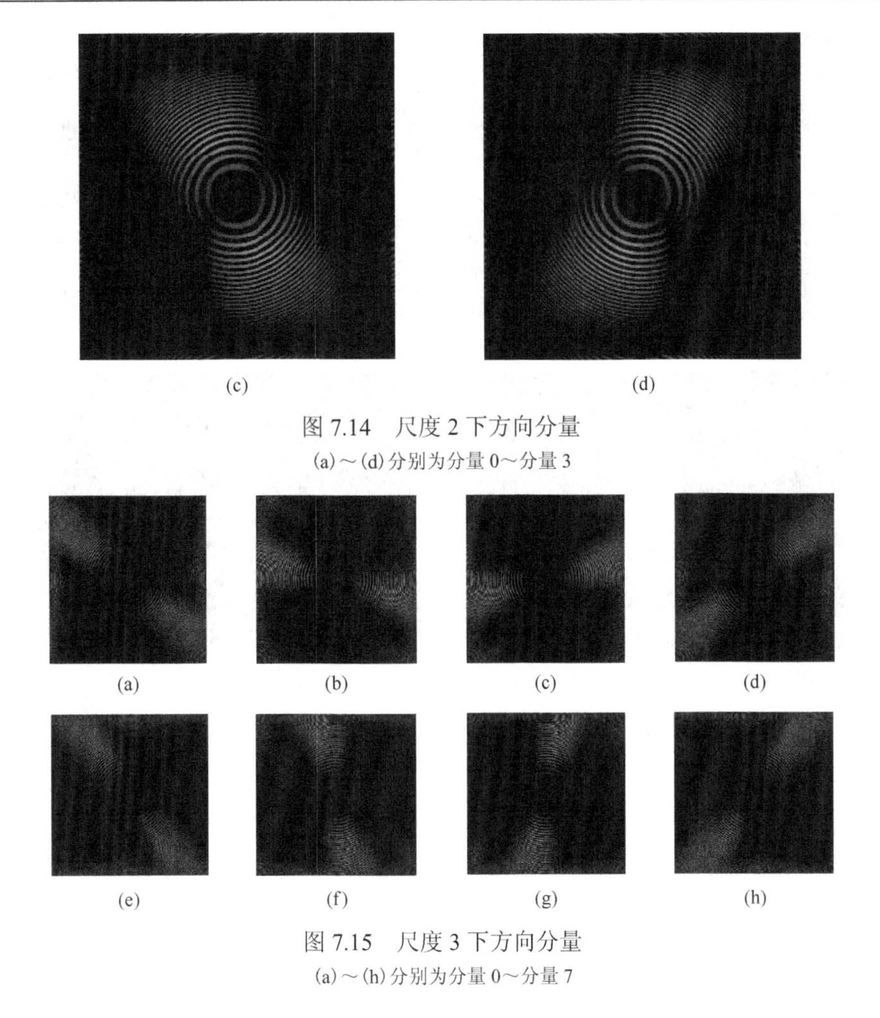

(c)　(d)

图 7.14　尺度 2 下方向分量

(a)～(d) 分别为分量 0～分量 3

(a)　(b)　(c)　(d)

(e)　(f)　(g)　(h)

图 7.15　尺度 3 下方向分量

(a)～(h) 分别为分量 0～分量 7

2. NSCT 图像分解实例

通过对 NSCT 的理论分析可以看出，该方法对图像轮廓、细节等信息的处理能力强，同时，也可以有效地提取出图像中的低频成分，适用于复杂条件下的图像处理。在机械故障诊断中，设备机械结构复杂、环境多变，且由于红外监测获取的灰度图像本身清晰度较差、轮廓及细节不明显，常用的直方图增强、阈值增强、小波增强等方法效果较差，因此，选用 NSCT 方法对其进行处理。

由于转子系统灰度图像的主要方向互相垂直，因此，利用 NSCT 方法对其进行分解时设置分解尺度为 1，方向子带数量为 2，以获得两个方向上的轮廓、细节信息。图像分解效果如图 7.16 所示。

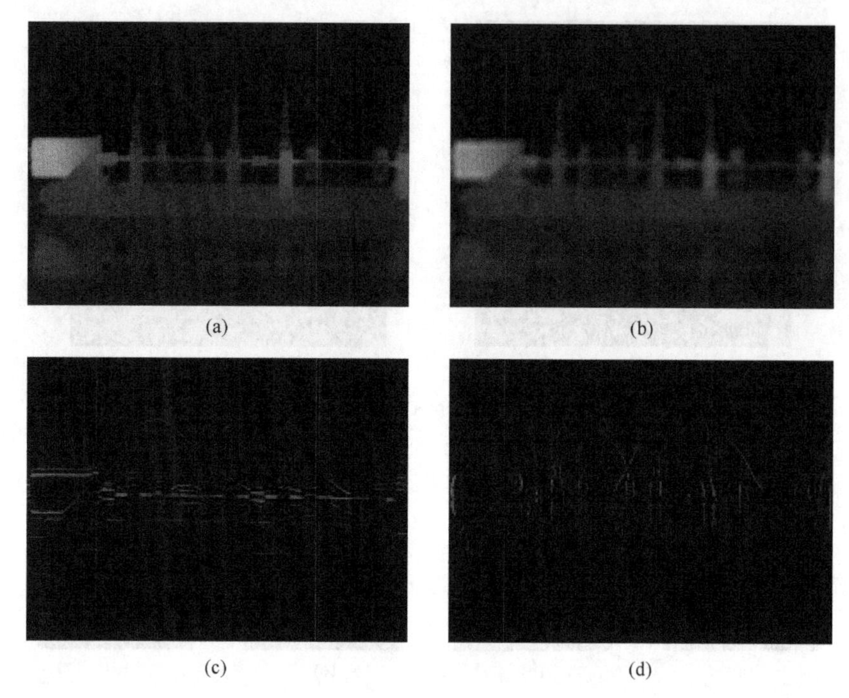

图 7.16　实验图像二层分解重构
(a)原始图像；(b)低频分量；(c)X方向高频分量；(d)Y方向高频分量

从图 7.16(b)中可以看出，通过 NSCT 处理，能够有效获取出图像的低频信息。如图 7.16(c)、(d)所示，经过不同方向的图像分解，有效获得了两个垂直方向上整个设备的轮廓、细节信息。

7.3.2　基于 NSCT 的红外图像增强方法

1. 模糊增强

模糊增强是一种变换域图像增强方法，该方法能够有效增强低频分量对比度信息，抑制图像噪声。该方法首先通过 G 变换完成图像从空间域至模糊域的变换，如式(7.10)所示：

$$\mu_{mn} = G(g_{mn}) = \left(1 + \frac{g_{\max} - g_{\min}}{F_{\mathrm{d}}}\right)^{-F_{\mathrm{e}}} \tag{7.10}$$

式中，μ_{mn} 为模糊特征平面；$g_{\max}$ 与 $g_{\min}$ 分别为图像像素的最大与最小值；F_{e} 与 F_{d} 均为模糊参量。然后通过式(7.11)，模糊增强算子返回调用修正隶属度函数：

$$T(\mu_{mn})=\begin{cases}2[\mu_{mn}]^2, & 0\leqslant\mu_{mn}\leqslant 0.5\\ 1-2(1-\mu_{mn})^2, & 0.5\leqslant\mu_{mn}\leqslant 1\end{cases} \tag{7.11}$$

最后利用 G 反变换使图像从模糊域变换至空间域，从而获得增强后的图像。

2. 非线性增强

图像的高频分量包含了局部梯度信息，这包含了图像中物体的边界信息和背景噪声。对高频部分进行处理，通常是为了加强边缘信息，去除噪声影响。此处通过阈值对高频部分进行调整，表达式为

$$T_k^l=\frac{1}{2}\sqrt{\frac{1}{m\times n}\sum_{x=1}^{m}\sum_{y=1}^{n}\left[P_k^l(x,y)-P_{\text{mean}}\right]^2} \tag{7.12}$$

式中，T_k^l 为第 l 个尺度上第 k 个分量的阈值；$P_k^l(x,y)$ 为该分量在位置 (x,y) 的系数，P_{mean} 为该分量系数的均值；$m\times n$ 为该分量大小。

在利用其对图像处理时，将小于该值视为噪声，大于该值的视为边缘，将噪声部分进行去除，对边缘部分进行加强，如(7.13)式所示：

$$\overline{P}_k^l(x,y)=aP_{k\_\max}^l\left\{s_{\text{igm}}\left\{c\left[\frac{P_k^l(x,y)}{P_{k\_\max}^l}-b\right]\right\}-s_{\text{igm}}\left\{-c\left[\frac{P_k^l(x,y)}{P_{k\_\max}^l}+b\right]\right\}\right\} \tag{7.13}$$

式中，$a=\dfrac{1}{s_{\text{igm}}[c(1-b)]-s_{\text{igm}}[-c(1+b)]}$；$s_{\text{igm}}(x)=\dfrac{1}{1+\exp(-x)}$；$\overline{P}_k^l$ 为经过加强处理后的系数；$P_{k\_\max}^l$ 为该分量系数的最大值；b 和 c 分别为控制增强的范围和强度。

3. 基于 NSCT 的红外图像增强模型构建

为充分利用模糊增强和非线性增强方法的优点，本节首先利用 NSCT 分解，将红外图像分解为一个低频分量和两个高频分量；然后，利用非线性增强方法处理高频分量，增强图像的细节信息，降低图像噪声，同时，利用模糊增强方法处理低频分量，增强图像对比度；最后，对增强后的分量进行 NSCT 反变换，最终实现图像的增强。该方法的流程图如图 7.17 所示。

通常，模糊增强方法中的模糊参数和非线性增强函数中的范围系数及强度系数由经验确定，通过这种方法很难选取最佳的参数以实现最优的图像增强。为了解决这个问题，本节引入了粒子群优化算法(PSO)来进行参数选取。

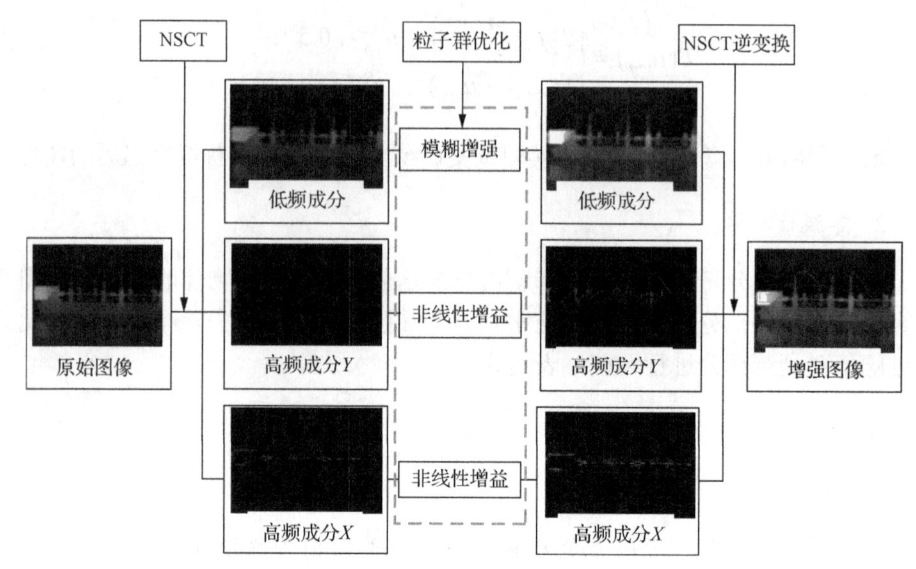

图 7.17　基于 NSCT 图像增强方法流程

7.3.3　基于粒子群优化的增强参数确定方法

1. 粒子群优化适应度函数构建

粒子群优化(PSO)是一种参数寻优算法，在 n 维的解空间中，每个粒子 t 包含位置集 $X_t=(X_{t1},X_{t2},X_{t3},\cdots,X_{tn})$ 与速度集 $V_t=(V_{t1},V_{t2},V_{t3},\cdots,V_{tn})$，分别代表了对应优化问题的解和粒子当前位置与下一个目标位置之间的迭代位移。在寻优开始时，设定初始值，然后进行迭代计算，以寻找个体极值点 P_{best} 和群体极值点 G_{best}。

速度集和位置集参数迭代更新的公式为

$$V_t(q+1)=\omega V_t(q)+a_1r_1\left[P_{\text{best}}(q)-X_t(q)\right]+a_2r_2\left[G_{\text{best}}(q)-X_t(q)\right] \tag{7.14}$$

$$X_t(q+1)=X_t(q)+V_t(q+1) \tag{7.15}$$

$$\omega=\frac{\omega_{\max}-(\omega_{\max}-\omega_{\min})q}{q_{\max}} \tag{7.16}$$

式中，q 为当前迭代代数；a_1 与 a_2 均为加速系数；r_1 与 r_2 均为 0 到 1 之间的随机数；ω 为惯性权重，通过设定其最大迭代次数($\omega_{\max}$)、最小迭代次数($\omega_{\min}$)满足式(7.16)来实现迭代更新。

在进行迭代前，需要设定粒子群的位置与速度范围，使粒子在适宜的条件下更新，以实现全局最优解的输出。

考虑利用红外图像进行故障诊断时，需要对温度变化的大小和范围进行评价，因此针对红外图像特点，引入对比度与熵值作为评价指标构。

对比度指的是图像灰度反差的大小，定义如下：

$$E_1 = \sqrt{\frac{1}{M \times N}\sum_{i=1}^{M}\sum_{j=1}^{N}\left(I(i,j) - \frac{1}{M \times N}\sum_{i=1}^{M}\sum_{j=1}^{N} I(i,j)\right)^2} \tag{7.17}$$

式中，$I(i,j)$为图像在(i,j)像素点的灰度值；$M \times N$为图像的像素数。对比度越大，表示图像灰度级反差越明显，图像中物体的明暗对比信息越明显。

在故障诊断中，红外图像的对比度表征了温度值的变化，信息熵表征了温度分布的变化，为了使增强后的图像包含更多的故障信息，利用二者构建适应度函数如下：

$$\text{fitness} = \sqrt{E_i^{\ 2} + H_i^{\ 2}} \tag{7.18}$$

式中，E_i、H_i分别为图像的对比度和熵值。

2. 基于 PSO 的优化增强方法

通常，模糊增强函数中的模糊参量 F_e 与 F_d 和非线性增强函数中的增强参数 b 和 c 均由经验选定，对于 NSCT 方法分解后的图像分别进行处理时，参数选择困难，难以得到最优结果，为了解决这一问题，利用 PSO 方法优化选择这些变量进行图像增强，具体步骤如下。

(1) 对图像进行 NSCT 分解，层数为 1，方向为 2，得到相应的两个不同方向的高频分量和一个低频分量。

(2) 初始粒子种群，设置种群规模为 30，每个种群中有 6 个粒子，分别代表低频分量中的 F_e 与 F_d 和不同高频分量中 c、b 的取值，并记为 c_1、b_2、c_2、b_2。其中 F_e 的搜索位置和速度分别在[0,1]和[–0.01,0.01]内随机产生，F_d 的搜索位置和速度分别在[0,120]和[–12,12]内随机产生，c 的搜索位置和速度分别在[0,100]和[–10,10]内随机产生，b 的搜索位置和速度分别在[0,2]和[–0.02,0.02]内随机产生。

(3) 利用 (2) 产生的参数，对分解得到的低频分量进行模糊增强，对图像的高频分量系数进行非线性增强，对增强后的三个分量进行反变换，得到重构图像。

(4) 计算各个粒子的评价函数，从而计算出适应度值，然后结合步骤 (2) 和步骤 (3) 获得的各个种群的局部最优粒子，选出全局最优粒子位置。

(5) 根据式(7.14)和式(7.15)更新粒子的速度和位置。

(6) 计算是否满足最小误差，如果达到条件则结束循环，输出最优解，否则返回步骤(2)，继续进行循环。

(7) 寻优结束后，按照步骤(2)的方法，用最优参数进行增强，得到增强后的图像，完成增强过程。

7.3.4　实例分析

针对图像增强效果的评价主要有主观评价方法和客观评价方法两种。图像增强的效果主要包括降噪、对比度提升与细节增强三个方面，本节从主观视觉效果和客观数值评价两方面对增强效果进行分析验证。

1. 增强效果主观分析

主观评价方法即通过人的主观观察对图像的成像质量做出判断，主要包括图像的噪点、清晰度、明暗对比信息。为了评估上述增强方法的效果，对获取的红外图像进行处理，并与图像增强中常用的直方图均衡(histogram equalization，HE)、双向直方图均衡(bidirectional histogram equalization，BHE)、小波(WT)软阈值、NSCT 软阈值方法进行比较。两种情况下红外图像的处理结果如图 7.18 和图 7.19 所示。

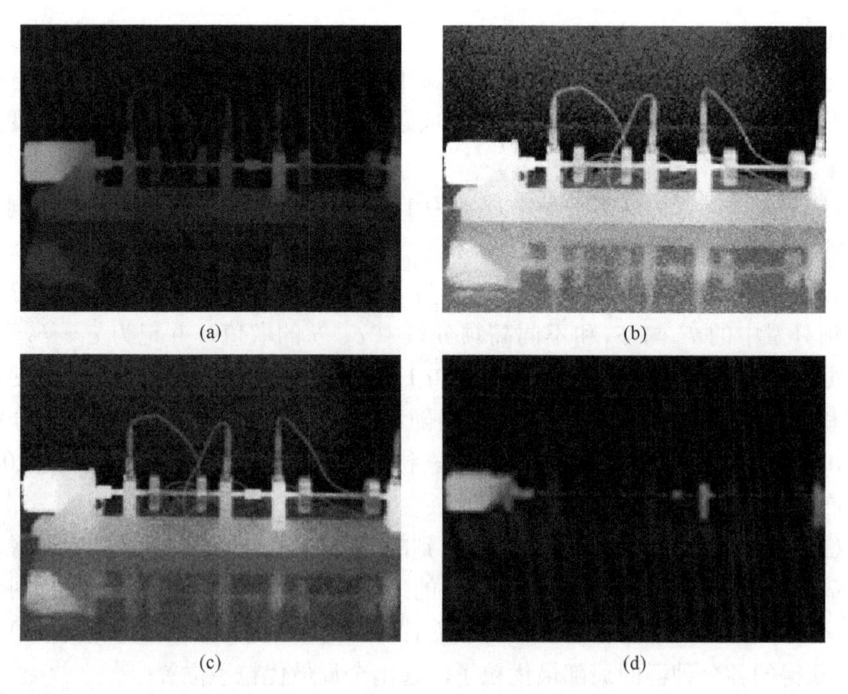

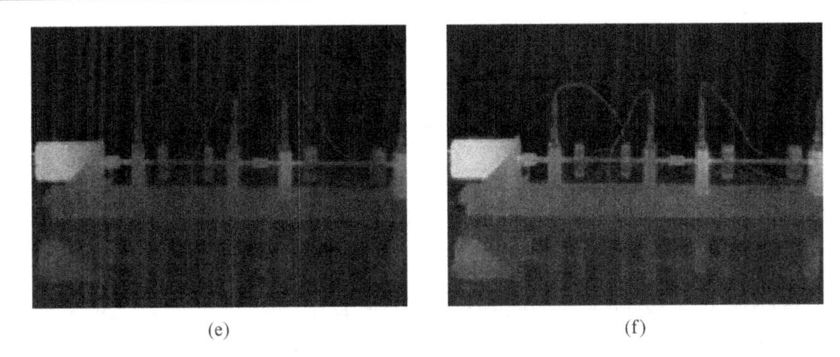

(e)　(f)

图 7.18　案例 1 中原始图像

(a) 不同方法增强结果；(b) HE；(c) BHE；(d) WT 软阈值方法；(e) NSCT 软阈值方法；(f) 本节提出的方法

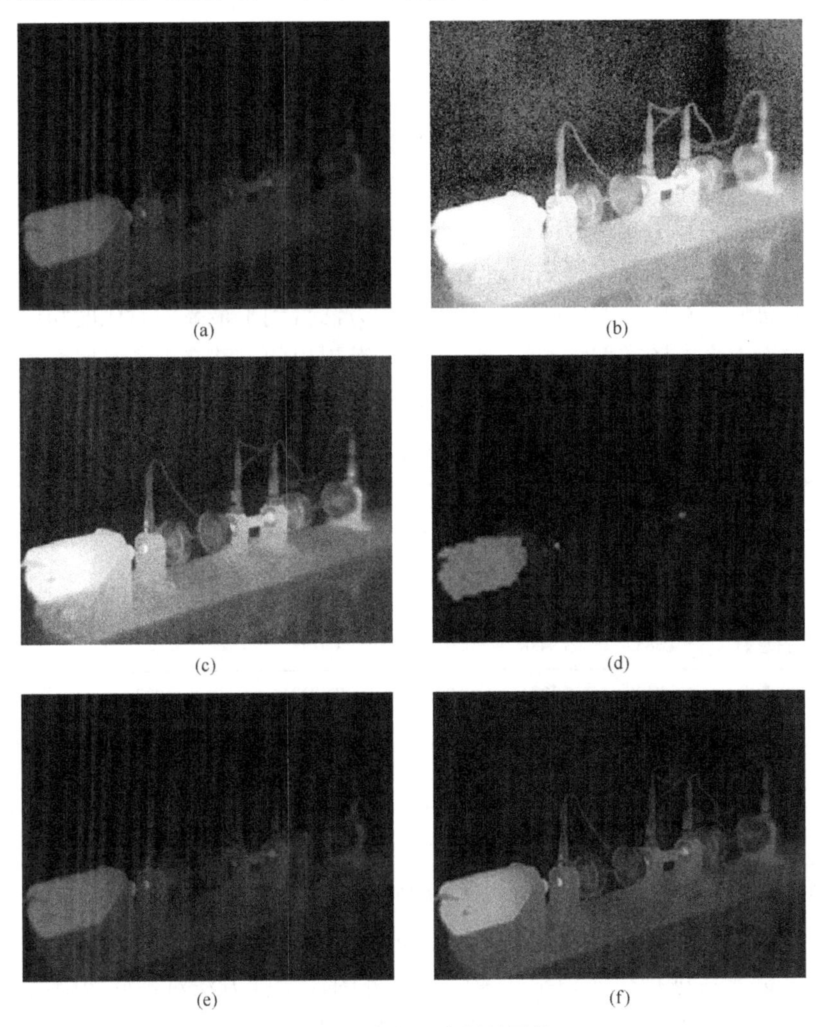

(a)　(b)

(c)　(d)

(e)　(f)

图 7.19　案例 2 中原始图像

(a) 不同方法增强结果；(b) HE；(c) BHE；(d) WT 软阈值方法；(e) NSCT 软阈值方法；(f) 本节提出的方法

以第一种情况(案例 1)为例，如图 7.18 所示，由图 7.18(b)和 7.18(c)中可以看到，直方图均衡化和双向直方图均衡方法大大增强了图像的明暗对比，但是在对比度增强的过程中，噪声信息同样被增大，使得图像中噪点增多，影响图像分析；图 7.18(d)中，小波增强方法将亮部信息和暗部信息区别开来，突出了热量较高的部位，在一定程度上消除了噪声，但是对细节信息保留不足；图 7.18(e)中，NSCT 软阈值方法可以有效去除噪声，提高了图像的细节信息，但是低频部分处理不足，对图像对比度的提升不明显；图 7.18(f)中，通过本节方法的处理，保留了原图像的明暗细节，适当提升了图像的对比度，较好地消除了噪声干扰，实现了图像的增强。

2. 增强效果客观分析

由于主观评价方法因人而异，为了客观的评价图像增强效果，选取了清晰度、标准差及信息熵作为图像质量的客观评价指标[18]。对利用各种方法进行增强所得到的图像计算上述三个评价参数，计算结果如表 7.2 所示。

从表 7.2 可以看出，直方图类增强方法得到了最高的清晰度，但其对比度最低，甚至比原始图像对比度更低，这是由于直方图增强方法仅注重清晰度，在增强图像时忽略了对比度的影响。本节提出的方法得到了最高的对比度和信息熵，清晰度仅次于直方图类增强方法，这说明本节提出的方法在提高对比度的同时，消除了噪声影响，增强了图像细节信息，实现了红外图像的有效增强。

表 7.2　案例 1 和案例 2 中红外图像增强评价参数结果

案例	评估参数	原始图像	HE	BHE	WT 软阈值方法	NSCT 软阈值方法	本节方法
1	清晰度	0.028	0.1300	0.0826	0.0225	0.0270	0.0389
	对比度	24.1077	10.8606	9.4250	24.5015	24.0703	35.6748
	信息熵	4.5652	3.8488	4.0863	3.7385	4.5424	5.1258
2	清晰度	0.0128	0.1281	0.0453	0.0097	0.0074	0.0176
	对比度	20.3792	10.7664	9.0589	21.1658	20.2817	34.9053
	信息熵	3.8017	3.4994	3.7358	3.1645	3.6256	4.3422

在故障诊断中，需要不同运行状态下的数据有一定区分度，即各类数据的区别程度，利用基于欧式距离的平均类间距和平均类内距来表征各类数据间的区分度，当不同类别数据类内距小而类间距大时，不同类型的数据具有更大的区分度，更容易进行模式识别。为验证红外图像增强方法对不同故障类型的总体增强效果，首先利用各种方法分别处理七类状态下的全部 280 幅红外图像，

然后按照 7.2.3 节中的红外图像特征提取方法提取各图像特征，最后将每类状态下的 40 幅图像视为一组数据，计算各组数据间的平均类内距离和类间距离，其结果如表 7.3 所示。

表 7.3 案例 1 和案例 2 中红外图像增强效果总体评价结果

案例	评估参数	原始图像	HE	BHE	WT 软阈值方法	NSCT 软阈值方法	本节方法
1	平均类内距	0.1954	0.3834	0.2439	0.1998	0.1923	0.1373
	平均类间距	0.1332	0.0059	0.0598	0.1161	0.1369	0.2671
2	平均类内距	0.2096	0.3889	0.257	0.2022	0.2115	0.149
	平均类间距	0.1483	0.0195	0.0631	0.1261	0.1437	0.2716

从表 7.3 中可以看出，利用本节方法增强后的图像特征，具有更小的平均类内距和更大的平均类间距，这说明经过本节方法处理后，相同运行状态下的数据分布更集中，而不同状态下的数据区分度更高，从而说明本节方法更适用于智能故障诊断。

7.4 图像分割与故障敏感区域选择

在利用红外图像进行故障诊断时，由于图像范围一般远大于设备有效部位，图像中存在大量的无关信息，如果不加鉴别地对图像进行总体特征提取，故障有效信息容易被背景信息干扰，因此需对图像中故障敏感区域进行选取。现有的分割方法如基于阈值分割、边缘分割等方法在图像处理时缺乏自适应性，对不同图像分割时区域范围不稳定，需要进行人工选取分割区域，难以应用到智能诊断中[19]。为了解决这个问题，本节提出了自适应图像分割方法来选取红外图像中的故障敏感区域，首先，提出了基于网格划分的图像分割方法，并建立了基于网格搜索的分割数量选择模型；然后建立了基于离散度指标的敏感区域选取准则，实现敏感区域选择，便于进一步实现有效的故障特征提取。

7.4.1 基于网格划分的图像分割方法

1. 基于网络划分的图像分割方法的提出

图像分割是图像处理中的重要步骤，通常是指将图像按照一定的规则分割成特定形状的区域，以便于提取感兴趣区域进行分析的过程。通过图像分割和区域选取，可以将感兴趣区域有效地从杂乱的背景信息中提取出来，降低分析的难度和计算量，提高分析的准确度和效率。所以，图像分割及区域选择的效果对图像分析的结果有重大的影响。

图像分割是根据特定的规则或特性对图像进行分割，分割后得到的区域可以是规则的也可以是不规则的。在分割区域特性上，区域内具有相近的图像特征，不同区域间图像特征有一定区别，除此之外，分割的过程需满足一定的几何条件，可以通过集合学概念表达为以下的形式。

以集合 A 表示整个图像区域，$A_1, A_2, \cdots, A_n$ 表示 A 的 n 个非空子空间，对于这些子空间需满足以下三个条件。

(1) $\bigcup_{i=1}^{n} A_i = A$。

(2) 当 $i \neq j$ 时，$A_i \cap A_j = \varnothing$。

(3) 对 $i=1,2,\cdots,n$，区域 A_i 是连通的。

常用的图像分割方法可以分为基于区域、边界和特定理论三大类，主要有直方图阈值法、最大类间方差法、区域生长及分裂合并法、形态学法、机器学习方法等。这些方法在计算中注重边缘的测算及区域间的差别，在分析单一图像，进行对象的识别，如人脸识别、特定对象选取上有良好的效果，但在进行机械设备智能故障诊断时，对设备边缘计算效果要求不高，而是需要找出最优的敏感区域，因此上述方法并不适用。基于上述原因，本节提出了基于网格划分的敏感区域选择方法解决红外图像的故障诊断中图像分割及选取的问题。

2. 基于笛卡尔网格的图像分割

笛卡尔网格是一种建立在直角坐标系中的网格，笛卡尔网格中的单元基本按照笛卡尔坐标方向(X，Y，Z)排列，具有网格建立与处理数据快，模型简单，易实现自适应计算的特点，适用于描述规则的几何图形。而由红外热像仪获取的红外图像为大小一致的矩形图像，因此，本节选取大小均一的矩形网格对图像进行分割，将图像划分为不同的大小，分割效果如图 7.20 所示。

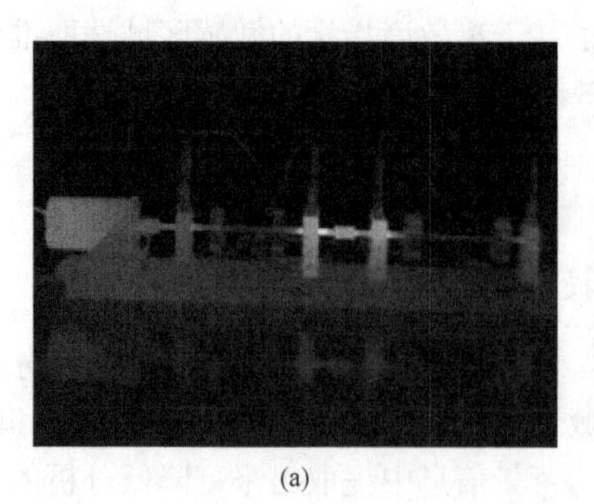

(a)

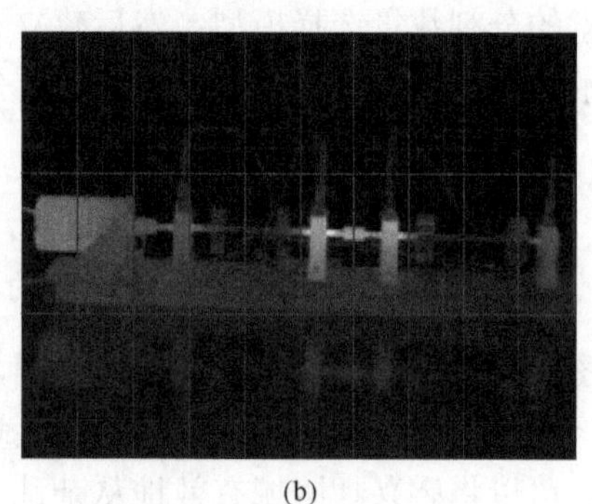

(b)

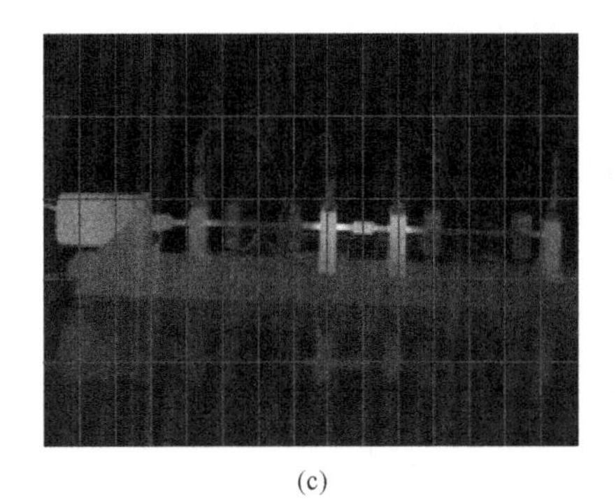

(c)

(d)

图 7.20　不同分割程度图像示意图

(a) 1×1；(b) 3×10；(c) 5×15；(d) 7×20

图 7.20 展示了红外图像被分割为 3×10、5×15、7×20 几种情况下的分割效果。由于本节实验获取的图像分辨率为 180×240，将图像分割范围设定为从 2×2 到 18×24 块，最小压缩比为 10，既可以实现充分的分割，又不至于引入过大的计算。

3. 基于网格搜索法的网格分割数量选择

对图像进行网格划分，需要找到最佳的区块划分数目，当划分过少时，难以将关键的区域与背景信息分离；划分过多时，区块面积过小，单一区块无法对敏感区域完全覆盖，影响分析效果，因此需对分割数量进行选择，确定最佳的分块方式。

网格搜索法(grid search method)，又称为穷举法，是用来处理有约束非线性极值求解问题的一种数学方法，在机器学习的参数寻优问题中应用较多，其寻优过程是在边界范围内划分网线，设定统一的步长，通过遍历的方式寻找使目标函数得到最优解的一个或多个参数的最优值或最优值组合。

该方法可以实现多参数同时寻优，由于各参数相互独立、解耦，避免了多参数寻优中因参数耦合造成的多解性问题，计算简单。但在实际应用中，步长设置容易引发问题，当步长过大时，容易丢失最优解；当步长过小时，计算量大，参数较多时，计算量呈指数增长。

在寻优问题中，由于参数为整数，解决了步长设置问题，因此，选取该方法进行参数优选。设置 X 方向的分割参数范围为 2～18，Y 方向的分割参数范围为 2～24，网格搜索步长为 1，进行网格搜索。寻优过程的流程图如图 7.21 所示。

同时，网格搜索的目标函数为故障诊断准确率，对每个分割后的图像区块进行特征计算，利用故障诊断中常用的支持向量机(SVM)分类器进行故障分类，以故障诊断的准确率作为目标函数进行寻优。

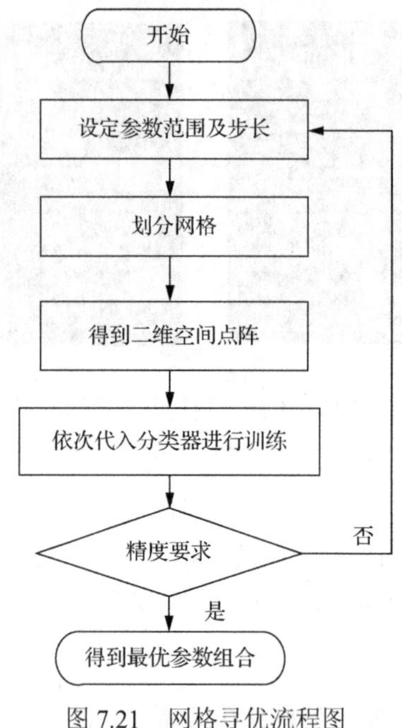

图 7.21　网格寻优流程图

7.4.2　基于离散度分析的敏感区域选取

1. 图像相似性分析

在对图像进行分割以后，需要对感兴趣区域进行选取，在故障诊断中，即为对故障敏感区域的选取。由于智能诊断中自动选取的需要，首先要确定评判敏感区域的指标。基于红外图像的故障诊断中，故障敏感区域指与正常状态温度绝对值或温度变化较大的区域，即灰度图像中，与正常图像相比，灰度值与灰度分布变化较大的区域。为选取这些区域，需要对图像之间的不同之处进行描述，这属于图像相似性分析的内容。

图像的相似性分析一般指对图像内容描述的相似程度分析，图像内容描述指对图像中主题颜色、形状、纹理、大小、方向等的描述，常用的相似性分析方法为距离计算，即通过各类距离算法来对图像相似程度进行分析，主要包括欧几里得距离、马哈拉诺比斯距离、切比雪夫距离等。

这些距离计算方法通过直接对两幅图像进行距离计算，得出距离值，距离越大说明相似度越低，距离越小说明相似度越高。在本节处理问题过程中，主要是针对灰度、纹理不同进行描述，除距离外还应考虑对应区域灰度分布的差异，因为直接进行距离计算难以对其进行准确描述。

2. 离散度指标

由于敏感区域的选择对故障诊断的准确性有很大的影响。由于故障造成的热效应，故障敏感区域通常有一个特定的对应故障点的高温区域，并向附近的部件进行扩散。因此，本节首先对图像进行温差计算，得到温差矩阵，即红外图像的灰度值差值矩阵，通过该矩阵来描述特定区域正常状态与故障状态的差别；然后计算矩阵基于标准差计算的能量方差来表征不同区域的差别，当其值为 0 时，说明该区域在正常状态和故障状态下没有能量偏差，反之，值越大，偏差越大。因此，引入离散度用来获取包含主要故障信息的故障敏感区域。该描述温度分布差异的离散度指标的计算公式如下：

$$d(r,c)=\sqrt{\frac{1}{\mathrm{rd}\times\mathrm{cd}-1}\sum_{i=1}^{\mathrm{rd}}\sum_{j=1}^{\mathrm{cd}}\left(T(i,j)-\frac{\sum_{i=1}^{\mathrm{rd}}\sum_{j=1}^{\mathrm{cd}}T(i,j)}{\mathrm{rd}\times\mathrm{cd}}\right)^2} \tag{7.19}$$

式中，d 为离散程度；$d(r,c)$ 为 r 行和 c 列的离散度值；rd、cd 分别为由行 r 和列 c 代表区域的温差矩阵的分辨率；$T(i,j)$ 为行 i 和列 j 处的温差值。通过式(7.19)计算每个区域的离散程度，离散度值最高的区域被选取为故障敏感区域。

7.4.3 实例分析

1. 敏感区域选择

为验证本节方法，首先从视觉角度对方法进行验证，以不对中故障下的图像为例，其敏感区域选择如图 7.22 所示。

从图 7.22 可以看出，根据离散度指标计算得出具有最高离散度的区域与温度提升最明显的故障敏感区域相符，说明该方法可以有效选取最能代表故障的分割区块。

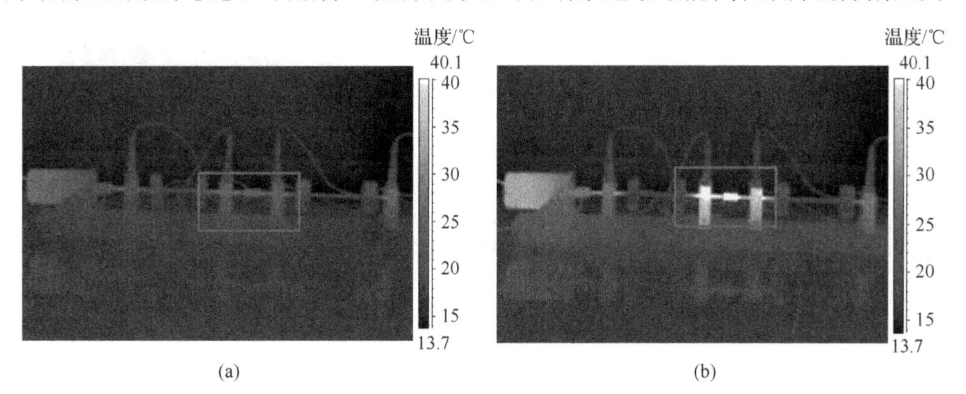

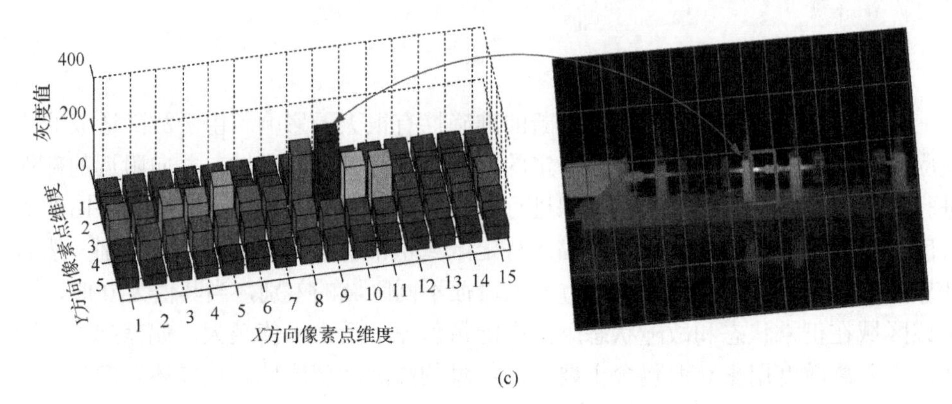

(c)

图 7.22　不对中故障下根据高离散度值选取分割区域

(a)正常状态；(b)不对中故障；(c)不对中故障敏感区域

考虑所研究的实验案例中独立故障有不平衡、不对中、碰摩和松动故障四类，设定了作为描述故障信息的独立区域敏感的数量为四个。以实验中情况一中，图像分割数量为 5×15 时为例。首先，将七种不同状态下的图像灰度矩阵划分为 5×15 个规则矩阵，然后按照式(7.19)计算每个区域不同故障状态与正常情况向对应的离散度指标，得到的离散度分布矩阵如图 7.23 所示，每种独立故障选取离散度最大的点区域作为故障敏感区域，以突出故障相关信息、去除无关背景信息。

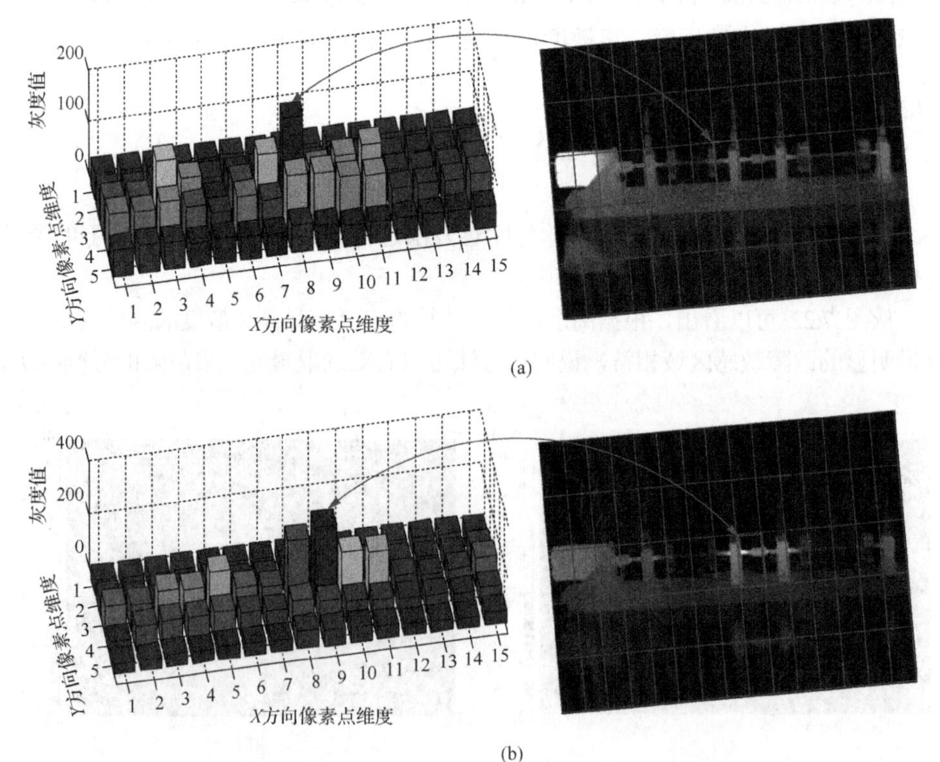

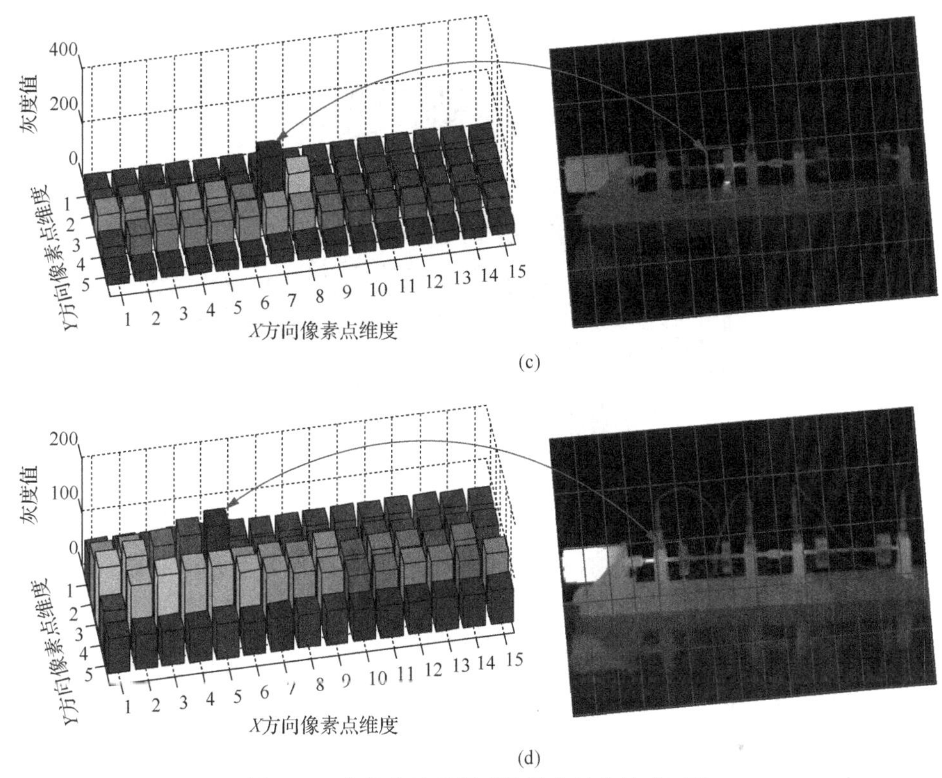

(c)

(d)

图 7.23　离散度计算得到的独立故障敏感区域

(a)不平衡状态下的离散度标准和分割图像；(b)不对中状态下的离散度标准和分割图像；(c)碰磨状态下的离散度标准和分割图像；(d)松动状态下的离散度标准和分割图像

从图 7.23 可以看出，不平衡故障的敏感区域为左二轴承区域，不对中故障的敏感区域为联轴器附近，碰摩故障的敏感区域为发生碰摩的转子处，松动故障的敏感区域为左一支架，这些敏感区域均与 7.2 小节中分析得出的故障影响区域一致，说明该敏感区域选取方法是有效的。

2. 网格划分数量选择

网格划分数量对诊断结果有着至关重要的影响，按照网格划分和敏感区域选择的方法，首先，对图像进行通过网格划分的方法进行分割；其次计算离散度指标得到四个敏感区域；然后对得到的敏感区域按照红外图像特征计算方法进行特征计算得到四个特征向量，并组合为一个故障特征向量；最后，利用贝叶斯网络和 SVM 分别进行故障模式识别，并利用网格搜索法进行寻优，计算结果如图 7.24 所示。

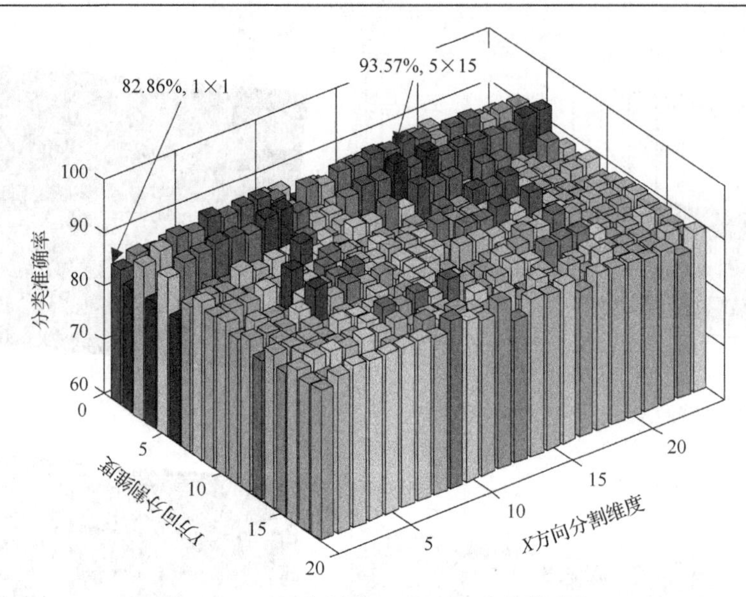

图 7.24　不同分割情况下 SVM 分类准确率

从图 7.24 中可以看出，当图像分割数量较少时，诊断准确率较低，这是由于分割数量过少，选取的故障敏感区域难以将故障点与无效的背景信息分开；随着图像分割数量的增加，准确率逐步升高，当网格划分为 5×15 时达到最高；当图像分割数量继续增加时，准确率又有一定下降趋势，这是由于分割后得到的图像区块过小，难以覆盖故障敏感区域，造成故障特征向量提取不准确，使故障分类效果下降。因此，选取 5×15 的笛卡尔网格作为红外图像分割的方式。

为对比本节方法的有效性，采用原始图像(OI)、增强后的图像(EI)、原始图像分割选取敏感区域后的图像(OD)、增强后图像分割选取敏感区域后的图像(ED)四种方式进行故障诊断，利用网格搜索支持向量机(grid search support vector machine，GSSVM)分类器进行测试，诊断准确率如表 7.4 所示。

表 7.4　不同图像处理方法下诊断准确率

图像来源	准确率/%
OI	77.14
EI	82.86
OD	81.43
ED	93.57

从表 7.4 可以看出，利用原始图像直接进行故障诊断准确率最低，图像增强和敏感区域选择均能提高故障诊断的准确率，两种处理方法结合后可以得到最高的诊断准确率，该方法下七种状态具体的分类结果如图 7.25 所示。

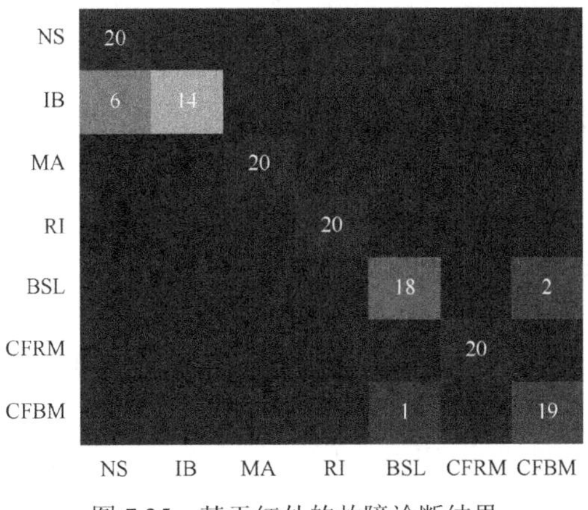

图 7.25　基于红外的故障诊断结果

从图 7.25 中可以看出，利用红外图像进行故障诊断时，对温度不敏感的故障，如不平衡和松动故障效果较差；可以较好地对温度敏感故障进行分类，如不对中、碰摩故障等，与 7.2.4 小节中温度统计结果一致，也适用于耦合故障的诊断。这说明利用红外图像进行故障是机械故障诊断的有效手段。

7.5　基于卷积神经网络的压缩机振动与红外融合诊断方法

随着技术的发展，机械设备呈现复杂化、自动化、高速化的特点，使设备监测数据呈现出了规模大、种类多、生成速度快、多源异构及价值密度低等大数据特点。在实际应用中通常对各类参数分别设定阈值进行状态判定，或采用神经网络、聚类、证据理论等方法进行融合，但这些方法将异类数据割裂开来，忽略了数据之间的影响关系，且在面对高维度、大数据量的情况下效率低下。相关分析是一种对不同变量相互关系变化进行分析的数学方法，但在进行设备故障诊断时，由于相关分析的结果通常以矩阵的形式呈现，常规的阈值处理方法仅通过对单一相关系数进行判定，失去了相关分析的意义，当采用智能诊断方法进行处理时，常规的智能诊断方法难以对矩阵进行直接处理，直接对其进行一维化处理又会导致维度过大。

鉴于此，本节提出了相关系数分析方法和深度学习理论相结合的分析方法，将表征不同状态下各红外图像故障敏感区域和振动传感器之间的影响关系变化的相关系数矩阵作为进行故障诊断的依据，利用多层网络的深度学习方法对相关系数进行深度挖掘，得出其与设备状态之间的关系以进行故障诊断。首先，根据不同信号类型数据的特点进行数据预处理，得到各类特征值，构建不同运行状态下的特征值矩阵；然后对特征值矩阵进行相关性计算，得到相关系数矩阵以表征各传感器之间的影响关系；最后建立基于卷积神经网络(CNN)的识别模型，直接对相关系数矩阵进行识别，解决常规分类方法难以处理高维特征矩阵的问题，提高诊断的准确率，最终实现基于红外图像和振动信号融合的故障诊断。

7.5.1　基于相关分析的异类信息融合

1. 相关系数

相关分析一般是指研究变量间相互关系的分析方法，即研究一个变量变化时，另一个变量与之对应的变化关系。描述这一变化关系的数值称为相关系数。相关系数是描述变量间相互关系程度的统计指标，取值范围为–1～1，当两个变量之间变化一致时，值大于 0，值为 1 时称为完全相关；反之，当两个变量之间变化相反时，为负相关，值小于 0；当两个变量之间变化没有关系时，值为 0，称为不相关。

针对研究的问题和对象不同，相关系数主要分简单相关系数、复相关系数和典型相关系数三类，其中简单相关系数研究两个变量间的相互关系；复相关系数研究一个变量与多个变量之间的相互关系；典型相关系数先对变量进行主要成分选取，再进行相互关系分析的方法。

由于研究的问题为不同传感器之间的相互关系，对不同传感器采集信号的多维特征值进行两两配对的分析，因此主要研究其中的简单相关系数。常用的简单相关系数有 Pearson 相关系数和 Spearman 相关系数，其中 Pearson 相关系数要求变量符合正态分布，当不符合正态分布时计算结果会有较大偏差，而机械故障诊断中，由于数据的非平稳性及噪声影响，数据分布通常不满足这一条件。因此，选用 Spearman 相关系数来对特征向量进行相关计算，以获取不同传感器之间的相互关系。Spearman 相关系数计算公式如下：

$$r_{\mathrm{s}} = 1 - \left(6\sum_{i=1}^{n} d_i^2\right) \bigg/ \left[n(n^2-1)\right] \tag{7.20}$$

式中，$d_i = x_i' - y_i'$，其中 x_i'，y_i' 分别为两个变量对应的特征值；n 为变量长度。Spearman 相关系数是在 Pearson 相关系数基础上改进而来的，具有消除其误差的作用，适用于不满足正态分布的情况。

2. 基于相关分析的信息融合

常用的数据融合方法可以分为数据级融合、特征级融合和决策级融合，其中数据级融合是对每个数据点进行融合，多处理图像融合问题，计算量大，对数据相似度要求高；特征级融合多用来进行同类型数据的融合，融合效果较好，但是对异类数据的融合效果不好；决策级融合适用于异类数据融合，但决策级融合方法在使用时需解决证据冲突问题，当不同来源数据得出的结果差异大时效果较差。

为了有效利用振动数据和红外数据，在使用两类不同类型数据特征值进行故障诊断的基础上，综合考虑两类数据之间的影响关系。本节选用相关分析方法来对不同传感器采集获得的振动数据特征值和红外数据特征值进行相关分析，从而实现特征级融合，避免了直接将不同类型数据的特征值直接进行叠加造成的故障信息丢失。方法具体实现步骤如下：首先要对振动数据及红外数据进行特征提取；由于 Spearman 相关系数要求变量为顺序数据，即离散数据，因此利用符号近似聚合(SAX)方法对两类数据进行离散化，得到表征特征值大小的离散化特征向量；利用各传感器来源数据特征向量数据组成特征值矩阵，进行相关分析，得到相关系数矩阵，实现数据融合。

3. 实例分析

由于根据第 7.4 节，通过红外图像提取到四个敏感区域，每个敏感区域均表征了一定区域的温度变化，当将这四个区域从图像中提取出来时，相当于四个独立的数据来源，因此，将这四个敏感区域视作四个传感器获取的数据，分别计算各区域直方图特征，与八个振动传感器获取的振动数据特征值，组成 12×6(12 为 8 个振动信号加 4 个红外信号，6 为每个振动信号和红外信号均提取 6 个特征值)的特征值矩阵。对该矩阵进行相关系数计算，得到 12×12 的相关系数矩阵。以正常情况下得到的一组相关系数矩阵为例，如表 7.5 所示。

表 7.5　正常情况下相关系数矩阵

测点	V1X	V1Y	V2X	V2Y	V3X	V3Y	V4X	V4Y	F1	F2	F3	F4
V1X	1.00	0.97	0.95	0.47	0.97	0.43	0.96	0.40	0.37	0.45	0.35	0.31
V1Y	0.97	1.00	0.89	0.65	0.96	0.61	0.98	0.58	0.61	0.64	0.59	0.50
V2X	0.95	0.89	1.00	0.27	0.95	0.22	0.89	0.19	0.72	0.65	0.55	0.65
V2Y	0.47	0.65	0.27	1.00	0.49	1.00	0.61	1.00	0.28	0.10	0.07	0.32
V3X	0.97	0.96	0.95	0.49	1.00	0.46	0.97	0.42	0.72	0.52	0.47	0.65
V3Y	0.43	0.61	0.22	1.00	0.46	1.00	0.57	1.00	0.14	0.35	0.26	0.08
V4Z	0.96	0.98	0.89	0.61	0.97	0.57	1.00	0.55	0.81	0.56	0.51	0.83
V4Y	0.40	0.58	0.19	1.00	0.42	1.00	0.55	1.00	0.10	0.30	0.19	0.06
F1	0.37	0.61	0.72	0.28	0.72	0.14	0.81	0.10	1.00	0.88	0.78	0.97
F2	0.45	0.64	0.65	0.10	0.52	0.35	0.56	0.30	0.88	1.00	0.95	0.79
F3	0.35	0.59	0.55	0.07	0.47	0.26	0.51	0.19	0.78	0.95	1.00	0.64
F4	0.31	0.50	0.65	0.32	0.65	0.08	0.83	0.06	0.97	0.79	0.64	1.00

注：V1X 表示 1 号测点 X 方向的振动。其他变量含义类似。

从表 7.5 中可以看出，振动信号同一测点的两个方向上的传感器相关性较高，不同测点同样方向的传感器关联性较高；红外各个区域相关性均较高，红外与振动信号间相关性较低，这些现象均符合信号采集的情况。为方便对比，将六种故障情况下得到的相关系数矩阵以像素图像形式画出，如图 7.26 所示。

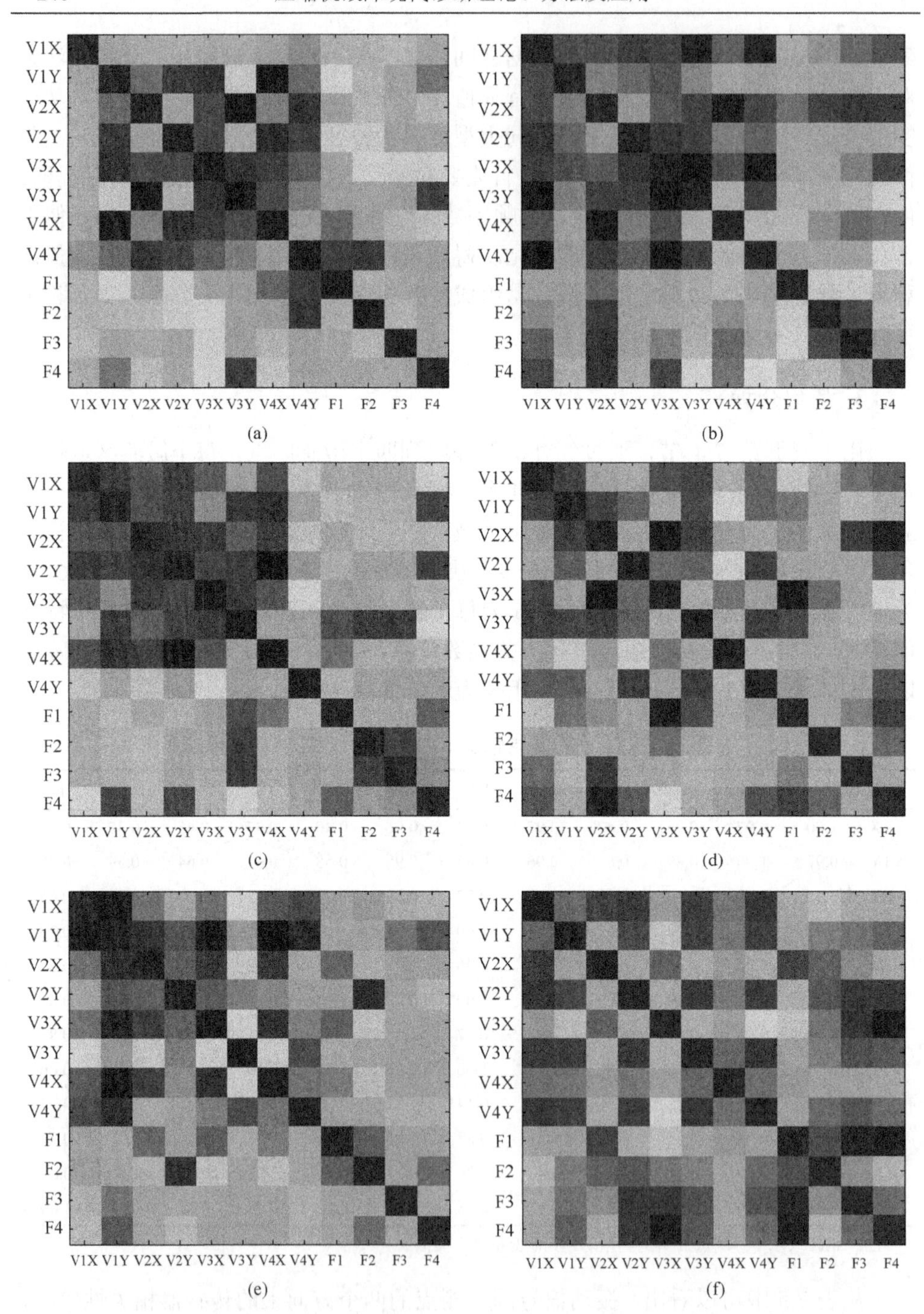

图 7.26　不同故障情况下相关系数矩阵(文后附彩图)

(a)不平衡；(b)不对中；(c)碰磨；(d)松动；(e)碰磨不对中耦合故障；(f)碰磨松动耦合故障

图 7.26 中，颜色的色温代表相关联程度，色温越低(暖色)关联程度越高，色

温越高(冷色)，关联程度越低。从图中可以看出，随着故障的不同，颜色也在发生不同的变化，因此，通过相关分析可以看出，不同状态下设备各相关监测量之间的关系在发生变化，可以从其变化对故障进行诊断。

7.5.2　卷积神经网络

在实现了基于相关分析的异类信息融合之后，需要对相关系数矩阵进行知识学习，从而实现故障模式识别。由于相关系数矩阵属于二维数据，传统的分类方法在对其进行处理时要将其转化为一维向量，这样仍然存在维度过高的现象，且丢失了相关的位置信息，失去了相关系数矩阵分析的意义。CNN 是一种基于仿生学的神经网络，其可以直接处理矩阵、图像信息，且对二维信息几何特性具有一定的保持性，此外，其还具有适应性强、易于实现、训练参数少等优点。因此，本节选用其直接处理相关系数矩阵，实现故障模式的识别。

1. CNN 理论

CNN 是一种模仿生物真实神经网络而建立起来的一种仿生学算法，与传统的神经网络不同的地方在于：为了更准确地模拟生物神经网络，其具有更深层的网络结构，是深度学习理论中的一种代表算法，而传统的神经网络在建立多层结构时，会遇到网络复杂度过大，节点、参数过多，收敛速度慢，计算困难的难题。而 CNN 采用了局部连接和权值共享的方法避免了这些问题。

局部连接是指神经网络中某一层的神经元节点不与其上、下相邻两层的所有神经元相连，而是按照一定规则，只与部分相邻的神经元相连[20]。与之相对的全连接是指一层中每个神经元节点与相邻层每个神经元节点均相连。两种连接方式示意图如图 7.27 所示。

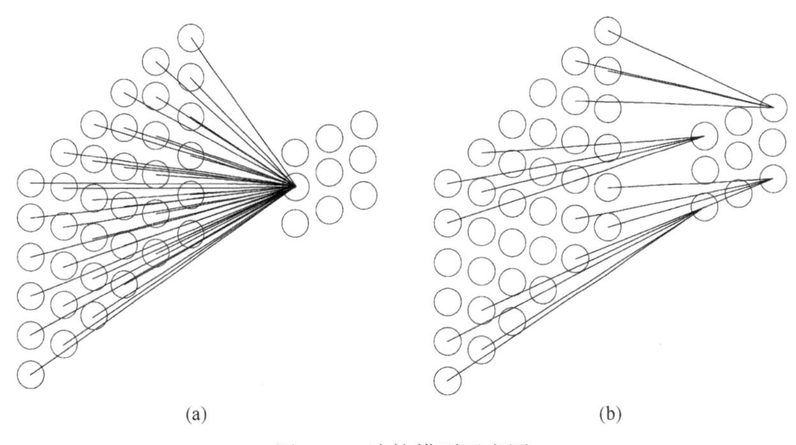

图 7.27　连接模型示意图
(a)全连接网络；(b)局部连接网络

假设两层神经网络的神经元数目分别为 36 和 9，图 7.27(a)描述了上层网络中某一神经元与上层所有神经元连接的情况，可以看到上层中一个神经元已有 36 个连接，9 个神经元共有 9×36=324 个连接，即需要 324 个参数；为了清楚地说明，图 7.27(b)演示了上层 9 个神经元中边角的 4 个与其各自邻近神经元进行局部连接的情况，每个神经元只与其邻近的下层神经元中的 4 个连接，那么 9 个神经元共有 9×4=36 个连接，即需要 36 个参数。可见，通过局部连接的方式，大大减少了神经元的数量，降低了神经网络的规模，特别是在处理高维数据时，由于网络结构复杂，神经元数据呈集合指数增长，全连接的方法难以进行处理，而通过局部连接，使神经网络结构简化，参数减少，提高了网络可用性。

权值共享是 CNN 的另一个特点。该概念是指在局部连接的网络中，不同上层神经元和下层神经元连接时，其参数是相同的。以图 7.27(b)中的情况为例，每个上层神经元与下层 4 个邻近神经元相连，共有 4 个参数，而其他上层神经元与下层神经元连接时的参数也与这 4 个参数相同。这种处理方法在局部连接的基础上，更是大大减少了参数数量，提高了网络的泛化能力。

由于 CNN 针对二维图像数据，上述局部连接和权值共享中的下层神经元一般指图像区域，而不同的连接参数一般指不同类型的滤波器，即每个上层神经元只与下层一定区域相连接，并用几个不同类型的滤波器与下层特定区域进行卷积计算，而其他上层神经元也用同样的几个滤波器与各自连接区域进行计算，完成特征提取[21]。

CNN 除了具有以上两个特点，其网络结构也与传统神经网络不同，具有更复杂的结构和更多的层次，其通常由输入层、多个卷积层和降采样层、全连接层、输出层构成，其中卷积层和降采样层是实现其特点的两个层次，如图 7.28 所示。

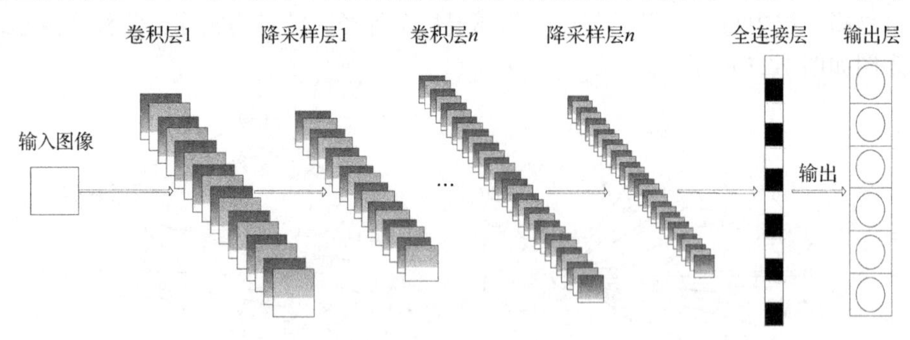

图 7.28　CNN 结构图

卷积层是 CNN 最具有特色的处理步骤，通过其实现了局部连接和权值共享。卷积层中，某个特定卷积核与上一层中图像的特定区域进行卷积计算提取该区域的特征信息，然后重复这一计算直至实现对上层图像的遍历，完成该卷积核对整个图像的特征提取，然后将这些特征按照对应的区域关系进行重组，得到上层图像的特征图。多个不同卷积实现对上层图像不同特征的提取。以图 7.29 为例，大小为 4×4 的卷积核与大小为 6×6 的输入图像进行二维离散化卷积操作，卷积核由输入图像的左上遍历至右下。输出的特征图中一个像素是输入特征图中 4×4 的图像子区域与特定卷积核卷积的结果。该子区域称为局部感受野，即输出特征图中的一个神经元所“看”到的区域。假设输入图像的大小为 $a\times b$，卷积核的大小为 $c\times c$，使用卷积核对输入图像进行卷积，所得输出特征图的大小为 $(a-c+1)\times(b-c+1)$。

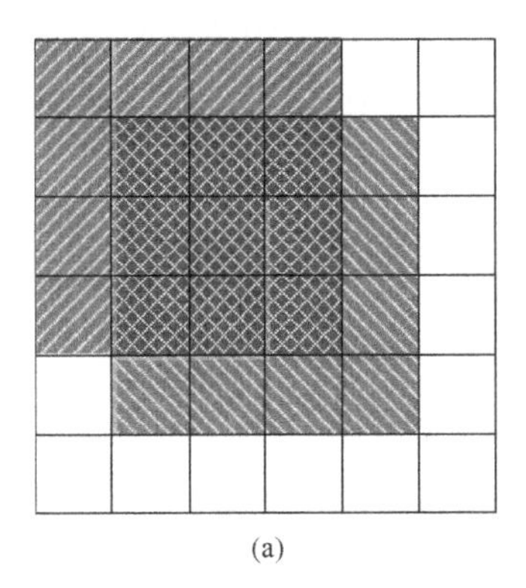

(a)

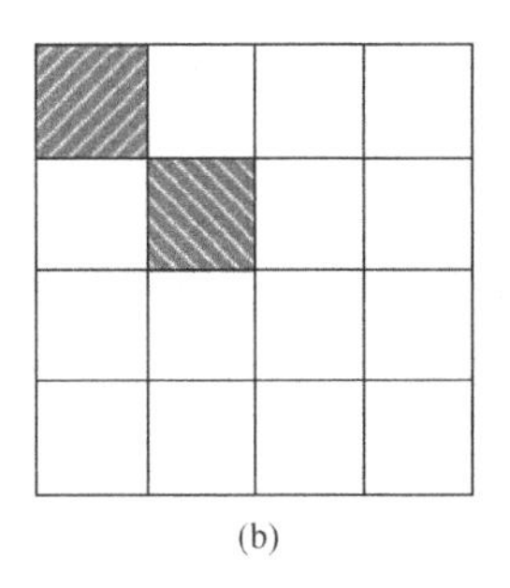

(b)

图 7.29　卷积示意图

(a) 对输入图像进行卷积；(b) 卷积输出特征图

降采样层通过对经过卷积获取的特征图像进行降采样，以减少计算量，从而提高计算效率[22]。如图 7.30 所示，降采样层以大小为 3×2、步长为 1 步对输入维度为 6×6 的特征图像进行扫描采样，得到了度为 2×3 的输出特征图像，压缩比为 6。与卷积层类似，降采样操作也同时保留了输入图像的位置信息，即在降低输入数据维度，减少计算量的同时，仍保留了输入图像的特征、位置信息，减少了信息损失。

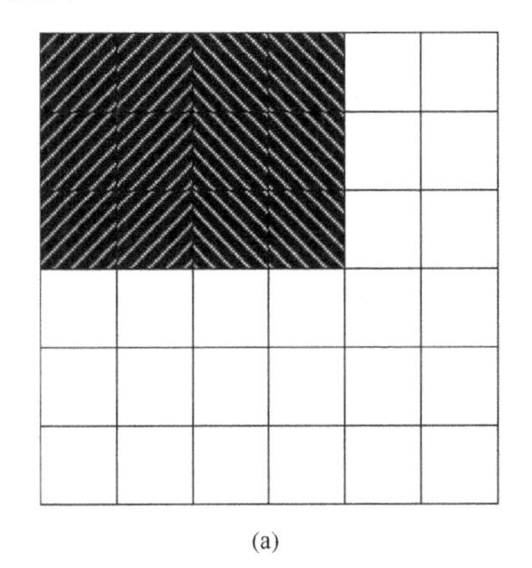

(a)

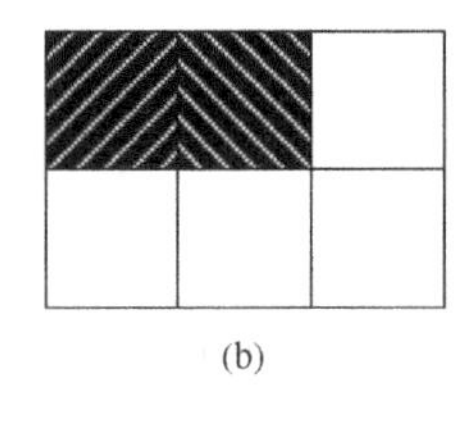

(b)

图 7.30　降采样示意图

(a) 对输入图像进行降采样；(b) 降采样输出特征图

2. Dropout 技术

在利用 CNN 进行训练时，如果训练数据过少，或者数据图像过大，可能会出现过拟合现象，即可以实现较高的训练精度，实现对训练集数据的良好分类，但对训练好的模型，当对新的测试数据进行测试时，识别率较低。

针对这一问题 Alex 等[23]提出了 Dropout 技术进行改善，该方法在网络进行训练时，使部分神经元停止工作，这样可以使一个神经元的情况不完全依赖于其他神经元，即将神经网络分解为 n 个子网络，它们权值共享并且有相同的网络层数，最后将 n 个子网络所得到的结果进行平均，这样提高网络的泛化能力和稳定性，降低网络过拟合性[24,25]。

图 7.31 展示了基于全连接技术的神经网络和基于 Dropout 技术的神经网络的不同，其中全连接方式下神经网络计算公式如下：

$$
\begin{aligned}
z_i^{(l+1)} &= w_i^{(l+1)} y^l + b_i^{(l+1)} \\
y_i^{(l+1)} &= f\left(z_i^{(l+1)}\right)
\end{aligned} \tag{7.21}
$$

式中，l 为第 l 层；i 为第 i 个；w 为权重；b 为偏置；f 为激活函数；y^l 为第 l 层输出第 l+1 层输入；y^{l+1} 为第 l+1 层输出第 l+2 层输入。

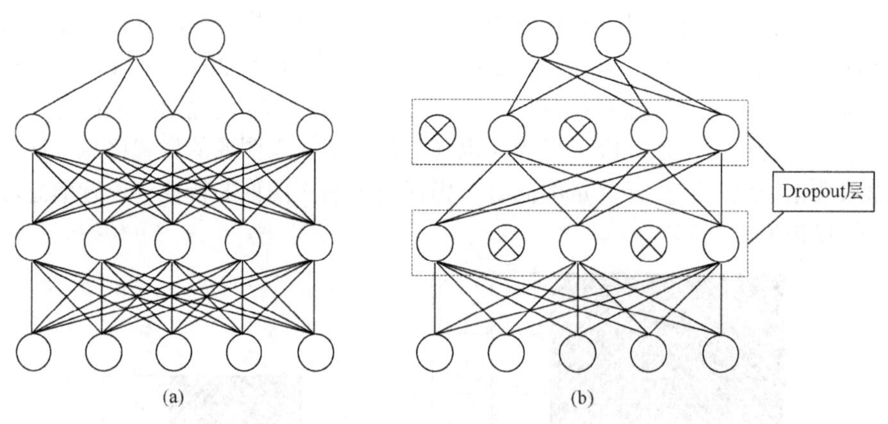

图 7.31　神经网络对比图

(a) 传统神经网络；(b) Dropout 神经网络

采用 Dropout 后计算公式为[26]

$$
\begin{aligned}
r_i^{(l+1)} &\sim \text{Bernoulli}(p) \\
y'^{(l)} &= r^{(l)} y^{(l)} \\
z_i^{(l+1)} &= w_i^{(l+1)} y'^{(l)} + b_i^{(l+1)} \\
y_i^{(l+1)} &= f(z_i^{(l+1)})
\end{aligned} \tag{7.22}
$$

式中，Bernoulli 函数的作用是以概率 p 使式 $r_i^{(l+1)}$ 为 1 或 0，从而实现对赋值为 0 的神经元的屏蔽。

7.5.3　基于相关分析与卷积神经网络结合的故障诊断

1. 故障诊断模型构建

在本节中，红外与振动信号融合决策流程如图 7.32 所示。首先，获取设备监测获得的振动及红外数据；接着对红外图像进行增强和敏感区域选择，将选取的敏感区域作为独立信息来源分别进行特征提取，对振动信号进行预处理和特征提取及选择；然后利用基于相关方法计算各个红外和振动信号来源的相关系数，构建相关矩阵进行信息融合；最后利用基于 CNN 的深度学习模型进行训练和分类，实现故障诊断。

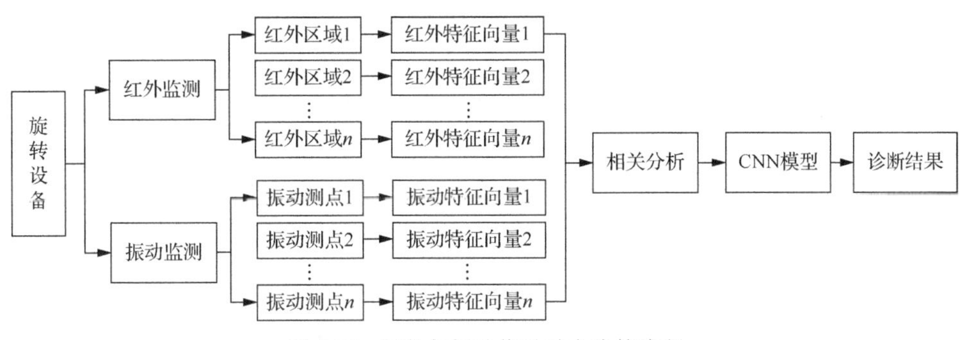

图 7.32　红外与振动信号融合决策流程

2. CNN 结构设计

首先针对 12×12 的灰度图像 CNN 结构设计如图 7.33 所示。其中，卷积和降采样层均为两层，第一层和第二层的卷积核数量分别为 16、32，大小分别为 3×3、

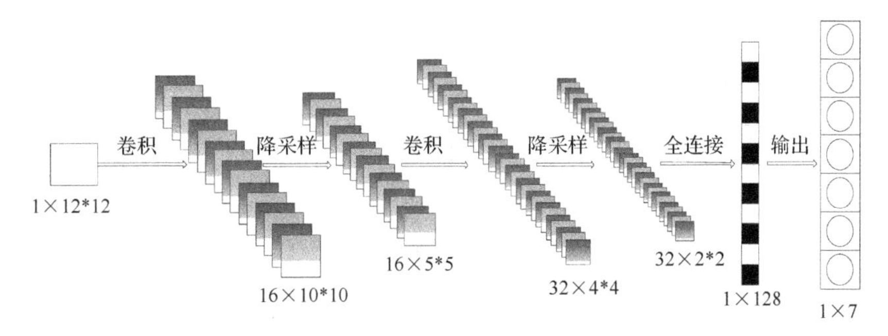

图 7.33　本节 CNN 结构图

16×10*10 表示有 16 幅图，每幅图大小为 10×10，其他含义类似

2×2，降采样层的大小均为 2×2，各层激活函数选为 ReLU 函数。第二个降采样层后面接一个单层感知机再连接一个屏蔽概率为 0.4 的 Dropout 层，输出层分类器采用 Softmax 分类器，最终输出值为故障识别结果。

7.5.4　基于红外图像与振动信号融合的故障诊断实例分析

由 7.3 节中的实例分析可知，利用红外图像进行故障诊断时，更适用于会产生较大温度变化的故障，如碰摩、不对中故障，以及温度分布变化大的耦合故障，而对产生温度变化小的不平衡和松动故障效果较差。振动信号更适合于振动信号分量较少的单一故障，而对耦合故障效果较差。所以，需要对二者进行信息融合，以获取两种信息中的有利因素，提高故障诊断的准确率[27]。

常用的多源信息融合方式有数据级融合、特征级融合和决策级融合，由于数据级融合直接对原始数据进行加权、像素融合等，多用于同类、同分布数据的融合，对数据稳定性过于敏感，不适用于红外和振动信息融合，因此不对其进行研究。本节采用特征级、决策级和基于相关分析与 CNN 结合的融合方法分别进行实例分析，以期对融合效果进行对比分析，确定最佳融合方法[28]。

本节中数据来源于 7.2.4 节中通过转子实验获取的红外图像和振动信号。其中，每种转子系统运行状态下随机选取 20 组红外图像和振动信号作为训练数据，剩余 20 组红外图像和振动信号作为测试数据进行测试，即共 140 组红外图像和振动数据作为训练集，剩余 140 组数据作为测试集。

1. 基于 BP 神经网络的红外图像及振动信号特征级融合诊断

BP 神经网络(back propagation neural network，BPNN)是一种基于误差反向传播的多层前馈网络，其主要包括输入层、隐含层和输出层。BP 神经网络的结构形式使得其具有自我学习能力，适用于复杂、非线性系统，因此，本节利用该方法来进行特征级融合，其特征级融合模型如图 7.34 所示。

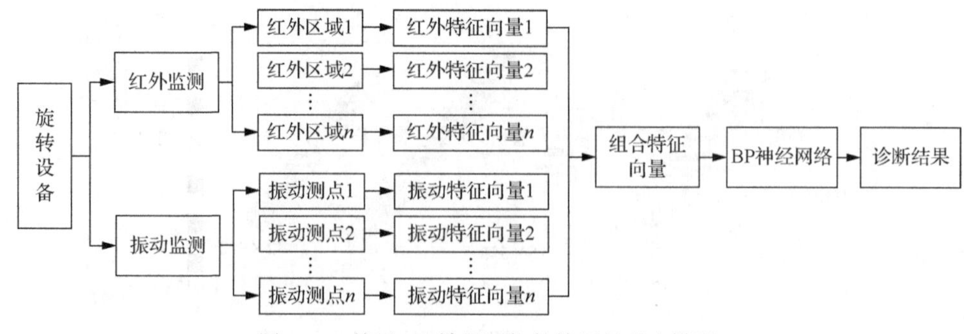

图 7.34　基于 BP 神经网络的特征级融合模型

如图 7.34 所示，基于特征级融合模型需要首先对各数据来源的信息进行特征提取，然后将特征向量相连组成一个组合特征向量，然后利用 BP 神经网络对其进行训练和测试。在本节中，设置 BP 神经网络为 3 层结构，学习速率 0.05，训练误差 10^{-3}，训练次数 1000 次。经过 140 组数据的训练和 140 组数据的测试，最终分类结果如图 7.35 所示。

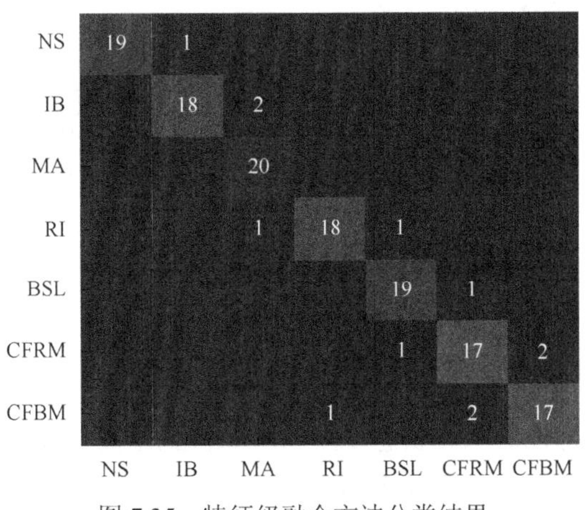

图 7.35 特征级融合方法分类结果

从图 7.35 中可以看出，该方法在多种故障分类中均有误差，共有 12 个样本识别错误，总的识别率为 91.43%。由于异类信息的特征向量数据分布特点并不一致，而该方法对多源信号的特征向量直接进行拼接，容易造成特征信息损失，使得分类效果未能明显提升。

2. 基于 DS 证据理论的红外图像及振动信号决策级融合诊断

DS 证据理论(Dempster-Shafer evidence theory)是解决不确定推理问题的重要方法，是决策级融合的主要融合方法，其在融合过程中考虑每个传感器获得的决策信息作为证据，根据 DS 证据组合规则对这些决策信息进行融合。本节利用其构建的决策级融合模型如图 7.36 所示。基于决策级融合的方法首先要对每个信息

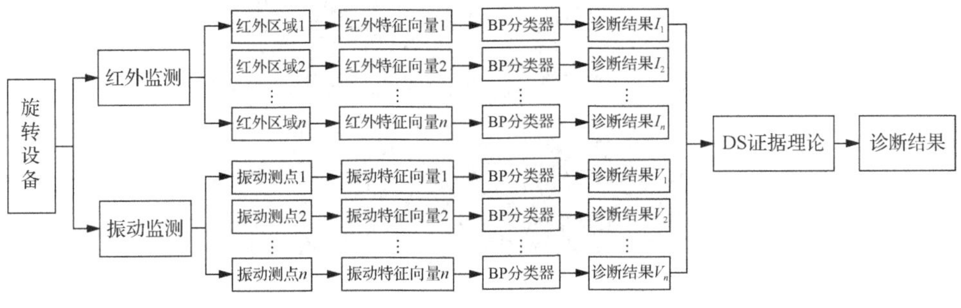

图 7.36 基于 DS 证据理论的决策级融合模型

来源的数据进行特征提取和模式识别，选用 BP 神经网络方法来对单一信息来源的数据进行训练和测试得到分类结果，网络参数同 7.5.4 小节；然后将得到的结果作为证据，利用 DS 证据理论进行融合。

首先将基于红外和振动诊断的结果作为融合的信息源，选取每类状态 20 组数据，DS 状态矩阵 $\boldsymbol{X}$ 计算为

$$\boldsymbol{X}=\begin{bmatrix} 1.4113 & 1.1906 & 1.0009 & 1.9731 & 1.1062 \\ 2.1098 & 2.0103 & 2.0943 & 2.0001 & 2.0572 \\ 2.9358 & 2.9853 & 2.9859 & 2.9902 & 3.0918 \\ 4.0351 & 3.8795 & 4.0557 & 3.7538 & 4.2020 \\ 4.5555 & 4.9142 & 4.8787 & 4.6304 & 5.4599 \\ 5.9556 & 6.0205 & 5.9840 & 5.6520 & 5.7051 \\ 6.7398 & 6.6446 & 6.7548 & 6.5425 & 6.9000 \end{bmatrix}$$

通过计算每个特征向量和状态矩阵的距离得到距离矩阵，然后利用反相关关系计算并归一化得到置信度矩阵 $\boldsymbol{Y}$ 为

$$\boldsymbol{Y}=\begin{bmatrix} 0.0084 & 0.0099 & 0.0126 & 0.0196 & 0.0267 & 0.8679 & 0.0550 \\ 0.0172 & 0.0219 & 0.0325 & 0.0585 & 0.7645 & 0.0643 & 0.0410 \\ 0.0208 & 0.0287 & 0.0414 & 0.0883 & 0.6871 & 0.0847 & 0.0490 \\ 0.0481 & 0.0485 & 0.0724 & 0.1168 & 0.3939 & 0.2233 & 0.0970 \\ 0.0137 & 0.0163 & 0.0206 & 0.0288 & 0.0523 & 0.0622 & 0.8060 \end{bmatrix}$$

然后利用 DS 融合规则得到最终的融合结果如图 7.37 所示，从图中可以看出，

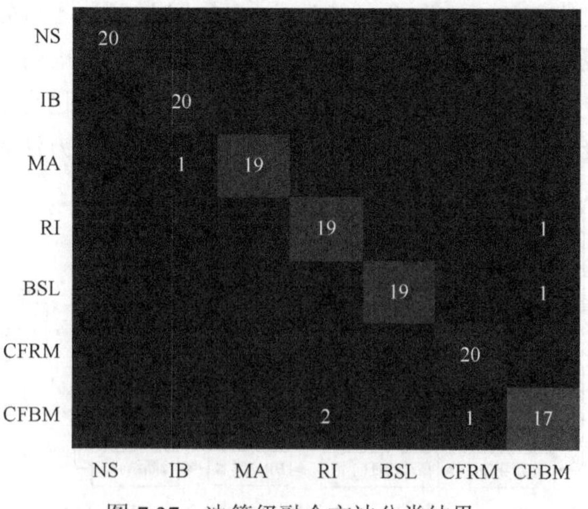

图 7.37 决策级融合方法分类结果

该方法与基于特征级的融合方法相比，准确率稍有提升，达到 95.71%，共有 6 个样本识别错误。由于异类信息的特征向量数据分布特点并不一致，而该方法对多源信号的特征向量直接进行拼接，容易造成特征信息损失，使分类效果未能明显提升。

3. 基于相关分析与 CNN 的融合诊断

基于相关分析与 CNN 的融合诊断模型和网络参数在 7.5.3 节中已经提到，利用 140 组数据进行训练并利用 140 组数据进行测试。为验证模型的有效性，首先对不用 CNN 方法下的诊断结果进行测试。表 7.6 为四种 CNN 300 次训练后的测试准确率对比结果，本节提出的模型相对于传统 CNN 识别准确率提高了 7%，相对于其他两种改进卷积神经网络也有不同程度地提高。

表 7.6　四种 CNN 300 次训练后测试误差对比

方法	准确率/%
传统 CNN	92.14
Dropout+CNN	99.29

其中，最终分类结果如图 7.38 所示。

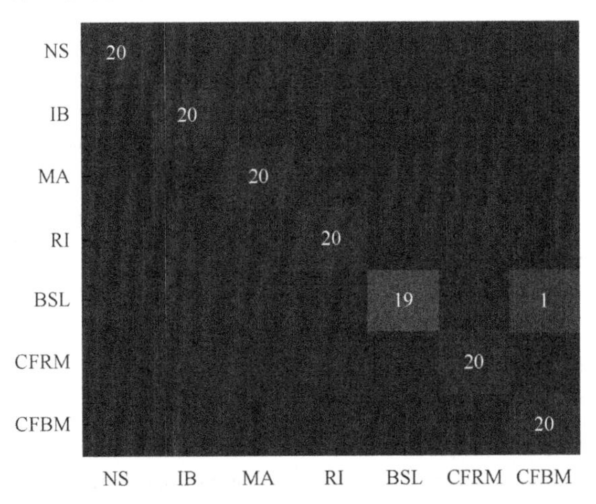

图 7.38　深度稀疏受限卷积神经网络(DSRCNN)方法分类结果

从图 7.38 中可以看出，所有测试样本中，仅有一个样本分类错误，与基于单一信号来源的故障相比，故障诊断准确率大大提高，有效地实现了单一和耦合故障的诊断。

为便于比较不同融合方法的效果，将 7.5.4 节中的分类准确率与本节方法诊断准确率整理如表 7.7 所示。

表 7.7　不同信息融合方法故障诊断准确率对比

诊断方法	准确率/%
基于特征级融合的方法	91.43
基于决策级融合的方法	95.17
相关分析与 CNN 结合方法	99.29

从表 7.7 可以看出，本节方法可以得到最高的诊断准确率，较之其他方法能够更好地利用各类数据，实现设备故障诊断。

参 考 文 献

[1] Shen G J, Stephen M L, Xu Y C, et al. Theoretical and experimental analysis of bispectrum of vibration signals for fault diagnosis of gears. Mechanical systems and signal processing, 2014, 43(1-2): 76-89.

[2] Li C, Liang M, Wang T Y. Criterion fusion for spectral segmentation and its application to optimal demodulation of bearing vibration signals. Mechanical systems and signal processing, 2015, 64-65: 132-148.

[3] Li Z N, Tang J, Li Q S. Optimal sensor locations for structural vibration measurement. Applied Acoustics, 2004, 65(8): 807-818.

[4] Meola, C, Carlomagno G M. Recent advances in the use of infrared thermography. Measurement Science & Technology, 2004, 15(9): 27-58.

[5] Bagavathiappan S, Lahiri B B, Saravanan T, et al. Infrared thermography for condition monitoring-a review. Infrared Physics & Technology, 2013, 60: 35-55.

[6] Picazo-Rodenas M J, Royo R, Antonino-Daviu J, et al. Use of the infrared data for heating curve computation in induction motors: Application to fault diagnosis. Engineering Failure Analysis, 2013, 35: 178-192.

[7] Lahiri B B, Bagavathiappan S, Shunmugasundaram R, et al. Measurement of annular air-gap using active infrared thermography. Infrared Physics & Technology, 2013, 61: 192-199.

[8] Acharya U R, Tan J H, Koh J E W, et al. Automated diagnosis of dry eye using infrared thermography images. Infrared Physics & Technology, 2015, 71: 263-271.

[9] 刘志才，李志广. 红外热像仪图像处理技术综述. 红外技术, 2000, 22(6): 27-32.

[10] Iqbal M Z, Ghafoor A, Siddiqui A M, et al. Dual-tree complex wavelet transform and SVD based medical image resolution enhancemen. Signal Processing, 2014, 105: 430-437.

[11] Shanmugavadivu P, Balasubramanian K. Particle swarm optimized multi- objective histogram equalization for image enhancement. Optics and Laser Technology, 2014, 57: 243-251.

[12] Jiang H N, Zeng L, Bi B. A comprehensive method of contour extraction for industrial computed tomography images. Optics and Lasers in Engineering, 2013, 51(3): 286-293.

[13] 李寿涛，陈浩，李敬等. 图像 ROI 选择及应用研究. 2014 年全国射线数字成像与 CT 新技术研讨会论文集，厦门, 2014.

[14] Bai T B, Zhang L B, Duan L X, et al. NSCT based infrared image enhancement method for rotating machinery fault diagnosis. IEEE Transactions on Instrumentation & Measurement, 2016, 65(10): 2293-2301.

[15] Cunha A L, Zhou J P, Do M N. The non-subsampled contourlet transform: Theory, design, and applications. IEEE Transactions on Image Processing, 2006, 15(10): 3089-3101.

[16] Minh Do, Martin N V. Contourlets: A new directional multiresolution image representation. IEEE Conference Record of the Thirty-Sixth Asilomar Conference on Signals, Systems and Computers, 2002.

[17] 张立强. 红外图像增强技术发展研究. 舰船电子工程, 2013, 33(3): 17-19.

[18] Ma Q F, He Y Z, Zhou F Q. A new decision tree approach of support vector machine for analog circuit fault diagnosis. Analog Integrated Circuits and Signal Processing, 2016, 188(3): 455-463.

[19] Duan L X, Yao M C, Wang J J, et al. Segmented infrared image analysis for rotating machinery fault diagnosis. Infrared Physics & Technology, 2016, 77: 267-276.

[20] Strom N. Sparse connection and pruning in large dynamic artificial neural networks. European Conference on Speech Communication & Technology, Rhodes Greece, 1997: 2807-2810.

[21] Fan W, Stolfo S J, Zhang J. The application of AdaBoost for distributed, scalable and on-line learning. Proceedings of the Fifth ACM SIGKDD International Conference on Knowledge Discovery and Data Mining, ACM, San Diego, 1999.

[22] Palm R B. Prediction as a candidate for learning deep hierarchical models of data. Asmussens Alle: Technical University of Denmark, 2012: 527-534.

[23] Alex K, Ilya Sutskever, Geoffrey E H. Imagenet classification with deep convolutional neural networks. Conference on Neural Information Processing Systems (NIPS), South Lake Tahoe, 2012.

[24] Glorot X, Bordes A, Bengio Y. Deep Sparse Rectifier Neural Networks. JMLR W&CP, 2011, 15: 315-323.

[25] Wu H B, Gu X D. Towards dropout training for convolutional neural networks. Neural Networks, 2015, 71: 1-10.

[26] Cao L J, Zhang X, Ren W Q, et al. Large scale crowd analysis based on convolutional neural network. Pattern Recognition, 2015, 48(10): 3016-3024.

[27] 白堂博. 基于红外图像与振动信号融合的旋转机械故障诊断方法研究. 北京: 中国石油大学(北京)博士学位论文, 2016.

[28] 刘子旺. 转子故障的多模态深度学习信息融合诊断方法研. 北京: 中国石油大学(北京)硕士学位论文, 2016.

第 8 章　压缩机诊断标准的自适应建立方法

8.1　压缩机诊断标准的适应性问题

设备的动态变化是对其进行故障诊断的一大难题，主要原因在于以下几个方面。

⑴ 不同型号的设备，因其存在机理及结构上的差异，发生故障时的表现及频发故障不尽相同。因此在提取故障特征时，应考虑这些差异性，针对不同型号的设备给出具有针对性的故障模式。

⑵ 同一型号的设备由于装配、工况及运行维护情况的不同，易发生故障的部位、发生故障的概率也存在一定的差异。因此，需要根据设备的具体情况制定个性化的诊断标准库，才能准确判断设备的运行状况，从而实施机组状态预警。

⑶ 即使是同一台设备，在不同时间段，如大修前、大修后的故障特征都会发生变化，并且机组的振动情况在大修后会得到较大程度的改善。所以，对大修后的设备需要及时地更新诊断标准，以便更准确地掌握机组的运行状态。

振动信号是当前设备状态监测和故障诊断的主要信号源。针对设备的各个关键部位，出厂数据册中都有相应的振动限值，此外《机械振动在非旋转部件上测量评价机器的振动：GB/T 6075.3—2001》等相关标准也对设备各个测点振动值做出了规范，但是这些标准所包含的限值通常是振动的上限值，即保护停车值，在正常运行中并不能及时、准确地反机组运行状态的变化，不利于早期故障的精确诊断[1]。另外，相关标准中的振动限值通常是固定值，没有考虑工况因素的影响，往往造成振动值未达到在用标准就已经出现故障。分析主要原因有以下两点。

⑴ 振动标准根据某类机械设备的经验数据建立，适用范围较广，通用性强但针对性弱，适用于某类具体设备的标准有待细化。

⑵ 振动标准适用于稳定运行工况，振动评价区域可用于评价给定机器在额定转速、稳定工况时的振动，但现场设备实际常处于转速波动、载荷变化等变工况运行条件，造成振动标准的适用性降低，易导致对设备状态的判断错误。因此开展压缩机振动诊断标准的自适应方法研究，确定合理的振动标准是非常必要的，不仅能及早发现故障，降低故障状态漏报误报概率，也能够精确合理划分设备状态等级，优化维护维修决策，对增强设备的运行稳定性和安全性，保障连续生产，提高生产效率具有重要意义[2]。

8.2　压缩机组故障模式库的建立

压缩机组的故障诊断系统为实时诊断系统，以规定的时间间隔持续地从数据采集器中获取数据，且每次诊断涉及部件和测点较多，且每个部件对应的故障模式有多种，单次诊断工作量大，人工处理不可能实现实时诊断。因此，数据自动处理系统的开发是诊断工作能否持续开展下去的关键。为了实现数据的自动处理，需要建立压缩机组的故障模式库[3]。

8.2.1　压缩机组故障模式库的内容

故障模式库预先将设备的各种故障以一定的数据结构存储在库中，在数据处理时系统根据库中的故障模式自动调入需要分析的数据，对各种指标进行提取，并将提取的特征值存储在模式库中[4]。主要包括以下内容。

(1) 定性关系，即当一个故障发生时，它与哪些因素有关，具体故障又与哪些诊断参数相对应，或用哪些参数对故障才能够有效地诊断。

(2) 逻辑关系，即这些因素和相应故障是什么样的逻辑关系。

(3) 定量值，即这些因素在多大程度上与该故障相关。

8.2.2　故障模式库制定依据

根据故障模式库所包含的内容，确定其制定依据如下。

(1) 定性关系和逻辑关系确定依据：已有的压缩机故障模型、实验台实验结果和现场维修保养报告。

(2) 定量关系确定依据：诊断时，需要用重要度系数对诊断结果进行加权修正，这样使诊断结果更趋于准确。

重要度系数是根据实际故障数据振动特征值较正常数据的变化倍数来确定的，原则为：变化倍数越大，则对应的重要度系数(权重)越大。步骤为：①首先确定变化倍数最大的特征参数的重要度系数，一般预设为 0.9 或 0.8 等，其最大值为 1；②其他特征参数重要度系数=(该特征参数的幅值变化倍数/变化倍数最大的特征参数的幅值变化倍数)×变化倍数最大的特征参数的重要度系数；③在制定设备个性化故障模式库时，首先根据监测历史记录得到相应设备特征参数幅值变化倍数，然后根据需要监测的特定设备，考虑机组结构、质量、联轴器形式及载荷等造成的影响对重要度系数进行相应的修正。

表 8.1 为通过实验平台模拟转子系统的几种典型故障，采集振动信号，并提取相应的特征值，分析相应的故障参数幅值变化倍数，确定重要度系数。

表 8.1　故障特征参数幅值变化倍数及重要度系数

转子不平衡			轴不对中			机械松动		
特征参数	特征参数幅值变化倍数	建议重要度系数	特征参数	特征参数幅值变化倍数	建议重要度系数	特征参数	特征参数幅值变化倍数	建议重要度系数
1 倍频	2.4	0.95	1 倍频	1.16	0.55	0.5 倍频	1.23	0.7
2 倍频	1.26	0.5	2 倍频	2	0.95	1/3 倍频	1.05	0.6
3 倍频	1.14	0.45	3 倍频	1.47	0.7	1 倍频	1.4	0.8
脉冲值	1.39	0.55	0.5 倍频	0.84	0.4	2 倍频	1.23	0.7
			脉冲值	1.26	0.6	3 倍频	1.14	0.65

从表中可以看出，转子不平衡、轴不对中对应的故障特征 1 倍频和 2 倍频变化很明显。机械松动故障变化最明显的参数是 1 倍频，而 0.5 倍频、2 倍频、3 倍频幅值变化次之[5]。

表 8.1 中倍频幅值根据监测转速和振动信号频谱特征求得。倍频幅值是指振动信号经过时频变换得到频域图谱中，在设备运转频率的特定倍数的频率上振动值的大小，该指标可以表征设备的运转状态[6]。由于多传感器监测存在监测误差，根据监测得到振动信号振动幅值最大点和根据转速计算得到的设备运转频率通常不能完全符合。通过对现场振动监测得到的数据进行分析计算得出，实际倍频值在根据转速计算的倍频频率大小的左右 5%的区间以内，所以计算倍频幅值时首先速计算出倍频频率，然后在这个频率左右 5%的区间中寻找振动最大值作为倍频幅值并修正倍频频率为振动最大点的频率。

图 8.1 为对压缩机进行监测时，齿轮箱输出轴 X 方向振动信号时频分析图谱。振动测量时设备转速为 1293r/min，根据此转速计算得到齿轮 1 倍啮合频率理论值 3730Hz，以此为中心寻找频谱中左右 5%范围即从 3543Hz 到 3916Hz 频率范围内振动的最大值作为 1 倍啮合频率的幅值，在本次测量中为 3722Hz 处的幅值，同时 1 倍啮合频率修正为 3722Hz，同样的方法可以得到 2 倍啮合频率幅值为 7206Hz 处的振动值。

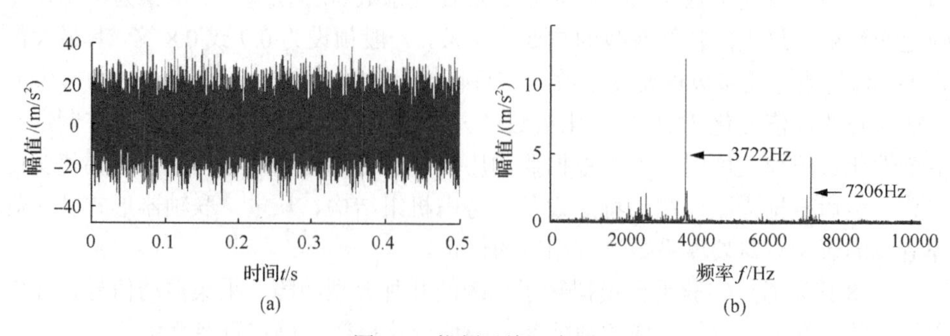

图 8.1　倍频寻峰示意图

(a)时域图；(b)频谱图

8.2.3　压缩机组故障模式库的建立

模式库由测点、部件、故障、故障特征、特征值几个层次组成，是对设备各部件及其故障特征的一个高度集成与总结。库中各种故障类型的特征频率及其幅值的重要度系数。重要度系数表明了各特征在该故障模式中的贡献大小。表 8.2 为丙烷压缩机组的部分故障模式库。

表 8.2　丙烷压缩机组部分故障模式库

转子								滑动轴承			
不平衡		对中不良		机械松动		叶轮磨损		油膜涡动		轴瓦磨损	
参数	权重	参数	权重	参数	权重	参数	权重	参数	权重	参数	权重
1 倍频	0.95	1 倍频	0.55	0.5 倍频	0.7	1 倍啮合频率	0.55	0.3 倍频	0.65	0.5 倍频	0.3
2 倍频	0.5	2 倍频	0.95	1/3 倍频	0.6	2 倍啮合频率	0.9	0.4 倍频	0.65	1 倍频	0.95
3 倍频	0.45	3 倍频	0.7	1 倍频	0.8	3 倍啮合频率	0.7	0.5 倍频	0.95	2 倍频	0.2
4 倍频	0.55	0.5 倍频	0.4	2 倍频	0.7	脉冲值	0.6	1 倍频	0.8	3 倍频	0.8
		脉冲值	0.6	3 倍频	0.65			脉冲值	0.55		

8.3　压缩机个性化标准库的建立方法

由于目前存在的振动值标准不能及时对压缩机运行状态进行反映。此外，同一型号的设备由于装配、工况及运行维护情况的不同，易发生故障的部位，发生故障的概率也存在一定的差异。因此，需要根据设备的具体情况制定个性化的诊断标准库，才能准确判断压缩机的运行状况，从而实施机组状态预警[7]。

8.3.1　个性化标准库的建立步骤

针对不同的设备及故障类型选取适当的参数特征，结合机组检维修记录，对历史振动参数进行分析，从大量历史数据中，总结出每一台齿轮箱、压缩机的振动标准值及其波动范围，建立个性化的诊断标准库。诊断标准所用到的数据均直接从已有的监测系统数据库中提取。通过数据截取、去除剧烈跳变值和提取标准三个步骤建立所需标准库。基本步骤如下。

(1) 数据截取。现场压缩机组振动标准的建立应基于机组运行良好状态下的状态参量。因此开始的数据截取工作很重要，应根据以往多次的测试、保养和检修报告，截取机组两次保养间运行状态良好的历史运行数据，并从中提取每个测点正常运行时的振动值，从而形成压缩机初始的振动标准库。

(2) 去除剧烈跳变值。数据截取从时间历程上有效去除了压缩机恶劣状态下的振动数据，但是两次保养期间的特征数据仍然会包括一些启停机、工况改变或采集系统不稳定甚至失效等原因造成的数据剧烈跳变值，该跳变值的振幅远远偏离了压缩机组正常运行振动幅值，对振动标准值的计算影响极大，因此需要去除这些跳变值。

(3) 提取标准。由步骤(1)和步骤(2)后形成的数据库为数据源进行振动标准的提取工作。以某一测点的振动指标参数 2 倍频为例计算：取该测点所有 2 倍频幅值的平均值 $\overline{x}=\dfrac{1}{n}\left(\sum\limits_{i=1}^{n}x_i\right)$，$i$=1,2,3, ⋯ ,$n$；然后将该测点 2 倍频幅值的标准差 $\sigma=\sqrt{\dfrac{1}{n}\sum\limits_{i=1}^{n}(x_i-\overline{x})^2}$ 作为诊断的最大波动范围值。当实测值 Y 大于标准临界值(标准值与最大波动范围值的和)时，表示压缩机运行状态不良。最大波动范围值还可用来参与衡量实测值 Y 在非报警情况下的状态等级，计算公式如下：

$$\delta=\frac{\max(x_i)-Y}{\sigma=\sqrt{\dfrac{1}{n}\sum\limits_{i=1}^{n}(x_i-\overline{x})^2}},\quad i=1,2,3,\cdots,n \tag{8.1}$$

当δ≤25%时，运行状态为优；当 25%＜δ＜50%时，运行状态为良；当 50%≤δ≤75%时，运行状态为中；当δ＞75%时，运行状态为差。不同状态等级的判断标准可以根据实际情况进行调整。

(4) 用上述方法可同样得到所有测点的各个特征值的标准临界值，计算所有测点的各个特征值的平均值即可获得不同测点不同特征值所对应的诊断标准值，从而获得最大波动范围值，形成二线离心压缩机组的诊断标准库。

8.3.2 离心压缩机个性化标准库的建立

以某离心压缩机组为例，利用上文中提出的压缩机个性化标准库的建立方法提取了 14 台离心压缩机组近两年的历史数据作为样本，总结计算出各机组每个测点振动的总振值(通频值)、0.5 倍频、1 倍频、2 倍频和有效值五个特征参数的标准值，以后的故障诊断和状态评价都将根据标准库中的特征值进行分析处理。其中，总振值(通频值)反映测点的总体振动情况，0.5 倍频用来反映滑动轴承油膜涡动状态，1 倍频用来反映转子不平衡状态，2 倍频用来反映轴不对中状态，有效值用来反映转子的振动烈度。每台机组的测点数均为 16 个，具体为压缩机前径向轴承及后颈径向轴承 X、Y 方向共四个振动测点，低速齿轮前径向轴承及后颈径向

轴承 X、Y 方向共四个振动测点，高速齿轮前径向轴承及后颈径向轴承 X、Y 方向共四个振动测点。

由于压缩机工况的变化对压缩机运行状态有影响，为了提高诊断和评价的精确度，将压缩机的振动标准库分为高速状态和低速状态，分别用 8.3.1 节中的步骤(1)、步骤(2)、步骤(3)、步骤(4)建立高速状态和低速状态下压缩机的振动标准库。又因同一转速状态下，负载的波动也会对振值有影响，为了进一步加强诊断和评价精确度，将同转速状态下的负载状况分为低负载状态与高负载状态，于是分别建立了某转速状态下的低负载状态和高负载状态压缩机振动标准库。因此，共建立了四种状态下的压缩机振动标准库，分别为高速低载振动标准库、高速高载振动标准库、低速低载振动标准库、低速高载振动标准库。根据历史数据可知，某线压缩机组最常见的运行状态是高速低载状态，其次是低速低载状态，其余两种状态均不常见。

下面列出五套机组的压缩机在高速低载状态机组所有测点振动标准值。限于篇幅，齿轮箱振动标准未予以列出。需要说明的是，二线所有压气站压缩机组的测点振动标准值，用户均可通过离心压缩机在线诊断与评价软件系统进行“振动标准库”项查阅，如表 8.3 所示。

表 8.3　机组压缩机高速低载状态下振动特征参数标准库　（单位：μm）

机组名称	测点名称	总振动		0.5 倍频振动		1 倍频振动		2 倍频振动		振动烈度	
		幅值	波动范围	幅值	波动范围	幅值	波动范围	幅值	波动范围	幅值	波动范围
DY401 机	压缩机前端 X	10.14	±1.26	0.50	±0.15	3.69	±0.66	2.10	±0.60	2.45	±0.34
	压缩机前端 Y	10.09	±0.83	0.57	±0.20	4.35	±0.58	3.28	±0.10	2.33	±0.18
	压缩机后端 X	4.11	±0.83	0.38	±0.19	1.44	±0.22	1.57	±0.93	1.53	±0.19
	压缩机后端 Y	4.01	±1.59	0.60	±1.09	0.92	±0.74	1.53	±0.56	0.82	±2.24
DY402 机	压缩机前端 X	9.68	±2.66	0.57	±0.30	8.25	±3.09	0.91	±0.38	3.28	±1.23
	压缩机前端 Y	9.47	±2.74	0.60	±0.31	8.34	±3.20	0.57	±0.20	2.94	±0.99
	压缩机后端 X	5.41	±1.67	1.26	±0.81	2.09	±1.91	1.25	±0.42	1.47	±0.15
	压缩机后端 Y	4.92	±1.36	0.84	±0.50	2.71	±1.57	0.93	±0.18	1.44	±0.48
DY403 机	压缩机前端 X	6.60	±0.59	0.60	±0.21	4.81	±0.21	2.70	±0.26	2.16	±0.12
	压缩机前端 Y	9.11	±0.56	1.66	±0.80	6.68	±0.38	1.92	±0.17	2.59	±0.17
	压缩机后端 X	10.78	±1.66	3.23	±1.24	5.46	±1.03	2.24	±0.50	2.62	±0.09
	压缩机后端 Y	8.66	±1.42	1.85	±0.59	5.27	±1.84	1.99	±0.47	2.64	±0.86
DY404 机	压缩机前端 X	7.33	±1.48	0.63	±0.50	3.03	±1.44	3.44	±0.64	1.74	±0.38
	压缩机前端 Y	6.21	±0.91	0.74	±0.52	2.30	±1.16	3.26	±0.59	1.53	±0.28
	压缩机后端 X	9.90	±0.39	1.52	±1.09	6.87	±0.40	0.99	±0.16	2.30	±0.11
	压缩机后端 Y	8.99	±0.20	0.47	±0.21	6.60	±0.18	3.02	±2.34	2.76	±0.32

续表

机组名称	测点名称	总振动		0.5 倍频振动		1 倍频振动		2 倍频振动		振动烈度	
		幅值	波动范围	幅值	波动范围	幅值	波动范围	幅值	波动范围	幅值	波动范围
DY405 机	压缩机前端 X	10.12	±0.37	0.74	±0.52	2.70	±0.39	3.02	±1.02	2.30	±0.19
	压缩机前端 Y	12.32	±0.31	0.86	±0.36	6.58	±0.32	2.45	±0.13	2.76	±0.11
	压缩机后端 X	6.94	±0.37	0.48	±0.25	3.29	±0.22	1.89	±0.10	1.70	±0.10
	压缩机后端 Y	6.54	±0.55	0.51	±0.30	3.23	±0.53	1.79	±0.17	1.60	±0.16

压缩机在某种转速负载状态内，转速变化不超过 11%，负载变化不超过 14%，对压缩机振动标准值的影响很小。当压缩机工况变化较大时，可以使用不同状态下的标准库，减小了工况变化对标准值的影响，极大地提高了软件对压缩机状态评价及故障诊断的准确度。

现场设备运行时在某种转速某种负载状态下，压缩机工况也会有一定程度的变化，但由于大型旋转设备自重很大，在转速变化较小、负载变化不大的情况下对设备运行的振动影响很小。如对 DY403 压缩机组的多次监测中，选取了压缩机转速在低速低载状态下，负载最小和最大两种情况下采集的数据，最小负载对应排量 1825 万 Nm^3[①]，排气压力 9.21MPa，最大负载对应排量 1987.8 万 Nm^3，排气压力 9.49MPa，最大负载比最小负载大约 8.9%，其中部分特征值如表 8.4 所示。

表 8.4　压缩机低速低载下两种负载条件下振动信号特征参数值　(单位：μm)

测点名称	负载状态	特征参数值											
		总振值	与标准值比较		1 倍频幅值	与标准值比较		2 倍频幅值	与标准值比较		有效值	与标准值比较	
			变化值	变化率/%		变化值	变化率/%		变化值	变化率/%		变化值	变化率/%
压缩机前端 X	低	6.72	0.12	1.8	5.24	0.43	8.9	2.91	0.21	7.8	2.02	–0.14	–6.5
	高	6.37	–0.21	–3.1	4.49	–0.32	–6.7	2.73	0.03	1.1	2.29	0.13	6.0
压缩机前端 Y	低	9.73	0.62	6.8	6.92	0.24	3.6	1.83	–0.08	–4.2	2.45	–0.14	–5.4
	高	9.57	0.39	4.2	6.34	–0.32	–4.8	2.05	0.13	6.7	2.51	0.08	3.1
压缩机后端 X	低	11.36	0.58	5.3	5.96	0.50	9.2	2.33	0.09	4.0	2.79	0.17	6.4
	高	11.64	0.86	7.9	5.36	–0.10	–0.9	2.28	0.04	1.8	2.67	0.05	1.9
压缩机后端 Y	低	9.24	0.58	6.7	5.75	0.29	5.5	1.97	–0.02	–1.0	2.53	–0.11	–4.2
	高	8.98	0.32	3.7	5.63	0.36	6.8	2.15	0.17	8.5	2.77	0.13	4.9

注：变化率=变化率/标准值，标准值见表 8.3。

① Nm^3 表示标准立方米，即在 0℃、1 个标准大气压下的气体体积。

各测点的特征值的大小均在振动标准值的波动范围内，其变化不随负载的增大而增大且变动幅度较小，属于正常波动范围。在旋转设备机械振动国家标准和国际标准中，未见对设备负载变化引起振动变化的范围标准。根据国际振动标准 ISO-2372，大型机组的运行状态分为良好、允许、不合格和危险四个等级，其中后三种状态相对于良好状态的变化率分别为 86%、133%、200%，推荐报警值为良好状态下振动值的 133%，远大于设备负载变化时振动信号的变化率，因此可以认为该转速负载状态下设备负载的变化对设备状态评价的影响不大。

现场机组在运行时根据生产的需要，即便在某转速负载状态条件下，转速也有一定范围的变化，根据转动机械设备振动的原理和特点，当转速变化时设备的振动随着转速的提高而有一定程度的增加。大型设备运行时，如果转速变化范围较小，其振动值的变化并不大，不影响标准值的制定及设备状态评价。

例如，在对 DY403 压缩机组在高速低载状态下一段时间的监测中，电机的转速最低为 1567r/min，最高为 1670r/min，在这两种转速条件下设备振动的部分特征值如表 8.5 所示。

表 8.5　压缩机高速低载下两种转速条件下振动信号特征参数值　(单位：μm)

<table>
<tr><th rowspan="3">测点名称</th><th rowspan="3">转速</th><th colspan="12">特征参数值</th></tr>
<tr><th rowspan="2">总振值</th><th colspan="2">与标准值比较</th><th rowspan="2">1 倍频幅值</th><th colspan="2">与标准值比较</th><th rowspan="2">2 倍频幅值</th><th colspan="2">与标准值比较</th><th rowspan="2">有效值</th><th colspan="2">与标准值比较</th></tr>
<tr><th>变化值</th><th>变化率/%</th><th>变化值</th><th>变化率/%</th><th>变化值</th><th>变化率/%</th><th>变化值</th><th>变化率/%</th></tr>
<tr><td rowspan="2">压缩机前端 X</td><td>小</td><td>6.04</td><td>–0.56</td><td>–8.5</td><td>4.18</td><td>–0.63</td><td>–13.0</td><td>2.39</td><td>–0.31</td><td>–11</td><td>1.79</td><td>–0.37</td><td>–17.1</td></tr>
<tr><td>大</td><td>6.83</td><td>0.23</td><td>3.5</td><td>5.15</td><td>0.34</td><td>7.0</td><td>2.42</td><td>–0.28</td><td>–10</td><td>2.05</td><td>–0.11</td><td>–5.1</td></tr>
<tr><td rowspan="2">压缩机前端 Y</td><td>小</td><td>7.91</td><td>–1.20</td><td>–13</td><td>5.87</td><td>–0.81</td><td>–12.1</td><td>1.85</td><td>–0.07</td><td>–3.6</td><td>2.23</td><td>–0.36</td><td>–13.9</td></tr>
<tr><td>大</td><td>9.38</td><td>0.27</td><td>2.9</td><td>5.75</td><td>–0.93</td><td>–14</td><td>1.87</td><td>–0.05</td><td>–2.6</td><td>2.21</td><td>–0.38</td><td>–15</td></tr>
<tr><td rowspan="2">压缩机后端 X</td><td>小</td><td>9.23</td><td>–1.55</td><td>–14.4</td><td>4.56</td><td>–0.9</td><td>–16.5</td><td>1.89</td><td>–0.35</td><td>–15.6</td><td>2.13</td><td>–0.49</td><td>–18.7</td></tr>
<tr><td>大</td><td>10.56</td><td>–0.22</td><td>–2.0</td><td>4.92</td><td>–0.54</td><td>–9.9</td><td>2.13.</td><td>–0.11</td><td>–4.9</td><td>2.42</td><td>–0.22</td><td>–8.4</td></tr>
<tr><td rowspan="2">压缩机后端 Y</td><td>小</td><td>7.55</td><td>–1.11</td><td>–13</td><td>5.17</td><td>–0.10</td><td>–1.9</td><td>1.69</td><td>–16.3</td><td>–20</td><td>2.11</td><td>–0.53</td><td>–20</td></tr>
<tr><td>大</td><td>8.17</td><td>–0.49</td><td>–5.7</td><td>5.59</td><td>0.32</td><td>6.1</td><td>1.84</td><td>–0.15</td><td>–7.5</td><td>2.18</td><td>–0.46</td><td>–17</td></tr>
</table>

从表 8.5 中可以看出，在运行过程中，设备各个测点振动的特征值均随转速的提高而有一定程度的增加，但变动幅度较小，与图 8.2 所示的振动标准库相比，值的大小均在振动标准值的波动范围以下，满足中振动标准库的要求。

通过以上两个方面的理论及案例分析，在设备本身没有维修、变动的情况下，中高转速低负载下的个性化振动标准库适用于设备运行时相应转速及负载状态条件下的监测和诊断。通过同样方法验证出，其余三状态下的标准库同样满足要求。

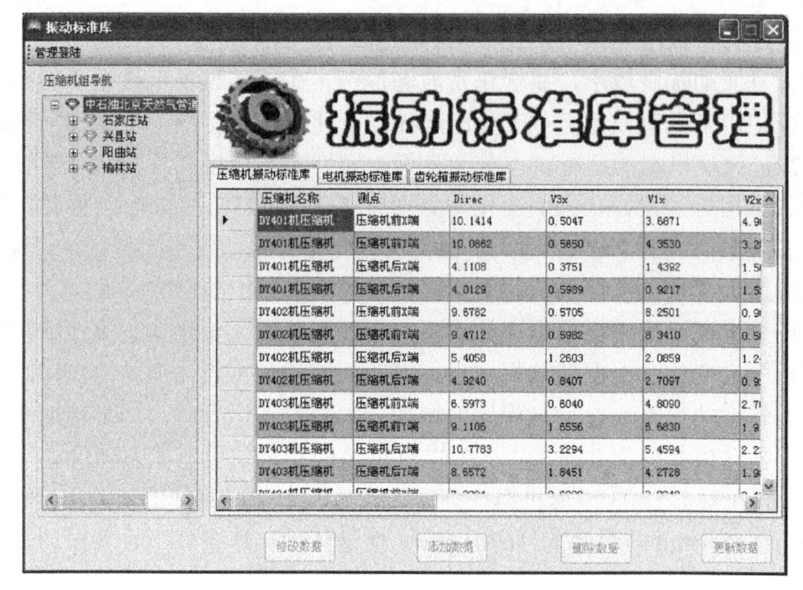

图 8.2　压缩机组振动标准库管理

标准库的建立与使用，可有效地实施自动诊断。据统计，若人工分析需要三个工作日的数据量，使用标准库进行诊断后可通过自动诊断在数分钟内完成。标准库的应用极大地降低了诊断工作量，提高了工作效率，为在线故障诊断系统能够切实投入使用提供有力的基础。

8.4　压缩机诊断标准库的动态更新方法

现场设备在长期的运行过程中，随着设备的老化、损耗，设备运行的振动情况也在发生微小的变化，因此设备的个性化诊断标准库也应相应地变化。为了使诊断标准库能够始终与设备运行状态相一致，本节引入了诊断标准库的动态更新。

诊断标准库的动态更新包括以下几个方面。

(1) 触发更新。

动态更新的触发方式为定时更新。从系统启机开始，当系统运行到大修周期时触发诊断标准库更新。这是由于大修之后设备的部件及装配情况发生变化，设备的振动也会随之改变，通过原有的标准值无法准确地对设备的运行状态进行评价。

(2) 计算标准特征值。

触发更新后，系统自动截取每个测点一定时间长度（默认为 1 个月）内保存的振动数据，按照 8.3 节中的计算方法，计算每个测点振动信号的所有标准特征值。

(3) 更新标准库。

将新得到的各个测点的标准特征值替代标准库中旧的特征值，作为设备新的状态评价标准。

通过以上三个步骤即可以完成对诊断标准库的动态更新，该技术可以使诊断标准库更好地与设备运转真实情况相符合，依据动态更新的诊断库进行设备的故障诊断和状态评价能够得到更准确的结果。

8.5　变速压缩机振动阈值报警模型

工程实际中设备常处于变工况运行情况，直接套用国家标准会导致设备状态诊断的错误，因此应考虑工况变化因素，基于历史数据建立更准确的振动标准。将报警阈值设定和状态级别的划分作为振动相对标准的核心内容，随着设备监测技术的不断发展和预测性维护等概念的提出，越来越受到广泛关注，设定合理的报警阈值能够降低虚警率，减少漏报误报的发生，对提高振动监测和故障诊断的准确率具有重要意义。

8.5.1　RVM 基本理论

Tipping 基于概率学习的稀疏贝叶斯学习理论提出了相关向量机 RVM(relevance vector machine)算法，该算法相比 SVM 具有更多优势：不但能够达到甚至超过 SVM 的预测精度，得到一个基于核函数的稀疏解，而且大大减小了模型训练量，减少了预测时间，且核函数不再需要满足 Mercer 条件，具有更高的泛化性和推广能力[8]。

给定训练样本 $G=\{\boldsymbol{x}_i,t_i\}_{i=1}^{N}$，其中 $\{\boldsymbol{x}_i\}_{i=1}^{N}$ 是输入样本条件特征值，$\boldsymbol{t}=[t_1,t_2,\cdots,t_N]^{\mathrm{T}}$ 是对应的目标值，N 是训练样本总数，得到输出模型为

$$y(x,\boldsymbol{w})=\sum_{i=1}^{N}w_iK(x,x_i)+w_0 \tag{8.2}$$

式中，$\boldsymbol{w}$ 为权值向量；$K(x,x_i)$ 为核函数；N 为训练样本总数。

核函数选用高斯核函数，其中 λ 为核函数宽度系数，非常敏感，能够直接影响 RVM 的拟合效果[9]：

$$K(\boldsymbol{x}_n,\boldsymbol{x}_1)=\exp\left(-\frac{\|x_1-x_2\|^2}{2\lambda^2}\right) \tag{8.3}$$

为避免直接使用最大似然估计的方法随样本量增加导致的过拟合现象。相关向量机对 $\boldsymbol{w}$ 赋予先验的条件概率：

$$p(\boldsymbol{w}\mid\boldsymbol{\alpha})=\prod_{i=1}^{N}N(\boldsymbol{w}_i\mid 0,\alpha_i^{-1}) \tag{8.4}$$

式中，$\boldsymbol{\alpha}=[\alpha_1,\alpha_2,\cdots,\alpha_n]^{\mathrm{T}}$，是 N+1 维的超参数向量，决定着权值 $\boldsymbol{w}$ 的先验分布。

由贝叶斯公式，结合给定的似然函数和先验分布，可得后验分布为

$$P(w,a,\sigma^2 \mid t)=\frac{P(t \mid w,a,\sigma^2)P(w,a,\sigma^2)}{P(t)} \tag{8.5}$$

由于超参数后验概率 $P(a,\sigma^2 \mid t)$ 无法进行分解计算，通常利用 delta 函数近似计算。因此模型的求解转化为求解 a_{MP} 和 ${\sigma_{MP}}^2$。使用最大似然法进行计算：

$$P(a,\sigma^2 \mid t) \propto P(t \mid a,\sigma^2)P(a)P(\sigma^2) \tag{8.6}$$

$$(a_{MP},{\sigma_{MP}}^2)\arg\max_{a,\sigma^2} P(t \mid a,\sigma^2) \tag{8.7}$$

对样本进行训练时先给定 a 和 σ^2 的估计值，通过不断更新可得到 a_{MP} 和 ${\sigma_{MP}}^2$ 的近似解。在超参数估计过程中有一部分 a_i 逐渐趋近于无穷大，即部分权值 w_i 为零，体现了相关向量机的稀疏性。

8.5.2　基于 RVM 的阈值模型构建

基于切比雪夫不等式构建阈值模型，对于一个服从高斯分布的特征 x，假设其均值为 μ，方差为 σ，则切比雪夫不等式成立：

$$P(|x-\mu| \geqslant k\sigma) \leqslant k^{-2}, \qquad \forall k>0 \tag{8.8}$$

本节研究振动监测报警阈值，只需要考虑 x 的上界即可，因此可以构建决策函数：

$$f(x)=(\mu+k\sigma)(1+\delta)-x \tag{8.9}$$

式(8.8)和式(8.9)中，k 为阈值因子；δ 为高于或低于实测信号的百分比，常用的有 10%、20%和 30%，本节 δ 取 20%。

利用决策函数可监测设备的运行状态；当 $f(x) \geqslant 0$，意味着特征 x 处于正常状态，即设备运行状态正常；当 $f(x)<0$，意味着特征异常，设备运行可能存在故障，需重点关注。即使提取的特征不满足高斯分布，只要阈值因子 k 选择合理，模型构建恰当，该模型同样是适用的。

当设备处于变转速运行时，阈值模型和决策函数同样适用。此时决策函数可以表达为

$$f(x,\ s)=(\mu(s)+k\sigma(s))(1+\delta)-x \tag{8.10}$$

式中，$\mu(s)$ 和 $\sigma(s)$ 分别为转速为 s 时振动均方根值的统计均值和标准差；$[(\mu(s)+$

$k\sigma(s))(1+\delta)]$ 即为监测阈值。为让模型在任何转速下都适用，式(8.10)应是转速 s 的连续函数，因此需要满足 $\mu(s)$ 和 $\sigma(s)$ 为连续函数。本节利用相关向量机 RVM 拟合均值 μ 和标准差 σ 与转速 s 关系，满足连续函数要求。

由式(8.3)和式(8.10)，阈值模型需要选择两个关键参数，阈值因子 k 和核函数的宽度系数 λ。核函数的宽度系数 λ 对 RVM 的性能起决定性的作用。λ 越大，RVM 越稀疏，学习精度越低。λ 越小，推广性能越差。通常 λ 的确定是经验性的，统计分析结果可以作为确定 λ 的参考。

因此定义测试误差为

$$E=\frac{1}{N}\sum_{\mathrm{n}=1}^{N}\frac{\left|y_i-\overline{y}_i\right|}{y_i} \tag{8.11}$$

式中，y_i 为测试样本的实际输出值；$\overline{y}_i$ 为 RVM 对测试样本输出值的估计值。

8.6　变工况压缩机诊断标准建立与验证

目前，针对螺杆压缩机的振动监测和状态评定主要依据绝对标准。螺杆压缩机组由驱动电机和双螺杆压缩机组成，因此使用的绝对标准为《机械振动在非旋转部件上测量和评价机器的振动》(GB/T 6075.3—2011)和《容积式压缩机机械振动测量与评价》(GB/T 7777—2003)。绝对标准规定准则适用于额定转速、稳定工况下，在机器轴承座或机座上进行的振动测量。然而现场螺杆压缩机组由于电源电压波动和工艺要求，转速和负载等工况常常处于变动之中。直接套用绝对标准进行振动监测和诊断存在着监测误差较大，易发生误报警和漏报警的问题。因此从设备实际运行状态出发，充分考虑工况变化的影响，基于历史数据建立适用于不同工况运行条件的振动标准具有重要意义。

8.6.1　丙烷压缩机工作原理和现状统计

某油田的螺杆压缩机主要负责对外界输送过来的气液混合体伴生气进行冷却和分离，该螺杆压缩机的制冷介质为丙烷，故也称其为丙烷压缩机。丙烷制冷工艺包括四个基本过程：压缩、冷凝、膨胀和蒸发，最终通过蒸发器吸收制冷对象(伴生气)的热量，实现气液分离。丙烷压缩机组主要负责对丙烷气体做功，经过绝热压缩，形成高温高压的气态丙烷，且通过加压方式为丙烷流通提供动力，完成循环过程，因此在丙烷制冷工艺流程中处于关键地位[10]。

该丙烷压缩机及电机出厂时间为 2002 年，于 2007 年 12 月投产使用，截至 2017 年 12 月 31 日，累计运行 82316h。丙烷压缩机组由驱动电机和双螺杆压缩机组成，驱动电机经联轴器带动转子旋转。在“∞”形的气缸中，平行地装配一对相互啮合的螺旋形转子：阳螺杆(凸齿)和阴螺杆(凹齿)。阴、阳螺杆随转子转动逐步啮合，完成吸气、封闭、压缩和排气的循环过程，如图 8.3 所示。丙烷压缩机具有重量轻、体积小；无质量惯性力，动平衡性能好；单级压比高和容积效率高等优点，因此在油田现场得到了广泛使用[11]。

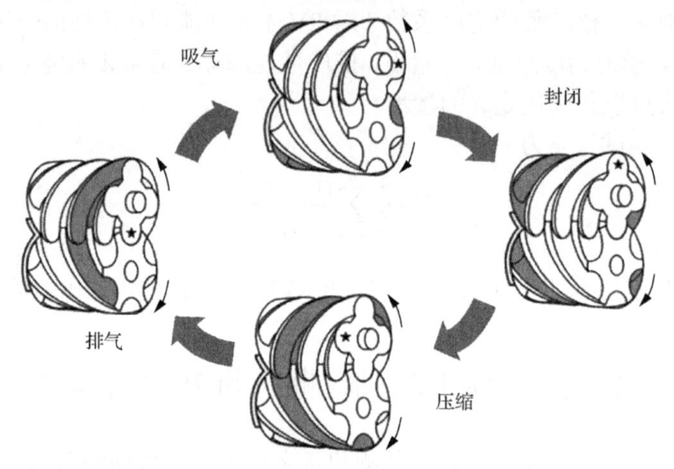

图 8.3　螺杆压缩机工作过程

根据《机械振动在非旋转部件上测量和评价机器的振动》(GB/T 6075.3—2011)标准及现场监测经验，在电机非驱动端和驱动端竖直方向和水平方向分别布置加速度传感器，在压缩机的阴阳螺杆前后四个测点位置竖直方向布置传感器，如图 8.4 所示。压缩机的运行参数如转速、滑阀比例和进排气压力等从机组控制柜显示屏直接读取。

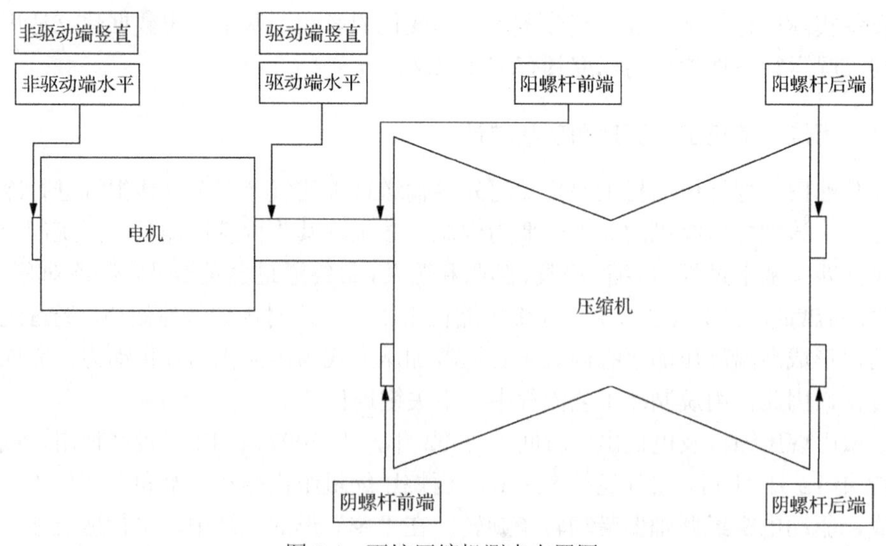

图 8.4　丙烷压缩机测点布置图

该压缩机自运行至今发生多起故障，主要集中在驱动电机轴承部位。2013 年 11 月引入备用电机，情况有所缓解，但是当两台电机都处于非健康状态时，将会对生产工艺造成重大影响，甚至由于非计划停机导致流程中断。利用绝对标准进行振动监测和诊断时由于没有考虑工况变化因素影响，导致状态级别划分区间较大且固定，直接影响到报警的准确率。因此，将工况变化因素考虑进阈值的设定，对确保机组稳定运行具有重要意义。截至 2017 年年底，共对某油田丙烷压缩机进行振动监测 57 次，为了方便分析，现将其监测日期按先后排序，如第一次监测时间是 2008 年 5 月 20 日，则此次监测日期序号记为“1”，监测排序和工况参数如表 8.6 所示。

表 8.6　丙烷压缩机组监测日期排序表

监测日期	序号	转速/(r/min)	负载率/%	监测日期	序号	转速/(r/min)	负载率/%
2008.5.20	1	2978	77.2	2013.10.14	30	2962	48.6
2008.7.22	2	2960	52.4	2013.11.9	31	2960	49.4
2008.9.12	3	2958	70.8	2013.12.16	32	2959	77.4
2008.12.19	4	2976	79.3	2014.2.19	33	2960	78.9
2009.2.21	5	2970	77.4	2014.4.15	34	2975	51.8
2009.5.3	6	2965	56.8	2014.5.16	35	2950	78.5
2009.9.3	7	2980	78.2	2014.6.6	36	2968	78.5
2009.11.8	8	2973	65.7	2014.8.16	37	2950	57.4
2009.12.30	9	2975	81.2	2014.10.28	38	2968	81.5
2010.3.17	10	2952	52.5	2015.1.26	39	2950	79.8
2010.5.19	11	2967	80.6	2015.3.29	40	2964	51.4
2010.7.29	12	2968	72.8	2015.5.22	41	2960	45.3
2010.9.14	13	2975	81.7	2015.7.22	42	2972	69.2
2010.11.22	14	2979	78.6	2015.8.15	43	2951	36.9
2011.1.14	15	2971	82.3	2015.10.26	44	2953	54.2
2011.3.27	16	2959	70.5	2015.12.11	45	2950	24.5
2011.5.19	17	2976	82.3	2016.1.9	46	2950	51
2011.9.2	18	2974	84.2	2016.3.3	47	2950	27.6
2011.11.22	19	2981	57.4	2016.5.18	48	2952	44.8
2011.11.23	20	2960	70.5	2016.7.21	49	2950	16.8
2012.2.23	21	2976	77.8	2016.8.17	50	2948	22.8
2012.5.18	22	2977	81.4	2016.10.20	51	2962	28.5
2012.7.20	23	2979	82.1	2016.12.15	52	2960	25.3
2012.9.17	24	2966	64.9	2017.2.17	53	2959	52.7
2012.11.28	25	2980	60.7	2017.4.13	54	2960	50
2012.12.24	26	2965	75.5	2017.5.11	55	2975	56.1
2013.1.22	27	2963	52.7	2017.7.7	56	2950	30.4
2013.3.23	28	2958	54.6	2017.11.21	57	2968	35.4
2013.7.28	29	2954	57.1				

由于历史故障主要为电机故障，且主要集中为电机非驱动端轴承损坏等故障。现统计丙烷压缩机组驱动电机的历史监测情况并分为运行正常、状态异常(含故障)两大类，结果如图 8.5 所示。

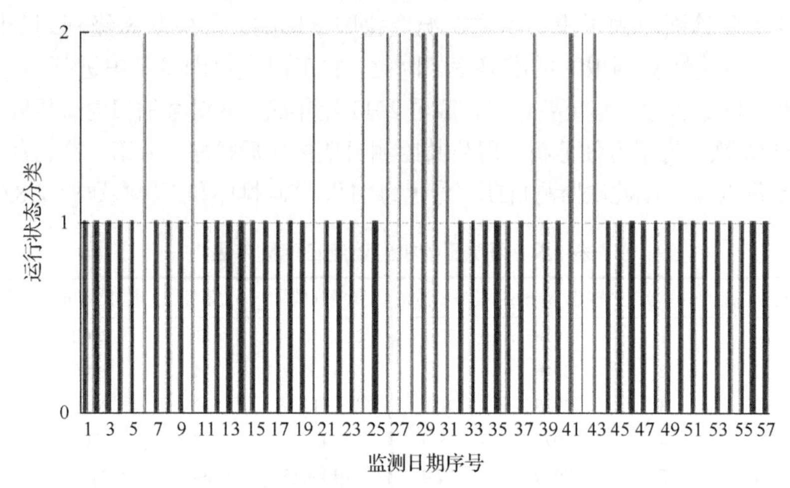

图 8.5　丙烷压缩机电机历史监测运行情况

1.运行正常；2.状态异常

由图 8.5 可以看出，丙烷压缩机中电机的历史运行情况极不稳定，设备振动监测异常(含故障)次数占总次数的 24.5%。

8.6.2　变工况丙烷压缩机组振动标准建立

1. 丙烷压缩机组阈值模型构建

当转速增大或负载增大时，零部件所受力的作用也在增大，导致振动加剧，振动量值上升。因此转速、负载和振动量值呈正相关关系。

在振动监测与故障诊断中，通常按照一定规则将传感器布置在轴承座或壳体的适当位置。此时所采集到的振动信号是包含各种内部激励和外部激励的综合振动，因此综合考虑转速和负载变动情况对于建立更加有效的振动标准具有重要意义。因此构建工况综合指标 Z、将转速 s 和负载 T 按照一定关系综合在一起：

$$Z(s,T)=w_1 s(t)+w_2 T(t)$$

$$\text{s.t.}\begin{cases} w_i>0 \\ \sum_{i=1}^{2} w_i=1 \end{cases} \tag{8.12}$$

式中，Z 为工况综合指标；$w_i\ (i=1,2)$ 为权重，w_i 的大小可根据经验知识确定；$Z(s,T)$ 为转速 s 和负载 T 的函数。

由以上分析可得，综合指标 Z 与转速 s 和负载 T 成正相关，因此阈值模型可以构建如式(8.13)所示：

$$f(x,\ Z)=\left[\mu(Z)+k\sigma(Z)\right](1+P) \tag{8.13}$$

式中，x 为选取的特征指标；Z 为工况综合参数；$\mu(Z)$ 和 $\sigma(Z)$ 分别为特征指标均值和标准差在工况综合参数下的连续函数；k 为阈值因子；P 为比例系数。

丙烷压缩机报警阈值与停机阈值的设定流程如图 8.6 所示，进而建立变工况振动标准。

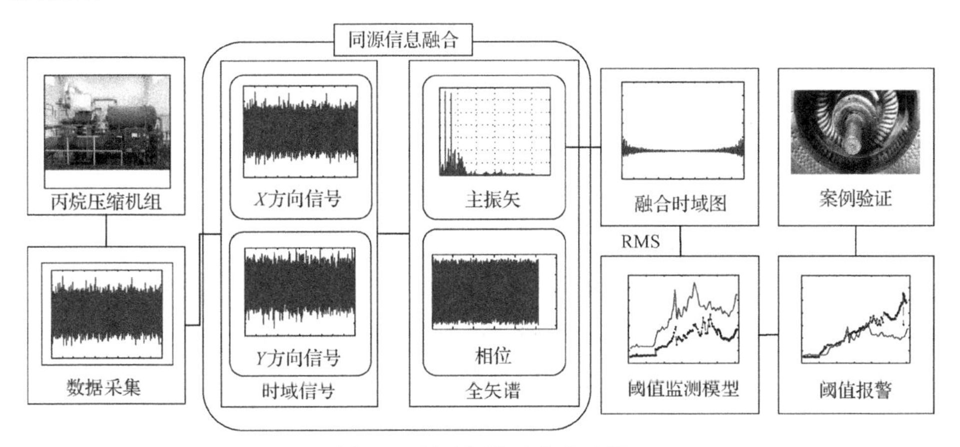

图 8.6　振动标准建立流程图

由前所述，根据信息融合技术融合双通道信号，提取融合信号的特征，然后基于相关向量机建立阈值模型，具体公式如式(8.13)所示。

由于电机非驱动端轴承故障频发，因此首先选择电机非驱动端信号进行分析，确定模型中的具体参数。由式(8.12)可知综合指标 Z 与转速 s 和负载 T 呈正相关关系。某油田丙烷压缩机组属于非变频设备，由于电源电压波动、负载变化等因素导致转速未恒定在额定转速(2985r/min)运转，负载是变化的主要工况。由上述可知，丙烷压缩机组的负载变化主要由滑阀比例控制，因此将分析负载变化转化为分析滑阀比例，确定工况综合参数 Z。

由式(8.12)，将转速和负载进行归一化处理，这里定义式(8.12)的权重为 $w_1=0.35$，$w_2=0.65$。将数据按照工况综合参数由小到大排序，计算模型关键参数的测试误差，进而确定报警阈值因子 $k=1.5$ 和核函数宽度系数 $\lambda=28$。

2. 电机振动标准建立

将电机非驱动端径向 1 和径向 2 采集到的正常状态的信号进行融合，并提取振动有效值作为特征，利用相关向量机拟合统计均值和标准差与工况综合参数的关系，构建阈值模型，得到报警阈值曲线如图 8.7 所示。

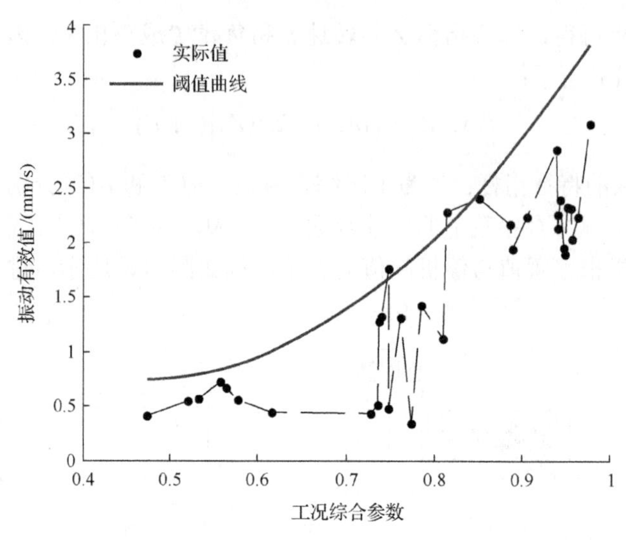

图 8.7　电机非驱动端报警阈值曲线

利用电机非驱动端径向 1 和径向 2 正常状态数据和异常状态数据进行融合并提取特征，建立停机阈值曲线如图 8.8 所示，此时取阈值因子 $k=3$。

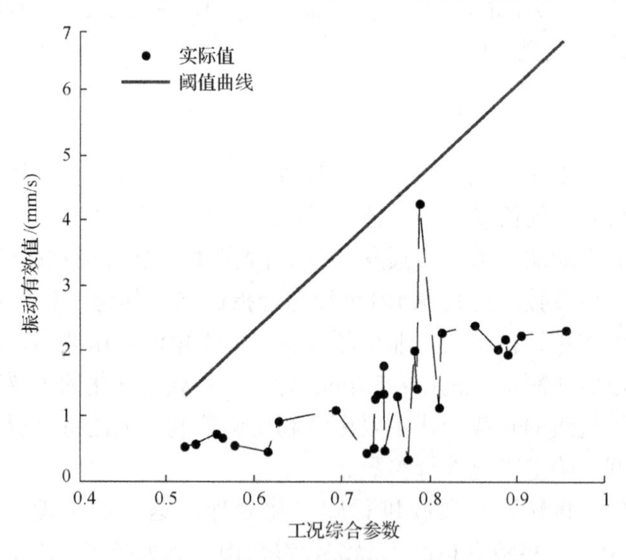

图 8.8　电机非驱动端停机阈值曲线

考虑变工况影响构建报警阈值和停机阈值，按照时间先后的监测序号，绘制电机非驱动端振动变化趋势图如图 8.9 所示，其中设备运行数据选用振动较大的径向 1 即竖直方向传感器数据。

由图 8.9 可知，当振动有效值超过报警阈值时，表明设备运行状态劣化，应加强监测频率，密切关注设备运行状态变化，继续监测发现设备振动恢复正常时，

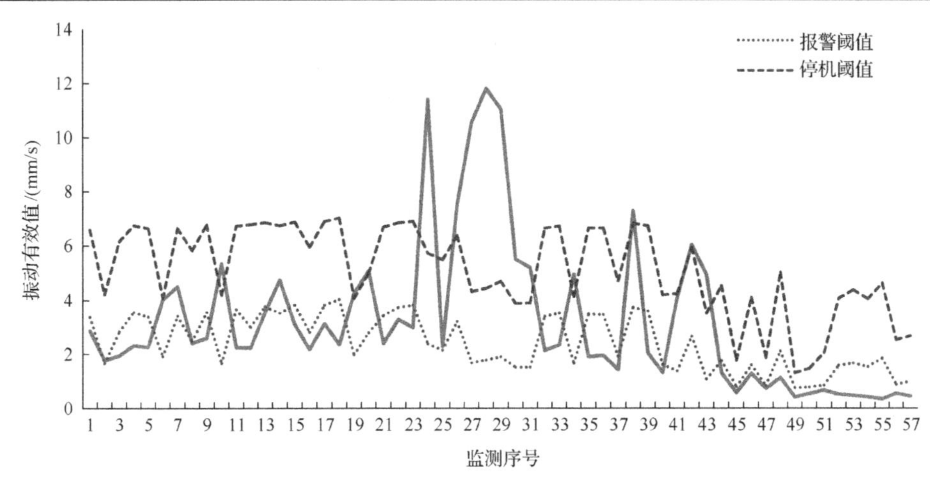

图 8.9　电机非驱动端振动趋势与阈值曲线图

表明设备未出现明显的故障，此时可继续运行；当振动继续增大超过停机值时，表明设备劣化严重，应立即停机检修，此时可利用故障诊断技术对信号进行分析，确定故障部位和严重程度。

利用报警阈值和停机阈值的设定可将设备运行状态分为正常状态、异常状态和故障状态三类。对于离线点检技术，当设备运行处于异常状态时应重点关注，寻找时机采取补救措施；当处于故障状态时应立即停机检查。因此利用变工况阈值曲线可以合理划分机组运行状态。

基于全矢谱信息融合技术和 RVM 拟合得到的阈值模型是工况综合参数的连续函数，且能完整反映设备的真实运动状态，据此建立报警曲线和停机曲线能够实现变工况(变转速、变负载)下丙烷压缩机的振动监测和诊断。按照工况综合参数由小到大的顺序，以 0.02(mm/s)为间隔列举报警阈值和停机阈值，如表 8.7 所示。

8.6.3　实例分析与验证

某油田丙烷压缩机组在进行振动监测时使用的绝对标准为：电机部分使用《在非旋转部件上测量和评价机器的振动》(GB/T 6075.3—2011)、压缩机部分使用《容积式压缩机机械振动测量与评价》(GB/T 7777—2003)。驱动电机功率为 500kW，由表 8.8 可知，该设备处于 B/C 边界的速度有效值为 4.5mm/s，处于 C/D 边界的速度有效值为 7.1mm/s(A、B、C、D 四个区域划分了设备的运行状态：一般新投入使用机器的振动属于区域 A；设备运行一段时间，出现轻微劣化时属于区域 B，此时仍可长期运行；当设备出现劣化或异常时振动常处于区域 C，此时设备不能长时间连续运行，应寻找时机采取补救措施；当设备劣化或故障严重时振动一般处于区域 D，此时应立即停机采取措施，防止事故发生)。由表 8.9 可知，压缩机四个监测部位的振动烈度(振动速度有效值)为 11.2mm/s。

表 8.7　部分工况综合参数与阈值表

工况综合参数	报警阈值/(mm/s)	停机阈值/(mm/s)	工况综合参数	报警阈值/(mm/s)	停机阈值/(mm/s)
0.40	0.68	0.98	0.70	1.38	3.54
0.42	0.72	1.10	0.72	1.49	3.83
0.44	0.73	1.10	0.74	1.60	4.09
0.46	0.73	1.11	0.76	1.78	4.33
0.48	0.75	1.13	0.78	1.92	4.61
0.50	0.78	1.14	0.80	1.99	4.91
0.52	0.78	1.32	0.82	2.19	5.1
0.54	0.81	1.59	0.84	2.38	5.35
0.56	0.83	1.86	0.86	2.52	5.58
0.58	0.88	2.06	0.88	2.68	5.84
0.60	0.94	2.22	0.90	2.94	6.08
0.62	1.03	2.52	0.92	3.12	6.38
0.64	1.09	2.72	0.94	3.46	6.60
0.66	1.18	3.06	0.96	3.71	6.78
0.68	1.27	3.32	0.98	3.79	6.98

表 8.8　设备振动速度标准(GB/T 6075.3—2011)

振动速度有效值/(mm/s)	第 2 组、第 4 组		第 1 组、第 3 组	
	刚性 R	柔性 F	刚性 R	柔性 F
11	D	D	D	D
7.1	D	D	D	C
4.5	D	C	C	B
3.5	C	B	B	B
2.8	C	B	B	A
2.3	B	B	B	A
1.4	B	A	A	A
0	A	A	A	A

表 8.9　回转压缩机振动烈度表

回转压缩机	振动烈度/(mm/s)
主机与底架刚性连接(包括主机与底架间有橡胶垫片)，且驱动功率不大于 90kW	7.1
皮带传动	
主机与地面间带减振器	11.2
驱动功率大于 90kW	
移动式	18

该压缩机组电机非驱动端 2015 年 1 月 26 日至 2015 年 8 月 15 日的振动有效值趋势如图 8.10 所示。

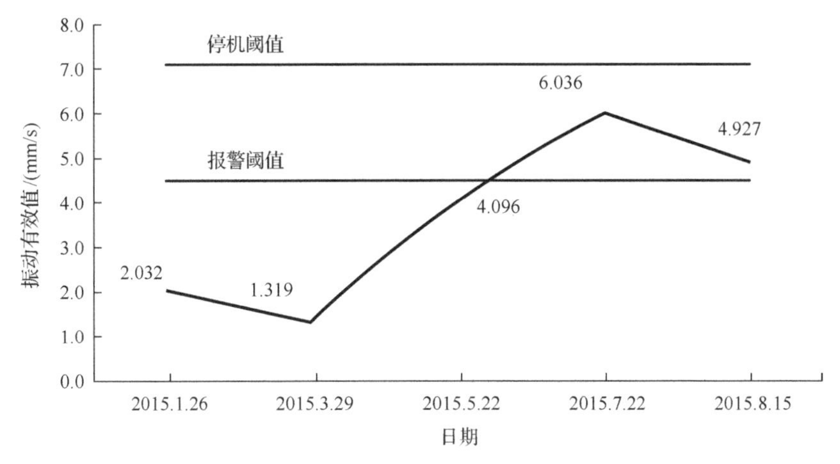

图 8.10　电机非驱动端振动趋势与标准

由图 8.10 可看出，2015 年 1 月至 2015 年 7 月，电机非驱动端振动有效值大体呈增长趋势，2015 年 5 月振动有效值增长明显，2015 年 7 月继续增大，超过了报警要求，此时根据标准判断设备处于劣化阶段，应加强关注。2015 年 8 月 15 日振动有效值略有下降但依然未超过停机标准，因此建议继续加强观测，密切关注设备运行状态，并注意其各项运行指标变化。

2015 年 8 月 22 日，某油田丙烷压缩机电机非驱动端轴承温度瞬间上升至 75℃(联锁停机值)，机组停机，停机后非驱动端轴承部温度最高升至 163℃。随后，检修人员对电机非驱动端轴承进行了拆检，发现轴承已抱死：轴承内圈与电机轴抱死，有跑外圈现象，且内圈已严重损坏[12]。其解体情况如图 8.11 所示。

(a)

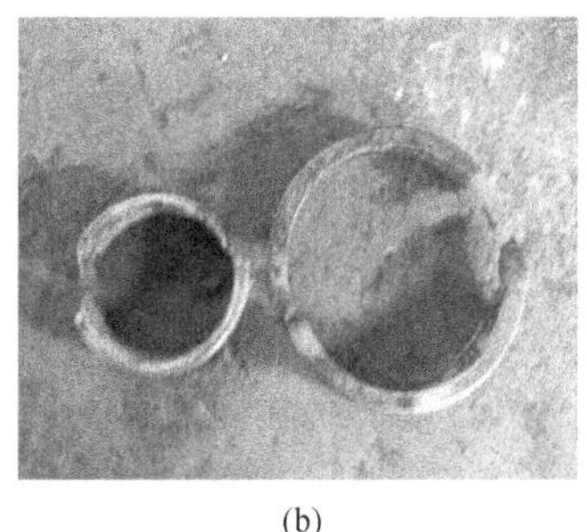
(b)

图 8.11　轴承损坏照片
(a) 轴承抱死；(b) 内圈严重磨损

综上所述，振动绝对标准基于额定转速、稳定工况建立，由于没有考虑工况变化因素影响，导致在进行实际振动监测和诊断时不能及时发现故障，造成漏诊事故。现有振动标准在评估设备状态准确率和及时性方面有待提高。基于历史数据，考虑工况变化影响建立动态阈值曲线，如图 8.12 所示。

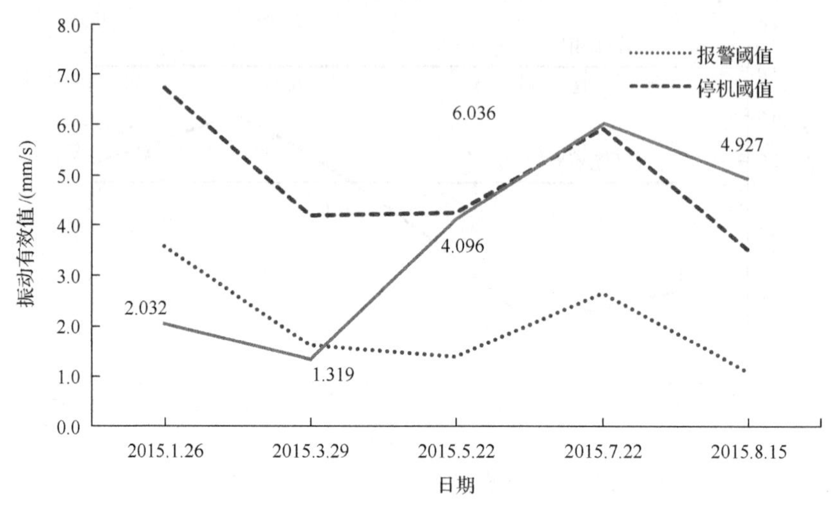

图 8.12　电机非驱动端振动趋势与变工况阈值

由图 8.12 可知，在转速和负载变化的同时，振动值也在相应变化，在此基础上建立的振动标准也相应发生变化。2015 年 5 月，振动有效值上升明显且超过报警阈值，接近停机阈值，此时设备已出现明显劣化趋势，应加强监测。2015 年 7 月，此时振动有效值继续上升已超过停机阈值，应立即停机检查。2015 年 8 月，振动有效值依然超过停机阈值，此时设备已带病运行 23 天，应立即停机检查故障情况，但采用原标准时振动有效值仍未超过停机值，建议应加强监测，导致漏诊事故的发生。2015 年 8 月 22 日，该丙烷压缩机电机非驱动端轴承高温联锁停机，随后拆检发现轴承内圈与电机轴抱死，且内圈已严重损坏。造成该故障的原因是电机非驱动端润滑不良，导致轴承损坏。因此采用基于变工况运行数据建立的振动标准可以反映设备真实的运行状态，及时发现异常和故障，提高报警准确率，减少误报漏报事故的发生。通过现场案例，验证了变工况振动标准的有效性。

8.7　压缩机状态的区间特征根-模糊评估方法

本节提出了将区间特征根法(interval eigenvalue method，IEM)与模糊数学相结合，基于区间数模糊分析的往复压缩机的状态评估方法。该方法在评估过程中采用区间数的形式表示各评估指标，从而降低评估因子的不确定性和模糊性问题，使评估结果更加客观可信。

8.7.1　往复压缩机状态评估指标体系的建立

合理选取设备的评估指标是状态评估的重要步骤。由事故致因理论及评估指标选取时应遵循的相关原则可知[13]，人的不安全行为、设备的不安全状态、环境的不安全条件、管理层的疏忽是造成事故发生的主要原因[14]。因此，在充分调研油田中往复压缩机实际情况的基础上，从人、机、环、管这四个方面出发，并结合机组自身的属性和所处的环境条件[15]，对子因素及其相关因素进行逐一分析，将所选的致因要素及指标进行分类，建立的指标体系如图 8.13 所示。

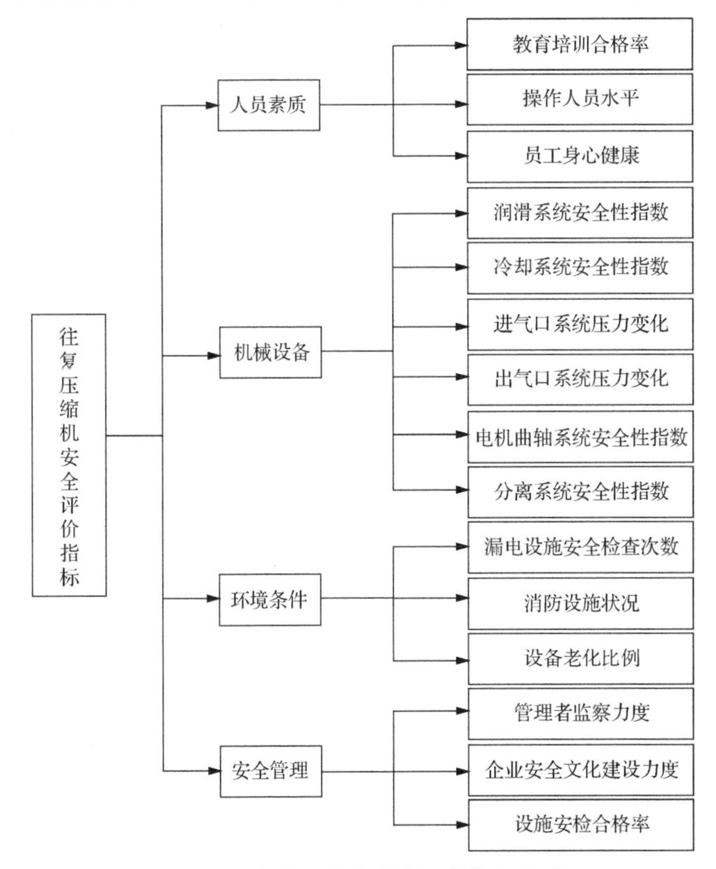

图 8.13　往复压缩机状态评估指标体系

8.7.2　区间数模糊分析评估模型

1. 因素集

确定往复压缩机状态评估指标体系的关键因素，应先确定影响机组安全的上层因素集，根据每一个因素的结构特征，建立相应的底层因素集，从而建立一套全面系统的两层因素集，并将从各个方面反映往复压缩机的安全性能。根据图 8.15 的评估指标体系，建立因素集如下：

U={人员素质 A_1，机械设备 A_2，环境条件 A_3，安全管理 A_4}

A_1={教育培训合格率 B_1，操作人员水平 B_2，员工身心健康 B_3}

A_2={润滑系统安全性指数 B_4，冷却系统安全性指数 B_5，进气口系统压力变化 B_6，出气口系统压力变化 B_7，电机曲轴系统安全性指数 B_8，分离系统安全性指数 B_9}

A_3={漏电设施安全检查次数 B_{10}，消防设施状况 B_{11}，设备老化比例 B_{12}}

A_4={管理者监察力度 B_{13}，企业安全文化建设力度 B_{14}，设施安检合格率 B_{15}}

2. 评估集

考虑到机组评估的适用性及便利性，根据往复压缩机的安全等级和与之对应的维修等级建立往复压缩机状态评估结果的评估集：V={优秀 v_1，良好 v_2，合格 v_3，报警 v_4，停机 v_5}。将确定评估指标基准值的数据作为样本数据代入评估模型中，并在其对应得分近似相等的条件下进行训练，得到每个等级标准区间数 $F_i=[\underline{F}_i,\overline{F}_i]$ (i=1,2,⋯,5)(其中，$\underline{F}_i$ 为等级标准区间数下限，$\overline{F}_i$ 为等级标准区间数的上限)，如表 8.10 所示。

表 8.10　评估等级标准区间得分

	等级				
	优秀	良好	合格	报警	停机
得分	(85,100]	(70,85]	(50,70]	(30,50]	(0,30]

3. 评估指标权重

在实际应用中，会出现一些具有不确定性的主观判断，为了避免信息不完整性造成的问题，应采用区间数来描述判断矩阵中的元素，更客观地计算权重结果。在求解判断矩阵权重的过程中，由于区间特征根法计算简单、有效实用、准确率高，同时，该方法能够有效利用判断矩阵的所有数值进行计算，因此，本节利用区间特征根法解决判断矩阵的权重问题，其具体步骤如下，a 为一个区间数[16]：

$$a=\left[a^-,a^+\right]=\{x(C_{ij})\big|0<a^-<x(C_{ij})<a^+\},\qquad i=1,2,\cdots,m;\ \ j=1,2,\cdots,n \tag{8.14}$$

若给定一个区间数的判断矩阵 $\boldsymbol{A}_i=(a_{ij})_{n\times n}=[\boldsymbol{A}^-,\boldsymbol{A}^+]$，则 $\boldsymbol{A}^-=(a_{ij})_{n\times n}^-$，$\boldsymbol{A}^+=(a_{ij})_{n\times n}^+$。

求与 $\boldsymbol{A}^-$、$\boldsymbol{A}^+$ 最大特征值对应的归一化特征向量 $\boldsymbol{x}_i^-$、$\boldsymbol{x}_i^+$：

$$\boldsymbol{x}_i^- = \frac{1}{\sum_{j=1}^{n} a_{ij}^-} a_{ij}^-, \quad \boldsymbol{x}_i^+ = \frac{1}{\sum_{j=1}^{n} a_{ij}^+} a_{ij}^+ \tag{8.15}$$

由 $\boldsymbol{A}^- = (a_{ij})_{n\times n}^-$，$\boldsymbol{A}^+ = (a_{ij})_{n\times n}^+$，计算系数得

$$k = \sqrt{\sum_{j=1}^{n} \frac{1}{\sum_{i=1}^{n} a_{ij}^+}}, \quad m = \sqrt{\sum_{j=1}^{n} \frac{1}{\sum_{i=1}^{n} a_{ij}^-}} \tag{8.16}$$

根据式(8.15)和式(8.16)计算得到各指标单因素权重区间：

$$\omega_i = [\omega_i^-, \omega_i^+] = [kx_i^-, mx_i^+] \tag{8.17}$$

由于评估体系由目标层、准则层和因素层构成，按照式(8.17)计算单因素指标的权重及其对目标层的综合指标权重 ω_i^1：

$$\omega_i^1 = \omega_j^2 \omega_i^3 = \omega_i = [\omega_i^-, \omega_i^+] \tag{8.18}$$

式中，ω_j^2 为准则层中第 j 个指标权重；ω_i^3 为因素层的第 i 个指标权重[17]。

通过 IEM 计算得到的单因素得分及综合指标权重均是区间数，因此，为了避免发散，本节根据区间理论中的可能度计算指标综合权重的修正值，既防止了指标区间数的发散，又提高了结果的正确性。综合指标权重的修正过程如下所示。

(1) 综合指标权重 $\omega = (\omega_i)_{n\times n}$ 的可能度互补矩阵 $\boldsymbol{Q} = \left(p_{ij}\right)_{n\times n}$。设 $a = [\underline{a}, \overline{a}]$，$b = [\underline{b}, \overline{b}]$，$\underline{a}$ 和 $\overline{a}$ 分别为 a 的下限和上限，$\underline{b}$ 和 $\overline{b}$ 分别为 b 的下限和上限，$L(a) = \overline{a} - \underline{a}$，$L(b) = \overline{b} - \underline{b}$，则 $a \geqslant b$ 的可能度公式为

$$p(a \geqslant b) = \frac{\max \quad \{0, L(a) + L(b) - \max(0, \overline{b} - \underline{a})\}}{L(a) + L(b)} \tag{8.19}$$

并有以下定义：①若 $p(a \geqslant b) = p(b \geqslant a)$，则 $p(a \geqslant b) = 0.5$；②若 $\overline{a} \leqslant \underline{b}$，则 $p(a \geqslant b) = 0$；③若 $\underline{a} \geqslant \overline{b}$，则 $p(a \geqslant b) = 1$。

根据式(8.19)计算综合指标权重的互补矩阵 $\boldsymbol{Q} = \left(p_{ij}\right)_{n\times n}$。其中，$p_{ij} = p(\omega_i \geqslant \omega_j)$ $(i=1,2,\cdots,n; j=1,2,\cdots,n)$。

(2) 指标综合权重的修正值 ω_i^* $(i=1,2,\cdots,n)$ 公式为

$$\omega_i^* = \frac{\sum_{j=1}^{n} p_{ij} + \frac{n}{2} - 1}{n(n-1)}, \quad i \in N \tag{8.20}$$

4. 根据隶属函数对单因素进行评判

传统的隶属度函数对于决策者判断的主观性欠缺考虑，因此存在参数难以确定，模糊概念不清晰等缺陷。由于各个压缩机组的情况不尽相同，如果按照统一的标准进行评估，评估结果可能缺乏客观性和准确性，因此应采用区间数对隶属函数参数进行表示。本节采用区间值的形式表达指标原始数据，设因素层中指标 B_i 的指标区间值为 $x_{ij}=[\underline{x}_{ij},\overline{x}_{ij}]$，分别计算该指标上限和下限的隶属度，如图 8.14 所示，x 表示确切数。

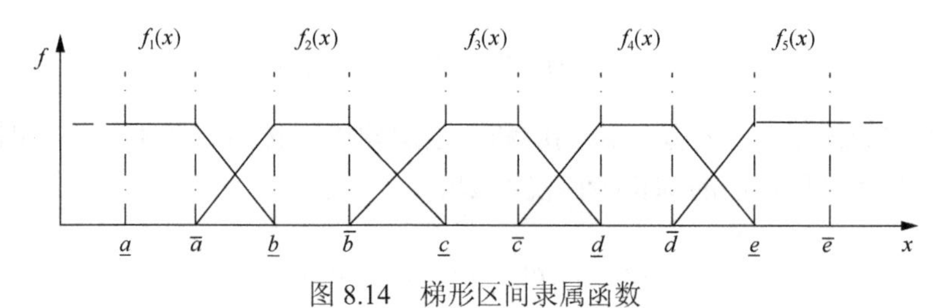

图 8.14　梯形区间隶属函数

最终得到区间数 $[\underline{x}_{ij},\overline{x}_{ij}]$ 在五个等级下的隶属函数值 $f_i=[\underline{f_i},\overline{f_i}]$ $(i=1,2,\cdots,5)$。

本节基于单因素的区间隶属度 $f_i=[\underline{f_i},\overline{f_i}]$ $(i=1,2,\cdots,5)$，结合五个评估等级标准区间数 $F_i=[\underline{F_i},\overline{F_i}]$ $(i=1,2,\cdots,5)$ 计算相应的单因素得分，该方法虽然可以通过利用单因素隶属度的全部信息来避免最大隶属原则的不足，但也会造成得分区间数的发散。由此，可通过区间数中心进行计算：若区间数为 $f_i=[\underline{f_i},\overline{f_i}]$，则称 $(\underline{f_i}+\overline{f_i})/2$ 为 f_i 的中心，记为 Δf_i。

通过 Δf_i 计算得到单因素区间隶属度的中心，即单因素区间隶属度的修正值。该步骤综合考虑单因素隶属度的所有信息，使结果更加客观合理。

5. 评估对象的综合得分区间数

本节通过计算评估指标综合权重修正值、单因素区间隶属度修正值，得到各个评估指标对应的单因素得分及评估对象的综合得分。设区间值为 $x_{ij}=[\underline{x}_{ij},\overline{x}_{ij}]$，相对应的单因素得分矩阵为

$$\boldsymbol{F}_{ij}=[\underline{F}_{ij},\overline{F}_{ij}]=\sum_{i=1}^{5}\Delta f_i \times F_i \tag{8.21}$$

$\boldsymbol{F}_{ij}=[\underline{F}_{ij},\overline{F}_{ij}]$ 为指标值 $x_{ij}=[\underline{x}_{ij},\overline{x}_{ij}]$ 的单因素得分区间数，Δf_i (i=1,2,…,5) 分别为单因素的区间隶属度的中心。F_i (i=1,2,…,5) 分别为评估因子属于五个等级的标准区间数得分。则评估对象的综合得分区间数为

$$B=[\underline{B},\overline{B}]=\sum_{i=1}^{n}\omega_i^*\boldsymbol{F}_{ij} \tag{8.22}$$

式中，ω_i^* 为单因素综合权重修正值。

6. 评估对象综合得分等级水平

本节利用区间理论中的符合度来确定综合得分区间数所处的等级水平。设 $B=[\underline{B},\overline{B}]$ 为评估对象的综合得分，$F_i=[\underline{F}_i,\overline{F}_i]$ 为 v_i 对应的评估等级标准的区间数，则 B 与 v_i 的符合度计算步骤如下。

根据式(8.19)计算可能度：

$$p(B\geqslant v_i)\text{和}\ p(v_i\geqslant B) \tag{8.23}$$

计算 B 与 v_i 的符合度 f_i：

$$f_i=1-\left(\left|p(B\geqslant v_i)-0.5\right|+\left|p(v_i\geqslant B)-0.5\right|\right) \tag{8.24}$$

按照式(8.23)和式(8.24)计算评估对象的综合得分与五个评估等级的符合度 $\{f_1,f_2,f_3,f_4,f_5\}$，评估对象综合得分的等级水平即为符合度最大值的等级水平：

$$v=\max(f_i),\qquad f_i\in\{f_1,f_2,f_3,f_4,f_5\} \tag{8.25}$$

该方法不仅能够确定每个往复压缩机整体的状态评估等级水平，同时还能清楚地得到每个评估对象下的所有单因素的情况，这样有利于找到机组在工作过程中的薄弱环节，为管理者准备了一个思维决策模型，及时预测到可能发生的情况并提出解决方案。

8.7.3　往复压缩机状态评估实例分析

选取某油田作业区的 5 号往复压缩机作为状态评估的实例，该机组为三级压缩机，其主要运行参数如表 8.11 所示。

表 8.11　往复压缩机运行参数

型号	额定功率/kW	额定转速/(r/min)	排量/(万 m³/h)	气缸数	进气压力/MPa	排气压力/MPa	工作介质
DOS504-3	1012	1100	0.63	8	0.15～0.26	7.6	天然气

借助机组安装的辅助检测系统或便携式仪器进行机械设备的数据采集，根据往复压缩机的实际运行及管理情况，通过专家打分对该系统管理系统的指标进行评分，采集到的各评估指标值如表 8.12 所示，运用上述提出的模型进行状态评估。

表 8.12　往复压缩机评估指标值及区间梯形隶属函数参数

指标	评测数据	指标隶属度参数				
		$[\underline{a},\overline{a}]$	$[\underline{b},\overline{b}]$	$[\underline{c},\overline{c}]$	$[\underline{d},\overline{d}]$	$[\underline{e},\overline{e}]$
B_1 /%	[81,84]	[90,95]	[80,85]	[70,75]	[60,65]	[50,55]
B_2 /分	[77,81]	[88,93]	[78,83]	[68,73]	[58,63]	[48,53]
B_3 /分	[74,77]	[85,90]	[75,80]	[65,70]	[55,60]	[45,50]
B_4	[0.74,0.76]	[0.87,0.90]	[0.78,0.81]	[0.69,0.72]	[0.58,0.61]	[0.48,0.51]
B_5	[0.73,0.76]	[0.90,0.94]	[0.80,0.84]	[0.70,0.74]	[0.60,0.64]	[0.50,0.54]
B_6 /MPa	[0.257,0.263]	[0.255,0.260]	[0.265,0.270]	[0.275,0.280]	[0.285,0.290]	[0.295,0.300]
B_7 /MPa	[7.78,7.81]	[7.60,7.67]	[7.70,7.77]	[7.80,7.87]	[7.90,7.97]	[8.00,8.07]
B_8	[0.78,0.80]	[0.85,0.89]	[0.75,0.79]	[0.65,0.69]	[0.55,0.59]	[0.45,0.49]
B_9	[0.84,0.87]	[0.89,0.93]	[0.79,0.83]	[0.69,0.73]	[0.59,0.63]	[0.49,0.53]
B_{10} /次	[6,7]	[9,10]	[7,8]	[5,6]	[3,4]	[1,2]
B_{11} /分	[75,79]	[88,93]	[78,83]	[68,73]	[58,63]	[48,53]
B_{12} /%	[28,29]	[10,15]	[20,25]	[30,35]	[40,45]	[50,55]
B_{13} /分	[70,72]	[87,90]	[77,80]	[67,70]	[57,60]	[47,50]
B_{14} /分	[85,88]	[92,95]	[82,85]	[72,75]	[62,65]	[52,55]
B_{15} /%	[84,86]	[85,90]	[75,80]	[65,70]	[55,60]	[45,50]

该评估体系准则层对应的区间数判断矩阵：

$$
\boldsymbol{U}=\begin{bmatrix}
1,1 & 1/3,1/2 & 3,4 & 6,7 \\
2,3 & 1,1 & 4,5 & 7,8 \\
1/4,1/3 & 1/5,1/4 & 1,1 & 2,4 \\
1/7,1/6 & 1/8,1/7 & 1/4,1/2 & 1,1
\end{bmatrix}
$$

从而得

$$U^{-}=\begin{bmatrix}1 & 1/3 & 3 & 6\\ 2 & 1 & 4 & 7\\ 1/4 & 1/5 & 1 & 2\\ 1/7 & 1/8 & 1/4 & 1\end{bmatrix},\quad U^{+}=\begin{bmatrix}1 & 1/2 & 4 & 7\\ 3 & 1 & 5 & 8\\ 1/3 & 1/4 & 1 & 4\\ 1/6 & 1/7 & 1/2 & 1\end{bmatrix}$$

根据式(8.15)计算对应于最大特征值的正分量归一化特征向量为

$$x^{-}=(0.3072\quad 0.5325\quad 0.1084\quad 0.0519)^{\mathrm{T}},\quad x^{+}=(0.3024\quad 0.5265\quad 0.1200\quad 0.0511)^{\mathrm{T}}$$

再根据式(8.16)计算得到$k=0.9464$，$m=1.0399$。由$\omega=\left[kx^{-},mx^{+}\right]$得

$$\omega_1=[0.2907,0.3145],\ \omega_2=[0.5040,0.5475],\ \omega_3=[0.1026,0.1248],\ \omega_4=[0.0491,0.0531]$$

同理可求得因素层其他指标的权重值，并根据式(8.18)～式(8.20)求得各个指标的综合指标权重及其对应的权重修正值，如表 8.13 所示。

表 8.13　区间层次分析指标修正权重值

目标层		准则层			因素层			
指标	系数	指标	权重	系数	指标	单因素权重	综合指标权重	权重修正值
U	$k=0.9464$ $m=1.0399$	A_1	[0.2907, 0.3145]	$k=0.9448$ $m=1.0480$	B_1	[0.2645,0.3002]	[0.0769,0.0944]	0.0857
					B_2	[0.5475,0.6040]	[0.1592,0.1990]	0.0979
					B_3	[0.1328,0.1438]	[0.0386,0.0452]	0.0618
		A_2	[0.5040, 0.5475]	$k=0.9472$ $m=1.0245$	B_4	[0.0927,0.0965]	[0.0467,0.0528]	0.0675
					B_5	[0.0989,0.1099]	[0.0499,0.0602]	0.0722
					B_6	[0.2891,0.3124]	[0.1457,0.1710]	0.0933
					B_7	[0.2990,0.3202]	[0.1507,0.1753]	0.0945
					B_8	[0.1081,0.1236]	[0.0545,0.0677]	0.0765
					B_9	[0.0594,0.0620]	[0.0299,0.0339]	0.0533
		A_3	[0.1026, 0.1248]	$k=0.9498$ $m=1.0416$	B_{10}	[0.5611,0.6206]	[0.0575,0.0744]	0.0791
					B_{11}	[0.1044,0.1087]	[0.0107,0.0136]	0.0387
					B_{12}	[0.2845,0.3123]	[0.0292,0.0390]	0.0550
		A_4	[0.0491, 0.0531]	$k=0.9263$ $m=1.0166$	B_{13}	[0.2636,0.2866]	[0.0130,0.0152]	0.0423
					B_{14}	[0.1260,0.1441]	[0.0062,0.0077]	0.0333
					B_{15}	[0.5367,0.5859]	[0.0264,0.0311]	0.0489

利用区间梯形隶属函数(表 8.12)计算往复压缩机的单因素区间隶属度，并依据区间数中心 Δf_i 的概念计算单因素区间隶属度的修正值，根据公式计算各评估因子的单因素得分。得到的往复压缩机的单因素隶属度区间数及其相应的得分如表 8.14 所示。

表 8.14　往复压缩机的单因素区间隶属度及得分

指标	优秀	良好	合格	报警	停机	单因素得分
B_1	[0,0]	[1,1]	[0,0]	[0,0]	[0,0]	[70,85]
B_2	[0,0]	[0.8,1]	[0,0.2]	[0,0]	[0,0]	[68,83.5]
B_3	[0,0]	[0.8,1]	[0,0.2]	[0,0]	[0,0]	[68,83.5]
B_4	[0,0]	[0.3333,0.6667]	[0.3333,0.6667]	[0,0]	[0,0]	[60,77.5]
B_5	[0,0]	[0,0.3333]	[0.6667,1]	[0,0]	[0,0]	[53.33,72.50]
B_6	[0.4,1]	[0,0.6]	[0,0]	[0,0]	[0,0]	[80.5,95.5]
B_7	[0,0]	[0,0.6667]	[0.3333,1]	[0,0]	[0,0]	[56.67,75.00]
B_8	[0,0.1667]	[0.8333,1]	[0,0]	[0,0]	[0,0]	[71.25,86.25]
B_9	[0.1667,0.6667]	[0.3333,0.8333]	[0,0]	[0,0]	[0,0]	[76.25,91.25]
B_{10}	[0,0]	[0,1]	[0,1]	[0,0]	[0,0]	[60,77.5]
B_{11}	[0,0]	[0.4,1]	[0,0.6]	[0,0]	[0,0]	[64,80.5]
B_{12}	[0,0]	[0.2,0.4]	[0.6,0.8]	[0,0]	[0,0]	[56,74.5]
B_{13}	[0,0]	[0,0.2857]	[0.7143,1]	[0,0]	[0,0]	[52.86,72.14]
B_{14}	[0,0.4286]	[0.5714,1]	[0,0]	[0,0]	[0,0]	[73.21,88.21]
B_{15}	[0.8,1]	[0,0.2]	[0,0]	[0,0]	[0,0]	[83.5,98.5]

通过式(8.22)计算往复压缩机的综合得分为 $B=[\underline{B},\overline{B}]=\sum_{i=1}^{n}\omega_i^*\boldsymbol{F}_{ij}=[66.20, 82.69]$，与确定的分数相比，可以看出该区间得分包含了更多的情况。根据式(8.23)～式(8.25)计算往复压缩机的综合得分与各评估等级的符合度，由此可以得到 f=[0,0.806, 0.208,0,0]。由于 $\max f_i = f_2$，根据“隶属函数值越大越好”的原则，可知此压缩机组的安全等级为第二级 f_2，即压缩机组的整体评估等级为良好。

根据式(8.21)和表 8.14 计算往复压缩机的各单因素指标得分，如图 8.15 所示，从图中可以看出，15 项指标大部分为优秀和良好等级，少数指标为合格，个别接近报警。

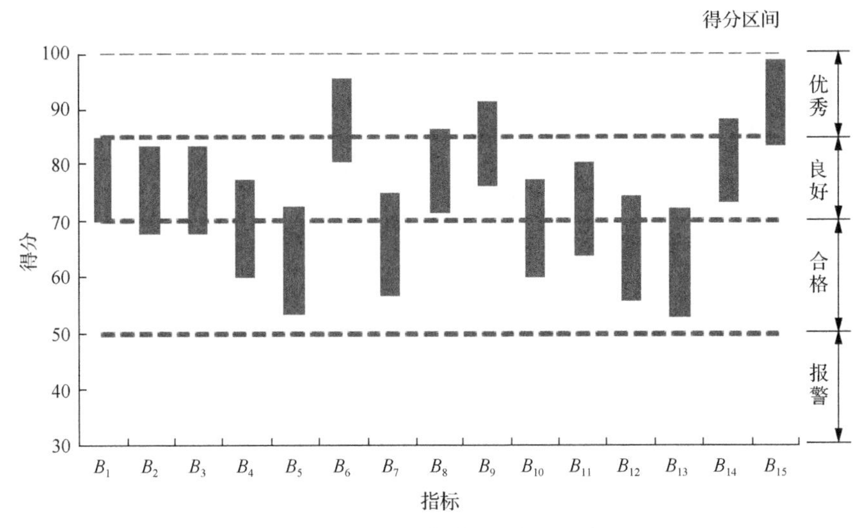

图 8.15　评估对象单因素得分区间

由此可见，该压缩机组虽然目前的运行状态良好，但还需在某些方面进行维护。例如，及时检查往复压缩机的润滑系统、冷却系统及出气口的压力装置，排除压缩机系统中可能出现的隐患；加强漏电设施安全检查次数，定期更换老化的设备零件；提高管理者及决策者对机组的监察力，定期进行检查与监督，从而进一步提高往复压缩机的整体安全状况，防患于未然。经现场对比，该评估结果与该往复压缩机运行的实际情况相吻合。

参 考 文 献

[1] 全国机械振动、冲击与状态监测标准化技术委员会. 机械振动在非旋转部件上测量评价机器的振动: GB/T 6075.3—2011(第 3 部分: 额定功率大于 15kW 额定转速在 120r/min 至 15000r/min 之间的在现场测量的工业机器). 北京: 中国标准出版社, 2012.

[2] 王凯. 变工况丙烷压缩机振动诊断标准研究与应用. 北京: 中国石油大学(北京)硕士学位论文, 2018.

[3] 张来斌, 王朝晖, 张喜延, 等. 机械设备故障诊断技术及方法. 北京: 石油工业出版社, 2000.

[4] 沈庆根. 化工机器故障诊断技术. 杭州: 浙江大学出版社, 1994.

[5] 沈庆根, 郑水英. 设备故障诊断. 北京: 化学工业出版社, 2007.

[6] 于晓红, 张来斌, 王朝晖. 基于振动频谱分析的注气压缩机故障诊断. 石油矿场机械, 2005, 34(5): 19-23.

[7] 么子云, 郭海涛, 段礼祥. 建立离心压缩机故障诊断标准的新方法. 石油矿场机械, 2010, 39(8): 65-68.

[8] 胡雷, 范彬, 胡茑庆, 等. 变工况下轴承健康监测的相关向量机与自适应阈值模型方法. 国防科技大学学报, 2016, 38(1): 168-174.

[9] 刘勇. 基于 RVM 的滚动轴承故障诊断方法研究. 沈阳: 沈阳航空航天大学硕士学位论文, 2015: 10-11.

[10] 吴霞俊. 基于振动信号的螺杆压缩机故障诊断仿真研究. 上海: 上海交通大学硕士学位论文, 2015.

[11] 姜贵轩. 螺杆压缩机振动监测系统设计与研究. 大庆: 东北石油大学硕士学位论文, 2014.

[12] 刘绍东, 王凯, 段礼祥, 等. 变工况丙烷压缩机振动诊断标准的建立. 设备管理与维修, 2018, (13): 7-9.

[13] 吕品, 王洪德. 安全系统工程. 徐州: 中国矿业大学出版社, 2012.

[14] 徐小平, 张来斌, 段礼祥, 等. 基于层次分析法的往复压缩机安全评价指标体系研究. 工业安全与环保, 2012, 38(1): 27-30.

[15] 孙丽. 基于HAZOP的往复压缩机安全评价指标体系的建立. 北京: 北京化工大学硕士学位论文, 2011.

[16] 张博昊, 盖宇仙, 芦有鹏. 基于IEM-Vague集的高铁车站运营安全综合评价. 中国安全科学学报, 2017, 27(9): 164-169.

[17] 马丽叶, 卢志刚, 胡华伟. 基于区间数的城市配电网经济运行模糊综合评价. 电工技术学报, 2012, 27(8): 163-171.

第 9 章　压缩机状态退化预测和故障预后方法

9.1　压缩机状态预测的现状与不足

压缩机状态预测是利用压缩机连续监测运行的数据，探测设备潜在的故障发展趋势，在设备发生故障之前对设备故障将要发生的时间和类型有一定的预估，从而提前制定合理的维修方案，实施相应的维修活动，以确保关键组件(如曲轴、连杆、转子)的可用性、可靠性和安全性。

9.1.1　压缩机状态预测技术研究现状

压缩机组常用的状态预测方法大致可以分为三大类：基于模型的方法、基于概率统计的方法和基于数据驱动的方法。

基于模型的方法就是对机械设备的故障诊断建立在现有的模型之上，主要的模型有灰色模型(grey model，GM)和基于滤波器的算法，这种基于模型的法可以透过现象看到事物发展的本质问题，深入研究设备或系统的故障演化机理，能够根据研究不断修正并且调整模型，从而进一步提高模型的预测精度，但实际工程中对一些复杂的系统创建模型非常困难，因此该方法具有很大的局限性。

基于概率统计的方法克服了不能确定完整动态模型及输入输出间系统的微分方程这一缺陷，主要有时间序列预测法和回归预测法，但前者适用于短期预测，后者对样本质量要求高。

基于数据驱动的方法适用于一些很难对其转动原理进行创建模型，或者一些专门的重要知识也很难得到的旋转机械。基于数据的方法可以根据从现场测出的一系列数据分析研究旋转机械的运行状态或故障特征，这些数据将对工程研究起着不可低估的作用，无须对象系统或设备的先验知识，以获取的历史数据为基础，通过不同的数据学习、分析以及处理的方法来挖掘获取数据中所隐含的信息，从而实现预测操作，这样就避免了存在于基于模型或知识的预测方法的缺陷，而且数据方法能够用的地方多，费用小，所以很多企业和高校把数据方法作为机械设备诊断和检测的最佳方法，并争相研究，已成趋势。

目前常用的预测方法有以下几种。

(1) 时间序列模型。最初的时间序列模型也叫自回归滑动模型，一般用 ARMA(n, m)表示，由于该方法的阶数计算困难，耗时长，不方便旋转机械故障状态的预测，然而在众多人的研究下，将 ARMA(n, m)模型变化为方便创建模型、运算速度快的 AR (n) 模型。

(2) 灰色模型[1-4]。一台机器的运转情况是否良好，能否无故障工作，其影响因素很多，有可知的，也有未知的，一般把这些可知的或未知的信息因素统称为灰色，将这些可知与未知因素组合成一个系统，便是灰色系统，灰色预测都是在这种理论中完成的。在生活中，对一些信息不完整，信息量不够大及难以确定的事情多之又多，所以利用灰色模型预测是一种行之有效的办法。

(3) 隐马尔可夫模型。马尔可夫链中有很多模型，隐马尔可夫模型是其中的一种，虽然无法直接观察其状态，但是可以通过观察向量序列获得其状态，这些向量经过一些概率密度分布，表现出各种不同的状态，每个观测的向量都是由对应的概率密度分布的序列产生。

(4) 人工神经网络。近些年，人们开始把较多的目光投向人工神经网络，人工神经网络现已经被人们广泛应用在各个领域的时间序列预测研究中，人工神经网络能够在预测中受到大量用户的青睐，因它主要有以下的优势[5]：①人工神经网络能够实现对抽象的物理现象的预测；②人工神经网络能够在噪声大的环境中使用；③人工神经网络有超强的非线性投射特性，在任何精度下都能找到相应的函数。

人工神经网络还可以看作是一个组合器，它比传统的组合预报方式精度更高，受限更少，优势明显，而在机械失效检测中经常使用的人工神经网络有 BP 神经网络[6,7]和自组织特征映射网络[8]。由以上可知，人工神经网络有很强的故障检测能力，能够给用户带来很大的好处，在机械设备上，可以减少故障，减少维修；在维修成本上，可以大幅减少投资；在人力上，可以节省维修劳动力，间接节省资金，总之人工神经网络在机械设备的故障处理上有着良好的发展前景。

(5) 支持向量机。由于一般机械出现故障具有不定时、随意性及非线性特性，近年来支持向量机也被应用到设备部件的剩余使用寿命的预测上，如 Kim 等[9]就将支持向量机结合健康概率函数应用到预测轴承的寿命上。

(6) 极限学习机。极限学习机 (extreme learning machine，ELM) 是近几年提出的新型单隐层前馈神经网络，其学习速度快，泛化能力强，能够避免神经网络中常见的局部极小问题，被广泛应用于许多领域。

9.1.2　压缩机状态预测技术的不足

目前，对于压缩机的状态预测技术研究已经取得了一定的进展，但是还存在以下一些不足。

(1) 信号整体之间的联系。大部分特征提取方法只对单一信号片段进行处理，忽略信号整体之间的联系。提取的特征很容易受噪声等其他因素的影响，并显示出一些局部波动，因此并没有准确地描述机械退化的状态。机械退化是一个累积过程，因此可以从累积的角度考虑整个退化过程。

(2) 状态预测方法的缺陷。由于大型压缩机组的机械结构日益复杂，其运行表现的非线性问题也日益突出，面对越来越复杂的监测体系、越来越庞大的数据结构、越来越突出的非线性问题，传统的预测方法其数据处理能力弱、运算精度低、拟合能力差等缺点越来越突出，因此需要提出一种适合大数据分析并且能够更好地拟合非线性函数的预测方法对压缩机组进行预测。

(3) 特征信息数据量的海量性和多样性的缺乏[10]。预测技术仍然存在特征信息数据量的海量性和多样性的缺乏等问题，在一定程度上造成预测性的精度不高，设备运行趋势预测与预期运行状态预估也无法达到十分精准的程度，为后续维修策略的制定和维修施工带来不太科学的指导，导致一定的经济损失。

9.2 压缩机轴承性能退化的累积变换预测方法

一般来说，机械设备故障是一个损伤逐渐累积的过程，当损伤达到一定程度后将导致设备出现故障[11]。机械设备在运行过程中，不同时刻采集到的振动信号包含着设备不同的损伤信息，从设备的整个使用周期来看，这些振动信号表示了设备的整个损伤累积过程，彼此之间存在着一定的联系性。因此，在进行退化趋势预测中，可以从机械设备整个寿命过程进行考虑，对生命周期内的振动信息进行整体利用。在此基础上，提出了累积变换算法，并将其应用于原始特征之上来获得累积特征。

9.2.1 累积损伤理论与累积变换算法

1. 累积损伤理论

通常，大部分单元或系统(如零件或机器)的退化是在不同运行环境下的一个损伤逐渐累积的过程，它随着时间的推移而增加。为探索退化过程与累积损伤之间的关系，找到一种有效反映退化过程的方法，已经从累积的角度提出了一些方法，这些方法大致可分为两类，即基于模型的预测方法和基于数据驱动的方法。

基于模型的预测方法假设退化过程可以通过关于系统损坏和时间的累积的一系列数学方程来表示，并通过研究失效机理和退化路径来建立模型。例如，在文献[12]中，通过构造不同的累积损伤模型，分别考虑不同的退化路径和分布来描述系统退化过程，并获得预防性维护策略来使维护成本最小化。在文献[13]中，融合累积发生函数和模式分类器的非参数模型来解决预测中轴承模式失效问题，该模型利用不同故障模式的寿命监测数据，计算累积入射函数曲线，以反映被监测轴承退化状态的运行时间。尽管大多数情况下很难建立精确的模型，且对于不同的系统模型的适用性是有限的，但基于模型的累积损伤方法仍然可以利用精确的模型很好地描述退化过程。

与基于模型的预测方法相比，基于数据驱动的方法更容易将状态监测数据转换为适当的累积形式来推断系统的运行状态并用来估计设备的有效剩余寿命。在文献[14]中，计算了来自局部放电波形的时域和频域内的累积能量函数和数学形态梯度作为特征参数，以检测缺陷评估高压设备的绝缘条件。在文献[15]中，提出了一种用于估计轴承剩余使用寿命的平滑累积方法，该方法利用加速度值而不是直接测量的振动值来估计轴承退化。在文献[16]中，应用一种从数据驱动的角度出发的累积方法来描述退化过程，这种方法利用累积的状态监测寿命数据描述轴承退化过程。

总之，系统退化过程通常被视为随时间推移的连续损伤累积的过程。因此，可以从累积的角度建立累积损伤模型或提取累积特征揭示退化过程的本质如图 9.1 所示。

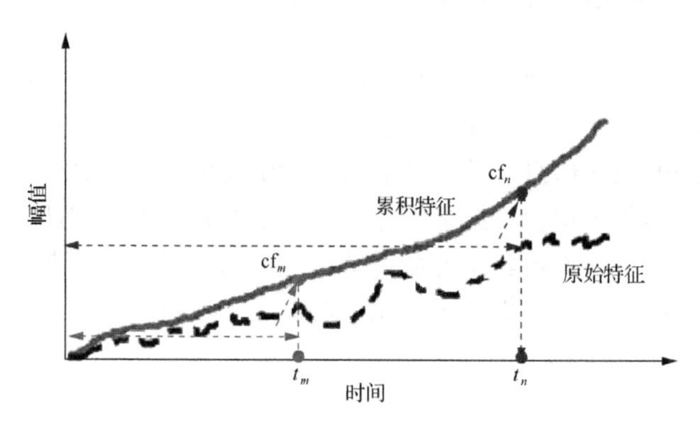

图 9.1　累积变换示意图

在提取 t_m 时刻的累积特征 cf_m 时，累积变换利用了 t_m 时刻之前的所有原始特征信息，而在提取累积特征 cf_n 时则利用了 t_n 时刻之前所有原始特征信息

2. 累积变换算法

对于大多数机械部件，如轴承、齿轮、转子等，当部件超过使用寿命时，其退化是一个随着损伤累积而逐渐加剧的过程。因此，理想的退化特征应表现出良好的退化趋势特性，如单调性、趋势性和鲁棒性[17]。单调性反映了特征潜在的递增或递减的整体趋势强度，它是退化特征的基本特征。趋势性与特征形式及时间的相关性有关，反映了特征序列如何随时间变化的情况，具有一定的普适性。鲁棒性指标用于衡量特征序列的波动性，但是从原始振动数据中提取的特征通常不会显示出良好的趋势特征。因此，提出了一种新的简洁有效的策略，以获得单调和趋势的特征。

引入一种新的累积变换算法，该算法将提取的特征转换为相应的累积形式。累积变换的算法公式如(9.1)所示。定义累积函数为给定时间序列的累积，将原始特征序列第 1 个至第 n 个特征值逐次与标准值相减并求平方，再将 n 个平方值求和，最后再进行缩放：

$$\mathrm{cf}_n = \sqrt{\sum_{i=1}^{n}\left(f(i) - f_{\mathrm{nor}}\right)^2} \tag{9.1}$$

式中，f_{nor} 为标准值，它是设备正常状态下的一段特征序列 $f(i)$ 的平均值；cf_n 表示第 n 个原始特征的累积特征指标。

由于原始特征的累积变换对噪声比较敏感，为了获得具有更好的单调性和趋势性的累积特征，应该在累积之前进行滤波处理。

为了定量评估提取特征的适用性，进一步研究单调性、趋势性和鲁棒性这些趋势特征。单调性由每个特征的正负导数的绝对差值计算得出，其范围为[0,1]。单调性指标越大，特征的适应性就越强。趋势性指标取值范围为[0,1]，趋势指标越大，特征序列与时间的线性相关度越高。鲁棒性的范围也是[0,1]，特征波动越大，鲁棒性越小，在进行趋势预测时不确定性也就越强。

单调性、趋势性和鲁棒性的计算公式分别为

$$\mathrm{Mon} = \frac{1}{n-1}\left|\sum \delta\left(\mathrm{d}/\mathrm{d}f > 0\right) - \sum \delta\left(\mathrm{d}/\mathrm{d}f < 0\right)\right|$$

$$\mathrm{Tre}(F,T) = \frac{\left|n\sum_i f_i t_i - \sum_i f_i \sum_i t_i\right|}{\sqrt{\left[n\sum_i f_i^2 - \left(\sum_i f_i\right)^2\right]\left[n\sum_i t_i^2 - \left(\sum_i t_i\right)^2\right]}} \tag{9.2}$$

$$\mathrm{Rob}(F) = \frac{1}{n}\sum_i \exp\left(-\frac{f_i - \tilde{f}_i}{f_i}\right)$$

式中，d/df 为原始特征微分算子，d/df>0 表示序列中该数据比前一数据大，δ 函数为“1”，利用 Σ 公式求出序列数据增加的个数；f 为原始特征序列；$F = (f_1, f_2, \cdots, f_n)$，为特征序列；$n$ 为观测的特征数；$\mathrm{d}/\mathrm{d}f$ 为原始特征微分算子；t 为时间序列，是 f 平滑处理后的特征曲线；$T = (t_1, t_2, \cdots, t_n)$ 为时间序列；$\tilde{f}$ 为特征 f_i 经平滑处理得到的趋势部分。

单一的评价指标只能从某一方面对退化特征的适用性进行衡量。为了更全面地反映该特征，提出了一种线性加权综合指标，通过多目标优化来实现有效融合。加权变形组合的具体形式为

$$\begin{gathered}\underset{F\in\Omega}{W} = \omega_1 \mathrm{Tre}(F,T) + \omega_2 \mathrm{Mon}(F) + \omega_3 \mathrm{Rob}(F) \\ \text{s.t.} \begin{cases} \omega_i > 0 \\ \sum_i \omega_i = 1 \end{cases}\end{gathered} \tag{9.3}$$

式中，W 为特征的综合评价指标；F 为特征序列；ω 为权重。ω 的大小通常根据经验知识确定。通过推导可以看出，综合评价指标 W 与三个评价指标成正相关，因此 W 越大，对退化过程的描述越有效，也更有利于退化趋势预测。

9.2.2　轴承性能退化的累积变换预测方法

1. 方法框架

轴承退化趋势预测的完整过程如图 9.2 所示。首先，基于原始振动数据提取时域和时-频域内的一些典型特征。其次，应用累积变换从原始特征中获取具有更好趋势特性的累积特征。然后，利用核主成分分析(kernel principal component analysis，KPCA)[18]特征融合方法获得退化趋势指标来反映退化过程。接下来，采用互信息方法选择时间延迟，应用 CAO 过程确定嵌入维数。同时，利用相空间重构(phase space reconstruction，PSR)[19]重建退化指标。最后，将重建的退化指标输入到 ELM 中对轴承退化趋势进行预测。

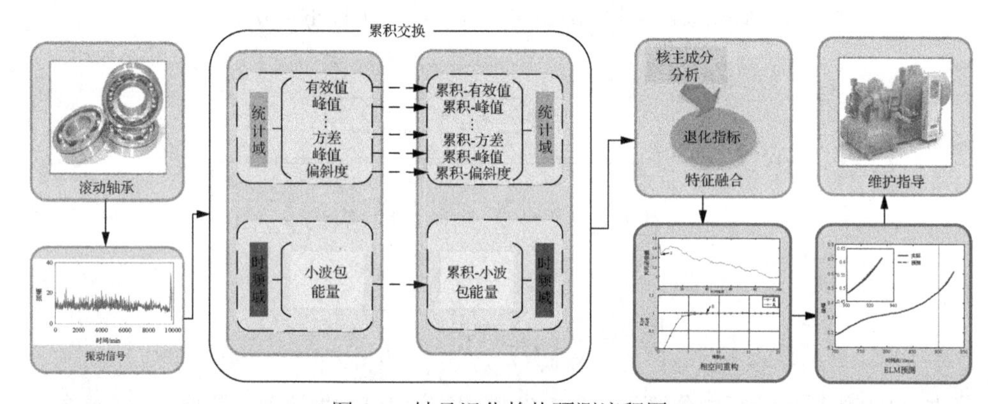

图 9.2　轴承退化趋势预测流程图

为了定量评估所提出的方法，研究了三个标准，包括平均绝对百分误差(MAPE)和均方根误差(RMSE)，其数学表达式为

$$
\begin{aligned}
e_{\mathrm{MAPE}} &= \frac{1}{n}\sum_{i=1}^{n}\left|\frac{y_i-\hat{y}_i}{y_i}\right| \\
e_{\mathrm{RMSE}} &= \sqrt{\frac{1}{n}\sum_{i=1}^{n}(y_i-\hat{y}_i)^2}
\end{aligned}
\tag{9.4}
$$

式中，n 为数据的数量；y_i 与 $\hat{y}_i$ 分别为真实值和预测值。

2. 累积特征提取和融合

机械故障代表了从初期故障到恶化的异常现象的过程。有许多类型的信号用来反映这些异常现象，其中振动信号使用最广泛，但是由于某个轴承产生的振动信号经常被噪声或其他部件的振动所覆盖，因此，它很少被直接使用。

为了解决这个问题，从时域、频域和时-频域中提取有用的特征，用于故障诊断和预测。提取的时域和频域特征如表 9.1 所示，包括 12 个时域特征和 4 个频域特征。表 9.1 中，x_i 为原始时域信号集，n 为 x_i 的采样点，μ 和 σ 分别代表 x_i 和标准偏差的平均值，$s(k)$ 为 x_i 的频谱，K 为 $s(k)$ 的谱线数，X_{fm} 为 $s(k)$ 的平均值。

表 9.1　特征与公式

特征	特征表达式	特征	特征表达式
绝对平均幅值	$X_{abs}=\frac{1}{n}\sum_n \lvert x_i\rvert$	有效值	$X_{rms}=\sqrt{\frac{1}{n}\sum_n x_i^2}$
最大值	$X_{max}=\max(x_i)$	峰峰值	$X_{p\text{-}p}=\max(x_i)-\min(x_i)$
方差	$X_{sqr}=\frac{\sum_n (x_i-\mu)^2}{n-1}$	方根幅值	$X_{smr}=\left(\frac{1}{n}\sum_n\sqrt{\lvert x_i\rvert}\right)^2$
偏斜度指标	$X_{skew}=E\left[\left(\frac{x_i-\mu}{\sigma}\right)^3\right]$	峭度指标	$X_{kurt}=\frac{1}{n}\sum_n\left(\frac{x_i-\mu}{\sigma}\right)^4$
标准波形指标	$X_{sf}=\frac{X_{rms}}{X_{abs}}$	峰值指标	$X_{cf}=\frac{X_{max}}{X_{rms}}$
裕度指标	$X_{clf}=\frac{X_{max}}{X_{smr}}$	脉冲指标	$X_{if}=\frac{X_{max}}{X_{abs}}$
平均频率	$X_{fm}=\frac{\sum_{k=1}^{K}s(k)}{K}$	标准偏差频率	$X_{fa}=\sqrt{\frac{\sum_{k=1}^{K}(s(k)-X_{fm})^2}{K-1}}$
频率偏斜度	$X_{fs}=\frac{\sum_{k=1}^{K}(s(k)-X_{fm})^3}{KX_{fa}^3}$	频率峭度	$X_{fk}=\frac{\sum_{k=1}^{K}(s(k)-X_{fm})^4}{KX_{fa}^4}$

时域和频域分析不能同时处理时域和频域中的信号，此外还有可能丢失一些有用的信息。为了解决这个问题，通过时-频域分析获得更多信息。最常用的时频分析方法是短时傅里叶变换、小波变换和经验模态分解法。其中，短时傅里叶变换的难点在于如何选择合适的窗函数，而经验模态分解法的主要缺点是对噪声和模型混合的灵敏度太高。另外，根据文献[20]，小波变换在处理来自轴承等旋转机械的振动数据方面具有更好的适用性。在本节中，利用来自 Daubechies 系列三

个小波中的特定小波 db4 来提取小波包能量 $P_{d,n}$ 的八个特征。

假设 $E_{d,n}$ 是第 d 层中第 n 个频带的能量，其定义表达式为[21]

$$E_{d,n}=\sum_{k=1}^{M}\left\|W_{d,n}^{k}\right\|^{2} \tag{9.5}$$

式中，$W_{d,n}^{k}$ 为分解信号的第 k 个离散点的小波系数；M 为 $x_{d,n}(i)$ 的个数。第 d 层小波系数中第 n 个波段对信号能量的贡献定义为

$$P_{d,n}=E_{d,n}\Big/\sum_{n=1}^{2^d}E_{d,n} \tag{9.6}$$

在提取原始特征之后，通过累积变换算法将每个特征映射到其各自的累积形式，总共获得 24 个累积特征。每个累积特征包含轴承状态的部分信息，并从不同方面反映轴承退化过程。为了全面描述退化过程，利用核主成分分析方法融合所有累积特征并获得退化指标。

3. 相空间重构和极限学习机

在数据驱动的预测方法中，使用许多方法来构建预测模型。例如，自回归积分滑动平均模型(autoregressive integrated moving average model，ARIMA)，人工神经网络(ANN)和支持向量机(SVM)。在这些方法中，ELM 是一种新颖的、简单且有效的单隐层前馈神经网络(single hidden layer feedforward neural network，SLFN)学习算法，主要用于分类和回归[21]。它通过随机选取输入层及隐含层之间的权重和偏置，不需要进行反复调节。ELM 相比于其他基于梯度的机器学习算法，具有更快的学习速度和更强的泛化能力，并且实现过程更为简单。因此，选用 ELM 来构建模型以执行预测任务。

此外，时间序列预测假设未来值由某些过去的值确定。轴承退化指数是一维时间序列，难点在于如何训练 ELM 模型。PSR 能够将一维时间序列扩展到与拓扑中原始动态系统具有等效空间的高维相空间，并且可以有效地掌握时间序列的性质。因此，用它来处理模型的导入问题。一维退化指数的时滞和嵌入维数分别由互信息法和 CAO 法确定。然后将 PSR 重建的劣化指数导入到 ELM 模型中。

9.2.3　轴承性能退化预测实例

1. 实验装置

为了评估所提出方法的有效性，使用源自辛辛那提大学智能维护系统(intelligent maintenance system，IMS)中心的振动信号。实验平台见图 9.3，实验在恒定载荷

和速度条件下进行。在实验台的轴上安装有四个 Rexnord ZA-2115 双列轴承，转速维持在 2000r/min。轴和轴承通过弹簧机构承受 6000lbs[①]的径向载荷，并且所有轴承都被强制润滑。加速度传感器安装在轴承箱上。在该条件下对新轴承进行全生命周期测试。所有故障都发生在超过轴承设计使用寿命之后的 10 亿次转动。结果表明，轴承失效前 10000min 的数据能很好地反映轴承的整个失效过程，因此分析了该期间的数据。本节使用的轴承 1 的每个数据集是以 10min 间隔记录的 1s 振动信号快照，由 20480 个点组成，采样频率为 20kHz。

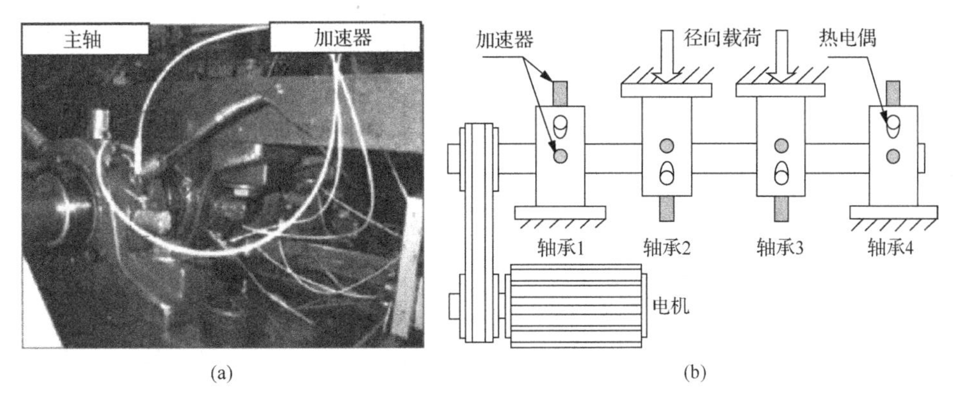

图 9.3　轴承实验平台示意图

(a) 轴承实验平台；(b) 传感器布局

2. 数据处理

从振动信号中提取 12 个时域特征、4 个频域特征和 8 个时-频域特征。原始特征如图 9.4～图 9.7 所示，从图中可以看到一些提取的原始特征(如平方根、均方根、偏度、标准偏差频率、第 2 个小波能量等)，它们可以在一定程度上反映轴承的退化过程。相比之下，其他一些特征不能很好地反映轴承退化趋势。例如，频率峰度和第 1 个小波能量几乎是恒定的；波峰因数、间隙因子等包含大量噪声信息，没有趋势性。此外，由于背景噪声或一些明显更强的信号(如齿轮等)，原始特征曲线的演变总是显示出一些波动和低趋势特征，这些信号无法有效地跟踪退化趋势，甚至导致预测任务失败。

为了定量描述原始特征的趋势特征，提出了一种综合评价指标用于特征评价。如表 9.2 所示，轴承前 8 个最优特征评价结果，表明评估结果和波形可以表现出良好的一致性。结果发现，即使 8 个最优原始特征的综合指数也相对较小。

① 1lbs=0.45359237kg。

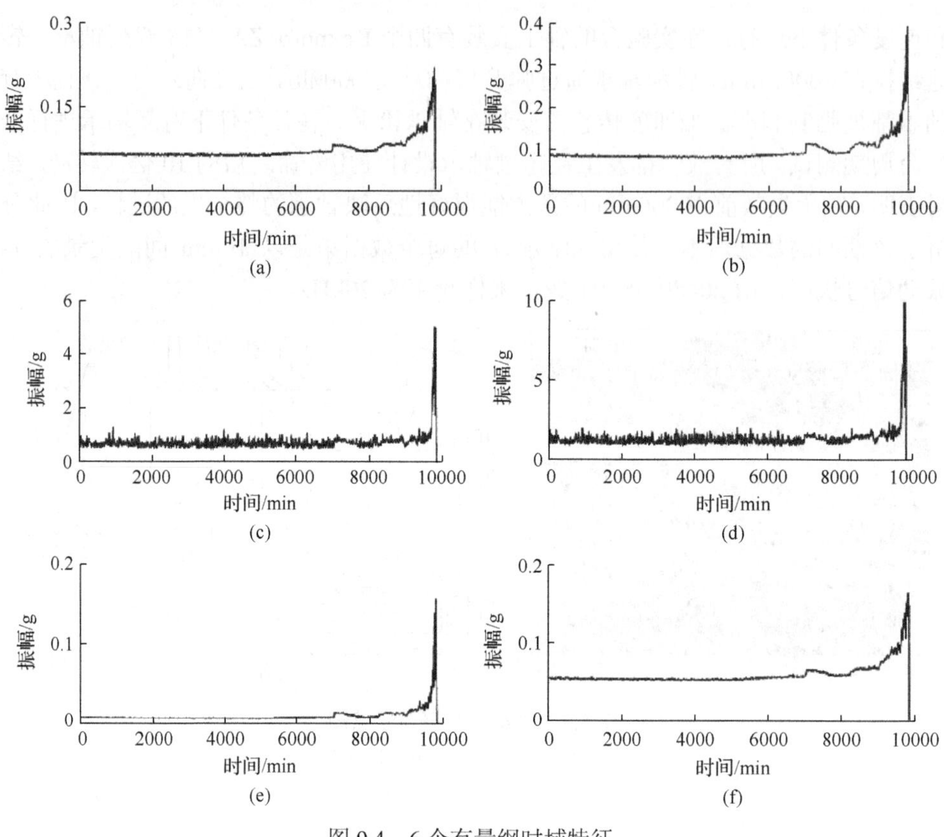

图 9.4　6 个有量纲时域特征

(a)绝对平均值(abs)；(b)有效值(rms)；(c)最大值；(d)峰峰值；(e)方差；(f)均方根值(sqr)

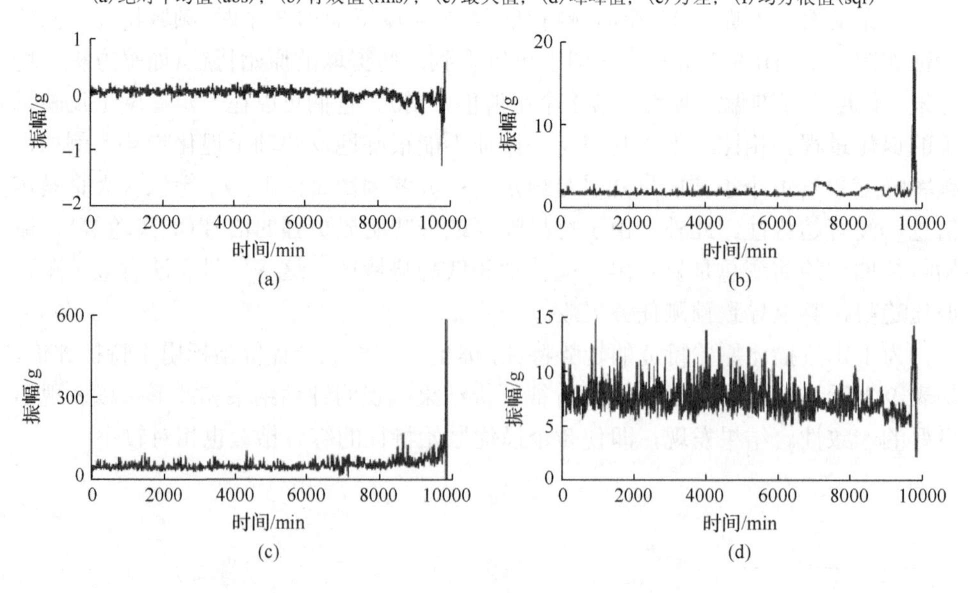

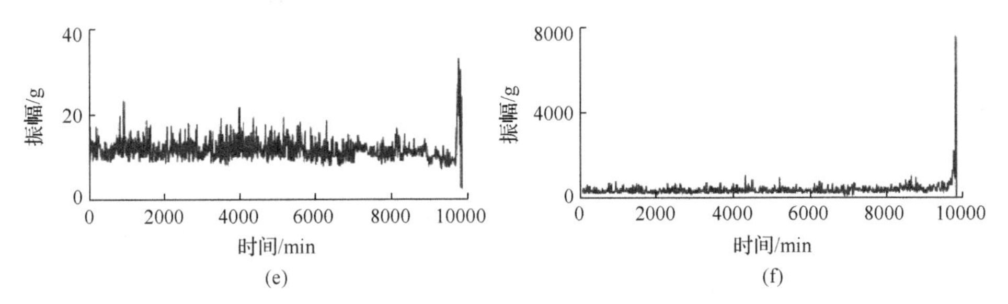

图 9.5　6 个无量纲时域特征

(a) 偏斜度指标 (skewness)；(b) 峭度指标；(c) 波形指标；(d) 峰值指标；(e) 裕度指标；(f) 脉冲指标

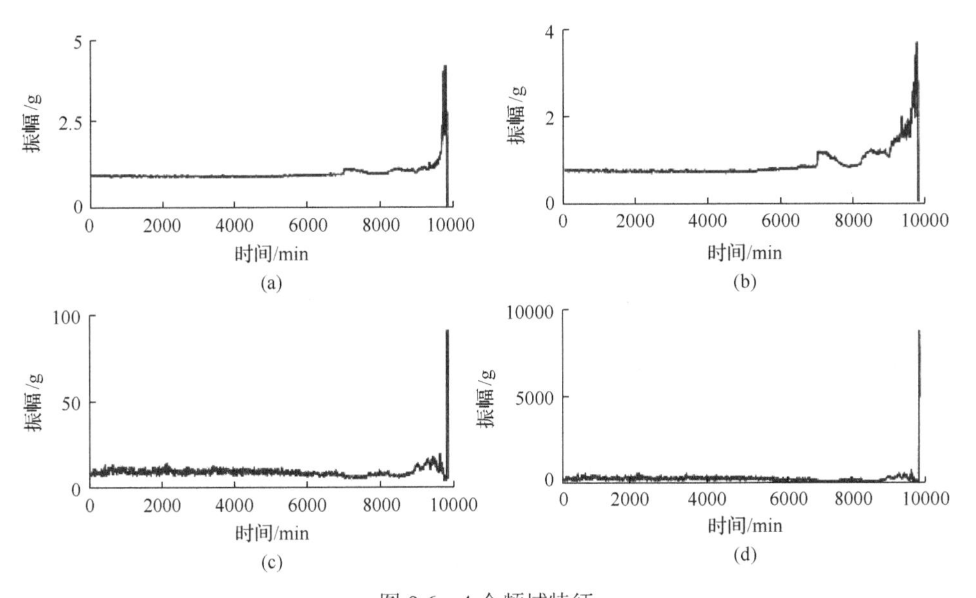

图 9.6　4 个频域特征

(a) 平均频率；(b) 标准偏差频率 (SDF)；(c) 频率偏斜度；(d) 频率峭度

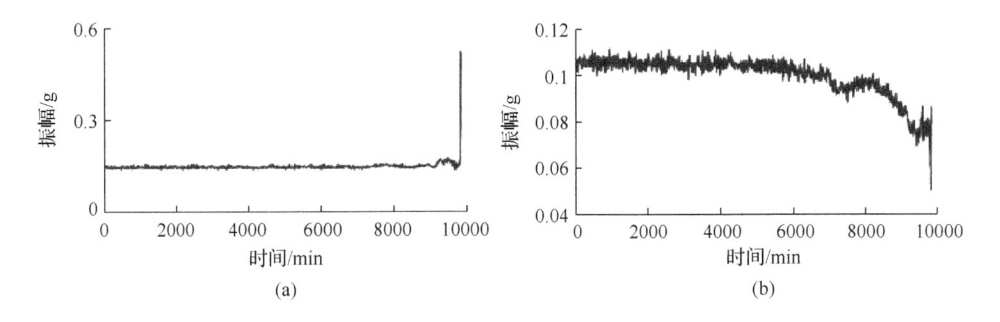

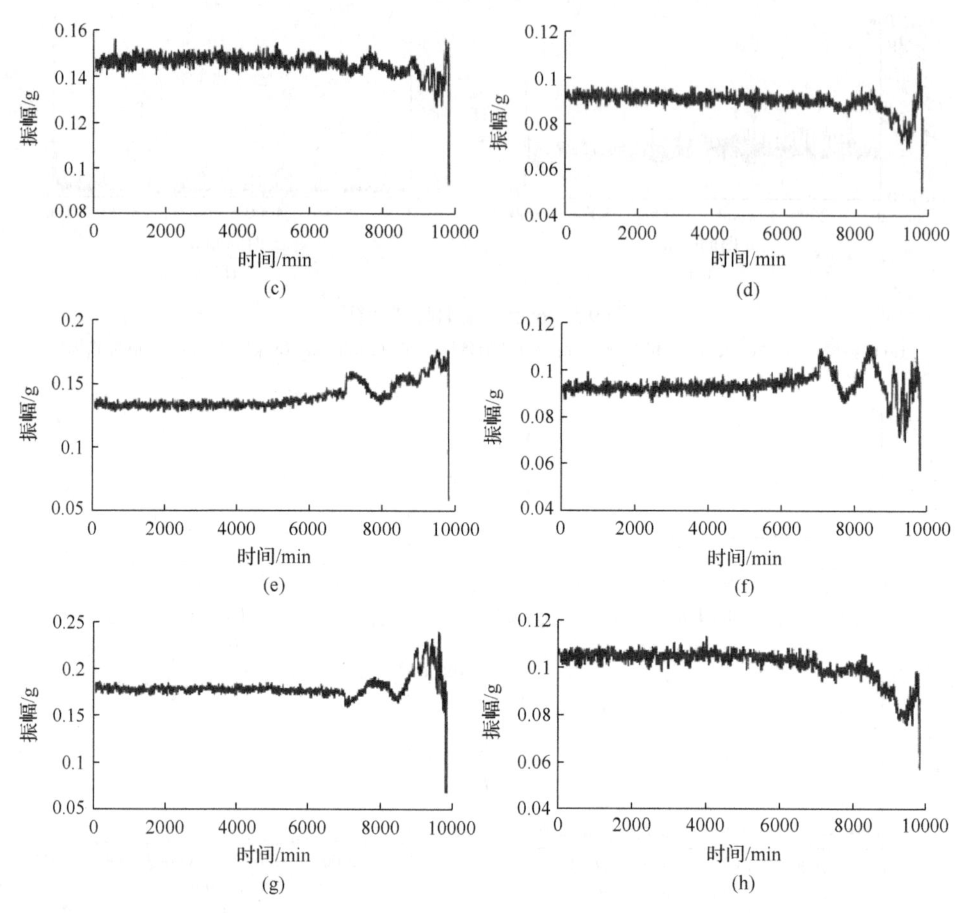

图 9.7　8 个小波包能量特征

(a) 第 1 个小波包能量(WPE 1)；(b) 第 2 个小波包能量(WPE 2)；(c) 第 3 个小波包能量(WPE 3)；(d) 第 4 个小波包能量(WPE 4)；(e) 第 5 个小波包能量(WPE 5)；(f) 第 6 个小波包能量(WPE 6)；(g) 第 7 个小波包能量(WPE 7)；(h) 第 8 个小波包能量(WPE 8)

表 9.2　轴承前 8 个最优特征评价结果

特征参数	单调性	趋势性	鲁棒性	综合指标
WPE 2	0.0081	0.7834	0.9813	0.4353
WPE 5	0.0163	0.7262	0.9837	0.4228
WPE 8	0.0203	0.6945	0.9811	0.4147
SDF	0.0163	0.6211	0.9739	0.3893
SMR	0.0224	0.5842	0.9826	0.3830
MAV	0.0183	0.5807	0.9820	0.3798
RMS	0.0163	0.5527	0.9790	0.3698
skewness	0.0142	0.4845	0.9564	0.3437

为了获得具有更好趋势特征并且能够更好地反映轴承退化过程的特征，转换原始特征以构建各自的累积特征。8 个最优特征及其相应的累积特征如图 9.8 和图 9.9。与原始特征相比，所有累积特征均呈现平滑、单调增加的趋势，并能更清晰地反映轴承退化过程。

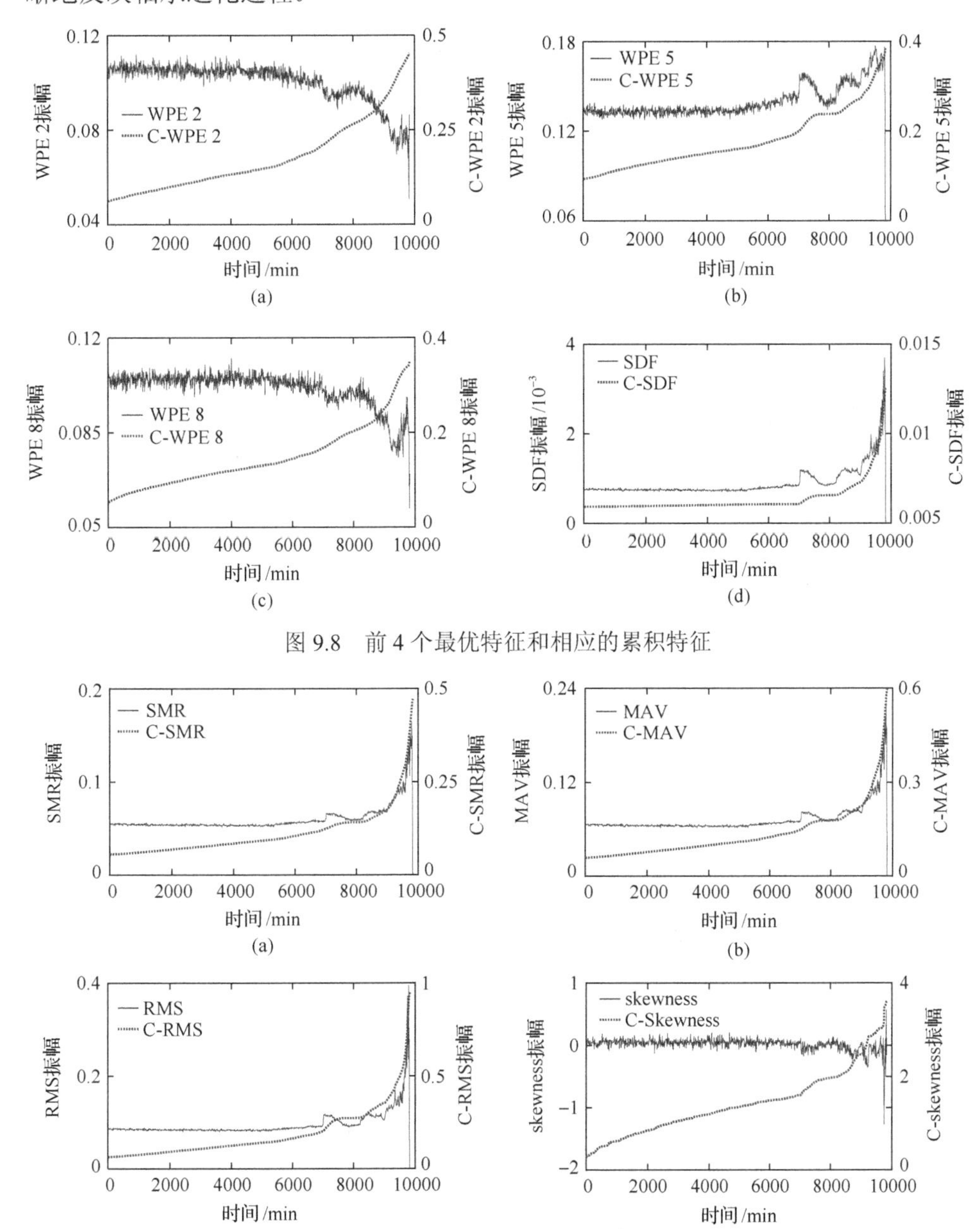

图 9.8　前 4 个最优特征和相应的累积特征

图 9.9　第 5 到第 8 最优特征和相应累积特征

累积特征的评估结果见表 9.3。与表 9.2 相比，可以看出通过累积变换明显改善了 8 个特征的单调性、趋势性和鲁棒性。每个累积特征的单调性增加到 1.0000。尽管在趋势性方面存在一些差异，但已经大大改进。鲁棒性的差异很小，并且仍处于较高水平。

表 9.3　前 8 个最优原始特征对应累积特征评估结果

特征	单调性	趋势性	鲁棒性	总各指标
C-WPE 2	1.0000	0.9302	0.9895	0.9770
C-WPE 5	1.0000	0.9195	0.9929	0.9744
C-WPE 8	1.0000	0.9295	0.9900	0.9769
C-SDF	1.0000	0.6228	0.9961	0.8861
C-SMR	1.0000	0.7268	0.9891	0.9159
C-MAV	1.0000	0.7495	0.9882	0.9225
C-RMS	1.0000	0.7797	0.9864	0.9312
C-skewness	1.0000	0.9559	0.9868	0.9841

为了验证累积变换具有较强的通用性，对试验滚动轴承的 24 个原始特征进行累积变换，得到对应的 24 个累积特征，将原始特征及累积特征分别进行归一化处理，并用瀑布图进行展示，特征波形如图 9.10 和图 9.11 所示。

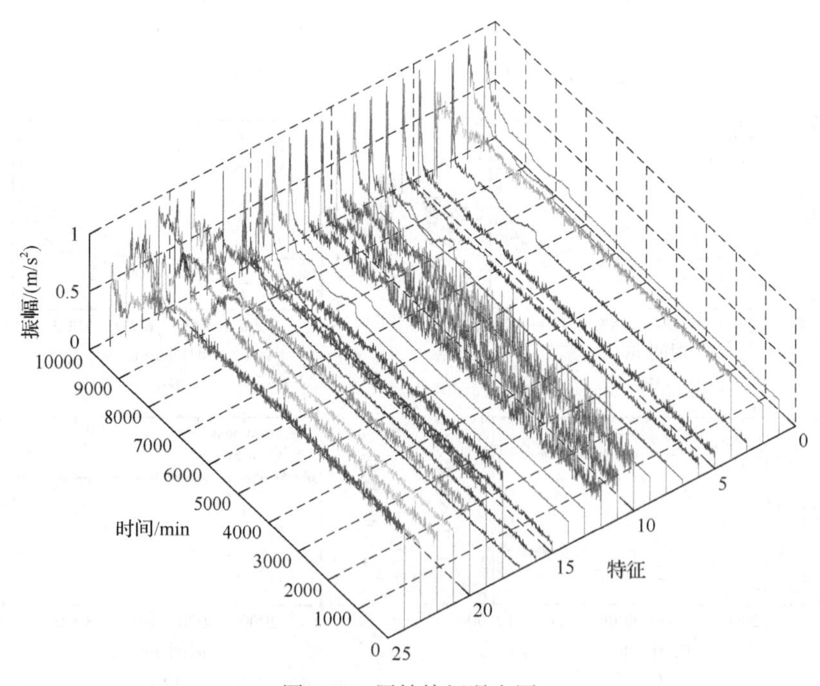

图 9.10　原始特征瀑布图

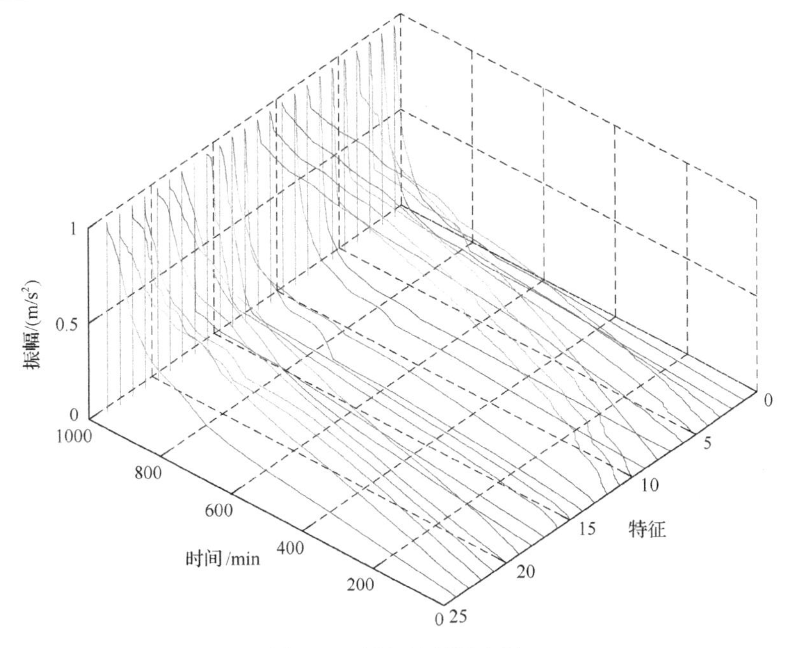

图 9.11　累积特征瀑布图

综上可以看出，原始特征之间的趋势不同，各个特征更是波动剧烈，而累积特征表现出相似的单调增长趋势，累积特征的波形更加平滑稳定。

不同的累积特征对轴承退化过程描述角度不同，仅通过一个累积特征不能全面描述整个轴承退化过程。因此，利用 KPCA 方法融合这些累积特征以构建融合退化指标，并选择第一主成分作为退化指标。如图 9.12 所示，可以看出退化指标是单调增加的，并且不同的寿命状态清楚地表征了轴承的整个寿命。综上，基于 KPCA 的累积特征融合方法构建的退化指标能有效表征轴承性能退化过程。

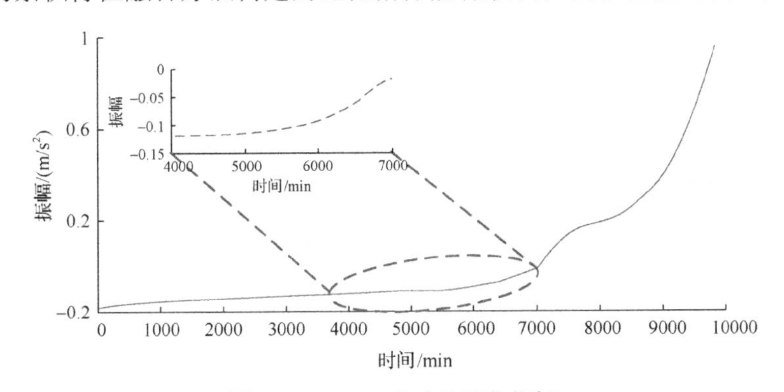

图 9.12　KPCA 构建的退化指标

从图 9.12 可以看出，轴承在第一个 7000min 之前处于正常运行状态，此后轴承状态突然改变，曲线急剧增加，表明轴承存在某些故障。

在退化趋势预测中，错误的输入可能导致不良的预测结果，因此关键问题是如何有效地将一维退化指标导入模型中。PSR 可以有效地将一维时间信号扩展到其相应的高维等效物中，因此可以利用它来处理模型的导入问题。采用互信息方法将时间延迟 τ 设置为 2。然后，通过 CAO 法将嵌入维数 d 设置为 8(图 9.13)。图中，E_1 用于嵌入维数 m 的选择，当 m 增大时，若 E_1 趋于稳定，则 m+1 值可作为相空间重构的最佳嵌入位数；E_2 用于判定数据之间的相关性，若 E_2 不恒等于 1，则表示数据之间的相关性与 m 取值相关。基于所选择的最佳延迟时间和嵌入尺寸，用 ELM 模型预测轴承退化趋势。

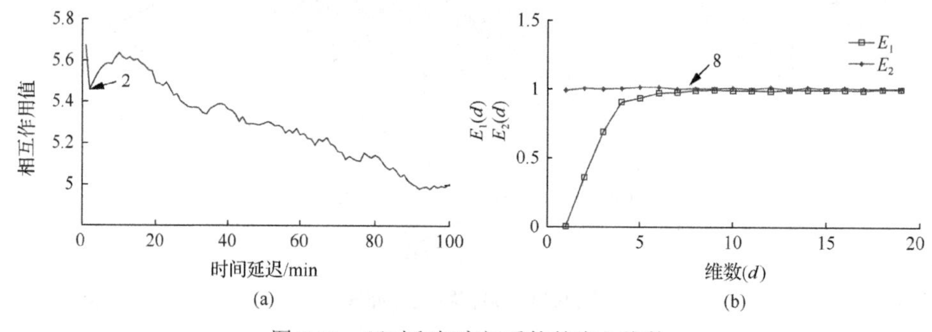

图 9.13　延时和相空间重构的嵌入维数

(a) 互信息法；(b) CAO 法

3. 结果与讨论

选择非线性函数，即 Sigmoid 函数作为 ELM 中的激活函数，用于轴承退化趋势预测，隐藏节点的数量设置为 10。如上所述，轴承在 7000min 之前处于正常状态，所以从 701～900 的点用于训练 ELM 模型，以下 30 个点用于测试。

原始和累积融合指标的实际值和预测结果如图 9.14 所示。可以看出累积融合指标的预测结果与实际退化曲线一致。

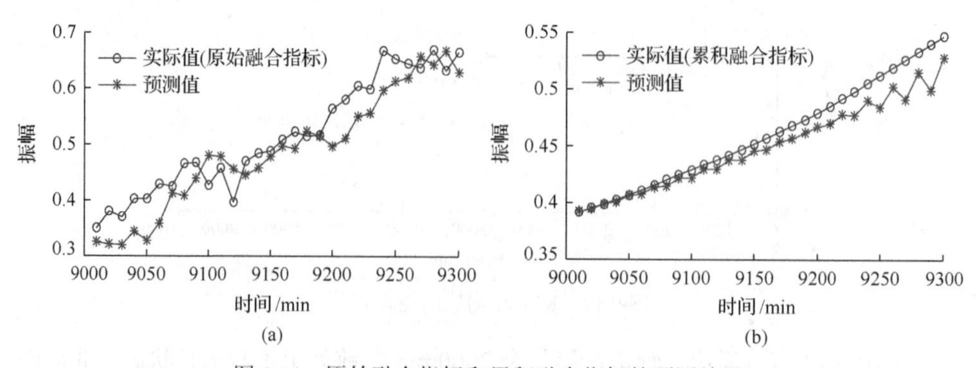

图 9.14　原始融合指标和累积融合指标的预测结果

(a) 原始融合指标；(b) 累计融合指标

将本节方法与其他方法进行比较，以验证轴承退化趋势预测的优势。原始和累积形式的峭度，RMS 和 WPE2 分别用作进给 ELM 模型的退化指标，用互信息方法和 CAO 法确定 ELM 模型的输入参数。图 9.15～图 9.17 显示了不同的预测结果。

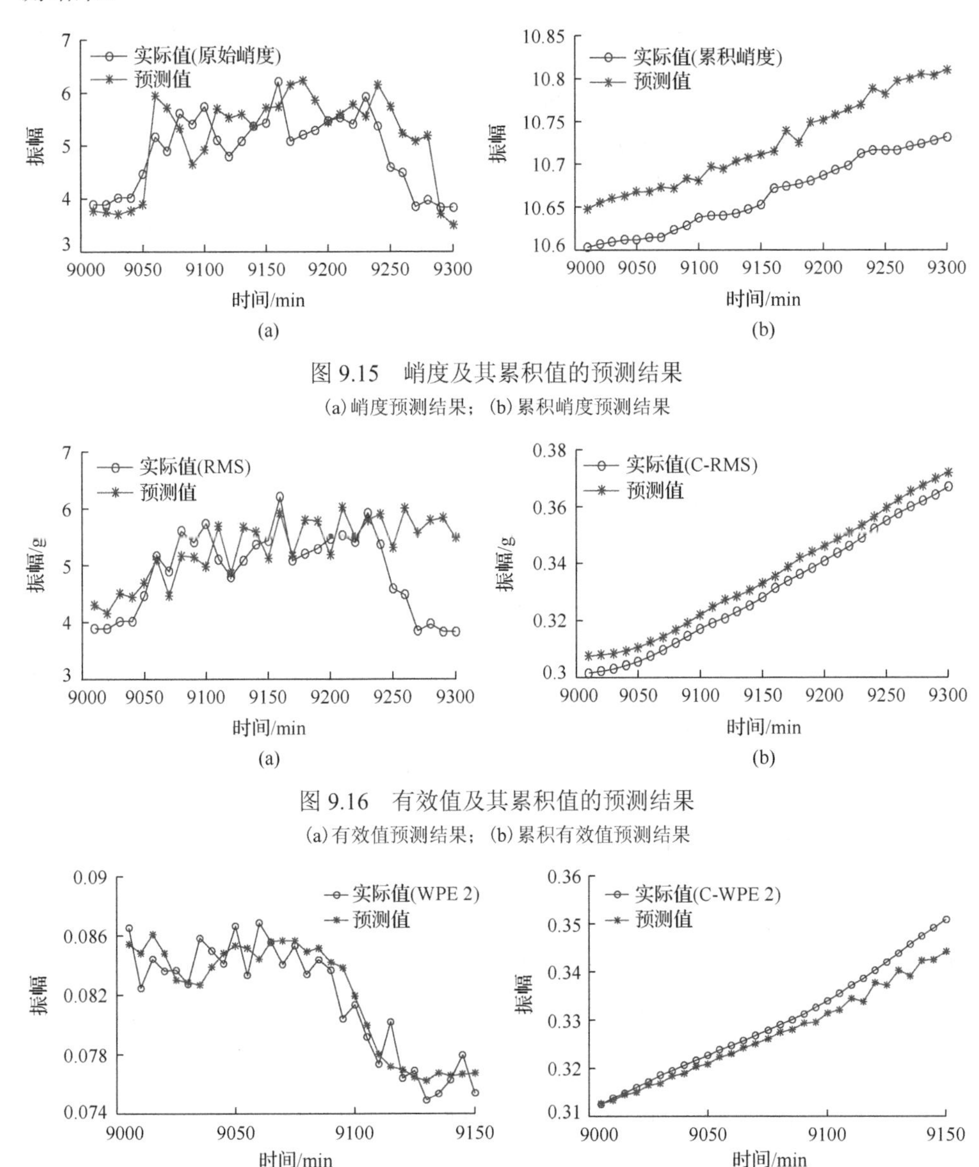

图 9.15　峭度及其累积值的预测结果

(a) 峭度预测结果；(b) 累积峭度预测结果

图 9.16　有效值及其累积值的预测结果

(a) 有效值预测结果；(b) 累积有效值预测结果

图 9.17　第 2 个小波包能量及其累积值的预测结果

(a) 第 2 个小波包节点能量预测结果；(b) 第 2 个小波包节点能量累积预测结果

从图 9.15～图 9.17 可以看出，由于波动和不良趋势，原始特征不能清楚地反映退化过程；此外，预测困难也增加，这导致预测模型产生不良表现。与原始特征相比，累积特征比相应的原始特征获得更好的预测结果。总的来说，预测结果与实际累积特征具有相同的趋势，仅存在微小差异。

为了定量评估不同方法的性能，不同退化指标的 MAPE 和 RMSE 值总结如表 9.4 所示，可知累积特征可以实现比原始特征更高的准确度。其原因在于，累积特征是基于整个轴承寿命数据计算的，与传统特征不同，传统特征仅基于一条数据。因此，累积变换可以忽略部分数据波动，提取显著的单调趋势信息。此外，KPCA 可以有效地融合从不同方面描述信号特征的不同特征，并获得更多有用的信息。综上所述，退化指标可以有效地反映轴承退化趋势并有利于预测工作。

表 9.4　不同退化指标的预测误差比较

退化指标	MAPE	RMSE	退化指标	MAPE	RMSE
原始峭度	0.1643	1.0213	累积峭度	0.0059	0.0625
原始有效值	0.1425	0.8548	累积有效值	0.0131	0.0051
第 2 个小波包能量	0.0815	0.0056	累积第 2 个小波包能量	0.0052	0.0032
原始融合指标	0.0799	0.0455	累积融合指标	0.0226	0.0149

9.3　大数据环境下压缩机故障的高斯-深度玻尔兹曼机预测模型

实际生产中机组的监测数据量庞大，特征信息具有海量化特性和多样化特性，数据满足非常复杂的高阶非线性函数分布，取得令人满意的拟合结果和合适的特征指标较困难。

深度玻尔兹曼机(deep Boltzmann machine，DBM)模型，能够从低层的大数据中学习高层特征信息，采用无监督的自主学习和有监督的模型调整的模式进行训练，更可能捕捉到代表性的特征信息，更加全面的在学习信号表征的同时构建预测模型，并且该模型具有多层网络结构，在高阶非线性函数的拟合上具有非常大的优势。在完全学习数据特征信息的基础上，还能更好地对压缩机的振动数据实现拟合。因此，对压缩机的监测数据的预测能力强。

9.3.1　高斯-深度玻尔兹曼机模型的预测原理

构建多隐层的深度学习模型，学习海量的训练数据中更加有用的特征信息，实现令人满意的分类或预测结果。深度学习就是从基本数据中学习，通过无监督学习和有监督的训练，得到更好的模型[22]。DBM 是深度学习中的生成模型，首先假设输入的数据有某种潜在的分布规律，再对这样的分布尝试建模，最终能够在自动学习中通过获取有效的特征表达而建立最有效的预测模型。为了更好地应用 DBM 构建预测模型，需要考虑到模型的泛化能力，泛化能力越高，在新数据上的预测能力就越强。而模型的泛化能力又取决于模型容量，模型容量是为了使得深度模型能够具有更强的模型泛化能力而提供的必要训练数据量。因此，实现基于 DBM 模型对压缩机监测数据的预测，就需要对模型提供足够的训练数据量，并且构建适当的模型结构，防止数据过拟合或欠拟合。大量的训练数据，在模型学习前需要对数据做一定的准备工作，如数据清洗、整合和标定，以更好地实现学习。

9.3.2　大数据环境下的数据清洗规则

收集现场压缩机的历史数据，设定采集的监测数据为振动、温度、电流、电压信号。采集两台以上压缩机数据建模，建模数据量为一年以上的监测数据，同时采集一组以上的故障数据，并获得部件故障参数对照表。为了便于下一步的分析工作，需要对原始数据做清洗、整合等预处理，选择最终所需的数据，建立一个为建模做基础的分析数据集，分成训练数据集和测试数据集两个部分。对数据的准备规则制定如下。

1. 清洗数据

(1) 更正、删除或者标记异常数据和无效数据。
(2) 确定对缺失值的删除或者忽略的规则。
(3) 确定特殊值的管理和利用。
(4) 根据数据清洗方法重新考察数据选取规则。

2. 整合数据

(1) 根据具体情况，合并数据表，或者合并数据记录。
(2) 根据数据整合情况，重新考虑数据选取标准。

3. 生成最终数据集

(1) 重新排列数据属性。
(2) 根据需要排列记录。
(3) 根据建模需要，建立数据集合。

9.3.3　高斯–深度玻尔兹曼机的预测模型构建

1. 时间序列建模

时间序列的正问题是指给定一个非线性的动力学系统，对系统的相空间轨道所具有的各种性质进行研究。对序列进行预测，是在研究动力学系统的反问题。如果给定系统相空间的一串迭代序列(相空间迭代序列表示系统中轨道的演化过程)或这是一组观测的数值序列，构造非线性映射描述原动力学系统，那么该映射便能当作预测模型为[23]

$$\boldsymbol{y}_i(i+h)=[y(i),y(i-\tau),\cdots,y(n-(m-1)\tau)]^{\mathrm{T}} \tag{9.7}$$

式中，h 为预测步数；τ 为归一化嵌入时延宽度。重构的条件是 $m \geqslant 2d_1+1$，其中 d_1 为动力系统的关联维数。

重构的结果可看作原系统相应的一条轨道在重构的相空间 R^D 中的展开(或嵌入)。也可用下述 q 维向量作为重构向量：

$$\boldsymbol{y}_i(i+h)=[y(i),y(i-1),\cdots,y(n-(q-1))]^{\mathrm{T}} \tag{9.8}$$

式中，q 为整数，且 $q \geqslant m_{\mathrm{E}}\tau$，其中 m_{E} 为最小嵌入维数。

为建立预测模型，首先构造一个用于嵌入的短时记忆结构，用于产生 $y_i(m)$，其次是构造一个多输入、单输出的非线性系统模型 $f:R^q \to R$ 可作为单步预测或多步预测。即 $\hat{y}(i+h)=f(y_i(i))$。

对给定的时间序列预测模型，输入的数据是历史监测数据，输出数据是压缩机将来一定时间段的运行状态数据。输入样本由长度固定且沿时间序列向前的移动窗口组成。

针对数据量为 N_y 的数据集做预测。首先，将数据进行预处理，处理后的数据分成训练数据集和测试数据集两部分，每个数据集中的数据按照时间顺序及相空间重构原理划分为若干个样本。将训练集中的样本输入高斯-深度玻尔兹曼机(G-DBM)模型，进入网络的训练阶段，利用 DBM 的学习算法，在训练过程中不断调整网络的权重，构建预测模型。随后进入测试阶段，输入测试集中的测试样本，计算 G-DBM 的输出，该输出即为网络对未来数据的预测值。

假设训练集有 N_y 个数据样本，按时间顺序排列的观测值为 y_i（$i=1,2,\cdots,N_y$），则对 y_i 进行 PSR 为

$$\boldsymbol{y}_R=\boldsymbol{y}_{N_m\times m}=\begin{bmatrix} y_1 & y_{1+\tau} & y_{1+2\tau} & \cdots & y_{1+(m-1)\tau} \\ y_2 & y_{2+\tau} & y_{2+2\tau} & \cdots & y_{2+(m-1)\tau} \\ \vdots & \vdots & \vdots & & \vdots \\ y_{N_m} & y_{N_m+\tau} & y_{N_m+2\tau} & \cdots & y_{N_y} \end{bmatrix} \tag{9.9}$$

式中，$N_m=N_y-(m-1)\tau$，其中 τ 为延时，m 为嵌入维数。

从式(9.9)中可获得用于训练预测系数的输入样本为

$$
\boldsymbol{Y}_R = [Y_1, Y_2, \cdots, Y_{N_y - m\tau}]^{\mathrm{T}} = \begin{bmatrix} y_1 & y_{1+\tau} & y_{1+2\tau} & \cdots & y_{1+(m-1)\tau} \\ y_2 & y_{2+\tau} & y_{2+2\tau} & \cdots & y_{2+(m-1)\tau} \\ \vdots & \vdots & \vdots & & \vdots \\ y_{N_y - m\tau} & y_{N_y-(m-1)\tau} & y_{N_y-(m-2)\tau} & \cdots & y_{N_y-\tau} \end{bmatrix} \tag{9.10}
$$

2. 单步预测的 G-DBM 网络

在单步预测中，一次预测只输出一个未来的预测值。当一个预测值被输出后，下一时刻的真实值会与其他历史真实值一起构成新的测试输入数据，输入到网络中，然后进行下一步预测。

对数据做单步迭代预测，理想输出为

$$
\boldsymbol{Y} = [y_{1+m\tau}, y_{2+m\tau}, \cdots, y_{N_y}]^{\mathrm{T}} \tag{9.11}
$$

通过单步迭代算法，可以得到预测结果为

$$
\begin{cases} a_{1+m\tau} = f([y_1, y_{1+\tau}, \cdots, y_{1+(m-2)\tau}, y_{1+(m-1)\tau}]) \\ a_{2+m\tau} = f([y_2, y_{2+\tau}, \cdots, y_{2+(m-2)\tau}, y_{1+m\tau}]) \\ \qquad \vdots \\ a_{N_y} = f([y_{N_y-m\tau}, y_{N_y-(m-1)\tau}, \cdots, y_{N_y-2\tau}, y_{N_y-1\tau}]) \end{cases} \tag{9.12}
$$

式中，f 为预测函数，此处对应的是为高斯深度玻尔兹曼机预测模型；τ 为延时，一般 $\tau=1$。

在数据重构以后，数据被划分为 $N\text{–}m$ 个输入样本，可确定 G-DBM 预测模型有 m 个输入节点，一个输出节点。在最后进行预测测试时，第一个输入样本为 $y_1, y_2, \cdots, y_{m-1}$，目标输出为 y_m，实际输出为 a_m，即为网络预测的数据的第二个输入样本，为 $y_2, y_3, \cdots, y_m$，目标输出为 y_{m+1}，实际输出为 a_{m+1}，最后一个输入样本为 $y_{N-m+1}, y_{N-m+2}, \cdots, y_{N-1}$，目标输出为 y_N，实际输出为 a_N，即预测下一时刻的数据值为 a_N，如图 9.18 所示。

单步预测在评估预测模型的适应性和稳健性上有着广泛的应用价值，即使在某一步预测中输出了一个不理想的预测值，也不会引起连锁反应，不会导致后续预测的错误，因为真实值将被用于下一步的测试。

3. 多步预测的 G-DBM 网络

利用 G-DBM 预测模型进行多步预测，可以分为多步迭代预测和多输入-多输出(multi-input and multi-output，MIMO)的多步直接预测[24]。

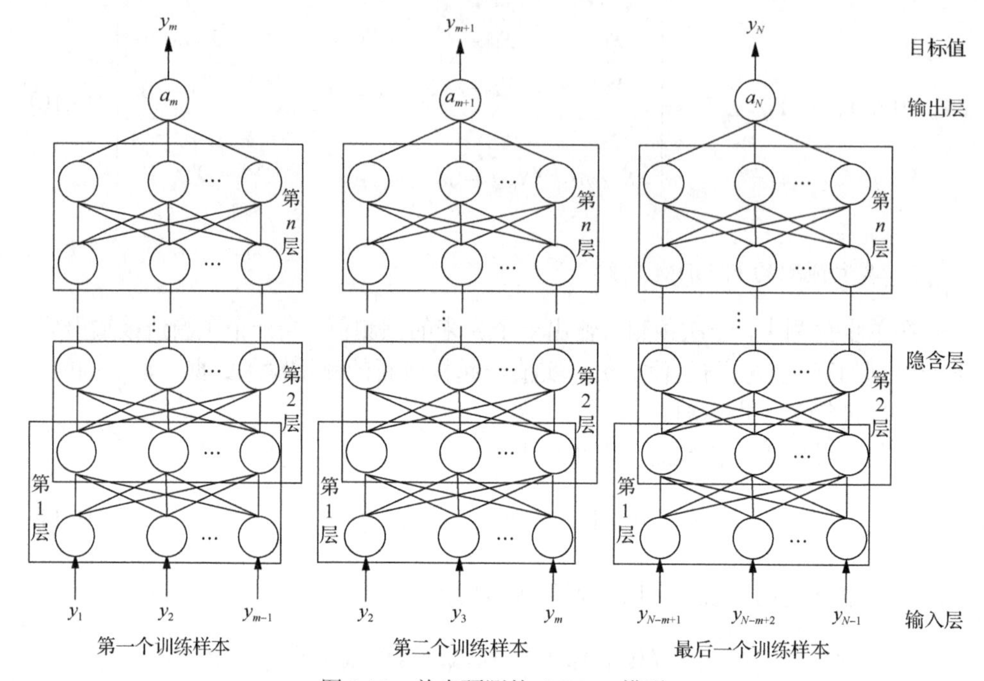

图 9.18　单步预测的 G-DBM 模型

1) 多步预测迭代策略

在多步迭代预测中，每一次迭代的预测中只输出一个未来的预测值，但是当一个预测值被输出后，该预测值会与其他历史真实值结合在一起构成新的测试输入数据，输入到网络中，然后进行下一步预测，直到达到多步预测的步长。

对数据做多步迭代预测，理想的输出为

$$\boldsymbol{Y}=[y_{1+m\tau},y_{2+m\tau},\cdots,y_{N_y}]^{\mathrm{T}} \tag{9.13}$$

通过迭代算法，可以得到多步预测结果：

$$\begin{cases} a_{1+m\tau}=f([y_1,y_{1+\tau},\cdots,y_{1+(m-2)\tau},y_{1+(m-1)\tau}]) \\ a_{2+m\tau}=f([y_2,y_{2+\tau},\cdots,y_{2+(m-2)\tau},a_{1+m\tau}]) \\ \qquad\vdots \\ a_{N_y}=f([y_{N_y-m\tau},y_{N_y-(m-1)\tau},\cdots,y_{N_y-2\tau},a_{N_y-\tau}]) \end{cases} \tag{9.14}$$

式中，f 为预测函数，此处对应的是为 G-DBM 预测模型；τ 为延时，一般 $\tau=1$。

在数据重构以后，数据同样被划分为 $N-m$ 个输入样本，同样可确定 G-DBM 预测模型有 m 个输入节点，一个输出节点。然而在最后进行预测测试时，第一个输入样本为测试数据 $y_1,y_2,\cdots,y_{m-1}$，目标输出为 y_m，实际输出为 a_m，即为预测得到的下一时刻数据值；然后用该预测值更新下一个输入样本，得到第二个输入样本为 $y_2,y_3,\cdots,a_m$，目标输出为 y_{m+1}，实际输出为 a_{m+1}，以此类推，最后一个输入样本为 $y_{N-m+1},y_{N-m+2},\cdots,a_{N-1}$，目标输出为 y_N，实际输出为 a_N，即预测下一时刻的数据值为 a_N，如图 9.19 所示。

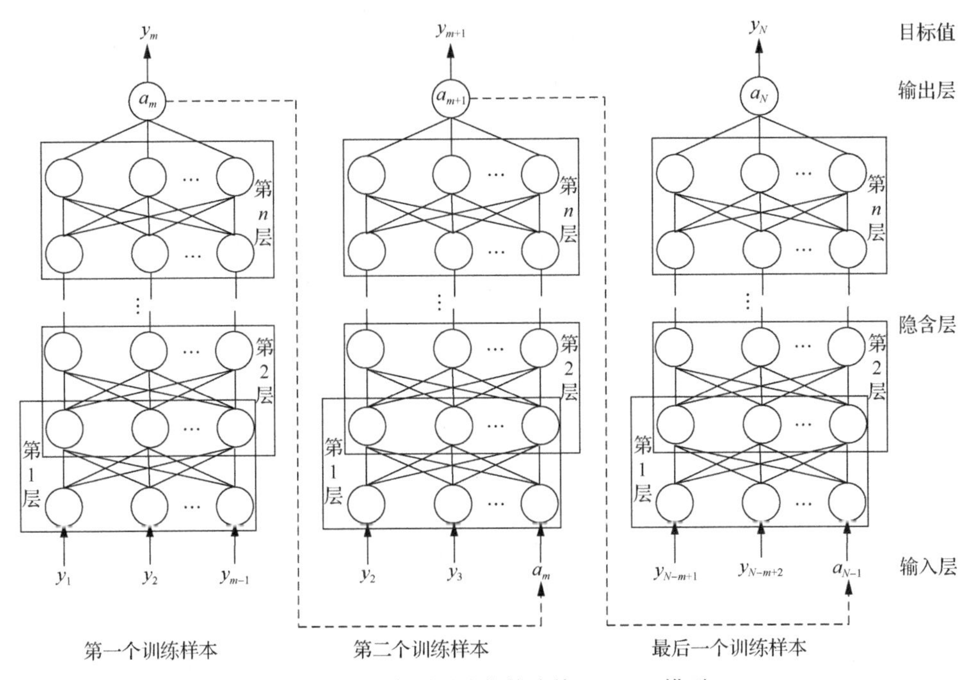

图 9.19　多步预测迭代策略的 G-DBM 模型

迭代策略通常只需要构建一个模型，其计算量相对较小，但是迭代过程中预测值成为模型的输入值，会带来预测的误差积累，对预测的精度造成影响。

2) 多步预测直接策略

针对多步预测，提出了 MIMO 策略，该策略是指构建一种 MIMO 的预测结构。在这种策略中，预测结果不是一个值，是未来一段时间内由多个预测值所组成的预测向量。

同样在多步直接预测中，预测的输出是一系列未来的预测值，这一点与多步迭代预测不同，并且，在模型的建立方面，也有显著的区别。

对数据做多步直接预测，理想的输出为

$$\boldsymbol{Y}=[y_{1+m\tau},y_{2+m\tau},\cdots,y_{N_y}]^{\mathrm{T}} \tag{9.15}$$

通过直接 MIMO 策略，可以得到多步预测结果为

$$\{a_{1+m\tau}, a_{2+m\tau}, \cdots, a_{N_y}\} = f([y_1, y_{1+\tau}, \cdots, y_{1+(m-2)\tau}, y_{1+(m-1)\tau}]) \tag{9.16}$$

式中，f 为预测函数，此处对应的是 G-DBM 预测模型；τ 为延时，一般 $\tau=1$。

在数据重构以后，数据同样被划分为 $N-m$ 个输入样本，但是在建立 G-DBM 预测模型时，其输入是 m 个节点，输出为 h 个节点，h 也是预测的步长，如图 9.20 所示。在最后进行预测测试时，输入样本为测试数据 $y_1,y_2,\cdots,y_{m-1}$，目标输出为 $\boldsymbol{Y}=\{y_m,y_{m+1},\cdots,y_{m+h}\}$，实际输出为 $A=\{a_m,a_{m+1},\cdots,a_{m+h}\}$，即为预测得到的未来步长为 h 的数据值。

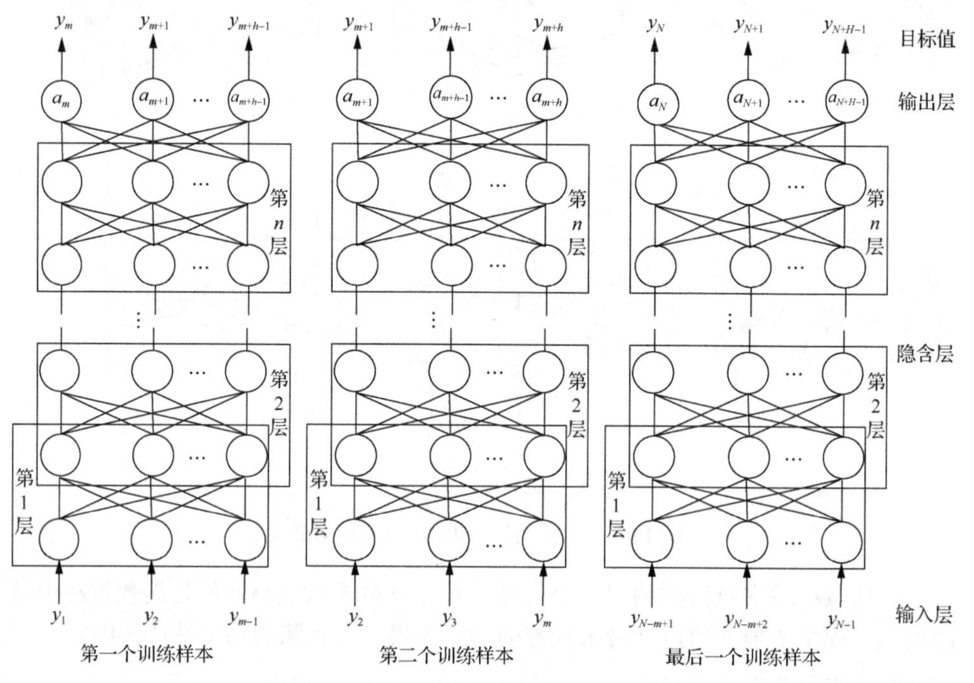

图 9.20　多步预测直接策略的 G-DBM 模型

多步直接预测虽然准确性比多步迭代预测高，但是在模型建立的过程中，需要的存储量相对较大，运行所用时间也会大大加长。

9.3.4　高斯–深度玻尔兹曼机预测模型应用

1. 工业压缩机组振动数据的清洗与整合

1) 数据提取

图 9.21 为某站场离心压缩机组的驱动电机、齿轮箱和离心压缩机。离心压缩机组安装了在线振动监测系统，用于实时监测压缩机组的运行状态。

(a)

(b)

(c)

图 9.21　离心压缩机组主要部件

(a)驱动电机；(b)齿轮箱；(c)主要部件

如图 9.22 为实际压缩机组测点布置示意图，每对轴承两端均布置两个相互垂直的位移传感器，共有 16 个测点，具体如下所述。

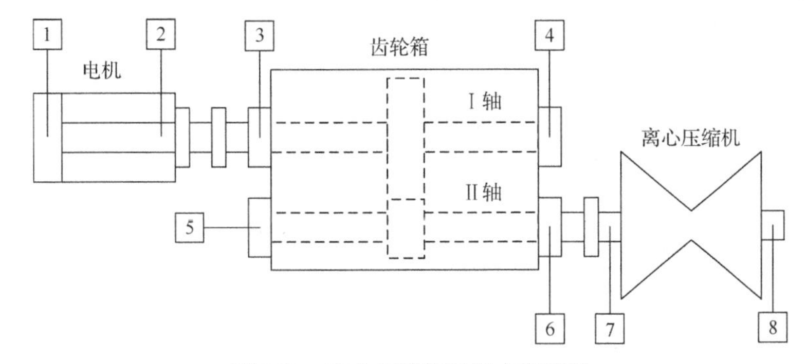

图 9.22　离心压缩机组测点布置图

1～8 表示压缩机组的各个测点的布置位置，每个轴承上布置了两个相互垂直的位移传感器，共 16 个测点；1. 电机前端轴承；2. 电机后端轴承；3. 齿轮箱主动齿轮前端轴承；4. 齿轮箱主动齿轮后端轴承；5. 齿轮箱从动齿轮前端轴承；6. 齿轮箱从动齿轮后端轴承；7. 压缩机前端轴承；8. 压缩机后端轴承

(1) 电动机。驱动端水平方向、驱动端垂直方向、非驱动端水平方向、非驱动端垂直方向 4 个测点。

(2) 压缩机。驱动端水平方向、驱动端垂直方向、非驱动端水平方向、非驱动端垂直方向 4 个测点。

(3) 齿轮箱。低速齿前端水平方向、前端垂直方向、后端水平方向、后端垂直方向 4 个测点。高速齿前端水平方向、前端垂直方向、后端水平方向、后端垂直方向 4 个测点。所使用的传感器为位移传感器，采用机壳安装形式。

预测模型所需要的分析信号参数均来自监测系统数据库，每个数据库包含压缩机组中压缩机、电机、齿轮箱的振动数据，其振动通道对应数据分别如表 9.5～表 9.7 所示。

表 9.5　压缩机振动通道对应数据

压缩机编号	压缩机前端 *X*	压缩机前端 *Y*	压缩机后端 *X*	压缩机后端 *Y*
1 号	vib_14	vib_15	vib_16	vib_17
2 号	vib_14	vib_15	vib_16	vib_17

表 9.6　电机振动通道对应数据

电机编号	电机前端 *X*	电机前端 *Y*	电机后端 *X*	电机后端 *Y*
1 号	vib_0	vib_1	vib_2	vib_3
2 号	vib_0	vib_1	vib_2	vib_3

表 9.7　齿轮箱振动通道对应数据

齿轮箱编号	低速齿前端 *X*	低速齿前端 *Y*	低速齿后端 *X*	低速齿后端 *Y*	高速齿前端 *X*	高速齿前端 *Y*	高速齿后端 *X*	高速齿后端 *Y*
1 号	vib_4	vib_5	vib_6	vib_7	vib_10	vib_11	vib_12	vib_13
2 号	vib_4	vib_5	vib_6	vib_7	vib_10	vib_11	vib_12	vib_13

定时(每 5min/1 次，可设置)提取表中的转速和总振值。根据监测系统数据库提供的振动指标数据如表 9.8 所示，找出需要分析的数据集。

表 9.8　监测系统数据库提供的振动指标数据

列名	SQL 类型	字节	说明
Id	tinyint	1	取值：0～47；对应振动通道；(联合主键)
Time	Datetime	8	时间
TimeEx	bigint	8	整数表示的时间，精确到毫秒；(联合主键)
Speed	Int	4	转速×1000
Gap	Real	4	Gap 电压
Direc	Real	4	总振值

通过对结构化查询语言(structured query language，SQL)数据库读取，获得压缩机组的振动监测数据，根据机组的振动通道对应表，读取压缩机、电机、低速高速齿轮箱上分布的 16 个测点所对应的振动值，将所有读取的数据转换格式进行保存。

2) 原始振动数据分析

分析数据库的数据信息，对各个设备的各个测点的监测数据绘图，通过所绘的数据图获取压缩机组三年的运行情况，通过对比压缩机组现场的启停机记录表，与图中数据进行核对，确定压缩机组在各个阶段的运行状态。单个传感器全年采集到的监测数据量为 105120(5min 一次)，平均各个传感器上采集到的一天的数据量为 288 个，现在取一年中前 100000 个数据进行分析。如图 9.23～图 9.27 所示，可以得出该压缩机组全年运行期间，经历多次停机，以及异常的运行状态，并且在一定的时间段内为防喘振工况运行。

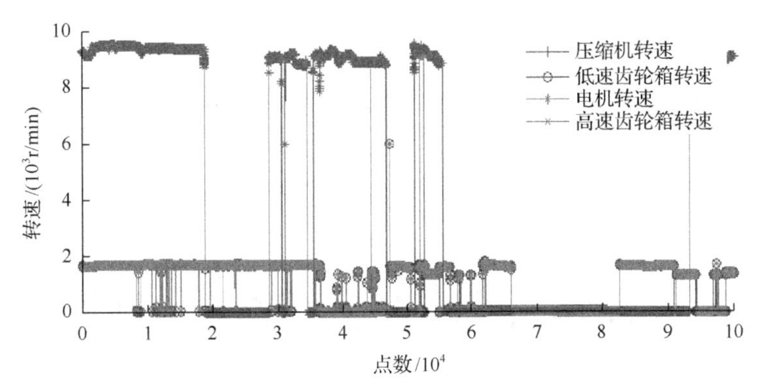

图 9.23　各设备转速(文后附彩图)

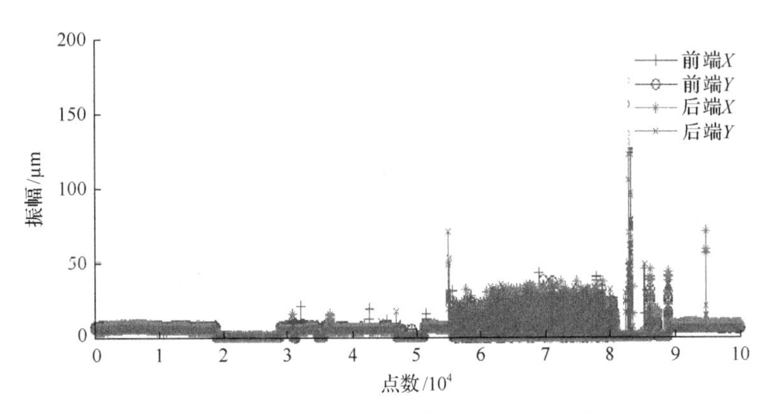

图 9.24　压缩机各测点的原始振动数据(文后附彩图)

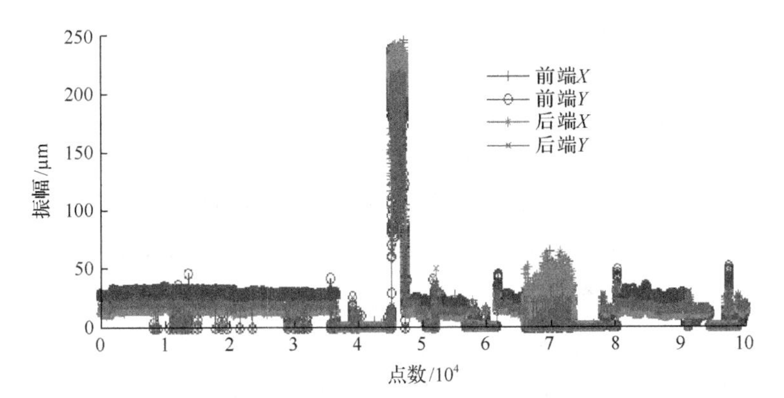

图 9.25　电机各测点的原始振动数据(文后附彩图)

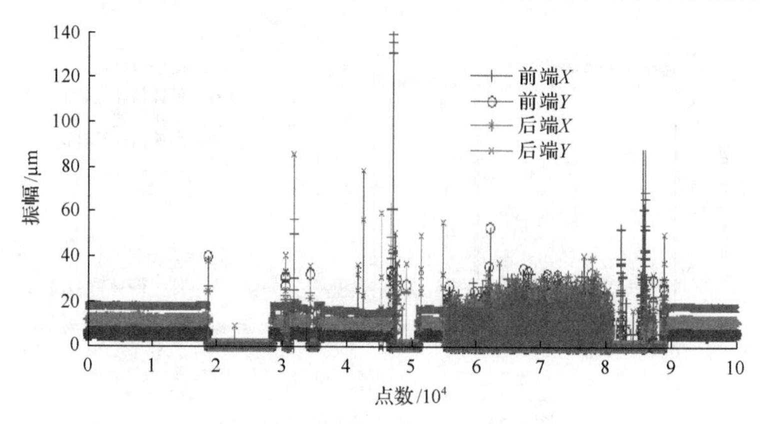

图 9.26　高速齿轮箱各测点的原始振动数据(文后附彩图)

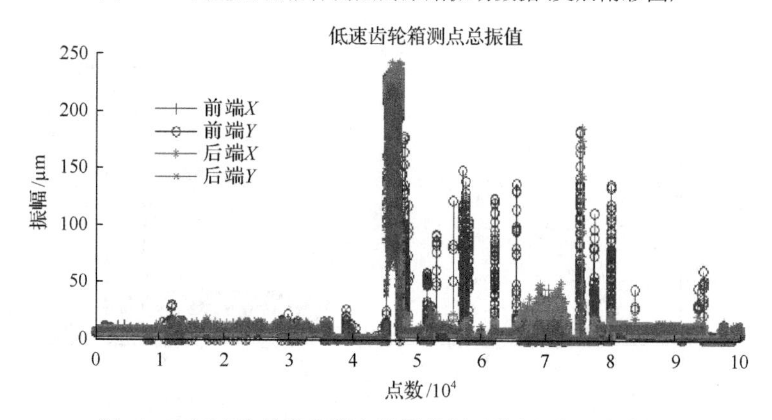

图 9.27　低速齿轮箱各测点的原始振动数据(文后附彩图)

3) 原始数据智能清洗

通过对机组全年监测振动数据的分析，按照指定的数据清洗规则，设定机组运行的转速处于停机工况下的监测数据为无效数据，防喘振工况为机组的特殊运行工况，转速相比正常运行工况下的转速几乎为零，暂不研究，因此也当作无效数据进行清除，如图 9.28 所示，对监测数据中的异常的数据也执行清除策略，对获取的机组异常振动的特殊数据进行标记。至此，数据清洗完毕。

4) 数据清洗后进行整合

数据清洗完成后，将所得数据按照时间先后顺序重新排列，保存成统一的格式，按设备测点对数据制表保存，所获得的数据即为预测所需的建模数据，清洗后各设备各传感器的监测数据为 56931 个，选取 55000 个数据用于 G-DBM 预测模型研究。清洗后经过重新排列整合的数据，如图 9.29～图 9.33 所示。

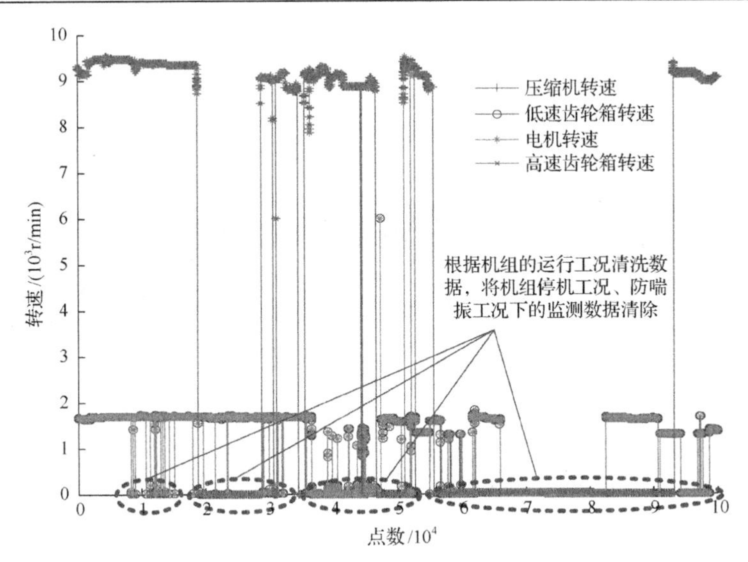

图 9.28　数据清洗(文后附彩图)

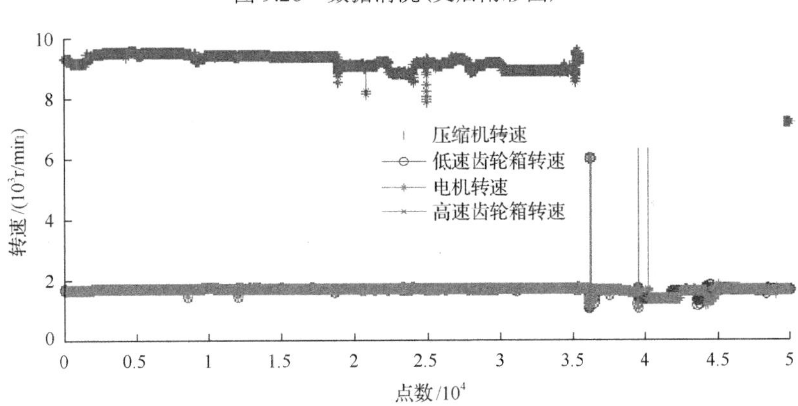

图 9.29　处理后的各设备转速(文后附彩图)

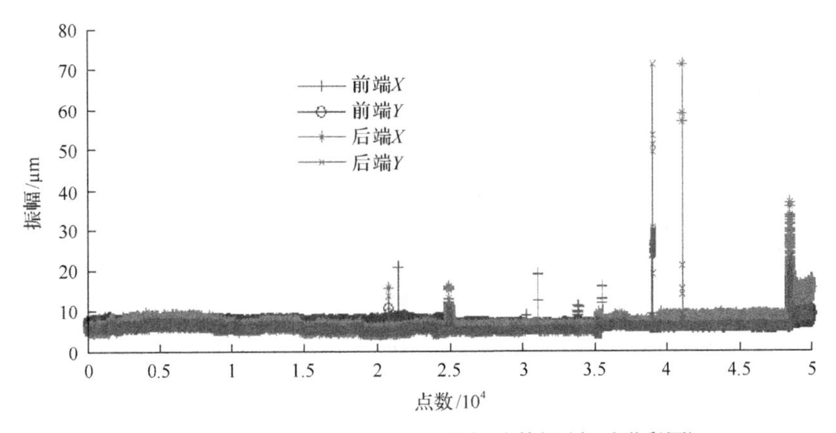

图 9.30　压缩机各测点处理后的振动数据(文后附彩图)

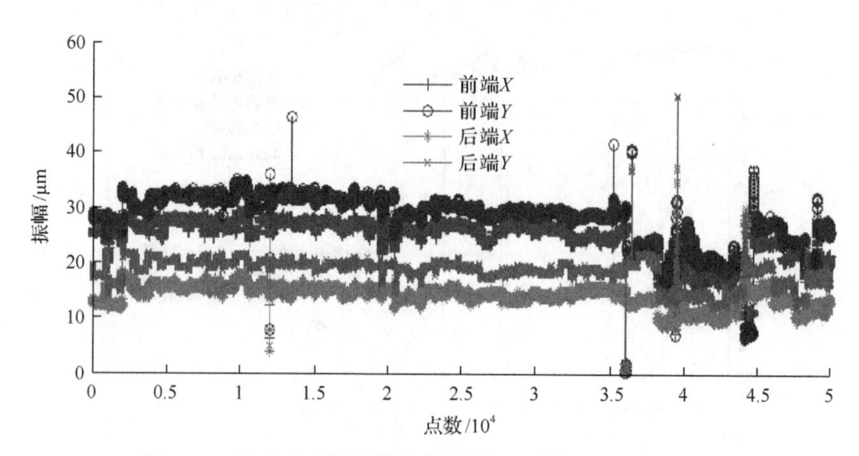

图 9.31　处理后电机各测点的原始振动数据(文后附彩图)

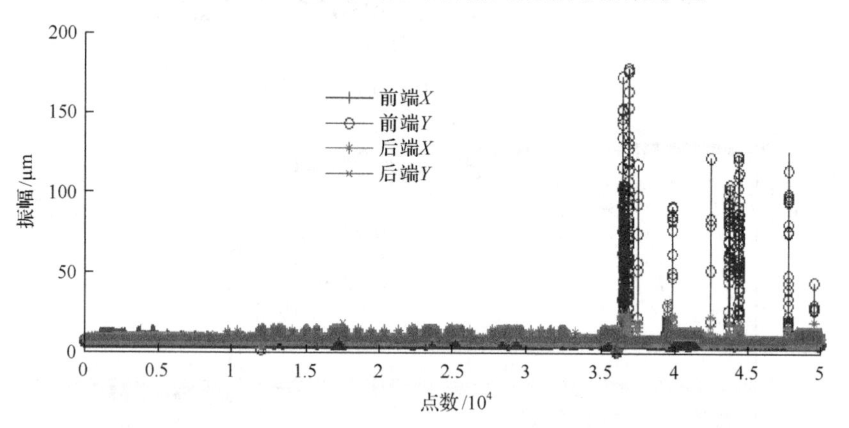

图 9.32　处理后高速齿轮箱各测点的原始振动数据(文后附彩图)

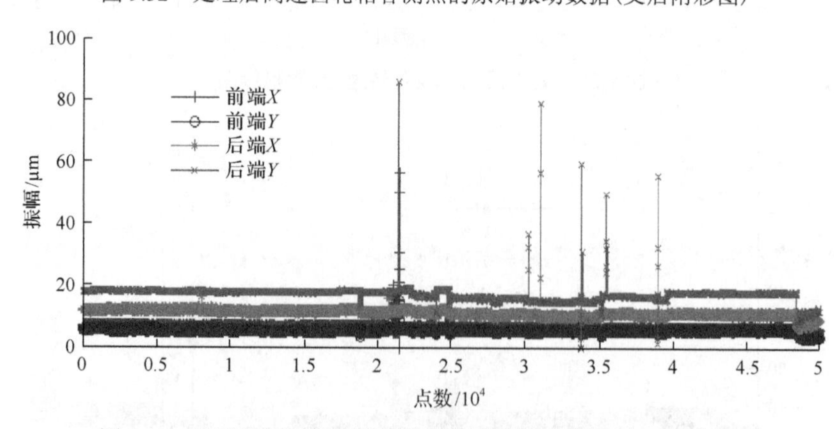

图 9.33　处理后低速齿轮箱各测点的原始振动数据(文后附彩图)

5) 数据经过清洗整合后进行分集

提取清洗后各个传感器的监测数据，选取前 50000 个数据作为训练集，50001 到 50100 数据段作为测试集。预测 100 个数据点。根据混沌理论(chaos)，对训练集进行空间重构，得到维数为 5 的向量，即训练集为 10000×5 的相空间重构矩阵。数据准备好后，输入到 G-DBM 预测模型中进行预测。

2. 压缩机组的 G-DBM 预测模型结构

根据数据向空间重构的条件是 $m \geqslant 2d_1+1$，由混沌理论求得 $m \geqslant 5$，由 $q \geqslant m_{\mathrm{E}}\tau$，$\tau=1$，可取 q 为 5，即 SPR 中可以将数据集划分为 5 维向量，因此将 G-DBM 的可视层的神经元个数定为 5。通常输入层的节点数目是隐层数目的一半以下，并且当前隐层所具有的节点数一般不低于下一层的 2 倍。根据大量的实验初步选定压缩机组的 G-DBM 预测模型中每一层的神经元个数，初步构建出较为合适的预测模型。

深度学习简单来说是想实现从基本的输入数据中直接进行学习，获得一个更好的模型，就是指可以把需要学习的数据输进模型，然后让模型自动完全地学习。模型的深度对数据的充分学习有很大的影响，为了使模型不会对压缩机数据学习产生过拟合，则需要对模型构建合适的网络层数。通过模型的重构误差确定压缩机组的 G-DBM 预测模型应该采用三层网络的 DBM，如图 9.34 所示。

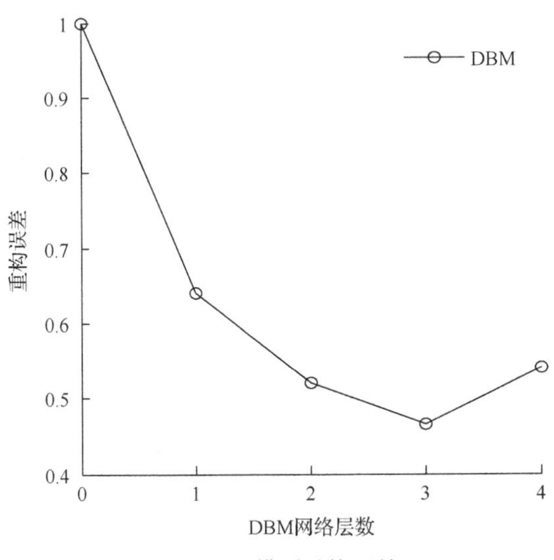

图 9.34　模型重构误差

3. 预测结果

单步预测每次只预测一个未来值，通过单步 G-DBM 模型进行预测，延时间窗口迭代预测 24 次，得到 2h 内 24 个单步预测值，如图 9.35 所示。图 9.35(a) 为每 5min 通过单步预测得到的监测值与预测值的对比图，图 9.35(b) 为 2h 内 24 个点的预测误差分布。

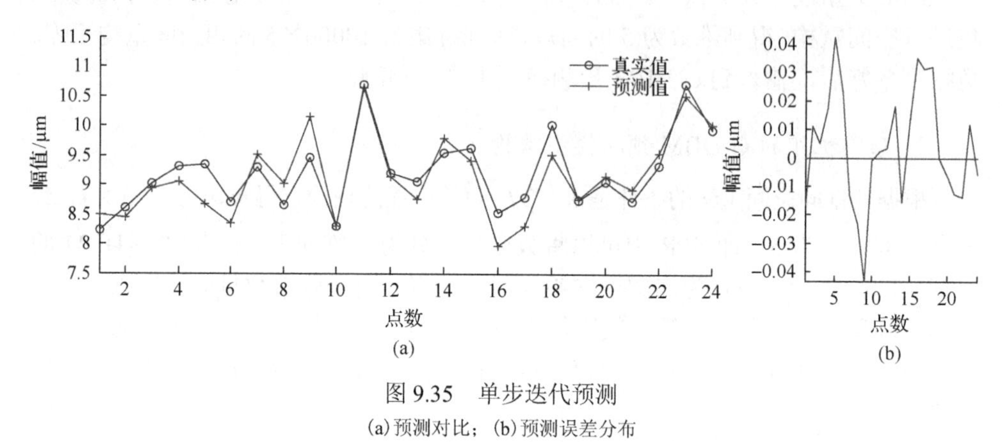

图 9.35　单步迭代预测

(a) 预测对比；(b) 预测误差分布

延时间窗口移动 96 次，单步预测 96 步即 8h 的预测结果，如图 9.36 所示。图 9.36(a) 为每 5min 通过单步预测得到的监测值与预测值的对比图，图 9.36(b) 为 8h 内 96 个点的预测误差分布。

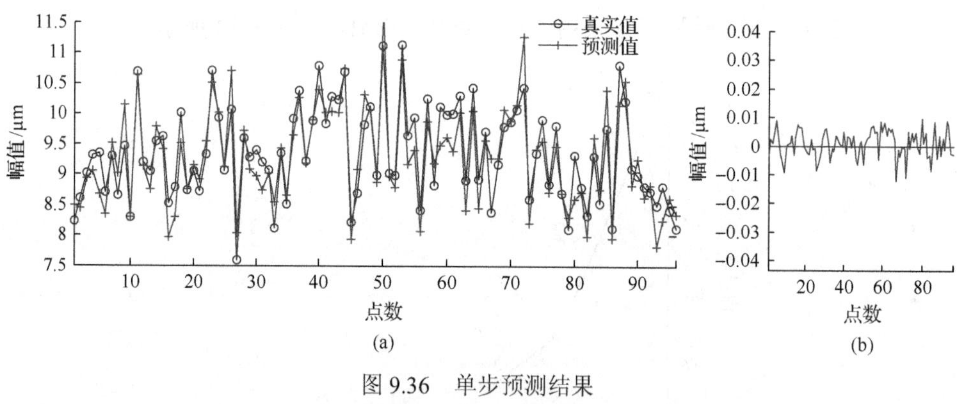

图 9.36　单步预测结果

(a) 预测对比；(b) 预测误差分布

从单步预测得到的 24 个预测值和 96 个预测值来看，单步预测在评估预测模型的适应性和稳健性上有非常大的应用价值，即使在某一步预测中输出了一个不理想的预测值，也不会引起连锁反应，不会导致后续预测的错误，因为真实值将被用于下一步的测试。通过 G-DBM 的单步预测的模型研究，可以得到非常好的预测结果，能够非常准确地预测出压缩机组振动数据的下一个振动值。通过调研，现场对压缩机组的振动监测值，1h 记录一次，因此，所搭建的单步预测模型对 1h 记录一次的振动参数值的预测具有很高的实用价值和参考意义。

为了对预测效果进行更加直观的评价，引入了三个预测误差评价指标如下。

平均误差平方为

$$s_1 = \frac{\sum_{i=1}^{N_p}(x_\mathrm{r}(i) - x_\mathrm{p}(i))^2}{N_\mathrm{p}} \tag{9.17}$$

最大绝对相对误差为

$$s_2 = \frac{\mathrm{sum}\left(\mathrm{abs}\left(\frac{x_\mathrm{r}(i) - x_\mathrm{p}(i)}{x_\mathrm{r}(i)}\right)\right)}{N_\mathrm{p}}, \quad i = 1, 2, \cdots, N_\mathrm{p} \tag{9.18}$$

相关度为

$$s_3 = \frac{\mathrm{Cov}\left(x_\mathrm{r}, x_\mathrm{p}\right)}{\sqrt{\mathrm{Var}(x_\mathrm{r})\mathrm{Var}(x_\mathrm{p})}} \tag{9.19}$$

式(9.17)～式(9.19)中，$x_\mathrm{r}(i)$为理想输出的第i个样本数据；$x_\mathrm{p}(i)$为预测的第i个样本数据。式中，$\mathrm{Cov}(x_\mathrm{r}, x_\mathrm{p})$为$x_\mathrm{r}$与$x_\mathrm{p}$的协方差；$\mathrm{Var}(x_\mathrm{r})$为$x_\mathrm{r}$的方差；$\mathrm{Var}(x_\mathrm{p})$为$x_\mathrm{p}$的方差。

误差平方和及最大绝对相对误差越小，表示模型的预测效果越好。单步预测 24 个值和 96 个值的指标，如表 9.9 所示。相关度越接近 1，表明预测数据序列与历史数据序列越相似。

表 9.9　单步预测的误差指标

预测点数	平均误差平方/$(\mu m/s)^2$	最大绝对相对误差/μm	相关度
24	0.1309	1.1204×10^{-4}	0.8730
96	0.1277	4.4301×10^{-4}	0.8650

多步预测可以预测压缩机组监测数据的多个未来值，及预测机组未来一定时间段内的振动趋势。分别采用多步迭代策略和直接策略构建多步 G-DBM 预测模型，对压缩机组的振动数据进行预测，预测未来 2h 压缩机组的振动趋势，根据数据每 5min 采集一次，可计算 2h 的振动数据为 24，得到预测步长为 24 的多步 G-DBM 预测结果如图见图 9.37 所示。

多步预测迭代策略和多步预测直接策略预测 96 个点误差分布，如图 9.38 所示。

多步预测两种策略下的预测结果，如表 9.10 和表 9.11 所示。当预测 1～2h 内步长的未来值时，多步预测的迭代策略能够取得较准确的结果，能够为压缩机组未来 1～2h 内的运行振动值提供比较准确的预测值，但是因为误差的不断叠加，预测步长越大时，会产生预测值发散的情况，导致预测不准。而多步预测的直接

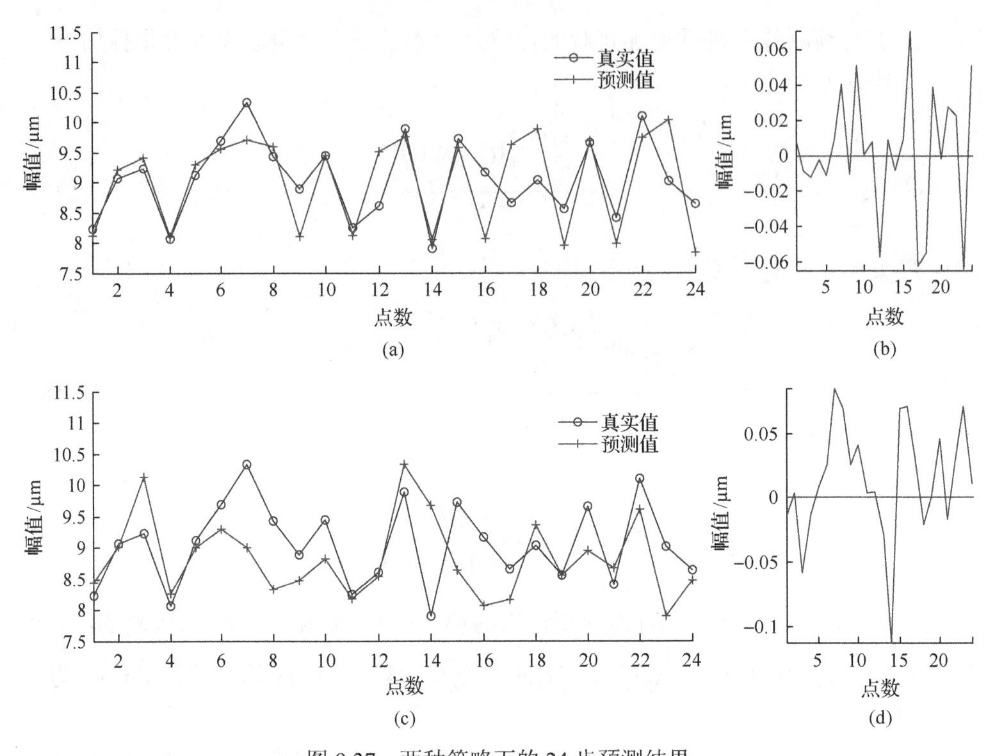

图 9.37　两种策略下的 24 步预测结果

(a)多步预测迭代策略预测结果；(b)误差分布；(c)多步预测直接策略预测结果；(d)误差分布

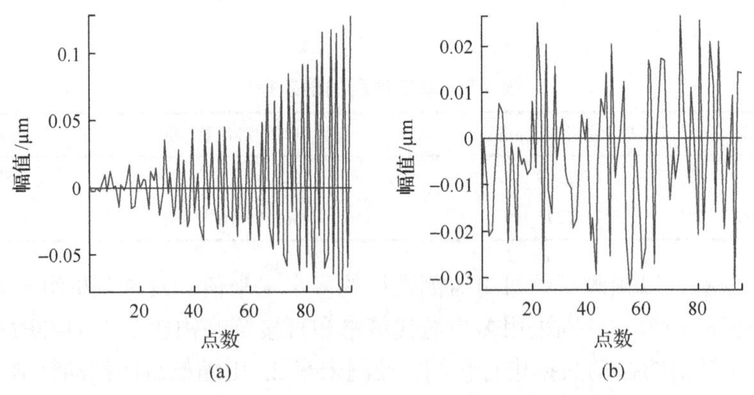

图 9.38　两种策略下的 96 步预测误差分布

(a)迭代策略误差分布；(b)直接策略误差分布

表 9.10　多步预测迭代策略的误差指标

预测点数	平均误差平方/(μm/s)^2	最大绝对相对误差/μm	相关度
24	0.3049	0.0039	0.6443
96	8.9627	0.0489	–0.0833

表 9.11　多步预测直接策略的误差指标

预测点数	平均误差平方/(μm/s)^2	最大绝对相对误差/μm	相关度
24	0.2434	0.0032	0.7093
96	3.9786	0.0070	–0.0725

策略，虽然步长小于 24 步时，预测误差比迭代策略的误差要大，但是该策略下的预测模型很好地避免了误差的迭代，不会因为预测步长的增大而产生预测值发散的情况，因此，该策略下的模型对压缩机组未来 8h 以上的运行状态能够提供较可靠的理论依据。

9.4　融合特征趋势进化的压缩机故障预后方法

机械故障分为渐变性故障和突发性故障，渐变性故障是指机械零部件功能指标逐渐恶化，直至失效，但在失效之前可以继续运行；突发性故障是指零部件功能指标急剧恶化，不能继续运行。因此，突发性故障一般无征兆、难预测，工程上常难以控制，甚至无能为力，只能采取紧急避险与后期整改措施以尽可能减小损失。工程实践表明，除了少数突发性故障以外，大多数故障属于渐变性故障。由于渐变性故障呈渐进式、缓慢劣化发展趋势，遵循一定的规律性，可采用先进的信号分析处理手段对故障信号检测，以了解故障状态，进而采取科学维修方案。在故障刚刚形成或程度较轻，且故障对机组运行的危险度较低时，可根据故障的劣化趋势，预测故障部件失效时刻及剩余运行寿命，评估部件带病工作时间，探讨使部件尽可能长周期地带病运行的可行性，对保证机械零部件寿命的最大化、提高经济效益具有十分重要的意义，该问题为故障预后问题。

图 9.39 揭示了机械运行历程、工作特点及相应设备管理工作。

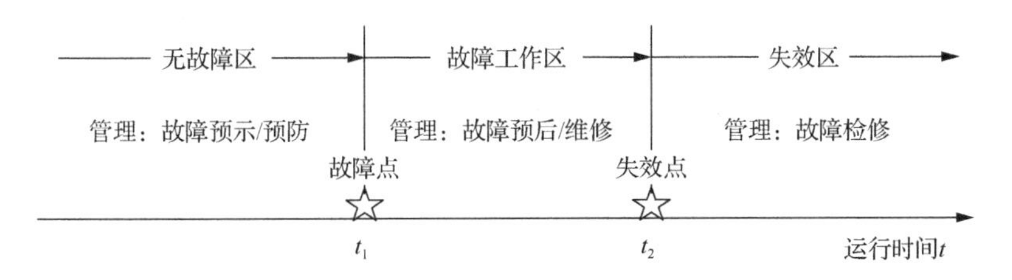

图 9.39　机械运行历程、工作特点及设备管理工作阶段图

进行故障预后，不仅要寻找信号特征与设备状态间的关联，更要考查设备状态变化趋势，以确定设备状态的近期发展，对部件故障趋势做出准确估计。故障预后必须建立在状态监测的基础上，对大量监测参数进行综合、推理和判断，考查机组性能参数的劣化趋势，才能正确对故障预后。故障预后主要涉及以下两个问题。

(1) 故障预后指标的提取。指标的科学性与准确性是决定故障预后成功与否的关键因素。随着机械系统结构越来越庞大，工艺过程日益复杂，仅依靠单个参数信息指标对机械故障进行预后，存在种种限制，必须采用信息融合技术将来自某一目标的多源信息加以智能化合成，产生比单一信源更精确、更完全的估计和判决，减少或消除单个信息指标的不确定性，以精确、及时做出故障预后的正确判定。

(2) 故障预后判断策略的建立。目前，常见的判断策略主要采用国家标准、行业标准预警值作为故障预后界限值。即建立不同水平的预警值，将监测参数同预警值比较，当参数超出预警值时，就发出故障警示或停机警示。该方法缺点明显，预警值的设立往往是为了满足机组运行工艺条件，并没有从严格的安全意义上考虑，而且不一定适用于每台机组，更为严重的是，一般情况下如果监测值接近预警值时，系统故障可能已经发生甚至发展到较严重程度。因此，设定合理的故障预警值，采用科学的判断策略是决定故障预后准确性的另一关键因素。

9.4.1　故障预后融合特征指标的提取

故障预后指标主要是描述一段时间内系统发生异常的风险指标。机械系统运行时，振动是影响安全运行的关键因素之一，且振动信号易于测量，信号处理技术较为成熟，常作为故障诊断的主要参数，从振动信号中提取故障信息，采用融合特征作为故障预后指标，思路如下。

建立该测点部件所有故障模式库 $\boldsymbol{F}=\{f_i\}$, $i<m$，m 为该部件所有故障类型种类；诊断单个故障需要的特征参数库统一记为 $\boldsymbol{P}=\{p_j\}$, $j<n$，各特征权重为 $W_i=\{w_{ji}\}$, $j<n$，n 为诊断该故障需要的特征参数个数；故障比例权重记为 r_m，各故障权重值根据故障发生的概率、故障危险程度及故障对机组的影响程度而定。融合特征表示为

$$\bar{\boldsymbol{P}}=[p_1 \quad p_2 \quad \cdots \quad p_n]\cdot\begin{bmatrix} w_{11} & w_{12} & \cdots & w_{1m} \\ w_{21} & w_{22} & \cdots & w_{2m} \\ \vdots & \vdots & & \vdots \\ w_{n1} & w_{n2} & \cdots & w_{nm} \end{bmatrix}\cdot\begin{bmatrix} r_1 \\ r_2 \\ \vdots \\ r_m \end{bmatrix} \tag{9.20}$$

9.4.2　压缩机渐变性故障的预后方法

1. 基于设备可靠性分析的故障预后方法

设备的可靠性是指零部件、机器、设备或系统在规定的使用条件下，在规定的时间间隔内，完成规定功能的能力。采用的方法既有简单的历史失效率数据模型方法，也有高精度的物理模型方法。对设备进行可靠性分析，首先要建立设备

的可靠性分布模型，并参考相关方法确定模型中的一些参数。在寿命分布模型中，参数的精度是最关键的问题，它将直接影响模型分析的精度。关于设备寿命可靠性分析的研究基本思路大致如下：充分考虑部件寿命与各影响因素之间的关系，建立目标函数与各参数间的模型关系。其优点是模型简单实用，但该方法最大的困难在于由于工程上某些目标量如部件磨损间隙量只能离线停机测量，难以实时在线获取，造成实际中几乎不可能获得机组连续运行时的大量充足的精确目标特征数据样本，给建模带来困难。

因此，实践中试图建立目标函数模型预测故障部件剩余寿命不太可行，为此，提出基于融合特征趋势进化的故障预后方法解决以上问题。

2. 基于融合特征趋势进化的故障预后方法

基于融合特征趋势进化的故障预后诊断方法是根据系统的功能和结构特点，对那些能够表征系统运行中健康/故障状态(或对系统故障敏感)的参数进行监测，在获得特征参数的一系列数据信息的基础上，利用各种推理算法对系统进行故障预后。对渐变性故障而言，特征参数随时间的进化(变化)趋势是由系统的性能、工作环境等条件决定，通常呈一定形式进化趋势，这一特性可作为预测其未来时刻状态的依据。

为了提高预后的准确性，全面评估故障劣化趋势，利用多特征参数进行预测，采用 SVM 方法建立模型，方法是：首先诊断部件故障，并对其定量分析，若故障属轻微故障，则在发现故障时刻起，记录部件故障信息，采用监测特征数据训练并建立 SVM 预后模型，利用模型进行多特征参数预测，将预测值与事先预设好的失效预警值相比较，根据对比结果，进行故障预后。为保证部件运行安全性，只要有一个特征预测值达到预警值时，预后即中止，预测值所对应时刻即认为部件失效点。

融合特征趋势进化预后模型步骤如下。

(1) 采集部件故障后的信号，提取各特征参数组成时间序列向量 $\{x_i\}_j$。

(2) 统计各特征参数的预警值或门限值，即部件失效时各特征参数的数值。

(3) 建立 SVM 故障预后模型，采用故障初期样本对模型训练。

(4) 将新采集样本输入到模型中进行预测，若其中某个特征的预测值率先达到失效预警值，即预后中止，否则继续，该时刻被认为部件失效时刻。

3. 实例应用

应用融合特征趋势进化预后模型对压缩机活塞磨损故障进行预后。以新疆某作业区闪蒸压机 2 号机组为例，对其监测时，发现缸套处信号出现异常，时域图如图 9.40 所示，频域图如图 9.41 所示，经诊断，缸套与活塞间存在轻微磨损。对设备加密测试，连续采集机组信号，各特征值序列列于表 9.12 中。最后一次测试的机组振动信号时域、频域图分别如图 9.42 和图 9.43 所示。典型测试情况下的活塞磨损特征参数列于表 9.13 中。

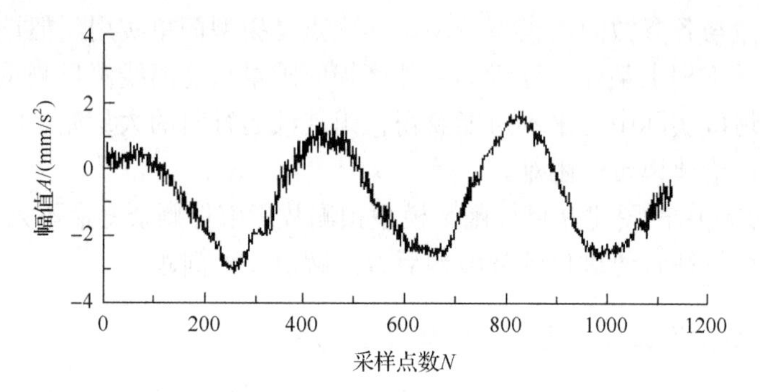

图 9.40　活塞振动信号时域图(测试时间：2008.3.9)

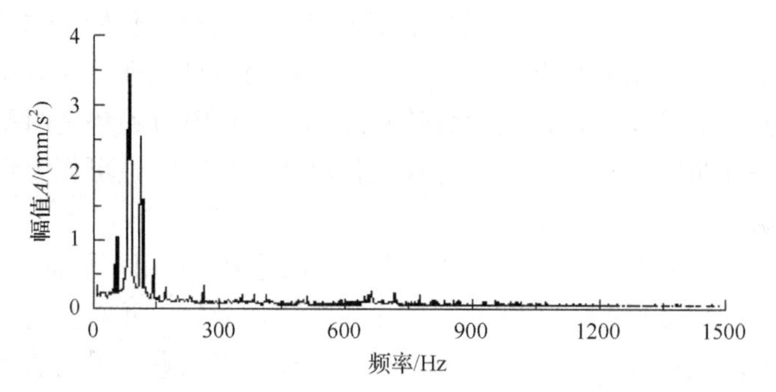

图 9.41　活塞振动信号频域图(测试时间：2008.3.9)

表 9.12　各特征参数序列　　　　(单位：mm/s²)

	序列									
	1	2	3	4	5	6	7	8	9	10
融合特征	17.59	16.21	18.65	18.49	19.36	19.45	19.58	20.45	19.47	22.34
有效值	6.42	6.37	6.85	6.78	7.39	7.64	8.25	9.09	10.37	10.0
	序列									
	11	12	13	14	15	16	17	18	19	20
融合特征	22.67	21.79	21.64	22.01	22.45	22.69	22.74	22.98	21.98	23.69
有效值	10.69	11.21	10.39	10.93	11.91	12.69	13.05	12.97	13.05	13.28
	序列									
	21	22	23	24	25	26	27	28	29	30
融合特征	23.14	23.69	25.38	24.75	25.18	24.96	25.39	25.08	25.27	25.58
有效值	13.36	13.08	13.23	13.95	13.47	14.36	14.87	15.35	15.24	15.84

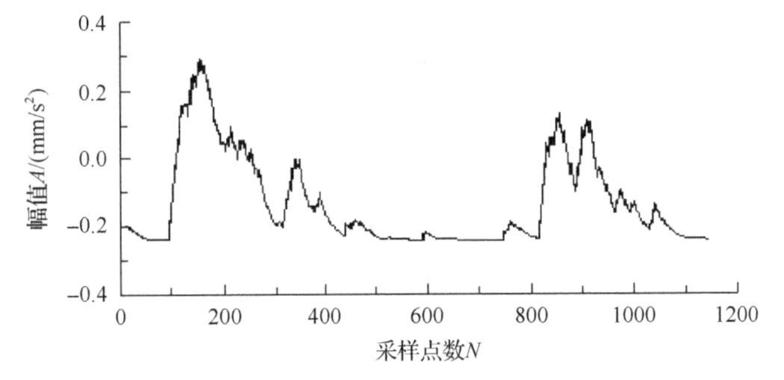

图 9.42　活塞振动信号时域图(测试时间：2008.8.14)

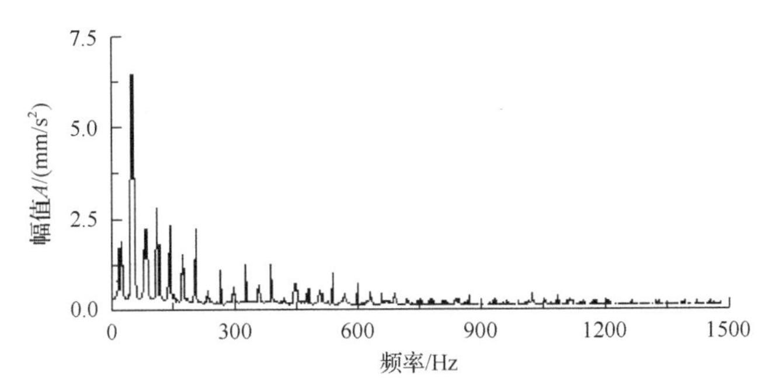

图 9.43　活塞振动信号频域图(测试时间：2008.8.14)

表 9.13　活塞磨损特征参数列表　(单位：mm/s^2)

特征值	峰峰值	有效值	融合特征
标准值	27.87	6.74	18.36
发现故障	40.21	10.05	22.34
最后测试值	66.11	15.84	25.58
故障预后值	72.34	15.97	25.78
预警值	75.21	18.54	27.03

建立融合特征趋势进化 SVM 故障预后模型，用前期样本对模型训练。SVM 用于模式识别或回归时，SVM 方法及其参数、核函数及其参数的选择，目前国际上还没有形成一个统一的模式，也就是说最优 SVM 算法参数选择还只能是凭借经验、实验对比、大范围的搜寻或者利用软件包提供的交互检验功能进行寻优。选择径向基核函数(radial basis function，RBF) $K(x,y)=\exp(-\|x-y\|^2/\sigma^2)$，通过试验分析、寻优确定各参数值。

(1) σ 值的确定。初始化设定参数惩罚因子 C=100，损失函数 ε=0.01，分析预测误差与 σ 值的关系，表 9.14 为预测误差与 σ 的对应关系。

表 9.14　预测误差与 σ 的对应关系

σ	均方根误差	平均相对误差
1	2.8692	0.1294
5	1.3751	0.0858
10	1.7257	0.1151
15	1.8552	0.1573
30	2.1609	0.1908
100	2.3509	0.2176

从表 9.14 可以看出，σ 取 5 时，均方根误差和平均相对误差值最小。因此，σ=5 时，模型预测精度最高。

(2) 惩罚因子 C 和损失函数 ε 值的确定。分析 σ 取 5 时，预测误差与惩罚因子 C 和损失函数 ε 的关系，表 9.15 为预测误差与 C 的关系，优化结果为 $C=50$。

表 9.15　预测误差与 C 的对应关系

C	均方根误差	平均相对误差
1	1.3683	0.2486
20	1.3363	0.1480
50	1.2969	0.1236
100	1.3767	0.1522
200	1.6671	0.1867
500	1.4786	0.2048

损失函数 ε 值控制误差边界，从而控制支持向量的个数和泛化能力，其值越大，则支持向量越少，但精度不高，取值太小，会导致 SVM 出现过学习现象。反复训练多次后，优化结果为 $\varepsilon=0.001$，表 9.16 为预测误差、支持向量机个数与 ε 的关系。

表 9.16　预测误差、支持向量机个数与 ε 的对应关系

SVR-ε	均方根误差	平均相对误差	支持向量个数
0.1	1.2696	0.1238	11
0.01	1.2043	0.1056	15
0.001	1.1969	0.0813	17
0.0001	1.2187	0.1148	17

因此，经过优化分析，模型中各参数定为：$\sigma=5$，$C=50$，$\varepsilon=0.001$。应用该模型进行预测，考虑到预测精确，仅进行了两点预测，融合特征及有效值的历史数据及预测值分别如图 9.44 和图 9.45 所示。

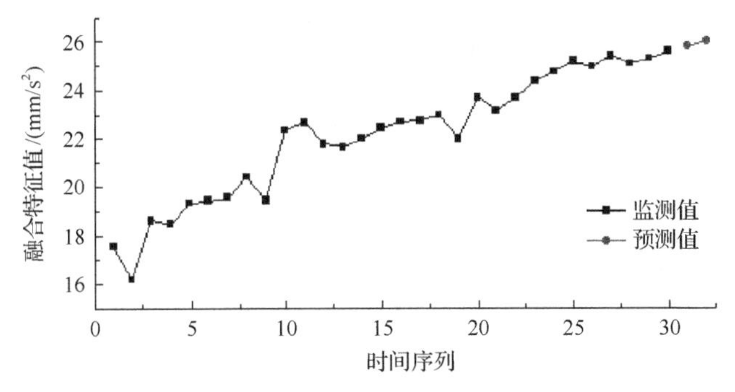

图 9.44　融合特征值监测值与预测值

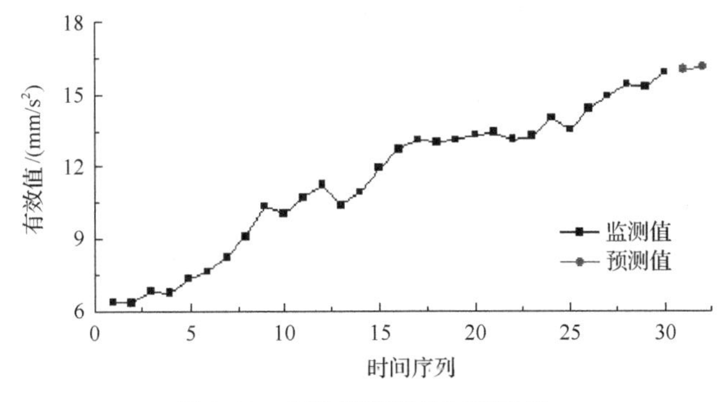

图 9.45　有效值监测值与预测值

将预测结果与表 9.13 中预警值对比，发现融合特征及有效值的预测值已较接近预警值，按照预后理论，活塞已接近失效点。将预后情况汇报给作业区，现场决定立即停机检修，发现该活塞确实存在磨损问题，且已有明显划痕，证实了故障预后的准确性。

参 考 文 献

[1] 刘思峰, 郭天榜, 党耀国. 灰色系统理论及其应用. 北京: 科学出版社, 1999.

[2] 罗佑新, 张龙庭, 李敏. 灰色系统理论及其在机械工程中的应用. 长沙: 国防科技大学出版社, 2001.

[3] 陈举华, 郭毅之. GM 模型优化方法在小子样机械系统故障预测中的应用. 中国机械工程, 2002, 13(19): 1658-1660.

[4] 刘守道, 张来斌, 王朝晖, 等. 滚动轴承故障的灰色 GM 模型预测. 润滑与密封, 2000, (2): 38-39.

[5] 张志明, 程惠涛, 徐鸿等. 神经网络组合预报模型及其在汽轮发电机组状态检修中的应用. 中国电机工程学报, 2003, 23(9): 204-205.

[6] 徐小力, 徐洪安, 王少红. 旋转机械的遗传算法优化神经网络预测模型. 机械工程学报, 2003, 39(2): 140-144.

[7] Doulamis N, Doulamis A. A combined fuzzy-neural network model for non-liner prediction of 3-D rendering workload in grid computing. IEEE Transact Ions on Systems, 2004, 34(2): 1235-1247.

[8] 王杰, 闫东伟. 提高预测精度的 ELMAN 和 SOM 神经网络组合. 系统工程与电子术, 2004, 26(12): 1943-1945.

[9] Kim H, Tan A, Mathew J, et al. Bearing fault prognosis based on health state probability estimation. Expert System with Applications, 2012, 39(5): 5200-5213.

[10] 王洋绅. 基于大数据模型深度玻尔兹曼机的压缩机组状态预测方法研究. 北京: 中国石油大学(北京)硕士学位论文, 2016.

[11] 赵飞. 滚动轴承性能退化的累积特征及集成预测模型研究. 北京: 中国石油大学(北京)硕士学位论文, 2017.

[12] Ni X, Zhao J, Zhang X, et al. System degradation process modeling for two-stage degraded mode. 2014 Prognostics and System Health Management Conference, Fort Worth, 2014.

[13] Zhu M X, Zhang J N, Li Y, et al. Partial discharge signals separation using cumulative energy function and mathematical morphology gradient. IEEE Transactions on Dielectrics & Electrical Insulation, 2016, 23(1): 482-493.

[14] Porotsky S, Bluvband Z. Remaining useful life estimation for systems with non-trendability behavior. 3rd Annual International Conference on Prognostics and Health Management (PHM), Denver, 2012.

[15] Coble J B. Merging data sources to predict remaining useful life-an automated method to identify prognostic parameters. Knoxville: University of Tennessee, 2010.

[16] Javed K, Gouriveau R, Zerhouni N,et al. A feature extraction procedure based on trigonometric functions and cumulative descriptors to enhance prognostics modeling. 2013 IEEE Conference on Prognostics and Health Management, Gaither sburg, 2013.

[17] Duan L X, Zhao F, Wang J J. An integrated cumulative transformation and feature fusion approach for bearing degradation prognostics. Shock and Vibration, 2018, (1): 1-15.

[18] He Q, Kong F, Yan R. Subspace-based gearbox condition monitoring by kernel principal component analysis. Mechanical Systems and Signal Processing, 2007, 21(4): 1755-1772.

[19] Takens F. Detecting strange attractors in turbulence. Dynamical Systems and Turbulence, 1981, 898: 366-381.

[20] Liao L, Lee J. A novel method for machine performance degradation assessment based on fixed cycle features test. Journal of Sound and Vibration, 2009, 326(3): 894-908.

[21] Huang G B, Zhu Q Y, Siew C K. Extreme learning machine: Theory and applications. Neurocomputing, 2006, 70(1-3): 489-501.

[22] Stuhlsatz A, Lippel J, Zielke T. Feature extraction with deep neural networks by a generalized discriminant analysis. IEEE Transactions on Neural Networks & Learning System, 2012, 23(4): 596-608.

[23] 赵春晓. 基于支持向量机的混沌时间序列预测方法的研究. 沈阳: 东北大学硕士学位论文, 2008.

[24] 陈艳, 王子健, 赵泽, 等. 传感器网络环境监测时间序列数据的高斯过程建模与多步预测. 通信学报, 2015, 36(10): 252-262.

第 10 章　压缩机关键部件故障的仿真诊断技术

10.1　压缩机仿真诊断的目的与意义

油气田用压缩机部件众多，当其关键部件发生故障时有可能引起整机的故障。利用传统的监测或检测技术，只能在压缩机产生故障后对其进行诊断，进行事后维修，可能会影响生产甚至带来重大损失。

目前，仿真诊断技术主要用于主要应用于航空、航天、电力、汽车制造及其他工程技术领域，带来了巨大社会经济效益的同时，也促进了仿真诊断技术的发展。压缩机仿真诊断技术利用有限元分析对压缩机整机及关键部件故障进行仿真分析，通过仿真诊断能够较早地发现部件的易发生故障部位，从而对这些部位进行重点监控，节约人力资源并且使之得到合理的利用。仿真诊断技术与传统诊断方法的结合，使得诊断更为精确，通过有限元分析得到关键部件在正常和异常工况下的各种参数，再与在线监测的工况进行比较可以实现关键部件故障的预知诊断。

本章利用基于有限元分析的故障诊断技术，实现了目标设备的无损诊断。首先通过对设备的监测确定输入参数，利用计算机建模来实现其在各种工况条件下的仿真模拟，找出压缩机整机振动的诱因，提出降低整机振动的方法；分析压缩机关键部件易发生故障部位，从而为压缩机关键部件的预知维修提供理论支撑，在不破坏部件现有结构的情况下实现对部件故障的诊断分析[1]。

10.2　关键部件载荷-强度干涉模型定量可靠性分析与优化

如何通过分析和仿真找出结构的危险截面是仿真诊断技术的关键问题，求出结构的可靠性参数，从而直观地为设计人员找出结构最薄弱的环节，指出优化设计的方向。

本节以载荷-强度干涉模型为基础，利用静力学分析和动力学分析等方法，对压缩机进行可靠性分析。根据设计参数和预期工况找出结构的危险截面和薄弱环节，得出定量的可靠性指标，结合参数灵敏度分析确定关键设计参数。

10.2.1　载荷-强度干涉模型定量可靠性理论

载荷-强度干涉模型是载荷-强度干涉理论的基础，如图 10.1 所示。

模型清楚地揭示了机械部件存在故障且有一定故障率的原因。图 10.1 中，强度和载荷均为呈一定分布状态的随机变量，两者具有相同的量纲，其概率密度曲线置于同一坐标系下。两者概率密度曲线不重叠时如图 10.1 中 0 时刻所示，此时两者互不干涉，强度分布绝对大于载荷分布，不存在发生失效的可能性。

工程实践表明，随着使用时间的增长，部件的强度会存在退化的趋势，退化到一定程度时，如 t_2 时，两者的概率密度曲线就可能发生重叠干涉，其相交的阴影区域面积大小代表了部件可能出现故障概率大小。

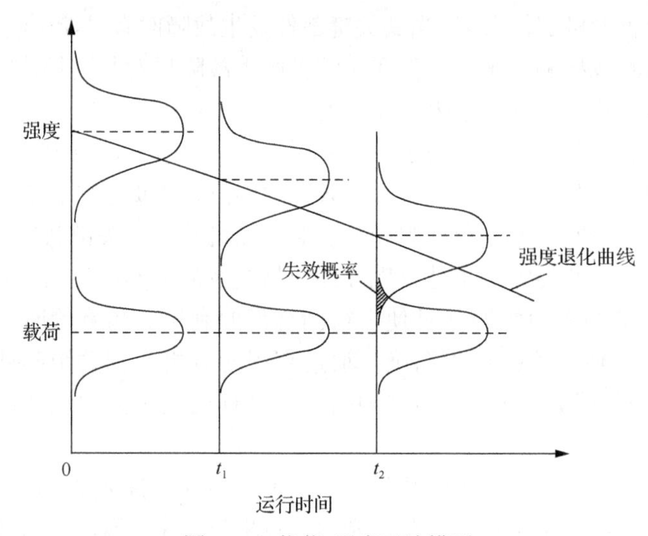

图 10.1　载荷-强度干涉模型

干涉模型中的载荷和强度的概念可相应推广，将引起失效的因素归于载荷的范畴，将能阻止失效的因素归于强度的范畴，则载荷-强度干涉模型就可以推广到刚度、动作、磨损等与时间相关的可靠性问题中。将概念进一步推广，还可将模型用于复杂系统[2]的综合可靠性分析。

如果载荷和强度的概率分布曲线已知，即可根据干涉模型计算该部件的可靠度(强度大于载荷的概率)或失效概率(强度小于载荷的概率)。其通用计算流程如图 10.2 所示。

据载荷-强度干涉理论，可靠度即为强度大于载荷的概率，令 S 表示强度(strength)，s 表示载荷(load)，则可靠度可表示为

$$R(t) = P(S > s) = P(S - s > 0) = P\left(\frac{S}{s} > 1\right) \tag{10.1}$$

基于载荷-强度干涉理论的通用可靠度计算方法有以下两种。

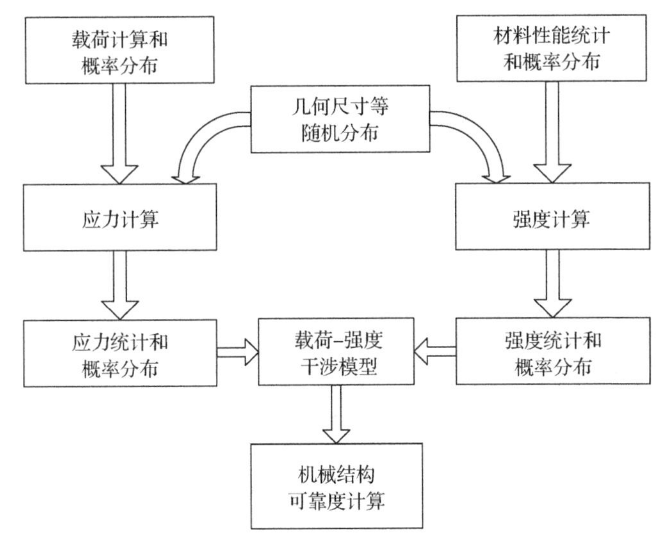

图 10.2　载荷–强度干涉模型的可靠度计算流程

1. 概率密度法

如图 10.3 所示，在机械部件的危险截面上，当载荷和强度发生干涉时，载荷 s_1 在微分区间 $\left[s_1-\frac{\mathrm{d}s}{2}, s_1+\frac{\mathrm{d}s}{2}\right]$ 中的概率等于 A_1 的面积，可表示为

$$P\left(s_1-\frac{\mathrm{d}s}{2}\leqslant s_1\leqslant s_1+\frac{\mathrm{d}s}{2}\right)=f(s_1)\mathrm{d}s=A_1 \tag{10.2}$$

同理，强度 S 大于 s_1 的概率等于 A_2 的面积，可表示为

$$P(S>s_1)=\int_{s_1}^{\infty}f(S)\mathrm{d}S=A_2 \tag{10.3}$$

根据概率统计中的乘法定理，A_1 和 A_2 的乘积即为这两个独立事件同时发生的概率，即为部件的可靠度，如式(10.4)所示：

$$\mathrm{d}R=A_1A_2=f(s_1)\mathrm{d}s\int_{s_1}^{\infty}f(S)\mathrm{d}S \tag{10.4}$$

令 a、b 为载荷在概率密度分布函数中的最大值和最小值，c 为强度在其概率密度分布中的最大值，则部件的可靠度可表示为

$$R(t)=\int_a^b f(s)\left[\int_s^c f(S)\mathrm{d}S\right]\mathrm{d}s \tag{10.5}$$

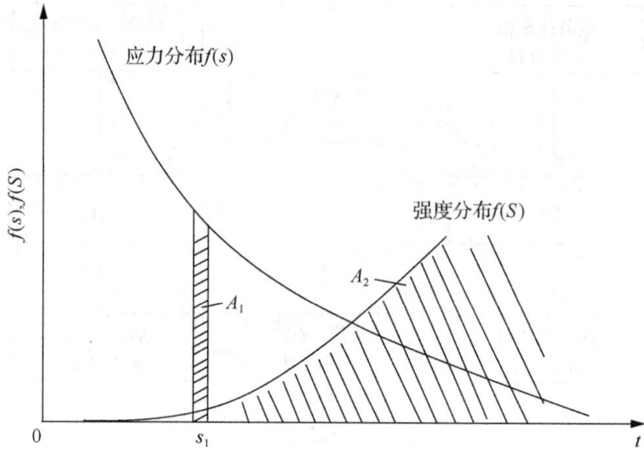

图 10.3　强度、载荷干涉时两者的概率分布图

2. 拟合状态函数法

用一个多元随机函数表示强度 S 和载荷 s 的差值：

$$Z = S - s = f(x_1, x_2, \cdots, x_n) \tag{10.6}$$

令 $f(Z)$ 表示 Z 的概率密度，根据概率理论，可通过强度和载荷的概率密度函数 $f(S)$ 和 $f(s)$ 计算 Z 的概率密度函数 $f(Z)$，从而通过式(10.7)计算部件的可靠度：

$$R = P(Z > 0)\int_0^{\infty} f(Z)\mathrm{d}Z \tag{10.7}$$

10.2.2　可靠性定量分析与优化理论研究

基于载荷-强度干涉理论的可靠性计算通式如式(10.5)所示。在实际应用中，由于影响因素较多，强度 S 和载荷 s 的概率密度函数很难精确获得，因而精确概率密度法的应用十分受限。工程实践中，一般采用蒙特卡洛模拟法[3]实现可靠度的求解。

1. 蒙特卡洛模拟法

在式(10.6)的基础上，引入极限状态方程的概念。令 x_1，x_2，…，x_n 为影响可靠度的基本随机变量，通过函数拟合，可靠度可表示为

$$R = P(S - s > 0) = P[y(x_1, x_2, \cdots, x_n) > 0] \tag{10.8}$$

极限状态方程为

$$y(x_1, x_2, \cdots, x_n) = 0 \tag{10.9}$$

蒙特卡洛法是一种纯概率分析法，以大数定理为基础。从服从一定概率分布规律

的随机变量中抽取一组样本 $\overline{x}_i(i=1,2,\cdots,N)$，循环多次，并将其代入式(10.9)即可得到极限状态方程的一组样本 $y(\overline{x}_i)$，此时 $y>0$ 的概率即为可靠度的估计值，$y<0$ 的概率即为失效率的估计值，其实质是样本落入失效域的点数与总样本点数的比值。

蒙特卡洛法对功能函数的形式没有任何要求，对随机变量的维数和分布也没有任何限定。蒙特卡洛法的分析精度较高，结果稳健，理论上是可靠度的精确近似，一般用来评估其他可靠性分析方法结果的精度，是最准确的定量可靠性分析方法[4]。随着计算机硬件水平的发展，蒙特卡洛法已逐渐克服了计算量的问题，成为结构可靠性分析和优化的有力技术[5]。

因此，通过有限元分析找出结构设计的危险截面，提取最大应力并以此为基础建立极限状态方程，再用蒙特卡洛模拟法精确估计结构的可靠性。

2. 参数灵敏度计算可靠性优化

极限状态方程[式(10.9)]建立后，若输入随机变量 x 之间互相独立且为正态分布。根据 Taylor 展开原则，$y(x)$ 的均值和方差可分别由式(10.10)和式(10.11)计算：

$$\mu_y = y(\overline{\boldsymbol{x}}) \tag{10.10}$$

$$\sigma_y = \sqrt{\sum_{i=1}^{n}\left(\frac{\partial y}{\partial \overline{\boldsymbol{x}}}\right)^2 \boldsymbol{S}_{x_i}^2} \tag{10.11}$$

式中，$\overline{\boldsymbol{x}}$ 为随机输入参数的均值矩阵 $\overline{\boldsymbol{x}}=[\overline{x}_1,\overline{x}_2,\cdots,\overline{x}_n]$；$\boldsymbol{S}_x$ 为标准差矩阵 $\boldsymbol{S}_x=[S_{x_1},S_{x_2},\cdots,S_{x_n}]$。

定义 $z_R=\mu_y/\sigma_y$，则可靠度 R 可表示为 $R=\phi(z_R)$。则随机参数 x 的灵敏度梯度可由式(10.12)和式(10.13)计算[6]：

$$\frac{\partial R}{\partial \overline{\boldsymbol{x}}} = \frac{\partial R}{\partial z_R}\left(\frac{\partial z_R}{\partial \mu_y}\frac{\partial \mu_y}{\partial \overline{\boldsymbol{x}}} + \frac{\partial z_R}{\partial \sigma_y}\frac{\partial \sigma_y}{\partial \overline{\boldsymbol{x}}}\right) \tag{10.12}$$

$$\frac{\partial R}{\partial \boldsymbol{S}_x} = \frac{\partial R}{\partial z_R}\left(\frac{\partial z_R}{\partial \mu_y}\frac{\partial \mu_y}{\partial \boldsymbol{S}_x} + \frac{\partial z_R}{\partial \sigma_y}\frac{\partial \sigma_y}{\partial \boldsymbol{S}_x}\right) \tag{10.13}$$

式中，$\dfrac{\partial R}{\partial z_R}=\varphi(z_R)$，其中 φ 表示标准正态分布的概率密度函数。

由于其中的偏微分求解十分复杂，可根据导数微分原理进行近似处理[6]，灵敏度梯度的模为

$$M_n = \sqrt{\left(\frac{\partial R}{\partial \overline{\boldsymbol{x}}} - \mu_y\right)^2 + \left(\frac{\partial R}{\partial \boldsymbol{S}_x} - \sigma_y\right)^2} \tag{10.14}$$

随机参数 x_n 的灵敏度因子 L_n 可用式(10.15)表示，其实质是其他参数不变时，x_n 的变化对可靠度的影响：

$$L_n = \frac{M_n}{\sum_{i=1}^{n} s_i} \times 100\% \tag{10.15}$$

输入参数的灵敏度可以将参数的重要程度进行分析和排序，分析输入参数对部件可靠性的影响[7]。对可靠性影响较大的输入参数是优化设计的依据、生产加工中必须严格控制的因素，在设备运转时必须避免这种极端工况。对可靠性影响很小的参数，在设计时，可将其设为确定值，以提高设计和分析的计算效率[8,9]。

10.2.3　基于有限元-蒙特卡洛模拟法的可靠性分析与优化理论

基于蒙特卡洛法有限元可靠性的具体分析流程如图 10.4 所示，首先根据设计

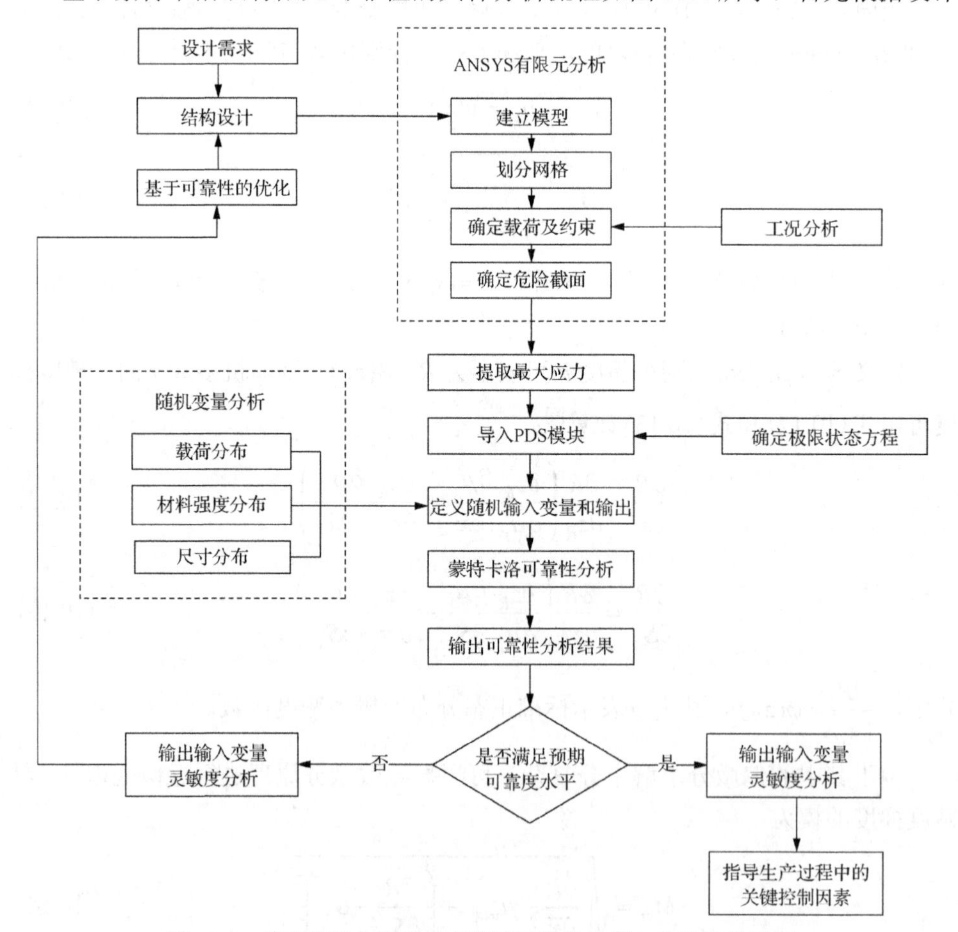

图 10.4　基于蒙特卡洛法的有限元可靠性分析与设计优化流程

的结构建立模型，根据结构的工况条件确定有限元分析的边界条件，通过有限元分析确定结构的危险状态和危险截面，进而提取最大应力并确定极限状态方程。

将参数导入 ANSYS 的概率设计模块(PDS 模块)，经随机变量分析确定随机变量的输入参数，定义随机输出变量。进行蒙特卡洛分析，得到满足可靠性要求的分析结果后，分析输入变量的灵敏度，其中灵敏度较高者是生产中必须严格控制的因素；如果设计不满足可靠性要求，需调整设计参数，重点调整灵敏度较高的输入变量，可靠性优化后再次进行可靠性分析。

10.3　压缩机关键部件的潜在失效模式及后果分析评价方法

压缩机历史故障数据的调研分析是潜在失效模式及后果分析(failure mode and effect analysis，FMEA)分析的前期准备工作。为实现相关的数据采集，需要设计压缩机关键部件振动测点布置方案，对压缩机的关键部件进行振动监测。将获取的数据进行归纳整理，建立相关故障特征数据库。通过对故障模式、故障原因和单位时间内故障次数等数据的分析，实现该类型压缩机组的高置信度[10]的可靠性分析。

10.3.1　压缩机的可靠性、平均无故障时间、失效率指标分析方法

1. 可靠性指标

对设备进行可靠性评价，首先需要选择适当的可靠性指标来进行描述。常用的可靠性指标包括可靠度、平均寿命、有效度、耐久性等。表 10.1 总结了不同类型产品的适用可靠性指标。本节研究对象为可修复的大型机电产品，选择平均故障间隔时间和失效率为评价产品可靠性的指标。

表 10.1　常用可靠性指标

<table>
<tr><td>产品类型</td><td colspan="3">连续使用产品</td><td colspan="2">一次性产品</td></tr>
<tr><td>可否修复</td><td colspan="2">可修复</td><td>不可修复</td><td>可修复</td><td>不可修复</td></tr>
<tr><td>维修类型</td><td>预防性维修</td><td>事后维修</td><td>不维修，一定期限后报废</td><td>预防性维修</td><td>不维修</td></tr>
<tr><td>典型产品</td><td>计算机、汽车、飞机、雷达</td><td>日用电器、机械结构</td><td>电子元件、机械部件</td><td>武器装备、救生设备</td><td>保险丝、雷管</td></tr>
<tr><td>常用指标</td><td>可靠度、有效度、平均无故障时间、平均修复时间</td><td>平均无故障时间、有效度</td><td>失效率、平均寿命</td><td>成功率</td><td>成功率</td></tr>
</table>

2. 平均无故障时间

工程应用中常用产品的平均寿命描述其可靠性。若产品寿命的概率密度函数

为 $f(t)$，则可用概率理论中的数学期望[11]定义产品寿命：

$$E(T) = \int_0^\infty t f(t) \mathrm{d}t \tag{10.16}$$

产品寿命对可修复产品和不可修复产品的意义并不相同。对可修复产品，可靠度可用平均故障间隔时间(mean time between failure，MTBF)描述。而对不可修复产品，可用平均故障前时间(mean time to failure，MTTF)描述。

对可修复产品，如果随机抽取 n 个产品，发生故障修复后又再次投入使用，共有 n 个连续运行时间 $t_1, t_2, \cdots, t_n$，则其 MTBF 的计算如式(10.17)所示：

$$\mathrm{MTBF} = \frac{1}{n}\sum_{i=1}^{n} t_i = \frac{T}{N} \tag{10.17}$$

式中，T 为总运行时间；N 为总失效次数。

在工程应用中，生产厂家往往会对设备进行不断地改进或根据用户要求和使用环境进行改造，结构设计完全相同的设备较少，每型设备单独开展可靠性试验是不现实的，因而为充分利用同类设备的失效数据，提出单位时间内平均故障间隔时间(mean time between failure per unit time，MTBFP)的概念，如式(10.18)所示：

$$\mathrm{MTBFP} = \frac{T'}{N'} \tag{10.18}$$

式中 T' 为单位运行时间；为 N' 单位运行时间内的失效次数。

同系列的设备有类似的机构和相同的配件，寿命周期中的失效分布特点也类似。因而，通过统计分析不同总运行时间的设备的单位运行时间维修记录，就能得到该型设备的全周期可靠度/失效率分布情况。

3. 失效率

失效率的定义为工作到 t 时刻尚未失效的产品，在该时刻后单位时间内发生失效的频率，记为 $\lambda(t)$[11]。

已知 MTBF 后，失效率的计算可如式(10.19)所示：

$$\lambda(t) = \frac{1}{\mathrm{MTBF}} = \frac{N}{T} \tag{10.19}$$

与 MTBFP 类似，可定义单位时间失效率为

$$\lambda_{\mathrm{p}}(t)=\frac{1}{\mathrm{MTBFP}}=\frac{N'}{T'} \tag{10.20}$$

产品的失效率是时间的函数，经过大量的工程实践，发现复杂机电系统的失效率一般可以用浴盆曲线理论(bathtub-curve)描述，如图 10.5 所示。

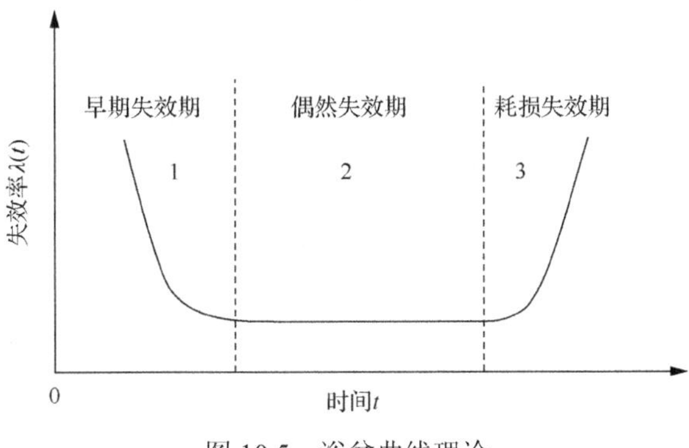

图 10.5　浴盆曲线理论

10.3.2　压缩机潜在失效模式及后果分析可靠性评价模型的建立

往复压缩机的工作结构系统组成如图 10.6 所示，根据各部件之间的相互作用关系，可以制定压缩机工作系统可靠性框架图，如图 10.7 所示。压缩机工作系统严酷度类别及其定义见表 10.2。

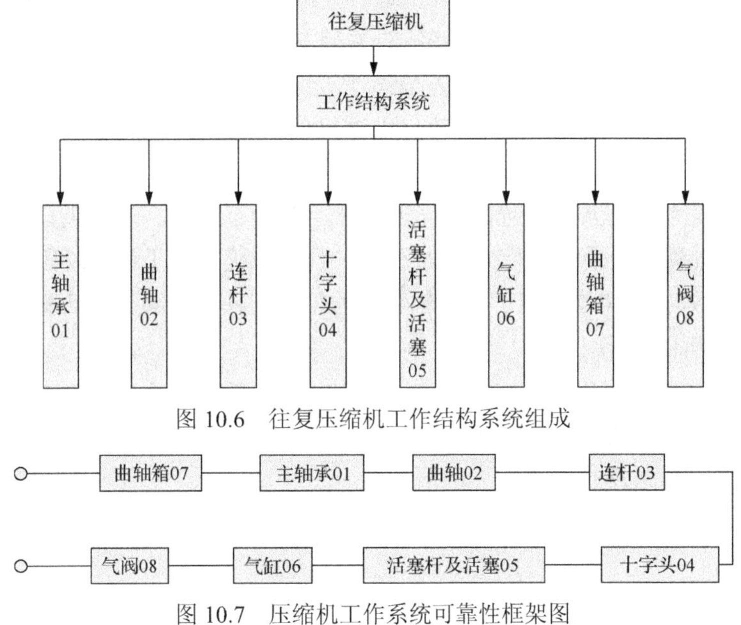

图 10.6　往复压缩机工作结构系统组成

图 10.7　压缩机工作系统可靠性框架图

表 10.2　压缩机工作系统严酷度类别及其定义

严酷度类别	严酷度定义
Ⅰ	造成严重损失的安全生产事故
Ⅱ	引起往复压缩机功能完全丧失
Ⅲ	引起往复压缩机功能性能下降
Ⅳ	对压缩机系统无影响，导致非计划维修

根据实际的评价对象制定了 FMEA 严酷度类别的评分标准见表 10.3：

表 10.3　FMEA 严酷度等级划分

等级	严酷度水平	失效模式对人或环境的影响
Ⅳ	灾难性的	可能潜在的导致系统基本功能丧失，致使系统和环境严重损坏或人员伤害
Ⅲ	严重的	可能潜在的导致系统基本功能丧失，致使系统和环境有相当大的损坏，但不严重危害生命安全或人身伤害
Ⅱ	临界的	可能潜在的使系统的性能、功能退化，但对系统没有明显的损伤、对人身没有明显的威胁或伤害
Ⅰ	轻微的	可能潜在的使系统功能稍有退化，但对系统不会有损伤，不构成人身威胁或伤害

10.3.3　压缩机关键部件的潜在失效模式及后果分析可靠性分析方法研究

对同类和同系列装备的历史数据进行可靠性分析，充分利用已有装备的信息，可获知具有相同结构的新型装备的关键易损环节和失效特点，为优化设计和开展新型国产化装备可靠性评估与管理工作打下基础。根据压缩机关键部件的 FMEA 可靠性分析结果，可以确定压缩机的关键部件，并以此建立仿真诊断的策略。

对压缩机系统的八个关键部件：主轴承、曲轴、连杆、十字头、活塞杆及活塞、气缸、气阀、曲轴箱进行 FMEA 分析，当故障模式由于运行阶段不合理的故障原因所导致时表 10.4 列出了对主轴承、曲轴、连杆、十字头和活塞杆及活塞进行 FMEA 分析的表格。

根据表 10.4 严酷度指数可以看出，十字头颈部断裂，活塞杆断裂等故障类型严酷度较高，是需要优先考虑预防和解决的故障类型，应该针对故障类型的不同原因分别采取措施及时预防。

表 10.4　运行阶段 FMEA 分析

编号	系统或部件名称	功能	故障模式	故障原因	任务阶段	故障影响	故障检测方法	维修管理方式	严酷度类别
1	主轴承	润滑	松动	长期使用	运行阶段	曲轴工作异常，最终可能导致停机	布测点、手摸	定期维修	Ⅱ
			端盖裂纹	温差	运行阶段			故障维修	Ⅱ
2	曲轴	传递压缩机的全部功率	裂纹或断裂	剧烈冲击、紧急带压冲击	运行阶段	曲轴振动异常，断裂。停机，造成严重事故	手摸、眼看、布测点	故障维修	Ⅲ
				工作中气缸轴线变化，和曲轴轴线不垂直，曲轴承受附加弯矩	运行阶段			故障维修	Ⅲ
				压缩机地基和电动机基础发生不均匀沉降，联轴器严重不对中	运行阶段			定期维修	Ⅲ
			弯曲	负荷大	运行阶段	曲轴工作振动异常，压缩机损坏	手摸、眼看、布测点	状态维修	Ⅱ
			曲轴油封泄漏	油封安装错误、排出孔堵塞	运行阶段	润滑油泄漏，曲轴润滑不良，压缩机工作异常	眼看、查图纸、布测点	状态维修	Ⅱ
3	连杆	曲轴和活塞间的连接件，将曲轴的回转运动转化为活塞的往复运动，把动力传递给活塞对气体做功	连杆螺栓断裂	开口销折断	运行阶段	连杆变形断裂，停机	眼看、布测点	事后维修	Ⅲ
				连杆螺栓疲劳断裂	运行阶段			事后维修	Ⅲ
				活塞卡住或者超负荷运转，连杆螺栓承受过大应力	运行阶段			事后维修	Ⅲ
				运动部件出现故障，连杆螺栓产生较大冲击载荷	运行阶段			事后维修	Ⅲ
				长期使用	运行阶段			事后维修	Ⅲ
			连杆裂纹或断裂	疲劳应力	运行阶段	连杆断裂，停机	手摸、眼看、布测点	事后维修	Ⅱ

续表

编号	系统或部件名称	功能	故障模式	故障原因	任务阶段	故障影响	故障检测方法	维修管理方式	严酷度类别
4	十字头	连接活塞杆和连杆的部件，将连杆的动力传给活塞部件	销磨损	长期使用	运行阶段	十字头振动异常	布测点、手摸、眼看	状态维修	Ⅱ
			销断裂	摩擦产生热裂	运行阶段	停机，严重事故	眼看、布测点	事后维修	Ⅳ
			颈部断裂	疲劳、应力集中	运行阶段	停机，严重事故	眼看、布测点	事后维修	Ⅳ
5	活塞杆及活塞	活塞组在气缸中做往复直线运动，与气缸等共同组成一个可变的工作容积，实现吸气、压缩、排气	活塞杆断裂	活塞杆跳动量过大	运行阶段	停机，严重事故	眼看、布测点	事后维修	Ⅳ
				工艺气体腐蚀	运行阶段			事后维修	Ⅳ
			填料漏气窜漏	压力上升过快	运行阶段	气体泄漏，停机	眼看、查看图纸、布测点	状态维修	Ⅲ
				活塞杆径跳动过大	运行阶段			状态维修	Ⅲ
			填料过热	填料串气，填料冷却水(油)管堵塞	运行阶段	填料烧毁，气体泄漏，停机	布测点、手摸、眼看	状态维修	Ⅲ
			活塞杆过热	给油量不足	运行阶段	加快活塞杆磨损，烧毁摩擦面，酿成事故	布测点、手摸、眼看	状态维修	Ⅲ
				活塞和填料函冷却不良	运行阶段	停机，重大事故	眼看、布测点	状态维修	Ⅲ
				填料环中有杂物，密封圈卡住	运行阶段			状态维修	Ⅲ
			活塞卡住、咬住或撞裂	活塞的热稳定差，在运行中有形变和开裂现象导致活塞损坏	运行阶段	停机，重大事故	眼看、布测点	状态维修	Ⅲ
				注油器供油中断，发生干摩擦，摩擦发热，阻力增大被卡住、咬住	运行阶段			状态维修	Ⅲ
				气缸冷却水供应不足，气缸急剧收缩，把活塞咬住	运行阶段			状态维修	Ⅲ
				气缸带液，发生气缸水击，可撞裂活塞	运行阶段			状态维修	Ⅲ

10.4　压缩机关键部件故障的仿真诊断实例分析

10.4.1　固有特性分析在压缩机关键部件故障诊断中的应用

由于往复压缩机各个部件的振动方式各异，固有频率相差很大，关键部件振动与压缩机整机振动相互影响[12]，所以需要对压缩机关键部件进行固有特性分析，查找出其最大振动位置。通过分析易发生故障部位，求得压缩机在驱动载荷下的振动响应，实现现场测试与计算机模拟相结合[13]的故障诊断模式。

1. 曲轴的固有特性分析

通过对压缩机曲轴的正常工况下及故障状态下的固有特性分析，可以得到曲轴故障时其固有频率的变化及应力的变化，为压缩机振动故障诊断提供理论基础。

压缩机整体曲轴受力情况复杂，但对于曲拐来讲每个曲拐的受力情况是一样的，所以在此只对曲轴的一个曲拐进行分析。曲轴实体建模应用 SOLIDWORKS，通过接口 PATA[14]导入 ANSYS 软件。分析模型采用体单元 SOLID95 进行网格划分，曲轴单元数 20028，节点数 30693。材料属性参数[15,16]为弹性模量 $E=2.1\times10^{11}$Pa，泊松比 μ–0.3，密度 ρ=7800kg/m^3，有限元模型如图 10.8 所示。

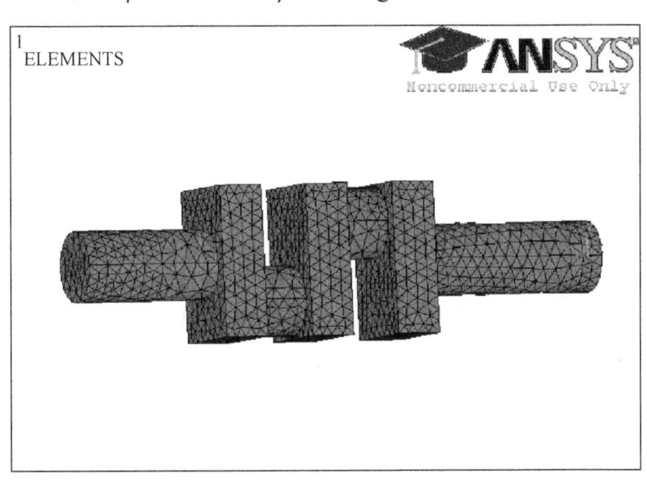

图 10.8　曲拐有限元模型

利用迭代求解器的 Power Dynamics[17]求解方法，结果如下。

1) 曲轴正常工况下固有特性分析

曲轴零位移约束，一般来说引起压缩机共振的主要是较低阶次的频率。曲轴前十阶固有频率数据见表 10.5。曲轴前四阶振型应力云图如图 10.9 所示。

表 10.5　曲轴前十阶固有频率数据表

	阶数									
	一	二	三	四	五	六	七	八	九	十
频率/Hz	280.9	294.2	455.9	770.9	814.4	926.5	1135	1399	1472	1616

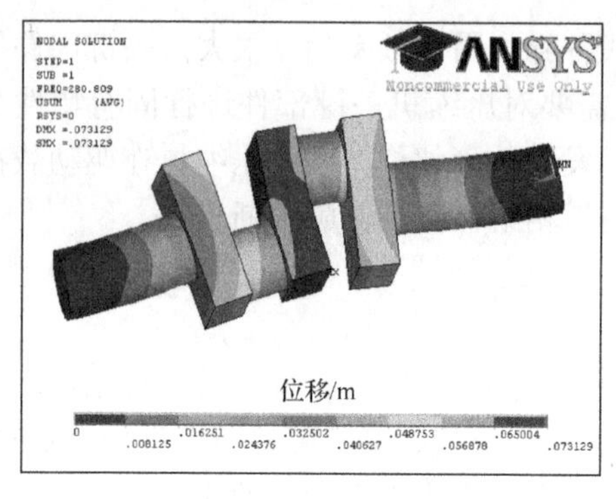

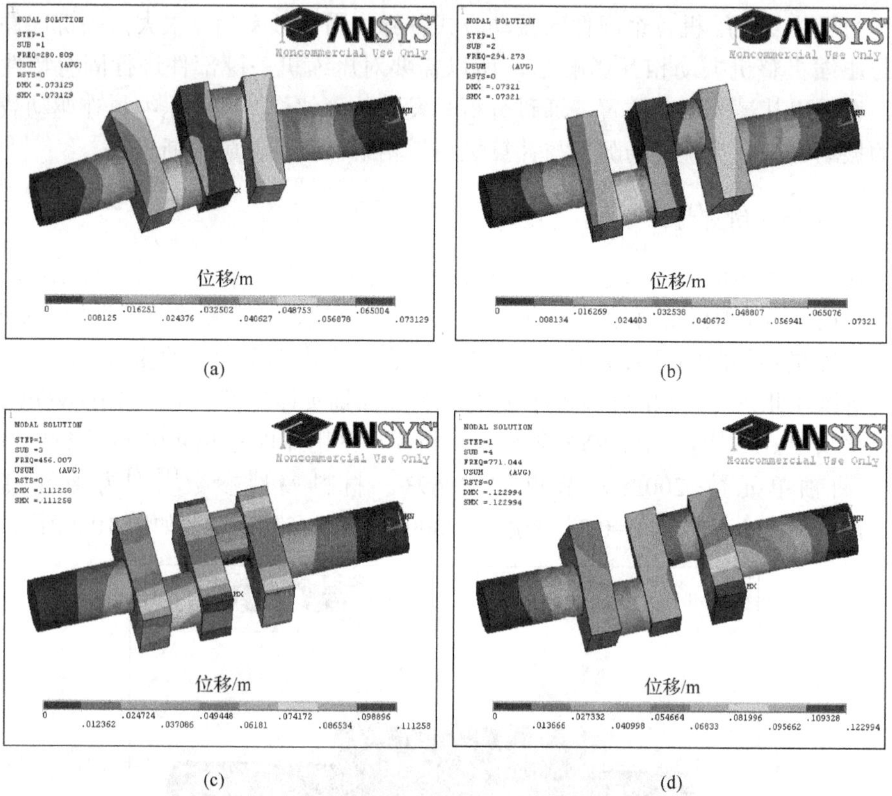

(a)

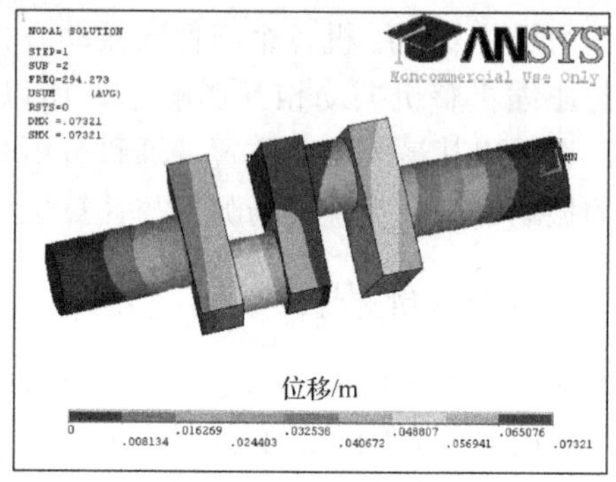

(b)

(c)

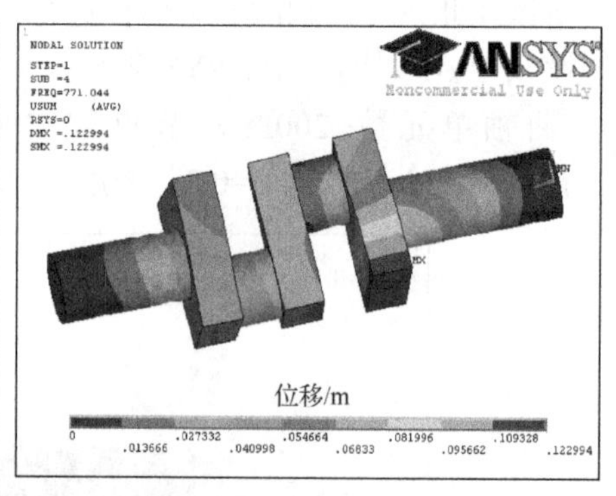

(d)

图 10.9　曲轴前四阶振型

(a) 一阶；(b) 二阶；(c) 三阶；(d) 四阶

曲轴振型的动态显示：一阶固有频率对应为曲轴对刚体平动；二阶固有频率对应为曲轴一弯变形；四阶固有频率对应为曲轴二弯变形。

在曲轴的振动过程中，弯曲和扭曲是曲轴的主要变形形式，随着频率的增高，便可能发生危险振型。由图 10.9 可知，曲轴两端与轴承装配的部分，以及曲轴柄和曲轴颈相连处是曲轴振动中变形最大的区域。

2) 曲轴裂纹故障下固有特性分析

曲柄轴受压工况下容易出现危险状况：曲柄轴与曲拐的结合处最大的拉压应力、应变都集中，是曲轴承载力作用最明显的位置，这个位置也是曲轴最容易出现疲劳裂纹的地方。当曲轴出现裂纹时曲轴的固有特性将发生变化。分别对曲轴裂纹的由小到大进行固有特性分析，可看出曲轴的固有特性变化规律。

图 10.10 说明了各故障曲轴的裂纹形式。表 10.6 分别列出了各个曲轴的裂纹尺寸大小。裂纹从大到小依次是曲轴 0、曲轴 1、曲轴 2、曲轴 3、曲轴 4，并且裂纹均在曲柄和曲柄销连接处。

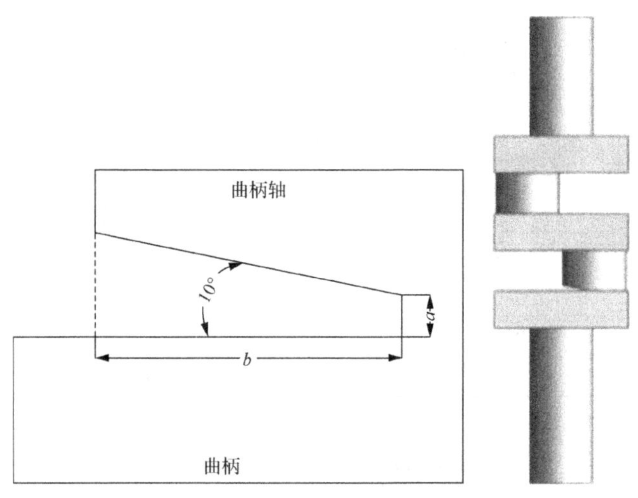

图 10.10　裂纹示意图

表 10.6　曲轴裂纹大小参数

裂纹参数	曲轴 0	曲轴 1	曲轴 2	曲轴 3	曲轴 4
裂纹轴向长度 a/mm	5	5	5	5	5
裂纹径向长度 b/mm	60	50	40	30	20

从表 10.7 可以看出，随着曲柄和曲柄销处裂纹大小的变化，曲轴的各阶固有频率呈现一定的规律性变化。因此，可以通过测取曲拐的固有频率的变化，来推测曲轴是否有裂纹产生。

表 10.7　正常状态和五种裂纹状态下的固有频率　（单位：Hz）

N 阶固有频率	曲轴 0	曲轴 1	曲轴 2	曲轴 3	曲轴 4	正常曲轴
一阶	275.72	276.72	277.92	278.92	279.59	280.9
二阶	291.55	292.47	293.37	293.77	293.92	294.2
三阶	454.52	454.93	455.33	455.58	455.74	455.9
四阶	729.27	741.44	751.50	759.30	765.05	770.9
五阶	800.24	802.02	804.53	806.89	809.37	814.4
六阶	909.07	913.62	917.91	921.27	923.73	926.5
七阶	1127.3	1129.3	1132.4	1134.0	1134.3	1135
八阶	1398.1	1398.3	1399.2	1398.8	1398.5	1399
九阶	1446.9	1455.5	1461.6	1465.7	1468.4	1472
十阶	1569.3	1591.0	1599.5	1605.8	1610.2	1616

从图 10.11 的应力云图有限元分析得出，曲轴处于正常状态和产生不同裂纹时，其基本振型都相同，但是应力分布及大小则有所不同。有裂纹和无裂纹只改变曲轴的固有频率，并不改变曲轴的振型。当曲轴上存在裂纹时，曲轴的固有频率发生了明显变化。

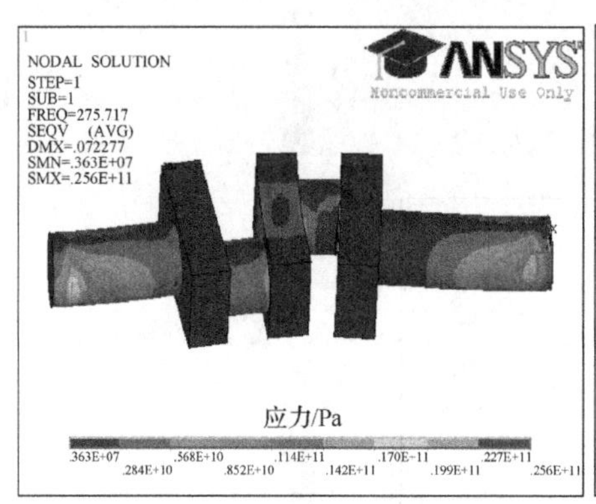

(a)

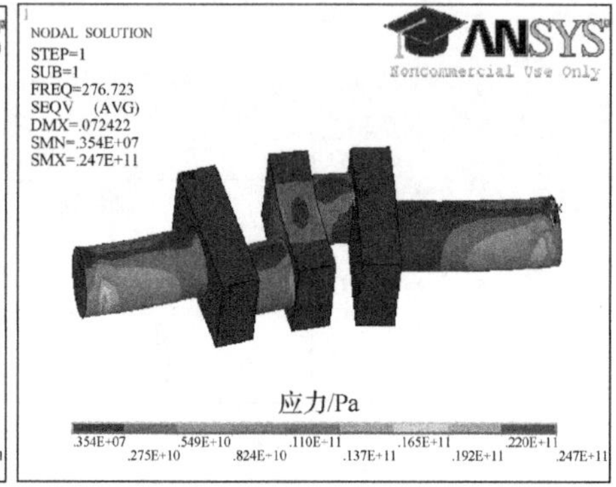

(b)

(c)

(d)

(e)

(f)

图 10.11　曲轴 0 到曲轴 4 和正常曲轴的一阶应力云图

(a)曲轴 0；(b)曲轴 1；(c)曲轴 2；(d)曲轴 3；(e)曲轴 4；(f)正常曲轴

由此可知，固有频率的变化可以作为评价曲轴有无裂纹的一个指标。

2. 连杆的固有特性分析

模态分析的建模与静态分析时相同，模态分析的零位移约束施加在连杆大头端的内表面，模态分析结果如表 10.8 和图 10.12 所示。

由图 10.12 可以看出，当连杆被激发振动时，小头端振幅较大，所以在实际工况中应该加强小头端与十字头的连接强度。

表 10.8　连杆前十阶固有频率数据表

	阶数									
	一	二	三	四	五	六	七	八	九	十
频率/Hz	290.50	406.87	1290.2	1415.1	1425.8	2248.2	2682.2	2707.8	3287.4	4204.4

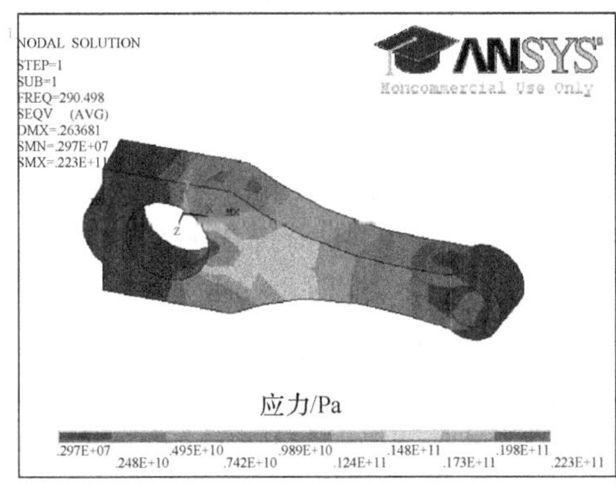

(a)

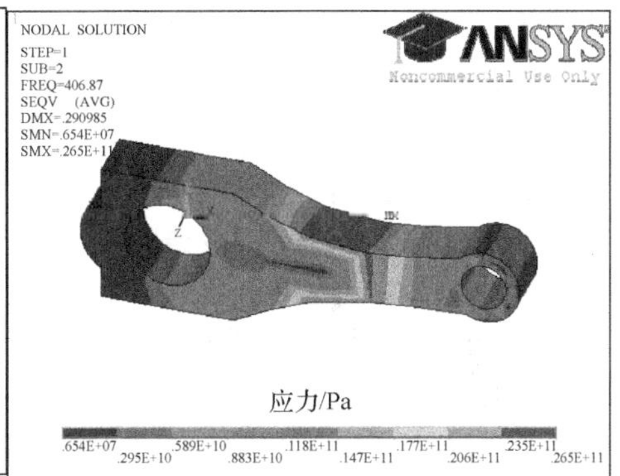

(b)

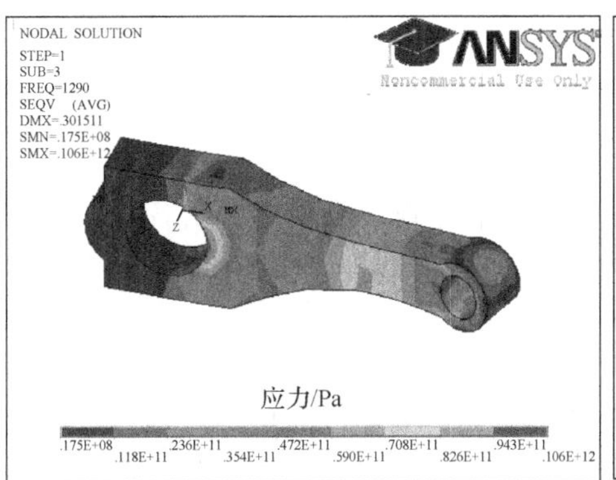

(c)

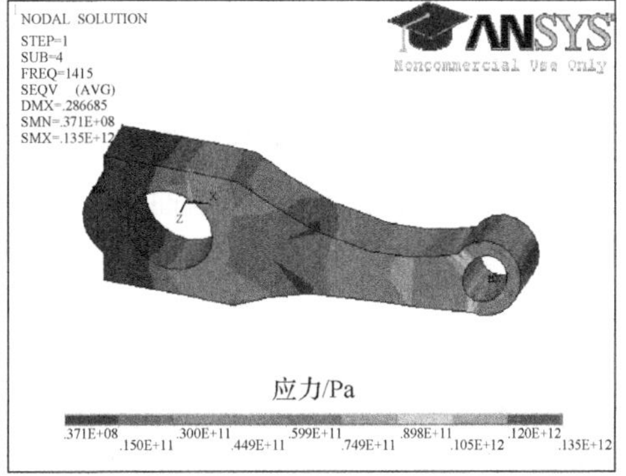

(d)

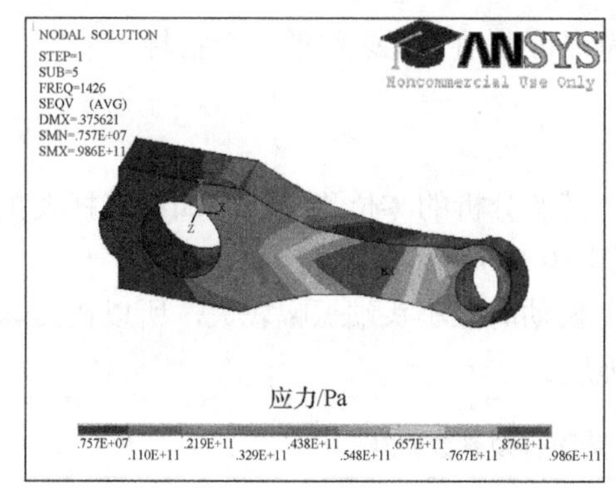

(e)

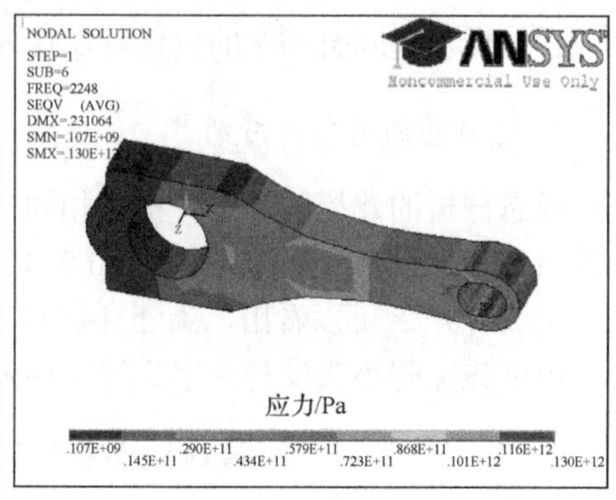

(f)

图 10.12　连杆前六阶应力云图

(a)一阶；(b)二阶；(c)三阶；(d)四阶；(e)五阶；(f)六阶

按照相同的方法对十字头进行固有特性分析，结果显示如下。

(1)十字头与活塞杆连接处比连杆与十字头的连接处狭窄，所以低阶振型中最大振幅位置出现在与活塞杆的连接处，而高阶振型中最大振幅位置出现在与连杆的连接处。

(2)缓冲罐固有特性分析的结果显示，三级缓冲罐的固有频率比一级缓冲罐和二级缓冲罐都低，更靠近激振频率，更容易发生振动。三级缓冲罐的各阶振型的应力主要集中在罐的中部和罐的出气口和进气口处，因此该处容易发生破坏。

(3)活塞组件固有特性分析的结果显示，主要应力一般在活塞杆上，其振幅相对活塞来说很大，振幅的较大位置还出现在活塞与气缸接触的表面，由于活塞有活塞环保护，所以当活塞运动时，活塞环受到的摩擦力是最大的，也是最容易摩擦断裂的位置。

(4)气缸固有特性分析的结果显示，其发生共振的可能性很小，三级气缸的振动主要是由活塞冲击、气体压缩膨胀引起的。

10.4.2　静力强度分析在压缩机关键部件故障诊断中的应用

对压缩机的关键部件(以曲轴、连杆为例)进行了静力分析，分析各种部件在最恶劣工况下哪个位置易发生故障，为压缩机关键部件故障预测提供理论基础。

1. 曲轴的静力分析

曲轴结构复杂，工作受力情况复杂，曲轴承受着周期性变化的气体力，往复运动质量惯性力，旋转运动离心力的共同作用，对曲轴进行静力学分析，分析曲柄轴在受压下曲轴对位移、应力、应变情况，分析故障部位[18]和原因。

1)创建有限元模型

曲轴静力分析有限元模型与曲轴的固有特性分析所建模型相同，如图 10.8 所示。

2) 约束条件和施加载荷

在压缩机中，整个曲轴通过滑动轴承固定支撑，对曲拐进行分析时，在主轴径外表面施加固定约束。曲拐两端附近的圆面(离端面 50mm 的圆面)施加零位移约束，在曲柄轴外表面 180°范围内施加 5MPa 的压力，具体情况如图 10.13 所示。

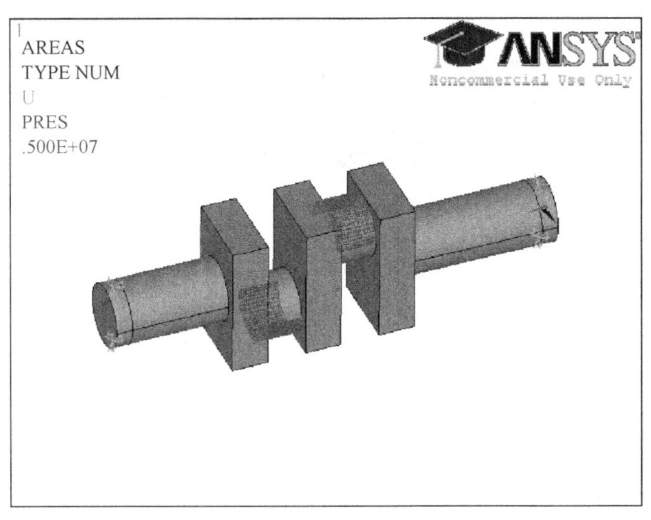

图 10.13　曲拐有限元模型

3) 计算结果及分析

ANSYS 将对自动划分的每一单元的节点进行计算。计算完成后，进入通用后处理器和时间历程后处理器中浏览分析结果。图 10.14 和图 10.15 是对曲拐在受压的状态下分析的结果。

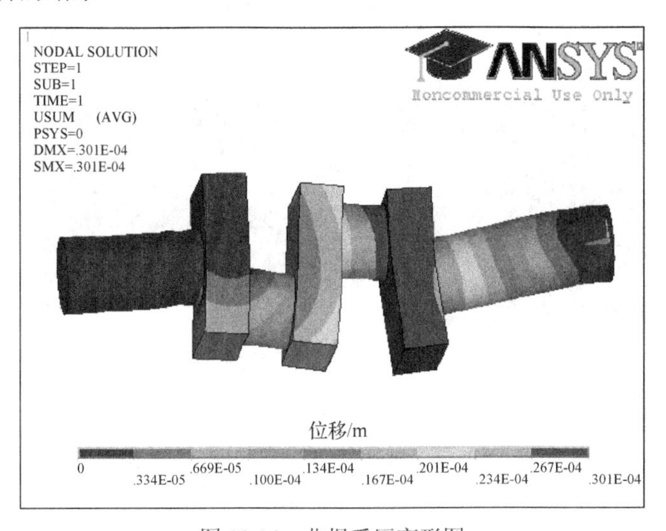

图 10.14　曲拐受压变形图

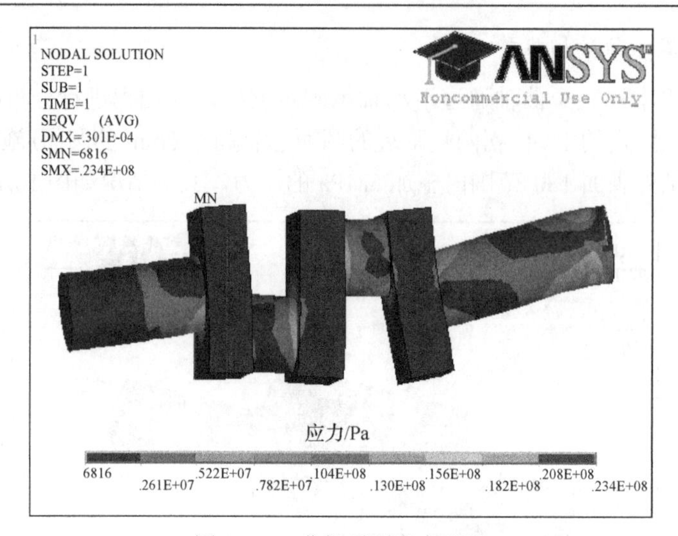

图 10.15　曲拐受压应力云图

通过以上分析可知，在曲柄轴受压工况下，曲柄轴与曲柄的连接处应力、应变集中，是曲轴承载力最明显的位置，这个位置即为曲轴最容易出现裂纹的地方。根据以往压缩机曲轴裂纹故障发生位置可证明此分析与实际情况相符，如图 10.16 所示。

图 10.16　曲轴裂纹图

为了研究载荷与曲轴的应力及形变的关系，通过改变曲轴受压载荷的大小，分析载荷对曲轴静力特性的影响，分析结果如表 10.9 所示。

表 10.9　载荷变化对曲轴静力特性的影响

	气压				
	5MPa	7MPa	9MPa	11MPa	13MPa
应力最大值/Pa	2.61×10^{7}	3.65×10^{7}	4.69×10^{7}	5.74×10^{7}	6.78×10^{7}
形变最大值/m	2.58×10^{-5}	3.61×10^{-5}	4.64×10^{-5}	5.68×10^{-5}	6.71×10^{-5}

图 10.17 和图 10.18 说明随着压缩机负载变大，曲轴的最大应力值变大，从而使曲轴的工作条件恶化，压缩机长期在此工况运转，曲轴损坏的可能性增加，所以尽量避免压缩机超负荷运行。

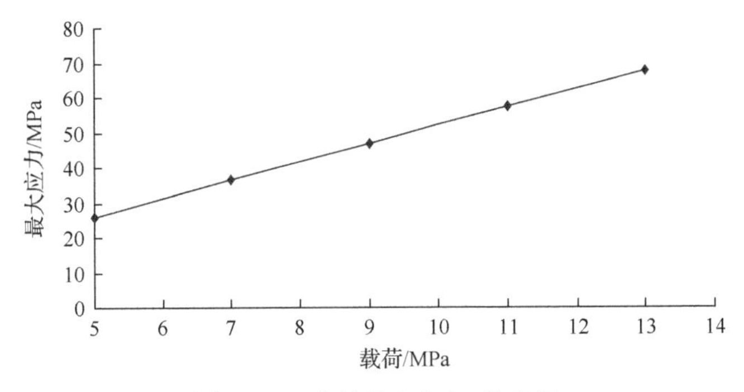

图 10.17　曲轴最大应力-载荷图

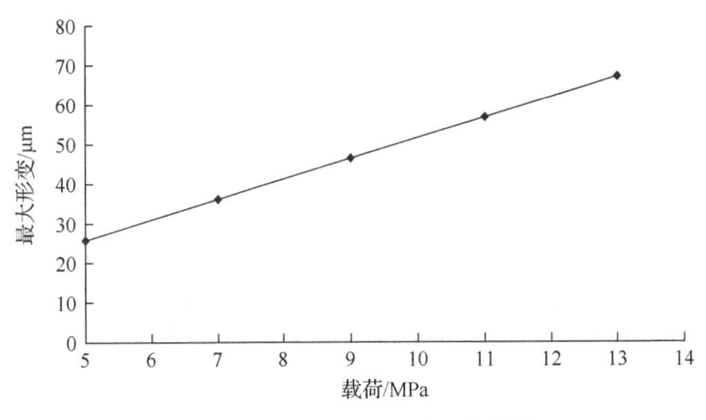

图 10.18　曲轴最大形变-载荷图

2. 连杆的静力分析

1) 创建有限元模型

建立 SOLIDWORKS 模型后，通过接口 PATA 直接导入 ANSYS 软件。对连杆模型采用智能网格划分，选用单元类型 SOLID95，材料属性参数为 E=2.1×10^{11}Pa，μ=0.3，ρ=7800kg/m^3。将模型网格化，有限元模型如图 10.19 所示，节点数 4138

个，单元数 2191 个。

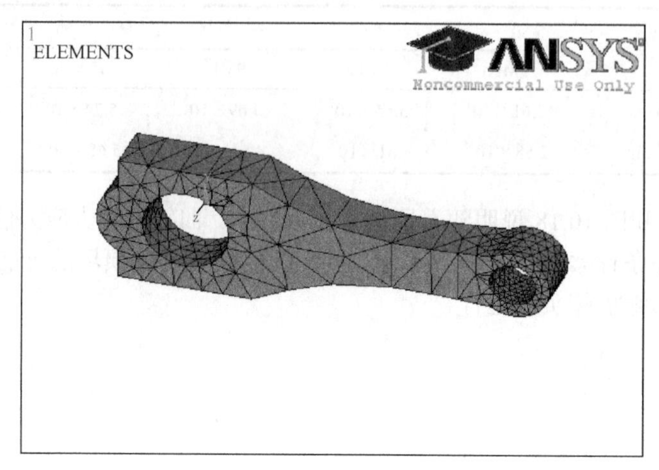

图 10.19　压缩机连杆有限元模型

2）约束条件和施加载荷

压缩气体的压力、活塞组的往复惯性力和连杆的惯性力是作用于压缩机连杆的力。

3）计算结果及分析

在这一步中，ANSYS 将对自动划分的每一单元的节点进行计算。图 10.20 为施加载荷与约束后连杆的位移等值线图，图 10.21 为连杆受压应力等值线图。

由计算结果可知，连杆的最大位移出现在小孔的内外表面，最大等效应力出现在小孔的内表面，大孔的形变特别小，其他部位受力较均匀，与实际情况相符。

为了研究载荷与连杆的应力及形变的关系，通过改变曲轴受压载荷的大小，分析载荷对曲轴静力特性的影响，分析结果如表 10.10 所示。

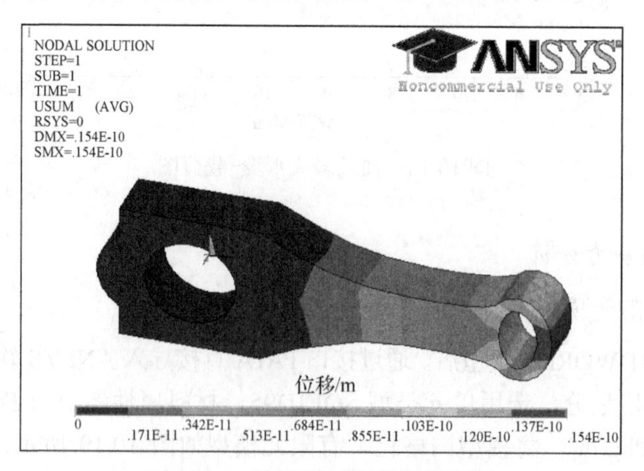

图 10.20　连杆受压位移等值线图

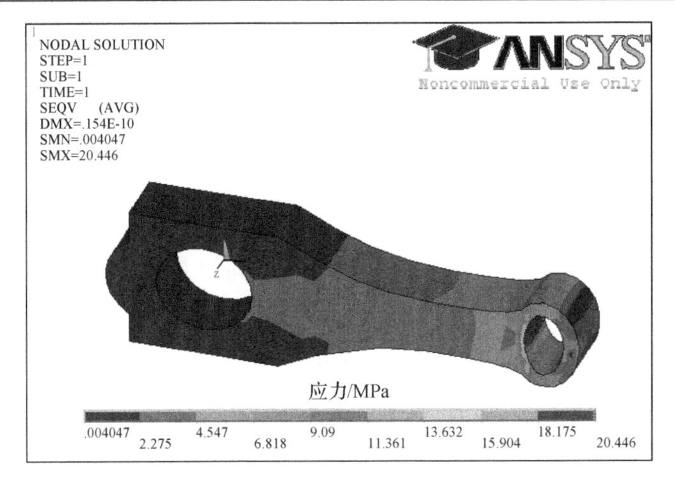

图 10.21　连杆受压应力等值线图

表 10.10　载荷变化对连杆静力特性的影响

	气压				
	5MPa	7MPa	9MPa	11MPa	13MPa
应力最大值/Pa	2.04×10^{7}	2.86×10^{7}	3.68×10^{7}	4.50×10^{7}	5.32×10^{7}
形变最大值/m	1.54×10^{-5}	2.15×10^{-5}	2.77×10^{-5}	3.39×10^{-5}	4.005×10^{-5}

由图 10.22 和图 10.23 可知，随着压缩机负载变大，连杆的最大应力值变大，从而使工作条件恶化，压缩机长期在此工况运转，连杆损坏的可能性增加，所以应尽量避免压缩机超负荷运行。

按照相同的方法对十字头、活塞组件、气阀进行静力强度分析，结果与连杆和曲轴结果一致，均与现实情况相符。

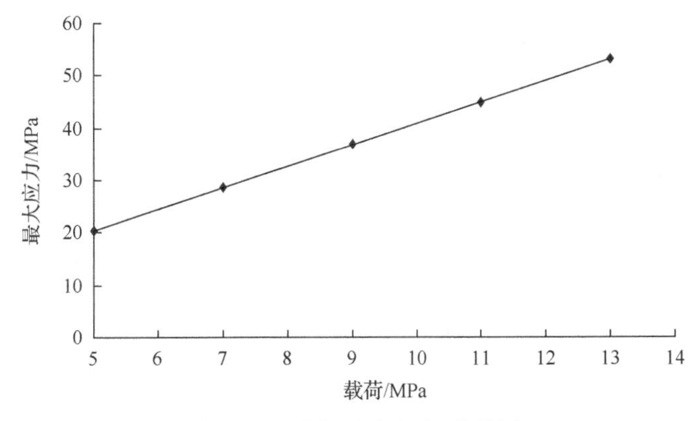

图 10.22　连杆最大应力-载荷图

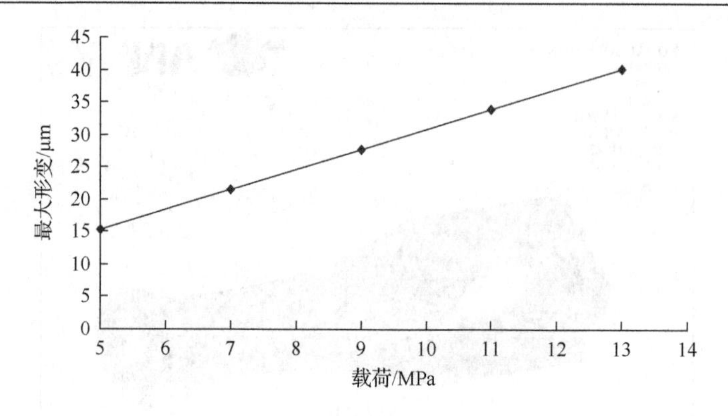

图 10.23　连杆最大形变-载荷图

10.4.3　基于固有特性分析的压缩机机组振动异常诊断

1. 整机模型的建立

选取 Dresser-Rand 7HOS-6 型压缩机为例，以整体为研究对象，建立了压缩机的简化后的模型，如图 10.24 所示。

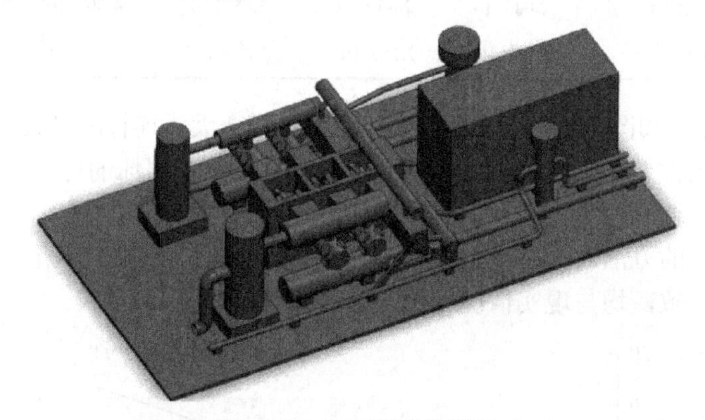

图 10.24　压缩机简化模型

Dresser-Rand 7HOS-6 型压缩机结构部件主要有曲轴箱及内部运动部件、一至三级气缸、各级洗涤罐、各级缓冲罐、连接管路、驱动内燃机。压缩机主要材料为碳素钢，材料属性参数为 E=2.1×10^{11}Pa，μ=0.3，ρ=7800kg/m^3。

网格单元选择 SOLID45 单元，每个节点有三个沿着 X、Y、Z 方向平移的自由度。最终所得压缩机有限元模型如图 10.25 所示，整个压缩机共划分为 683469 个单元，204681 个节点。

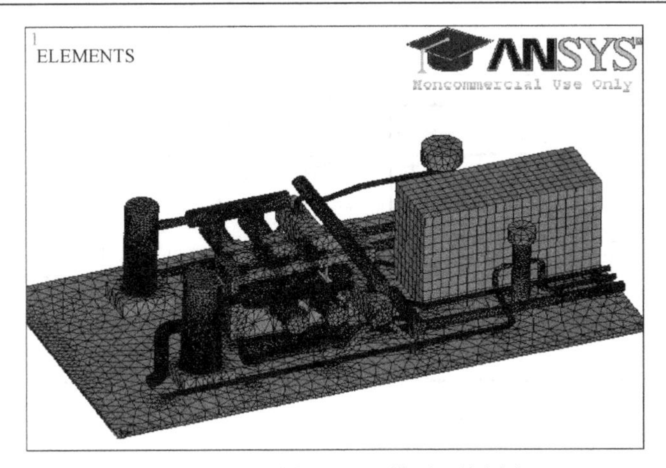

图 10.25　压缩机有限元模型网格划分

2. 边界条件的确定

压缩机零位移约束施加后有限元模型如图 10.26 所示。

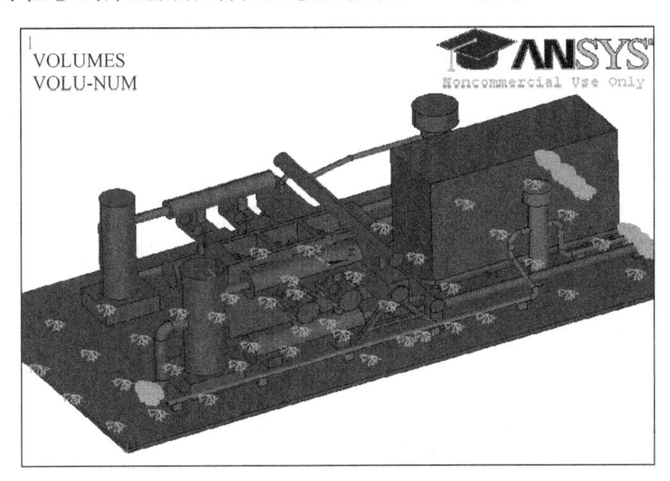

图 10.26　零位移施加压缩机有限元模型

压缩机底部通过 44 个地脚螺栓撬装固定，如图 10.27 所示。做整机模态分析时，将 44 个地脚螺栓部位底部施加零位移约束。压缩机机体上的进出口管线是从地面引入引出的，其进出口处施加零位移约束。压缩机与冷却装置是分开的，冷却装置是单独固定于其他地方，从压缩机到冷却装置间的管线端面施加零位移约束。

3. ANSYS 计算结果分析及振动诱因查找

对压缩机简化模型进行模态分析，前十阶固有频率如表 10.11 所示。

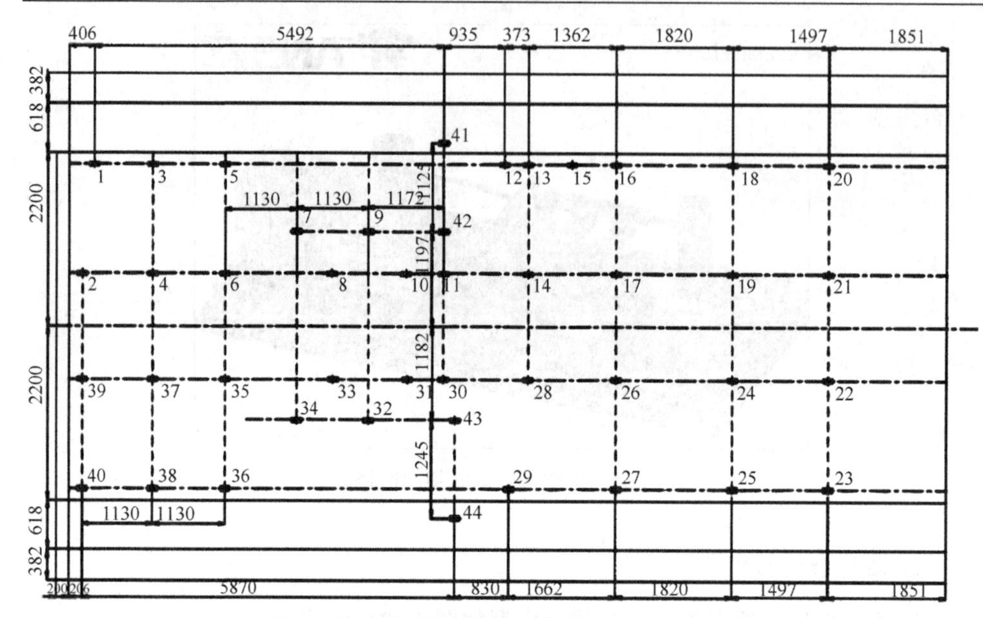

图 10.27 压缩机地脚螺栓分布图(单位：mm)

表 10.11 压缩机模态分析前十阶频率

	阶数									
	一	二	三	四	五	六	七	八	九	十
频率/Hz	27.67	32.02	43.06	48.99	69.04	70.69	73.01	79.87	85.89	88.35

从表 10.12 可以看出，压缩机整机的各阶固有频率都比较低，一阶频率只有 27.67Hz，这与往复压缩机的激振频率 900/60=15(Hz) 非常接近，因此曲轴的转动很容易激发压缩机整机产生共振。由于前十阶频率都与激振频率相差不大，压缩机整机的振动表现为各低阶振型的叠加，图 10.28 为前十阶振型。

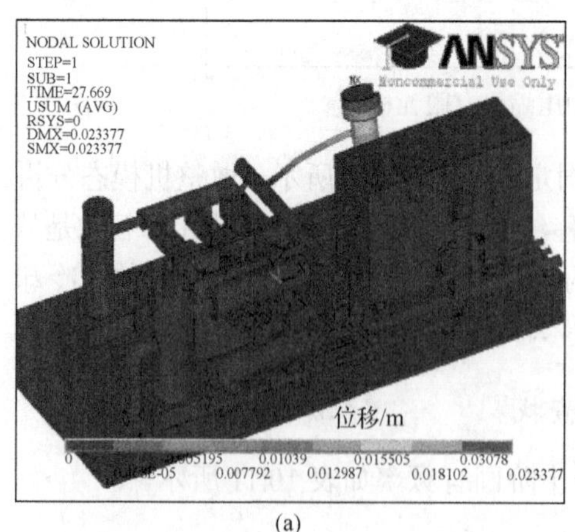

(a)

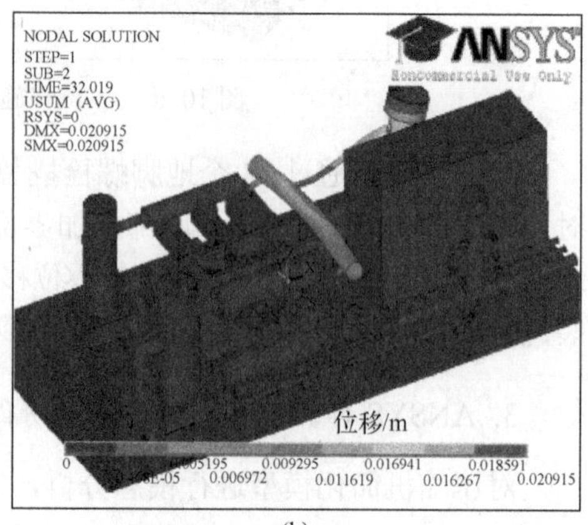

(b)

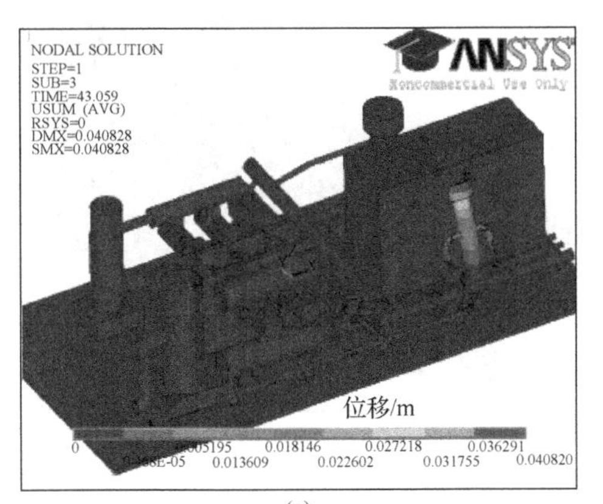
NODAL SOLUTION
STEP=1
SUB=3
TIME=43.059
USUM (AVG)
RSYS=0
DMX=0.040828
SMX=0.040828
ANSYS
Noncommercial Use Only
位移/m
0
0.018146
0.027218
0.036291
0.013609
0.022602
0.031755
0.040820

(c)

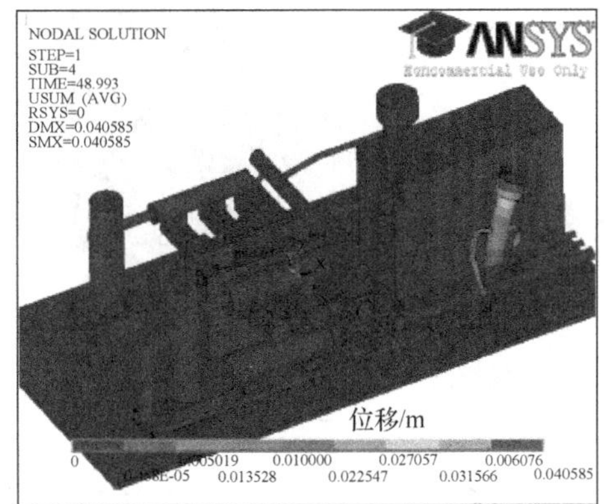
NODAL SOLUTION
STEP=1
SUB=4
TIME=48.993
USUM (AVG)
RSYS=0
DMX=0.040585
SMX=0.040585
ANSYS
Noncommercial Use Only
位移/m
0
0.010000
0.027057
0.006076
0.013528
0.022547
0.031566
0.040585

(d)

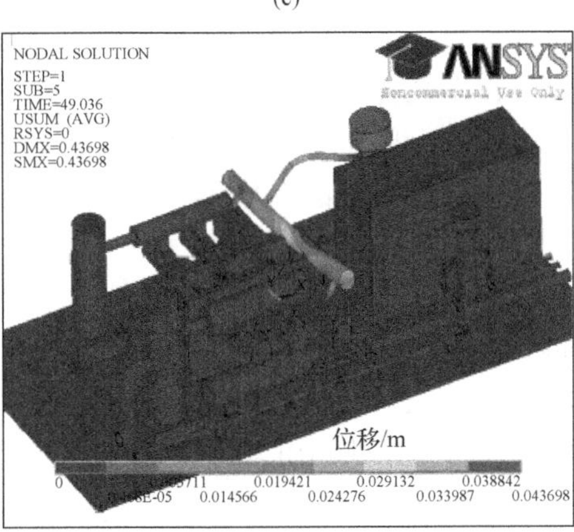
NODAL SOLUTION
STEP=1
SUB=5
TIME=49.036
USUM (AVG)
RSYS=0
DMX=0.43698
SMX=0.43698
ANSYS
Noncommercial Use Only
位移/m
0
0.019421
0.029132
0.038842
0.014566
0.024276
0.033987
0.043698

(e)

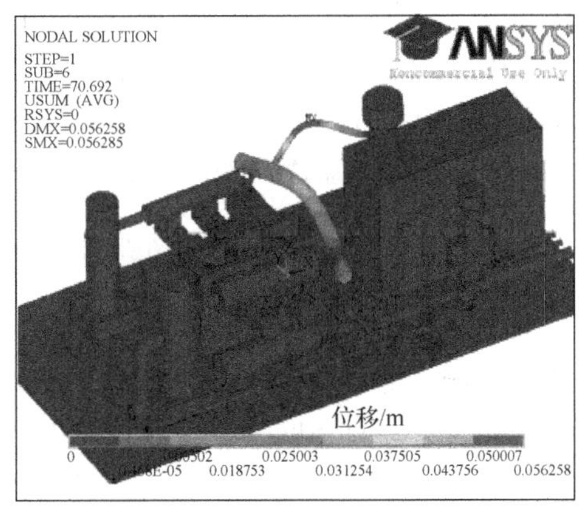
NODAL SOLUTION
STEP=1
SUB=6
TIME=70.692
USUM (AVG)
RSYS=0
DMX=0.056258
SMX=0.056285
ANSYS
Noncommercial Use Only
位移/m
0
0.025003
0.037505
0.050007
0.018753
0.031254
0.043756
0.056258

(f)

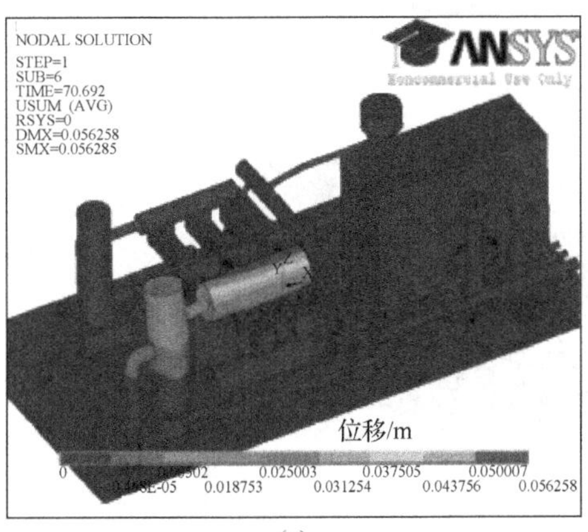
NODAL SOLUTION
STEP=1
SUB=6
TIME=70.692
USUM (AVG)
RSYS=0
DMX=0.056258
SMX=0.056285
ANSYS
Noncommercial Use Only
位移/m
0
0.025003
0.037505
0.050007
0.018753
0.031254
0.043756
0.056258

(g)

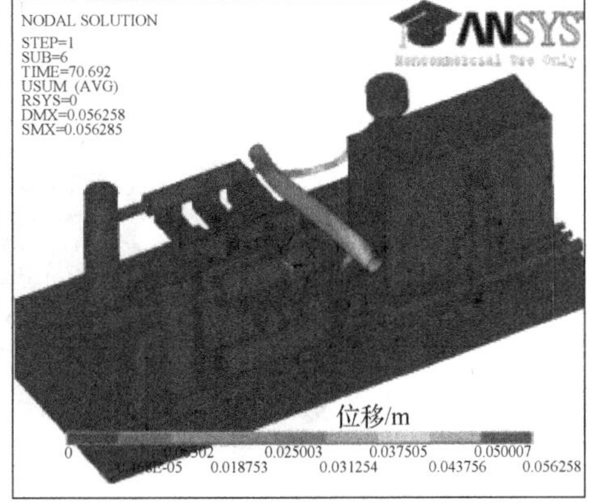
NODAL SOLUTION
STEP=1
SUB=6
TIME=70.692
USUM (AVG)
RSYS=0
DMX=0.056258
SMX=0.056285
ANSYS
Noncommercial Use Only
位移/m
0
0.025003
0.037505
0.050007
0.018753
0.031254
0.043756
0.056258

(h)

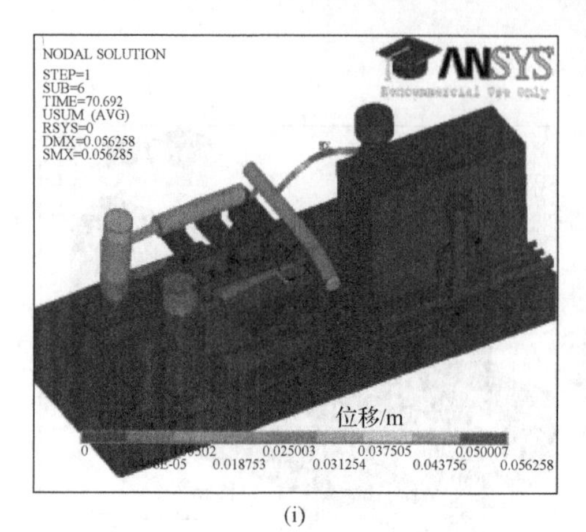

(i)

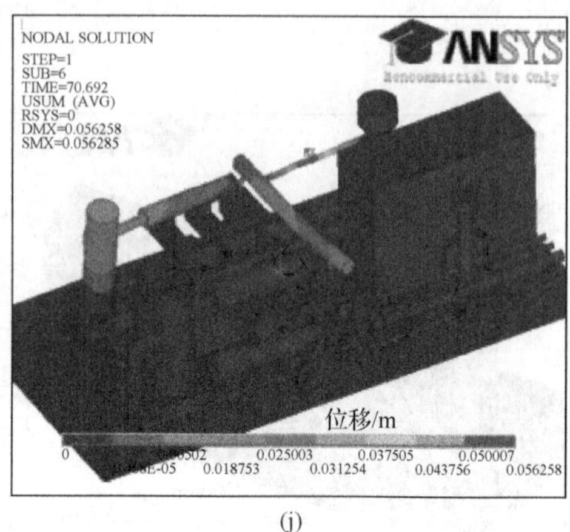

(j)

图 10.28　压缩机前十阶振型

(a)一阶；(b)二阶；(c)三阶；(d)四阶；(e)五阶；(f)六阶；(g)七阶；(h)八阶；(i)九阶；(j)十阶

从图 10.28 可以看出，压缩机振动较大的位置交替出现在压缩机各级洗涤罐及与其连接的气体缓冲罐上，而相应的最大应力也出现在这些设备的支撑处，为了减小压缩机洗涤罐及缓冲罐的振幅，应该对洗涤罐增加底部固定约束。

4. 洗涤罐添加支架对固有特性分析的影响

对洗涤罐进行局部固定，能够减小压缩机的振动幅度，从而达到减振的目的。为了研究洗涤罐的固定对洗涤罐振动幅度的影响，建立了洗涤罐增加支架的固定模型，模型的零位移约束仍然施加在 44 个地脚螺栓处和出入口管道截面端，图 10.29 所示。

图 10.29　增加洗涤罐支架压缩机有限元模型

对洗涤罐添加支架后的压缩机 ANSYS 模型进行模态分析，前十阶固有频率如表 10.12 所示。

表 10.12　洗涤罐添加支架压缩机前十阶频率

	阶数									
	一	二	三	四	五	六	七	八	九	十
频率/Hz	28.04	37.22	46.25	64.37	69.40	70.54	70.59	72.69	80.07	86.13

对照表 10.12 与表 10.13 中各阶频率数据可以看出，压缩机洗涤罐在添加支撑后，同一振型对应的频率值率均有提高，这说明压缩机洗涤罐添加支撑后压缩机整体刚性连接变强。由此可知，当试图改变压缩机共振频率时，可以通过加固压缩机部件来实现，分析所得的前十阶振型如图 10.30 所示。

对比图 10.28 与图 10.30 各阶振型，未添加支架的压缩机一阶振型中的最大位移 2.34cm，添加支架后的最大位移为 2.27cm，最大位移均出现在 3 级进气洗涤罐上，洗涤罐增加支架后的一阶最大位移降低了 2.99%；三阶振型最大位移由 4.1cm 降低到 3.6cm，降低了 12.20%。压缩机洗涤罐增加支架后有效地降低了压缩机振动位移。

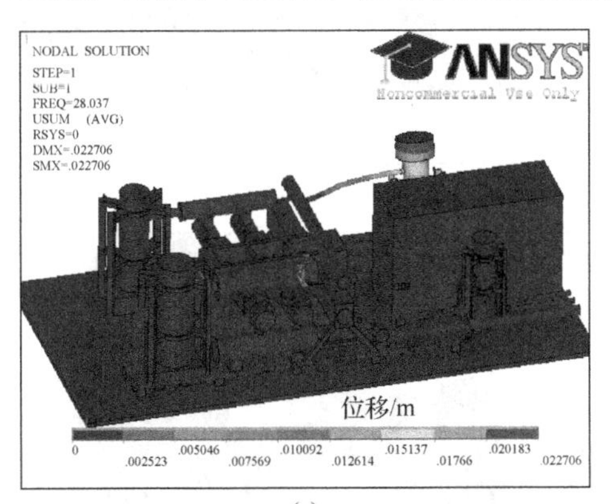

(a)

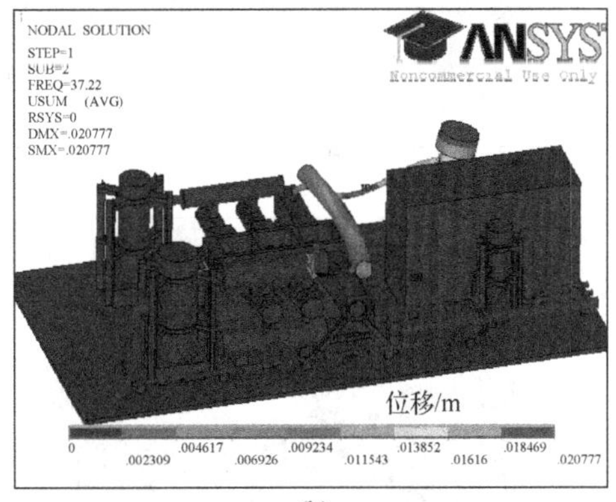

(b)

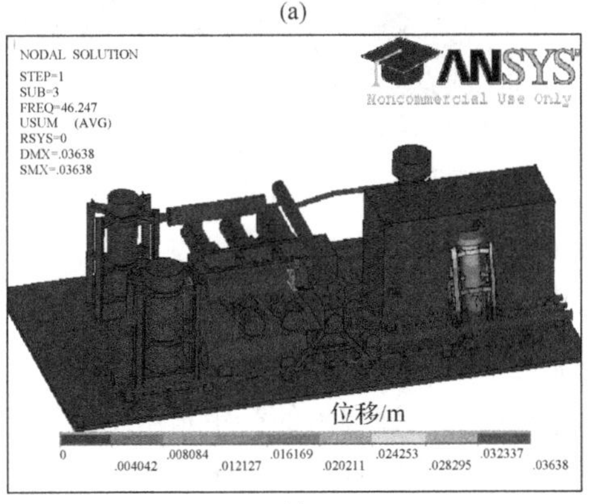

(c)

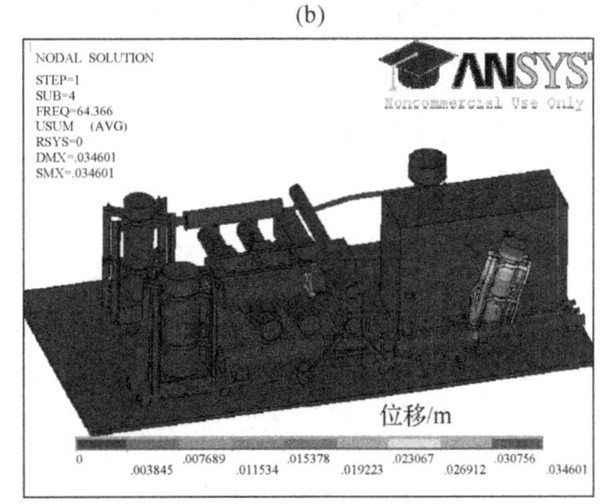

(d)

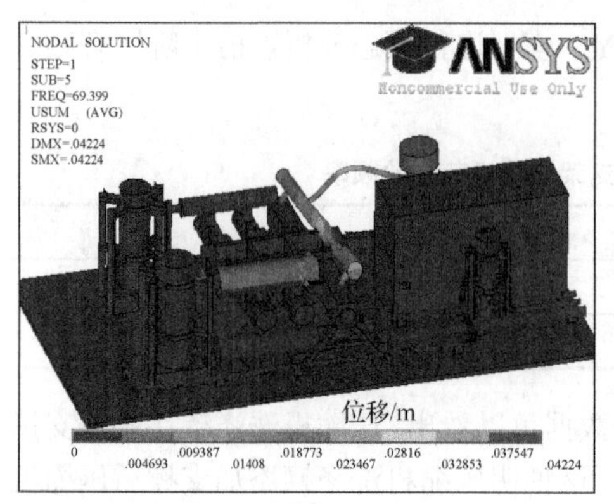

(e)

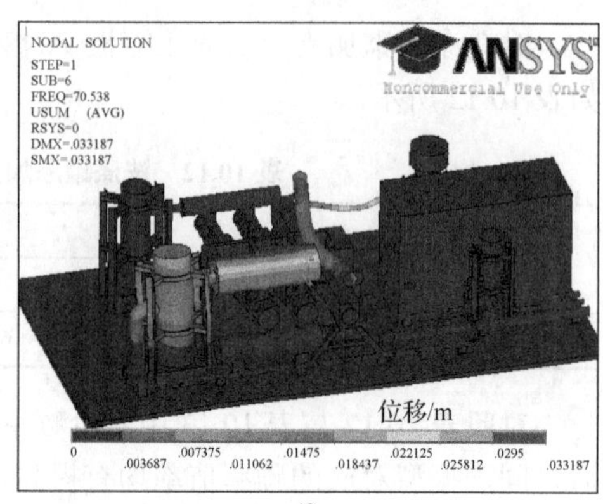

(f)

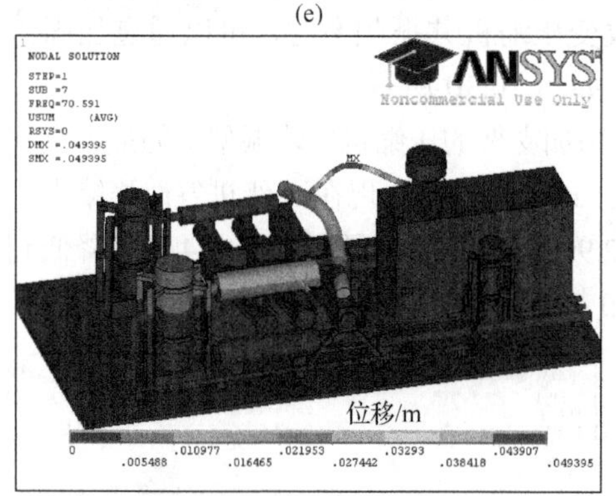

(g)

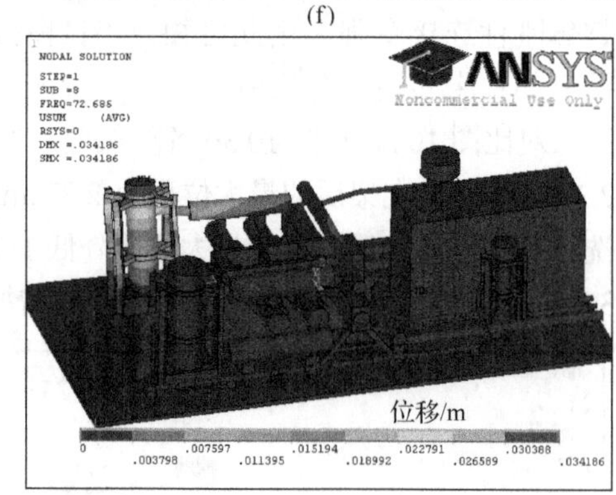

(h)

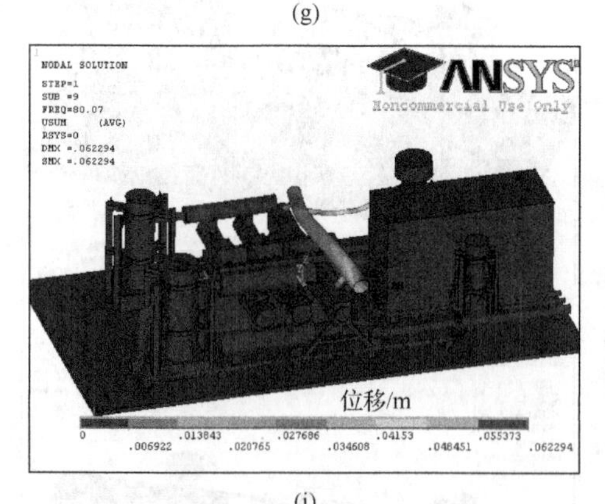

(i)

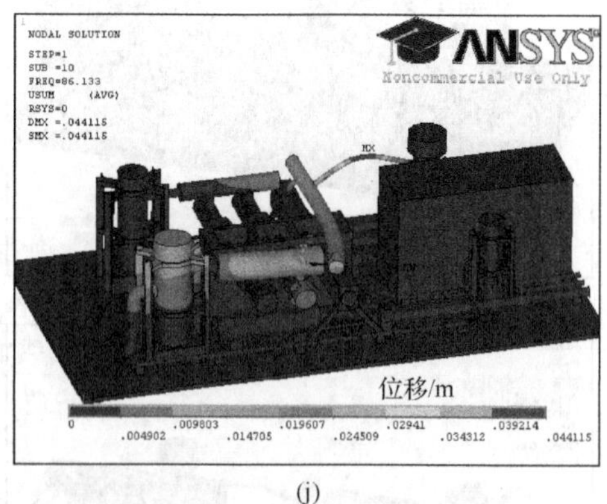

(j)

图 10.30　洗涤罐支架压缩机前十阶振型图

(a)一阶；(b)二阶；(c)三阶；(d)四阶；(e)五阶；(f)六阶；(g)七阶；(h)八阶；(i)九阶；(j)十阶

通过对比我们还可以看出，添加洗涤罐支架的压缩机六阶振型及固有频率与未添加洗涤罐支架的七阶振型及固有频率非常相近，该现象的产生是由于洗涤罐增加支架后压缩机整机的刚性连接更加牢固，整机的固有频率发生了转移，压缩机整体刚性越强，产生相同振型的频率越高。

10.4.4 基于瞬态动力学分析的压缩机机组振动异常诊断

1. 施加瞬态载荷

引起往复式压缩机振动的主要振源有两个：第一是各级气缸内交变的气体对气缸头的周期性压力；第二是曲轴、连杆、十字头及活塞组件的惯性力。进行瞬态动力学分析的关键是计算出这两种力，将这两种力施加在压缩机的相应位置，分析压缩机在这些载荷下整机各部分的响应情况。

1) 压缩气体交变力的求解

由压缩机工作参数可以得知，压缩机转速为 900r/min，频率为 15Hz，周期为 1/15s 压缩机一级气缸的吸气压力为 2.5MPa，排气压力为 5MPa。一个周期分为膨胀、吸气、压缩、排气四个过程。将整个周期以曲轴旋转 360°为标准，一个过程内的压力变化近似为线性变化，一级气缸内气体压力与曲轴旋转角度的关系如图 10.31 所示。

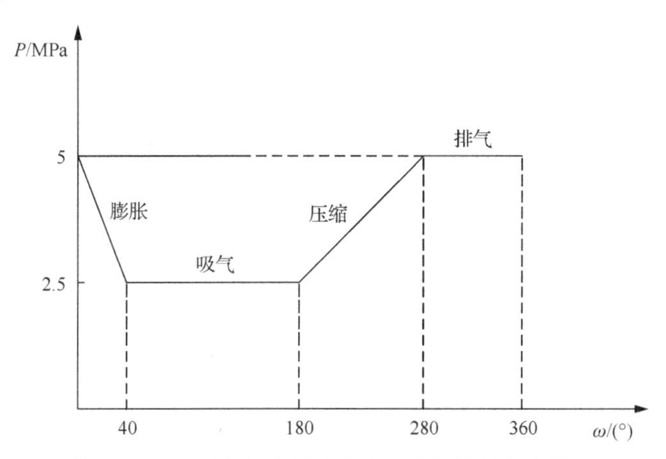

图 10.31 一级气缸内压力变化与曲轴旋转角度关系

在曲轴旋转一周的过程中，每隔 10 度选取一个压力值，将这些值作为载荷施加在一级气缸的缸头上，具体的载荷值如表 10.13 所示。

表 10.13 一级气缸内气体压力值

时间/s	载荷/MPa	时间/s	载荷/MPa	时间/s	载荷/MPa
0	5	5/540	2.5	10/540	2.5
1/540	4.375	6/540	2.5	11/540	2.5
2/540	3.75	7/540	2.5	12/540	2.5
3/540	3.125	8/540	2.5	13/540	2.5
4/540	2.5	9/540	2.5	14/540	2.5

续表

时间/s	载荷/MPa	时间/s	载荷/MPa	时间/s	载荷/MPa
15/540	2.5	23/540	3.75	31/540	5
16/540	2.5	24/540	4	32/540	5
17/540	2.5	25/540	4.25	33/540	5
18/540	2.5	26/540	4.5	34/540	5
19/540	2.75	27/540	4.75	35/540	5
20/540	3	28/540	5	36/540	5
21/540	3.25	29/540	5		
22/540	3.5	30/540	5		

根据一级气缸压力的求解方法，同理可求得各级气缸内气体压力值。

2) 曲轴箱轴承支反力的求解

为了研究压缩机曲轴的支反力求解，先以简单的支反力求解实例，研究对象为一个简单杆结构，如图 10.32 所示。

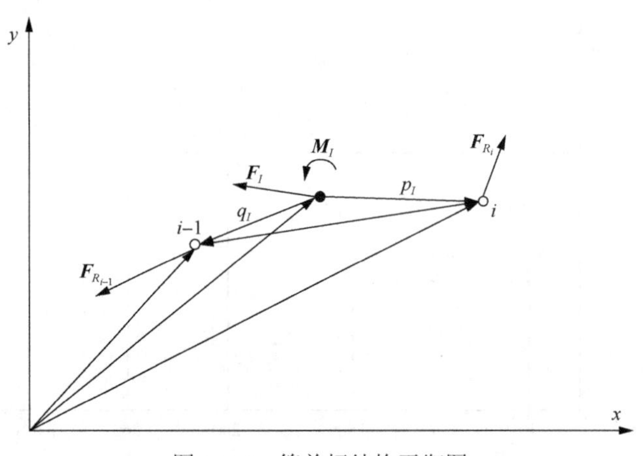

图 10.32 简单杆结构平衡图

图 10.32 中构件 I 在某一位置平衡时，在铰链 i–1 处构件 I 与前一个构件 I–1 相连，所受的约束反力为 $-\boldsymbol{F}_{R_{i-1}}$ ；在铰链 i 处与下一个构件 I+1 相连，所受到得约束反力为 $\boldsymbol{F}_{R_i}$ 。作用于构件 I 上的所有外力和外力矩(不包含未知的平衡力)向构件的质心简化，可以得到一个合力 $\boldsymbol{F}_I$ 和所有外力矩之和 $\boldsymbol{M}_I$ 。该构件的矢量形式的力和力矩平衡方程为

$$\boldsymbol{F}_{R_i} - \boldsymbol{F}_{R_{i-1}} + \boldsymbol{F}_I = m_I \ddot{s} \tag{10.21}$$

$$p_I \times \boldsymbol{F}_{R_i} - q_I \times \boldsymbol{F}_{R_{i-1}} + \boldsymbol{M}_I = J_I \ddot{\varphi}_I \tag{10.22}$$

式(10-21)和式(10-22)中，m_I为构件I的质量；$\ddot{s}$为加速度；J_I为构件I相对其质心的转动惯量；$\ddot{\varphi}_I$为构件I相对于质心的角加速度；q_I为力$\boldsymbol{F}_I$相对于铰链i–1 处的力臂；p_I为力$\boldsymbol{F}_I$相对于铰链i处的力臂。

Dresser-Rand 7HOS-6 型压缩机有六个气缸，三对曲拐由四个轴承支撑，可以看作是曲轴箱对曲轴有四个支反力的作用。为了对曲轴模型的进行求解，将曲轴分解为三个曲拐分别独立进行计算，一组曲拐连杆结构如图 10.33 所示。

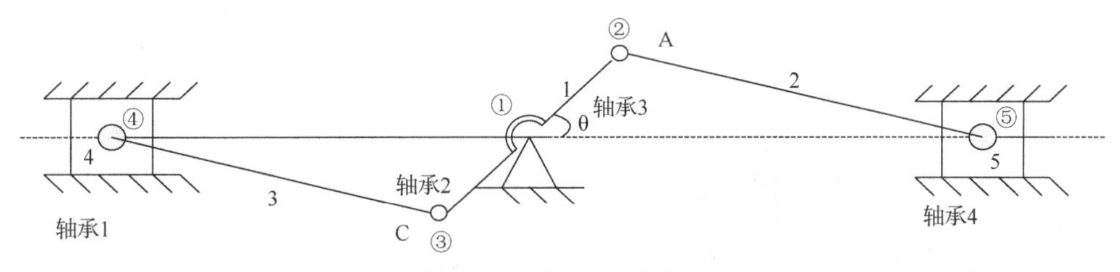

图 10.33　曲拐连杆结构图

对杆 1、杆 2、杆 3、滑块 4 和滑块 5 列力和力矩平衡方程，并利用 MATLAB 对四个轴承上的支反力进行求解。

2. 瞬态结果分析

将曲轴支反力及各级气缸压力作为压缩机的驱动载荷，将这两种力施加在压缩机的相应位置，对压缩机进行瞬态动力学分析。载荷及约束施加后的压缩机有限元模型如图 10.34 所示。

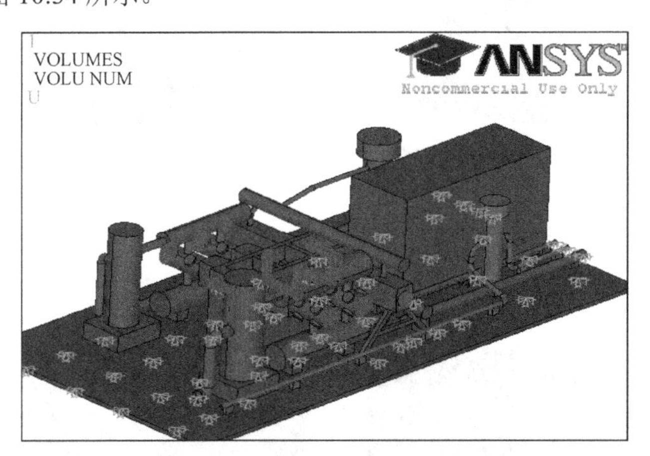

图 10.34　压缩机瞬态分析载荷施加

压缩机瞬态分析结果的部分位移云图如图 10.35 所示。压缩机瞬态分析结果表明：压缩机运行时，压缩机曲轴箱、气缸、缓冲罐及位于压缩机前部的两个洗涤罐振动比较大；缓冲罐中部、缓冲罐和气缸连接的管路和压缩机箱体等部位的应力值比较大。从图 10.35 中可以看出，压缩机前方部位的洗涤罐振动比较大，液位计位于洗涤罐之上，因此液位计的振动明显，结果跟现场情况比较吻合。

3. 洗涤罐增加支架对瞬态分析的影响

由于压缩机的洗涤罐振动比较大，本例对洗涤罐增加了支架固定，来分析洗涤罐增加固定约束后对其振动效果的影响。增加洗涤罐支架并且施加载荷和边界条件后的压缩机有限元模型如图 10.36 所示。

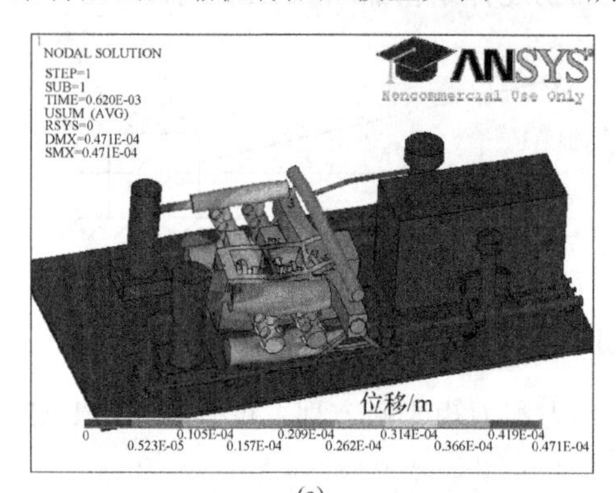

(a)

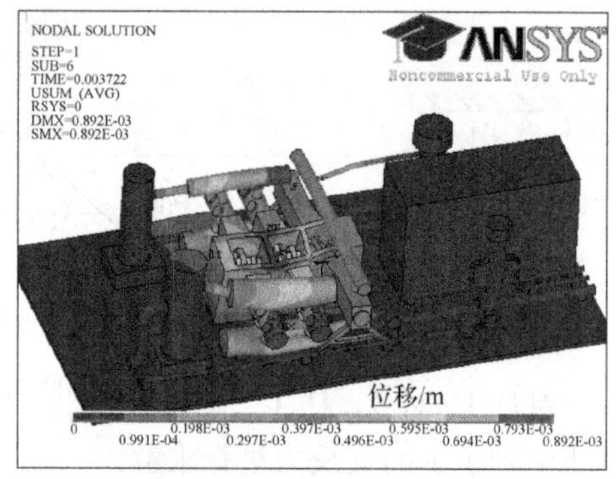

(b)

(c)

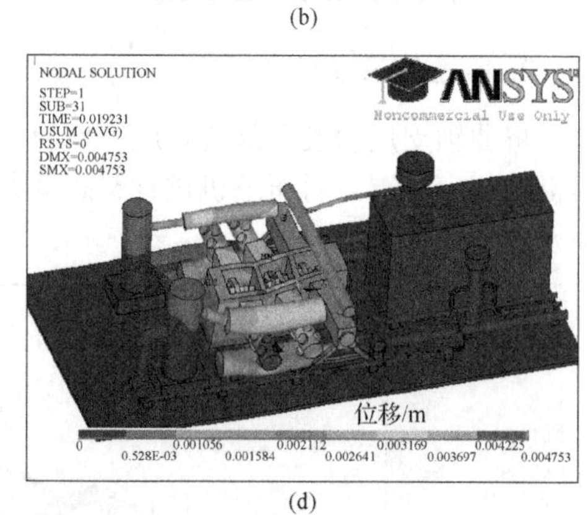

(d)

(e)

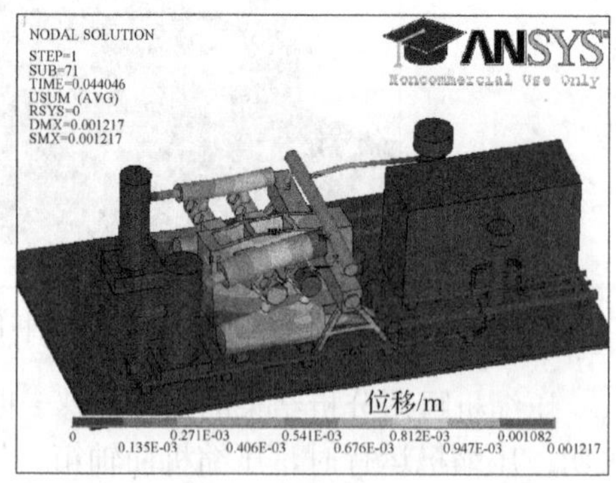

(f)

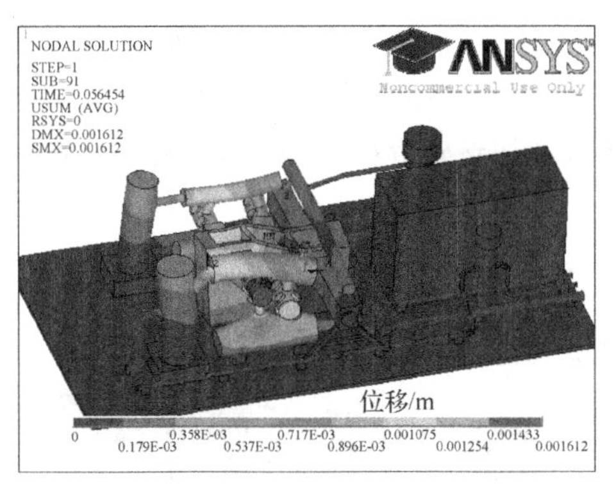

(g)

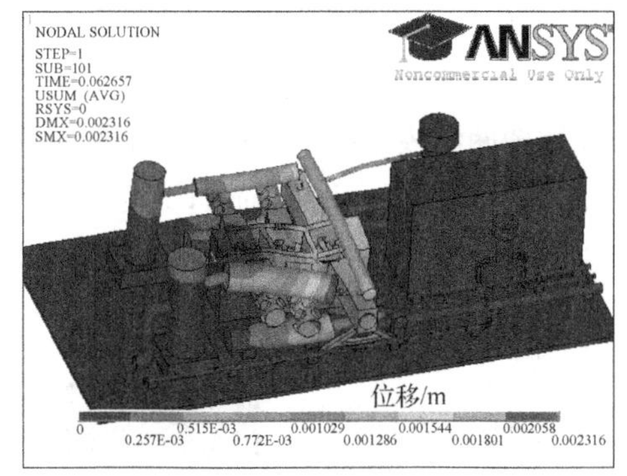

(h)

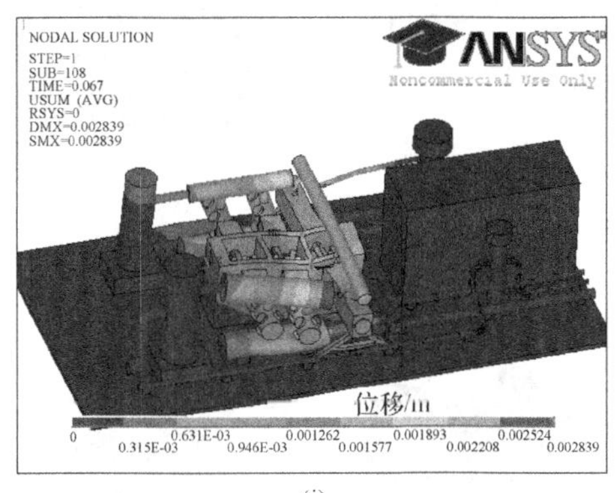

(i)

图 10.35　压缩机瞬态分析部分位移云图

(a)第 1 子步；(b)第 6 子步；(c)第 16 子步；(d)第 31 子步；(e)第 51 子步；(f)第 71 子步；(g)第 91 子步；(h)第 101 子步；(i)第 108 子步

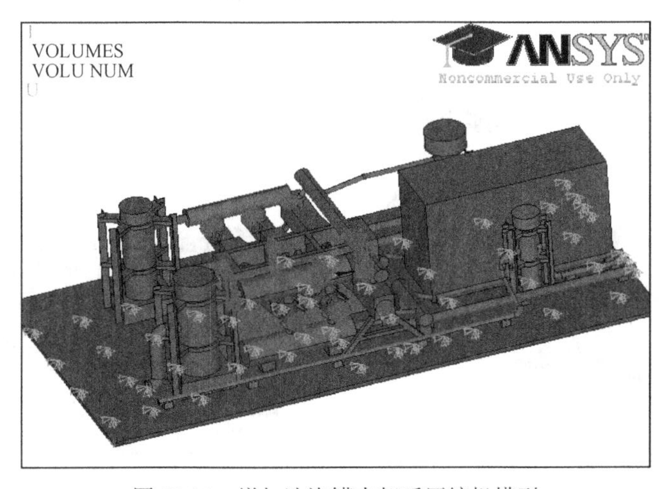

图 10.36　增加洗涤罐支架后压缩机模型

增加洗涤罐支架后压缩机瞬态分析结果的部分位移云图如图 10.37 所示。

根据现场对压缩机六个气缸的监测点的位置，在压缩机瞬态分析时，在六个监测点的响应位置提取节点位移。为了研究洗涤罐增加支架后洗涤罐上的振幅变化，比较两组模型的对应点振幅来说明洗涤罐增加支架后对其振幅的影响。表 10.14 为两组模型对应点的振幅对比。

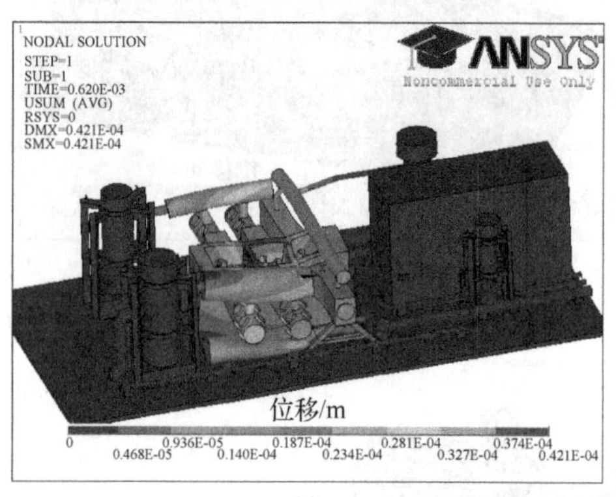

(a)

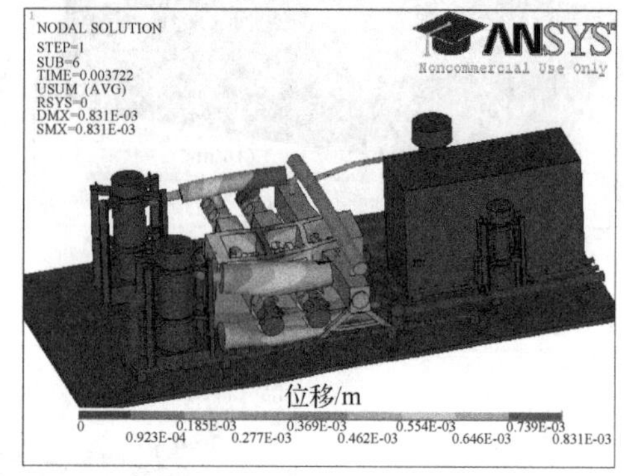

(b)

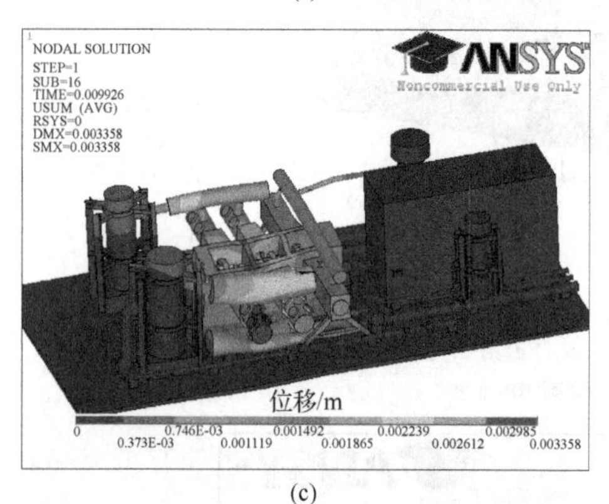

(c)

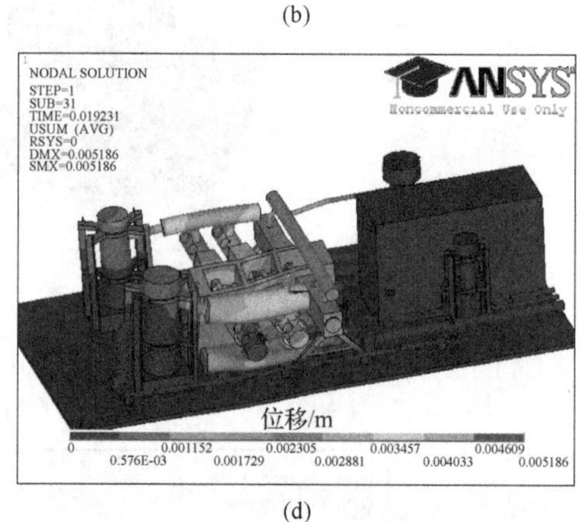

(d)

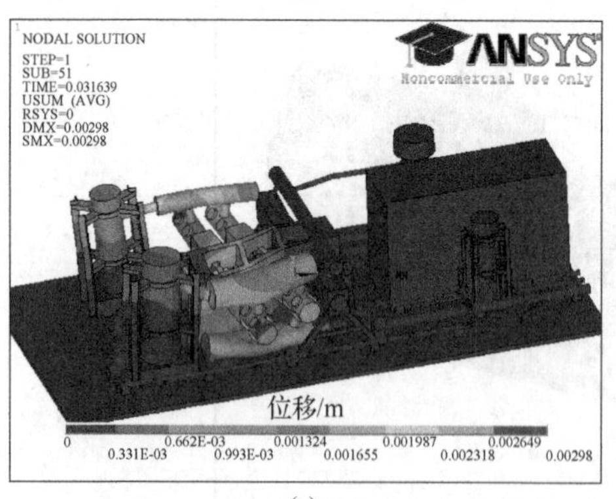

(e)

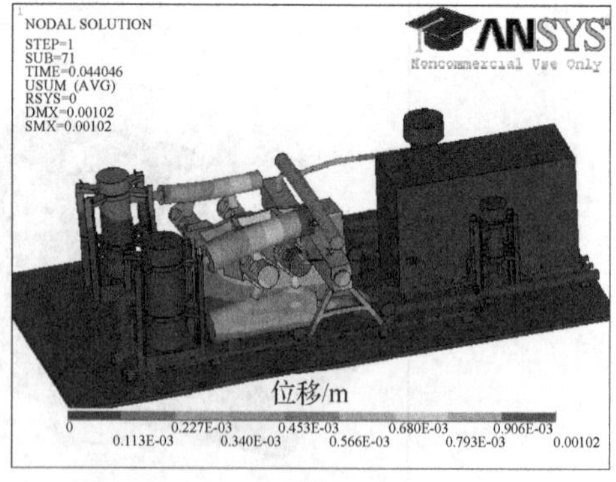

(f)

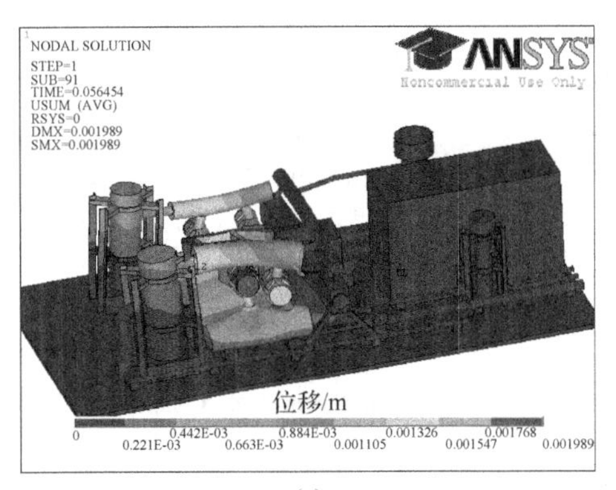

(g)

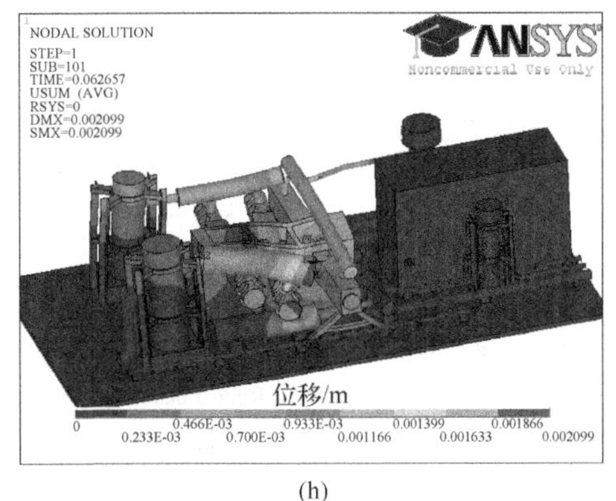

(h)

(i)

图 10.37　压缩机瞬态分析部分位移云图

(a)第 1 子步；(b)第 6 子步；(c)第 16 子步；(d)第 31 子步；(e)第 51 子步；(f)第 71 子步；(g)第 91 子步；(h)第 101 子步；(i)第 108 子步

表 10.14　有无洗涤罐支架压缩机测点振动幅度比较表

参数	1 号洗涤罐 X 方向	1 号洗涤罐 Y 方向	1 号洗涤罐 Z 方向	2 号洗涤罐 X 方向	2 号洗涤罐 Y 方向	2 号洗涤罐 Z 方向
无支架/μm	539	639	23.9	880	622	13.1
有支架/μm	529	596	18.7	547	612	13.0
振幅变化/%	–1.86	–6.73	–21.76	–37.84	–1.61	–0.76

由表 10.12 可以看出，压缩机洗涤罐增加支架后，1 号、2 号洗涤罐各方向振动最大位移均减小。所以，洗涤罐振动幅度过大，可以通过增加洗涤罐固定约束来实现减振。

参 考 文 献

[1] 李树国, 张来斌, 梁伟. 基于 ANSYS 的往复式压缩机关键部件失效分析. 北京力学会第 15 届学术年会, 北京, 2009.

[2] Han S J, Yang J E. A quantitative evaluation of reliability of passive systems within probabilistic safety assessment framework for VHTR. Annals of Nuclear Energy, 2010, 37(3): 345-358.
[3] 廖敏辉, 柴光远. 蒙特卡洛模拟法在液压系统可靠性设计中的应用. 机床与液压, 2013, 41(11): 194-196.
[4] 甘旸谷, 黄斐增. 基于GPU的蒙特卡洛放疗剂量并行计算. 中国医学物理学杂志, 2012, 29(6): 3715-3727.
[5] 蔡斌, 刘昕晖, 董心. 基于改进蒙特卡洛法的框架强柱弱梁可靠度分析. 吉林大学学报(工学版), 2012, 42(9): 143-146.
[6] Gavin H P, Yau S C. High-order limit state functions in the response surface method for structural reliability analysis. Structural Safety, 2008, 30(2): 162-179.
[7] Doltsinis I, Kang Z, Cheng G. Robust design of non-linear structures using optimization methods. Computer Methods in Applied Mechanics and Engineering, 2005, 194: 1779-1795.
[8] 张义民, 王龙山. 发动机连杆的可靠性灵敏度设计. 航空动力学报, 2004, 19(5): 587-592.
[9] 阎明, 孙志礼, 杨强. 基于响应面方法的可靠性灵敏度分析方法. 机械工程学报, 2007, 43(10): 67-71.
[10] 郭晓燕, 张来斌, 梁伟, 等. 基于FMEA/FEM的压缩机可靠性分析方法. 油气储运, 2016, 35(10): 1042-1049.
[11] 赵宇. 可靠性数据分析. 北京: 国防工业出版社, 2011.
[12] 林扬, 梁伟, 王浩, 等. 离心压缩机特性曲线研究. 石油化工自动化, 2017, 53(1): 27-29, 68.
[13] 袁琦, 梁伟, 仇经纬. 往复式压缩机管道动力吸振器技术仿真研究. 设备管理与维修, 2015, (S2): 324-325.
[14] 王孝磊, 朱峰, 白文超. 基于SolidWorks Motion的曲轴动平衡仿真. 压缩机技术, 2018, (5): 55-57, 61.
[15] 曾攀. 有限元分析及应用. 北京: 清华大学出版社, 2004.
[16] 苏亚. 基于ANSYS的结构有限元分析. 北京: 中国科学院研究生院, 2007.
[17] 雷婷, 梁伟, 张来斌, 等. 基于有限元方法的往复式压缩机管路振源分析. 设备管理与维修, 2015, (S2): 245-248.
[18] Riegger O K. Design criteria and performance of an advanced reciprocating compressor//Soedel W. The 1990 International Compressor Technology Conference Proceedings. West Lafayette: Purdue University, 1990.

第 11 章　压缩机智能诊断

11.1　智能诊断概述

人工智能(artificial intelligence，AI)早在 1956 年就已经提出。美国斯坦福大学人工智能研究中心尼尔逊教授认为人工智能的定义：人工智能是关于知识的学科，即如何表示知识、获得知识并使用知识的科学。其研究对象是人类智能活动规律，依赖工具是计算机等具有类人智能的人工系统，目的利用计算机软硬件模拟人类某些智能行为的基本原理、方法和技术[1]。人工智能创始人之一——认知科学家马文·明斯基教授认为：人工智能就是研究如何使计算机去做过去只有人才能做的智能工作。当前大数据、感知融合和深度强化学习等技术的发展，促使人工智能迈向人工智能 2.0，即新一代人工智能。我国著名人工智能专家潘云鹤院士认为，人工智能 2.0 可初步定义：基于重大变化的信息新环境和发展新目标的新一代人工智能。2017 年 7 月，国务院发布的《新一代人工智能发展规划》指出，大数据驱动的知识学习、跨媒体系统处理、人机协同增强、群体集成智能和自助智能系统等是人工智能的发展重点[2]。

压缩机故障诊断方法普遍存在受到结构复杂、信号微弱等因素影响导致其精度与准确性不高的问题。新一代人工智能技术在特征挖掘、知识学习与智能程度所表现出显著优势，为智能诊断提供了新途径，是提高压缩机安全性、可用性和可靠性的重要技术手段，有利于企业智能化升级并提高企业效益，得到国际学术界与商业组织的重点投入与密切关注。根据设备检测数据特点实现有针对性的智能诊断模型构造；针对监测数据高纬度、多源异构等大数据特性，探索多源数据融合与深度特征提取等新一代人工智能技术，研发基于大数据分析的智能诊断框架与技术体系，是未来的重点发展方向[3]。

11.2　压缩机故障的深度学习智能诊断方法

11.2.1　深度学习思想

近年来，深度学习(deep learning，DL)在学术界和工业界得到了快速的发展，显著提高了很多传统的识别任务的识别准确率，彰显了其在处理复杂识别任务上的超高的能力，并吸引了大批专家学者对其理论与应用展开研究[4,5]。许多领域的专家学者开始尝试利用深度学习理论解决各自领域的一些难题。

深度学习的概念起源于人工神经网络的研究，含多隐含层的多层感知器是深度学习模型的显著特征。当前的神经网络大多是针对例如基于典型的单输入-单输出的较低水平的神经网络模型(即浅层神经网络)的故障诊断方法。而将非线性运算组合水平较高的网络称为深度结构神经网络，如基于单输入、多隐层、单输出神经网络的故障诊断方法。和浅层神经网络相比，深度神经网络是指网络学习得到的函数中非线性运算组合水平的数量(或者说隐含层的层数)比较多，它又称为网络深度。不同于浅层学习算法，深度学习算法具有更好的逼近复杂函数的能力。该类算法一般包含多层隐藏层结构，以实现数据特征的逐层转换，保证能够最有效地进行信息提取与特征表达[6]。

深度学习经过近 10 年的发展，已具有很多其他网络学习算法不可比拟的优势。在表达复杂目标函数能力方面，它可以很好地实现高变函数等复杂高维函数的表达。从仿生学角度看，其网络结构是对人类大脑皮层处理信息方法的最佳模拟，即对输入数据采用分层处理的方式进行。在信息共享方面，其训练所获取的多重水平的提取特征可在类似的不同任务中重复使用，可处理很多无标签的数据[7]。在网络结构的计算复杂度方面，深度学习采用某一深度的网络结构可以实现某一非线性函数的紧凑表达，但是当再次采用小于这一深度的网络结构表达该函数时，往往需要增加指数级规模数量的计算因子，这使计算的复杂度大大增加了，此外还需要增加训练样本对计算因子中的参数值进行调整，以增加其泛化能力，而当训练样本数量有限而计算因子数量增加时，其泛化能力会变得很差[8]。

11.2.2 深度学习基本模型

深度学习的“学习”主要集中在学习数据的有效表达，试图找到数据的内部结构，发现变量之间的本质关系。相关研究表明，数据表示的方式对训练学习成功与否将产生很大的影响，好的表示能够消除输入数据中与学习任务无关的因素产生的改变对学习性能的影响，同时保留对学习任务有用的信息。

近年来，公认成熟的深度学习的基本模型框架包括卷积神经网络、受限玻尔兹曼机(restricted Boltzmann machine，RBM)和自动编码器(auto encoder，AE)。为便于清楚地阐述深度学习在故障诊断领域的研究现状，本节将重点阐述基于以上三种深度学习模型实现故障诊断的主要的思想和方法[9]。

1. 卷积神经网络

一个典型的卷积网络是由卷积层、池化层、全连接层三部分组成。

(1)卷积层。当存在输入图像时，卷积层可以卷积整个图像并利用内核生成不同的特征图。卷积层由矩形的神经元网格组成。卷积运算有三个主要的优点[10]：①它降低了参数的数量，每个神经元仅需要映射局部特征而不是全局特征，可以在更高层中合成本地信息以获得全局信息，而且可以共享同一层中的多个神经元的连接权重，这表明它们的权重是一致的，并且每个神经元使用相同卷积核来进行特征映射。该特征可以降低模型复杂度和权重数量。②可以基于本地连接来学习领域像素之间的相关性。③卷积运算对于对象位置是不变的。一层中的特征位置与下一层中的特征位置一一对应。

(2)池化层。池化层紧随卷积层之后，可以帮助减少参数规模和降低特征映射。可以通过利用各种池化层操作来维持特征。池化有最大池化和平均池化两种常见的方法。平均池化法计算出一个图像区域的平均值用作该区域的合并值。最大池化法则选择图像区域中的最大值作为该区域的池值。Scherer 等[11]在该研究中提出了平均池化法和最大池化法之间的对比，经验结果显示最大池化法可以产生快速收敛，通常优于平均池化法。

(3)全连接层。全连接层在池化层之后，主要用于将二维特征映射转换为一维向量。

2. 受限玻尔兹曼机

受限玻尔兹曼机[12]是玻尔兹曼机(Boltzman Machine，BM)[13]的一种特殊拓扑结构，它由可见层和隐藏层两层组成。这两层通过权重矩阵连接。同一层中不同神经元之间没有联系。受限玻尔兹曼机能够自动从训练数据集中提取相关特征，无须人工干预，这有助于避免局部最小化。该算法最近受到了广泛的关注，并研发了许多基于受限玻尔兹曼机的深度学习模块：

(1)深度置信网络。深度置信网络由许多受限玻尔兹曼机组成。它们代表一种概率生成模型，由它导出观察数据和标签的联合概率分布。贝叶斯置信网络用在可见层附近的区域，多受限玻尔兹曼机则用在远离可见层的区域。也就是说前两层是无向的，下层是指向的。对于深度置信网络，通常使用贪心算法来初始化网络。然后通过收缩版本的唤醒睡眠算法[14]对权重进行微调。深度置信网络的灵活性意味着它们非常易于扩展，其中一个典型的例子就是卷积深度置信网络(convolutional deep belief network，CDBN)。

(2)深度波尔兹曼机[15]。深度波尔兹曼机作为另一种深度学习算法，深度波尔兹曼机包含多层隐藏变量。深度波尔兹曼机网络层通过其结构间接连接。逐层贪婪无监督学习算法可以一次训练多个受限玻尔兹曼机。一组受限玻尔兹曼机进行训练后可以将它们组合成一个深度波尔兹曼机。深度波尔兹曼机有三个主要优点：①能够学习复杂的内部特征；②可以利用大量未标记的输入构建更高级别的表达；③对模棱两可的输入处理能力非常强。

(3)深度能量模型(deep energy models，DEM)。深度能量模型利用前馈神经网络来转换输入数据。与具有多个随机层的深度置信网络和深度波尔兹曼机相比，深度能量模型仅具有一个随机层，前馈神经网络的输出可以通过该随机层建模。它的特点是在顶层有隐藏的随机单元，在下层有隐藏的确定性单元[16]。由于深度能量模型只有一个隐藏层，所以在其中学习和推理更容易处理。

3. 自编码器

Hinton 等[17]第一次提出了利用多层神经网络的深度自编码器。自编码器的一个典型特征是它们经过训练以重新构建输入值而不是基于输入预测目标值。根据自编码器的初步设想，后续提出了它的一些变形体，包括降噪自编码器、稀疏自编码器和收缩自编码器，具体内容如下。

(1) 降噪自编码器。当隐藏层的数量大于输入数据维度时，原始的自编码器就会遇到各种限制，这是因为输入层被简单地复制到隐藏层然后被复制回来，这导致测试期间性能不佳。由 Vincent 等提出降噪自编码器作是解决这类问题更有效方法。它的基本原理是从损坏和部分破坏的输入值中重新构建空白和修复的输入值。

(2) 稀疏自编码器[18]。稀疏自编码器作为自编码器的一种扩展方法，它利用稀疏编码并从初始输入数据中提取稀疏特征，这种方法引入了稀疏性惩罚，使得它能够表示稀疏性并创建相对简单和稀疏的环境。

(3) 收缩自编码器。收缩自编码器将于雅可比矩阵的弗罗贝尼乌斯范数所对应的惩罚添加到重建成本函数中。收缩自编码器和降噪自编码器密切相关，但两种方法之间存在三个明显的差异[19]：①对于收缩自编码器，特征的敏感性受到惩罚而不是输入值的重建；②降噪自编码器利用随机惩罚，而收缩自编码器则通过分析确定惩罚；③对于收缩自编码器，重建和鲁棒性之间的权衡由超参数控制。相比之下，在降噪自编码器中，重建和稳健性是相互混合的。

11.2.3 基于深度学习的故障诊断案例

下面针对两种主要类型的故障诊断方法的框架展开论述。第一种类型基于深度学习算法，包括卷积神经网络，DBN 和堆叠自动编码器法。这些方法都通过自动处理原始数据来避免传统的特征提取过程。另一类型的故障诊断的方法是应用支持向量机和 BP 神经网络，以及极限学习机，这些是需要进行特征提取的典型浅层学习技术。

1. 往复压缩机气阀故障诊断

往复压缩机是许多工业应用领域中最重要的设备之一。然而，它具有非常复杂的结构，在轴向和径向方向上包含许多运动部件，这导致振动信号非静止并伴随有噪声。作为一种结构和运动复杂的典型机器，选择往复压缩机来验证深度学习的有效性。

实验使用的数据库来自中国西北部某石化厂的型号为 WH64 往复压缩机模型。WH64 是一种由四个电动机驱动的天然气往复压缩机，额定功率为 1305kW。压缩机示意图如图 5.3 所示。曲轴的转速为 993r/min。阀门作为运动最高频率的部件之一，极易发生故障。加速度计安装在二号气缸中的排气阀的盖子上，用于诊断阀门故障。用中国石油大学(北京)设计的型号为 MDES-5 的数据采集系统来收集测量结果，采样率设定为 16kHz。

实验中设定了往复压缩机四种不同的运行工况：弹簧失效(SF)、气阀正常(NL)、阀片断裂(VF)和阀片磨损(VW)。对于每种工况，使用 300 个样品作为训练数据，200 个样品作为测试数据。

(1)卷积神经网络。数据库通过小波尺度图重新整形为比例 48×48，批尺寸为 30。对于第一层，其输出图尺寸、内核尺寸、比例及时期数分别为 12、5、2、150。

(2)深度置信网络。使用四层，每层中的节点数为 100，批尺寸为 50，时期数为 150。

(3)堆叠自动编码器法。隐藏节点的输入大小和数量分别设置为 1000 和 30。稀疏度参数(ρ)设置为 0.05。使用更大的输入可以实现更好的表达[20]。批尺寸设置为 60。

表 11.1 列出了在 4GB 内存 Intel(R) Core(TM) i5-4590 3.30GHz CPU 上测量的不同算法的训练时间和测试时间。

表 11.1　不同算法对气阀故障的训练和测试时间

方法		训练时间/s	测试时间/s
传统方法	SVM	0.1872	0.0468
	BP	1.2948	0.1404
	ELM	5.1168	0.1092
深度学习方法	DBN	103.77	0.0624
	CNN	3270.8	5.2416
	SAE	35.724	0.0312

在图 11.1 中，给出了分类准确度和错误率。横坐标表示分类结果，纵坐标表示实际结果。对角线表示正确的分类率，其他部分表示错误分类率。例如，对于卷积神经网络，值 3.5 表示有 3.5%的阀片磨损样本被错误分类为阀片断裂样本。图 11.2 显示了每种方法的总精度。

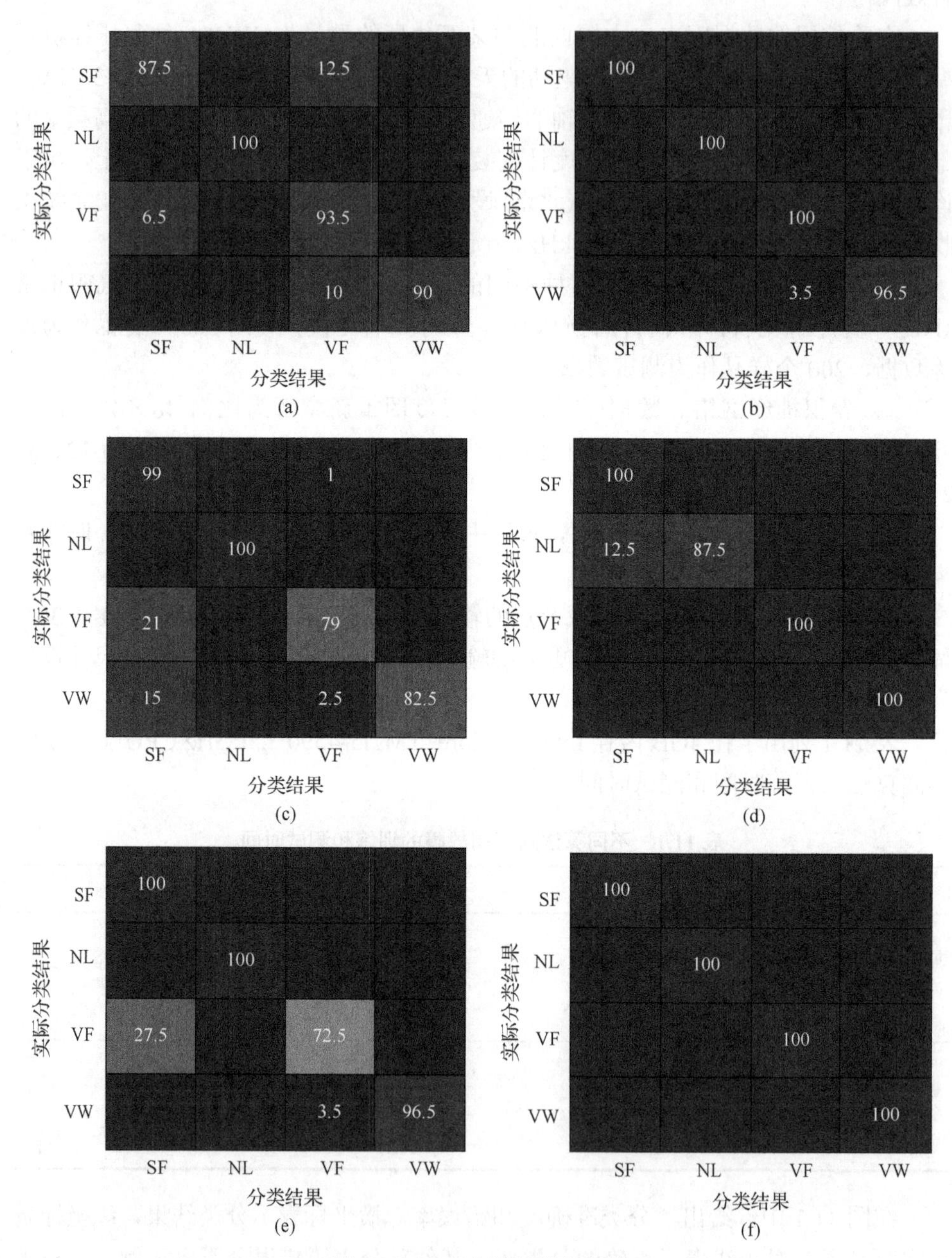

图 11.1　往复压缩机分类结果

(a) BP；(b) CNN；(c) SVM；(d) DBN；(e) ELM；(f) SAE

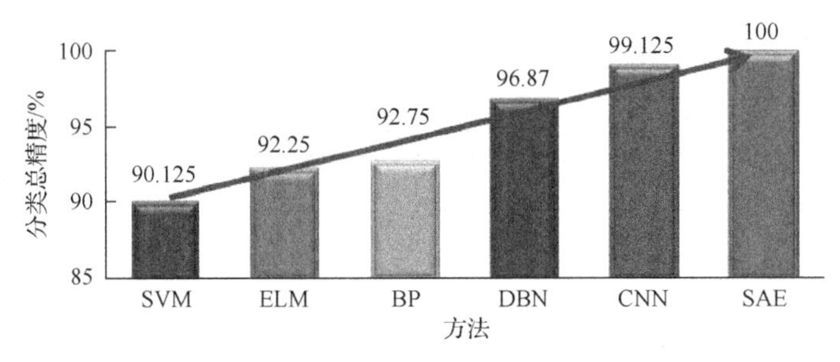

图 11.2　每种方法的准确度

2. 离心压缩机轴承故障诊断

实验数据库由凯斯西储大学(Case Western Reserve University，CWRU)[21]提供，实验装置如图 11.3 所示。本节研究中使用的数据是从安装在机械系统中电机驱动端的深沟球轴承(6205-2RS JEM SKF)中测得的。采样率为 12kHz。断层直径为 0.021in①。分析了正常情况和五种类型的故障工况，包括外圈(3 点、6 点和 12 点)、内圈和球故障。每种情况的训练和测试样本数均为 240。表 11.2 为有关数据库的详细信息。

图 11.3　CWRU 轴承实验台的实验装置

(1)卷积神经网络。数据库通过小波尺度图重新整形为比例 8×8，批尺寸设置为 10。对于第一层，输出图尺寸、内核尺寸、比例分别为 12、3、2；对于第二层，输出映射尺寸、内核尺寸、规模及时期数分别为 12、2、2、300。

(2)深度置信网络。使用两层，每层中的节点数设置为 100，批尺寸设置为 30，时期数设置为 150。

① 1in=2.54cm。

(3) 堆叠自动编码器法。输入大小和隐藏节点数分别设置为 1000 和 30。稀疏度参数 (ρ) 设置为 0.05，批尺寸设置为 60。

表 11.2 离心压缩机滚动轴承故障数据库信息

表示	状态	训练集样本数	测试集样本数
NL	正常	240	240
RO	滚动体故障	240	240
IR	内圈故障	240	240
O3	外圈故障@3:00	240	240
O6	外圈故障@6:00	240	240
O12	外圈故障@12:00	240	240

注：@3:00 表示故障设置在 3 点钟方向，其他含义类似。

表 11.3 列出了各种算法的训练和测试时间。图 11.4 为分类结果的准确率，包括准确性和分类错误率。图 11.5 为分类的总精度。

表 11.3 不同算法的训练和测试时间

方法		训练时间/s	测试时间/s
传统方法	SVM	0.0312	0.0936
	BP	1.9188	0.0312
	ELM	2.4648	0.0468
深度学习方法	DBN	69.530	0.0156
	CNN	1135.8	0.0936
	SAE	40.420	0.0312

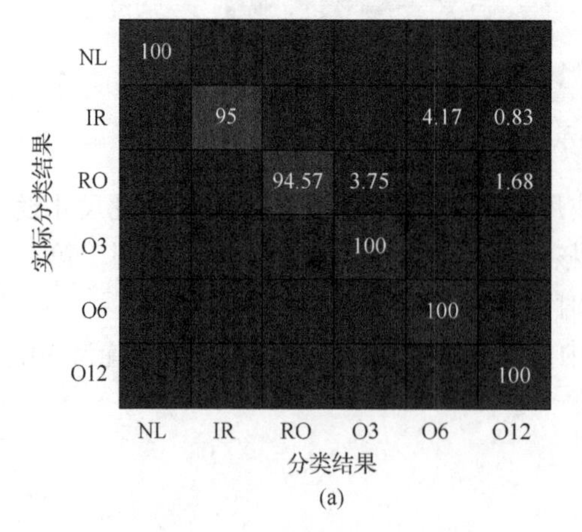

(a)

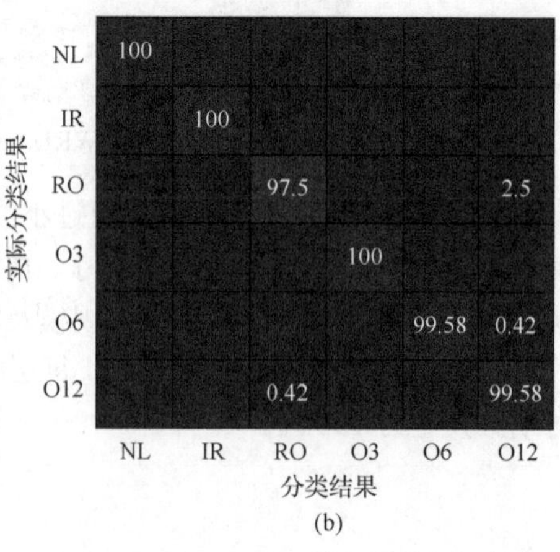

(b)

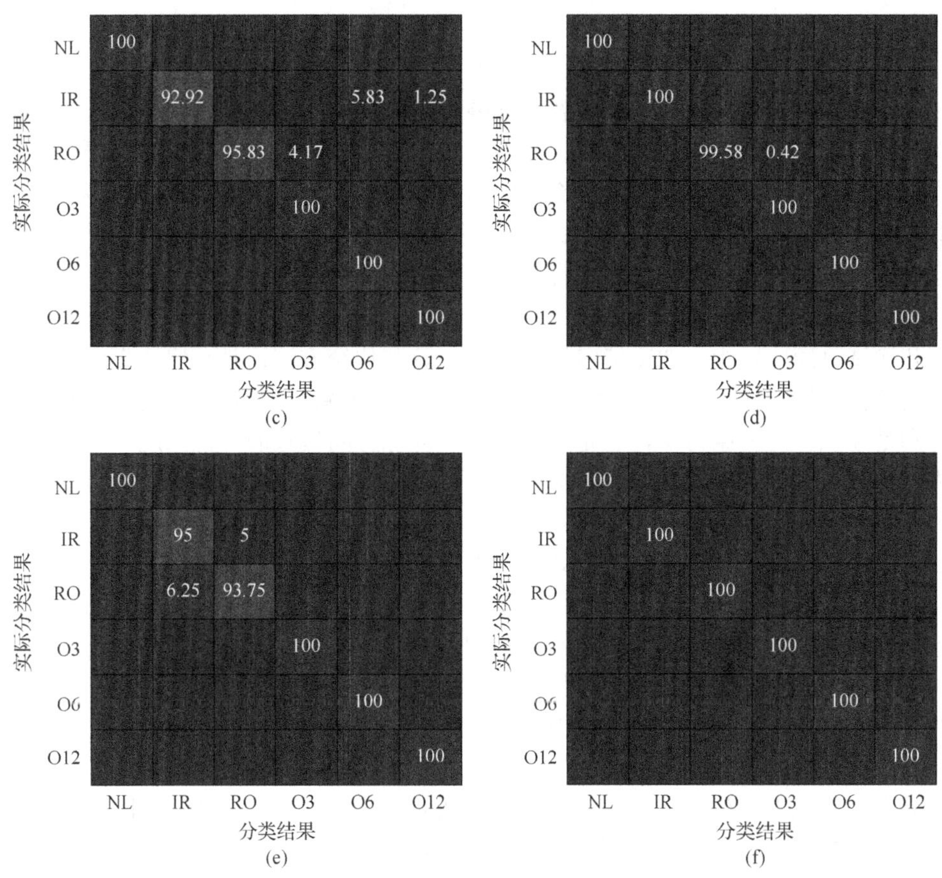

图 11.4　轴承的诊断结果

(a) BP；(b) CNN；(c) SVM；(d) DBN；(e) ELM；(f) SAE

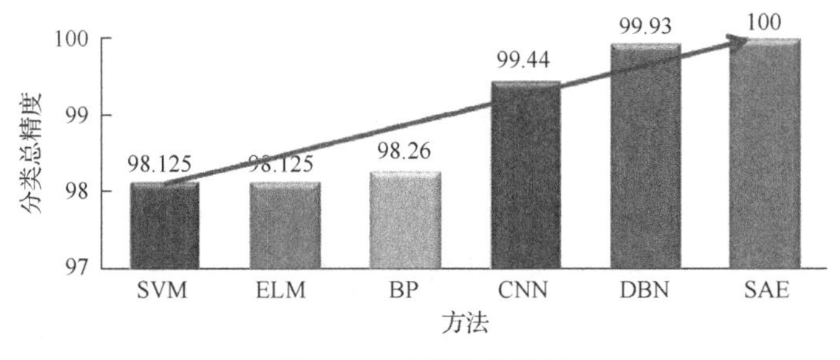

图 11.5　诊断的总精度

3. 讨论与分析

(1) 分类准确性。从图 11.1 可以看出，传统技术在分类正常状态样本方面具有极大的优越性。但在处理弹簧失效、阀门断裂和阀片磨损故障时，传统技术往往会导致样本分类错误。而深度学习技术的错误分类率要低很多，特别是对于卷积神经网络和堆叠自动编码器法这两种方法。对于卷积神经网络，只有3.5%的阀片磨损样本被错误分类为阀片断裂。堆叠自动编码器法法性能表现最佳，其分类率正确率为100%。从图11.4可以看出，传统的机器学习技术倾向于错误分类滚动体故障和内圈故障数据库，而深度学习技术可以很好地识别这两个类型。通常情况下，深度学习技术的总精度要高于支持向量机、BP和极限学习机方法。堆叠自动编码器法被认为是一种有效且准确的故障诊断算法。

(2) 消耗时间。从表11.1和表11.3可以看出，传统的机器学习方法所需的训练和测试时间比较少。像支持向量机和BP这些传统方法，具有快速生成图像，快速分析数据的优点。对于深度学习方法而言，训练新模型需要耗费更多的时间，特别是卷积神经网络方法，它是所有方法中训练时间最长的。但深度学习方法的测试时间却远远低于训练时间。深度学习的训练模型过程非常耗时，但是在测试时间上，深度学习则远胜于支持向量机、BP和极限学习机方法。

深度学习技术不仅在数据库处理和设备状态诊断方面表现优异，它还有另一个优点即可调节架构。深度学习技术在处理大型的数据库方面有着优异的性能，除此之外该技术可以通过调整其网络层和其他参数，使它在小中型的数据库上也能有不错的表现。降低深度学习架构的复杂性有助于避免过度拟合这一问题。虽然目前已经实现了深度学习技术中的一些期望的结果，但该技术仍然存在着一些局限性。首先，深度学习模型的架构是一种经验决策。深度学习模型越大，具有的潜在容量越大，但也可能导致过度拟合从而导致过多的冗余计算。因此，其中一项必要的任务就是确定深度学习模型应该具有多少层及每层中应该有多少节点。另一个问题是时间复杂度。与支持向量机、BP和极限学习机模型相比，深度学习模型的训练时间要大得多，因此，它需要最佳的图形处理器(graphics processing unit，GPU)和架构来消除冗余计算及提高效率。

11.3　旋转叶片故障的卷积神经网络诊断方法

当前基于叶尖定时信号的叶片状态识别主要依赖于叶片振动参数变化，但这一过程中涉及欠采样信号处理、叶片固有频率测量、叶片振动频率计算等一系列复杂工作且效果一般。而以机器学习为核心的智能诊断算法已经成功应用于传统的机械设备故障诊断中，能否将这些智能诊断算法应用于欠采样叶尖定时信号的处理从而实现叶片状态的智能诊断，能否使机器学习算法自动从欠采样信号中提取特征进行状态识别成了关键。近年来深度学习特别是卷积神经网络因其强大的特征自挖掘、自提取能力得到了快速发展[22,23]，也为欠采样叶尖定时信号处理提供了一条新思路，因此本节主要对基于卷积神经网络的欠采样叶尖定时信号处理及旋转叶片故障诊断方法进行研究。

11.3.1　卷积神经网络

卷积神经网络是一个多层人工神经网络，相对于传统的神经网络而言，卷积神经网络结构较为特殊，它采用的权值共享结构[24,25]使网络模型的复杂度大大降低，减小了模型的计算量。卷积神经网络是由输入层、交替连接的卷积层和降采样层(池化层)、全连接层及输出层组成，其网络结构如图 11.6 所示。

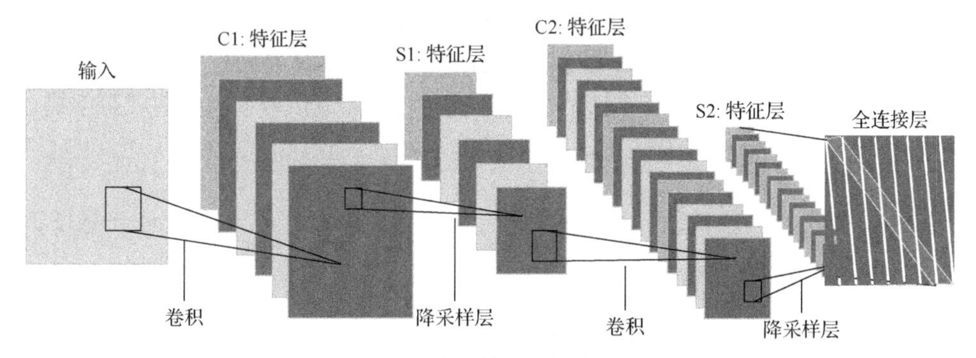

图 11.6　卷积神经网络结构图

其中输入层一般是输入原始数据(一维或者二维均可)即可，卷积层是通过从原始输入中按照一定的运算方法来挖掘特征信息从而实现特征的自动提取，降采样层是对卷积后的特征进行再次采样来降低特征维度。最后将输出的特征连接形成全连接层用于后续分类，其中卷积层和降采样层的数目可根据实际需要来确定，下面对卷积神经网络各层进行简单介绍。

1. 卷积层[26]

卷积层使用卷积核(convolutional kernels)对输入信号(或特征)的局部区域进行卷积运算，并产生相应的特征。卷积层最重要的特点是权值共享(weights sharing)，即同一个卷积核将以固定的步长(stride)遍历一次输入。权值共享减少了卷积层的网络参数，避免了由于参数过多造成的过拟合，并且降低了系统所需内存。在实际操作中，大多使用相关运算(correlation operation)来替代卷积运算，这样可以避免反向传播时翻转卷积核。具体的卷积层运算如式(11.1)所示：

$$y^{l(i,j)} = K_i^l * X^{l(r^j)} = \sum_{j'=0}^{W-1} K_i^{l(j')} X^{l(r^{(j+j')})} \tag{11.1}$$

式中，K_i^l 为第 i 个卷积核的权值；$K_i^{l(j')}$ 为第 l 层的第 i 个卷积核的第 j' 个权值；$X^{l(r^j)}$ 为第 l 层中第 j 个被卷积的局部区域；$X^{l(r^{(j+j')})}$ 为第 l 层中第 $j+j'$ 个被卷积的局部区域；W 为卷积核的宽度。

2. 降采样层[27]

一般卷积操作之后得到的特征图维度很大，不利于后续的分类，所以在卷积层之后通常都跟有一层降采样层，也叫池化层，降采样操作不仅可以减小特征的维度也可保证特征位置的不变性，具有重要意义。在卷积层得到特征图后，需要对每张特征图分别进行降采样操作，常用的降采样方法有两种：一是最大池化法(max pooling)，二是均值池化法(average pooling)，分别表示如下。

常用的池化函数有均值池化与最大值池化。均值池化是将感知域的神经元的均值作为输出值，而最大值池化是将感知域中的最大值作为输出，两者数学描述如式(11.2)和式(11.3)所示：

$$p^{l(i,j)} = \frac{1}{W} \sum_{t=(j-1)W+1}^{jW} a^{l(i,t)} \tag{11.2}$$

$$p^{l(i,j)} = \max_{(j-1)W+1 \leqslant t \leqslant jW} \left\{ a^{l(i,t)} \right\} \tag{11.3}$$

式中，$a^{l(i,t)}$为第l层第i帧第t个神经元的激活值；W为池化区域的宽度；$p^{l(i,j)}$为池化区域的最大值。

本节采用的降采样操作为最大值池化，这样做的优点在于可以获得与位置无关的特征，这一点对于周期性的时域信号很关键，池化过程如图 11.7 所示。

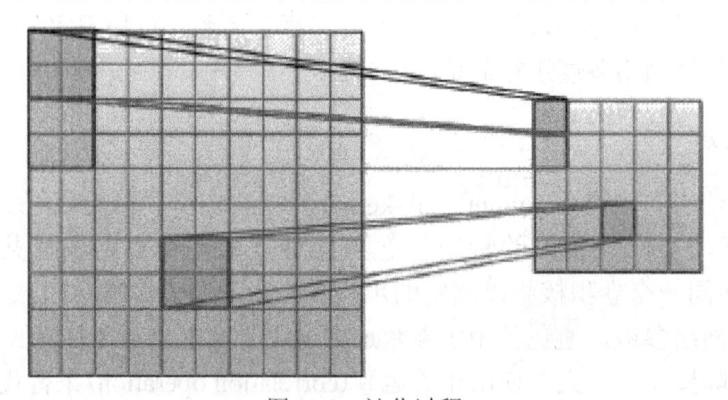

图 11.7　池化过程

3. 全连接层[28]

全连接层位于卷积神经网络的最后一层，是将最后一层降采样结果进行全连接形成的一个一维向量并与输出层连接，来进行最终网络的输出。如果把卷积神经网络作为分类器时，也就会在最后的全连接层通过训练形成一个分类器。对分类器的选择一般情况下是会选用一个权值可微的分类模型，从而保证整个网络是基于梯度下降的方式在进行训练。由于 Softmax 分类器具有良好的逻辑回归(logistic regression)特性，且适用于多分类问题的处理，因此本节中使用的是 Softmax 分类器作为最终的分类模型。

11.3.2　基于卷积神经网络的高速旋转叶片诊断方法

对基于欠采样信号的故障智能诊断中特征提取和特征选择是最难处理的工作，而卷积神经网络具有的强大的特征自学习能力为解决这一问题提供了一条新思路。同时研究发现叶尖间隙同样对叶片状态变化非常敏感[29,30]，因此提出了一种基于卷积神经网络的融合叶尖间隙和叶尖定时信息的高速旋转叶片智能诊断方法。该方法主要包括离线的模型训练和在线的自动诊断两部分，系统框架如图 11.8 所示，具体包括以下步骤。

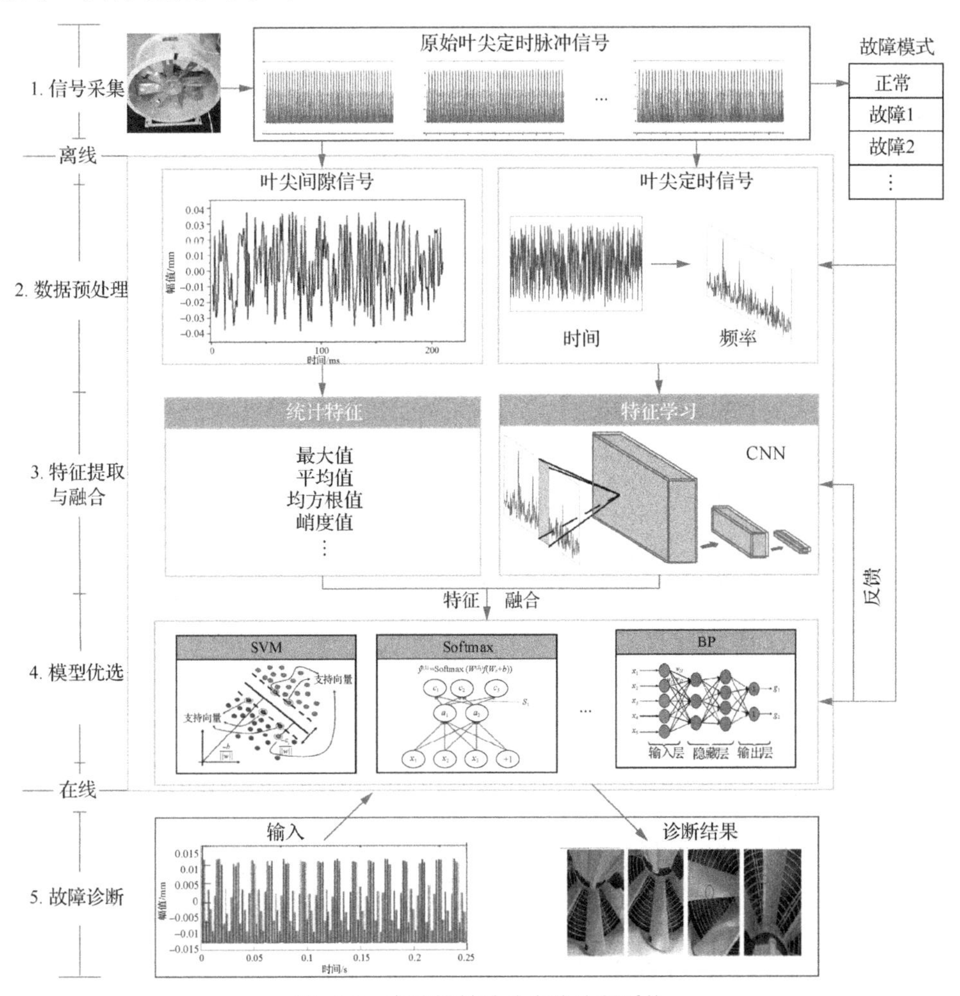

图 11.8　高速旋转叶片在线诊断系统

1. 信号采集

信号采集步骤包括基于电涡流传感器的多种故障模态下叶尖定时信号和叶尖间隙信号的采集，其中叶尖间隙信号是利用原始脉冲信号幅值获取，叶尖定时信号是利用原始脉冲信号上升沿定时时刻获取的。得到两种原始信号后需要将其标准化处理使其分布在[0,1]区间，便于后续的数据分析与处理。

2. 数据预处理

由于电涡流传感器的采样频率有限，难以满足叶尖定时监测系统高采样率的要求，需要进行预处理来降低系统的测量误差。针对这个问题提出了基于三次样条插值的处理方法，通过在离散测量点间按照曲线变化趋势插入虚拟测量点，从而保证系统的信号分辨率能够达到 1μs。同时原始信号需要进行降噪处理，消除背景噪声、随机噪声等，然后基于快速傅里叶变换将时域信号转到频域作为卷积神经网络的输入。

3. 特征提取与融合

1) 叶尖间隙信号特征提取

叶尖间隙的变化情况同样对高速旋转叶片的运行状态非常敏感，因此将叶尖间隙信息作为叶尖定时信息的补充进行融合诊断。从叶尖定时监测系统可以发现叶尖间隙信号同时存在随机性和欠采样性的特点，因此对叶尖间隙信号主要提取时域统计特征如最大值、标准差、方根幅值、均值、有效值、峭度值和峰峰值等用于后续的分析，这些特征值的计算方程如表 11.4 所示，其中 $x(t)$ 表示原始时域信号，N 表示每段数据的长度，$\max(x_i(t))$ 和 $\min(x_i(t))$ 分别表示每段数据中的最大值和最小值。

表 11.4　叶尖间隙信号时域统计特征

时域	方程	时域	方程
最大值	$X_{\max}=\max(x_i(t))$	有效值	$X_{\mathrm{rms}}=\sqrt{\frac{1}{N}\sum_{i=1}^{N}x_i^2}$
标准差	$\sigma=\sqrt{\frac{1}{N}\sum_{i=1}^{N}(x_i-\mu)^2}$	峭度值	$\beta=\frac{1}{N}\sum_{i=1}^{N}x_i^4$
方根幅值	$X_{\mathrm{r}}=\left(\sum_{i=1}^{N}\sqrt{\lvert x\rvert}\right)^2$	峰峰值	$\max(x_i(t))-\min(x_i(t))$
均值	$\bar{X}=\frac{1}{N}\sum_{i=1}^{N}X_i(t)$		

2) 叶尖定时信号特征提取

与叶尖间隙信号不同，叶尖定时信号具有周期性。对于周期信号，频域特征对系统运行状态更敏感也更能反映系统运行状态变化的特点，所以时域叶尖定时信号将被转化为频域信号进行分析。但是由于叶尖定时信号的欠采样性，每一种故障模式和特征频率间对应关系无法明确。同时由于欠采样性，转化后的频域中会出现许多差频成分，那么怎样将这些频域成分与故障模式进行对应成为基于叶尖定时监测系统自动诊断的一个关键。卷积神经网络强大的特征自学习和自提取能力，因此提出了局域卷积神经网络的欠采样叶尖定时信号特征提取和选择方法。基于叶尖定时信号特点进行了卷积神经网络结构设计，模型共包括五个卷积层、一个全连接层和一个 Softmax 识别层，整个结构的设计模式为输入层—卷积 1—池化 1—卷积 2—池化 2—卷积 3—池化 3—卷积 4—池化 4—卷积 5—池化 5—全连接层—Softmax。输入层为叶尖定时信号的频域信号，各卷积层的卷积核如表 11.5 所示，第一层卷积核尺寸为 64×1，其余卷积核为 3×1，这样的多个小的卷积核使网络结构更深，所获取的特征更具表达性，模型的性能也更佳。池化层选用最大池化，所设计的卷积神经网络结构参数如表 11.5[31]所示。

表 11.5　卷积神经网络模型参数

序号	网络层	卷积核	特征数量	输出
1	输入层	1×1	2048	
2	卷积 1	64×1	16	256×16
3	池化 1	2×1	16	128×16
4	卷积 2	3×1	32	128×32
5	池化 2	2×1	32	64×32
6	卷积 3	3×1	64	64×64
7	池化 3	2×1	64	32×64
8	卷积 4	3×1	128	32×128
9	池化 4	4×1	128	8×128
10	卷积 5	3×1	256	8×256
11	池化 5	4×1	256	2×256
12	全连接层	256	1	256×1
13	Softmax	16	1	16

3) 特征融合

为了提高诊断率，降低模型训练和计算时间，需要将叶尖间隙统计特征和叶尖定时学习特征进行融合来降低特征维度，因此采用核主成分分析法进行融合与降维。核主成分分析法是一种基于核的降维方法，能够提取数据集中的主要信息同时降低数据维度，目前已广泛应用于各领域高维数据处理中。本节将两种特征基于核主成分分析法融合处理后，叶尖间隙信息和叶尖定时特征的前六个主要成分将被提取用于后续的故障分类及诊断。

4. 分类器优选

特征提取融合处理后需要选择合适的分类器进行诊断分析，合适的分类器能够在最小的测试时间内得到更优的分类效果，因此对常见的四种分类器进行优选用于在线诊断，这四种分类器分别是支持向量机、BP 神经网络，模糊神经网络(FNN)和 Softmax。为了评价这些分类器的性能，引入了三个评价指标：故障诊断正确率(DR)、误报警率(FAR)和相关性系数(cc)，其中相关性系数分布在[–1,1]，当等于 1 时表示分类结果与实际完全一样，当为–1 时表示分类结果是随机的，这三个指标的计算方程如式(11.4)～式(11.6)所示：

$$\mathrm{DR}=\frac{\mathrm{TN}}{\mathrm{TN}+\mathrm{FP}} \tag{11.4}$$

$$\mathrm{FAR}=\frac{\mathrm{FN}}{\mathrm{FN}+\mathrm{TP}} \tag{11.5}$$

$$\mathrm{cc}=\frac{\mathrm{TP}\times\mathrm{TN}-\mathrm{FP}\times\mathrm{FN}}{\sqrt{(\mathrm{TP}+\mathrm{FN})(\mathrm{TP}+\mathrm{FP})(\mathrm{TN}+\mathrm{FP})(\mathrm{TN}+\mathrm{FN})}} \tag{11.6}$$

式中，TP 为正常的被分为正常的；FP 为不正常的被分为正常的；FN 为正常的被分为不正常的；TN 为不正常的被分为不正常的。

5. 在线诊断

经过上述步骤的分析处理后能够得到一个系统运行状态的判定及诊断模型，然后将实时监测数据经预处理后作为模型的输入，就可以得到该时刻下系统的运行状态、可能存在的故障类型及故障的严重程度，从而实现了系统状态的在线监测与诊断。

11.3.3 实验验证

1. 实验设置

为了验证方法的可行性，利用高速旋转叶片实验台进行了多组实验验证，实验台如图 2.14 所示，传感器采用三均布的方式进行安装，用来记录叶片到达时刻和叶片通过传感器时的叶尖间隙信号，并在转轴上安装有一个相位传感器记录转速信号。共设置了 16 组对比实验，每组实验具体设置参数如表 11.6[31]所示，叶片状态共分为四大类：无裂纹、叶尖裂纹、叶中裂纹及叶根裂纹。测试过程中为了保证实验结果的可靠性，每组实验均进行了长周期重复性的测试。

表 11.6 旋转叶片故障模式

序号	故障模式	裂纹位置	裂纹尺寸/mm	占比	裂纹图片
1	A	无裂纹	0.0	0	
2	T1		4.18	1/20	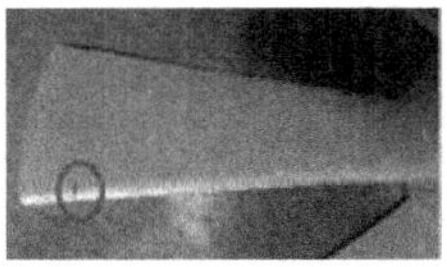
3	T2		8.39	2/20	
4	T3	叶尖	12.58	3/20	
5	T4		16.73	4/20	
6	T5		20.09	5/20	
7	M1		3.51	1/20	
8	M2		7.06	2/20	
9	M3	叶中	10.62	3/20	
10	M4		14.22	4/20	
11	M5		17.73	5/20	
12	R1		2.86	1/20	
13	R2		5.82	2/20	
14	R3	叶根	8.73	3/20	
15	R4		11.62	4/20	
16	R5		14.53	5/20	

2. 分类器选择

将多组实验数据预处理后分别输入上述中拟定四种分类器进行模型训练与测试，各分类器的性能表现如表 11.7 所示，其中 TrD 表示模型的训练时间，TeD 表示模型的测试时间，模型测试是在 MATLAB R2016b 环境下进行的，电脑采用 Intel Core i5 的处理器和 3.0GB 的缓存。

表 11.7　各分类器的性能

分类器	SVM	BP	Softmax	FNN
DR/%	0.945	0.861	0.915	0.895
FAR/%	0.09	0.29	0.12	0.12
cc/%	0.951	0.897	0.912	0.908
TrD/s	28.312	104.726	36.214	63.152
TeD/s	1.334	4.65	1.733	1.968

由表 11.7 可以看出，在 SVM、BP、Softmax 和 FNN 这四种分类器中，SVM 的分类准确率最高，达到 94.5%，同时也具有最大的相关系数(0.951)，最小的 FAR(9%)，以及最少的训练和测试时间。综合对比各项评价指标可以发现，SVM 相对其他几类分类器有明显的优势，因此选择 SVM 作为系统在线诊断的分类器。

3. 实验结果分析

按照 11.4.2 节所设计的基于卷积神经网络的高速旋转叶片诊断方法，对表 11.6 中所示的 16 种缺陷模型的监测数据进行处理，得到如表 11.8 所示的实验结果，为了保证实验结果的可靠性，所以数据均进行了长周期重复性的测试，每组测试了 150 组数据并将其分为两部分：第一部分 50 组，第二部分为 100 组。前者用于模型训练样本，后者用于模型的测试样本。将所提方法的测试结果与仅基于叶尖定时信号的方法还有传统的基于振动频率(V-F)的辨识方法进行对比，对比结果如图 11.9 所示。

表 11.8　16 种缺陷模型监测数据处理的实验结果

故障模式	N	T1	T2	T3	T4	T5	M1	M2	M3	M4	M5	R1	R2	R3	R4	R5
N	91	6	2	0	0	0	1	0	0	0	0	0	0	0	0	0
T1	7	89	2	1	0	0	1	0	0	0	0	0	0	0	0	0
T2	2	3	91	1	0	0	2	0	0	0	0	1	0	0	0	0
T3	0	1	4	92	2	0	1	1	0	0	0	0	1	0	0	0
T4	0	1	1	2	92	2	0	0	1	0	0	1	0	0	0	0
T5	1	0	0	1	3	93	0	2	0	0	0	0	0	0	1	0
M1	1	0	2	0	1	0	91	1	0	1	0	0	2	0	1	0
M2	0	0	0	2	0	1	2	92	1	0	0	0	1	1	0	0
M3	0	0	0	0	0	1	1	3	94	0	1	0	0	0	0	0

续表

故障模式	N	T1	T2	T3	T4	T5	M1	M2	M3	M4	M5	R1	R2	R3	R4	R5
M4	0	0	0	0	0	1	0	0	2	94	1	0	2	0	0	0
M5	0	0	0	0	1	0	0	0	0	2	95	0	0	2	0	0
R1	0	0	0	0	0	1	0	0	0	2	1	94	1	0	1	0
R2	0	0	0	0	0	1	0	0	0	0	2	1	94	1	0	1
R3	0	0	0	0	1	0	0	0	0	0	1	0	1	96	1	0
R4	0	0	0	0	0	0	0	0	0	0	0	0	1	0	98	1
R5	0	0	0	0	0	0	0	0	0	0	0	0	0	0	0	100

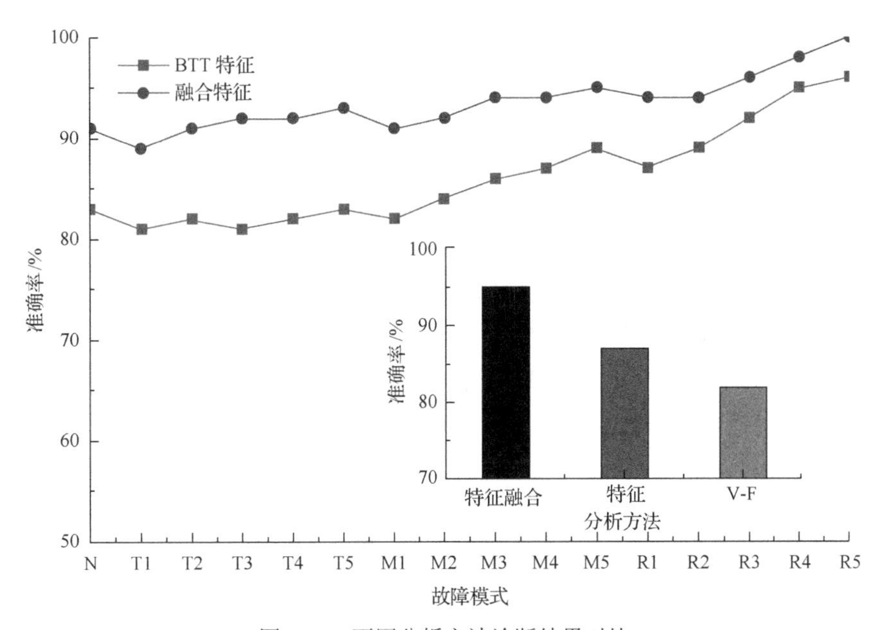

图 11.9　不同分析方法诊断结果对比

由图 11.9 可以看出，基于深度学习的特征融合方法、基于叶尖定时的特征分析方法和振动频率分析法(V-F)诊断正确率分别为 95%、87%和 82%，基于深度学习融合叶尖定时和叶尖间隙信息的叶片缺陷故障诊断准确率明显优于传统的特征频率分析法和仅有叶尖定时信息的方法。同时还可以发现无论哪种分析方法，相较于叶尖缺陷来讲对叶片根部缺陷更敏感，这是由于叶根处缺陷往往对叶片动力学特征改变更明显，可以根据叶片振动特性分析可知。此外，传统的叶片振动频率分析法仅能够判断叶片是否存在缺陷，而不能判断叶片缺陷位置及严重程度。基于卷积神经网络特征融合方法不仅能够提高叶片故障诊断准确率，还能够进行叶片故障及其严重程度的判断。

11.4　变工况压缩机的迁移学习诊断方法

11.4.1　迁移学习

机器学习已成为一种日渐重要的方法，并已经得到广泛的研究与发展。然而传统的机器学习需要做如下的两个基本假设，以保证训练得到的分类模型的准确性和可靠性：一是用于学习的训练样本与新的测试样本是独立同分布的；二是有足够多的训练样本用来学习获得一个好的分类模型。

在实际的工程应用中往往无法同时满足上述两个条件，导致传统的机器学习方法面临如下问题：随着时间的推移，原先可用的样本数据与新来的测试样本产生分布上的冲突而变得不可用，这一问题在时效性强的数据上表现得更为明显，比如基础部件随时间变化而产生的数据。而在另一些领域，有标签的分类样本数据往往很匮乏，已有的训练样本不足以训练得到一个准确可靠的分类模型，而标注大量样本又非常费时费力，甚至不可能。

因此，研究如何利用少量的有标签的训练样本建立一个可靠的模型对目标领域数据进行分类，变得非常重要。迁移学习是运用已存在的知识对不同但相关领域问题进行求解的一种新的机器学习方法，其放宽了传统机器学习中的两个基本假设，目的是迁移已有的知识来解决目标领域中仅有少量甚至没有标签样本数据的学习问题[32]。如图 11.10 所示，传统机器学习的任务之间是相互独立的，不同的学习系统是针对不同的数据分布而专门训练的。迁移学习中不同任务间不再相互独立，虽然两者不同，但可以从不同源任务中挖掘出与目标任务相关的知识，去帮助目标任务的学习。

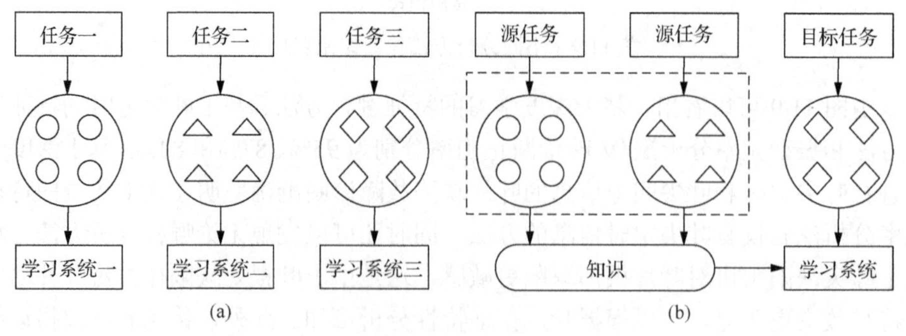

图 11.10　传统机器学习和迁移学习过程的差异

(a) 传统机器学习；(b) 迁移学习

11.4.2　压缩机故障的迁移诊断模型

往复压缩机在变工况(如变速)下工作可能导致数据分布的变化，在稳定工况下建立的模型不再适用于变工况下的故障诊断。为了解决这问题，应建立一个模型，尽可能减少不同工况条件引起的数据分布差异，同时能学习不同工况下的典型故障特征。为此，本节提出了基于辅助模型的域自适应(AMDA)策略[33]。首先，作为辅助预训练模型，将卷积神经网络(CNN)和边缘降噪编码器(mSDA)结合，学习故障敏感特征，消除不同工况之间的数据分布差异。然后，利用该模型学习的特征作为训练分类器的输入。以支持向量机作为分类器，对往复压缩机在不同工况下的实验结果表明，该方法能够学习到不同工况下的敏感特征，并能消除因工况条件变化而产生的差异。

首先，结合卷积神经网络和边缘叠加去噪自动编码器设计了一个辅助训练模型，图 11.11 给出了该模型的原理图。首先，卷积神经网络建立了预训练模型，该模型侧重于学习由故障产生的敏感特征和减小维度。然后，边缘叠加去噪自动编码器用于通过恢复损坏的数据并将数据转换为另一个子空间来消除不同工况之间的数据分布差异。最后一层输出将是该模型学习到的最终特征。

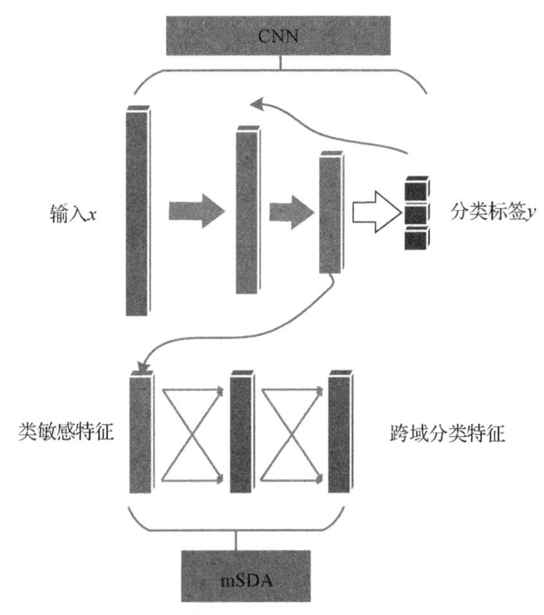

图 11.11　卷积神经网络与 mSDA 结合的辅助模型

图 11.11 中，卷积神经网络作为预训练模型用于帮助边缘叠加去噪自动编码器学习较低维度的类敏感特征。然后，这些较低维度的特征，作为边缘叠加去噪自动编码器的原始输入。输出 h 可以通过函数 $h=\tanh(\boldsymbol{W}x)$ 获得，训练是逐层进行

的，$(t-1)^{\text{th}}$ 图层的输出是 t^{th} 图层输入，因此，层的输出变为 $h^t=\tanh(\boldsymbol{W}^t h^{t-1})$。边缘叠加去噪自动编码器转换的结果是将不同工况条件下的特征变得类似同分布。

其中，特征学习过程中每个步骤的重构过程如图 11.12 所示。通过该模型学习到的特征表明了源域和目标域之间的差异和相关性，这种学习过程对在不同的工况条件下实现故障分类是必要的。

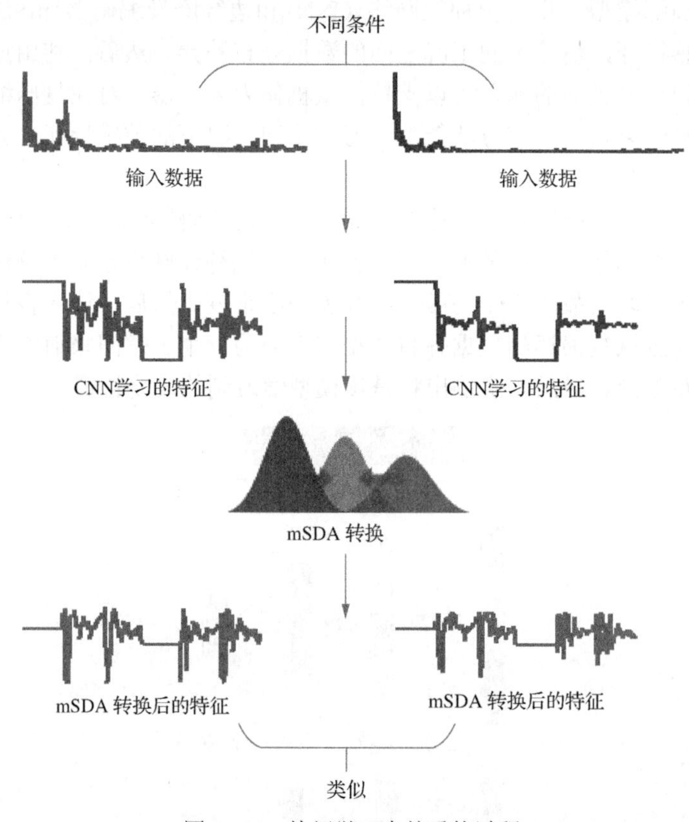

图 11.12 特征学习中的重构过程

最后，建立了压缩机故障的迁移诊断模型，其具体的实现过程如图 11.13 所示。首先，应用快速傅里叶变换(FFT)来获得每个信号样本的相应频率幅值。用最小-最大归一化方法将数据变换为[0,1]。接下来，用卷积神经网络以监督学习方式学习故障敏感特征。然后，使用边缘叠加去噪自动编码器来消除不同工况条件之间的数据分布差异。模型学习的特征用作 SVM 分类器的输入。

卷积神经网络通过有监督的方式提取深度层次表示来学习每个故障类别的具体特征，边缘叠加去噪自动编码器则通过空间变换来学习共享特征空间中不同域的特征。因此，该模型可以消除来自源域和目标域数据分布的差异，学习不同工况下的特征以进行分类。

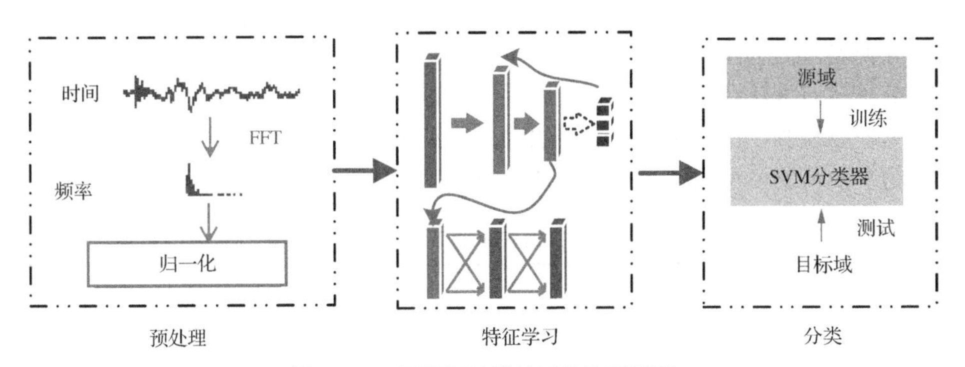

图 11.13　压缩机故障的迁移诊断模型

11.4.3　实例分析

1. 实验设置

本节以 Bently RCK-1 往复压缩机实验台进行故障模拟的数据来验证所提出的方法。实验台如图 11.14 所示，通过连接到十字头上的振动加速传感器以 20000Hz 的采样率采集每种工况(80r/min、100r/min、120r/min)下的振动信号。每种工况下采集 200 个样本，包括 100 个正常样本和 100 个故障样本。每个样本的长度为 2000 点。

图 11.14　RCK-1 往复压缩机实验台

2. 实验分析

应用上述迁移诊断模型，通过卷积神经网络和边缘叠加去噪自动编码器学习新特征并将其用作分类器的输入数据。上述实验是在三种转速(80r/min、100r/min、120r/min)下进行的，将其中一个转速下采集的数据作为源域数据，用于通过SVM训练分类器，另外两个作为目标域数据用于测试。将本节提出的迁移诊断模型与传统机器学习方法相比较，包括支持向量机，主成分分析(PCA)、深度信念网络(DBN)、卷积神经网络和边缘叠加去噪自动编码器，如表11.9所示。可见，本节提出的基于辅助模型的域自适应方法获得了比传统方法更高的分类精度。

表 11.9　不同方法在不同工况下的分类结果

训练样本/(r/min)	测试样本/(r/min)	方法						
		SVM	PCA-SVM	DBN	DBN-SVM	CNN	mSDA-SVM	AMDA(本节方法)
80	100	74.5	72.5	71	69.5	48.5	75.5	83
	120	66	69	64	58.5	41.5	68	78.5
100	80	71.5	71.5	57.5	50	56.5	77.5	91.5
	120	68	69	60	50	46.5	71.5	76.5
120	80	59	60	61.5	58	53.5	72	80.5
	100	58	65	58	59	72.5	75.5	80
平均分类准确率		66.2	67.8	62	57.5	53.2	73.3	81.7

下面分析各种方法的改进效果。以支持向量机为基准，各种方法在分类精度上的改进效果如图11.15所示。各种方法的平均改进结果如图11.16所示。该图再次表明了模型的有效性，以及具有明显的优势。

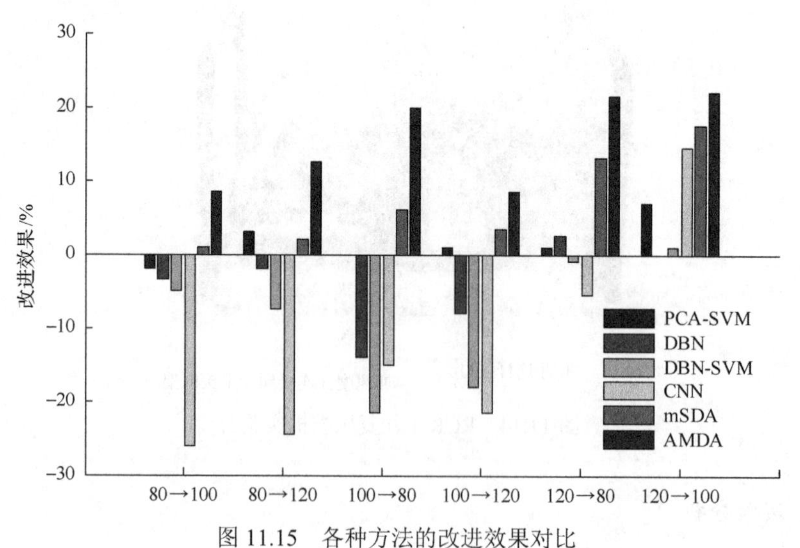

图 11.15　各种方法的改进效果对比

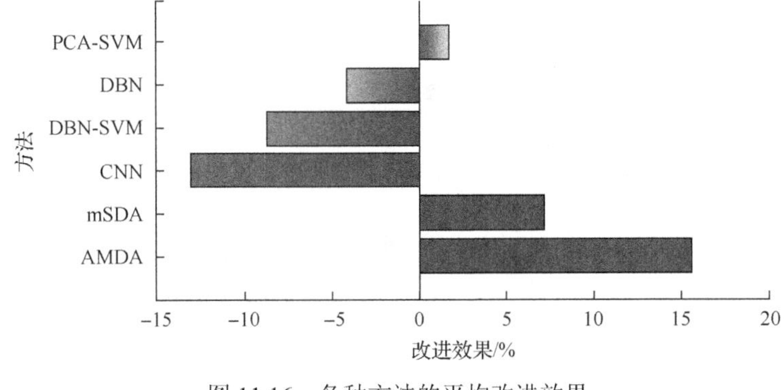

图 11.16　各种方法的平均改进效果

11.5　不均衡数据集下故障的 BT-SVDD 分类方法

11.5.1　BT-SVDD 的提出

单类学习分类是一种解决不均衡数据分类问题的常用方法。支持向量数据描述(support vector data description，SVDD)是一种有效的单值分类方法。SVDD 具有分类精度高等优势。对于不均衡数据分类问题，SVDD 只针对感兴趣的样本进行训练和学习，可以避免对少数类样本进行训练，且 SVDD 可以将样本映射到高维空间，减少了不均衡数据中样本重叠的风险。但是分类器 SVDD 只能针对一类样本给出描述，而忽略了对数据集中其他样本的学习。在机械故障诊断领域中，故障类型往往是多样的，每一个样本类别都需要被描述，而 SVDD 难以有效地对多类故障进行分类和识别。而已有的研究多采用同时建立多个 SVDD 分类器，造成 SVDD 分类器失去了在不均衡数据分类问题中的独特优势。因此，本节提出了基于类间分离性测度的 BT(binary tree)-SVDD 多故障识别模型构建方法，以实现 SVDD 对多类故障的有效识别[34]。

11.5.2　SVDD 概述

1. SVDD

单值分类器 SVDD 是一种重要的数据描述方法，该方法由 Tax 和 Duin[35]首次提出。SVDD 是一种基于“区分而非识别”的数据描述方法。SVDD 原理如图 11.17 所示，其中 O 为 SVDD 中心，R 为 SVDD 半径。

SVDD 的训练是这样进行的：SVDD 将需要学习的样本视为一个整体，通过建立一个封闭且紧凑的区域 Ω，使被训练的样本尽量包围在区域 Ω 内，使其他类样本数据不包含在区域 Ω 内，或者尽可能少地包含在该区域之中。

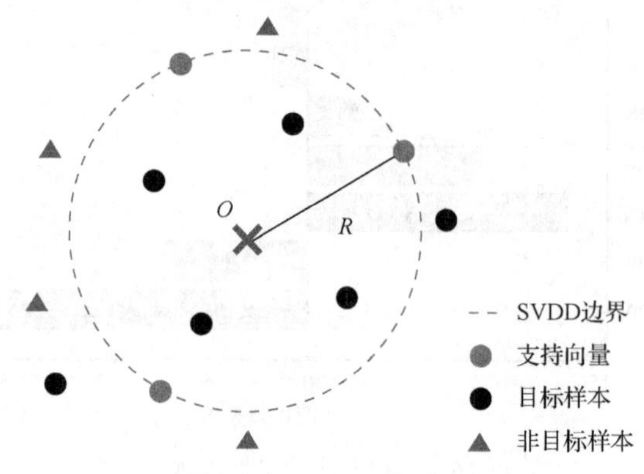

图 11.17　SVDD 示意图

设训练样本 X 中包含 n 个样本 x_i，i=1,2,$\cdots$,n，$x_i \in \boldsymbol{R}^d$(d 维矩阵)，找到一个以 a 为中心，R 为半径的最小超球体，尽可能多地包含所有训练样本：

$$\begin{aligned} &\min_{R,a}(R,a)=R^2 \\ &\text{s.t. } \|x_i-a\| \leqslant R^2 \end{aligned} \tag{11.7}$$

SVDD 的决策函数：

$$f(x)=\text{sign}(R^2-\|x-a\|^2) \tag{11.8}$$

引入松弛因子 $\xi_i(i=1,2,\cdots,n)$ 和惩罚因子 C，且 $C>0$，则式(11.7)转化为

$$\min_{R,a,\xi_i}(R,a,\xi_i)=R^2+C\sum_{i=1}^{n}\xi_i \tag{11.9}$$

式中，C 为 SVDD 的控制参数，参数 C 的选择可以用于平衡最小超球体体积与数据误差。训练数据尽可能多地或者全部包含在球体内：

$$\text{s.t.}\|x_i-a\|^2 \leqslant R^2+\xi_i, \quad \forall i, \xi_i \geqslant 0 \tag{11.10}$$

引入拉格朗日乘子，定义拉格朗日函数为

$$\begin{aligned} L(R,a,\boldsymbol{\alpha},\xi,\gamma)=R^2+C\sum_i \xi_i-\sum_i \boldsymbol{\alpha}\left[R^2+\xi_i-(x^2-2ax+a^2)\right] \\ -\sum_i \gamma_i \xi_i \end{aligned} \tag{11.11}$$

式中，$\boldsymbol{\alpha}=(\alpha_1,\alpha_2,\cdots,\alpha_n)^{\mathrm{T}}$ 为拉格朗日乘子向量。式(11.9)转化为

$$\max_{\alpha}\min_{\alpha} L(R,a,\boldsymbol{\alpha},\xi,\gamma) \tag{11.12}$$

式中，γ 为拉格朗日乘数。

对 $L(R,a,\boldsymbol{\alpha},\xi,\gamma)$ 关于 R、a、ξ 求极小值。

(1) 求 $\min_{R,a,\xi} L(R,a,\boldsymbol{\alpha},\xi,\gamma)$。

对 R、a、ξ_i 求偏导：

$$\begin{cases}\dfrac{\partial L}{\partial R} \geqslant 0, R \geqslant 0, R\dfrac{\partial L}{\partial R} = 0 \Rightarrow \sum_i \alpha_i = 1, \quad i = 1,\cdots,n \\ \dfrac{\partial L}{\partial a} \geqslant 0, a \geqslant 0, a\dfrac{\partial L}{\partial a} = 0 \Rightarrow \sum_i \alpha_i x_i = a, \quad i = 1,\cdots,n \\ \dfrac{\partial L}{\partial \xi_i} \geqslant 0, \xi_i \geqslant 0, \xi_i\dfrac{\partial L}{\partial \xi_i} = 0 \Rightarrow C = \alpha_i + \beta_i, \quad i = 1,\cdots,n \end{cases} \tag{11.13}$$

(2) 求 $\max_{\alpha} L(R,a,\boldsymbol{\alpha},\xi,\gamma)$。

$$\frac{\partial L}{\partial \alpha_i} \geqslant 0, \alpha_i \geqslant 0, \alpha_i\frac{\partial L}{\partial \alpha_i} = 0 \Rightarrow R^2 = \|x_i - a\|^2, \quad \alpha_i \neq 0, \quad i = 1,\cdots,n \tag{11.14}$$

优化后的式(11.9)为

$$\begin{cases}\max \sum_{i=1}^{n} \alpha_i (x_i, x_i) - \sum_{i=1}^{n}\sum_{j=1}^{n} \alpha_i \alpha_j (x_i, x_j) \\ \text{s.t.} \sum_{i=1}^{n} \alpha_i = 1, \quad 0 \leqslant \alpha_i \leqslant C, \quad i = 1,2,\cdots,n \end{cases} \tag{11.15}$$

超球体中心由 $a = \sum_{i=1}^{n} \alpha_i x_i$ 计算所得，超球半径

$$R = \frac{1}{n_{\mathrm{SV}}} \sum_{i=1}^{n_{\mathrm{SV}}} \sqrt{\|x_i - a\|} \tag{11.16}$$

式中，n_{SV} 为支持向量点的数目。

根据新样本 z 到超球中心的距离判断该样本是否为目标样本，z 为目标样本的判别式为

$$\|z - a\|^2 \leqslant R^2 \tag{11.17}$$

2. 核函数

1) 核函数的定义

在低维空间进行分类与识别时，常常出现线性不可分的情况，而该问题可以通过非线性映射到高维空间解决。直接的非线性映射会造成维数灾难，因此需要核函数来解决上述问题。

假设 $x,z \in X$，X 为原始输入空间，将其映射到特征空间：

$$K(x,z)=\phi(x)\cdot\phi(z) \tag{11.18}$$

式中，$K(x,z)$ 为核函数；$\phi(x)$ 为映射函数；$\phi(x)\cdot\phi(z)$ 为 $\phi(x)$ 与 $\phi(z)$ 的内积。

2) 核函数在 SVDD 中的应用

在 SVDD 的对偶问题中，引入核函数，则半径表达式为

$$R=\frac{1}{n_{\mathrm{SV}}}\sum_{i=1}^{n_{\mathrm{SV}}}\sqrt{K(x_i,x_i)-2\sum_{j=1}^{n}\alpha_i K(x_i,x_j)+\sum_{i=1}^{n}\sum_{j=1}^{n}\alpha_i\alpha_j K(x_i,x_j)} \tag{11.19}$$

判别式(11.17)转化为

$$\|z-a\|^2=K(z,z)-2\sum_{i=1}^{n}\alpha_i K(z,x_i)+\sum_{i=1}^{n}\sum_{j=1}^{n}\alpha_i\alpha_j K(x_i,x_j)\leqslant R^2 \tag{11.20}$$

原始输入空间经过映射函数 $\phi(x)$ 转换到一个新的高维特征空间，在该特征空间里训练 SVDD，核函数可以使 SVDD 转化为非线性问题[36]。

3) 常用核函数介绍

(1) 多项式核函数(polynomial kernel function)。

$$K(x,z)=(x\cdot z+1)^P \tag{11.21}$$

(2) 高斯核函数(Gaussian kernel function)。

$$K(x,z)=\exp\left(-\frac{\|x-z\|^2}{2\sigma^2}\right) \tag{11.22}$$

3. KKT 条件

通常情况下，KKT(Karush-Kuhn-Tucker)条件作为判别约束是否为最优的必要条件。当目标函数为凸函数时，约束最优解的充要条件是可行域为凸函数优化

问题 KKT 条件。该情况下，问题的局部最优解同时为该问题的全局最优解，给出定义在凸区域 $\Theta \in R^n$ 上一个最优解问题[37]：

$$\text{Min}\ f(w), \qquad w \in \Theta \tag{11.23}$$

使

$$g_i(w) \leqslant 0, \qquad i = 1, 2, \cdots, m \tag{11.24}$$

$$h_i(w) = 0, \qquad i = 1, 2, \cdots, n \tag{11.25}$$

式中，f 为凸函数；g_i、h_i 为仿射函数，通常情况下，点 c^* 为最优点的充要条件是存在 α^* 和 β^*，并满足：

$$\begin{cases} \dfrac{\partial L(c^*, \alpha^*, \beta^*)}{\partial c} = 0 \\ \dfrac{\partial L(c^*, \alpha^*, \beta^*)}{\partial \beta} = 0 \\ \alpha_i^* g_i(c^*) = 0, \qquad i = 1, 2, \cdots, m \\ g_i(c) \leqslant 0, \qquad i = 1, 2, \cdots, m \\ \alpha_i^*(c) \geqslant 0, \qquad i = 1, 2, \cdots, m \end{cases} \tag{11.26}$$

式(11.26)中的第三个等式为 KKT 互补条件。对于积极约束，$\alpha_i^* \geqslant 0$；对于非积极约束，$\alpha_i^*=0$；扰动非积极约束不会对最优化问题的解产生影响。

11.5.3　基于类间分离性测度的 BT-SVDD 多故障识别模型构建

许多学者针对 SVDD 模型优化进行了研究，随着 SVDD 研究地不断深入，SVDD 已在故障诊断领域中获得了广泛地应用[38,39]。但是针对 SVDD 多分类的研究较少，且已有的研究为同时建立多个 SVDD 分类器，易造成类间重叠现象。因此本节结合二叉树(BT)与 SVDD 算法，构建 BT-SVDD 模型以实现对多类故障样本的识别。同时，为了减少累计误差，利用基于马哈拉诺比斯距离的分离性测度构建 BT 模型。

1. 马哈拉诺比斯距离原理

马哈拉诺比斯距离综合考虑了均值、方差及协方差三个参数，在异常评价中，一些单指标异常评价方法以一元正态分布理论为基础，马哈拉诺比斯距离具有上述方法无法比拟的优点。而且相比基于欧几里得距离的多指标异常评价方法，马哈拉诺比斯距离也具有不可比拟的优点，马哈拉诺比斯距离建立在多元正态分布理论基础上，是一种有效的计算两个未知样本集的相似程度的方法[40]。

假设 $\boldsymbol{X}=[X_1,\cdots\cdots,X_n]^{\mathrm{T}}$，协方差矩阵为

$$\boldsymbol{\Sigma}_{ij}=\mathrm{Cov}(X_i,X_j)=E[(X_i-\mu_i)(X_j-\mu_j)] \tag{11.27}$$

式中，μ_i 为第 i 个元素的期望值，即 $\mu_i=E(X_i)$，式(11.27)可以表达为

$$\begin{aligned}\boldsymbol{\Sigma}_{ij}&=E[(\boldsymbol{X}-E[\boldsymbol{X}])(X-E[\boldsymbol{X}])^{\mathrm{T}}]\\&=\begin{bmatrix}E[(X_1-\mu_1)(X_1-\mu_1)] & E[(X_1-\mu_1)(X_2-\mu_2)] & \cdots & E[(X_1-\mu_1)(X_n-\mu_n)]\\E[(X_2-\mu_2)(X_1-\mu_1)] & E[(X_2-\mu_2)(X_2-\mu_2)] & \cdots & E[(X_2-\mu_2)(X_n-\mu_n)]\\\vdots & \vdots & & \vdots\\E[(X_n-\mu_n)(X_1-\mu_1)] & E[(X_n-\mu_n)(X_2-\mu_2)] & \cdots & E[(X_n-\mu_n)(X_n-\mu_n)]\end{bmatrix}\end{aligned} \tag{11.28}$$

式中，矩阵中的(i,j)个元素是 X_i 与 X_j 的协方差。

马哈拉诺比斯距离的计算公式为

$$D_{ij}{}^2=(X_i-\overline{X_j})'\Sigma_{ij}{}^{-1}(X_i-\overline{X_j}) \tag{11.29}$$

式中，$D_{ij}{}^2$ 为马哈拉诺比斯距离；$\overline{X}_j$ 为元素平均值；$\Sigma_{ij}{}^{-1}$ 为原始数据协方差矩阵 $\boldsymbol{\Sigma}_{ij}$ 的逆矩阵。

原始变量空间中，马哈拉诺比斯距离在计算各样本到样本平均值距离时考虑样本变量间相关性，对于每一个给定的正值 D，$D_{ij}{}^2=(X_i-\overline{X_j})'\Sigma^{-1}(X_i-\overline{X_j})$ 确定了一个 m 维的超椭球。不断地调节 D 值的大小，能够获得有同一中心的超椭球束，这些椭球束的大小取决于 D。马哈拉诺比斯距离的概率密度在椭球面上保持不变，D^2 越大，概率密度越小；D^2 越小，概率密度越大。当 D^2 大到一定程度后，其分布的概率密度也会小到一定程度，使在该范围外的所有样本点不再属于正态分布总体，也就是在一定程度上它们属于异常点，因此，只需找到这个临界距离 $D_\alpha{}^2$，大于它的均为异常样本。

欧几里得距离和马哈拉诺比斯距离都是各变量到变量平均值的距离，但是相比欧几里得距离，马哈拉诺比斯距离考虑样本中变量之间的相关性。图 11.18 为马哈拉诺比斯距离和欧几里得距离示意图。

在图 11.18(a)中，A 与 B 具有相同的欧几里得距离；在图 11.18(b)，A 与 B 具有相同的马哈拉诺比斯距离。可以看出，马哈拉诺比斯距离与欧几里得距离的等势线并不相同。

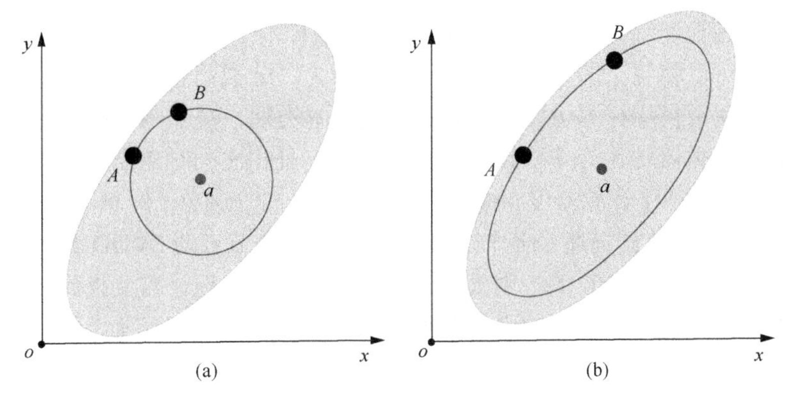

图 11.18　欧几里得距离与马哈拉诺比斯距离示意图

(a) A 与 B 具有相同的欧几里得距离；(b) A 与 B 具有相同的马哈拉诺比斯距离；a 为圆心

图 11.19 为等距离的马哈拉诺比斯距离和欧几里得距离示意图。

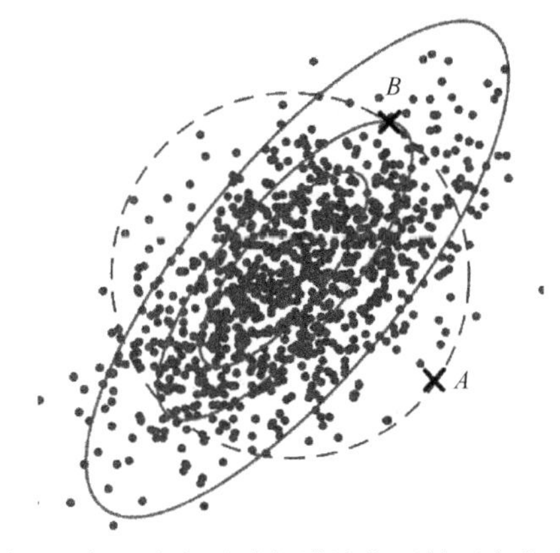

图 11.19　欧几里得距离与马哈拉诺比斯距等距离线(文后附彩图)

在图 11.19 中，实线代表马哈拉诺比斯距离等距离线，虚线代表欧几里得距离等距离线，A 与 B 具有相同的欧几里得距离，但是它们的马哈拉诺比斯距离却不相同。

相比于欧几里得距离，马哈拉诺比斯距离具有以下几个优点：①马哈拉诺比斯距离是无须考虑各特征参数的量纲，而且与各分量的单位选取无关；②马哈拉诺比斯距离考虑变量间相关性影响，可以更好地描述各元素间的相似性；③马哈拉诺比斯距离可以不严格满足正态分布。因此，马哈拉诺比斯距离更适用于多因素或多元的求异。

2. BT-SVDD 模型构建

基于 BT 的分类模型旨在以一类样本为目标样本，剩余样本为非目标样本，对目标样本进行训练，构建识别模型，预测测试样本是否属于目标样本。基于 BT 的识别模型可以将复杂的多分类问题逐步分解为二分类问题，通过每一次判别测试样本是否属于目标样本可以最终确定测试样本类别。基于 BT 的识别模型将基于区分的单分类器转化为基于识别的多分类器，且相比同时建立多个识别模型的方法，该方法减小了计算难度，缩短了运行时间，同时避免了区域不可分的问题。

BT 支持向量数据描述由多个 SVDD 组成，每个节点的 SVDD 分类器按照属性结构排列。因基于 BT 的识别模型存在误差累积的问题，需要找到最易识别的一类样本作为 BT 分类模型的上层节点，从而达到减少累积误差、优化模型结构的效果。目前常用的评价样本可分离程度的办法主要有基于集合相似度划分方法、基于集合离散度方法、类间分离性测度方法等。

以训练样本为依据对类间的易分程度进行估计时，通常采用计算类间的欧几里得距离，并以此作为分离性测度，但是该方法具有一定的局限性，即类中心的距离远近不能代表类间的分离度。根据 Davies 定义的相似度方程：

$$R_{ij} = \frac{\sigma_i + \sigma_j}{M_{ij}} \tag{11.30}$$

式中，σ_i 和 σ_j 分别为第 i 和 j 类的散度(dispersion)；M_{ij} 为第 i 和 j 类向量之间的距离。其中，

$$\sigma_i = \left(\frac{1}{T_i} \sum_{j=1}^{T_i} \left| X_j - A_i \right|^q \right)^{1/q} \tag{11.31}$$

$$M_{ij} = \left(\sum_{k=1}^{N} \left| a_{ki} - a_{kj} \right|^p \right)^{1/p} \tag{11.32}$$

其中，T_i 为 i 类的样本数量；A_i 为 i 类的中心点；a_{kj} 为 N 维向量 a_i 的第 k 个元素；a_{ki} 为 i 类的中心元素。

如果 $p=1$，M_{ij} 是市街区距离(city block distance)；如果 $p=2$，M_{ij} 是中心点之间的欧几里得距离。如果 $q=1$，S_i 是 i 类各样本到 i 类中心点的平均欧几里得距离；如果 $q=2$，S_i 是 i 类的标准差；如果 $p=q=2$，那么 R_{ij} 是 Fisher 相似测度。

取 $q=1$，计算 i 类样本的类内距离为

$$S_i = \frac{1}{T_i} \sum_{j=1}^{T_i} \left| X_j - A_i \right| \tag{11.33}$$

结合马哈拉诺比斯距离，定义类间相似度为

$$R_{ij} = \frac{\sigma_i + \sigma_j}{D_{ij}} \tag{11.34}$$

定义类间分离性测度为

$$S_{ij} = \frac{1}{R_{ij}} = \frac{D_{ij}}{\sigma_i + \sigma_j} \tag{11.35}$$

对于多分类问题，仅考虑两类样本之间的分离性测度是不够的，还应综合考虑某一类样本到各个样本之间的距离：

$$\overline{S_i} = \frac{1}{n}\sum_{j=1}^{n} S_{ij} \tag{11.36}$$

式中，n 为总样本中的类别数量，$j \neq i$。

并考虑不均衡数据的不均衡度（μ_i），定义类间分离性测度为

$$\overline{S_i} = \frac{S_i}{\mu_i} \tag{11.37}$$

11.5.4　工程应用

对于二分类问题，不均衡度(u)定义为负类样本与正类样本的比值[41]，即 $u=n_{neg}/n_{pos}$，其中 n_{neg} 为负类样本的数量，n_{pos} 为正类样本的数量。本节讨论的是不均衡数据多分类问题，书中的不均衡度与每类样本的样本数量相关。

计算类间分离性测度值如表 11.10 所示。可以看出，当气阀正常为目标数据时，分离性测度最大，为 4.9622，所以 BT 的顶层节点为气阀正常；BT 节点顺序依次为：弹簧失效、阀片断裂和阀片磨损。构建的分类 BT 如图 11.20 所示。

图 11.21 为 SVDD 和 BT-SVDD 方法下的样本不均衡度示意图。蓝色表示 SVDD 方法下的非目标样本数量；红色表示 BT-SVDD 方法下的非目标样本数量；白色表示目标样本数量。

表 11.10　类间分离性测度

状态	气阀正常	弹簧失效	阀片断裂	阀片磨损	顺序
1	**4.9622**	0.0356	4.9423	0.1519	NL
2		**2.4745**	0.6524	0.0015	SF
3			**1.2556**	0.0273	VF
4					VW

注：加黑数据表示该类与其他类间的分离测度。

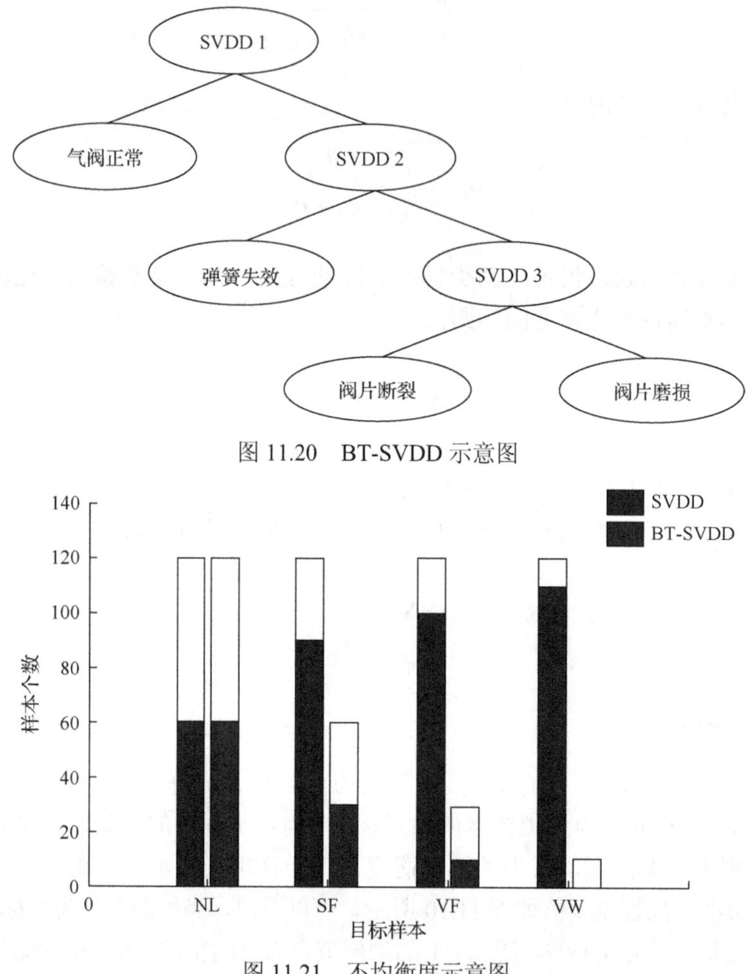

图 11.20　BT-SVDD 示意图

图 11.21　不均衡度示意图

由图 11.21 可知，在 SVDD 方法下，以一种样本为目标样本进行训练而以剩余样本作为非目标样本时样本不均衡度较大；而 BT-SVDD 方法，样本不均衡度较小，主要因为每次分类后会去除一部分样本，所以在下次分类时，非目标样本数量减少。

图 11.22 为经过 MI 特征提取和 SMOTE 上采样后的样本特征三维图。根据前面章节对气阀数据上采样率的讨论，在图 11.22 中，不对气阀正常和弹簧失效样本进行上采样；对阀片断裂样本进行 1 倍上采样，因此阀片断裂总样本数量为 40 个；对阀片磨损样本数据进行 5 倍上采样，阀片磨损样本总数量为 60 个。其中黑色星号表示 SMOTE 生成的新样本数据。

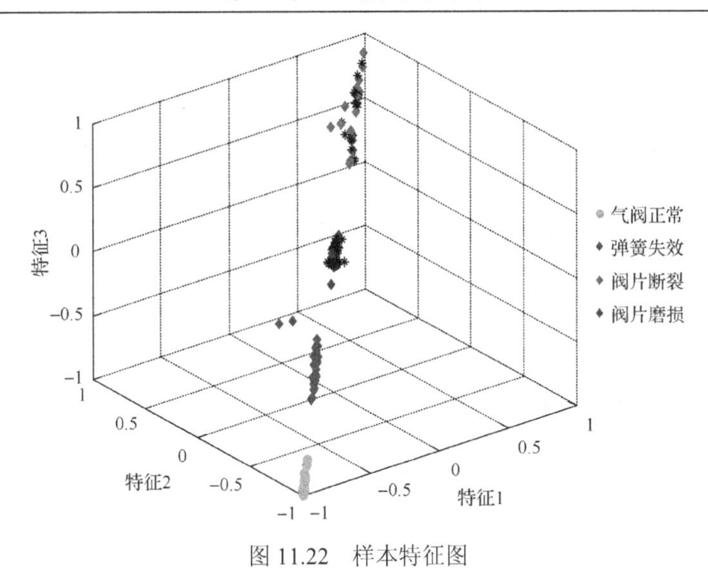

图 11.22　样本特征图

图 11.23 为 SVM、BP、BT-SVDD 和 BT-SVDD*分类结果。

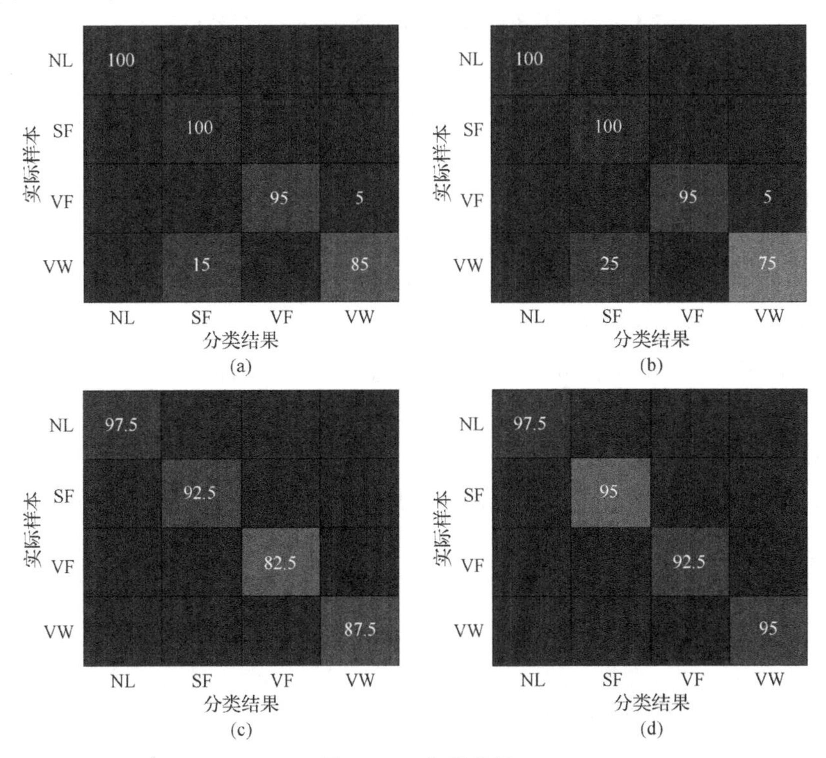

图 11.23　分类结果

(a) SVM；(b) BP；(c) BT-SVDD；(d) BT-SVDD*。BT-SVDD 和 BT-SVDD*方法是将目标数据看作一类、所有的非目标数据看作另一类。因此，以图(c)中的 NL 为例，正确地分为 NL 的比例为 97.5%，而误分为 SF、VF、VW 的合计为 2.5%，但不能确定误分到 SF、VF 还是 VW 类中，因此未标记误分率由图 11.24 可知，对于不均衡数据，影响其分类效果的因素主要有：①分类器的选择。SVM和BP对气阀正常和弹簧失效样本的识别可以达到100%，而SVDD出现了错分多数类样本的情况，对少数类阀片磨损样本，BT-SVDD 分类效果高于SVM 和 BP，而 BT-SVDD*分类准确率达到 95%，对少数类样本的分类效果最好。②样本数量。由实验结果可以看出，不同的分类器普遍对数量充足的样本分类效果较好，这四种方法对气阀正常和弹簧失效样本分类效果较好，均达到 90%以上。对于少数类样本阀片磨损，SVM 分类准确率为 85%，BP 分类准确率为 75%，BT-SVDD 分类准确率为 87.5%，上述三类分类器分类准确率未达到 90%。

BT-SVDD*分类效果较好的原因主要是因为：①有效的特征选择，对小样本数据来说，减少冗余信息可以避免过拟合现象的产生；②类间不均衡度的减少，利用 SMOTE 方法生成有效的少数类样本使得分类器可以得到充分的训练，且每一次 SVDD 分类后，随着目标样本被正确分类，样本间的不均衡度都会不同程度的减少。

11.6 压缩机故障诊断专家系统

11.6.1 专家系统的基本组成

专家系统是指利用要研究领域的专家的专业知识进行推理，用与专家相同的能力，解决专业的、高难度的实际问题的智能系统。故障诊断专家系统是人们根据长期的实践经验和大量的故障信息知识，设计出一种智能计算机程序系统，以解决复杂的难以用数学模型来精确描述的系统故障诊断问题。

典型的专家系统的基本组成如下。

(1) 知识库：表述专业知识，并对其进行综合管理的机构。

(2) 推理系统：结合知识库和数据库，按一定的策略进行推理，从而查找故障。

(3) 用户接口：和用户进行友好对话。

(4) 知识获取部分：从专家处获取专门知识，并使库中的知识不断修改、充实和提炼，构成知识库的知识。

(5) 推理解释器：按照用户要求，解释推导出的结论、推理过程。

11.6.2 故障诊断专家系统的特点

故障诊断专家系统方法与传统诊断方法相比具有如下几个方面的优点。

(1) 通过对各种诊断的经验性专门知识形式化描述，不仅可以使这些知识突破专家个人的局限性而广为传播，而且也是对科学方法论的一个发展。

(2) 故障诊断专家系统有利于存贮和推广各种诊断专家的宝贵经验、知识，更有效地发挥各种专门人才的作用，克服人类诊断专家供不应求的矛盾。

(3) 许多人类诊断专家的知识可以十分方便地存入知识库，从而开辟了综合利用各类诊断专家知识的新途径。

(4) 故障诊断专家系统在某些方面比人类诊断专家更可靠、更灵活，可以在任何时候、任何条件下提供高质量服务，不受环境和社会各种干扰的影响；同时，故障诊断专家系统不会像人类专家那样因为年老而退休或死亡，它是一个不知疲倦、诚实、永葆青春的专家。

(5) 一般的应用程序并不注意知识和知识结构及其表示方法。针对某一具体问题的应用程序一旦编制、调试完毕，其功能就确定下来，一般很难更改。因此，基于数学模型的诊断程序在功能确定以后就不易改动。而故障诊断专家系统是以故障诊断的知识结构为基础组织系统，诊断知识库与推理控制部分相对独立，可以重新改写和增删。解决问题的能力也可以改变，这更是传统诊断方法所不可比拟的。

(6) 故障诊断专家系统可以结合其他诊断方法，调用现成的应用程序作为知识表示过程，构成知识和知识结构的应用程序。这样实现了在线监测故障、离线诊断与分离故障。

(7) 故障诊断专家系统拥有人机联合诊断功能，可以充分发挥现场人员的主观能动性，它可将复杂系统的故障分离到部件、零件一级，并且它还能逐步积累广泛的经验而且日趋完善，另外，它还可以解释本身的推理过程并回答用户提出的问题。这些特点是传统的基于参数估计的方法或其他方法不具有的。

11.6.3　压缩机故障诊断专家系统

压缩机故障诊断专家系统的最大优点在于能够自动完成数据处理及故障诊断工作，无须使用人员有较深的专业知识，只需简单地操作计算机进行数据采集，即可完成对压缩机的故障诊断工作。

以中国石油大学（北京）机械故障诊断实验室开发的故障诊断专家系统(machine diagnosis expert system，MDES) 为例[42]，对压缩机故障诊断专家系统的知识库结构及推理系统等主要部分进行介绍。

1. MDES 诊断知识库

1) 知识单元结构

MDES 系统中的故障模式是以框架的形式进行组织的，其结构如图 11.24 所示。

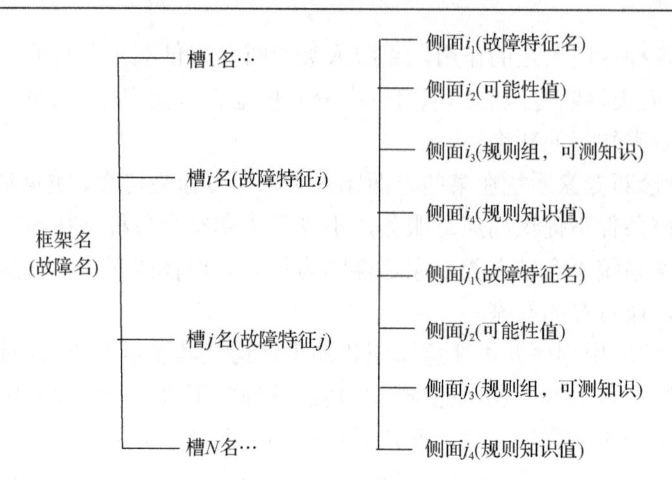

图 11.24　MDES 系统中故障模式的框架组织形式

2) 框架的计算机表达

MDES 系统用 C 语言对知识库的框架进行了设计，框架可以用 C 语言表示如下：

```
struct fault-struct {
 char*fault-name;                 (框架名，存放故障名)
 struct fault-attrib*start;       (框架槽，存放故障特征)
 struct fault-struct*prior;       (框架上结点)
 struct fault-struct*next;        (框架下结点)
 }
 struct attrib-struct {
 char*fault-attribute;            (侧面，存放故障特征名)
 float prob;                      (侧面，存放可能性值)
 char*rule-marker;                (侧面，存放规则识别值)
 struct rule-struct*rule;         (侧面，存放规则组)
 struct attrib-struct*prior;      (槽上节点)
 struct attrib-struct*next;       (槽下节点)
}
```

用上面所示的结构，即可形成一个框架，从而对压缩机的每个故障模式进行表达。

3) 知识库结构

目前，计算机的数据库结构有三大类，即关系型数据库、层次型数据库、网络型数据库。对于任何一个专家系统的知识库，由于它属于计算机科学的领域内，所以其结构必居以上三者之一。

对于层次型、网络型数据库，由于其结构限制，是一种适应于大、中、小型计算机的数据关系。而 MDES 系统是一种面向微型计算机的系统，故对其知识库知识单元间的连接只能考虑关系型结构。

关系型数据库的构成方法最通用的有：队列、单向链表、双向链表、BT，双向链表的优点是结构简洁，易于维护，且便于科学计算的进行，因此 MDES 系统用双向链表作为知识库的整体结构。

2. 推理方法

专家系统中的推理方法分为正向、反向及混合三种推理方法。在故障诊断专家系统中，一般多采用正向推理方法，这样便于在处理完数据后，构成推理依据，直接正向查找故障。

MDES 系统采用模糊贴近度与神经网络两种推理模型，对故障进行识别，以提高故障识别的正确性。

1) 基于模糊贴近度的正向推理方法

设故障标准模式为 $\{E_i\}(i=1,\cdots,m)$，各模式所对应的故障为 $\{F_i\}(i=1,\cdots,m)$，待诊断向量为 $\boldsymbol{R}$，则模糊贴近度是一种几何相似的识别方法，它通过计算 $\boldsymbol{R}$ 与 $\{E_i\}(i=1,\cdots,m)$ 中各个模式的相似程度，来确定 $\boldsymbol{R}_i$ 所对应的故障 F_i 发生的可能性 $\sigma=(\boldsymbol{R},E_i)$。

MDES 系统采用最大最小法，作为模糊推理的计算方法：

$$\sigma=(\boldsymbol{R},E_i)=\frac{\sum_{i=1}^{m}\min(R_j,e_{ij})}{\sum_{i=1}^{m}\max(R_j,e_{ij})} \tag{11.38}$$

式中，σ 为故障发生的可能性。

2) 基于 BP 神经网络的正向推理方法

MDES 利用 BP 神经网络进行诊断时，按以下步骤进行推理。

(1) 首先，取入知识库及已学习好的权矩阵 $\boldsymbol{W}$。

(2) 然后，依框架的扩展法则，对通过信号分析与处理获得的诊断向量 $\boldsymbol{R}$ 进行扩展，形成新的推理证据向量 $\boldsymbol{R}'$。

(3) 将推理证据向量 $\boldsymbol{R}'$ 与权矩阵 $\boldsymbol{W}$ 进行运算，即进行网络的前向传播，从而得出一个 M 维诊断结果向量 $\boldsymbol{O}_{\mathrm{f}}$。

(4) 找出诊断结果向量 $\boldsymbol{O}_{\mathrm{f}}$ 中值为最大的元素的位置 m。

(5) 最后，进行故障定位，指出知识库中第 m 个框架所代表的故障，即为最有可能发生的故障。

(6) 重复步骤(4)、(5)，还可找出其他可能性较大的故障。

3. MDES 系统推理流程

MDES 系统推理流程如图 11.25 所示。从图中可以看出，推理过程是一个较复杂的过程，同时需要较大的程序设计工作，但这却给使用者带来了很大的方便，也正是专家系统的真正目的所在。

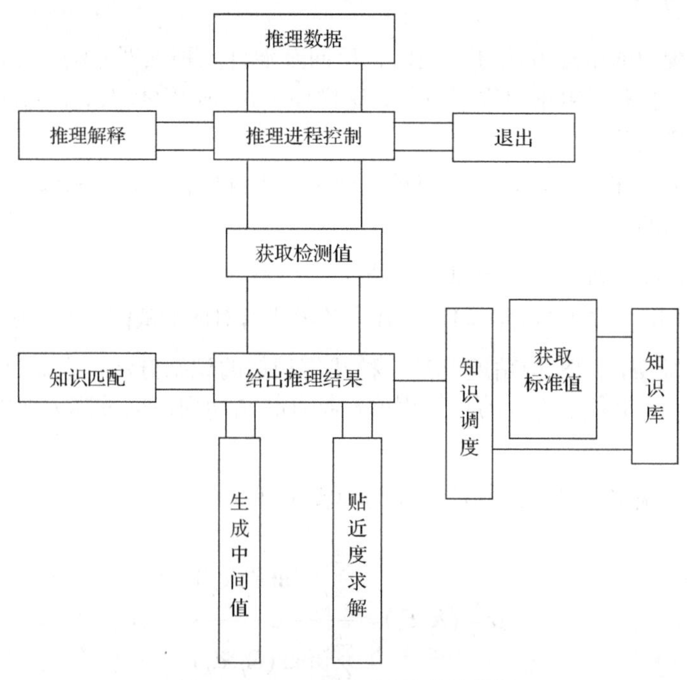

图 11.25　MDES 系统推理流程图

压缩机故障诊断专家系统 MDES 包括以下内容。

(1) 集成化硬件系统：将模拟信号转变成数字信号。

(2) 数据采集系统：控制硬件系统，进行数据采集。

(3) 自动处理系统：自动调用各种诊断方法、模型，对数据进行处理、分析，提取故障特征。

(4) 故障推理系统：根据故障特征，对故障进行推理识别。

(5) 知识库开发工具：对知识库进行维护。

(6) 知识自学习系统：对诊断标准库、诊断知识库进行自适应修正。

(7) 管理、预测系统：对诊断结果进行管理、趋势分析。

(8) 诊断方法模型库：集成各种诊断方法、模型。

(9) 辅助工具库：图形分析、采样数据文件维护。

11.7　智能诊断方法展望

11.7.1　智能诊断研究现状

近年来，计算机人工智能和机器学习技术的快速进步使故障诊断系统逐步向智能化方向发展。专家系统、模糊集理论、人工神经网络和支持向量机等技术得到了广泛应用，也因此促进了机械设备智能故障诊断的发展。智能故障诊断就是模拟人类思考的过程，通过有效地获取、传递和处理诊断信息，模拟人类专家，以灵活的策略对监测对象的运行状态和故障做出准确的判断和最佳的决策。智能故障诊断具有学习功能和自动获取诊断信息对故障进行实时诊断的能力，故其成为实现机械故障诊断的关键应用技术。Gelgele 和 Wang[43]针对发动机状态监测开发了发动机监测专家系统(expert engine diagnosis system，EXEDS)，可对发动机故障征兆进行逐步分析，并给出恰当的维修建议。加拿大西安大略大学的Mechefske[44]采用模糊集理论对轴承在不同状态下的频谱进行分类。印度阿美尼达大学的 Saravanan 等[45]将人工神经网络和支持向量机相结合，并将其应用于齿轮箱故障识别，对比了神经网络与支持向量机的识别效果。杨志凌[46]根据风机齿轮箱结构特征构建了故障树模型，随后依据 C#开发了风机齿轮箱故障诊断专家系统，并成功应用于风机的健康维护。李杰等[47]在美国自然科学基金(National Science Foundation，NSF)的资助下，联合工业界共同成立了“智能维护系统中心(Center for Intelligent Maintenance Systems，IMS)”，致力于对机械设备性能衰退分析和预测性维护方法的研究。相应地，在国内，雷亚国等[48]提出了一种基于深度学习理论的机械装备健康监测新方法，该方法摆脱了对大量信号处理技术和诊断经验的依赖，实现了故障特征的自适应提取和健康状态的智能诊断。郑玮等[49]提出了一种专家系统与神经网络相结合的机械故障诊断方法，并将其应用到了卫星故障的智能诊断中。

11.7.2　智能诊断研究不足

现代机械装备越来越朝着大型化、复杂化、高速化、自动化和智能化的方向发展，旧的依赖于人的传统诊断方法已远远不能满足当前各式各样复杂的系统需要，工业生产迫切需要融合智能传感网络、智能诊断算法和智能决策预示的智能诊断系统、专家会诊平台和远程诊断技术等。发展智能化的诊断方法是故障诊断的一条全新的途径，目前已得到广泛应用，成为设备故障诊断的主要方向。不同类型的智能诊断方法针对某一特定的、相对简单的对象进行故障诊断时，有其各自的优点和不足，例如神经网络诊断技术需要的训练样本难以获取；模糊故障诊断技术往往需要由先验知识人工确定隶属函数及模糊关系矩阵，但实际上要获得与设备实际情况相符的隶属函数及模糊关系矩阵却存在许多困难；专家系统诊断技术存在知识获取“瓶颈”，缺乏有效的诊断知识表达方式，推理效率低[50-54]。

当前实际应用中所采用的人工智能诊断方法很多，但大部分智能方法都需要满足一定的假设条件和人为设置一定的参数，其智能化诊断能力还比较薄弱，因此研究中通过仿真进行验证的故障诊断算法较多。故而智能诊断方法往往给人留下“黑匣子”和“因人而异”的印象，智能诊断方法的推广性得不到很好的验证[51]。这也就是说，要真正实现智能化诊断，仅靠单纯一两种方法难以满足现实要求，其应用也会有一定程度的局限性。如果将几种性能互补的智能诊断技术适当组合、取长补短、优势互补，其解决问题的能力势必会大大提高。因此，需要重点研究影响现有人工智能诊断方法推广使用的关键环节，建立在故障机理等底层基础研究的人工智能方法，才能形成知识丰富、推理正确、判断准确、预示合理且结论可靠的设备智能诊断和预示的实用技术。同时，要极力避免只简单地借助人工智能方法和技术进行设备智能诊断的应用，而忽视底层基础研究，没有底层的机械故障诊断基础研究，上层的人工智能方法和技术就难以解决实际的工程问题。

11.7.3　智能诊断发展方向

1. 大数据智能诊断

随着人工智能的快速发展，机器学习技术尝试着赋予计算机学习能力，使之能够分析数据、归纳规律、总结经验，最终代表人类学习或自身经验积累过程，将人类从复杂的数据中解放出来，为大数据驱动的机械设备智能提供重要的技术支持。在计算机系统中，经验通常以数据形式存在，机器学习在研究从数据中产生模型的算法，即学习算法。将学习算法应用于机械设备的监测数据，便可形成智能诊断模型。当面对新的采集的监测数据时，如数据对应的设备健康状态未知，智能诊断模型能够结合已经学到的经验知识判断该数据多对应的设备健康状态，如轴承内圈故障。大数据智能诊断可以理解为利用大数据识别机械设备状态的科学，即以传感系统获取监测数据为基础，机器学习积累经验知识为途径，智能判别设备健康状态为目的，保障机械设备运行的可靠性[55]。

2. 深度学习

2006 年，Hinton 等[13]在 *Science* 上发表一篇文章首次提出“深度学习”概念，开启了深度学习研究了浪潮，成为当前机器学习领域的最热门技术之一。深度学习作为机器学习的子领域，与传统方法仍有不同，其中一个显著的差异是架构。传统的机器学习技术，例如逻辑回归法，缺少隐藏层。支持向量机和反向传播(BP)

仅仅只有一个隐藏层。深度学习尝试通过使用具有多个处理层的分层架构来学习数据的高级抽象特征，已经广泛应用于人脸识别、图像识别与搜索、生物检测、语义分割、人体形态评估等。深度学习的另一个显著特点是它的特征学习能力。特征学习是指可以从原始数据中学习转换或序列转换的技术。这与传统机器学习技术中的特征选择过程不同，后者依赖于专家设计的特征。自主特征学习不仅摆脱了对先验知识和专家经验的需求，而且还有利于开发表征特征。

目前，深度学习算法应用到越来越多的机械故障诊断当中，如卷积神经网络、深度置信网络、自编码器。

1) 卷积神经网络

卷积神经网络是一种受生物视觉感知机制启发的深度学习方法，具有局部连接、权值共享、池化操作及多层结构等特点。局部连接使卷积神经网络能够有效地提取局部特征；权值共享大大减少了网络的参数数量，降低了网络的训练难度；池化操作在实现数据降维的同时使网络对特征的平移、缩放和扭曲等具有一定的不变性；多层结构使卷积神经网络具有很强的学习能力和特征表达能力。

卷积神经网络的基本结构包括输入层、卷积层、激活层、池化层、全连接层和输出层。相邻层的神经元以不同的方式连接，实现输入用本信息的逐层传递。

2) 深度置信网络

深度置信网络是由一系列受限玻尔兹曼机堆叠而成的多层感知器神经网络，每一个受限玻尔兹曼机由两层网络组成，即可视层 (v) 和隐含层 (h)，层和层之前通过权值连接，层内无连接。第一层可视层为输入数据，在训练阶段，通过吉布斯采样从可视层抽取相关信息映射到隐含层，在隐含层再次通过吉布斯采样抽取信息映射到可视层，在可视层重构输入数据，反复执行可视层与隐含层之间的映射与重构过程[56]。

3) 自编码器

自编码器是一种特殊的神经网络的，经过训练后能尝试将输入复制到输出。内部有一个隐藏层 (h)，可以产生编码(code)表示输入[57]。该网络可以看作由两部分组成：一个由函数 $h=f(x)$ 表示的编码器和一个生成重构的解码器 $r=g(h)$。

3. 迁移学习

迁移学习是 20 世纪 90 年代被引入机器学习领域，用于改进传统机器学习算法的缺陷。需要依赖大量的标记数据来训练出高精度的学习器，且满足训练数据和测试数据必须满足同分布条件[58]。迁移学习方法根据不同任务间的相似性，将源领域数据向目标领域迁移，实现对已有知识的利用，使传统的从零开始学习变得可积累，从而显著提高了学习效率。现在，随着迁移学习的发展，在不同的领域中迁移学习都有一些广泛的应用，例如，迁移学习在机器学习与数据挖掘等领域都有应用。

很多研究人员已经对迁移学习进行了不同情况和方式的研究。由于源领域与目标领域、目标任务与源任务两者之间的关系，迁移学习大概分为三类。

1）归纳迁移学习

在归纳迁移学习中，源任务和目标任务不同，目标领域中只有一些少量的数据被标记，所以可以根据源领域是否有数据被标记，将归纳迁移学习进一步分为两种情况。

⑴源领域中有数据被标记，迁移学习的任务类似于多任务学习，但是两者之间的主要差别是：前者的任务之间是相互联系的；而后者独立地学习不同的学习任务，所以它还是一种传统机器学习方法。

⑵源领域中没有数据被标记，那么可以把学习任务称为自学习。由于源领域与目标领域的标记空间不同，因此，源领域的知识不可直接使用。

2）直推迁移学习

在直推迁移学习中，目标域中的标记数据几乎没有，而源域中则有很多标记数据。源任务与目标任务必须相同，因此，根据源领域与目标领域是否相同，直推迁移学习可以分为两类。

⑴源领域和目标领域的特征空间一致，但边缘概率分布不同。

⑵源领域和目标领域的特征空间不同。

3）无监督迁移学习

与归纳迁移学习的设定相类似，目标任务不同于源任务但具有相关性。其区别在于无监督迁移学习关注于解决目标领域无监督的学习任务，如聚类、降维与密度估计。这种情况下，源领域与目标领域均无法获得标签数据。根据迁移内容不同，将上述三类迁移学习可以总结为五类迁移学习方法。

⑴基于实例的迁移。研究如何利用辅助数据样本。

⑵基于特征的迁移。研究如何通过特征转换或特征学习联系源领域和目标领域。

⑶基于参数的迁移。研究如何寻找目标领域模型与源领域模型共享的一些有益于迁移的数据。

⑷基于相关知识的迁移。研究如何建立目标领域与源领域相关知识的映射关系。

⑸基于模型的迁移。研究如何将源领域模型在目标领域实现再利用。

在迁移学习中，主要涉及三个方面的问题。

⑴迁移什么，即迁移哪部分知识。

(2) 如何迁移，即使用怎样的算法。

(3) 什么时候迁移，即在什么样的情景下迁移。

当源域与目标域样本彼此不相关时，强制迁移是不足取或不成功的；当迁移时机欠佳，盲目迁移则会带来干扰和抑制作用，甚至产生“负迁移”的严重后果，这些问题在建立迁移学习评判准则时都需考虑其中，避免负迁移问题。

4. 深度迁移学习

通过对深度学习和迁移学习的讲解，不难发现，深度学习注重模型的深度和自动特征提取，逐层地由高到低进行特征学习，具有较高的特征提取能力和选择能力，而迁移学习注重不同领域的知识转化能力，前者描述概念不同，就学习能力而言，二者都存在局限性。如果能建立深度学习和迁移学习互补的模型，用于特征挖掘，势必会同时提升模型对事情的表达能力和转化能力[59]。目前深度迁移学习模型没有标准的划分方法，但其本质是属于迁移学习，可分为四种模型。

1) 基于实例的深度迁移学习

基于实例的深度迁移学习是指使用特定的权重调整策略，通过为那些选中的实例分配适当的权重，从源域中选择部分实例作为目标域训练集的补充。

2) 基于映射的深度迁移学习

基于映射的深度迁移学习是指将源域和目标域中的实例映射到新的数据空间。在这个新的数据空间中，来自两个域的实例都相似且适用于联合深度神经网络。

3) 基于网络的深度迁移学习

基于网络的深度迁移学习是指复用在源域中预先训练好的部分网络，包括其网络结构和连接参数，将其迁移到目标域中使用的深度神经网络的一部分。

4) 基于对抗的深度迁移学习

基于对抗的深度迁移学习是指引入受生成对抗网络(GAN)启发的对抗技术，以找到适用于源域和目标域的可迁移表征。

目前大多数研究都集中在监督学习上，如何通过深度神经网络在无监督或半监督学习中迁移知识，可能会在未来引发越来越多的关注。负迁移和可迁移性衡量标准是传统迁移学习的重要问题。这两个问题对深度迁移学习的影响也要求我们进行进一步的研究。

11.7.4 压缩机智能诊断方法展望

压缩机作为油气关键设备，其常见故障形式有气阀故障、运动副间隙超标、杆件裂纹等。当前研究中，大多数情况是利用实验设备在稳定工况(定转速、定负载)下的测试数据进行分析，而实际现场设备多工作在复杂环境下，运行工况多变。

而在实际应用中，可采用的大部分智能方法都受到条件的限制，如需要满足一定的假设条件或人为设置一定的参数，其智能化诊断能力比较薄弱，推广性不强，通用性差。如果将几种智能诊断技术适当的融合，取长补短、互补优势，其解决问题的能力势必会大大地提高。提出将深度学习和迁移学习相互结合，使用深度迁移学习解决实际压缩机工程中故障问题，能较好地发挥各自的优势，并弥补各自存在的问题，对保障压缩机安全、高效运行具有重要的理论和现实意义。

随着相关学科的新技术、新理论的不断引入和融合，结合传统诊断方法，探索和发展更多的智能诊断技术，机械设备的故障诊断技术必将得到进一步完善和发展。将现代技术与多种诊断方法相互融合形成集成化智能诊断技术，是机械设备故障智能诊断技术的重要发展趋势。

参 考 文 献

[1] 邹蕾, 张先锋. 人工智能及其发展应用. 信息网络安全, 2012, (2): 11-13.

[2] 潘云鹤. 潘云鹤院士: 人工智能迈向 2.0. (2017-1-15) [2018-12-31]. http://news.sciencenet.cn/htmlnews/2017/1/365934.shtm.

[3] 陈雪峰, 訾艳阳. 智能运维与健康管理. 北京: 机械工业出版社, 2018.

[4] Yuan Z, Zhang L B, Duan L X. A novel fusion diagnosis method for rotor system fault based on deep learning and multi-sourced heterogeneous monitoring data. Measurement Science and Technology, 2018: 1-15.

[5] Prasanna T, Wang P F. Failure diagnosis using deep belief learning based health state classification. Reliability Engineering and System Safety, 2013, 115 (7): 124-135.

[6] Van T T, Failsal A, Andrew B. An approach to fault diagnosis of reciprocating compressor valves using Teager-Kaiser energy operator and deep belief networks. Expert Systems with Applications, 2014, 41 (9): 4113- 4122.

[7] Shao H D, Jiang H K, Zhang X, et al. Rolling bearing fault diagnosis using an optimization deep belief network. Measurement Science and Technology, 2015, 26 (11): 115002.

[8] Wang X Q, Li Y F, Rui T, et al. Bearing fault diagnosis method based on Hilbert envelope spectrum and deep belief network. Journal of Vibroengineering, 2015, 17 (3): 1295-1308.

[9] Duan L X, Xie M Y, Wang J J, et al. Deep learning enabled intelligent fault diagnosis: overview and applications. Journal of Intelligent and Fuzzy Systems, 2018, 35 (5): 5771-5784.

[10] Zeiler M D. Hierarchical convolutional deep learning in computer vision. New York: ProQuest Dissertations Publishing, 2013.

[11] Scherer D, Müller A, Behnke S. Evaluation of pooling operations in convolutional architectures for object recognition//20th International Conference on Artificial Neural Networks, Heidelbery, 2010.

[12] Smolensky P. Information processing in dynamical systems: Foundations of harmony theory, Parallel distributed processing: explorations in the microstructure of cognition. Cambridge: MIT Press, 1987, (1): 194-281.

[13] Ackley D H, Hinton G E, Sejnowski T J. A learning algorithm for boltzmann machines, Cognitive Science, 1985, (9): 147-169.

[14] Hinton G E, Osindero S, Teh Y W. A fast learning algorithm for deep belief nets. Neural Computation, 2006, 18 (7): 1527-1554.

[15] Salakhutdinov R, Hinton G. An efficient learning procedure for deep Boltzmann machines. Neural Computation, 2012, 24(8): 1967-2006.

[16] Ngiam J, Chen Z, Koh P W, et al. Learning deep energy models. Proceedings of the ICML, Washington, 2011.

[17] Hinton G E, Salakhutdinov R R. Reducing the dimensionality of data with neural networks. Science, 2006, 313(5786): 504-507.

[18] Olshausen B A, Field D J. Emergence of simple-cell receptive field properties by learning a sparse code for natural images. Nature, 1996, (381): 607-609.

[19] He K, Sun J. Convolutional neural networks at constrained time cost.Proceedings of the CVPR, Boston, 2015.

[20] Lu C, Wang Z, Qin W, et al. Fault diagnosis of rotary machinery components using a stacked denoising autoencoder-based health state identification. Signal Processing, 2017, (103): 377-388.

[21] School of Engineering. Case Western Reserve University Bearing Data Center Website. 2019. http://csegroups.case.edu/bearingdatacenter/ pages/apparatus-procedures.

[22] Suginaka I, Iizuka H, Yamamoto M. Mobile robot localization from first person view images based on recurrent convolutional neural network. The Proceedings of JSME annual Conference on Robotics and Mechatronics (Robomec), Tokyo, 2017.

[23] Atzori M, Cognolato M, Müller H. Deep learning with convolutional neural networks applied to electromyography data: A resource for the classification of movements for prosthetic hands. Frontiers in Neurorobotics, 2016, 10: 1-10.

[24] 蒋帅. 基于卷积神经网络的图像识别. 长春: 吉林大学硕士学位论文, 2017.

[25] 李彦冬. 基于卷积神经网络的计算机视觉关键技术研究. 成都: 电子科技大学博士学位论文, 2017.

[26] 户保田. 基于深度神经网络的文本表示及其应用. 哈尔滨: 哈尔滨工业大学博士学位论文, 2016.

[27] 陈拓. 基于卷积神经网络的立体匹配技术研究. 杭州: 浙江大学硕士学位论文, 2017.

[28] 程嘉晖. 基于深度卷积神经网络的飞行器图像识别算法研究. 杭州: 浙江大学硕士学位论文, 2017.

[29] 张树业. 深度模型及其在视觉文字分析中的应用. 广州: 华南理工大学博士学位论文, 2016.

[30] 刘贻雄, 老大中, 刘尹红, 等. 导叶间隙和开度变化对转子叶片振动特性的影响. 内燃机工程, 2015, 36(5): 83-89.

[31] 张继旺. 基于叶尖定时的旋转叶片安全监测及智能诊断方法研究. 北京: 中国石油大学(北京)博士学位论文, 2018.

[32] 庄福振, 罗平, 何清, 等. 迁移学习研究进展. 软件学报, 2015, 26(1): 26-39.

[33] Duan L X, Wang X D, Xie M Y, et al. Auxiliary-model-based domain adaptation for reciprocating compressor diagnosis under variable conditions. Journal of Intelligent and Fuzzy Systems, 2018, 34(6): 3595-3604.

[34] Duan L X, Xie M Y, Bai T B, et al. A new support vector data description method for machinery fault diagnosis with unbalanced datasets. Expert Systems with Applications, 2016, 64: 239-246.

[35] Tax D M J, Duin R P W. Support vector domain description. Pattern Recognition Letters, 1999, 20(11-13): 1191-1199.

[36] Hofmann T, Scholkopf B, Smola A J. Kernel methods in machine learning. Annals of Statistics, 2008, 36(3): 1171-1220.

[37] 柳长源. 相关向量机多分类算法的研究与应用. 哈尔滨: 哈尔滨工程大学博士学位论文, 2013.

[38] Li G, Hu Y, Chen H, et al. An improved fault detection method for incipient centrifugal chiller faults using the PCA-R-SVDD algorithm. Energy and Buildings, 2016, 1(16): 104-113.

[39] 庄进发, 罗键, 李波, 等. 基于拒绝式转导推理 M-SVDD 的机械故障诊断. 仪器仪表学报, 2009, 30(7): 1353-1358.

[40] 李玉榕, 项国波. 一种基于马氏距离的线性判别分析分类算法. 计算机仿真, 2006, 32(8): 86-89.

[41] Fan Q, Wang Z, Li D, et al. Entropy-based fuzzy support vector machine for imbalanced datasets. Knowledge-Based Systems, 2017, 115: 87-99.

[42] 王朝晖, 张来斌, 陈如恒, 等. 柴油机故障智能诊断技术及专家系统. 北京: 煤炭工业出版社, 1999

[43] Gelgele H L, Wang K. An expert system for engine fault diagnosis: Development and application. Journal of Intelligent Manufacturing, 1998, 9(6): 539-545.

[44] Mechefske C K. Objective machinery fault diagnosis using fuzzy logic. Mechanical Systems and Signal Processing, 1998, 12(6): 855-862.

[45] Saravanan N, Siddabattuni V N S K, Ramachandran K I. Fault diagnosis of spur bevel gear box using artificial neural network (ANN), and proximal support vector machine (PSVM). Applied Soft Computing, 2010, 10(1): 344-360.

[46] 杨志凌. 风电场功率短期预测方法优化的研究. 北京: 华北电力大学(北京)博士学位论文, 2011.

[47] 李杰, 倪军, 王安正, 等. 从大数据到智能制造. 上海: 上海交通大学出版社, 2016.

[48] 雷亚国, 贾峰, 周昕, 等. 基于深度学习理论的机械装备大数据健康监测方法. 机械工程学报, 2015, 51(21): 49-56.

[49] 郑玮, 杨学猛, 葛宁. 基于专家系统和神经网络的卫星故障诊断系统设计与实现. 燕山大学学报, 2016, 40(1): 74-80.

[50] 赵导, 齐晓慧, 田庆民, 等. 基于仿真数据的神经网络故障诊断方法. 计算机工程与设计, 2010, 31(9): 2020-2022.

[51] 王国彪, 何正嘉, 陈雪峰, 等. 机械故障诊断基础研究"何去何从". 机械工程学报, 2013, 49(1): 63-72.

[52] 胡友林. 基于粗糙集的风机故障诊断专家系统研究. 武汉: 武汉科技大学硕士学位论文, 2006.

[53] 王朝晖, 张来斌, 郭存杰, 等. 包络解调法在气阀弹簧失效故障诊断中的应用. 中国石油大学学报(自然科学版), 2005, 29(2): 86-88.

[54] 赵俊龙. 往复式压缩机振动信号特征分析及故障诊断方法研究. 大连: 大连理工大学博士学位论文, 2010.

[55] 雷琅, 任双赞, 刘晶, 等. 基于大数据平台的红外智能诊断技术在变电站的应用研究. 电工技术, 2018, (5): 103-104.

[56] 姚志强. 基于深度置信网络的管网泄漏故障诊断方法研究. 中国安全生产科学技术, 2018, 14(4): 101-106.

[57] 张西宁, 向宙, 夏心锐, 等. 堆叠自编码网络性能优化及其在滚动轴承故障诊断中的应用. 西安交通大学学报, 2018, 52(10): 49-56, 87.

[58] 张倩. 基于知识表达的迁移学习研究. 徐州: 中国矿业大学博士学位论文, 2013.

[59] 吴洋. 深度自编码网络在滚动轴承故障诊断中的应用研究. 成都: 电子科技大学硕士学位论文, 2018.

第 12 章 压缩机故障诊断典型案例

12.1 往复压缩机气阀故障诊断案例

往复压缩机气阀弹簧失效时，阀片不断撞击升程限制器，产生明显的颤振现象。根据排气阶段是否发生颤振现象，可判断弹簧是否发生了老化失效故障[1]。如果阀片出现了磨损故障，对于排气阀，在吸气阶段气流会从阀片磨损处倒流入气缸内，并对阀片产生干扰，导致阀片振动能量增大。阀片磨损会引起排气工况恶化，导致排气阶段气缸压力剧烈变化，并引起气缸产生幅值大、频率低的振动。通过这两个特征可对阀片破损故障进行诊断。

12.1.1 气阀弹簧故障诊断

某往复压缩机型号为 4HOS-6，压缩介质为天然气，由发动机带动运转。曲轴额定转速为 860r/min，可算得曲轴旋转一周的时间约为 0.07s。振动加速度信号采样频率为 16kHz，采样长度为 4096 个点。某次检测时发现该机组第三级排气阀振动偏大，阀盖振动信号如图 12.1 所示。

为便于分析，取相邻气缸正常排气阀的振动信号做对比，振动信号如图 12.2 所示。对比图 12.1 和图 12.2 看出振动波形不同、故障信号幅值偏大，但是判断不出故障类型。图 12.3 和图 12.4 分别为故障及正常气阀的振动信号的频谱图，可看出故障气阀的振动信号在高频区域的能量增大，但不能判断出故障类型。

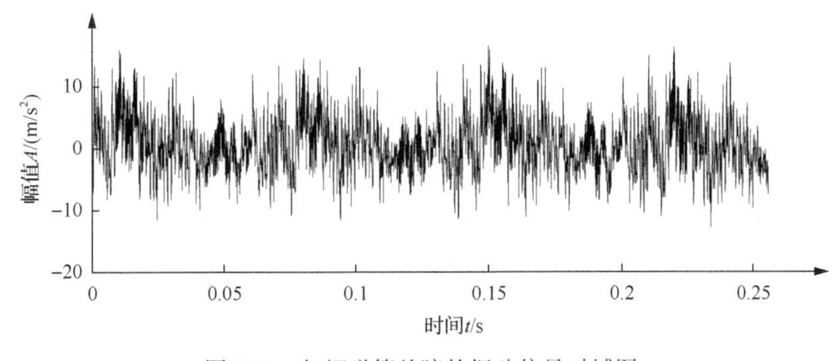

图 12.1 气阀弹簧故障的振动信号时域图

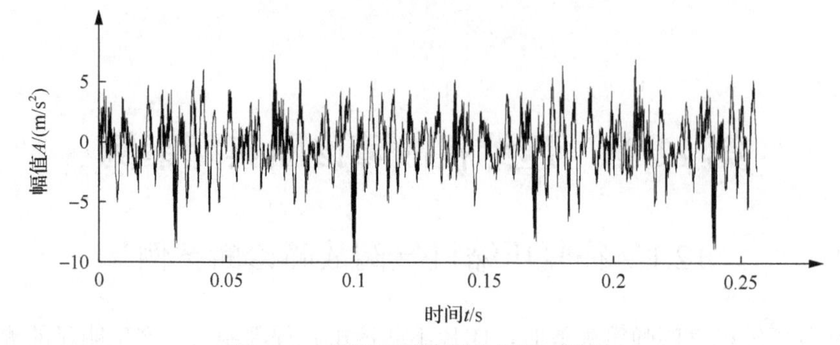

图 12.2　气阀正常的振动信号时域图

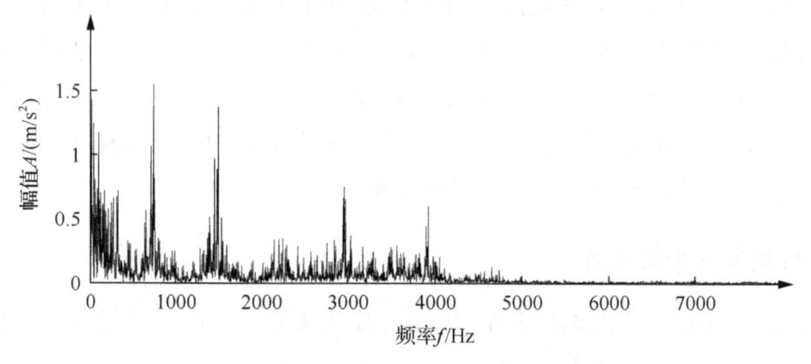

图 12.3　气阀弹簧故障的振动信号频谱图

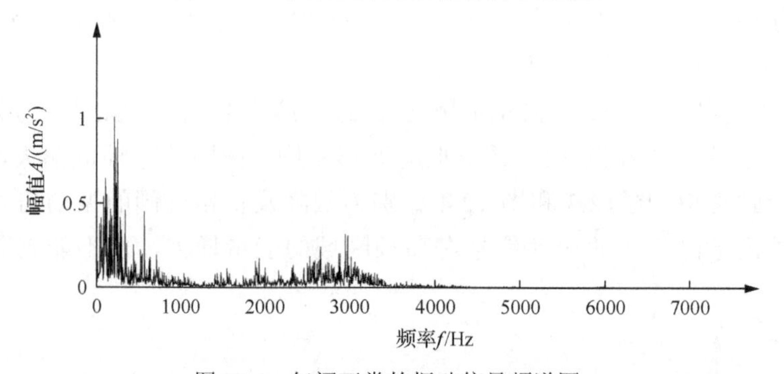

图 12.4　气阀正常的振动信号频谱图

为进一步判断气阀故障类型，用本书 3.3 节的非抽样提升小波包分解算法对信号进行 4 层分解，初始预测器 P=[–0.0625,0.5625,0.5625,–0.0625]，初始更新器 U=[–0.0313,0.2813,0.2813,–0.0313]。对第 4 层的 16 个频带信号进行奇异值分解降噪处理，故障及正常工况的第 4 层第 1 频带信号分别如图 12.5 和图 12.6 所示。为便于分析，取出一个周期的信号进行分析，取出部分如图中箭头所示。

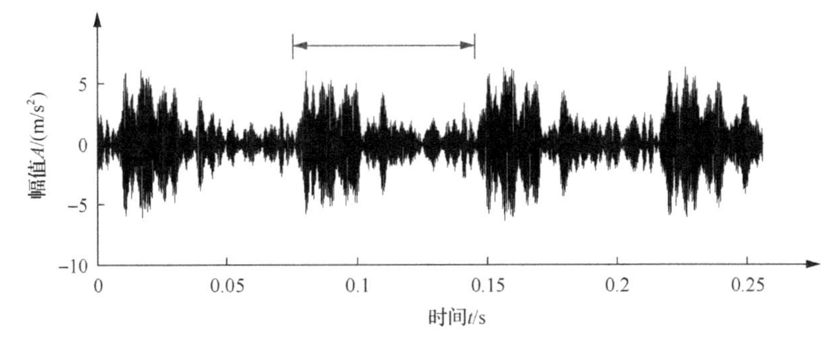

图 12.5　气阀弹簧故障信号的第 4 层第 1 频带信号

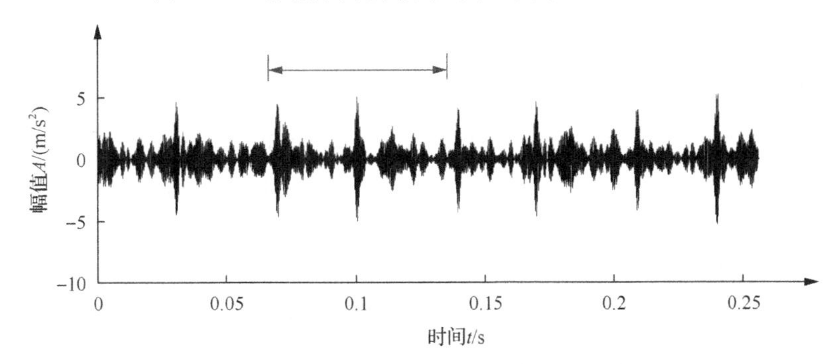

图 12.6　气阀正常信号的第 4 层第 1 频带信号

画出取出信号的上下包络线，如图 12.7 和图 12.8 所示。根据气阀的运动规律，可判断出阀片撞击冲程限制器及阀座的冲击信号，并分辨出气阀的排气阶段及吸气阶段。在排气阶段，相对正常工况而言，故障工况下气阀振动信号能量增大了 678.14%，出现了明显的颤振信号，如图 12.7 中箭头所示。据此判断第三级排气阀的弹簧出现了软化故障。正常及故障工况下，吸气阶段气阀振动能量都很小，没有出现漏气现象，据此判断阀片没有出现破损故障，只需更换弹簧即可。经现场工作人员开机检修，发现第三级排气阀的弹簧老化失效，更换弹簧后重新开机，该气阀振动恢复正常。

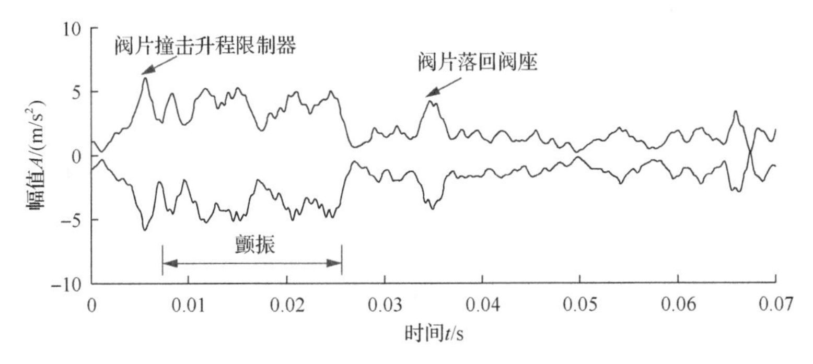

图 12.7　气阀弹簧故障信号的包络线

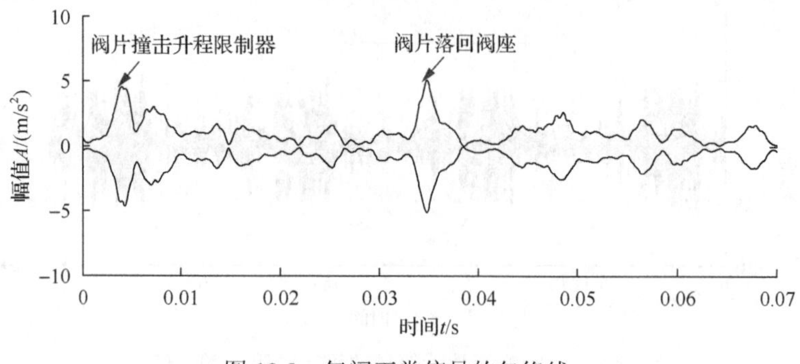

图 12.8　气阀正常信号的包络线

12.1.2　气阀阀片磨损故障诊断

某往复压缩机型号为 cooper WH64，功率为 1300kW，压缩介质为天然气。电动机通过联轴器带动曲轴运转，电动机额定转速为 1000r/min，曲轴旋转一圈的时间为 0.06s。采样频率为 16kHz，采样长度为 2048 个点。图 12.9 为正常工况下 1 缸第二排气阀的振动时域波形。某次测试时发现 1 缸第二排气阀的振动偏大，振动时域波形如图 12.10 所示，振动速度有效值为 42.60mm/s, 根据绝对标准 ISO 10816，该气阀处于 D 级，据此判断该气阀存在故障。

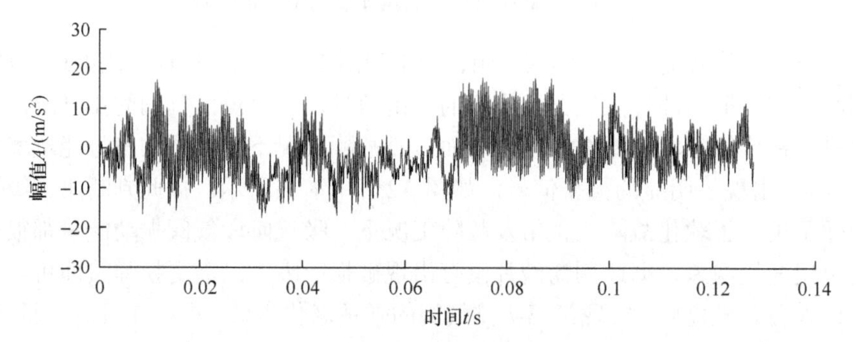

图 12.9　正常气阀的振动信号时域图

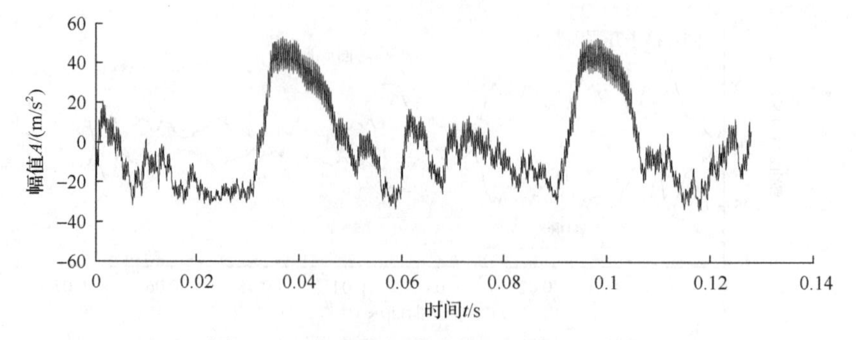

图 12.10　气阀磨损故障的振动信号时域图

用本书 3.3 节的非抽样提升小波包算法对信号进行 4 层分解，初始预测器和更新器分别为：P=[-0.0625,0.5625,0.5625,-0.0625]，U=[-0.0313,0.2813,0.2813,-0.0313]。对最后一层各频带信号进行奇异值降噪处理。经过比较，第 4 层第 5 频带信号很好地反映了气阀本身的振动信息。与液阀故障诊断步骤类似，从第 4 层第 5 频带信号中取出一个周期的信号，并画出上下包络线，正常及故障工况下的包络线如图 12.11 和图 12.12 所示。图 12.13 为故障工况下的第 4 层第 16 频带信号，反映了阀座振动的低频成分，其振动能量占阀座总振动能量的绝大部分，反映了气缸压力的变化情况。第 16 频带信号幅值最大值出现的时刻对应气缸压力剧烈变化的时刻[2]。

根据气阀的振动规律，可识别出阀片撞击升程限制器和阀座的冲击信号，以及气流冲击阀片的振动信号，并可分辨出排气阶段和吸气阶段。对比图 12.11 和图 12.12 可知，在排气阶段，与正常工况相比，故障工况下阀座振动信号基线明显变宽，能量增大了 239.11%。对比图 12.12 和图 12.13 可知，气阀振动幅值明显增大的时刻出现在排气阶段。阀片开启时刻，气阀振动幅值明显增大，说明排气工况恶化。阀片磨损导致排气工况恶化，气缸压力剧烈变化并引起阀座振动增大。阀片落座时密封不严，导致吸气阶段气流从空隙处倒流入气缸内，并对阀片产生扰动，使气阀在排气阶段的振动能量增大。据此判断阀片出现了磨损故障，现场检修结果验证了诊断结论的正确性。

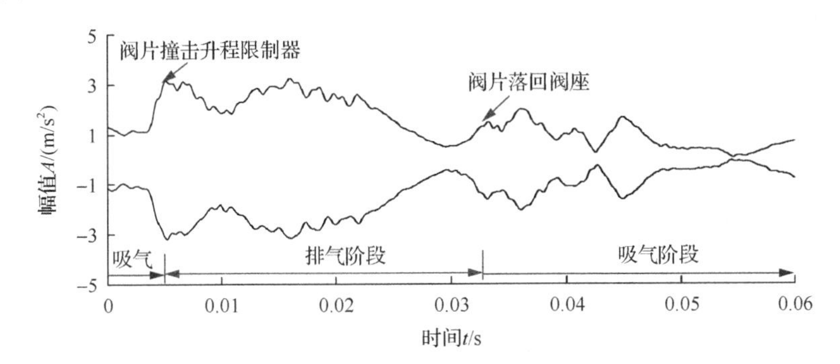

图 12.11 正常工况下非抽样小波包分解得到的第 4 层第 5 频带信号

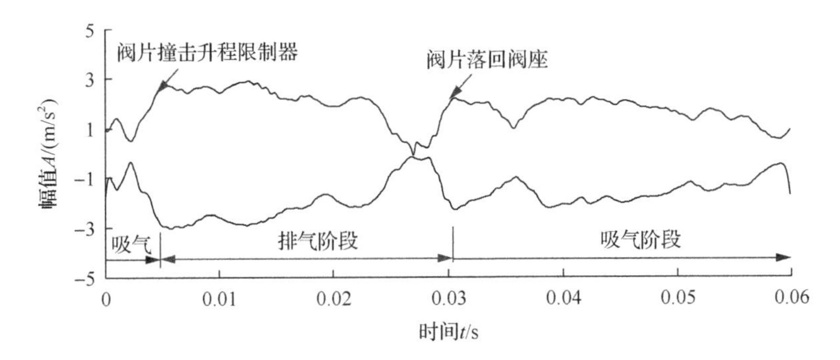

图 12.12 故障工况下非抽样小波包分解得到的第 4 层第 5 频带信号

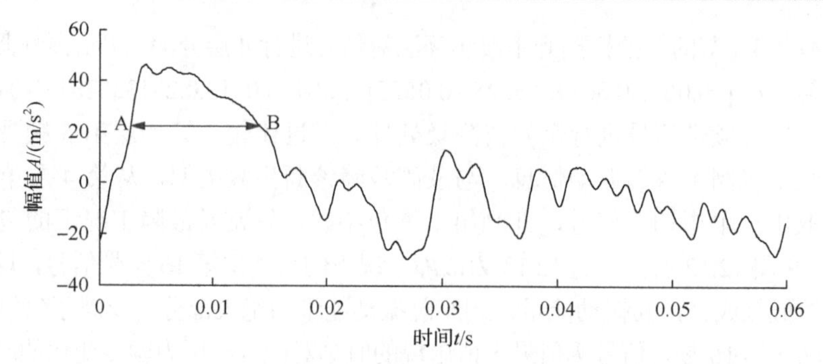

图 12.13　故障工况下非抽样小波包分解得到的第 4 层第 16 频带信号

12.2　往复压缩机活塞-缸套磨损诊断案例

通常将压电式加速度传感器吸附在缸套表面，通过测取的缸套振动信号判断活塞体与缸壁有没有碰磨故障。但所测信号是由多个振源所激发的，必须对往复压缩机的运动规律有很好的认识，才能区分清楚各种振动成分与振源的对应关系。

往复压缩机的核心部件是曲柄连杆机构，如图 12.14 所示。在电动机或发动机的驱动下，曲柄做旋转运动。十字头将曲轴的旋转运动转化为活塞的往复运动，曲轴每旋转一周，活塞左右往返一次，活塞的运动范围在左极点和右极点之间。设曲轴半径为 r，连杆长度为 l，活塞距离左极点的距离为 x，连杆与中心线之间的夹角为 β，曲柄与中心线的夹角为 α。

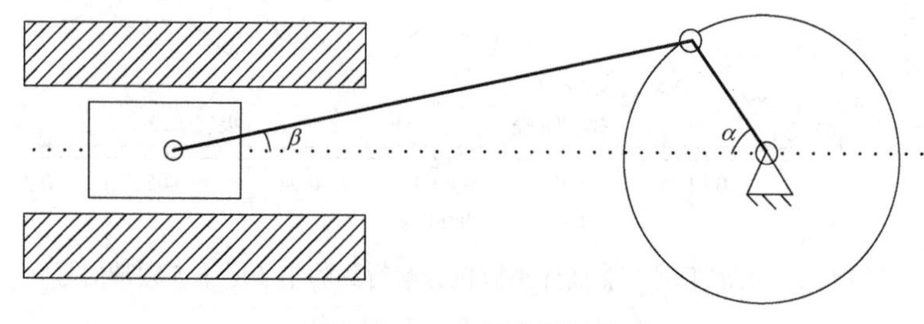

图 12.14　曲柄连杆机构

活塞位移公式为

$$x = r(1-\cos\alpha) + l(1-\cos\beta) \tag{12.1}$$

令

$$\lambda = \frac{r}{l} = \frac{\sin\beta}{\sin\alpha} \tag{12.2}$$

一般情况下，$\lambda << 1$。

对式(12.1)进行简化，得

$$x = r\left[(1-\cos\alpha) + \frac{\lambda}{4}(1-\cos 2\alpha)\right] \tag{12.3}$$

式中，$\alpha = \omega t + \alpha_0$，其中 ω 为曲轴的角速度，t 为时间，α_0 为初始相位角。

位移对时间求导，可得速度公式：

$$v = r\omega\left[\sin(\omega t + \alpha_0) + \frac{\lambda}{2}\sin(2\omega t + 2\alpha_0)\right] \tag{12.4}$$

速度对时间求导，可得加速度公式：

$$a = r\omega^2\left[\cos(\omega t + \alpha_0) + \lambda\cos(2\omega t + 2\alpha_0)\right] \tag{12.5}$$

设活塞质量为 m，则活塞受到的力为

$$f_{\mathrm{p}} = mr\omega^2\cos(\omega t + \alpha_0) + mr\omega^2\lambda\cos(2\omega t + 2\alpha_0) \tag{12.6}$$

活塞受到的力分为两部分：前部分力的变化频率等于曲轴转频，后部分力的变化频率等于曲轴转频的两倍，由于 λ 值很小，一般情况下，后部分的力可忽略不计[2,3]。活塞受到的力会传到缸套上。活塞在左极点和右极点位置处受到的力达到最大，此时也是活塞运动换向的时刻。由于活塞体与缸壁之间存在着间隙，活塞体会撞击缸壁，产生频率很高的冲击信号。正常工况下，这种撞击力度比较小。活塞体与缸壁之间的相对摩擦也会产生频率很高的冲击信号，但在正常工况下，由于油膜的存在，这种摩擦力很小[2]。

导致活塞体与缸壁碰磨的主要原因是活塞体与活塞杆的连接螺栓松动。连接螺栓一旦出现松动现象，活塞体换向时撞击缸壁的力度会明显增大，由此产生的冲击信号的幅值会明显变大。活塞体和缸壁发生碰磨时，油膜被破坏，金属摩擦会产生高频振动信号。通常将压电式加速度传感器吸附在缸体表面测取气缸的振动信号，但所测信号是由多个振源的振动信号所叠加的。气缸的压力变化会引起缸套产生频率低、幅值高的振动[2]，活塞体撞击缸壁及活塞体与缸壁摩擦产生的信号频率高、幅值小，而且又有噪声的干扰，在缸套的原始振动信号中观察不到所需要的高频信号。

某往复压缩机型号为 DTY220MH-4.25×4，功率为 220kW，压缩介质为天然气，电动机通过联轴器带动曲轴运转，电动机额定转速为 1500r/min，即曲轴旋转一周的时间为 0.04s。在正常工况下对该机组进行振动测试，作为标准进行对照，采样频率为 16kHz，采样长度为 4096 个点。图 12.15 是正常工况下 2 缸缸套的振动信号，某次检测时发现 2 缸缸套振动偏大，振动信号如图 12.16 所示。通过积分变换，算出振动速度有效值为 27.14mm/s。根据国际标准 ISO 10816，该机组处于 D 级，应立即停机。从时域图形中只能看到幅值大、频率低的振动成分，不能直接诊断出机械故障类型。为进一步判断故障类型，用非抽样提升小波包进行分析。

初始预测器 P=[–0.0625,0.5625,0.5625,–0.0625]，初始更新器 U=[–0.0313, 0.2813,0.2813,–0.0313]，对缸套原始振动信号进行 4 层非抽样提升小波包分解。因为硬阈值处理能凸显信号中的冲击成分，对最后一层各频带信号进行硬阈值处理。经过比较，第 4 层第 2 频带信号能很好地展示活塞体撞击缸壁的冲击成分。图 12.17 和图 12.18 分别为正常及故障工况下缸套振动信号的 4 层第 2 频带信号。正常工况下，相邻冲击信号相隔的时间为 0.04s，每周期仅有一次冲击。

故障工况下，冲击信号的幅值明显增大，说明活塞体和缸壁之间的间隙增大，活塞体发生了松动故障。一个周期内有两次冲击，与正常工况相比多了一次冲击，相邻冲击信号之间的时间间隔大约为 0.02s，说明气缸内金属部件发生了不正常的撞击。依据这两个特征，判断该气缸活塞体松动，并导致活塞体和缸壁发生了碰磨。

现场检修人员对该机组进行停机检修，发现 2 缸活塞体有明显刮痕，如图 12.19 中箭头所示。活塞环严重损伤，如图 12.20 中箭头所示，而且活塞体与活塞杆的连接螺栓松动，验证了本书诊断结论的正确性。

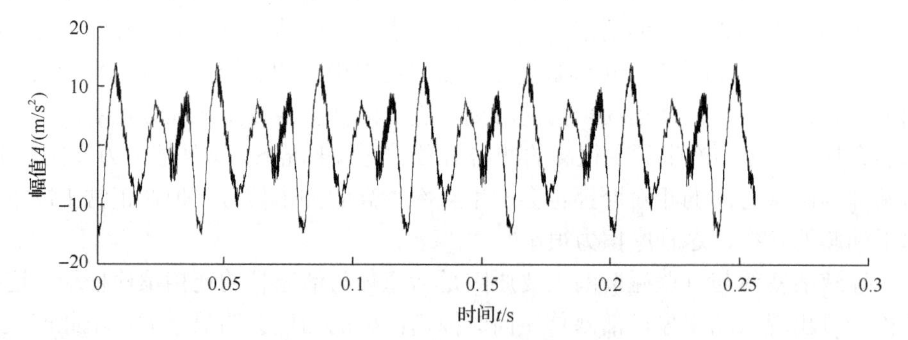

图 12.15　正常缸套的振动信号时域图

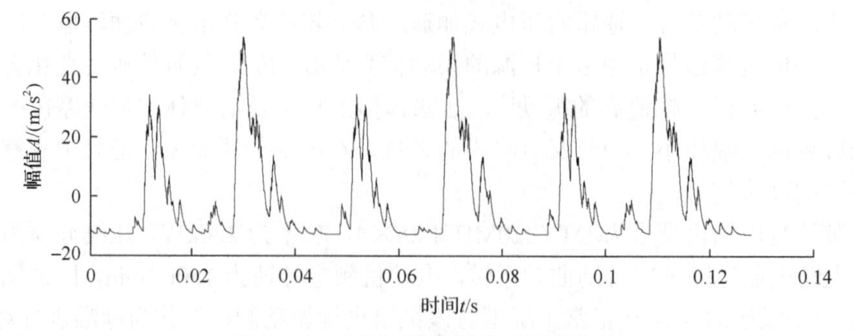

图 12.16　故障缸套的振动信号时域图

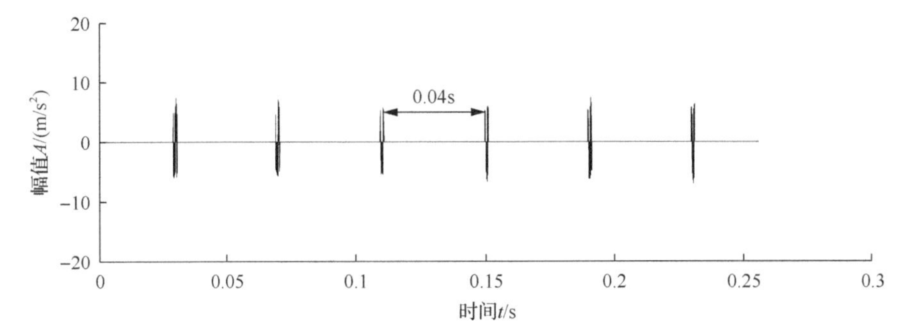

图 12.17　正常工况下非抽样小波包分解得到的第 4 层第 2 频带信号

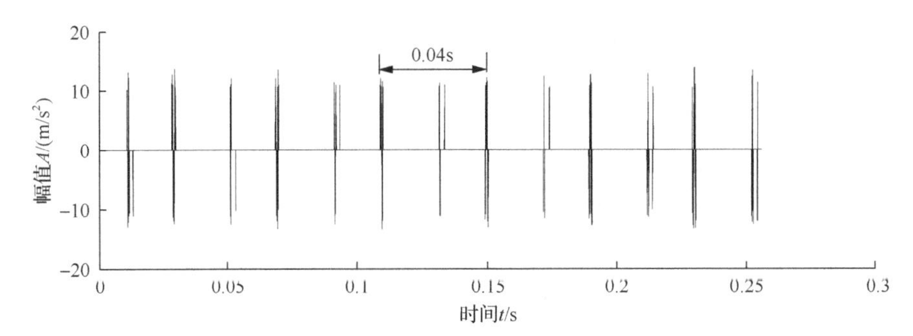

图 12.18　故障工况下非抽样小波包分解得到的第 4 层第 2 频带信号

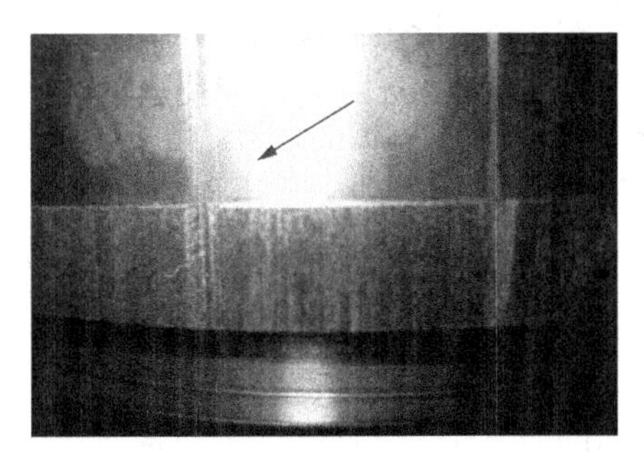

图 12.19　活塞体损伤

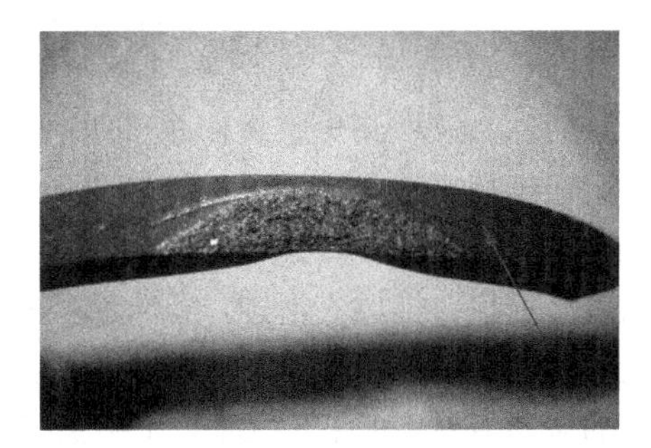

图 12.20　活塞环损伤

用经典小波包对正常及故障工况下的原始振动信号进行 4 层分解。小波基函数选用 db4 小波。对最后一层各频带信号进行硬阈值处理，正常及故障工况下第 4 层第 2 频带信号如图 12.21 和图 12.22 所示，从中得不到有用的信息。这也进一步说明用非抽样提升小波包对往复压缩机进行故障诊断是很有必要的[4]。

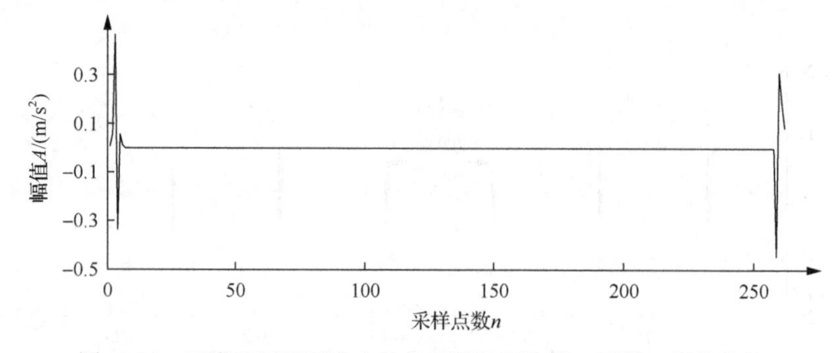

图 12.21　正常工况下经典小波包分解得到的第 4 层第 2 频带信号

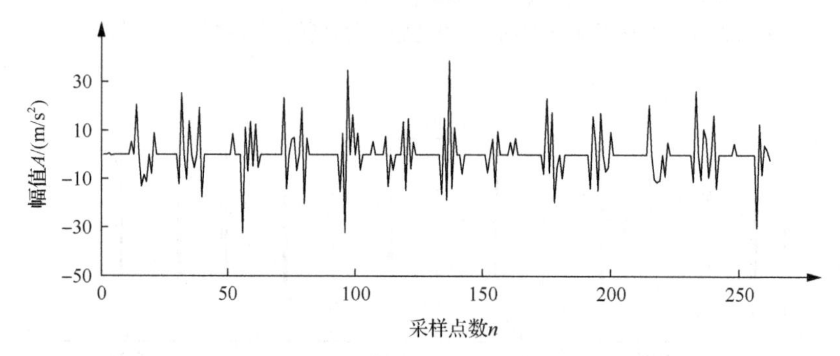

图 12.22　故障工况经典小波包分解得到的第 4 层第 2 频带信号

12.3　往复压缩机十字头故障诊断案例

曲轴、连杆和十字头构成了曲柄连杆机构，在往复机械的运转中起着重要的作用。连杆的小头瓦通过连接销与十字头相连，在连杆的驱动作用下，十字头在上下滑板之间做往复运动，并通过活塞杆带动活塞做往复运动。一般有一套润滑系统给十字头提供润滑油，在十字头-轴瓦、十字头-滑板间形成一层油膜，避免金属部件直接接触。一般将传感器吸附在十字头部件上方的金属盖上，测取十字头的振动信号。正常工况下，十字头撞击滑板的力度不大，而且由于油膜的存在，十字头与滑板之间没有摩擦，振动信号中的冲击成分比较微弱。一旦出现松动故障，十字头撞击滑板的力度会明显变大，振动信号中会出现瞬时冲击成分。松动情况比较严重时，十字头与滑板之间的油膜会遭到破坏，金属部件会发生摩擦，产生持续时间长、幅值变化的高频冲击信号。与正常工况相比，十字头振动信号中的冲击成分会明显增强，但是这些冲击成分被强背景信号及噪声所淹没，难以在原始振动信号中观察到。

目前通过振动信号诊断曲轴及十字头故障的方法有高阶累积量法、基于 Wigner-Ville 分布的时频分析、自回归谱(AR)、小波变换及分形等，其中小波具有多分辨率分析能力，在曲轴及十字头故障诊断中应用较多。但传统小波构造方法复杂、且不能对信号特征进行自适应匹配，难以提取出隐含在原始振动信号中的故障特征。为设计与信号特征自适应匹配的提升算子，Claypoole 于 1999 年提出了自适应提升算法[5]，并用于信号降噪，与经典小波降噪相比取得了更好的降噪效果。本节在 Claypoole 提出的自适应提升算法的基础上，用非抽样提升算子算出逼近信号后，用与原始信号长度等长的逼近信号设计下层提升算子，所设计的提升算子与信号特征能进行更好的匹配，信息量得到了较大程度的保留[6]。在自适应冗余提升混合小波分解的基础上，对未分解的细节信号进行进一步分解，实现自适应冗余提升混合小波包分解，可更好地提取隐含在原始振动信号中的冲击成分。本节用自适应冗余提升混合小波包提取隐含在十字头原始振动信号中的冲击成分。

某往复压缩机型号为 2RDSA-1，发动机通过联轴器带动曲轴运转。发动机额定转速为 1000r/min，可算得曲轴旋转一圈的时间为 0.06s，即十字头的运动周期为 0.06s。采样频率为 16kHz，采样长度为 4096 个点。正常及十字头松动工况下测取 2 缸十字头的振动信号，原始振动时域波形分别如图 12.23 及图 12.24 所示。

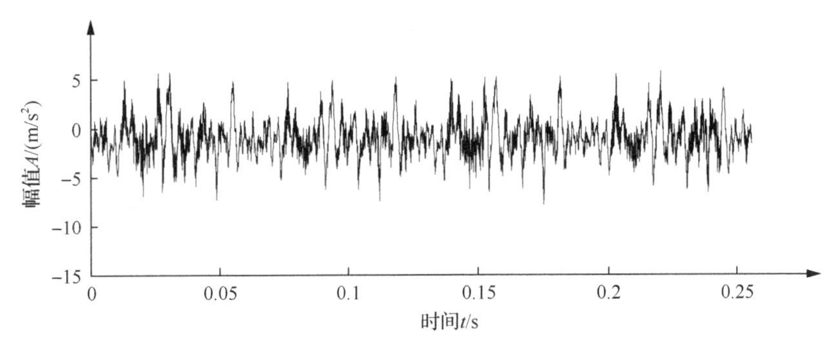

图 12.23　正常十字头振动信号

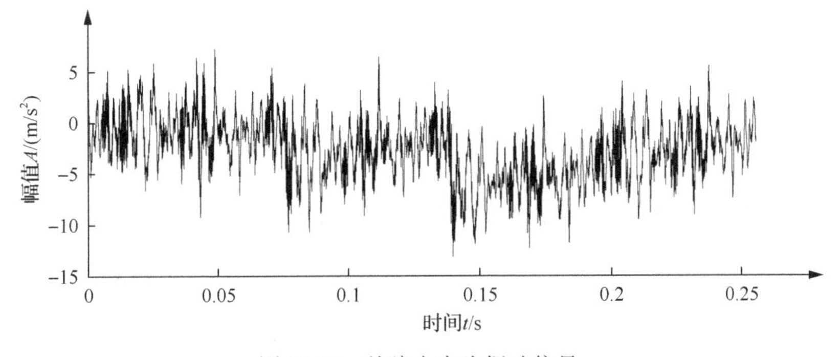

图 12.24　故障十字头振动信号

对信号进行 4 层冗余提升小波包分解，在第 4 层获得了 16 个频带信号，用奇异分解降噪对最后一层各频带信号进行降噪处理。计算各频带信号的能量，正常及故障工况下十字头的能量分布如图 12.25 和图 12.26 所示。根据提升变换原理，从第 1 频带到第 16 频带，信号的频率成分逐渐降低。正常工况下，十字头振动信号的能量主要集中在中频区。松动工况下，高频带能量和低频带能量明显增多。从冗余提升小波包的能量分布图中，可对十字头工况做定性判断。

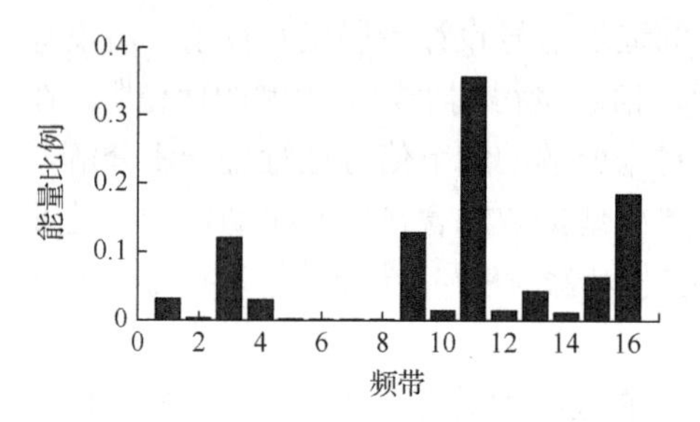

图 12.25 正常十字头振动信号能量分布

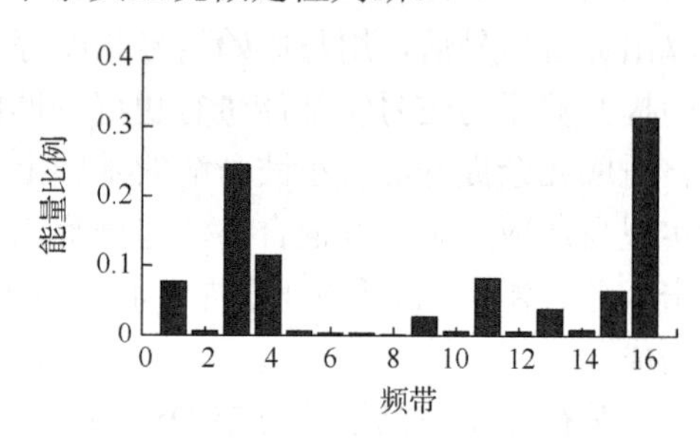

图 12.26 故障十字头振动信号能量分布

因第 1 频带信号的频率成分最高，可反映十字头撞击滑板的情况。图 12.27 和图 12.28 分别为正常及十字头松动工况下的第 4 层第 1 频带信号。与正常工况相比，松动工况下出现了明显的冲击成分，如图 12.28 中的星号所示，曲轴旋转一周出现两次冲击，而在原始振动信号中看不到这种冲击成分。通过观察第 4 层第 1 频带信号中冲击成分的变化情况，可定性判断十字头的松动情况。

为定量分析十字头松动故障，计算正常及故障工况下第 4 层第 1 频带信号的有效值、峰值及均方差，计算结果如表 12.1 所示。这三个指标越大，说明十字头撞击滑板的力度越大，可表征十字头的松动情况。相对正常工况，松动工况下的有效值、峰值及均方差分别增加了 151.72%、188.83%和 147.73%。正常及松动工况下原始振动信号的有效值、峰值及均方差如表 12.2 所示，相对正常工况分别增加了 84.33%、67.90%和 53.09%。可见，第 4 层第 1 频带信号能更好地能表征十字头的松动情况。

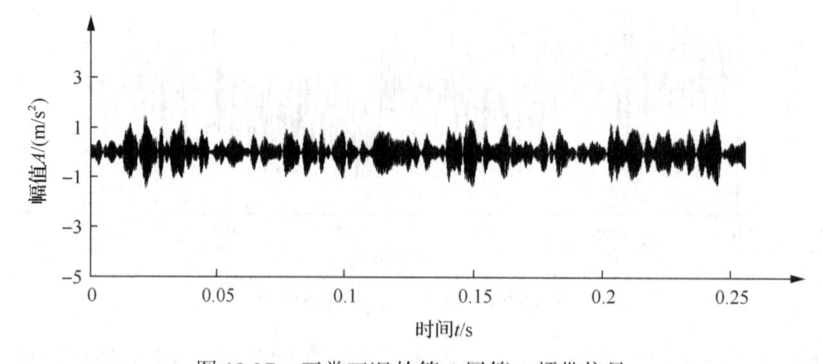

图 12.27 正常工况的第 4 层第 1 频带信号

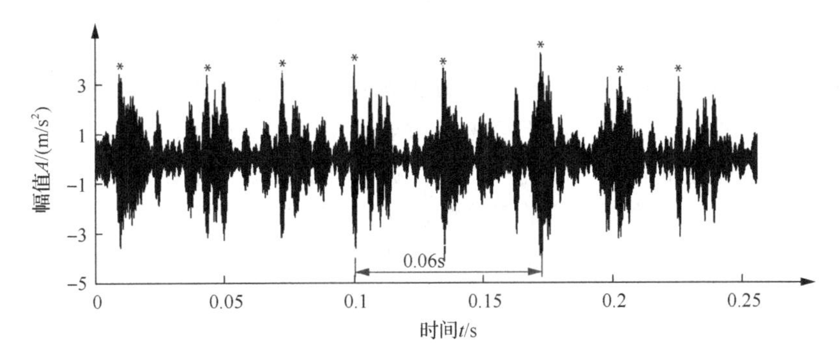

图 12.28　故障工况的第 4 层第 1 频带信号

表 12.1　第 4 层第 1 频带信号时域指标　（单位：m/s^2）

工况	有效值	峰值	均方差
正常	0.58	2.06	0.44
故障	1.46	5.95	1.09

表 12.2　原始信号时域指标　（单位：m/s^2）

工况	有效值	峰值	均方差
正常	2.17	7.82	1.94
故障	4.00	13.13	2.97

12.4　往复压缩机曲轴故障诊断案例

正常工况下，曲轴与轴瓦间有一层油膜，部件间不直接接触。由于曲轴在运转过程中承受着巨大的交变载荷作用，曲轴和轴瓦之间的油膜极易遭到破坏，尤其是当润滑油质量不合格时。曲轴与轴瓦摩擦生热导致轴瓦融化并与曲轴黏结在一起，曲轴受力增大，导致曲轴变形、连杆断裂，甚至整台机组报废。金属摩擦或撞击都会产生高频冲击信号，通过提取冲击信号，可对曲轴-轴瓦碰磨故障进行准确的诊断。

某往复压缩机型号为 ZTY-265M，发动机通过联轴器带动往复压缩机曲轴转动。发动机额定转速为 1000r/min，可算得曲轴旋转一圈的时间为 0.06s。将传感器吸附在曲轴自由端的轴承座上，测取曲轴垂直方向的振动信号。采样频率为 4kHz，采样长度为 1024 个点。正常工况下的振动信号时域波形如图 12.29 所示。某次检测时发现该曲轴振动偏大，振动波形如图 12.30 所示。

用自适应冗余提升混合小波对曲轴振动信号进行 4 层分解，对各层细节信号进行硬阈值处理，然后重构，获得了降噪后的信号。正常及故障工况下的降噪信号分别如图 12.31 和图 12.32 所示。对比两图可看出，正常工况下曲轴振动信号没有明显的冲击成分。故障工况下每隔 0.06s 出现了一次冲击，出现了不正常的冲击成分，很可能是曲轴撞击轴瓦产生的。据此判断曲轴与轴瓦发生了碰磨故障，现场检修结果验证了诊断结论的正确性，由于长期没有更换润滑油，润滑油变质、酸化、含有杂质，导致润滑不良，转轴与轴瓦发生了碰磨故障。

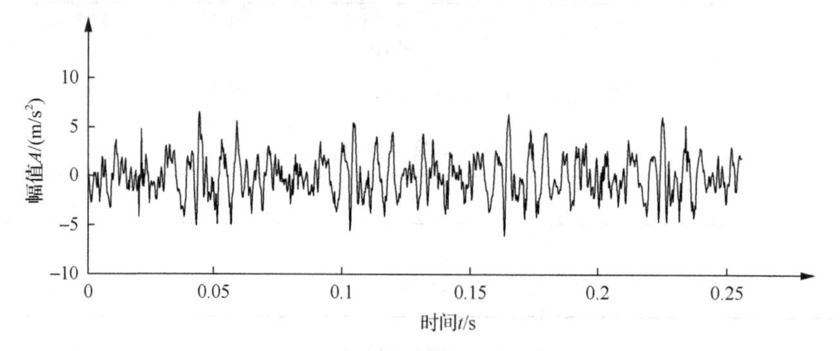

图 12.29　曲轴正常情况下的振动信号

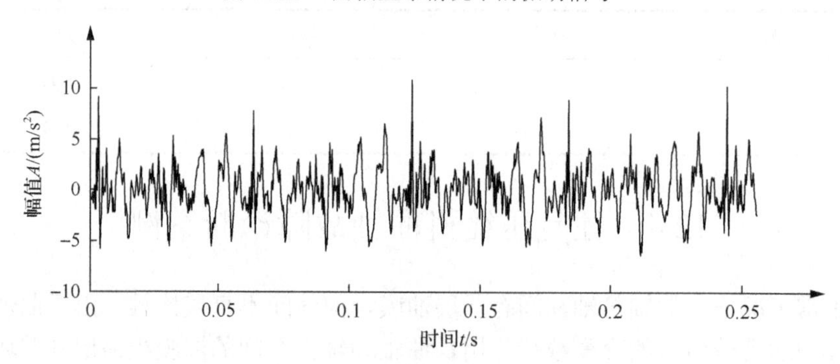

图 12.30　曲轴故障情况下的振动信号

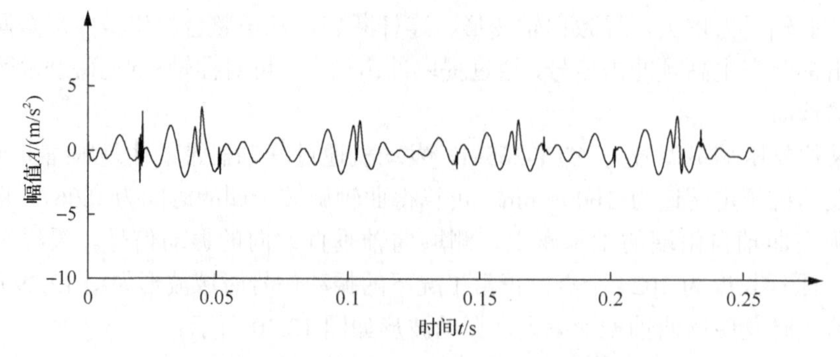

图 12.31　降噪后的正常曲轴振动信号

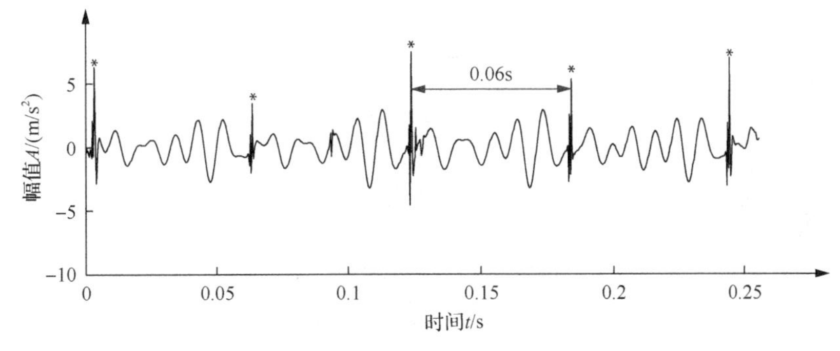

图 12.32　降噪后的故障曲轴振动信号

用经典小波对曲轴振动信号进行降噪处理，结果如图 12.33 所示，从中看不到冲击成分，经典小波降噪保留不住信号中的冲击成分。自适应冗余提升混合小波降噪能完整地保留信号中的冲击成分，这对往复机械故障诊断来说具有重要的意义。

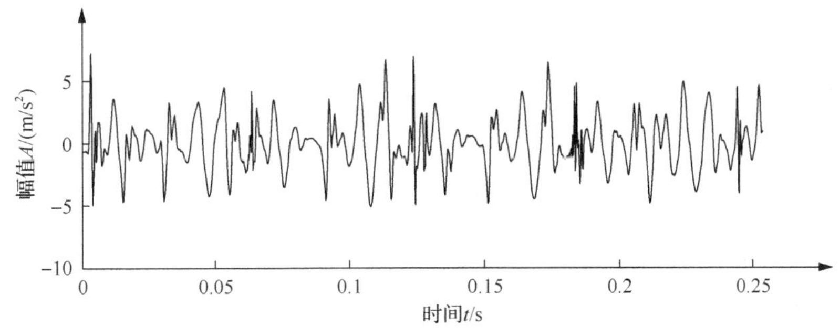

图 12.33　经典小波降噪后的故障曲轴振动信号

12.5　往复压缩机-管线耦合故障诊断

在某西部油田对多台压缩机组进行了长期的跟踪测试，积累了大量数据，以其中一台为例，对第 4 章 4.6 节建立的波动熵诊断模型进行应用分析。根据机组结构及诊断需要，结合测点布置原则，并通过信号对比分析及大量试验，最终确定压缩机组机体及进出口管线处布置 16 个测点，图 12.34 显示了 4～16 号测点位置，1～3 号测点分别为电机输出端、往复压缩机曲轴输入端及曲轴自由端。

12.5.1　波动熵熵带标准建立

对多次测试的振动信号进行预处理、降噪后，选取信号高频成分组成向量，进行聚类分析确定敏感变换域，表 12.3 为三种不同变换域信号聚类结果。

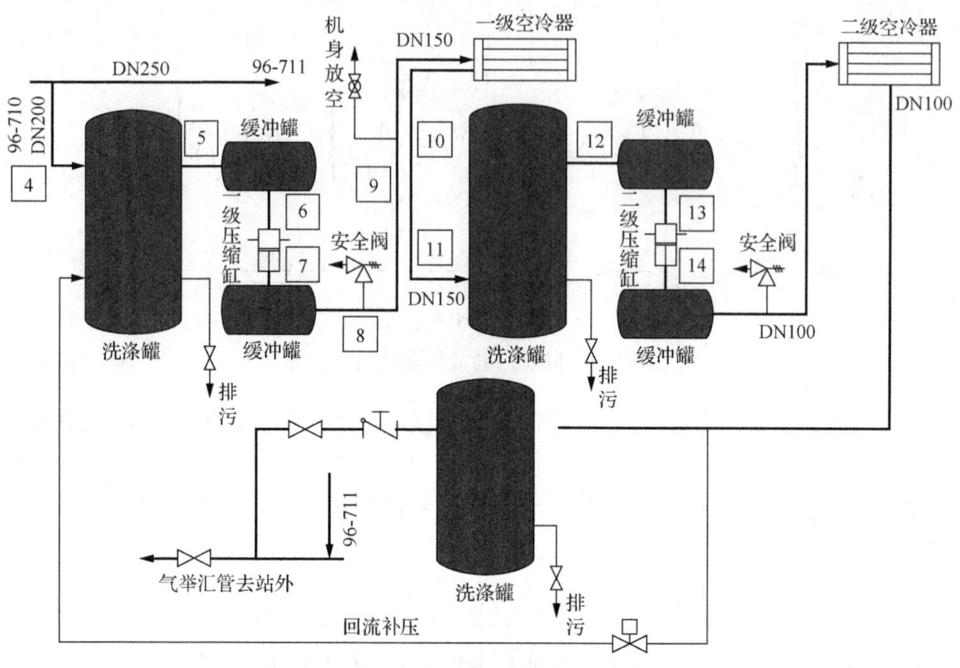

图 12.34　2HOSD-R 气举机测点位置示意图

表 12.3　三种不同变换域信号聚类结果

	频域	解调域	倒频域
聚类结果	1.256	0.502	0.856

从聚类结果上看，频域内聚类效果最好，因此确定频域为敏感变换域。对机组信号进行频谱分析，计算各测点信号能量，表 12.4 列出了机组各典型故障下的能量平均值及待诊状态下的能量值。

表 12.4　机组典型故障及待诊状态下的测点能量值　　[单位：$(m/s^2)^2$]

测点位置	标准状态	正常状态	气阀故障	气流脉动	管线共振	待诊状态
1	0.284	0.372	0.412	0.402	0.42	0.309
2	0.342	0.313	0.322	0.31	0.34	0.353
3	0.246	0.281	0.278	0.311	0.352	0.336
4	0.312	0.341	0.314	0.434	0.456	0.449
5	0.351	0.377	0.387	0.476	0.478	0.489
6	0.412	0.445	0.624	0.54	0.592	0.564
7	0.383	0.415	0.422	0.498	0.532	0.501
8	0.347	0.373	0.352	0.462	0.549	0.490
9	0.322	0.356	0.325	0.434	0.545	0.475

续表

测点位置	标准状态	正常状态	气阀故障	气流脉动	管线共振	待诊状态
10	0.351	0.379	0.369	0.45	0.541	0.463
11	0.348	0.372	0.349	0.428	0.559	0.472
12	0.301	0.341	0.324	0.371	0.415	0.406
13	0.259	0.281	0.308	0.325	0.388	0.358
14	0.314	0.345	0.354	0.401	0.456	0.429
15	0.402	0.431	0.421	0.514	0.624	0.547
16	0.387	0.412	0.395	0.48	0.545	0.526

对表 12.4 数据计算能量波动度，波动曲线如图 12.35 所示。

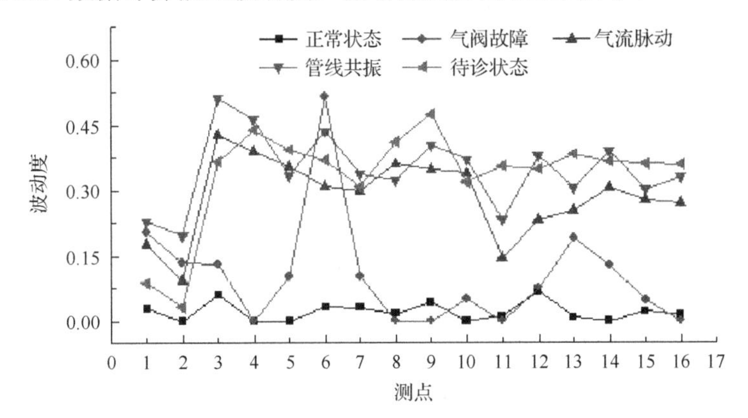

图 12.35　不同故障下各测点能量波动度曲线

计算得到各典型状态下信号能量总体波动度值及波动熵值，列于表 12.5。

表 12.5　不同故障状态下信号的波动度及波动熵值

参数	正常状态	气阀故障	气流脉动	管线共振	待诊状态
平均波动度	0.0903	0.1103	0.2727	0.4511	0.3016
波动熵值	3.68	2.038	3.467	2.621	3.187

从图 12.35 及表 12.5 可以看出，当机组存在结构性故障(气阀故障)时，只有靠近故障源处(测点 6 位置)能量波动度较大，且该值远远高于其他故障状态下的波动度值，波动度曲线离散度大，波动熵值较小；当机组正常或发生耦合故障(气流脉动或管线共振)时，各测点能量波动度较大，但波动度曲线较平稳，离散度较小，波动熵值较大。

根据测试结果及大量相关实验，建立了气流脉动及结构共振耦合故障的波动熵熵带区间，列于表 12.6。

表 12.6　气流脉动及结构共振故障的波动熵熵带

	气流脉动	结构共振
波动熵熵带	[2.84，3.86]	[1.47，3.29]

12.5.2　基于波动熵模型的耦合故障诊断案例

据现场人员反映，某机组近期振动一直较大，期间对一级进气缓冲罐做过扩容改造，但改造效果不太理想，尤其级间管线振动并没有明显改观，但在对其检修时并没有发现明显故障，因此，一直处于使用状态，但一致认为该机组存在严重的安全隐患。

图 12.36～图 12.40 为某年 5 月 17 日采集到的个别测点频谱图，各测点信号能量值列于表 12.4 待诊状态栏。

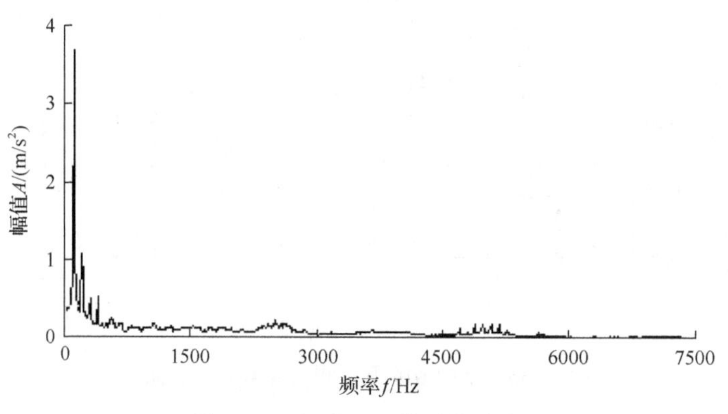

图 12.36　测点 6 处信号频谱图

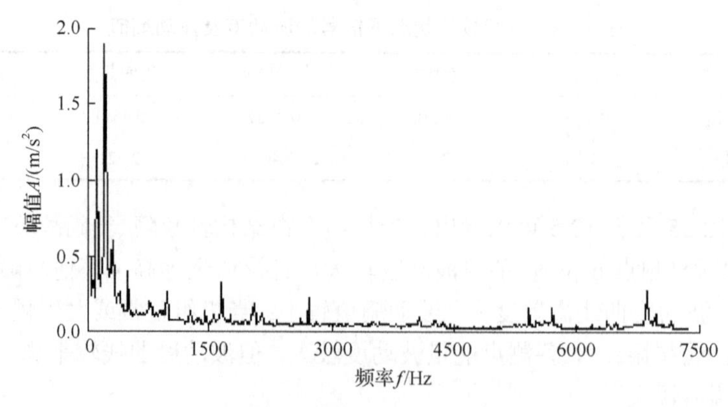

图 12.37　测点 9 处信号频谱图

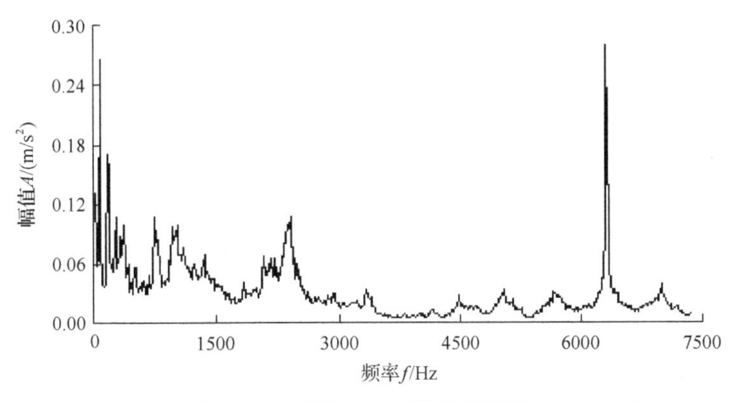

图 12.38　测点 11 处信号频谱图

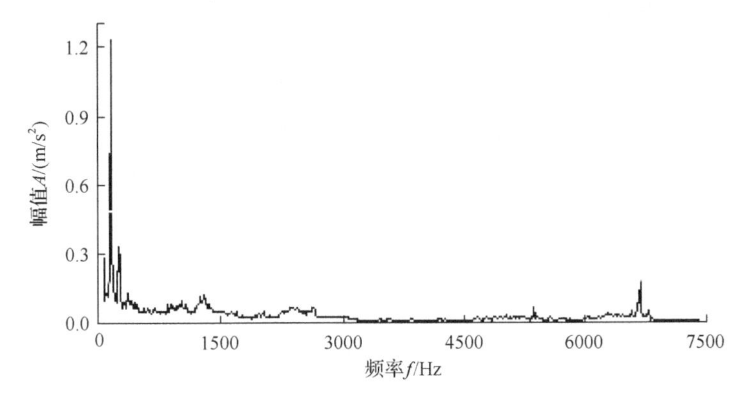

图 12.39　测点 14 处信号频谱图

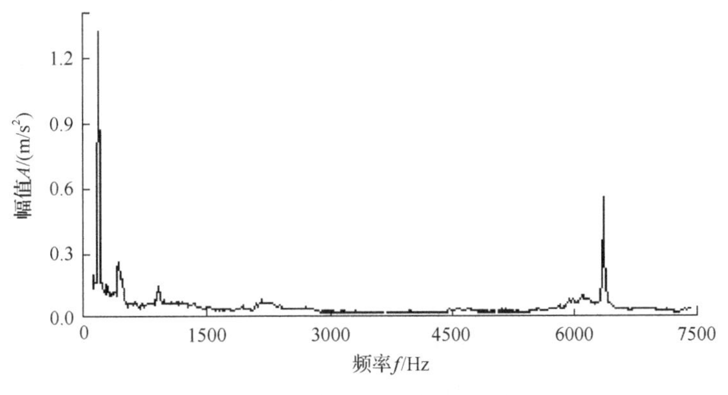

图 12.40　测点 16 处信号频谱图

计算机组信号能量总体波动度及波动熵值，列于表 12.5 待诊状态栏，采用波动熵模型对其诊断，由于平均波动度 $S_{\nabla} = 0.3016 > 0.2$，因此判断机组发生了耦合故障。利用波动熵熵带进行耦合故障类型识别，波动熵 H =3.187，根据表 12.6 无法准确区分故障类型，属于气流脉动或结构共振的可能性均存在。然而，现场人现场人员证实，前期的缓冲罐扩容改造并没有改善机组振动情况，机组气流脉动符合压缩机运行标准。因此，断定该振动并非由气流脉动引起，机组可能存在结构共振故障。现场初步采取了增加管线支撑的整改方案(图 12.41、图 12.42)。对整改效果跟踪测试后发现，支撑处振动确实有所降低，但其余位置并没有明显改观，证实了结论的正确性。

图 12.41　二级进气管线支撑改造后外观图

图 12.42　二级排气管线支撑改造后外观图

12.6　振动-红外融合诊断案例

12.6.1　多模态 CNN 振动-红外信息融合模型

CNN 模型在红外图像和振动数据的特征学习中有很好的表现，因此，本节使用 CNN 构建多模态深度学习模型，并将其用于转子平台的振动-红外信息融合故障诊断，融合诊断模型如图 12.43 所示。首先获取转子平台的红外和振动监测数据，然后使用显著性检测和阈值优化方法进行红外敏感区域的提取，去除红外图像中的其他信息，只保留敏感区域，同时对振动数据进行预处理；将处理后的红外和振动数据分别输入到若干个 CNN 模型进行特征学习；将 CNN 模型最高层的全连接层直接连接在一起，输入到统一的 CNN 融合层进行融合学习；经过若干层卷积网络的融合学习后，最后用 Softmax 分类器对融合特征进行分类，实现故障诊断[7]。

12.6.2　多模态 CNN 的网络结构设计

使用二维 CNN 学习红外图像的特征，使用最优的网络结构和图像大小组合进行特征学习。即输入为 60×60 图片矩阵，CNN 的网络结构如图 12.44 所示。共设置三组卷积层和降采样层：第一层和第二层卷积核数量都为 6，卷积核大小都为 5×5，降采样层大小都为 2×2；第三层卷积核数量为 12，卷积核大小为 5×5，降采样层为 2×2。在最后一个降采样层后连接一个全连接层，作为融合层的一部分输入。

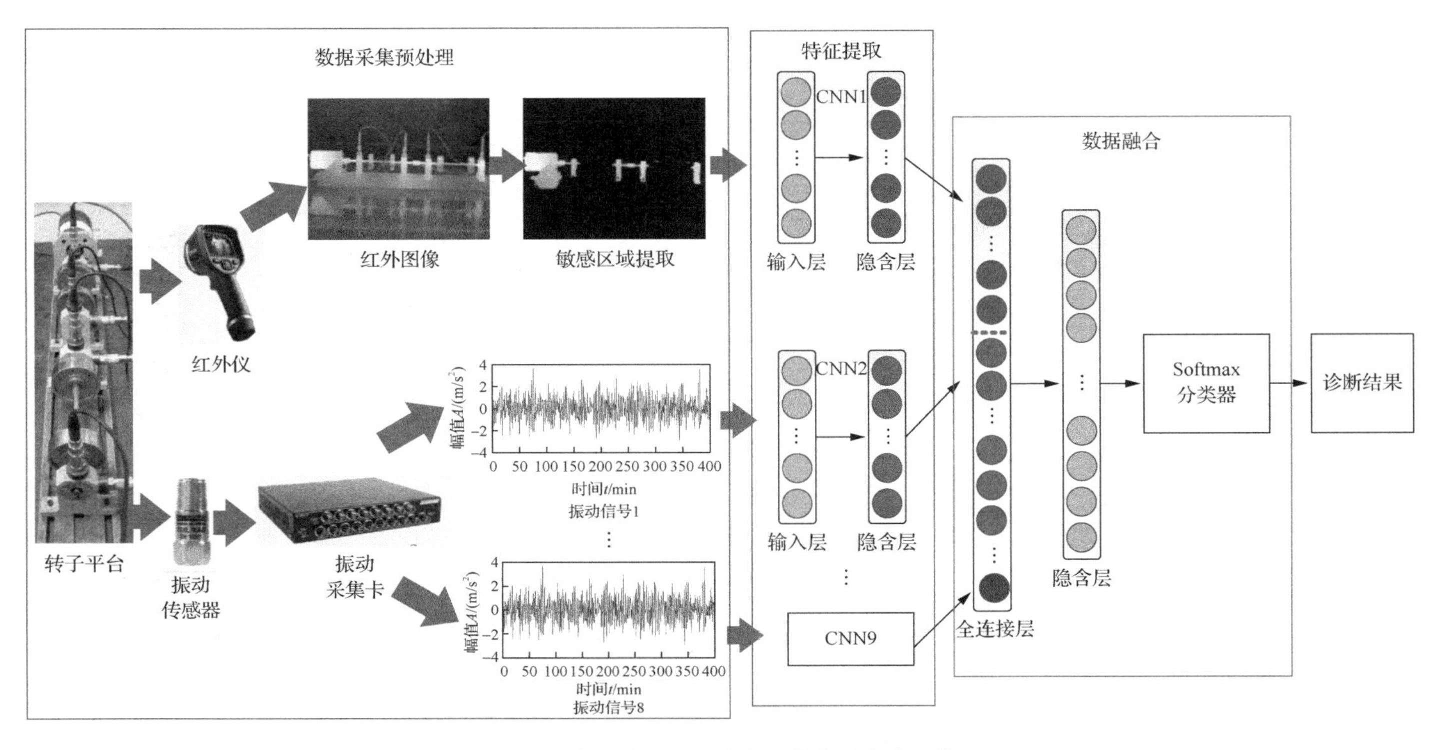

图12.43　多模态CNN深度学习信息融合诊断模型

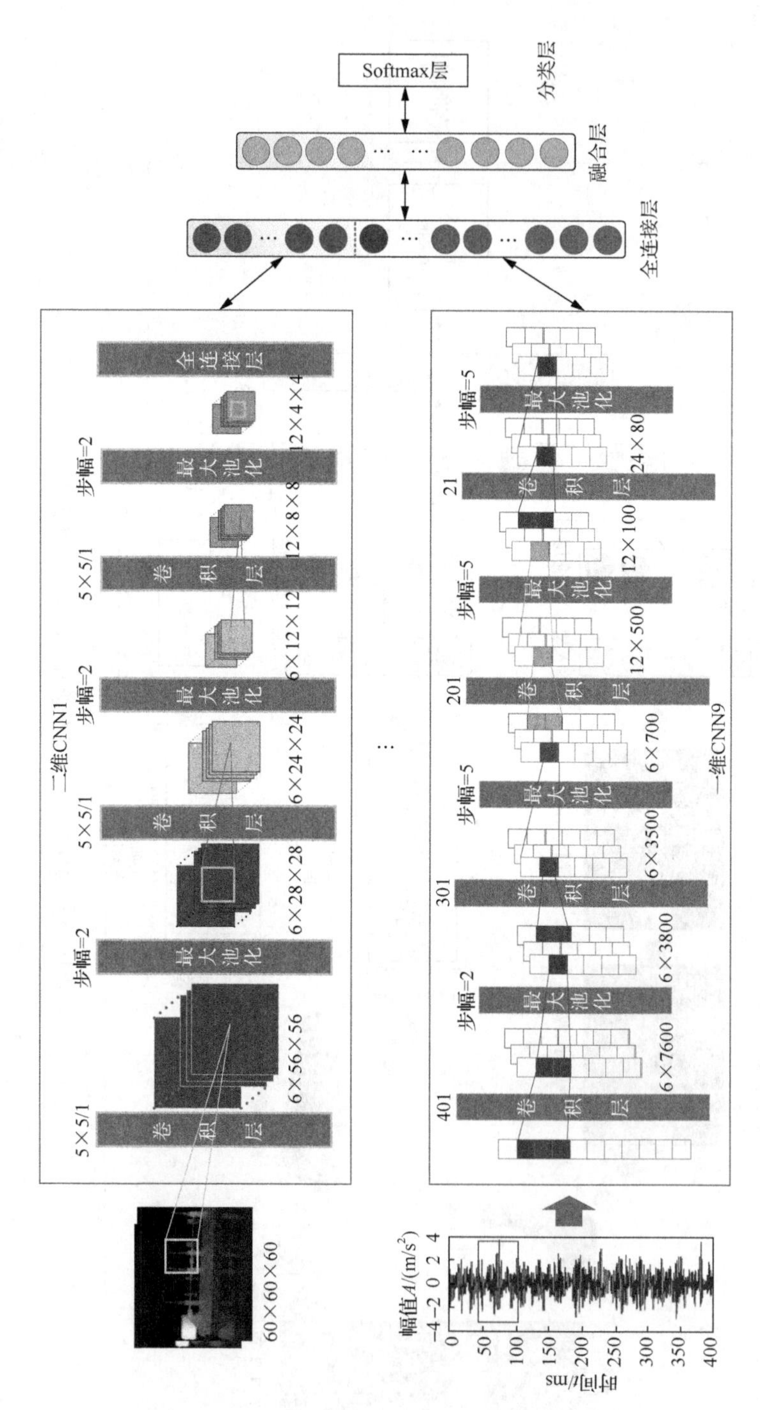

图12.44　多模态CNN信息融合诊断模型网络结构

使用一维 CNN 学习振动数据的特征，输入为 8000 点的一维数组，共使用 8 个 CNN 对 8 个振动传感器的数据进行特征学习。学习振动数据的 CNN 网络结构全部相同，共设置四层卷积层和降采样层的组合：第一层卷积层卷积核大小为 401，特征图数量为 6，降采样层大小为 2；第二层卷积层特征图数量为 6，卷积核大小为 301，降采样层大小为 5；第三层卷积层特征图数量 12，卷积核大小为 201，降采样层为 5；第四层卷积层卷积核大小为 21，特征图数为 24，降采样层大小为 5。在最后一层降采样层后连接一个全连接层。

使用一维 CNN 对学习到的红外和振动特征进行特征融合学习，将学习红外和振动的 CNN 最后的全连接层拼接起来，后边连接一个一维的 CNN，构成一个统一的多模态 CNN 模型。融合层依然采用卷积层连接降采样层的形式，共设置 3 组，第一层卷积核大小为 65，特征图数量为 6，降采样层大小 4；第二层卷积核大小 301，特征图数 6，降采样层大小为 5；第三层卷积核大小为 21，特征图数为 12，降采样层大小为 4。后接全连接层。

在全连接层后连接 Softmax 多分类器对数据进行分类，完成故障诊断。设置 CNN 网络训练过程中的学习率为 0.1，训练步长为 30，迭代次数为 50。

为了证明本节提出的多模态 CNN 方法在红外和振动信息融合诊断中的优越性，本节将其与目前在信息融合方面表现较好的决策级和其他特征级融合方法进行实例分析对比，对比方法包括特征级融合(BP 神经网络)和决策级融合(D-S 证据理论)方法。

12.6.3　基于多模态 CNN 的转子平台信息融合故障诊断

选取红外图像和振动数据各 480 组作为本次分析的数据，每种转子平台的状态的数据 80 组。用其中 360 组作为训练数据，其他数据为测试数据。

使用上述多模态 CNN 信息融合模型，对转子平台实验数据进行故障诊断，诊断结果如图 12.45 所示，可以看出本节所提方法在对各类故障的诊断中均有很好表现，尤其对耦合故障的分类准确率也达到了 100%。在所有测试样本中仅有两个样本分类错误，总体的故障诊断准确率为 98.3%，与使用单一传感器(单一振动 90.33%，红外 88.3%)情况相比，准确率分别提高 8%和 10%。表 12.7 是本节方法和其他的数据融合方法的诊断准确率对比。

从表 12.7 中可以看出，相对其他特征级融合(BP 神经网络)和决策级融合(D-S 证据理论)方法，本节提出的多模态深度学习方法在红外和振动信息融合诊断中有更高的准确率。

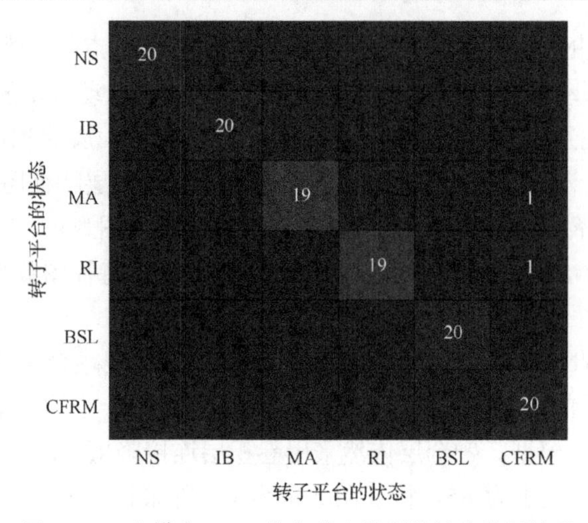

图 12.45　多模态 CNN 信息融合模型的故障诊断结果

表 12.7　各种融合诊断方法的结果对比　（单位：%）

诊断方法	准确率
基于特征级融合的方法	92.5
基于决策级融合的方法	93.3
敏感区提取+多模态 CNN	98.3

将多模态深度学习模型学习到的融合特征用核主成分分析(KPCA)进行降维可视化，图 12.46 是多模态深度学习模型中最后一层全连接层的特征可视化三维图。与使用单一信息源，多模态深度学习模型中的不同类数据的特征分布距离更大，更适用于故障识别。

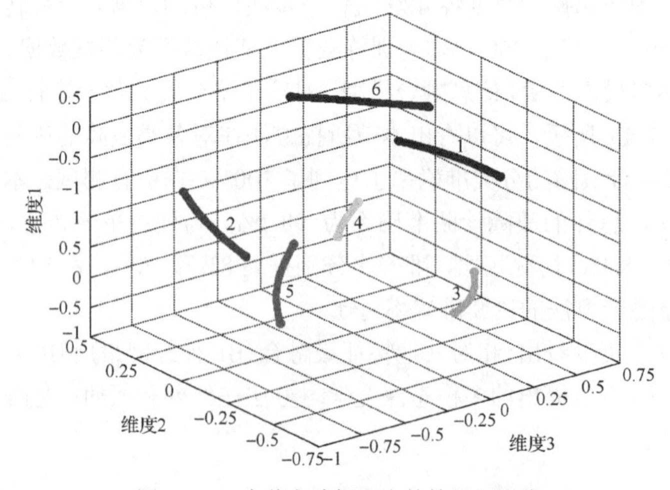

图 12.46　本节方法提取出的特征可视化

1. 正常(NS)；2. 不平衡(IB)；3. 不对中(MA)；4. 碰摩(RI)；5. 轴承座松动(BSL)；6. 碰摩和不对中耦合故障(CFRM)

12.7　振动-热力参数融合诊断案例

12.7.1　振动-热力参数融合诊断的原理

往复压缩机振动信号具有丰富的频率成分，为典型的非线性、非平稳信号。传统的时域和频域分析多以信号平稳性为前提，对非平稳、非线性的振动信号分析时，易损失系统的多维信息，难以充分提取出刻画系统故障的有用信息。近年发展起来的混沌与分形理论提供了新的思路和解决方案。其中，关联维数是耗散系统能量变化的标志，关联维数变大意味着系统耗散能量的增加，而系统耗散能量的增加常源自系统因状态的变迁而克服外界做功，而且计算关联维数的 G-P (Grassberger-Procaccia) 算法简便可靠，因而在机械故障特征提取中获得广泛应用[8]。

往复压缩机振源众多、各振源相互耦合，振动信号含有较强的噪声。由于振动信号的关联维数对噪声十分敏感，故计算关联维数之前应对信号进行降噪。基于相空间重构技术的局部投影(local projection, LP)降噪法[9]，将一维的时间序列拓展到高维相空间，利用系统信号和噪声信号在高维相空间上分布特性的差异来滤除噪声。该方法在滤除噪声的同时可有效保留微弱特征信号成分，较传统方法更能有效提高信号的信噪比。

为了衡量气缸的做功效率，引入压缩比 λ ，$\lambda = V_{\mathrm{i}}/V_{\mathrm{o}}$ 。假定气缸内气体压缩过程为理想过程，则有

$$\lambda = V_{\mathrm{i}}/V_{\mathrm{o}} = P_{\mathrm{o}}T_{\mathrm{i}}/P_{\mathrm{i}}T_{\mathrm{o}}$$

式中，V_{i} 、V_{o} 分别为进气和排气流量；P_{i} 、P_{o} 分别为气缸进气和排气压力；T_{i} 、T_{o} 分别为进气和排气温度。显然，对于同一气缸，λ 越大则代表气体被压缩的越充分，做功效率越高，故可根据 λ 的变化判断汽缸的状态。

本节利用 LP 法对往复压缩机振动信号降噪，然后提取降噪后信号的关联维数。同时融合往复压缩机的压力、温度、流量等热力参数对其故障进行诊断。

12.7.2　应用实例

某年 9 月、12 月，分别对某石化公司重整加氢车间的大型往复压缩机进行了两组信号检测，每组测试 5 次。振动加速度传感器安装在气缸缸套外表面，采样频率 16kHz，热力参数包括气缸的进出口流量、温度、压力。

1. 振动信号降噪

以第一组第一次振动信号为例，用 C-C 法[10]确定的时间延迟 τ 为 24，CAO

法[11]确定的最佳嵌入维数 m' 为 8，应用 LP 法降噪[12]。降噪前后的时域图和功率谱图分别如图 12.47 和图 12.48 所示。

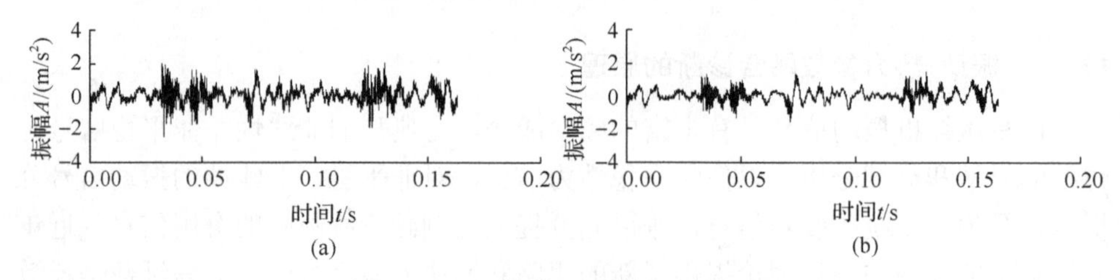

图 12.47　振动信号降噪前后时域图

(a) 降燥前；(b) 降燥后

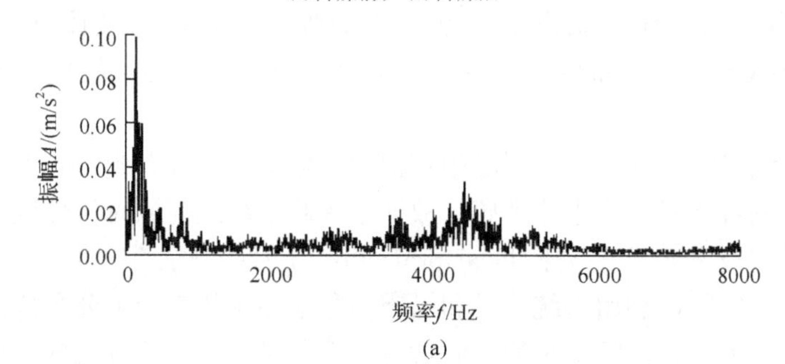

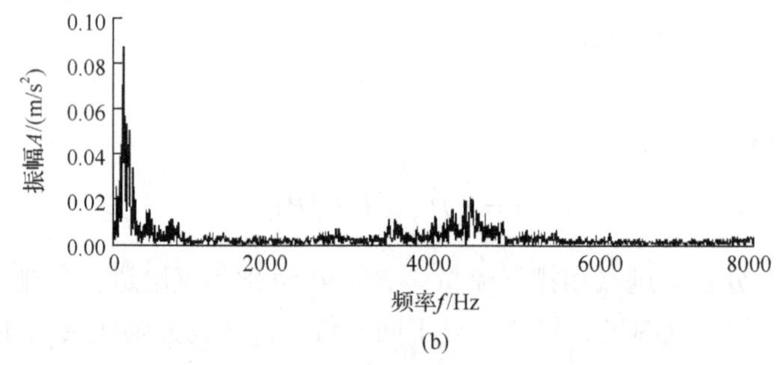

图 12.48　振动信号降噪前后功率谱图

(a) 降燥前；(b) 降燥后

如图 12.47 和图 12.48 所示，LP 法十分有效地剔除了振动信号的毛刺部分，同时保留了信号的有效特征。为了对比 LP 法降噪前后对提取关联维数的影响，绘出降噪前后的关联积分曲线和局部标度指数曲线，如图 12.49 所示。

可见，降噪前的振动信号由于受到大量噪声的干扰，其局部标度指数曲线的平台区不清晰，关联维数不易收敛。降噪后振动信号的局部标度指数曲线存在明显的平台区，关联维数易收敛。由此可见，LP 法是一种针对振动信号较为行之有效的降噪方法。

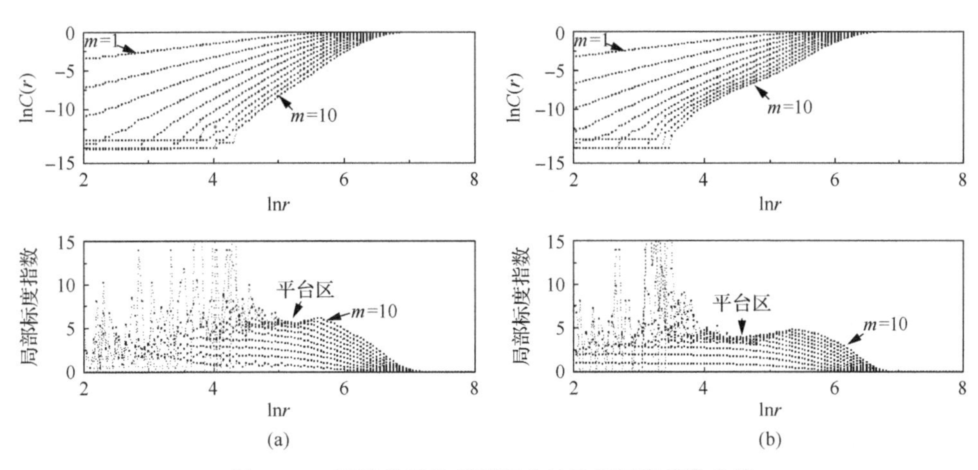

图 12.49　降噪前后的关联积分及局部标度指数曲线

(a) 降燥前；(b) 降燥后。r 为相空间中超球体半径，$C(r)$ 为关联积分，m 为嵌入维数

2. 关联维数计算

对两组振动信号分别应用 LP 法降噪，并计算降噪前后的关联维数以及降噪后的时域指标(绝对均值和峰峰值)，如表 12.8 所示。

表 12.8　关联维数及时域指标

样本编号		降噪前	降噪后		
		关联维数	关联维数	绝对均值/(m/s^2)	峰峰值/(m/s^2)
第一组	1	5.6801	3.5665	0.2987	3.0034
	2	5.3375	3.7876	0.3528	2.2695
	3	4.9545	3.5063	0.3019	2.8147
	4	4.8835	3.3135	0.2778	3.9750
	5	5.0733	3.5535	0.3714	5.3105
第二组	1	6.0578	4.5538	0.3256	3.0426
	2	5.9407	4.3220	0.3723	3.2841
	3	5.4317	4.4251	0.4096	4.3445
	4	5.9606	4.1169	0.3692	3.1257
	5	5.1103	4.2243	0.3964	3.2051

为便于对比，将表 12.8 中各指标绘出，如图 12.50 所示。

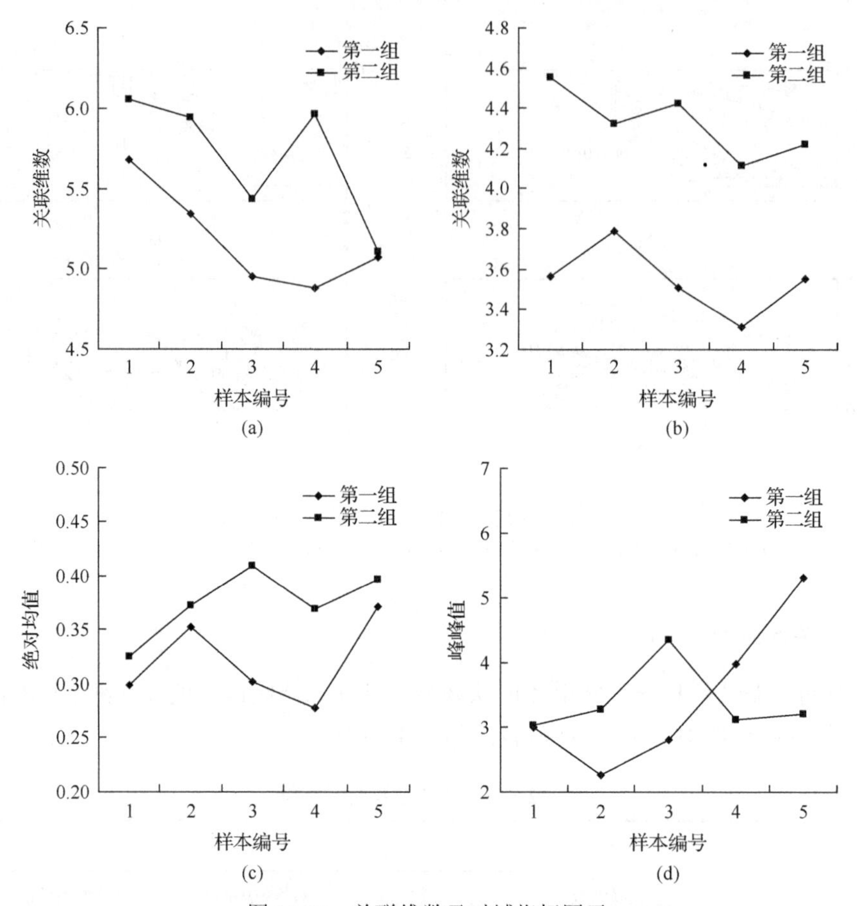

图 12.50　关联维数及时域指标图示

(a) 降噪前各样本关联维数；(b) 降噪后各样本关联维数；(c) 降噪后各样本绝对均值；(d) 降噪后各样本峰峰值

图 12.50(a) 中，降噪前的两组振动信号的关联维数并无明显规律；图 12.50(c) 和(d) 中，降噪后两组振动信号的绝对均值和峰峰值也未发现明显的规律；图 12.50(b) 中，降噪后第二组振动信号的关联维数明显高于第一组的关联维数。因此可以判定第二组测试时活塞缸套存在异常。

3. 压缩比计算

根据机组的热力参数，计算 2 号气缸的压缩比，为便于对比，同时计算运行状态良好的 4 号气缸的压缩比，如图 12.51 所示。

由于工艺条件不同，不同气缸之间的压缩比 λ 不具可比性，但可根据某气缸压缩比的变化来判断该气缸状态的变化。图 12.51(a) 中，2 号气缸第二组的压缩比 λ 比第一组显著减小；图 12.51(b) 中，状态好的 4 号气缸第二组的压缩比却略有增加，因此可以确定 2 号气缸第二组做功效率降低。

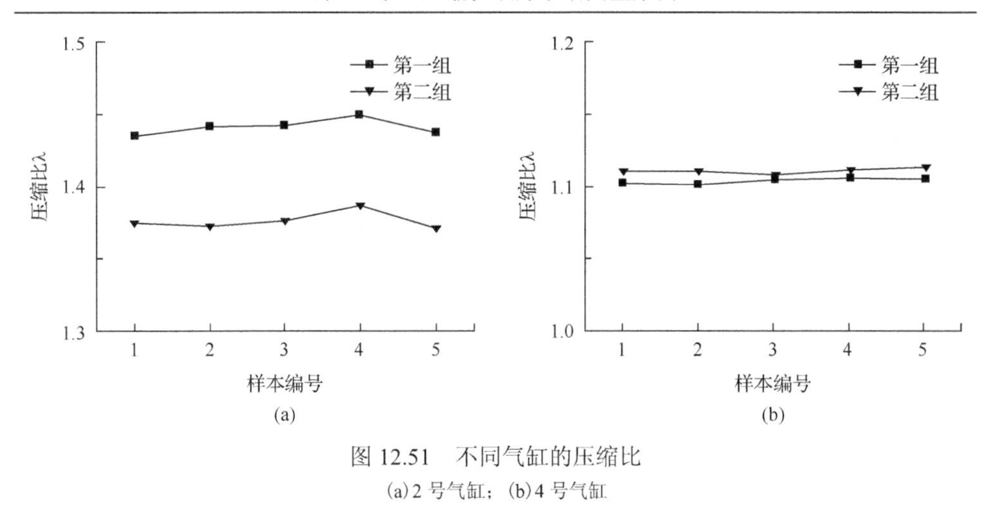

图 12.51　不同气缸的压缩比

(a) 2 号气缸；(b) 4 号气缸

4. 综合诊断

结合关联维数和热力参数，分析认为 2 号气缸活塞存在磨损，横向冲击振动加大，导致关联维数增大；同时活塞气密性变差，导致气缸做功效率下降。现场停机对该气缸进行检修，发现活塞环严重磨损，部分活塞环已断裂成碎块，活塞体上也有明显的拉伤，与诊断结论完全吻合。

12.8　振动-油液融合诊断案例

12.8.1　振动与油液融合的层次

振动分析法通过在不同部位布置传感器，根据振动信号的变化推断不同摩擦副之间的配合间隙变化，从而判断摩擦副之间的磨损程度，但是该方法很难对磨损的原因作出判断。而油液分析能检测出油样中金属磨损颗粒的状况，评价设备的磨损状态及原因，但只能对磨粒来源的材质或零件种类做出判别，难以对具体磨损部位做出准确的判断。

往复机械磨损过程导致摩擦表面的材料损失，并以磨损颗粒的形式为润滑油所携带，通过在润滑系统中取样可收集到这些磨损颗粒，这些磨粒在数量、尺寸、成分及类型上反映了摩擦副状态的变化；同时，磨损使相对运动的摩擦组件之间的间隙增大，摩擦副间的冲击力增大，产生的冲击振动响应也会相应增加。因此，振动信息与油液信息是相互关联的，这决定了振动、油液分析融合的可行性。二者具有以下融合层次[13]。

1. 深化融合

将油液分析确定的不同部位同类摩擦副的磨损机理与振动分析确定的故障部位信息融合，可明确认识具体部位的故障机理；在振动法检测出振动异常部位同时存在不同材质摩擦组件的情况下，进一步依据油液分析提供的数据可明确判断具体的损伤组件，得到更精确的诊断结果。

2. 互补融合

单独采用油液分析和振动检测对复杂机械系统故障进行诊断时，都不同程度存在着盲点，两者的结合可以消除一些盲点，使采用单一技术时无法诊断出的故障“白化”，从而扩大了诊断故障的范围。如在诊断发动机故障时，振动法很难对曲轴-主轴承的磨损故障做出诊断，而利用油液分析法，则表现出明显的优越性。

3. 冗余融合

两种信息的融合，若在技术上均可诊断某一磨损故障，可以起到相互印证的作用，从而提高诊断结果的置信水平，还可在相当大的程度上避免单一方法由于某种原因而导致的漏诊，提高系统诊断的可靠性。

12.8.2 振动与油液信息融合的原理

如用 T 表示摩擦副的磨损故障集合，则 T 可表示为

$$T = \{P_1(d_1, M_1), P_2(d_2, M_2), \cdots, P_n(d_n, M_n)\} \tag{12.7}$$

式中，$P_i(d_i, M_i)$ 为处于部位 i 的摩擦副的磨损故障，由关联对 (d_i, M_i) 表示；d_i、M_i 分别为对应的磨损严重度指标和磨损形式。一般地，如果能够建立起磨损间隙与振动指标之间的对应关系，则关联对中的磨损严重度指标可表示为：$d_{i\text{v}} \leftarrow v_i$，其中，$v_i$ 为在对应部位测取的振动指标；同时，如能够建立起磨损间隙与油液分析指标之间的对应关系，则关联对中的磨损严重度指标还可表示为：$d_{i\text{o}} \leftarrow v_\text{o}$，$v_\text{o}$ 为油液分析指标。于是，摩擦副的实际磨损故障可用 $d_{i\text{v}}$ 和 $d_{i\text{o}}$ 融合而得到。这里，振动指标包括平均振值、峰峰值、方差、有效值、峭度值、脉冲指标、裕度指标等；油液指标有理化指标(如黏度、闪点、水分、碱值)、光谱元素(Na、Al、Cu、Fe、Pb)、铁谱指标(磨损烈度指数、大磨粒比例等)。

12.8.3 振动与油液信息融合的公式

上述分别用振动和油液分析得到的磨损严重度 $d_{i\text{v}}$ 和 $d_{i\text{o}}$ 由于存在着重叠，不能直接相加，可以采取下述公式进行融合。

(1) 极大-极小融合：设 R_1 和 R_2 分别为定义在振动指标-磨损程度 (x-z) 及油液指标-磨损程度 (y-z) 上两个模糊关系，R_1 和 R_2 的极大-极小融合是一个模糊集合，有

$$\begin{aligned}\mu_{R_1 \cdot R_2}(x,z) &= \max_y \min[\mu_{R_1}(x,z), \mu_{R_2}(y,z)] \\ &= \vee_y [\mu_{R_1}(x,z) \wedge \mu_{R_2}(y,z)]\end{aligned} \tag{12.8}$$

式中，$\mu_{R_1 \cdot R_2}$ 为复合结果；μ_{R_1} 为振动指标-磨损程度隶属度；μ_{R_2} 为油液指标-磨损程度隶属度。

(2) 极大-乘积融合：

$$\mu_{R_1 \cdot R_2}(x,z) = \max_y [\mu_{R_1}(x,z) \cdot \mu_{R_2}(y,z)] \tag{12.9}$$

具体应用时可根据实际情况选择其中一种方法。由于摩擦副究竟处于哪种磨损状态(正常磨损、异常磨损还是剧烈磨损)是一个模糊的概念，因此可采用模糊推理来进行融合，具体方法是：①依据各测点振动监测指标，确定相关部位对严重磨损的模糊隶属度；②依据油液分析指标，确定各摩擦组件对严重磨损的模糊隶属度；③依据融合公式(12.8)或式(12.9)，对两种隶属度合成，推断某一部位中各摩擦组件的磨损状态。

12.8.4　应用实例

图 12.52 为某发动机从第一年 8 月到第二年 7 月间的在用润滑油光谱分析监测到的 Cu、Fe、Pb 元素浓度变化曲线。

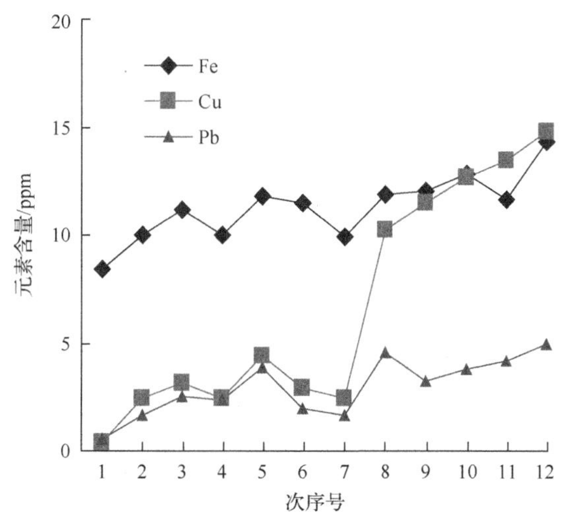

图 12.52　发动机润滑油光谱分析结果

由图可见，Cu 元素浓度自第二年的 4 月(图中横坐标第 8 次)开始出现了显著的异常变化，而 Fe 和 Pb 未见异常。由于表现为 Cu 元素的单纯性异常，认为磨损不大可能产生于发动机主轴承，而可能产生于发动机上部的某些铜套。为了确定磨损来源于哪一个缸，在各缸缸盖上检测振动信号，得到各缸振动信号幅值，如图 12.53 所示。

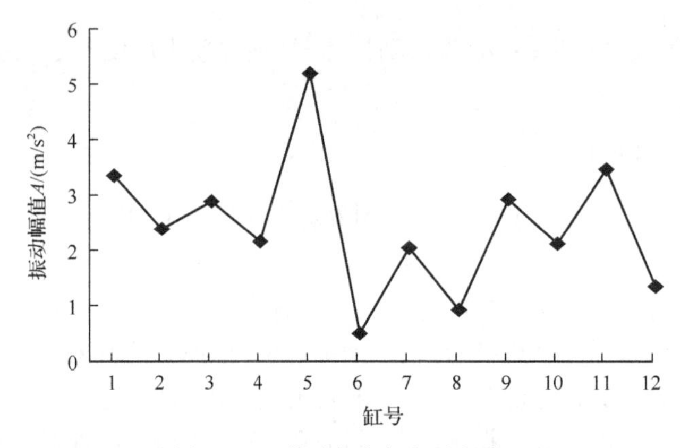

图 12.53　发动机各缸振动幅值

从图 12.53 中可以看出，5 号缸振动幅值出现了异常，比其他各缸大很多。为将图 12.52 的油液分析信息和图 12.53 的振动信息融合，首先根据振动幅值确定各缸对严重磨损的模糊隶属度 μ_{R_1}：

$$\mu_{R_1} = \{0.56, 0.40, 0.48, 0.36, 0.86, 0.08, 0.34, 0.15, 0.49, 0.35, 0.58, 0.23\}$$

它是由各缸的振动幅值除以发动机严重磨损时的平均幅值得到的。

然后依据油液分析指标，确定 1 号缸各摩擦组件(Fe、Cu、Pb)对严重磨损的模糊隶属度 $\mu_{R_{21}}$：

$$\mu_{R_{21}} = \{0.26, 0.99, 0.39\}$$

它是由各元素的含量除以严重磨损时相应元素的含量得到的。由于油液分析对各缸磨损程度的判断是等权重的，故发动机各缸摩擦组件的模糊隶属度 μ_{R_2} 为

$$\mu_{R_2} = \{0.26,0.99,0.39;0.26,0.99,0.39;0.26,0.99,0.39;0.26,0.99,0.39;0.26,0.99,0.39;0.26,0.99,0.39;\\ 0.26,0.99,0.39;0.26,0.99,0.39;0.26,0.99,0.39;0.26,0.99,0.39;0.26,0.99,0.39;0.26,0.99,0.39\}$$

最后选择极大-极小公式进行融合，得到融合结果：

$$\mu_{R_1 \cdot R_2} = \max\min[\mu_{R_1}, \mu_{R_2}] = \{0.26, 0.86, 0.39\}$$

融合结果表明，5 号缸含 Cu 元素的摩擦组件发生了严重磨损。为进一步分析，分析该缸振动信号时域图和频域图，如图 12.54 所示。

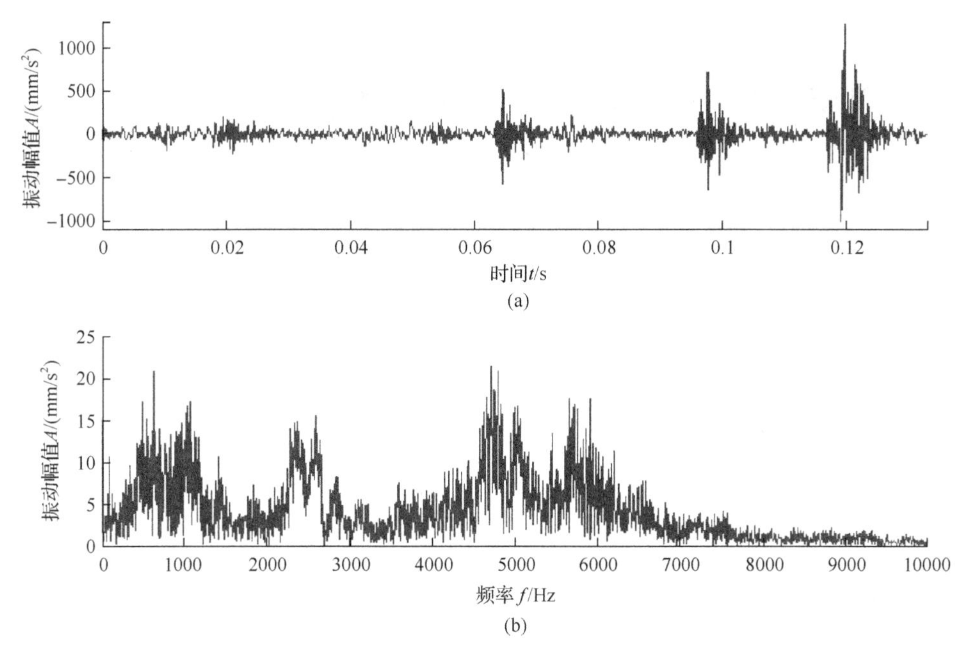

图 12.54　5 号缸振动信号时域图和频域图

(a) 时域图；(b) 频域图

为便于对比，同时绘制出正常缸的振动信号，以 4 号缸为例，其时域图和频域图如图 12.55 所示。将图 12.54 和图 12.55 中的时域图对比可以看出，5 号缸振动最大幅值远远大于 4 号缸；而在频域图中，500Hz 和 5000Hz 处的幅值，5 号缸较 4 号缸大很多。经分析认为，这是由于摩擦副磨损严重，间隙增大，导致振动信号能量增加。停机检查发现该缸活塞销出现显著的裂纹，活塞销与活塞连接处的铜套已严重磨损，即时修理，避免了一起由活塞销断裂引起的重大事故。

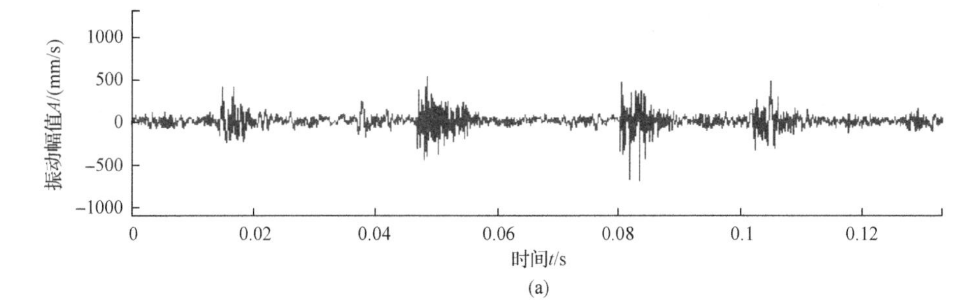

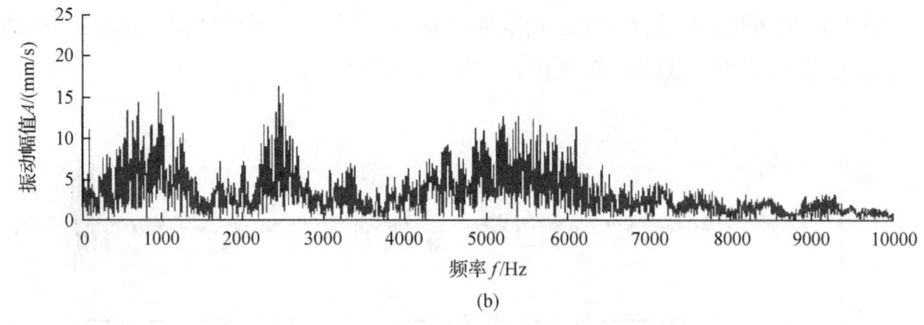

(b)

图 12.55　4 号缸振动信号时域图和频域图

(a) 时域图；(b) 频域图

参 考 文 献

[1] 王朝晖, 张来斌, 郭存杰, 等. 包络解调法在气阀弹簧失效故障诊断中的应用. 中国石油大学学报(自然科学版), 2005, 29(2): 86-88.

[2] 赵俊龙. 往复式压缩机振动信号特征分析及故障诊断方法研究. 大连: 大连理工大学博士学位论文, 2010.

[3] 苗刚. 往复活塞式压缩机关键部件的故障诊断方法研究及应用. 大连: 大连理工大学博士学位论文, 2006.

[4] 陈敬龙, 张来斌, 段礼祥, 等. 基于提升小波包的往复式压缩机活塞-缸套磨损故障诊断. 中国石油大学学报(自然科学版), 2011, 35(1): 130-134.

[5] Claypoole R L J. Adaptive wavelet transform via lifting. Houston: Rice University, 1999.

[6] 陈敬龙, 张来斌, 段礼祥. 基于一种改进提升方案的泵阀振动信号降噪. 石油机械, 2010, 38(7): 66-69.

[7] 刘子旺. 转子故障的多模态深度学习信息融合诊断方法研究. 北京: 中国石油大学(北京)硕士学位论文, 2018.

[8] 王浩, 张来斌, 王朝晖, 等. 迭代奇异值分解降噪与关联维数在烟气轮机故障诊断中的应用. 中国石油大学学报(自然科学版), 2009, 33(1): 93-98.

[9] Sun J F, Zhang J, Michael S. Extension of the local subspace method to enhancement of speech with colored noise. Signal Processing, 2008, 88(7): 1881-1888.

[10] Kim H S, Eykholt R. Salas J D. Nonlinear dynamics, delay times, and embedding windows. Physica D, 1999, 127(1-2): 48-60.

[11] Cao L Y. Practical method for determining the minimum embedding dimension of a scalar time series. Physica D, 1997, 110(1-2): 43-50.

[12] 段礼祥, 张来斌, 李峰. 局部投影降噪在往复压缩机故障诊断中的应用. 中国石油大学学报(自然科学版), 2010, 34(6): 104-108.

[13] 段礼祥, 张来斌, 卢群辉. 往复机械磨损故障的振动油液复合诊断法研究. 石油矿场机械, 2008, 37(10): 8-11.

彩　图

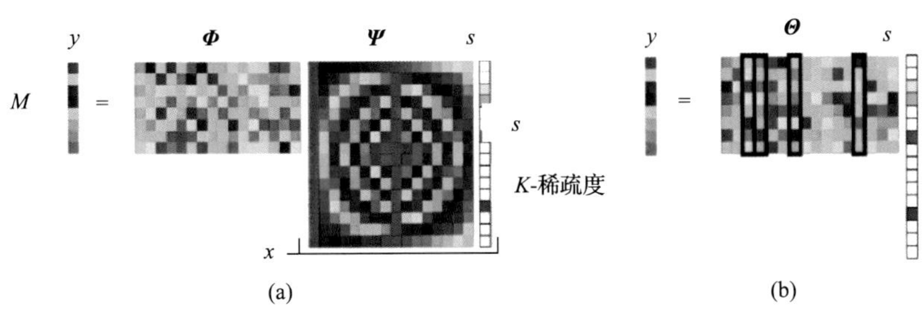

图 2.6　稀疏重构原理图

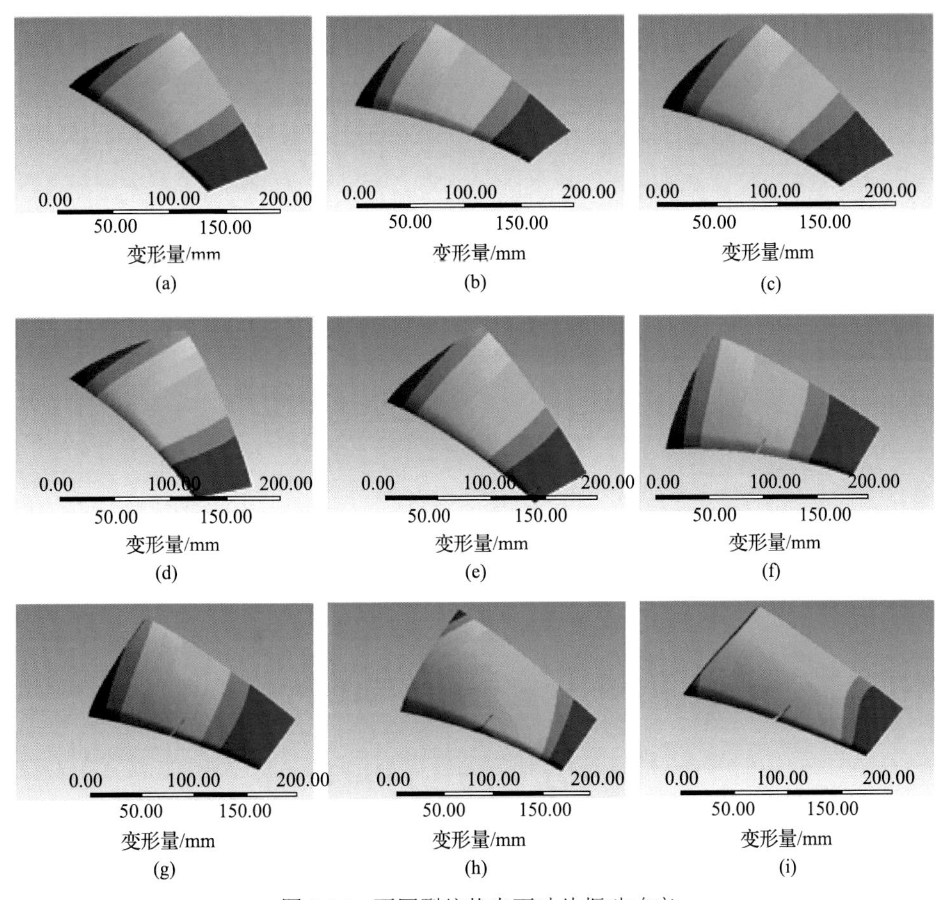

图 2.26　不同裂纹状态下叶片振动响应

(a)无裂缝；(b)(0.5, 5)；(c)(0.5, 10)；(d)(1, 5)；(e)(1, 10)；(f)(0.5, 5)；(g)(0.5, 10)；(h)(1, 5)；(i)(1, 10)；(0.5, 5)表示裂纹宽度为 0.5mm，长度为 5mm，其他图示含义类似

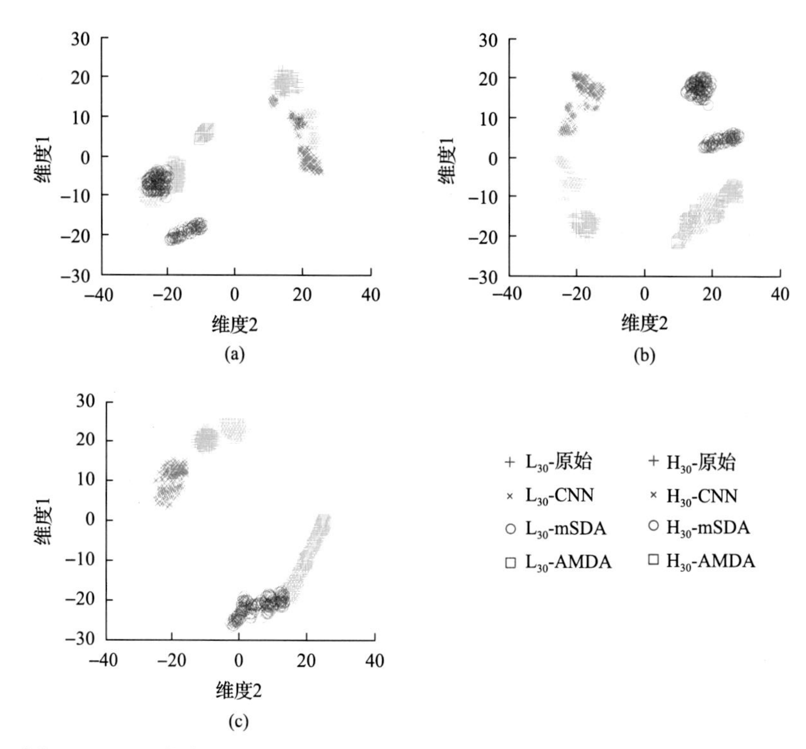

图 6.16　不同状态下 L_{30} 和 H_{30} 各模型特征数据 t-SNE 特征可视化结果对比图

(a)正常状态各模型特征可视化；(b)齿轮磨损状态各模型特征可视化；(c)齿轮断裂状态各模型特征可视化

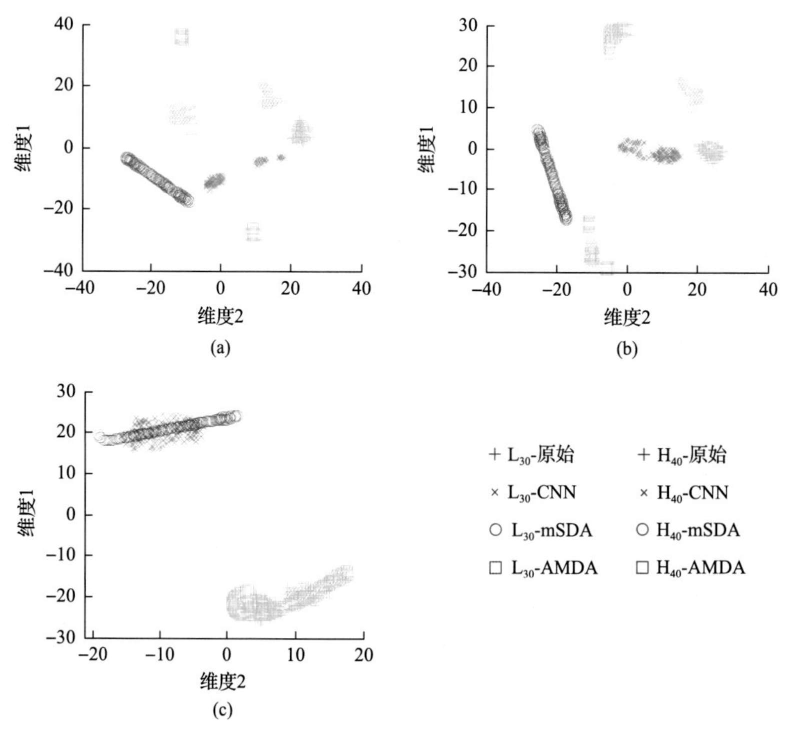

图 6.17　不同状态下 L_{30} 和 H_{40} 各模型特征数据 t-SNE 特征可视化结果对比图

(a)正常状态各模型特征可视化；(b)齿轮磨损状态各模型特征可视化；(c)齿轮断裂状态各模型特征可视化

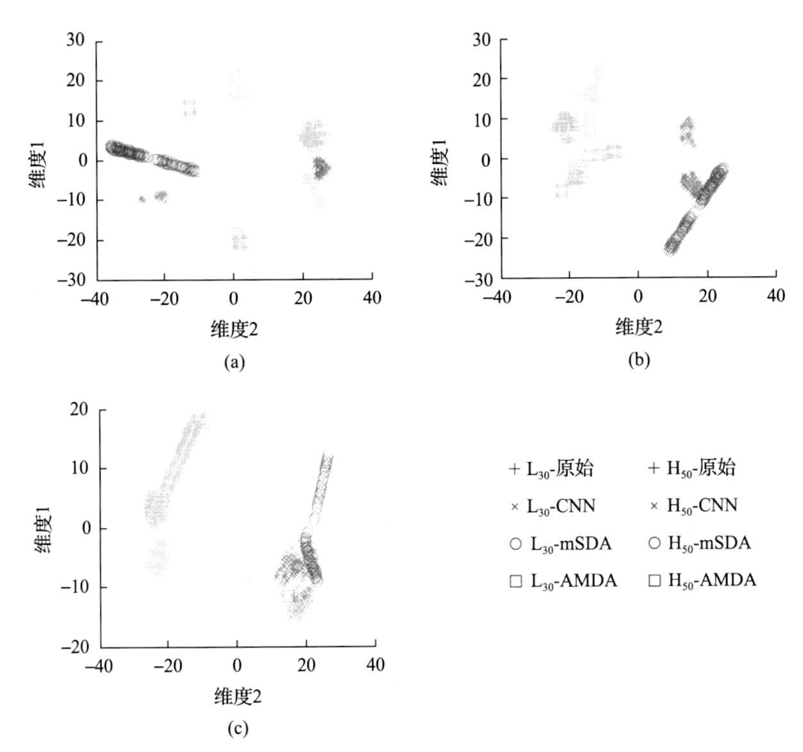

图 6.18　不同状态下 L_{30} 和 H_{50} 各模型特征数据 t-SNE 特征可视化结果对比图

(a) 正常状态各模型特征可视化；(b) 齿轮磨损状态各模型特征可视化；(c) 齿轮断裂状态各模型特征可视化

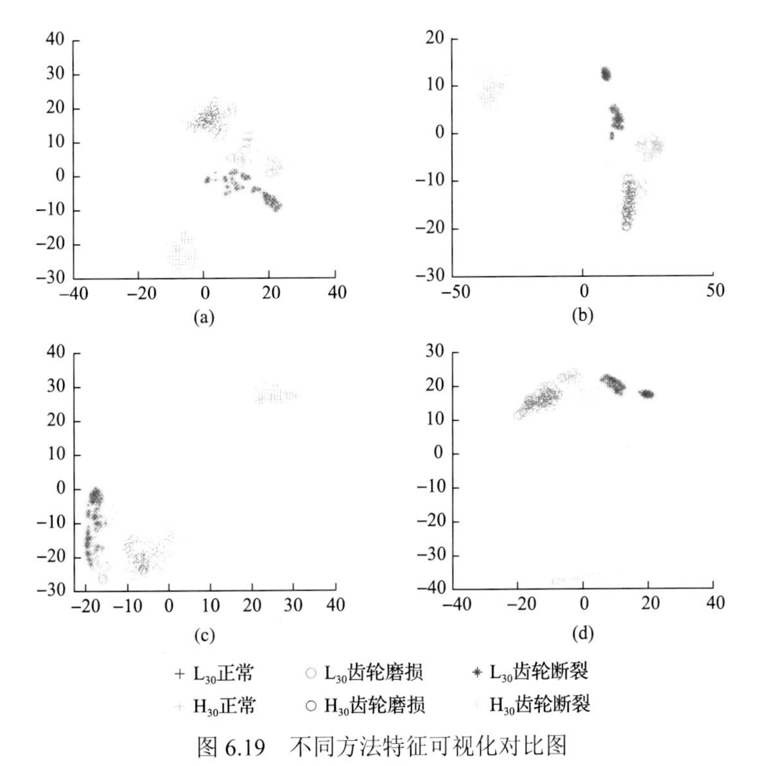

图 6.19　不同方法特征可视化对比图

(a) 原始数据可视化；(b) CNN 特征可视化；(c) mSDA 特征可视化；(d) AMDA 特征可视化

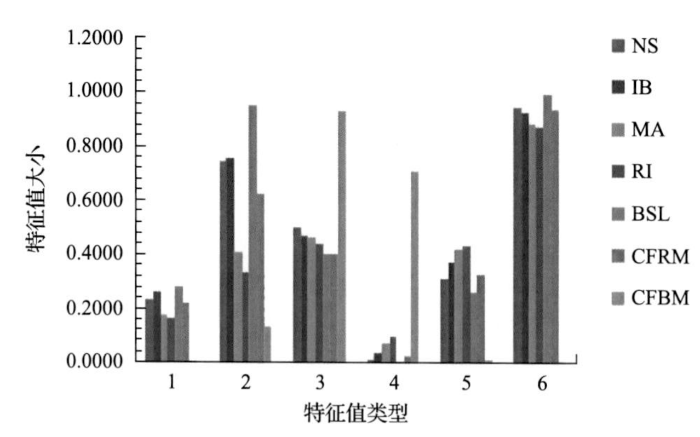

图 7.7　不同状态直方图特征值分布比较

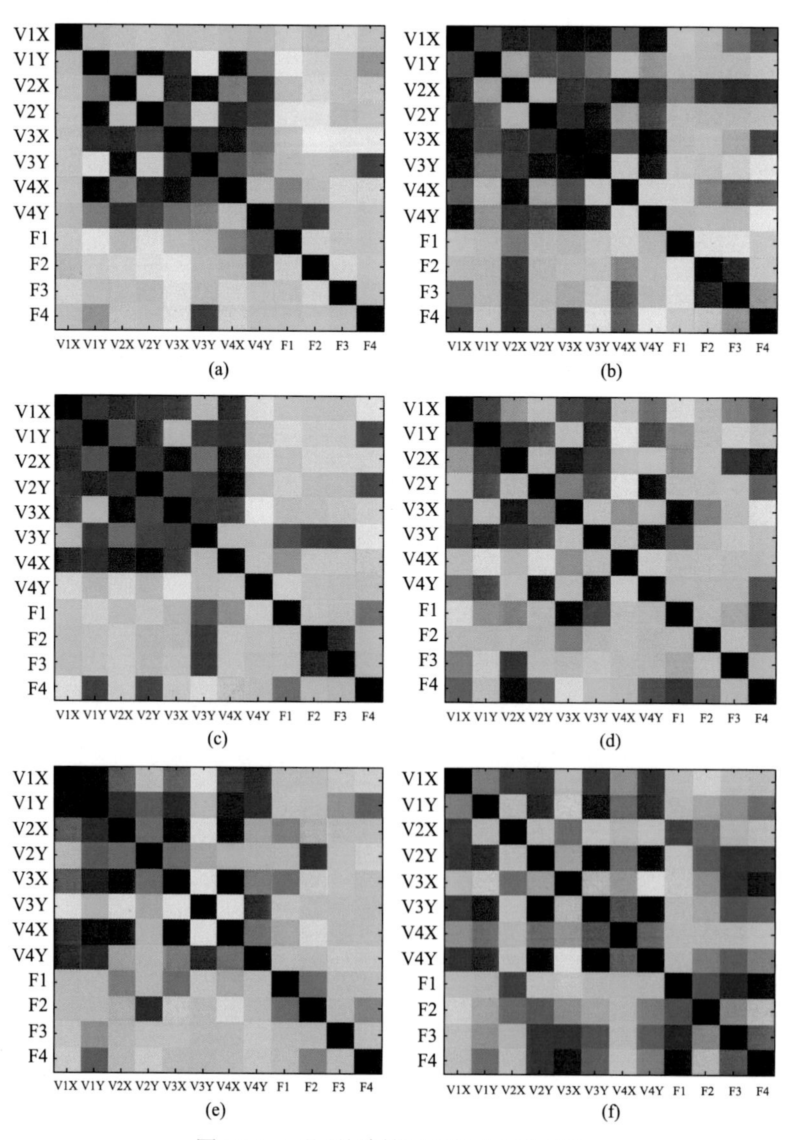

图 7.26　不同故障情况下相关系数矩阵

(a) 不平衡；(b) 不对中；(c) 碰磨；(d) 松动；(e) 碰磨不对中耦合故障；(f) 碰磨松动耦合故障

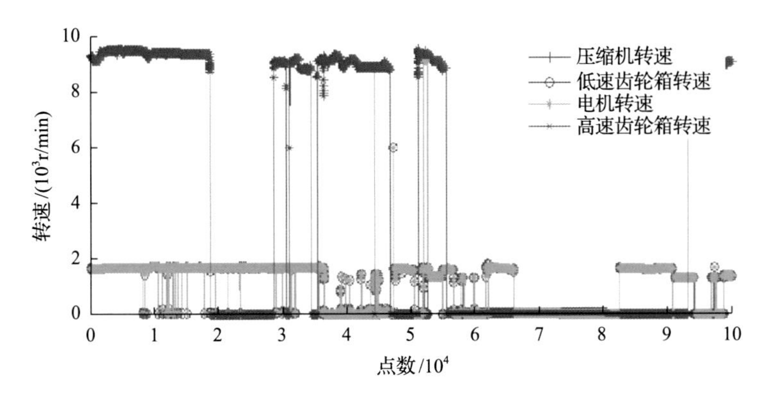

图 9.23　各设备转速

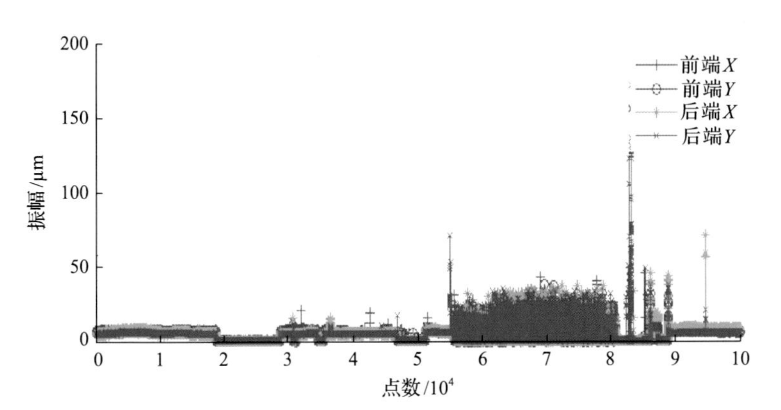

图 9.24　压缩机各测点的原始振动数据

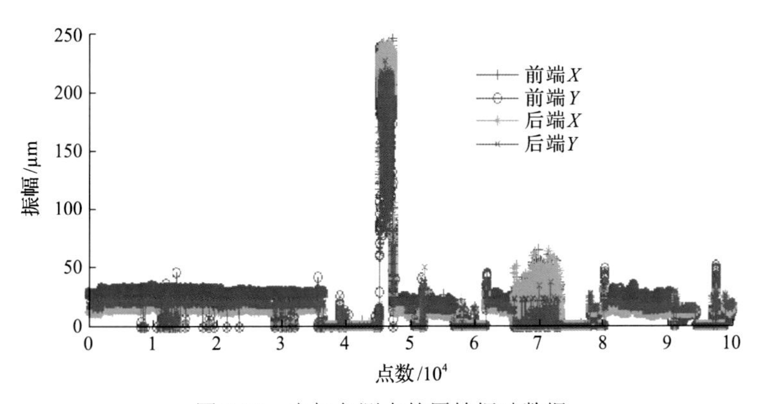

图 9.25　电机各测点的原始振动数据

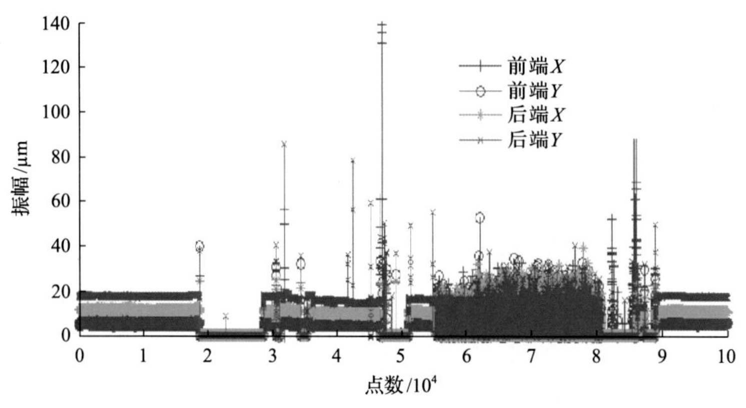

图 9.26　高速齿轮箱各测点的原始振动数据

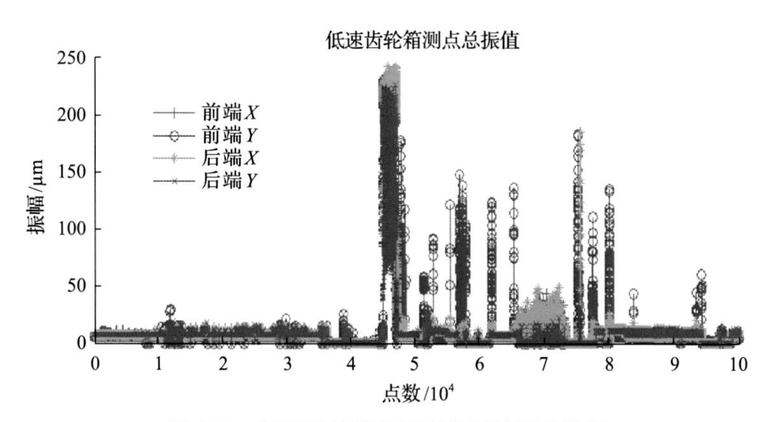

图 9.27　低速齿轮箱各测点的原始振动数据

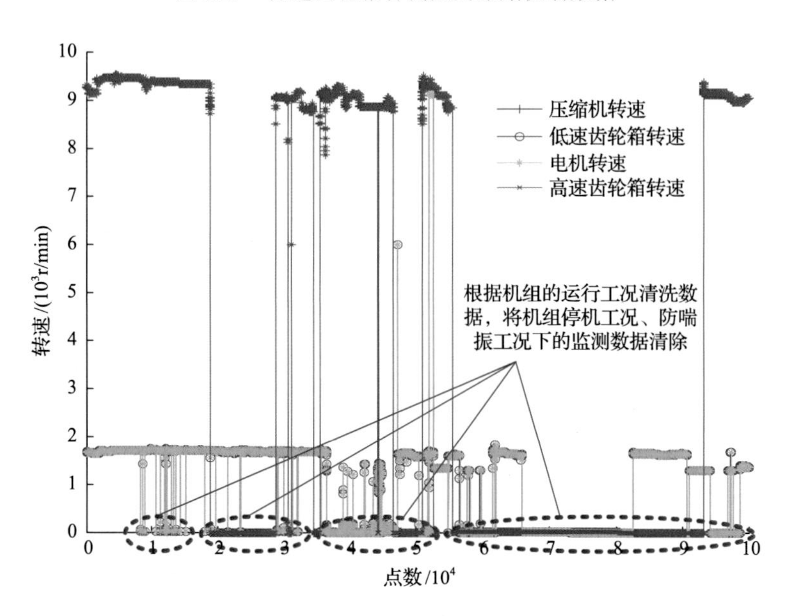

图 9.28　数据清洗

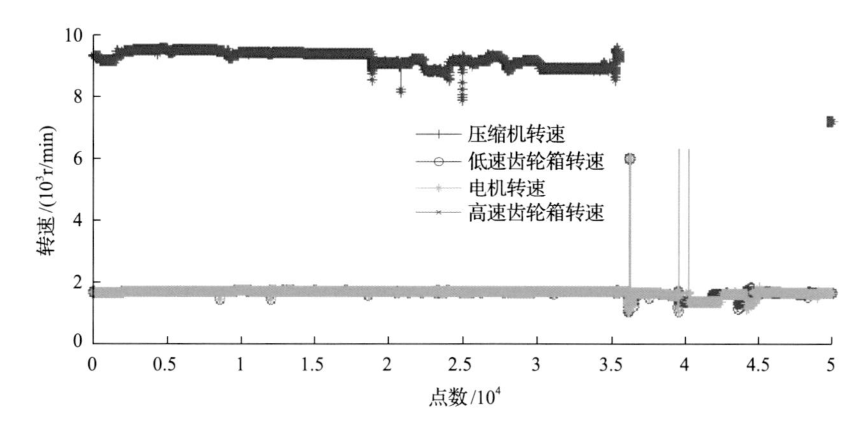

图 9.29　处理后的各设备转速

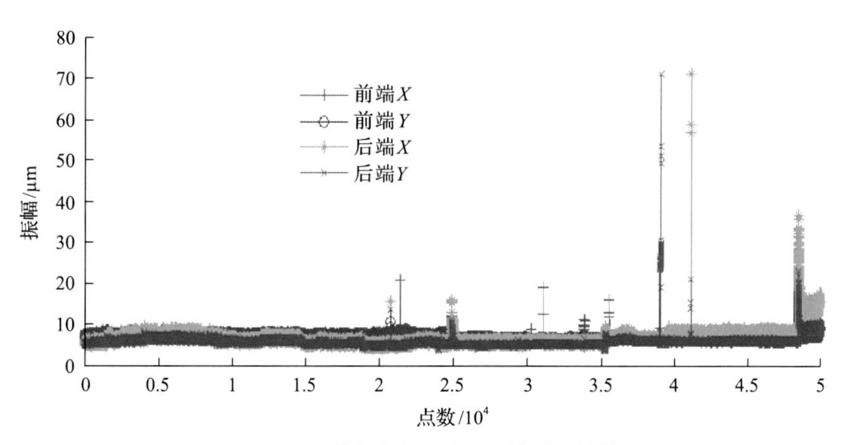

图 9.30　压缩机各测点处理后的振动数据

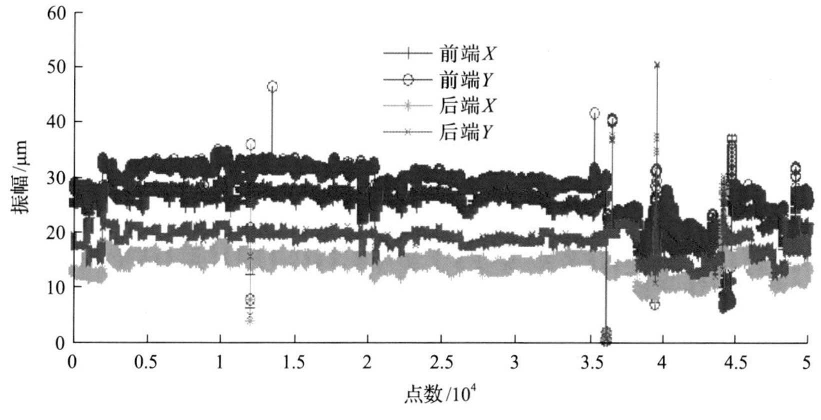

图 9.31　处理后电机各测点的原始振动数据

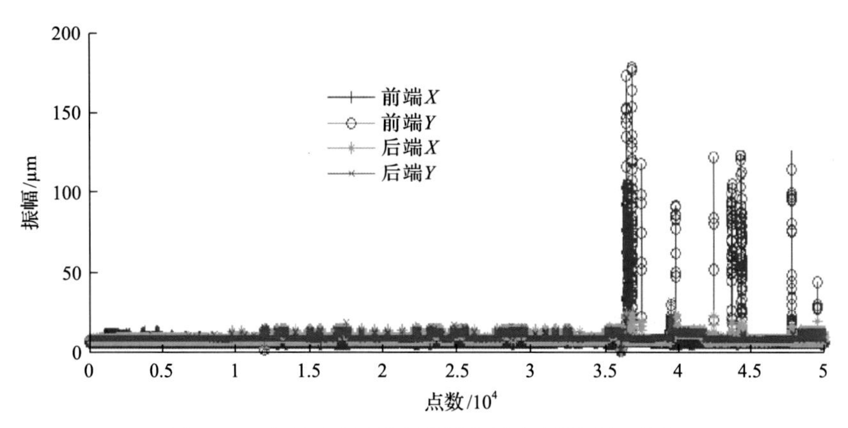

图 9.32　处理后高速齿轮箱各测点的原始振动数据

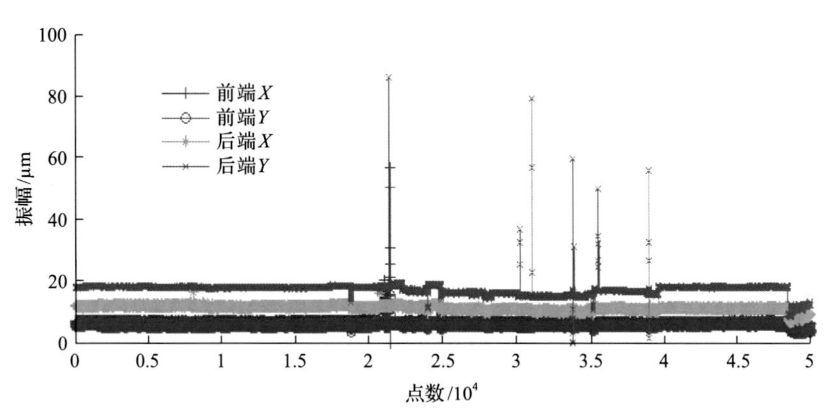

图 9.33　处理后低速齿轮箱各测点的原始振动数据

图 11.19　欧几里得距离与马哈拉诺比斯距等距离线